Praktikum der Textilveredlung

Verfahren, Untersuchungsmethoden
Anleitungen zu Versuchen

Von

Professor Dr.-Ing. Otto Mecheels

Zweite Auflage

Mit 151 Abbildungen

Springer-Verlag

Berlin/Göttingen/Heidelberg

1949

ISBN 978-3-642-52998-6   ISBN 978-3-642-52997-9 (eBook)
DOI 10.1007/978-3-642-52997-9

(1) Paul Dünnhaupt, Buchdruckerei, Köthen   L 95; 3665/48 — 4660/48

Vorwort zur zweiten Auflage.

Die erfreuliche Aufnahme, welche der ersten Auflage des Buches in Fachkreisen zuteil wurde, und die lebhafte zustimmende Diskussion über die Art der Stoffgestaltung ermunterte mich zur Bearbeitung einer neuen Auflage. Die Wissenschaft der Textilveredlung und ihre Technik ist während des Krieges nicht stehen geblieben. Fortschritte mußten berücksichtigt, Erkenntnisse korrigiert werden.

Viele meiner Studierenden wünschten eine noch engere Verbindung des Stoffes mit der apparativen Seite der Textilveredlung. Ich habe deshalb auf die wichtigsten maschinellen Vorgänge durch einfache Skizzen und kinematische Zeichnungen hingewiesen. Allerdings nur in knapper, lediglich richtungweisender Form, wie dies in diesem Buche auch auf den Gebieten der Faserstoff- und Farbenchemie, der analytischen und physikalischen Chemie und der Materialprüfung der Fall ist. Es soll damit vor allem der Anschluß an diese für den Leser als bekannt vorauszusetzenden Stoffgebiete beleuchtet werden.

In den Darstellungsmethoden habe ich weiter möglichst vielgestaltige Wege beschritten. An Stelle von Lehrsätzen oder Tabellen finden sich oftmals graphische Auswertungen im Koordinatensystem oder als Balkendiagramme, Schemazeichnungen und dergleichen. Nur dort stehen Formeln, wo das Wort zur klaren Kennzeichnung einer Tatsache oder eines Vorganges nicht ausreicht. So soll der Studierende lernen, sich zur eindeutigen Kundgebung seiner Meinung des jeweils einfachsten und klarsten Mittels zu bedienen.

Es war mir ferner ein Anliegen, auch in der Sprache das für den Beruf des Technikers und Wissenschaftlers Typische herauszustellen und alles Blumenreiche und Phrasenhafte zu vermeiden. Neben dem trockenen und doch so spannenden Bericht über die Auffindung eines Fabrikationsfehlers (S. 249ff.) findet der Leser die industrienahe richtige Fragestellung und ihre experimentelle Beantwortung für eine Verfahrenverbesserung (S. 25ff.). Die sachliche Planung für die Herstellung eines schwierigen Druckartikels (S. 314ff.) wird aufgelockert durch einen in schwungvollerer Sprache gehaltenen werbenden Bericht über die Einführung einer Neuerung (S. 266ff.). Mit dieser Vielfalt in Sprache, Experiment, Methode und Darstellung möchte ich die Entwicklung vom einfachen zum universellen Denken beeinflussen.

Aus der manchmal noch etwas spekulativen, im ganzen aber doch schon recht exakten textilchemischen Theorie habe ich all das darzustellen versucht, was sich am besten mit der Praxis vereinbaren läßt oder geeignet ist, zum Fortschritt oder zum Verständnis der Verfahren beizutragen. Nach Ernst Abbé gibt es „nichts Praktischeres als eine richtige Theorie". Dabei war ich ernstlich bemüht, keine Entwicklungsmöglichkeit zu verbauen, Widersprüche zu vermeiden und ein leidlich festes Fundament zu bieten, auf welchem Lehrer und Schüler, Chemiker und Techniker weiterbauen können. Trotz aller Erfolge stehen wir eben auch heute noch am Anfange einer textil- und faserstoffchemischen Wissenschaft, auf die wir unsere Textilveredlung gründen müssen. Wissenschaft und Technik der Textilveredlung umfassen aber neben der Chemie noch weite Gebiete der Physik, der Maschinenkunde, der Betriebswirtschaftslehre, ja auch der Physiologie, der Hygiene und der Mode. Der Textilveredler und Chemiker-Kolorist muß also ein universell ausgebildeter Fachmann sein, der über den Rahmen seiner Chemie hinaus blickt, etwa im Sinne Lichtenbergs: „Wer nur Chemie versteht, versteht auch die nicht".

Möge meine Arbeit dazu beitragen, den kritisch und unabhängig Denkenden, richtig Fragenden, folgerichtig Experimentierenden und fruchtbar Auswertenden zu erziehen. Erst ein solcher Textilveredler wird mit Erfolg am großen Gebäude unserer Wissenschaft mitarbeiten können.

Vielen meiner Herren Kollegen danke ich für ihre wertvollen Anregungen und Hinweise, die wohl alle in dieser Bearbeitung unter ihrem Namen berücksichtigt wurden.

Möge das Buch weiter seine Aufgabe erfüllen, dem lebendigen Geiste auf unserem so lebenswarmen Gebiete zu dienen.

Hohenstein, Januar 1949.
Post Kirchheim/Neckar.

OTTO MECHEELS.

Vorwort zur ersten Auflage.

Lehrbücher sollen anlockend sein.
Das werden sie nur, wenn sie die
heiterste, zugänglichste Seite des
Wissens und der Wissenschaft dar-
bieten.

GOETHE

Die Lehre von der Textilveredlung ist gegenüber derjenigen vieler
anderer technischer Wissenschaften noch jung. Ihr Gebäude kann erst
in unseren Tagen errichtet werden. Auch heute noch sind uns viele Vorgänge zwar auf Grund praktischer Erfahrungen bekannt, ihre tieferen
Zusammenhänge kennen wir jedoch nicht mit der für jede wissenschaftliche Verfahrengestaltung notwendigen Exaktheit.

Trotzdem müssen wir unablässig bestrebt sein, die Technik der Textilveredlung nach wissenschaftlichen Grundsätzen aufzubauen. Eine
Praxis ohne wissenschaftliche Durchdringung kann besten Falles zur
Routine führen. Zu einer überlegenen Beherrschung der Verfahren gehört das Verständnis für die physikalischen und chemischen Vorgänge
und eine sichere Diagnostik. Nur so wird es möglich sein, die geeigneten
Maßnahmen zur Erzielung des gewünschten Ausfalles oder zur Vermeidung von Fehlschlägen zu ergreifen.

Die textilchemischen Verfahren laufen nämlich keineswegs automatisch ab. Der Rohstoff Textilfaser liegt nicht als einfaches, leicht be-
herrschbares Produkt vor. Er ist als ein hochorganisiertes Gebilde anzusprechen, dessen vielseitige Eigenschaften nur von einem Könner so
zu veredeln sind, daß ein brauchbares Produkt entsteht.

Das vorliegende Buch soll die Heranbildung solcher Könner erleichtern. Dazu ist es nicht nötig, eine umfassende, lückenlose Zusammenstellung aller Verfahren und Untersuchungsmethoden zu bieten. Bei
der Fülle der vorhandenen umfassenden Literatur strebte ich kein Kom-
pendium sondern ein lebenswarmes und industrienahes Unterrichts-
mittel an. Es wurden jeweils nur diejenigen Versuche, Messungen und
Analysen angeführt, welche nach meiner Erfahrung als Lehrer und Kolorist die klarste Erkenntnis vermitteln und zur Sicherheit gegenüber
bekannten und unbekannten Erscheinungen führen.

Obwohl sich das Buch weiterhin grundsätzlich nicht mit der maschinellen Seite der Textilveredlung befaßt, ist doch überall dort auf die Maschine und ihre Bedienung verwiesen worden, wo dies zur Beherrschung

des Verfahrens unerläßlich war. Im übrigen ist mein vor kurzem erschienenes Buch „Betriebseinrichtungen und Betriebsüberwachung in der Textilveredlung" als Ergänzung zu dem vorliegenden gedacht.

Vom selbstausgeführten, richtig beobachteten Experiment, von der eigenen Arbeit im Laboratorium und im Fabrikbetrieb aus führt der geradeste und schnellste Weg zum gut ausgebildeten Chemiker und Techniker. In diesem Buche soll deshalb das Experiment, sein richtiger Ansatz und die Schlußfolgerung aus den Ergebnissen an erster Stelle stehen. Die textilveredelnden Vorgänge — Aufbau und Abbau — sollen dem Lernenden durch den Versuch nahe gebracht werden. Mit dem Versuch werden die einschlägigen Messungen und Untersuchungen so verbunden, daß schnelle und eindeutige Schlüsse für die Gestaltung oder Abänderung eines Verfahrens möglich sind. Führen zwei Methoden zu einem annähernd gleichen Ergebnis, so wurde die einfachere gewählt. Ebenso habe ich die theoretische Untermauerung nur so weit vorgenommen, als dieselbe zur Erklärung der Vorgänge und für den Erwerb klarer Erkenntnisse dient. Dabei verbleibt ein genügend großer Spielraum für den Lehrer, welcher die Ausführungen des Buches ergänzen oder abwandeln will.

Der Stoff wurde nach den Faserstoffklassen eingeteilt. Die Reihenfolge ist dabei folgende: Baumwolle, Wolle, Naturseide, Acetatfaser, Bastfasern, Kunstseide und Zellwolle, Mischfasern. Zunächst wird die Bleicherei und Färberei jeder dieser Faserstoffarten, dann die Druckerei und schließlich die Appretur behandelt. Alle Vorgänge wurden eingeteilt in die theoretischen Grundlagen, die Verfahren, Versuche und Untersuchungen, deren Kenntnisse zur Durchdringung des Stoffes notwendig sind. Die theoretischen Erläuterungen wurden jeweils an den Stellen, an welchen sie nötig sind, eingegliedert. Der Druck erfolgte für sie in Kursiv-Schrift.

Im Verlaufe meiner nunmehr zehnjährigen Tätigkeit als Lehrer habe ich eine größere Reihe von Schüler- und Forschungsarbeiten ausführen lassen. Die Ergebnisse dieser Arbeiten und ihr Aufbau wurden in diesem Buche als Beispiele für das forscherisch eingestellte Studium verwendet. Sie sollen aber nur Beispiele sein und niemals als starre Form genommen werden.

Bei meinem Bemühen, den Stoff so knapp als möglich zu fassen, habe ich versucht, in den Übungsbeispielen die Arbeitsweise des Textilchemikers aufzuzeigen und gleichzeitig die in den theoretischen Kapiteln, in den Untersuchungsmethoden und Verfahren beschriebenen Tatsachen weiter zu ergänzen. Jeder „Versuch" soll also nicht nur für den angesetzten Fall, sondern ganz allgemein als Methode genommen werden. Aus diesem Grunde sind manche Versuchsbeispiele eingehender behandelt worden, als es der Stoff an sich vielleicht verdient hätte, während die

Anleitungen für andere Versuche, die gewiß nicht minder wichtig sind, kürzer gehalten werden konnten, wenn sie nichts grundsätzlich Neues brachten.

Ich bin mir wohl bewußt, daß bei einer so gedrängten Behandlung des umfangreichen Stoffes Fehler und Ungenauigkeiten unterlaufen können und bitte deshalb die Herren Kollegen, mich darauf aufmerksam zu machen. Ebenso bin ich für alle Verbesserungsvorschläge dankbar.

Jeder Kolorist muß zu einer kritischen Einstellung gegenüber seinen Verfahren und zur forscherischen Erschließung des Gebietes erzogen werden. Diese Einstellung können wir heute in keinem Betriebe und in keiner Lehranstalt entbehren. Möge das Buch seine Aufgabe in diesem Sinne erfüllen!

M.-Gladbach, Ostern 1940.

OTTO MECHEELS.

Inhaltsverzeichnis.

Allgemeines über das Gebiet der Textilveredlung.

Der Begriff Textilveredlung umfaßt alle chemischen und mechanischen Maßnahmen, die wir zum Zwecke der Verschönerung oder Verbesserung eines Textilguts durchführen. Dabei braucht die Ware durchaus nicht immer vorher gesponnen oder gewebt zu sein. Wir können z. B. die Flocke (das „lose Material"), das Kardenband (bei Baumwolle), den Kammzug (bei Wolle), also das „Halbgespinst", bleichen oder färben. Wir können ferner das Garn (als Stranggarn, Kreuzspule oder Cop) oder schließlich das fertige Gewebe veredeln. Die Veredlung ist also nicht unbedingt die Schlußmaßnahme, der „Finish" in der textilen Fabrikation. Sie wird jedoch in den weitaus meisten Fällen am Schlusse liegen.

Das Wort „Veredlung" bedeutet an sich eine Verbesserung, Verschönerung oder Verfeinerung der Ware. Leider wird die Veredlung aber häufig mit einer Verschlechterung des Gebrauchswertes, der Tragfähigkeit, erkauft. Manche textilchemischen Eingriffe setzen den Verschleißwiderstand oder die wasserabstoßende Wirkung oder die Weichheit oder den Glanz einer Ware herab. Oftmals erfolgt eine derartige Verschlechterung unter gleichzeitiger scheinbarer Verbesserung anderer wichtiger Eigenschaften. So kann sich z. B. die Zugfestigkeit erhöhen, obwohl der Verschleißwiderstand wesentlich vermindert wurde. Die Kunst des Textilveredlers liegt also u. a. auch darin, die guten Gesamteigenschaften seiner Ware über die Veredlungseingriffe hinüber zu retten.

Wir müssen als Textilveredler grundsätzlich zwischen bleibenden Eigenschaften und veränderlichen Eigenschaften unterscheiden:

Bleibende Eigenschaften	Veränderliche Eigenschaften	
Zugfestigkeit trocken u. naß	Farbe	Gewicht
Torsionsfestigkeit	Glanz	Wärmehaltigkeit
Scheuerfestigkeit	Weichheit	Entflammbarkeit
Knickfestigkeit	Reinheit	Schweißaufsaugung
	Wasseraufnahme	Mottenechtheit
	Luftdurchlässigkeit	

Die bleibenden Eigenschaften müssen möglichst erhalten bleiben, oder sogar noch verbessert werden, während die veränderlichen Eigenschaften grundlegend verändert werden dürfen. Als Übergangserscheinungen kennen wir die Eigenschaften der Dehnung und der Elastizität. Es ist sehr gut möglich, das Verhältnis zwischen Zugfestigkeit und Dehnung durch Veredlung für den Gebrauchswert günstiger zu gestalten, als dies in der Rohware der Fall ist.

Alle diese Eigenschaften sind physikalischer Natur. Sie werden jedoch häufig erst erhalten oder verändert durch chemische Eingriffe in das Faserstoffmolekül.

Diese chemischen Eingriffe lassen sich bei der Betriebsüberwachung entweder durch chemische Untersuchungen oder durch Schlußfolgerungen aus mechanisch-technologischen Prüfmethoden kontrollieren und lenken. Es ist deshalb notwendig, alle diejenigen Verfahren zu beherrschen, die schnell und genügend sicher einen Einblick in den Stand eines Veredlungsverfahrens gewährleisten. Der textile Betriebschemiker ist also gezwungen, für den täglichen Bedarf Testmethoden auszuarbeiten, die er ohne langwierige Vorbereitungen anwenden kann. Das Laboratorium muß diesen „Standardverfahren" angepaßt sein, d. h. Arbeitsplätze besitzen, die für die einzelnen am häufigsten wiederkehrenden Untersuchungen schon so eingerichtet sind, daß jede Lösung, jede Bürette, jedes Becherglas griffbereit vorhanden ist.

Häufig ist es jedoch nicht möglich, den Stand eines Veredlungsverfahrens oder den Grad einer Faserschädigung auf Grund der Ergebnisse nur einer Untersuchung sicher zu erkennen. Erst die Folgerungen aus mehreren Untersuchungen physikalischer und chemischer Art ermöglichen eine brauchbare Diagnose.

Es genügt also nicht, einen vorgeschriebenen Farbton, eine angestrebte Appretur, einen hohen Weißgehalt erzielt zu haben. Die Kunst des Veredlers besteht darin, das Ziel seiner Arbeit mit möglichst geringem physikalischem und chemischem Aufwand unter weitgehender Faserschonung zu erreichen.

Lehre und Technik der Textilveredlung gründen sich ebenso wie andere technische Wissenschaften auf die allgemeinen Wissenschaften und verzweigen sich mit bestimmten speziellen Wissensgebieten. Der Textilveredler muß die Physik vom Aufbau der Materie über Mechanik, Elektrizitätslehre, Optik bis zu den Maschinenelementen, Maschinen und physikalischen Prüfmethoden kennen. Er muß auf dem Gebiete der Stoff- und Materialkunde die Art, Gewinnung, Beurteilung und Unterscheidung der textilen Rohstoffe und der in ihnen schlummernden Eigenschaften studieren. Auf dem ihm am nächsten stehenden chemischen Gebiete benötigt er besonders eingehende Kenntnisse, wie dies aus der folgenden Zusammenstellung hervorgeht:

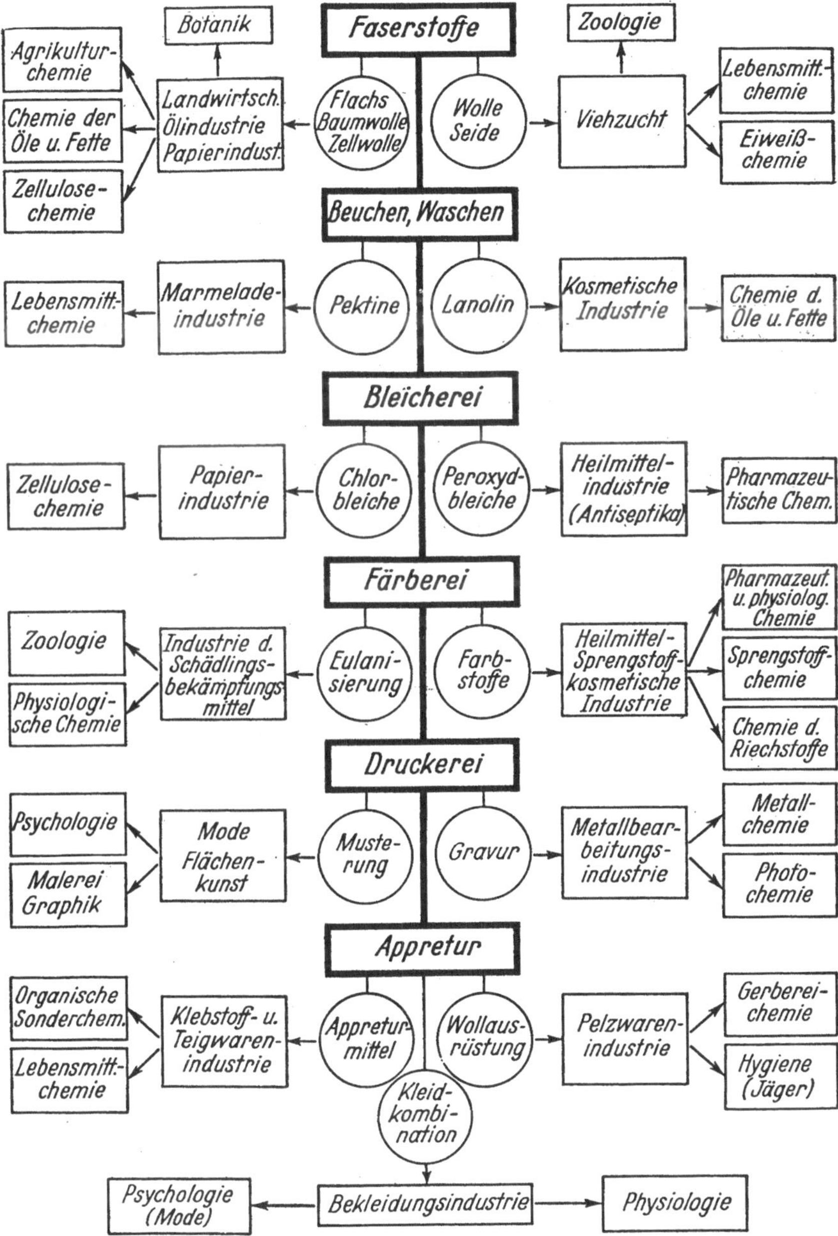

Abb. 1. Beziehungen der Textilveredlungsindustrie zu den Nachbargebieten in Wirtschaft und Wissenschaft.

Grundlegende Fächer	Spezielle Fächer
Anorganische Chemie Organische Chemie Physikalische Chemie (einschl. Kolloidchemie)	Analytische Chemie Wasserchemie Textilhilfsmittelchemie Faserstoffchemie Farbenchemie Kunststoffchemie

Die Verflechtung mit den Nachbargebieten geht aus der Abb. 1 besonders eindringlich hervor.

Den chemisch gut vorgebildeten, ingenieurmäßig brauchbaren, in Mode und Fertigung erfahrenen Textilveredler nennt man „Kolorist", insbesondere dann, wenn er vorwiegend auf dem Gebiete der Druckerei oder Färberei tätig ist. Wer sich mehr mit Bleicherei, Mercerisation, Karbonisation, Wollwäsche, Hilfsmitteln beschäftigt, wird bei chemischer Vorbildung als „Textilchemiker" bezeichnet. Über Werdegang, Berufsbild und Wesen des Koloristen liest man am besten in der famosen kleinen Schrift von Prof. Dr. R. HALLER „Der Kolorist" nach.

I. Die Bleicherei und Färberei der Baumwolle.

Grundsätzliches über die Baumwolle.

Die Baumwolle (gossypium) ist eine Samenfaser und erreicht eine Stapellänge bis zu 50 mm. Das Samenhaar ist einzellig. Die Fasern haften am Samenkorn, das dadurch nach der Reifezeit flugfähig werden soll (Flugsamen). Nach der Ernte werden die Fasern vom Samenkorn abgetrennt (Entkörnen, Egrenieren), wobei jedoch viele Schalenreste einschl. Spuren des Baumwollsamenöls (Cotonöl) auf der Faser verbleiben. Für die technologische Verarbeitung spielen Stapellänge und Feinheit eine besonders wichtige Rolle. Es werden folgende mittlere Stapellängen und Dicken angegeben:

Baumwollsorte	mittlere Stapellänge mm	Faserdurchmesser mm
Ostindische Baumwolle . . .	15	0,020—0,040
Amerikanische Baumwolle . .	25	0,015—0,022
Ägyptische Baumwolle . . .	30	0,010—0,014
Sea-Island Baumwolle . . .	40	0,010—0,014

$$1 \text{ cm} = 10 \text{ mm} = 10\,000 \, \mu = 10\,000\,000 \text{ m}\mu = 100\,000\,000 \text{ Å} = 100\,000\,000\,000 \text{ XE}$$
$$1 \text{ mm} = 1000 \, \mu = 1\,000\,000 \text{ m}\mu = 10\,000\,000 \text{ Å} = 10\,000\,000\,000 \text{ XE}$$
$$1 \, \mu = 1000 \text{ m}\mu = 10\,000 \text{ Å} = 10\,000\,000 \text{ XE}$$
$$1 \text{ m}\mu = 10 \text{ Å} = 10\,000 \text{ XE}$$
$$1 \text{ Å} = 1000 \text{ XE}$$

Für den Veredler ist neben der Stapellänge noch der Naturglanz wichtig. Je höher der Naturglanz liegt, um so glanzreicher kann die Ware ausgerüstet werden. Die Baumwollfaser hat besonders wertvolle spinntechnische Eigenschaften, so daß sich aus ihr die feinsten Garne spinnen lassen. Die Naßfestigkeit der Baumwollgarne ist höher als ihre Trockenfestigkeit.

Die Baumwollfaser (Abb. 2) enthält im Innern einen Markstrang, der vom Samenkorn aus gespeist wurde. Durch Eintrocknen des Marks (Protoplasma) entstehen Spannungsunterschiede, welche die Kräuselung der Faser bedingen. Durch das Eintrocknen des Protoplasmas entsteht außerdem ein Hohlraum, an dessen Wänden die erhärteten Markreste sitzen. Der Hohlraum ist nach der früher am Samenkorn befindlichen Seite geöffnet und wird Lumen genannt. Die Faser wird umschlossen von einer verdichteten Zelluloseschicht, der Zellwand, welche schließlich noch von einer besonders wachshaltigen Haut, der Kutikula, umgeben ist. Die korkenzieherartige

Drehung der Faser ist eine Wachstumserscheinung. Die Trägersubstanz der Faser ist die Zellulose, die den weitaus größten Anteil an der Zusammensetzung der Baumwolle ausmacht. Als Begleitsubstanzen finden wir Baumwollwachse und -fette, Pektine, mineralische Substanzen, Wasser.

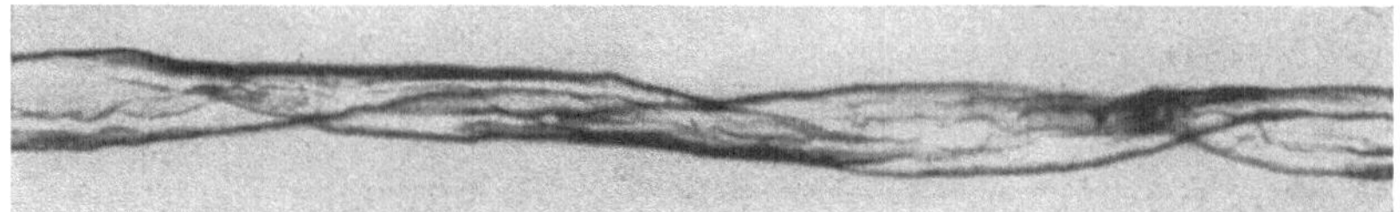

Abb. 2. Baumwollfaser (nach H. REUMUTH).

Färberisch störend wirken sich unreife und tote Baumwollfasern aus. Es handelt sich hier um vorzeitig gepflückte, unausgereifte oder abgestorbene Fasern.

Zusammensetzung der Rohbaumwolle (BOWMAN).

	Indische Baumwolle %	Amerikanische Baumwolle %	Ägyptiche Baumwolle %
Zellulose	*91,35*	*91,00*	*90,80*
Wachs, Öl, Fett	*0,40*	*0,35*	*0,42*
Protoplasma.	*0,53*	*0,53*	*0,68*
Mineralbestandteile	*0,22*	*0,12*	*0,25*
Wasser	*7,50*	*8,00*	*7,85*

Je nach den Wachstumsbedingungen, unter denen die Fasern, auch ein und derselben Sorte, reifen, ist die Zusammensetzung verschieden.

Die Asche der Baumwolle enthält Karbonate, Phosphate, Chloride und Sulfate von Kalium, Kalzium und Magnesium.

Den größten Teil der in der Baumwolle vorhandenen Verunreinigungen bilden die Pektinverbindungen. Pektine sind gelatinierende Substanzen, die in Fruchtsäften reichlich enthalten sind (Fruchtgelee). Sie sind sehr komplexer Natur. Sie bilden Salze mit Metallbasen wie Kalzium-, Magnesium-, Natriumpektate. Auf die gelatinöse Natur des Baumwollpektins kann aus der braunen gallertigen Natur der Beuchlauge geschlossen werden. Wenn rohe Baumwolle mit Natronlauge gebeucht wird, nimmt man an, daß die organischen Pektinverbindungen der Faser gespalten werden und sich Natrium- und Kalziumpektate bilden.

Durch saure Hydrolyse der Pektinsäure $C_{43}H_{62}O_{37} + 10\,H_2O$ *entstehen:*

4 Mol. Galakturonsäure $C_6H_{10}O_7$
2 Mol. Methylalkohol CH_3OH
3 Mol. Essigsäure CH_3COOH

$$CH_2OH$$
$$|$$
1 Mol. Arabinose $(CHOH)_3$
$$|$$
$$CHO$$

1 Mol. Galaktose (aus Milchzucker)

Die natürlichen Farbstoffe sind teilweise an der Faser adsorbiert oder in den Wachsstoffen bzw. in den Pektinen emulgiert. Pektine nehmen energisch Farbstoffe auf.

Wird Baumwolle geschädigt, so kann dies durch einen mechanischen Angriff auf die Struktur der Faser, etwa durch Scheuerung oder Aufspleißung oder durch Entziehung der natürlichen Schutzmittel (Wachse und Öle) geschehen. Viel häufiger erfolgt jedoch ein Eingriff in das Zellulosemolekül, welches entweder gespalten oder aus seinem Verband (Vernetzung) mit den Nachbarmolekülen gelöst wird.

Das Zellulosemolekül

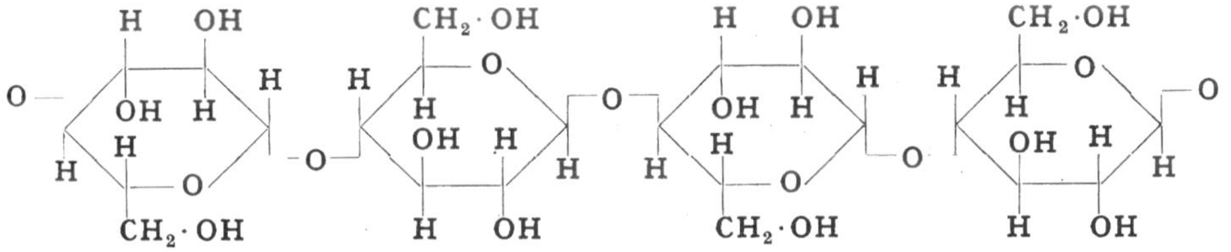

$$\text{CH}_2\cdot\text{OH}$$

ist außerordentlich lang. Es setzt sich aus sehr vielen Sechsringen von folgender Konstitutionsformel zusammen

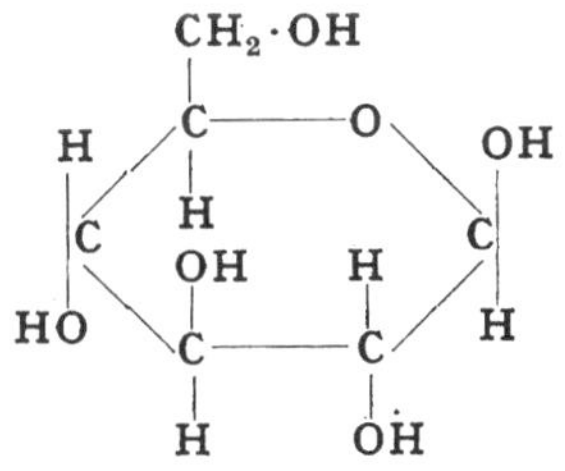

$$\text{CH}_2\cdot\text{OH}$$

Es handelt sich also um Glukosen, die nach dem Typus des Pyrans ein Sechseck mit 5 Kohlenstoffatomen und einem Sauerstoffatom bilden (heterocyclisches Ringsystem). Dieser Baustein der Zellulose wird daher Glukopyranose genannt. Die Zellulose ist somit ein Kohlenhydrat mit einer biosidischen 1,4-Verknüpfung zweier aufeinander folgenden Glukopyranosen (Zellobiose). Die Sauerstoffbrücke dient als „Kittsubstanz", d. h. als die zusammenhaltende Kraft, welche das Zellulosemolekül als ein „Makromolekül" von hohem Polymerisationsgrad erscheinen läßt. Man spricht hier auch von „Fadenmolekülen" oder von „Hauptvalenzketten".

Der Polymerisationsgrad (der „Polygrad") gibt an, wie viele Glukopyranosen (Zuckerringe) im Zellulosemolekül vorhanden sind.

Durch Eingriffe in das Zellulosemolekül läßt sich nicht nur ein stufenweiser Abbau bis zum Zucker durchführen, sondern auch die Vernetzung der einzelnen nebeneinander liegenden Fadenmoleküle lösen.

Die Rolle der Hydroxylgruppen im Zellulosemolekülverband ist wie folgt charakterisiert:

Das Radikal Hydroxyl (—OH) besteht aus 2 Komponenten die sich in ihrem Atomvolumen ganz besonders unterscheiden. Das gegenüber dem kleinvoluminösen Wasserstoffatom riesenhafte Sauerstoffatom hat „Nebenvalenzen" übrig, welche durch das kleine Wasserstoffatom nicht beansprucht werden. Ein Teil dieser labilen Kräfte wird als „van der Waalssche Kräfte" bezeichnet.

Durch ihre hydrophilen Eigenschaften, welche sie infolge ihrer Verwandtschaft zum Wasser (H · OH) besitzen, bedingen die Hydroxylgruppen vor allem eine gute Netzbarkeit und Quellbarkeit der Faser. Außerdem wirken sie wie ein Alkohol (hauptsächlich in der Gruppe —CH₂OH) und können demnach mit Alkalien Salze, mit Säuren Ester bilden.

Die Rolle der Hydroxylgruppe ist damit nicht ausgespielt. Sie kann bei entsprechender Verkettung, insbesondere mit einer Carbonylgruppe auch einen Säurecharakter ausdrücken, der bei der Veredlung oftmals eine deutliche Reaktion zeigt.

Durch die zahlreichen Hydroxylgruppen, welche das Zellulosemolekül enthält, ist eine innige Vernetzung (Verkettung, Querverbindung) der vorwiegend parallel orientierten Fadenmoleküle zu einem wohlgefügten Kristall entstanden.

Im Verlaufe der Textilveredlung treten Kräfte auf, die in der Lage sind, sowohl diese Vernetzung wie auch die Fadenmoleküle selbst anzugreifen. Wir finden dies einerseits in Maßnahmen, welche die OH-Gruppen blockieren, wie auch in solchen, welche die Sauerstoffbrücken des Moleküls zerstören.

A. Die Vorbehandlung der Baumwolle.

1. Das Sengen.

(1) Verfahren: Das Sengen. *Man arbeitet heute vorwiegend mit der Gassenge. Die Gewebe werden schnell über breite Gasflammen gezogen, welche die Aufgabe haben, die von der Oberfläche abstehenden Faserenden zu entfernen. Die Führung der Gewebe über die Gasflammen erfolgt mit Hilfe von Leitwalzen. Nachdem die Ware rechts und links über mehrere Flammen gelaufen ist, passiert sie den Funkentöter, der entweder aus einigen bombagierten Walzen oder besser aus einem Dämpfkasten besteht. Häufig fährt man auch von der Sengmaschine unmittelbar in die Entschlichtungsflotte, so daß sich eine Funkentötung erübrigt. (Abb. 3.)*

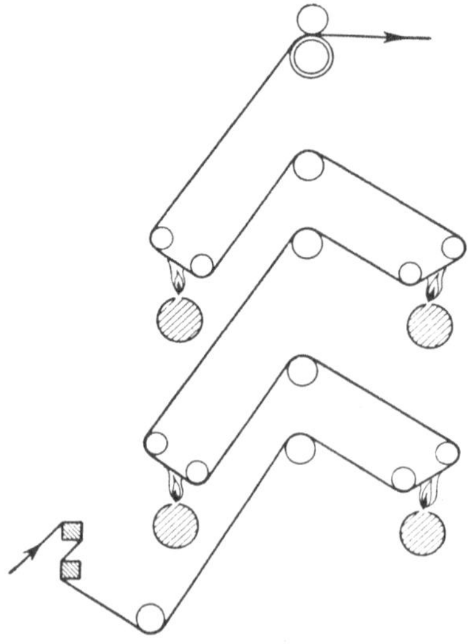

Abb. 3. Gassenge mit 4 Brennern und 1 Funkentöter. Führung des Gewebes für beidseitigen Sengeffekt.

Garne werden gasiert, d. h. auf einer mit verschiedenen Köpfen und Brennern versehenen Maschine z. B. von der Flaschenspule zur Kreuzspule umgewickelt. Dabei passieren sie in senkrechter Richtung die Gasflamme.

Die Kontrolle des Seng- und Gasiereffektes erfolgt durch Betrachten der Fläche oder des Garnes gegen das Licht und durch Feststellung der Abnahme der Zugfestigkeit. Man kann auch die Messung der Oberflächenglätte (vgl. Weichheitsmessung) zur Kontrolle mit heranziehen.

Für Versuche im Laboratorium spannt man das Garn oder das Gewebe waagerecht ein und sengt nun die abstehenden Faserenden durch ziemlich schnelles Hin- und Herbewegen des mit nicht leuchtender Flamme brennenden Bunsenbrenners ab.

2. Das Entschlichten.

Die Vorgänge beim Schlichten und Entschlichten. *Die Schlichte hat die Aufgabe, die Kettfäden eines Gewebes gegen die mechanischen Angriffe auf dem Webstuhl zu schützen. Gewebe, die weiter veredelt werden sollen, müssen von der Schlichte wieder befreit — entschlichtet — werden. Die am meisten gebrauchten Schlichtemittel werden auf der Grundlage mehr oder weniger abgebauter Kartoffelstärke hergestellt. Die moderne Hilfsmittelindustrie strebt jedoch mit gutem Erfolge stärkefreie Schlichtmittel an (Polyvinylalkoholderivate, Kunststoffvariationen, Rübenpektine). In diesem Falle handelt es sich um meist gut wasserlösliche Körper, die im Laufe der Veredlung abgelöst werden. Eine besondere Entschlichtung ist also hier nicht nötig. Man prüft das Rohgewebe durch Betupfen mit Jodjodkaliumlösung auf Stärke. Entsteht ein deutlicher Fleck von blauer Jodstärke, so ist eine Entschlichtung notwendig.*

Sämtliche Entschlichtungsmittel liegen als Enzyme vor, welche in der Lage sind, in wässerigem Medium und bei mittleren Temperaturen Stärken bis zu ihrer löslichen, dünnflüssigeren Modifikation abzubauen. Man unterscheidet

Malzdiastatische Entschlichtungsmittel: Diastafor u. dgl.
Pankreasdiastatische Entschlichtungsmittel: Degomma u. dgl.
Bakterienenzymatische Entschlichtungsmittel: Biolase u. dgl.

Diese Enzyme sind diastatische Fermente, wasserlösliche eiweißartige Substanzen. Sie finden sich in keimendem Samen, z. B. in keimender Gerste (Malzamylase), in der Bauchspeicheldrüse (Pankreas) und in gewissen Pilzen. Der Angriff der Enzyme auf die Stärke erfolgt durch eine hydrolytische Spaltung. Verbindungen von Stärke oder deren Abbauprodukten mit Enzymen wurden noch nicht beobachtet.

(2) Verfahren: Malzdiastatische Entschlichtung. Man legt die Ware 6—8 Stunden oder über Nacht in einen Bottich, der eine 0,2proz.

wässerige Diastaforlösung enthält. Die Temperatur wird zu Anfang auf 60—70° C gehalten. (Optimaler p_H-Wert: 4,6—5,2 [H. RATH].)

Oder: die Ware wird auf einem Foulard mit einer 0,4proz. wässerigen Lösung von Diastafor geklotzt und nun 6—8 Stunden oder über Nacht liegen gelassen (zudecken).

Hierauf wird die Ware auf der Strangwaschmaschine gewaschen. (Methode für Schwergewebe.)

(3) Verfahren: Pankreasdiastatische Entschlichtung. Man arbeitet auf dem Jigger und wählt ein Flottenverhältnis von 1 : 4. Das vorher kalt gelöste Entschlichtungsmittel setzt man mit 0,2—0,4% vom Warengewicht zu. Die Flottentemperatur soll 50—55° C betragen. (Schnellmethode für leichtere Gewebe.) (Optimaler p_H-Wert: 6,8 [H. RATH].)

(4) Verfahren: Bakterienenzymatische Entschlichtung. Das Verfahren entspricht der Vorschrift 2. Man benötigt etwas mehr Entschlichtungsmittel (0,5—0,7%). Auch darf die Temperatur stärker variieren. (Optimaler p_H-Wert: 5,4—7,0 [H. RATH].)

Nach 3—4 Passagen läßt man die Ware eine Stunde lang aufgedockt oder getafelt liegen und spült nun kräftig. Schwach geschlichtete Ware kann sofort nach dem Passieren gewaschen werden. Alkalien stören den geregelten Ablauf der Entschlichtung.

(5) Untersuchung: Prüfung auf Entschlichtung. Mit einer Jodjodkalilösung (1 g Jod und 5 g Kaliumjodid zu 500 ccm Wasser) wird die Ware betupft. Entsteht schnell ein dunkelblauer Fleck, so ist die Entschlichtung unvollständig. Es darf höchstens ein langsam erscheinender hellblauer Fleck entstehen.

Wurde die Stärke, was selten der Fall ist, völlig entfernt, so entsteht der übliche gelbe Jod-Fleck. Braunrote Flecken deuten das Vorhandensein von Dextrin u. dgl. an. Es wurde in diesem Falle also mangelhaft gewaschen.

(6) Versuch: Vergleichende Entschlichtungsversuche. Material: Baumwollrohgewebe mit Stärkeschlichte. An den drei genannten Typen von Entschlichtungsmitteln ist die Entschlichtungsgeschwindigkeit zu untersuchen.

1. Man stellt von jedem der zu untersuchenden Produkte mit destilliertem Wasser bei Laboratoriumstemperatur eine Lösung 1 : 100 her und entschlichtet nun jeweils 10 g des Rohgewebes mit 2 ccm der Enzymlösung bei einem Flottenverhältnis von 1 : 10, d. h. man legt die genau gewogenen 10 g Gewebe in eine Flotte von 98 ccm destilliertem Wasser und 2 ccm Enzymlösung. Es·wurden also an Entschlichtungsmittel

0,2% vom Warengewicht zugegeben. Die Temperaturen werden im Thermostat wie folgt angesetzt:

Für das malzdiastatische Produkt:	62° C
für das pankreasdiastatische Produkt:	52° C
für das bakterienenzymatische Produkt	62° C

Nach 10, 20, 40, 80 und 300 Minuten werden an sehr kleinen Kettfadenteilen, die abgeschnitten, gespült und auf Filtrierpapier gelegt werden, die Jodproben vorgenommen.

2. Jeweils 100 g des Rohgewebes werden wie unter 1 bis zur Dauer von 80 Minuten entschlichtet, gespült, getrocknet und nun zur Entfernung der Fette, Wachse usw. extrahiert, aus dem Feuchtigkeitsexsikkator gewogen und nun zusammen in einer 2proz. wässerigen Lösung von Diastafor bei 60° C 10 Stunden lang im Thermostat behandelt. Nach gründlichem Spülen, Trocknen und Auslegen im Feuchtigkeitsexsikkator wird nun wieder gewogen. Der Gewichtsunterschied ergibt annähernd die Restmengen an Schlichte, welche nach der ersten Entschlichtung auf dem Gewebe verblieben sind.

3. Es ist nach 1 die Entschlichtungsgeschwindigkeit bei verschiedenen p_H-Werten (z. B. 5, 6, 7, 8) zu untersuchen.

4. Es ist das Entschlichtungsoptimum bei verschiedenen Flottentemperaturen zu untersuchen a) nach der Geschwindigkeit, b) nach dem Grad der Entschlichtung.

Feuchtigkeitsexsikkator: Einen Exsikkator füllt man mit einer gesättigten Ammoniumnitratlösung (Bodensatz) auf. Dadurch erhält man eine konstante Luftfeuchtigkeit von 65%.

3. Das Beuchen.

Das Wesen der Beuche. *Unter „Beuchen" versteht man ein Kochen der Baumwolle mit verdünnten Alkalien unter Druck. Man läßt die zum Kochen gebrachte Beuchflotte — durchweg eine 0,3proz. Natronlauge — im Beuchkessel durch die eingepackte Ware hindurchzirkulieren. Die Beuchtemperaturen liegen stets über 100° C, da die Beuche bei einem Druck von mindestens 1 atü (häufig wesentlich höher) durchgeführt wird.*

Der Zweck des Beuchens besteht einesteils darin, die vielen Verunreinigungen der Rohbaumwolle zu beseitigen. So zerfallen die Samenschalen, die Pektine werden gelöst, Fette und Wachse werden verseift und emulgiert, natürliche Farbstoffe werden meist zusammen mit den Pektinen abgelöst. Andernteils entfernt die Beuche auch die beim Spinnen und Weben auf die Ware gelangten Verschmutzungen und die restlichen Schlichtemittel. Die ganze Ware befindet sich nach der Beuche im Zustande hoher Quellung. Sie ist also für die nachfolgende Veredlung aufgelockert und vorbereitet.

Das Problem der Beuche liegt in einer größtmöglichen Reinigung unter weitgehender Erhaltung des Baumwollwachses.

(7) Verfahren: Das Beuchen der Baumwolle. Die Baumwolle wird in den Kessel (Abb. 4) gepackt und nun wie folgt „gebeucht":

0,3proz. Natronlauge,
1—4 atü,
4—8 Stunden,
Flottenverhältnis 1 : 10,
evtl. Zusatz eines Netzmittels.

Der Kessel darf zur Verhinderung von Oxyzellulosebildung erst nach dem Abkühlen geöffnet werden. Man läßt deshalb in den geschlossenen Kessel so viel kaltes Wasser nachlaufen, als es das Ablassen der heißen Beuchflotte gestattet. Nach dem Beuchen wird gewaschen. Häufig wird auch noch abgesäuert.

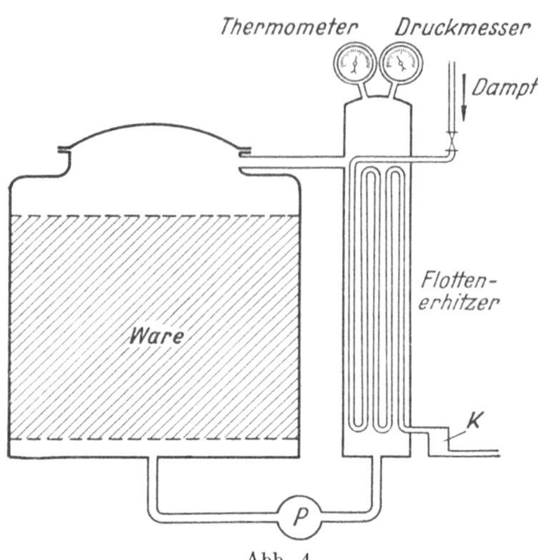

Abb. 4.
Beuchkessel. (Baumaterial: Eisen. Pumpenantrieb durch direkt gekuppelten Elektromotor.)

(8) Versuch: Beuchen im Laboratorium. Man bringt 20 g rohes Baumwollgarn oder -gewebe in einen Erlenmeyerkolben und überdeckt die Ware mit 200 ccm 0,3proz. Natronlauge (Flottenverhältnis 1 : 10). Durch Einstellen von Glasstäben wird die Ware auf dem Boden des Gefäßes festgehalten, so daß der Siededruck eine gewisse Angleichung an den Druck im Beuchkessel bringt. Die Beuchdauer wird zweckmäßig verschieden gewählt und zwar 30, 60, 120 und 240 Minuten. Hierauf wird zuerst heiß und dann kalt gespült. Das Absäuern der Proben erfolgt mit 1 ccm/l Salzsäure, wobei häufig eine Aufhellung zu beobachten ist. Dies ist nur eine scheinbare Bleichwirkung, da die pektinsauren Salze gelb bis braun, die Pektinsäuren selbst nahezu farblos sind. Man sieht diese Erscheinung deutlicher, wenn man in einem Reagenzglas eine Probe der Beuchflotte ansäuert. Es tritt eine sofortige Aufhellung ein. Nach dem Säuern wird wieder gespült.

Die Beuchflotten für Baumwollen mit gutem Rohglanz sind mit weichem oder enthärtetem Wasser anzusetzen, ebenso die Spülbäder. Lediglich das Säurebad und das darauffolgende Spülbad können hartes

Wasser enthalten. Die Proben werden nun getrocknet, im Feuchtigkeitsexsikkator auf Gewichtskonstanz gebracht und der Extraktion unterzogen.

**(9) Untersuchung: Feststellung des Wachs- und Fettverlustes beim
Beuchen.** Die Beuche soll nur soweit getrieben werden, daß eine Entfernung der Schalenreste stattfindet, jedoch möglichst viel des Wachsge-
haltes erhalten bleibt. Eine völlig von Fett- und Wachskörpern ent-
blößte Baumwolle wird spröde und wenig verschleißfest.

Man wiegt 20 g der zu untersuchenden Baumwolle im Wägeglas ab,
bringt die Probe bis zur Gewichtskonstanz in den Feuchtigkeitsexsikkator und extrahiert hierauf mit Alkohol und Äther im Soxhlet-Apparat

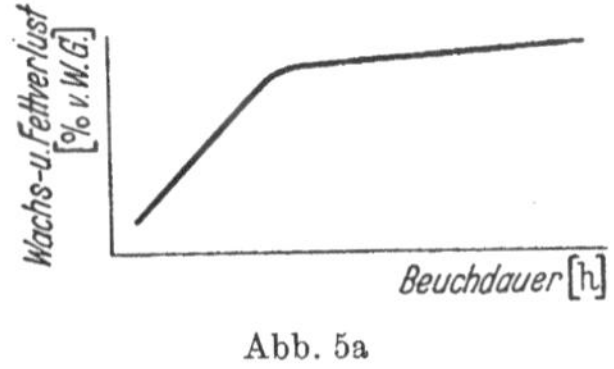

Abb. 5a

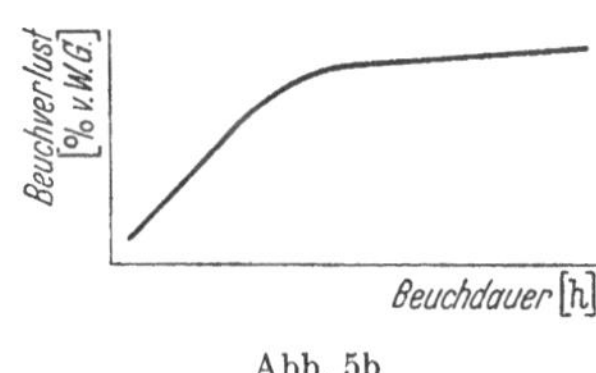

Abb. 5b

(2 Stunden). Hierauf wird die Probe bei 90° C getrocknet, im Wägeglas
und Feuchtigkeitsexsikkator gewichtskonstant gemacht und zurückgewogen. Als Gegenkontrolle destilliert man das Lösungsmittel ab und
wiegt den Rückstand.

Die Berechnung erfolgt in beiden Fällen prozentual auf die extra-
hierte Probe, also im ersten Versuch:

$$\text{extrahierte Probe: Differenz} = 100 : x,$$
$$\text{in der Gegenkontrolle:}$$
$$\text{extrahierte Probe: Rückstand} = 100 : x,$$

wobei x jeweils den Prozentgehalt des Beuchverlustes darstellt und übereinstimmen muß.

Diesen Extraktionsversuch führt man sowohl mit der Rohbaumwolle,
wie auch mit der gebeuchten Ware durch. Durch verschieden lange
Beuchzeiten (2, 4, 6, 8, 16 Stunden) erhält man verschieden starke
Wachsverluste, die in einer Kurve dargestellt werden. (Abb. 5a.) Mit
Hilfe des gleichen Versuches kann der gesamte Beuchverlust dargestellt
werden, indem man die Wägeergebnisse vor dem Extrahieren in ein
Koordinatensystem einträgt (Abb. 5b). Die Beuchverluste schwanken
zwischen 1,2 und 3,6% vom Warengewicht (W.G.).

**(10) Versuch: Ermittlung der Veränderungen von Zug- und Ver-
schleißwiderstand durch Beuchen.** Man beucht einen Baumwollzwirn
(100/2 oder 30/3 oder 60/3) unter verschiedenen Bedingungen wie im

Versuch (8) beschrieben. Die gebeuchten Proben unterwirft man nun den Messungen der Zugfestigkeit einerseits und des Verschleißwiderstandes andererseits. Das Ergebnis geht oftmals dahin, daß ein starker Wachsverlust zwar die Zugfestigkeit verbessert, jedoch den Verschleißwiderstand vermindert. So sind z. B. bei einem Makogarn folgende Werte ermittelt worden:

Makogarn	Zug-festigkeit g	Verschleiß-widerstand
roh (mit Wachs)	423	980
extrahiert (ohne Wachs) .	470	840

(11) Untersuchung: Messung der Zugfestigkeit. Die Zugfestigkeitsmessungen werden auf Festigkeitsprüfern vorgenommen (Abb. 6). Der

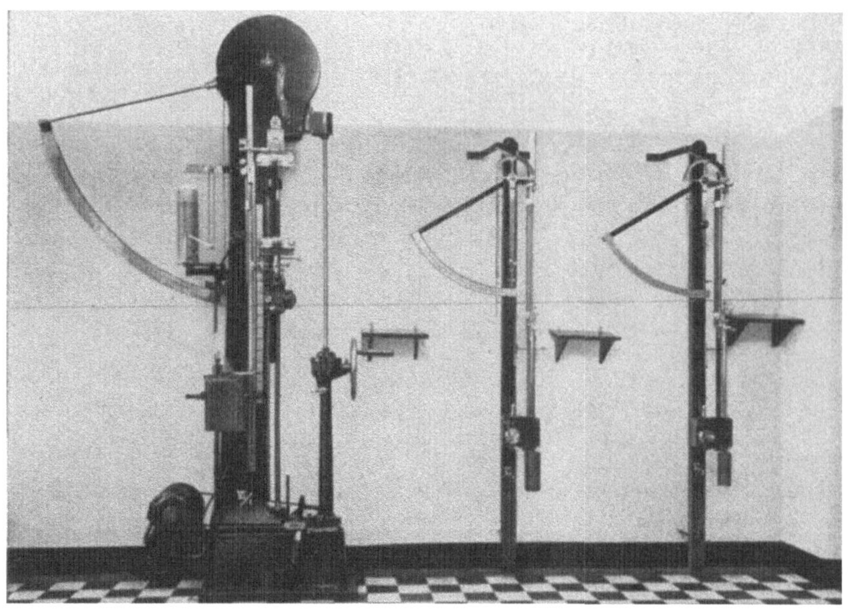

Abb. 6. Zugfestigkeitsprüfer (Dynamometer). Links: Apparat für Gewebestreifen mit Aufschreibung des Dehnungsdiagrammes. Antrieb elektrisch. Mitte und rechts: Apparate für Garne mit Schwerkraftmotor.

zu untersuchende Faden (Gewebestreifen) wird zwischen zwei Klemmen von festgesetztem Abstand eingespannt. Als Vorbelastung dient das 100-Metergewicht des Garnes bzw. das 10-Metergewicht bei Gewebestreifen. Die Unterklemme wird durch einen Elektromotor (oder durch Schwerkraftmotor oder durch Wasserdruck) mit einer bestimmten Geschwindigkeit nach unten bewegt. Dadurch wird auf den Faden ein

Zug ausgeübt, der sich auf einen Hebel überträgt, dessen Zeiger die jeweilige Belastung auf einer Skala anzeigt. Die Dehnung, die der Faden aufweist, kann auf einer anderen Skala abgelesen werden. Die Zerreißdauer soll bei Garnen etwa 20 Sekunden, bei Gewebestreifen etwa 60 Sekunden betragen. Aus den abgelesenen Einzelwerten (20—30) errechnet man den Mittelwert für die Zugfestigkeit und die Dehnung. Als Maß für die Zugfestigkeit der Garne wird häufig ihre kilometrische Reißlänge angegeben. Diese gibt die Länge an, bei der ein Faden durch seine Eigenbelastung reißt. Man errechnet sie aus der Zugfestigkeit und der metrischen Nummer. Die metrische Nummer gibt an, wieviel 1000 m auf 1 kg gehen. $\mathrm{Nm} = \dfrac{\text{Länge (m, mm)}}{\text{Gewicht (g, mg)}}$

Kilometer Reißlänge = Nummer metr. $\times$ Zugfestigkeit. Bei Geweben errechnet sich die Reißlänge nach folgender Formel:

$$\mathrm{Rkm} = P \cdot \frac{1000}{Gq \cdot b},$$

wobei P die Bruchlast in kg bedeutet, Gq das Gewebegewicht in g pro m² und b die Streifenbreite in mm. Die Streifenbreite ist bei gewalkten Tuchen 90 mm, bei Geweben 50 mm, die Einspannlänge bei Garnen 500 mm, bei Geweben 300 mm. Um vergleichende Messungen in der Reißfestigkeit und Dehnung ausführen zu können, ist es erforderlich, die Reißversuche stets unter den gleichen Bedingungen durchzuführen. Die rel. Luftfeuchtigkeit muß 65% sein.

Relative Luftfeuchtigkeit (W. OESER). Die absolute Feuchtigkeit ist die Wassermenge m in g die in 1 m³ Luft enthalten ist. Führt man weiter Wasser zu, so erreicht man den Taupunkt, das Wasser schlägt sich dann tropfenförmig nieder, die Luft ist gesättigt. Als relative

Grad Celsius	g/m³ Wasser	Grad Celsius	g/m³ Wasser
— 20	0,90	+ 20	17,3
— 15	1,41	+ 21	18,3
— 10	2.17	+ 22	19,4
— 5	3,27	+ 23	20,6
0	4,84	+ 24	21,8
+ 5	6,81	+ 25	23,1
+ 10	9,41	+ 26	24,5
+ 11	10,0	+ 27	25,8
+ 12	10,7	+ 28	27,3
+ 13	11,4	+ 29	28,8
+ 14	12,1	+ 30	30,4
+ 15	12,8	+ 32	33,5
+ 16	13,7	+ 34	37,2
+ 17	14,5	+ 36	41,3
+ 18	15,4	+ 38	45,8
+ 19	16,3	+ 40	50,7

Luftfeuchtigkeit bezeichnet man das Verhältnis der Wassermenge m, die in 1 m³ Luft enthalten ist, zur Wassermenge M, die bei Sättigung bei gleicher Temperatur in der gleichen Luftmenge enthalten· sein könnte.

$$\text{Relative Luftfeuchtigkeit} = \frac{m}{M}.$$

Der Feuchtigkeitsgehalt bei Sättigung ist bei verschiedenen Temperaturen verschieden. Er nimmt mit steigender Temperatur zu.

Die relative Luftfeuchtigkeit wird in % angegeben. Ist z. B. die vorhandene Wassermenge 13 g/m³ bei einer Raumtemperatur von 22° C, so ist die relative Feuchtigkeit $\frac{13,0}{19,4} : 100 = 67\%$.

(12) Untersuchung: Messung der Verschleißfestigkeit nach MECHEELS. Für Einzelfäden, Garne und Zwirne benutzt man den Apparat zur Mes-

Abb. 7a. Apparat zur Bestimmung des Verschleißwiderstandes von Garnen und Einzelfasern.

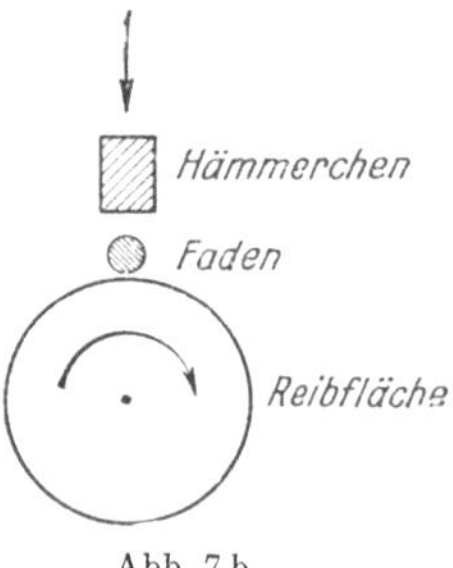

Abb. 7 b.
Schema des Apparates
zur Bestimmung des
Verschleißwiderstandes.

sung des Verschleißwiderstandes (Abb. 7a). Der Faden wird quer zu dem sich sehr langsam drehenden Reibrad gespannt und zwar so, daß er die Peripherie des Rades eben noch nicht berührt. In regelmäßigen Abständen schlägt ein im Gewicht regelbares Hämmerchen auf den Faden, deformiert ihn (Schlag), drückt ihn eine Zeitlang auf das Reibrad (Scheuerung) und hebt sich nun wieder ab (Erholung). Bei diesem Vorgang kann sich der Faden zwischen Hämmerchen und Reibrad bewegen, da er nur an dem einen Ende fest eingespannt, am anderen, aber mit einem Klemmgewicht belastet ist. Gemessen wird die Zeit, nach welcher der Prüfling durchgescheuert ist. Die Verschleißzahl ist der Mittelwert aus 20 Einzelmessungen.

Zur Ermittlung des Verschleißwiderstandes von Geweben dient das Rundscheuergerät nach HERZOG und GEIGER, welches von der Firma Schopper gebaut wird. Hierbei wird eine kreisförmige Gewebeprobe andauernd in drehendtaumelnder Bewegung gehalten, so daß jeweils nur ein kleines Stück durch die mit einer bestimmten Vorspannung belastete Reibfläche (Norm-Scheuer-Papier) gescheuert wird. Das Maß für den Verschleißwiderstand wird einmal durch die Zahl der Gesamtumdrehungen des Einspannkopfes ausgedrückt, zum andern stellt man den Gewichtsverlust der Probe durch das Scheuern fest (Mittelwert aus 5 Versuchen).

(13) Untersuchung: Bestimmung der Zerplatz- oder Berstfestigkeit von Geweben. (Berstdruckprüfung.) Der Berstdruck wird auf dem Berstdruckprüfer nach SCHOPER-DALÉN gemessen. (Mittel aus 5 Versuchen.) (Abb. 8.) Zu diesem Zwecke wird ein rundes Gewebestück in der Größe von 100 cm² glatt über einer Gummimembrane unter einer Glocke fest

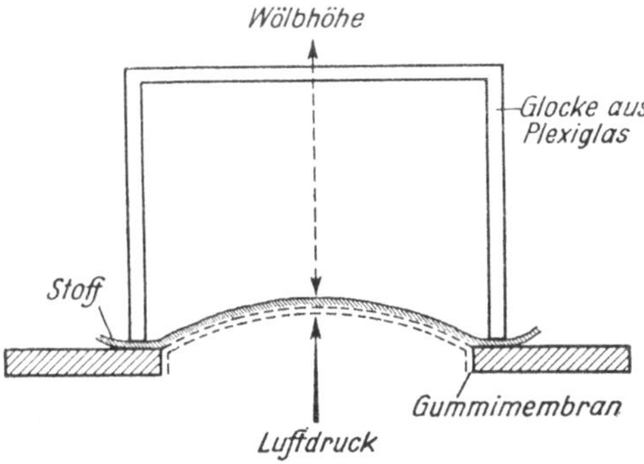

Abb. 8. Schema des Berstdruckprüfers.

eingespannt. Dann läßt man von unten her Preßluft gegen die Probe drücken und mißt sowohl die Wölbhöhe als auch den Druck, der nötig ist, um das Gewebe zum Platzen zu bringen. (Berstdauer ca. 20 sek.) Wichtig ist aber auch die Beurteilung des Berstbildes.

Im allgemeinen wird das Gewebebild überwiegend vom Schußfaden bestimmt. Ein Berstbild nach Abb. 9a zeigt, daß für die Gebrauchstüchtigkeit des Gewebes die Kette zu schwach eingestellt war. Umgekehrt (seltenerer Fall) kann auch nur das Schußmaterial platzen (Abb. 9b). Richtig ist das Berstbild nach Abb. 9c, in welchem Kette und Schuß ungefähr gleich platzen. (Triangelbildung.) Durch Behandlung in der Veredlung, z. B. übermäßiges Strecken bei der Mercerisation oder zu starkes Einwalken von Kette oder Schuß, können ungünstige Veränderungen gemäß 9a und 9b eintreten. Das Bild kann sich aber auch verschlechtern, wenn infolge übermäßigen Einwalkens die Wölbhöhe nicht ausreicht, um z. B. die zu stark eingewalkte Kette so anzuspannen, wie den normal eingewalkten Schuß.

In manchen Fällen empfiehlt es sich, Berstdruckprüfung und Verschleißwiderstand zu kombinieren. Man scheuert die zu vergleichenden Gewebe oder Tuche leicht an und führt hierauf die Berstdruckprüfung durch. Manchmal zeigt sich dabei eine durch die Veredlung hervorgerufene Störung des Gleichgewichtes zwischen Kette und Schuß.

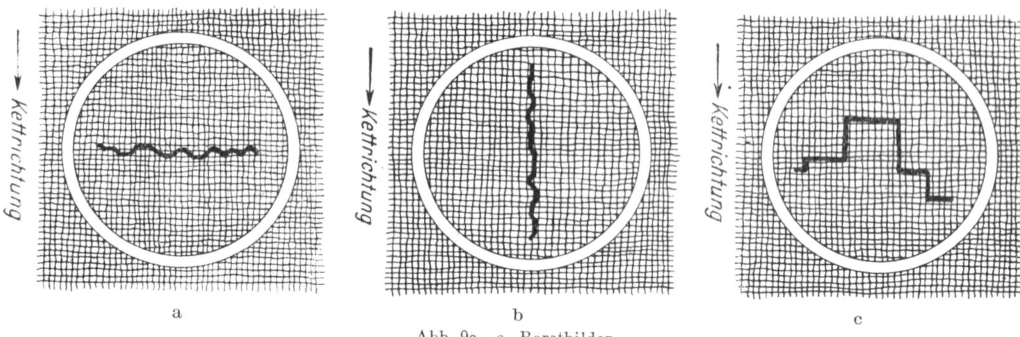

Abb. 9a—c. Berstbilder.

(14) Versuch: Feststellung des Glanzrückganges durch Beuchen an einem Makozwirn (100/2). Man beucht den Zwirn unter verschiedenen Bedingungen und unterwirft ihn dann der Glanzmessung auf dem Stufenphotometer. Die Glanzverluste können wesentlich sein. Das Verfahren, welches den Glanz am besten erhält, wird ermittelt.

(15) Untersuchung: Glanzmessung mit dem Zeißschen Stufen-Photometer nach Pulfrich. (Abb. 10.) Vor jeder Messung muß zunächst die Stupholampe auf die Wippe des Photometers gerichtet werden. Das zu beobachtende, pünktlich auf ein mattschwarzes Kärtchen gewickelte Garn ist auf der rechten Seite der Wippe eingespannt. Auf der linken Seite befindet sich die Barytplatte. Die beiden Meßtrommeln werden auf 100 eingestellt, die Glanzwippe auf 0 Grad, d. h. horizontal. Im Okular sieht man nun zwei verschieden helle Halbkreise. Diese werden auf gleiche Helligkeit gebracht; dazu muß die Meßtrommel auf der Seite gedreht werden, auf der sich das hellere Objekt, in diesem Fall die Barytplatte befindet. Die dabei erhaltene Zahl h_0 ($\delta = 0^\circ$) wird notiert. Nun wird die Wippe auf 10° eingestellt, dann wiederum an der linken Meßtrommel (vom Beobachter aus gesehen) solange gedreht, bis gleiche Helligkeit der beiden Halbkreise erreicht ist. Durch Ablesung auf der

Meßtrommel bekommt man eine Zahl h' ($\delta = 10°$). Auf die gleiche Weise werden die Messungen bei 20° und 30° vorgenommen, stets muß die linke Meßtrommel verändert werden, während die rechte auf 100 eingestellt bleibt. Die so gefundenen Werte gelten nur für eine einzige Richtung des Garnmusters. Um Durchschnittswerte zu erhalten, muß das Garnmuster in seiner horizontalen Ebene um je 30° gedreht werden. Die 1. Ablesung wäre z. B. bei 0°, die 2. bei 30°, die 3. bei 60° und schließlich die 6. Ablesung bei 150° vorzunehmen. Für jede dieser Stellungen müssen die Zahlenwerte, wie vorher beschrieben, ermittelt werden.

Aus nachstehendem Beispiel ist der Gang der Bestimmung und die Ermittlung der Glanzzahl ersichtlich.

Bei drei verschiedenen Kippwinkeln und sechs verschiedenen Horizontalstellungen der Garnprobe wurden folgende Zahlen ermittelt:

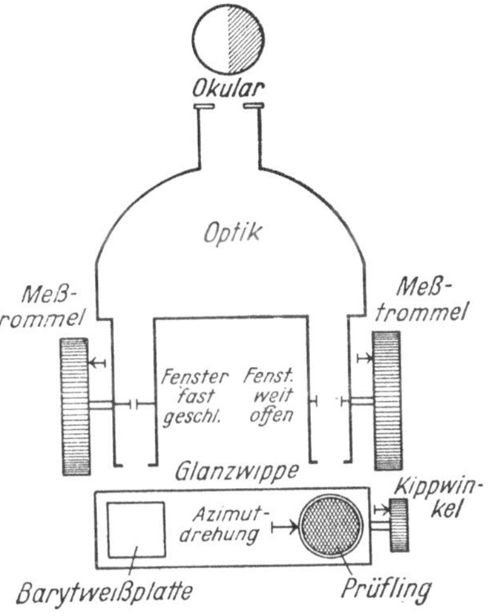

Abb. 10.
Stufenphotometer mit Glanzwippe.

	I.	II	III.	IV.	V.	VI.
a) $\delta = 0°$	0,258	0,298	0,425	0,381	0,324	0,271
b) $\delta = 10°$	0,382	0,361	0,410	0,407	0,370	0,347
c) $\delta = 20°$	0,415	0,390	0,380	0,409	0,414	0,426
d) $\delta = 30°$	0,398	0,363	0,390	0,410	0,400	0,399

Die Ermittlung der Glanzzahl erfolgt mit Hilfe des von der Abteilung Farbforschung am Deutschen Forschungsinstitut für Textilindustrie Dresden herausgegebenen Nomogramms zur Ermittlung der Glanzzahl aus den Messungen am Stufenphotometer nach A. Klughardt (Abb. 11). Sie wird nun in der Weise durchgeführt, daß man in den einzelnen Horizontalstellungen (I—VI) jeweils die verschiedenen Kippwinkel ins Verhältnis zur Grundstellung stellt und aus den so erhaltenen 18 Werten das Mittel errechnet.

Die Grundstellung, also der Wert von $\delta = 0°$ wird im Nomogramm auf der Skala P_0 abgelesen (Ablesung über dem Normalweiß), die Kippstellung, also die Werte von $\delta = 10, 20$ oder $30°$, auf der Skala P. Zieht man durch diese beiden Punkte eine Gerade (Lineal), so trifft diese die Glanzzahl in Skala G. Dem mit 10 multiplizierten Mittel aus diesen Werten addiert man 10.

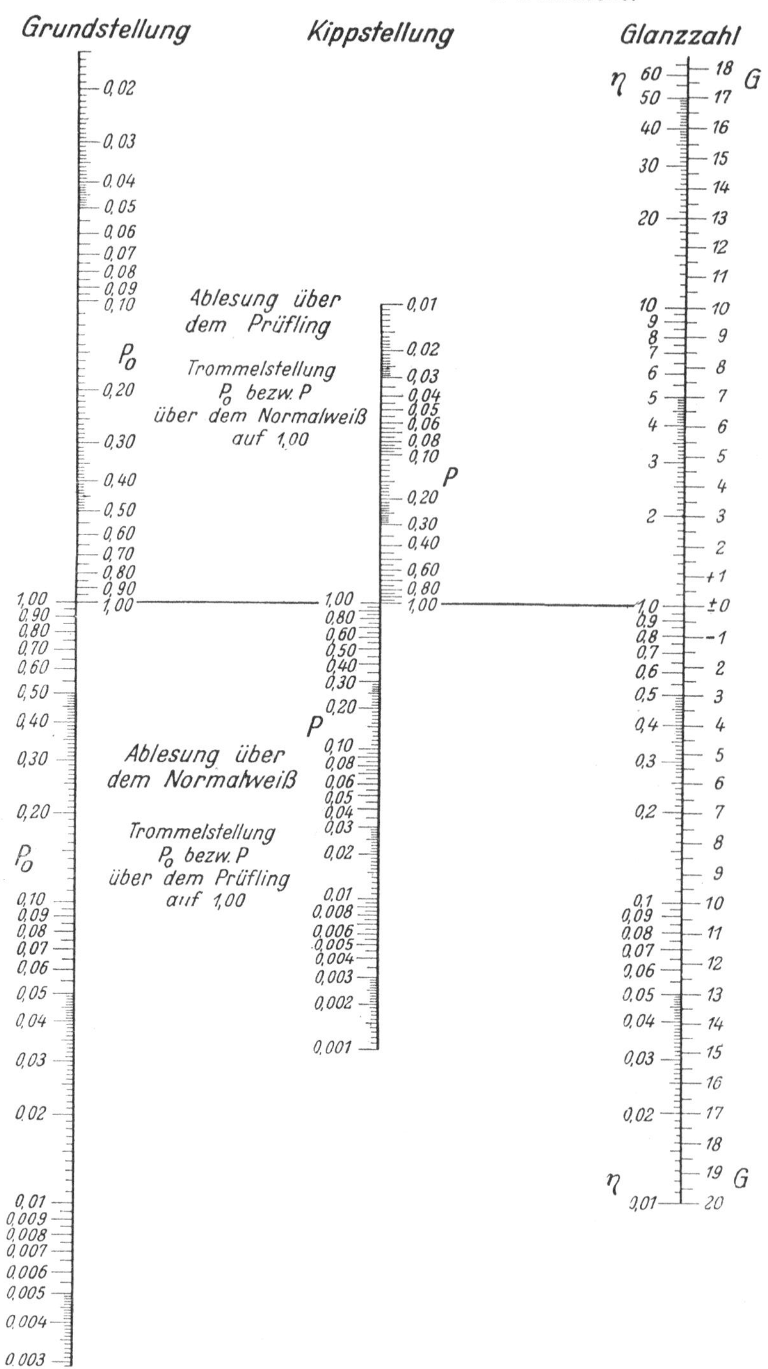

Abb. 11. Nomogramm zur Ermittlung der Glanzzahl aus den Messungen am Stufenphotometer. Die Abb. in Originalgröße ermöglicht eine genaue Ablesung.

Aus obenstehenden Ablesungen wurden nun folgende Werte ermittelt:

	I	II	III	IV	V	VI
$\delta_0 = \delta_{10}$ . .	$-1,8$	$0,9$	$-0,2$	$0,3$	$0,6$	$1,0$
$\delta_0 = \delta_{20}$ . .	$-2,0$	$1,1$	$-0,5$	$0,4$	$1,1$	$1,9$
$\delta_0 = \delta_{30}$ . .	$-1,9$	$0,9$	$-0,4$	$0,4$	$0,9$	$1,7$

Summe: . . $16,9 - 1,1 = 15,8$
Mittel:. . . $15,8 : 18 = 0,89 \cdot 10 = 8,9$
$+ 10 = 18,9$
Glanzzahl: $18,9$

B. Die Mercerisation der Baumwolle.

Begriffsbestimmung der Mercerisation. *JOHN MERCER fand im Jahre 1840, daß Baumwolle in starke Natronlauge gebracht, schrumpft. THOMAS und PRÉVOST wiesen im Jahre 1900 nach, daß dann auf der Baumwolle ein starker waschfester Glanz eintritt, wenn diese Schrumpfung durch maschinelle Mittel verhindert wird.*

Unter Mercerisation versteht man die Behandlung von Garnen und Geweben aus Baumwolle mit starker Natronlauge unter gleichzeitigem Spannen oder Strecken.

Der Glanzeindruck entsteht durch die grundlegende Änderung der Struktur der Oberfläche der Baumwollfaser. (Glänzende Flächen zerstreuen das

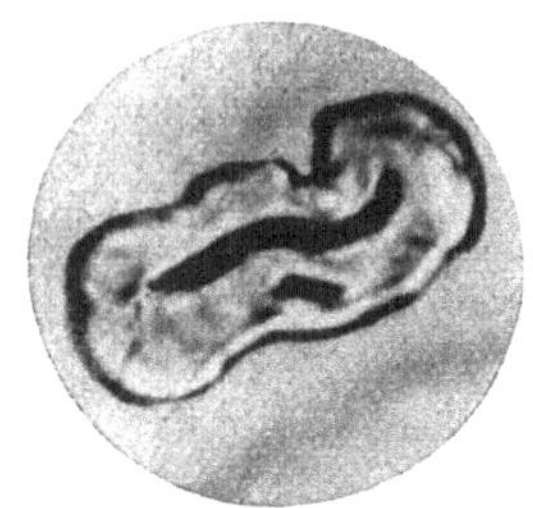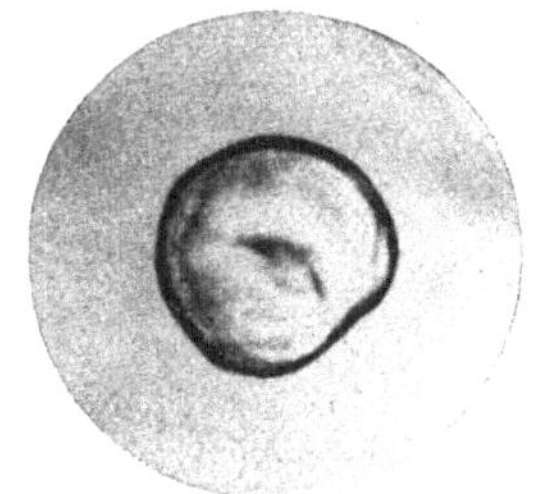

Abb. 12. Nicht mercerisierte und mercerisierte Baumwollfaser im Querschnitt (H. REUMUTH).

auf sie fallende Licht nicht diffus, sondern lassen es in zusammengefaßten Strahlenbündeln in das Auge des Beobachters gelangen.) Die in der Lauge stark quellende Faser wird gespannt. Dadurch erfolgt eine Glättung der Oberfläche unter gleichzeitiger Abrundung im Querschnitt (Abb. 12). Die glatte Oberfläche ergibt den Glanzeindruck.

Die Behandlung von Baumwolle in Natronlauge ohne das für den Mercerisiervorgang charakteristische Strecken nennt man „Laugen“ oder „Laugieren“. Die Vorgänge bei der Quellung sind so lange nicht eindeutig zu erklären, als man sich über den inneren Aufbau der Baumwolle und der Zellulosemolekülkomplexe noch nicht im klaren ist.

In Anlehnung an die STAUDINGERschen Arbeiten über den Bau der Zellulose und die NAEGELIsche Micellartheorie zeigt sich folgendes Bild:

Gleich orientierte, also längs der Faser parallel gelagerte Hauptvalenzketten schließen sich zu geordneten Gitterbereichen bestimmter Dimensionen zusammen. Diese Gitterbereiche bezeichnet man als Micellen oder auf Grund ihrer kristallinen Struktur als Kristallite. Jede Micelle umfaßt bündelförmig eine größere Anzahl von Hauptvalenzketten, während die einzelnen Fadenmoleküle in der Länge über die Kristallite herausragen, so daß sie mehreren Gitterbereichen angehören. Die Räume zwischen den einzelnen Micellen bezeichnet man als intermicellare Zwischenräume. Durch Zusammenschluß mehrerer Micellen bilden sich die sogenannten Mikrofibrillen, welche von Kanälen, den submikroskopischen Kanälen, umgeben sind.

Beim Naßwerden der Faser tritt nun zunächst eine Breitenquellung ein, wobei die Faserlänge verkürzt werden kann. Gleichzeitig findet aber auch eine Desorientierung statt, was eine Festigkeitsminderung zur Folge hat. Um dies einigermaßen zu vermeiden, ist eine gleichzeitige Streckung erforderlich, was z. B. bei der Mercerisation der Fall ist. Am stärksten quillt die intermicellare Substanz, welche als Kittsubstanz für die häufig überhaupt nicht quellenden Micellen anzusprechen ist. Es gibt jedoch auch Quellmittel (z. B. Salpetersäure), welche sogar die Micellen, d. h. die gesamte Faser zum Quellen bringen. Man ersieht, daß die Quellungsvorgänge Stufen teilweiser bis ganzer Auflösung darstellen.

Bei der Weichmachung von Textilien wird die Quellung der intermicellaren Substanz zur Einlagerung von Schmierkörpern oder von hygroskopischen Mitteln zur Aufrechterhaltung höherer Quellungsstufen benutzt (nasse Textilien sind meistens weicher als trockene).

(16) Verfahren: Die Mercerisation. Die gebeuchten, genetzten (oder auch rohen) Baumwollwaren werden auf der Mercerisiermaschine (Abb. 13 u. 14) in Natronlauge getaucht, gespannt und nun mit heißem und kaltem Wasser gespült. Zur Entfernung der letzten Laugenmengen wird schließlich noch gesäuert:

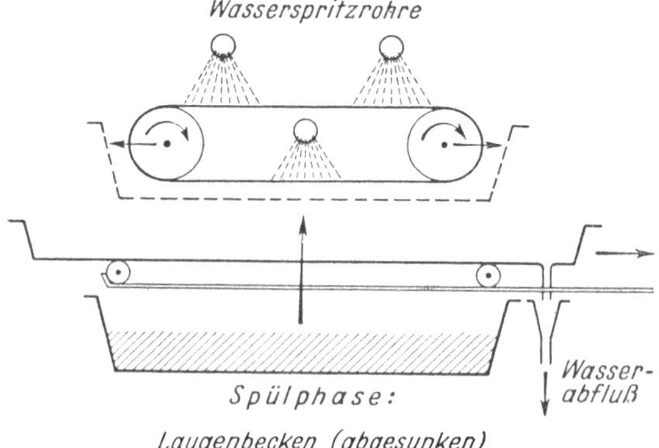

Abb. 13. Garnmercerisierautomat (Auflegen, Spannen, Eintauchen, Entspannen, Spannen, Austauchen, Spülen, Entspannen, Abnehmen).

Gang des Verfahrens:

Sengen (Stück) bzw. Gasieren (Garn)

Entschlichten (nur bei Stückware)

Kochen ohne Alkali (unter Druck)
oder heiß mit Nekal netzen

Spülen, säuern (1 ccm/l Schwefelsäure), spülen

Entwässern (Wasserkalander oder Zentrifuge)

Mercerisieren:
Laugenkonzentration: 27—30° Bé
Laugentemperatur: möglichst kalt bis 18° C
Eintauchdauer: 50—70 sec
Spannung: 2—5% über Rohmaße.

Heiß und kalt spülen

Säuern (Salzsäure 2 ccm/l)

Spülen oder Waschen

Entwässern.

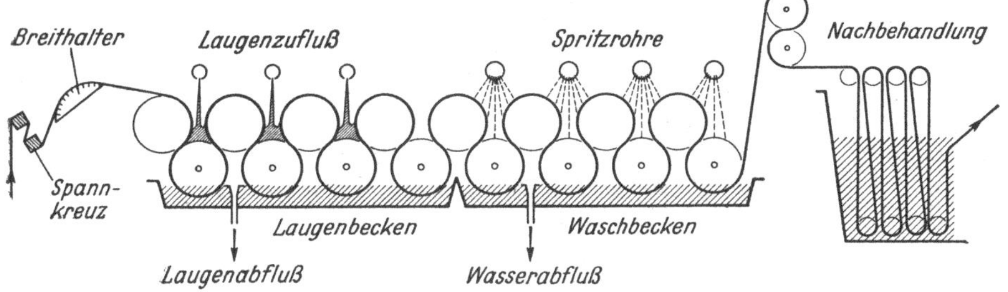

Abb. 14. Foulard- und kettenlose Stückmercerisiermaschine.

Die Vorgänge bei der Mercerisation. *Außer der Glanzmercerisation kennt man auch eine Mercerisation (oder besser: Laugung) auf Poren-schluß. Hier wird die Ware nur schwach gespannt. Die Fertigbreite liegt unter den Maßen der Rohbreite.*

Bringt man Baumwolle in Natronlauge, so quillt sie stark auf (hydro-phile Wirkung der Hydroxylgruppen in der Zellulose). Zugleich verkürzt sie sich, sie schrumpft. Schreibt man für die vorliegende Erklärung die Baumwollzellulose einfach als R·OH *an, so ereignet sich bei der Mercerisation folgendes:*

1. *Die Faser quillt:* R·OH $+$ H₂O.

2. *Es bildet sich unter Wärmeentwicklung Natronzellulose:*

$$R·OH + NaOH \rightarrow R·ONa + H_2O.$$

3. *An den Zellulosefibrillen wird* NaOH *bzw.* Na· *adsorbiert.*

4. *Die Ware wird gestreckt, wobei sie sich glättet und zum Glänzen kommt.*

5. *Durch die Spülung (in gestrecktem Zustande) bildet sich Hydratzellulose (regenerierte Zellulose):* R·ONa $+$ HOH $\rightarrow$ R·OH $+$ NaOH.

6. *Durch die Säurebehandlung tritt ein Quellungsrückgang ein.*

Das folgende Schema zeigt die rein chemischen Vorgänge deutlicher:

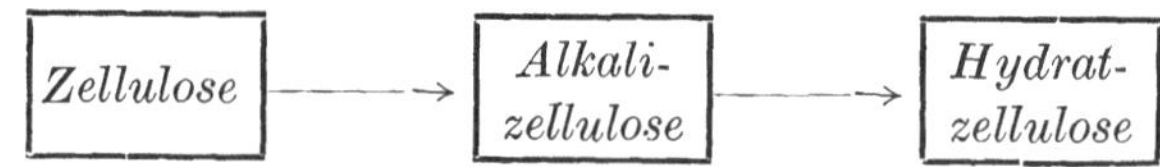

Diesen Weg durchläuft jedoch immer nur ein Teil der Ware. Der Eingriff der Lauge findet nur eben so weit statt als dies die hohe Quellung zur Glattstreckung der Faser erfordert.

Die Alkaliaufnahme durch die Zellulose verläuft nach W. VIEWEG *durchaus nicht gleichförmig. Mit steigender Laugenkonzentration nimmt die Baumwolle zunächst auch steigende Mengen an Alkali auf. Bei einer etwa 15proz. Natronlauge hört dieser Vorgang jedoch auf. Bis zu der Konzentration 30% wird scheinbar trotz weiter steigender Laugenkonzentration von der Baumwolle nicht mehr Lauge aufgenommen. Auf diesem Sattel der Kurve scheint das Molverhältnis Zellulose:Natronlauge wie 2:1 zu sein. Es müßte also eine Verbindung* (C₆H₁₀O₅)₂·NaOH *vorliegen. Erst bei einer weiter erhöhten Laugenkonzentration (bei etwa 35%) erfolgt ein regelmäßiger weiterer Kurvenanstieg (Abb. 15). Derartige „Sättel" in sonst ziemlich gleichmäßig verlaufenden Reaktionskurven deuten stets Überdeckungen durch verschieden geartete Vorgänge an. Während der Beginn der Kurve typisch für eine reine Adsorption ist, überlagern sich im Sattel Adsorption und chemische Bindung.* W. SCHRAMEK *hat hier u. a. mit Hilfe von Röntgenmessungen Klarheit schaffen können.*

(17) Untersuchung: Herstellung einer Schrumpfungskurve. Die Schrumpfung wird an Garnen und Zwirnen festgestellt. Man verwendet entweder eine einfache Bürette oder besser den in Abb. 16 gezeigten Apparat nach MECHEELS, der aus einer inneren in Zentimeter geteilten Röhre (Einteilung über 1 m) und einem Kühlmantel besteht. Das Garn wird mit einem Glasgewicht versehen und so weit in die Röhre, d. h. in die Lauge, eingeführt, daß die obere Kante des Glasgewichtes genau auf der Marke 0 cm steht. (Die Einstellung erfolgt vorher neben dem

Glasrohr.) Nun mißt man die Schrumpfung in bestimmten Zeitabständen. Bei der Metereinteilung beträgt jeder Zentimeter 1%. Verwendet man eine Bürette, so muß die Schrumpfung auf Prozente umgerechnet werden. Die Ergebnisse werden in das Koordinatensystem eingetragen und in einer Kurve ausgedrückt (Abb. 17). Größe und Geschwindigkeit der Schrumpfung gestatten keinen Schluß auf die Möglichkeit einer Glanzsteigerung. (Liegen zwei Garne mit gleichem Rohglanz vor, so wird allerdings dasjenige den höheren Mercerisierglanz aufweisen, welches stärker schrumpfte.) Die Schrumpfungskurve zeigt lediglich an, wie lange die Ware in der Lauge zu verbleiben hat, bis sie

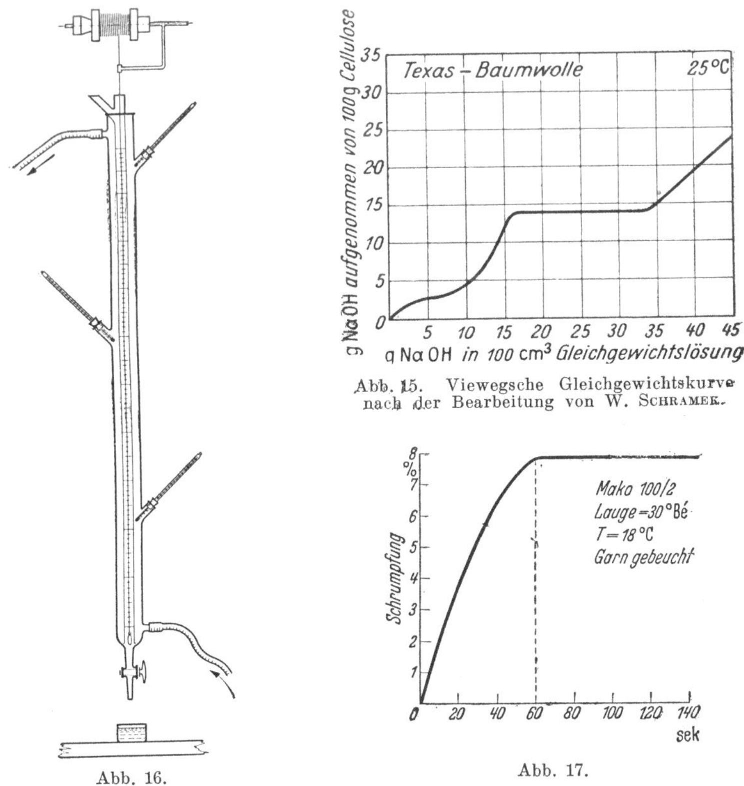

Abb. 15. Viewegsche Gleichgewichtskurve nach der Bearbeitung von W. Schramek.

Abb. 16.   Abb. 17.

völlig ausgeschrumpft ist. In dem Beispiel Abb. 17 wäre dies nach 60 sec der Fall.

Die Schrumpfungsmessung läßt sich außerdem zur Untersuchung der Wirkung von laugebeständigen Netzmitteln für die Rohmercerisation (Mercerisation ohne vorheriges Beuchen oder Netzen) gebrauchen.

(18) Versuch: Ausarbeitung eines Mercerisierverfahrens. Mercerisierversuche werden am besten mit gasierten Makozwirnen (100/2, 60/3,

30/3 u. dgl.) durchgeführt. Die zuverlässigsten Ergebnisse erhält man auf einer normalen Stranggarnmercerisiermaschine. Man kann sich jedoch auch Modelle konstruieren, die eine Veränderung der Spannung gestatten.

Im folgenden Beispiel wird die Ausarbeitung eines Verfahrens mit Hilfe von Glanzmessungen, Schrumpfungskurven, Festigkeits- und Verschleißmessungen gezeigt. (In entsprechender Weise können auch viele andere Veredlungsverfahren optimal erarbeitet werden.)

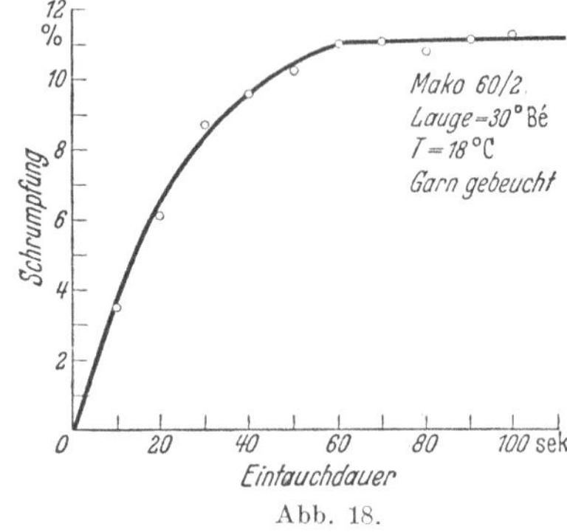

Abb. 18.

Die Schrumpfungskurve der Rohware, für die das Mercerisierverfahren auszuarbeiten ist, zeigt, daß die gebeuchte Ware sowohl im trockenen wie im noch zentrifugenfeuchten Zustande nach 60 sec Eintauchdauer völlig ausgeschrumpft ist (Abb. 18). Da die Schrumpfung am Einzelfaden ohne jede mechanische Nachhilfe erfolgte, darf angenommen werden, daß das Ende der Schrumpfung auf der Maschine mit ihren Quetschvorrichtungen noch um einige Sekunden früher eintritt.

Alle Versuche werden daher mit einer Eintauchdauer von 60 sec durchgeführt.

Die Messungen werden systematisch nach den für die Gestaltung des Verfahrens notwendigen Fragen durchgeführt. Die Glanzmessung erfolgt mit Hilfe des Zeissschen Stufenphotometers (Abb. 10), die Ermittlung der Schrumpfung mit dem Schrumpfungszylinder (Abb. 16), die Festigkeitsmessungen mit dem Dynamometer (Abb. 6) und die Verschleißmessungen mit dem Apparat für Garne (Abb. 7).

Alle nachfolgenden Zahlen gelten nur als Beispiele für die untersuchte Baumwollsorte. Für andere Sorten oder Zwirne, oder Drehungen oder Gewebe können sich wieder ganz andere Ergebnisse zeigen.

1. Frage: Eignen sich alle Baumwollsorten gleich gut zur Glanzmercerisation? *Nach allgemeiner Annahme eignen sich langstapelige Baumwollsorten besser für eine Veredlung durch Mercerisation als kurzstapelige. Diese Annahme ist jedoch nur dann richtig, wenn, wie das z. B. bei Mako der Fall ist, eine Ware mit langem Stapel gleichzeitig auch eine hohe natürliche Oberflächenglätte besitzt. Es gibt jedoch Sorten, bei denen beide Eigenschaften nicht zusammenfallen. Dies ist für den Einkauf der Rohware eine wichtige Erkenntnis. Mercerisiert man nun kürzer stapelige, jedoch mit einem hohen natürlichen Glanze versehene Baumwollsorten, so wird man finden, daß „weder die Länge der Fasern noch die*

*Art der Verspinnung, sondern lediglich eine besondere natürliche Ober-
flächenbeschaffenheit der Fasern der Effekt des Glanzes (bei der Mercerisation) hervorbringt"* (*OTTO JOHANNSEN*).

*Die Richtigkeit dieser Anschauung geht aus folgender Tabelle verschie-
dener Sorten mit verschiedenem Rohglanz aber von ähnlicher Stapellänge
hervor:*

Baumwollsorte	Garn-Nr.	Mittl. Stapellänge mm	Glanzzahl	
			roh	mercerisiert
Mako	60/2	19—20	25	70
Louisiana	60/2	18—19	16	39

*Die Glanzsteigerung beträgt also bei der Makoware fast das Dreifache,
bei der Louisiana-Baumwolle nur etwa das Doppelte der Rohware.*

2. Frage: Bei welcher Konzentration der Lauge wird der
höchste Glanz erhalten? *Um die Übersichtlichkeit bei der Beantwortung dieser und einiger der kommenden Fragen zu erhalten, seien den
Kurvenbildern (Abb. 19a) lediglich die Daten des Makozwirns 100/2 gegenübergestellt. Der Rohzwirn weist folgende Werte auf:*

$$\begin{aligned}
&\text{Zugfestigkeit} &&\text{228,9 g} \\
&\text{Bruchdehnung} &&\text{3,42\%} \\
&\text{Glanzzahl} &&\text{28}
\end{aligned}$$

*Bei der Mercerisation wurde die Ware jeweils 1 Minute lang der Laugen-
einwirkung ausgesetzt.*

*Aus den Schrumpfungskurven sämtlicher Garne (Abb. 19a) ist ersicht-
lich, daß die Höchstschrumpfung in einer 27grädigen Lauge erreicht ist.
Sie behält ihren Wert bis zu einer
Konzentration von 30° Bé und wird
bei weiterer Erhöhung der Konzentration wieder geringer. Diese
Beobachtung wird durch die Glanzmessung voll bestätigt: Bei 27° Bé
ist der erreichte Glanz höher als bei
33° Bé, wie folgende Tabelle zeigt:*

Laugen-dichte ° Bé	Glanzzahl	Zug-festigkeit g	Dehnung %
15	34	229,6	3,08
20	51	267,7	2,94
27	70	265,9	3,16
30	73	270,8	2,70
33	61	285,2	2,80

*Man kann also eine Laugenkonzentration von 27—30° Bé als die gün-
stigste bezeichnen. Aus den Abbildungen geht weiter hervor, daß nicht die
Größe der Schrumpfung, sondern allein die Schrumpfungsgeschwindigkeit
berechtigte Schlüsse für die Einstellung des Mercerisierverfahrens gestattet.*

3. Frage: Ist eine niedrige Laugentemperatur unerläß-
lich? *Bei einer konstant bleibenden Laugenkonzentration von 30° Bé wurde
nun die Temperatur verändert. Abb. 19b zeigt, daß die Schrumpfungsgeschwindigkeit bei niedrigen Temperaturen etwas vermindert, bei höheren*

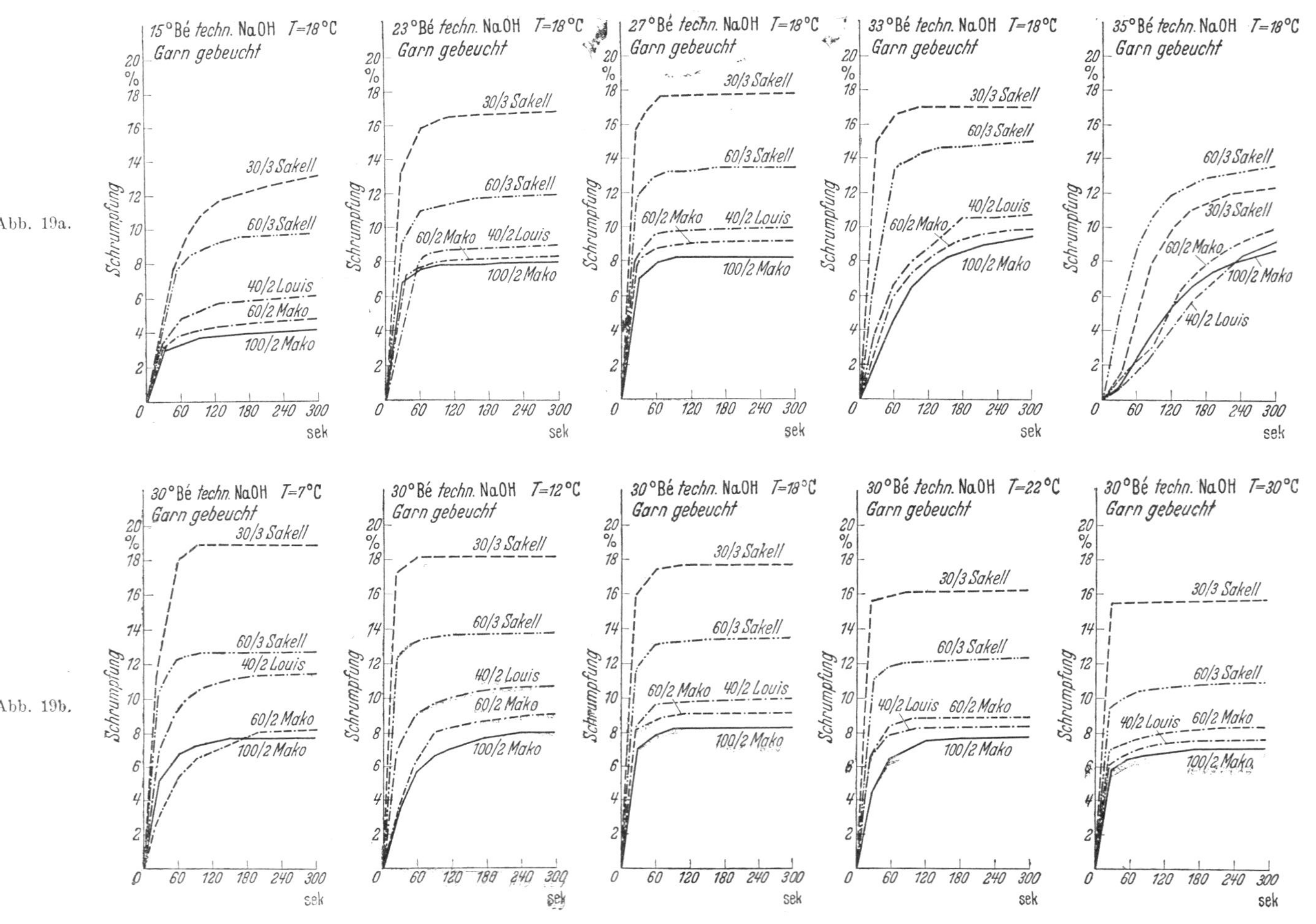

Abb. 19a.

Abb. 19b.

beschleunigt wird. Diese Erscheinung kommt in den Glanzzahlen nicht zum Ausdruck, sie ist also lediglich wertvoll für die Einstellung der Geschwindigkeit der Maschine, also für die Größe der Produktion. Aus nebenstehender Tabelle sind allein Schlüsse für die Wirkung niedriger Laugentemperaturen auf den Glanz zu ziehen:

Laugen-temperatur ° C	Glanzzahl	Zug-festigkeit g	Bruch-dehnung %
7,5	76	302,2	4,11
17	71	276,6	3,07
30	57	253,5	3,00

Bei der Stranggarnmercerisation spielt ein Niedrighalten der Laugentemperatur weit unter 18° C nicht die Rolle wie bei der Mercerisation gewisser Spezialgewebe.

4. Frage: Muß bei Tieftemperatur der Lauge die Konzentration geändert werden? *Bei der Temperatur von 8° C wurde nun wieder die Konzentration der Lauge verändert. Wie aus der Tabelle hervorgeht, ist auch bei tiefen Temperaturen die Konzentration von 27 bis 30° Bé am günstigsten, sie muß also nicht geändert werden.*

Laugen-dichte ° Bé	Glanzzahl	Zug-festigkeit g	Bruch-dehnung %
16	49	247,1	2.85
21	57	287,9	2,99
27	71	288,2	2,13
30	76	302,2	4,11
33	64	282,7	2,97

5. Frage: Bewirkt zweimalige Mercerisation Glanzsteigerung? *Diese oft gestellte Frage kann zunächst dahin beantwortet werden, daß die Glanzsteigerung durch wiederholte Mercerisation im günstigsten Falle nur unerheblich sein kann. Es gibt jedoch Fälle, in denen auch nur eine kleine Steigerung des Glanzes die Verkäuflichkeit der Ware ermöglicht. Im allgemeinen ist eine Glanzsteigerung nach richtig durchgeführter erstmaliger Mercerisation nicht immer erzielbar. Für jede Warensorte muß daher die Prüfung ihrer Eignung zur Doppelmercerisation vorgenommen werden.*

Baumwollsorte	Garn-Nr.	Glanzzahl		
		Rohware	nach 1. Merc.	nach 2. Merc.
Sakellaridis . .	30/3	15	55	68
Sakellaridis . .	60/3	15	61	79
Louisiana . . .	40/2	17	40	41
Mako	60/2	18	69	66
Mako	100/2	28	73	73

Die Louisiana- und Makoqualitäten haben also keinerlei Glanzerhöhungen zu verzeichnen, bei den beiden dreifachen Zwirnen würde sich dagegen eine zweimalige Mercerisation empfehlen.

6. Frage: Ist die Art des Abkochens der Rohware für die Glanzerzielung wichtig? *Es wird die Wirkung von drei verschiedenen Kochverfahren untersucht:*

1. Beuchen unter Druck bei 3 atü in 0,3proz. Natronlauge, 4 Stunden lang.

2. Abkochen auf offener Wanne mit 4 g/l Soda, 4 Stunden lang.

3. Druckkochung mit weichem Wasser (ohne Alkali) bei 3 atü, 4 Stunden lang.

Bei dem schon mehrmals genannten rohen Makozwirn 100/2 traten nach Behandlung mit diesen verschiedenen Kochmethoden folgende Glanzverluste ein:

Glanzzahl der Rohware 28
Glanzzahl nach dem Beuchen 21
Glanzzahl nach dem Abkochen . . . 23
Glanzzahl nach Druckkochung . . . 26

Aus drei Großversuchen (I, II, III) mit verschiedenen Qualitäten Sakellaridis 80/2 seien ferner die Glanzzahlen der mercerisierten, verschieden abgekochten Ware genannt. Den Ergebnissen ist außerdem der durch Rohmercerisation erzielte Glanzwert zur Seite gestellt.

Versuch	Glanzzahlen der mercerisierten Garne, vorbehandelt durch			Glanzzahl nach Rohmercerisation
	Beuchen	Abkochen	Neutralkochen	
I	50	69	75	76
II	83	87	84	83
III	60	65	74	74

Die Entfernung des Cotonwachses aus der Faser sowie die Verlagerung innerhalb des Zellulosemoleküls durch die alkalische (Druck-) Kochung kommt in allen diesen Zahlen deutlich zum Ausdruck. Die Rohmercerisation hat also gegenüber der Mercerisation nach vorheriger Beuche eine Glanzerhöhung zur Folge. Kocht man jedoch mit weichem (enthärtetem) Wasser ab, so ergeben sich ähnliche günstige Glanzverhältnisse.

7. **Frage: Soll nach dem Kochen (vor der Mercerisation) gesäuert werden?** *Diese Frage ist schon vielfach aufgeworfen worden. Eine Reihe von Merceriseuren verneint sie mit dem Hinweis, daß ja der alkalischen Kochung eine alkalische Mercerisage folge, und dadurch jeder Grund zum Absäuern entfalle. Die Verhältnisse liegen jedoch hier nicht so einfach. Die Glanzzahlen zeigen im Gegenteil, daß ein Säuern durchaus zu empfehlen ist·*

Baumwollsorte	Garn-Nr.	Glanzzahl mercerisierter Ware. Nach dem Beuchen wurde	
		abgesäuert	nicht abgesäuert
Louisiana	40/2	47	37
Louisiana	40/2	56	51
Mako	40/2	93	82
Sakellaridis. . . .	60/2	106	91

8. Frage: Ist das Maß der Spannung der Ware in der Lauge von erheblichem Einfluß auf den Glanz? *Ein Makozwirn 100/2 wurde in normaler Weise unter verschiedener Spannung mercerisiert:*

Streckung	Glanzzahl	Zug-festigkeit g	Bruch-dehnung %
5% unter Weifenlänge .	41	280,5	4,77
gleich Weifenlänge .	58	258,4	3,39
5% über Weifenlänge .	57	256,2	2,92
10% über Weifenlänge .	62	246,9	2,11

Die Glanzzahl ist bei der größten Überstreckung am höchsten. Die anderen physikalischen Eigenschaften gestatten jedoch nur eine Überstreckung auf 5% über Weifenlänge. Sie Ansicht, wonach eine Überstreckung der Ware den Glanz nicht erhöhe, wird durch diese Versuche nicht gestützt. Man kann aber, falls eine Glanzerzeugung nicht die Hauptrolle spielt, die Festigkeitseigenschaften einer Ware durch Mercerisation ohne Spannung wesentlich verbessern.

9. Frage: Ist gründliche Entwässerung der Ware vor der Laugenpassage notwendig? *Aus Abb. 20 sind die Glanzzahlen eines Ripsgewebes ersichtlich. Beim ersten Versuch wurde das Gewebe lediglich nach dem Abkochen usw. stark ausgequetscht, im anderen gut zentrifugiert. Wie aus dem höheren Glanze bei der letzteren Behandlung hervorgeht, muß die Ware also sehr gut entwässert auf die Mercersiermaschine gelangen, da sonst eine Verdünnung der Lauge im Stück und, was noch schlimmer ist, eine Erwärmung derselben durch diese Verdünnung eintritt.*

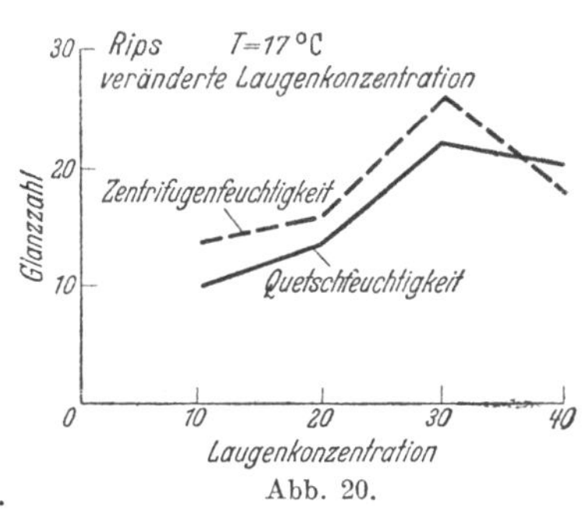

Abb. 20.

10. Frage: Darf das erste Spülwasser nach der Laugenbehandlung eine hohe Temperatur besitzen? *Wie aus den bisherigen Untersuchungen hervorgeht, soll eine möglichst niedrige Temperatur der Lauge angestrebt werden. Es wirft sich daher die Frage auf, ob durch das nachfolgende heiße Spülen der durch Tieftemperatur der Lauge erreichte Glanzvorteil nicht wieder verlorengehe. Folgende Beispiele, die keinerlei Anhaltspunkte gegen ein heißes Auswaschen der Lauge bieten, seien als Antwort auf die Frage angeführt:*
Garn: Mako 60/3:

Nach Laugenbehandlung heiße (80° C) Spülung: Glanzzahl 44.

Nach Laugenbehandlung kalte (15° C) Spülung: Glanzzahl 45.

Stück: Rips aus amerikanischer Baumwolle:

>   *heiße Spülung: Glanzzahl 24.*
>   *kalte Spülung: Glanzzahl 21.*

Die niedrigere Glanzzahl des Ripsgewebes nach der kalten Spülung ist auf die Unmöglichkeit zurückzuführen, in dichteren Geweben die Natronlauge ohne heiße Spülung weitgehend zu entfernen.

11. **Frage: Muß die Ware während des Eintauchens in die Lauge einmal kurz entspannt werden?** *In den letzten Jahren kamen kettenlose Stückmercerisiermaschinen auf den Markt, auf denen eine zeitweilige Entspannung während der Laugenbehandlung nicht erfolgt. Dagegen besitzen alle Stranggarnmercerisiermaschinen derartige Entspannungsvorrichtungen, die den Zweck haben, das Eindringen der Lauge in die Faser zu fördern. Es trat nun vor allem gegenüber den nicht entspannenden Stückmercerisiermaschinen die Frage auf, welchen Einfluß das Entspannen auf den Glanz ausübe. Ohne Zweifel wird ein kurzes Entspannen das Eindringen der Lauge, besonders in dickere Garne, beschleunigen, im Zeitalter der Laugezusatzmittel und durch Einbau leistungsfähiger Quetschwalzen mit nicht zu hoch vulkanisiertem Gummibelag, wird sich dieser Vorteil jedoch auch weitgehend ohne Entspannung erreichen lassen. Die nachfolgenden Glanzzahlen wurden als typische aus der Versuchsreihe ausgewählt:*

Mako 100/2. Normale Mercerisation, Streckung auf Weifenlänge:

>   *Mit Entspannung: Glanzzahl 44,*
>   *ohne Entspannung: Glanzzahl 43.*

Die Frage kann also dahingehend beantwortet werden, daß sich überall dort, wo dafür keine konstruktiven Schwierigkeiten vorliegen, der Einbau einer Entspannungsvorrichtung empfiehlt. Die Entspannung übt jedoch kaum einen Einfluß auf den Glanz aus, sie kann höchstens eine Abkürzung der Eintauchdauer erreichen. Die ohne Entspannung arbeitenden Stückmercerisiermaschinen werden also bei richtiger Einstellung des Verfahrens eine ebenso glanzreiche Ware erzeugen können.

12. **Frage: Hat die Steigerung der Zugfestigkeit eine erhöhte Verschleißfestigkeit (Tragfestigkeit) der Ware zur Folge?** *Der sämtlichen Versuchen zugrunde gelegte Makozwirn 100/2 wurde der Verschleißprüfung unterzogen. Es ergab sich folgendes Bild:*

Makozwirne	Zugfestigkeit g	Dehnung %	Verschleißfestigketi
nicht mercerisiert . . .	229	3	220
mercerisiert	270	2,5	195

Die Verschleißfestigkeit ist also stark gesunken. Die Steigerung der Zugfestigkeit ist kein Wertmesser für den Gebrauchswert einer mercerisierten Ware.

Man unterscheidet zwischen dem Mercerisationsgrad und dem Mercerisationseffekt. Der Mercerisationsgrad zeigt die Aufnahme der Natronlauge durch die Baumwolle oder auch das Verhältnis zwischen gestreckten und gedrehten Fasern an, während sich der Mercerisationseffekt auf den Ausfall der Ware bezieht.

Der Mercerisationseffekt ist am größten, wenn

> *möglichst große Glanzerhöhung,*
> *möglichst große Festigkeitszunahme,*
> *(bei Stückware: möglichst großer Porenschluß),*
> *möglichst geringe Abnahme der Verschleißfestigkeit,*
> *möglichst geringe Abnahme der Dehnung*

stattgefunden hat. Die Glanzsteigerung spielt dabei die erste Rolle. Unter den übrigen Faktoren muß ein Kompromiß geschlossen werden, das sich nach dem Verwendungszweck der Ware richtet.

Aus diesen Überlegungen heraus kann dann an Hand der Messungen das endgültige Verfahren für eine bestimmte Ware und eine vorhandene Apparatur festgelegt werden.

(19) Untersuchung: Feststellung des Mercerisierungsgrades durch Auszählen. Die mikroskopische Untersuchung einer mercerisierten Baum-

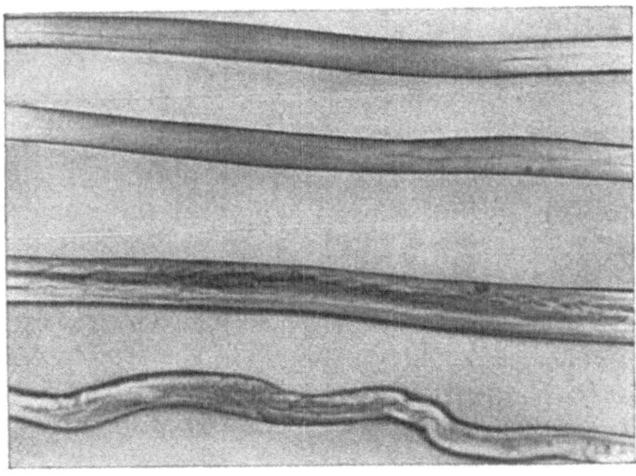

Abb. 21. Oben zwei mercerisierte, unten zwei nicht unter
Spannung mercerisierte Baumwollfasern.

wollfaser zeigt im Querschnitt ein abgerundetes Bild (Abb. 12). Bei der nativen Faser sind Lumen und Unregelmäßigkeit der Oberfläche deutlicher zu beobachten (Abb. 21). Die Kutikula ist verschwunden. Den Mercerisationsgrad stellt man häufig durch Auszählen der noch in der

einer nativen Baumwolle eigentümlichen „Korkzieherform" vorliegenden Fasern gegenüber den durch die Mercerisation gestreckten Fasern
fest. In Wirklichkeit wird jedoch hiermit kein exaktes Bild gewonnen.
Wenn die Ware sehr stark gespannt wurde, liegen trotz oftmals ungenügender Laugeneinwirkung viele gestreckte Fasern vor. Für eine Betriebskontrolle ist jedoch die Methode gut brauchbar. Sie wird, wie
folgt, durchgeführt (CALVERT u. CLIBBENS):

Zum Zwecke der Prüfung stellt man eine größere Anzahl von Faden-
abschnitten quer zur Fadenrichtung her. Die Abschnitte sollen etwa
0,1—0,2 mm Länge haben. Es sollen ungefähr 800 Faserabschnitte ge-
zählt werden. Die Zählung erfolgt unter dem Mikroskop auf einem mit
quadratischer Teilung versehenen Objektträger oder auf einer Glasplatte;
als Einbettungsmittel verwendet man Paraffinöl, Glyzerin oder Glyze-
ringelatine nach HERZOG. Es werden einerseits die Fadenstückchen ge-
zählt, die keine Windungen mehr aufweisen, also glatt und glasstabartig
sind, andererseits die Fadenstückchen, welche noch die Windungen na-
tiver Baumwolle aufweisen. Der Prozentgehalt an glatten Abschnitten
wird „Entwindungszahl" genannt. Bei nicht mercerisierter Baumwolle
beträgt die Entwindungszahl etwa 9—15, bei gut durchmercerisierter
Baumwolle etwa 60—70 und höher (je nach Baumwollsorte und Mercerisierverfahren). Bei Stückware findet man Entwindungszahlen von
25—40 und weniger. In der Schußrichtung liegen im letzteren Falle die
Zahlen meist niedriger als in der Kettrichtung.

Die Prüfung kann aber auch so vorgenommen werden, daß ganze
Fasern ausgezupft und auf Entwindung unter dem Mikroskop geprüft
werden.

**(20) Untersuchung: Unterscheidung von mercerisierter und nicht mer-
cerisierter Baumwolle.** a) Jodprobe (HÜBNER). Die Baumwolle wird
einige Sekunden lang in eine Jod-Jodkaliumlösung (1 g Jod + 12 g
Kaliumjodid in etwa 50 ccm Wasser kalt lösen und nach einer halben
Stunde auf 1000 ccm mit Wasser einstellen) getaucht und dann in fließendem Wasser (Wasserhahn) gespült. Nicht mercerisierte Baumwolle
wird entfärbt, mercerisierte bleibt je nach dem Grade der Mercerisation
verschieden lang schwarz bis blau gefärbt.

b) Lumineszenzprobe für gefärbte Textilien (MECHEELS).
Eine kleine Probe von z. B. 0,5 g des zu untersuchenden Materials wird
10 Minuten bei Zimmertemperatur in einer Aufschlämmung von 1 g
Naphthol AS-RL in 12,5 ccm Wasser und 12,5 ccm Alkohol behandelt,
gut mit einem Glasstab durchgeknetet, nach dem Herausnehmen aus
der Aufschlämmung kräftig mit Wasser gespült, abgequetscht, auf ein
Filtrierpapier gelegt und getrocknet. Tritt unter der Analysenquarzlampe eine deutlich gelbe Lumineszenz auf, so kann mit einiger Sicherheit auf mercerisierte Ware geschlossen werden.

Liegt appretiertes Gewebe vor, so empfiehlt es sich, dasselbe vor der Untersuchung zu entschlichten.

Die Schwierigkeit des Unterscheidens von mercerisierter und nichtmercerisierter Ware liegt darin, daß man bei unbekannten Mustern die Grenze der Intensität des Aufleuchtens nicht kennt. Es wird also auch bei dem Naphtholverfahren Grenzfälle geben, in denen keine scharfen und eindeutigen Schlüsse möglich sind. Man hat nun gefunden, daß immer dann mercerisierte Baumwolle vorliegen wird, wenn eine zweite Probe der Ware, die mit kalter Natronlauge von 3° Bé behandelt wurde, nach der Naphtholbehandlung nicht stärker luminesziert, als das ursprüngliche ebenfalls der Naphtholprobe unterworfene Muster.

(21) Untersuchung: Die Lumineszenz-Analyse in der Textilindustrie (nach M. NOPITSCH). Man bringt die zu untersuchende Probe (möglichst zusammen mit einer bekannten Vergleichsprobe) unter die Analysenquarzlampe, welche ultraviolette Strahlen aussendet, und beobachtet, ob und welche Lumineszenz eintritt. Vor der Untersuchung hält man sich längere Zeit in einem Dunkelraum auf oder trägt eine Dunkelbrille, um das Auge zu adaptieren. Auch muß der Quecksilberbrenner der Lampe gut ins Glühen geraten sein. *Die Lumineszenz-Analyse ist als Hilfsmittel der textilchemischen Untersuchung von großer Bedeutung. Die Ultraviolettstrahlung ist besonders für die Vorprüfung von in der Industrie vorkommenden Schadenfällen gut verwendbar, weil der Prüfer durch sie wertvolle Hinweise erhält, in welcher Richtung sich die Untersuchung zu erstrecken hat.*

Als Lichtquelle für diese Ultraviolettstrahlung dient ein Quecksilberdampfbrenner (z. B. in der Hanauer Analysen-Quarzlampe). Für analytische Zwecke muß das sichtbare Licht herausfiltriert werden; das geschieht dadurch, daß man die Strahlung durch ein Uviolschwarzglas schickt, das in der Hauptsache nur die unsichtbare Strahlung, insbesondere von der Wellenlänge 366 Millionstel Millimeter durchläßt. Diese ultravioletten Strahlen haben nun die Eigenschaft, an bestimmten Körpern bei ihrem Auftreffen eine Lumineszenz hervorzurufen. Die an der Oberfläche der Körper zurückgeworfenen Strahlen werden ins sichtbare Gebiet, also nach Rot hin transportiert, wodurch eine dem Körper eigentümliche, natürlich auch von der Tageslichtfarbe des Körpers abhängige Leuchtfarbe entsteht. Die Betrachtung der Leuchtfarbe des zu untersuchenden Materials geschieht am besten unter Ausschaltung aller anderer Lichtquellen, also im verdunkelten Raum.

Diese Eigenschaft der Körper ermöglicht ihre analytische Erkennung. Eine Lumineszenz zeigen in der Hauptsache Körper organischer Natur. Metalle und Mineralsalze leuchten, von wenigen Ausnahmen abgesehen, im Ultraviolett nicht. Für den Textilchemiker und -Techniker ist es von besonderem Interesse, daß die verwendeten natürlichen und künstlichen Fa-

serstoffe im ungefärbten Zustande eine ihnen eigentümliche Leuchtfarbe aufweisen. Gewisse Veredlungsprozesse, z. B. bei der Baumwolle, rufen eine charakteristische Veränderung der Lumineszenz hervor, die analytisch verwertbar ist. Es sei hier auf den Unterschied der Lumineszenz der Rohbaumwolle und der soda-abgekochten und mercerisierten Baumwolle verwiesen. Zur Erkennung und Unterscheidung der Kunstseiden (und Zellwollen) unter sich und von der natürlichen Seide können deren charakteristische Lumineszenz-Erscheinungen mit herangezogen werden.

Auch die in der Textilindustrie verwendeten Textilhilfsmittel zeigen charakteristische Lumineszenzen. Die starke Leuchtfarbe der Mineralöle ermöglicht ihre Unterscheidung von den fetten Ölen, die im frischen Zustande auf den Faserstoffen zumeist nur geringe Lumineszenzen aufweisen, was für die Erkennung der Ursache von Flecken auf Geweben von Bedeutung ist. Zu berücksichtigen ist hierbei, daß alte Ölflecken weniger leicht zu unterscheiden sind, da die Mineralöle ihre helle bläuliche Lumineszenz mit der Zeit in eine gelbe weniger starke Leuchtfarbe umwandeln, während die Lumineszenz der fetten Öle bei der Alterung zunimmt. Auch zur Reinheitsprüfung und Erkennung von Verfälschungen von Ölen und Verdikkungsmitteln (Stärkesorten) in Substanz ist die Lumineszenzanalyse herangezogen worden.

In vielen Fällen ist die Methode der Lumineszenzanalyse auch zur Erkennung und Unterscheidung von Färbungen zu verwenden, da auch Farbstoffe häufig charakteristische Lumineszenzen zeigen. Allerdings gibt es auch eine Reihe von Färbungen, die nicht lumineszieren. Weiter ist zu berücksichtigen, daß Färbungen in geringen Tiefen oder Farbstoffspuren auf der Faser weit stärker leuchten als tiefe Färbungen des gleichen Farbstoffs, bei denen oft die Lumineszenz ganz ausgelöscht ist. Die gleiche Beobachtung stärkerer Lumineszenz macht man vielfach an abgezogenen Färbungen, so daß man sich vor Verwechslungen hüten muß, wenn man die Lumineszenzanalyse zur Erkennung der Faserstoffe nach Beseitigung einer Färbung benützen will. Erwähnt sei, daß basische Farbstoffe auf Katanolbeize weniger stark lumineszieren als die gleichen Färbungen auf Tannin-Antimonbeize. Häufig ist es an Hand der Lumineszenzprüfung möglich, zu erkennen, ob eine Färbung auf gleiche Weise hergestellt ist wie die Vorlage, da im Tageslicht gleich aussehende Färbungen bei Verwendung verschiedener Farbstoffe dann auch verschieden lumineszieren. Auch bezüglich der Gleichmäßigkeit der Färbung und der Art der Durchfärbung vermag die Methode wesentliche Hinweise zu geben. Einzelne Farbstoffe zeigen in Substanz die Eigenschaft der Phosphoreszenz, d. h. des Nachleuchtens im Dunklen bei Entfernung von der anregenden Lichtquelle.

Viel angewandt wird die Prüfung im Ultraviolett bei der Feststellung der Ursache von Banden und Streifen in Geweben. Nur wenn tatsächliche Farbstoff- oder Farbtiefen- oder Materialunterschiede vorliegen, werden die

Banden im Ultraviolett deutlicher sichtbar. Wenn die Banden jedoch durch Nummern-Unterschiede, Dicken-Unterschiede oder ähnliches verursacht sind, werden sie im Ultraviolett zumeist weniger deutlich sichtbar oder kommen ganz zum Verschwinden.

Die Lumineszenzanalyse erfordert bei ihrer Anwendung viel Selbstkritik, damit Irrtümer ausgeschlossen werden. Ein Vergleich mit bekanntem Material ist bei der Durchführung der Untersuchung unerläßlich.

(22) Versuch: Veränderung der Dickenverhältnisse von Textilien durch das Mercerisieren. (Veränderung der Garnnummer.) Der Untersuchung werden mercerisierte und nichtmercerisierte Garne unterzogen. Es gelten hierfür folgende Überlegungen und Beispiele:

Die Garnnummer bedeutet das Verhältnis von Länge zum Gewicht, also

$$\mathrm{Nr_{metr.}} = \frac{\text{Länge (m)}}{\text{Gewicht (g)}},$$

wobei die Baumwollgarne früher meist in englischen Nummern angegeben wurden. Dieser Bezeichnung liegen die englischen Maße hanks und pound zugrunde. Es entspricht damit die englische Nummer dem 0,59fachen der metrischen.

Wie verändert sich nun die Garnnummer durch die Mercerisation?

Da die Baumwolle durch den Mercerisierprozeß stark schrumpft und deshalb das Garn zur Glanzerhöhung in gestrecktem Zustand der Einwirkung der Lauge ausgesetzt wird, ist die Änderung der Nummer von dem Maße der Spannung abhängig. Um eine klare Beantwortung der gestellten Frage zu ermöglichen, werden die Garne — wie in der Praxis üblich — so mercerisiert, daß die Weifenlängen vor und nach der Mercerisation die gleichen sind. Man verfährt dabei so, daß man die Maschine 1—2 cm über die ursprüngliche Weifenlänge spannt, da das Garn durch das folgende Trocknen um den gleichen Betrag wieder zurückgeht. An der Länge des Garnes wird also nichts geändert. In vorliegendem Falle ist daher die Veränderung

Tabelle 1. Veränderung der Garnnummer bei gleichbleibender Weifenlänge.

Garn	tatsächl. Nr. engl.	nach dem Abkochen	nach der Mercerisation
30/2	30,2	30,7	31,8
50/2	50,6	50,9	53,5
60/1	62,5	63,4	64,5
70/2	70,1	71,3	72,8
90/2	88,4	88,7	90,5
100/2	99,0	100,9	105,0
120/2	120,0	120,5	121,0
130/2	130,6	131,7	135,6

der Nummer gleichlaufend mit der Gewichtsänderung des betreffenden Garnes. Die Tabelle 1 zeigt diese Veränderungen.

Es ist eine bekannte Tatsache, daß mercerisierte Baumwolle einen höheren Feuchtigkeitsgehalt aufweist als native Baumwolle. Hierbei scheint es sich um eine größere Hygroskopizität der Zellulose zu handeln, also mehr um eine physikalische Eigenschaft als um eine chemische Bindung des Wassers. Durch diese Erscheinung wäre eine Gewichtszunahme und somit eine Nummernabnahme nach der Mercerisation festzustellen.

Andererseits kann man in jeder Mercerisierlauge Zellulosesubstanzen nachweisen. Es hat also ohne Zweifel auch eine Substanzablösung stattgefunden.

Es gilt nun, durch den Versuch zu entscheiden, welche von beiden Erscheinungen ausschlaggebend ist, die Gewichtsvermehrung durch Wasseraufnahme oder die Gewichtsverminderung durch Substanzverlust. Um dies zu ermitteln, werden verschiedene Garne unter den oben angegebenen Bedingungen mercerisiert und die Nummern bestimmt. Der erhöhten Aufnahmefähigkeit für Wasser wird dadurch Rechnung getragen, daß man die Garne vor der Nummernbestimmung längere Zeit in einem Raum von konstanter 65proz. Luftfeuchtigkeit verhängt. Da die vorliegenden Garne vor dem Mercerisieren 1 Stunde mit 0,5 g/l Soda und 2 g/l Türkischrotöl kochend genetzt wurden, konnten bei diesem Prozeß irgendwelche Pektinsubstanzen abgelöst werden. Es werden deshalb nach diesem Abkochen ebenfalls die Nummern bestimmt. In Tabelle 1 sind die Resultate zusammengestellt.

Tabelle 2. Veränderung der Garnnummer durch Streckung auf der Mercerisiermaschine, bezogen auf die Weifenlänge der Rohware.

Nr. der Rohware Garn	Nr. nach der Mercerisation		
	Streckung		
	− 5%	0%	+ 5%
30/2	29	31½	32½
90/2	88	91	92
100/2	96	105	114

Hieraus ist zu erkennen, daß durch Mercerisation eine Nummernerhöhung bis zu 6% stattfindet. Diese Gewichtsabnahme ist keinesfalls durch das vorherige Abkochen bedingt, da hierbei nur eine Nummernzunahme von höchstens 2% eingetreten ist, sondern der Substanzverlust ist größtenteils auf die Einwirkung der kalten Mercerisierlauge zurückzuführen. Die Abnahme an organischer Substanz ist eine noch größere, als die Zahlen erkennen lassen, da der Feuchtigkeitsgehalt der mercerisierten Baumwolle höher als der der Rohware ist.

Zur weiteren Kontrolle werden noch die Dicken der verschiedenen Garne gemessen. Dabei wird eine durchgehende Dickenabnahme gefunden.

Wenn man bei der Stückmercerisation ein Dichterwerden der Ware und einen größeren Porenschluß beobachtet, so ist dies im Gegensatz zu vorliegenden Untersuchungen auf ein Schrumpfen ohne starke Spannung zurückzuführen. Daß man je nach der Spannung die Garnnummer variieren kann, ist aus Tabelle 2 ersichtlich.

Bei einer Spannung von 5% unter Weifenlänge ist eine Abnahme der Nummer bis zu 5% zu beobachten, während bei erhöhter Spannung eine Zunahme der Feinheit bis über 10% erreicht werden kann.

(23) Untersuchung: Die Anreicherung der Mercerisierlauge (Natronlauge) mit Soda. Bei ihrer Zirkulation durch die Maschine, über die Ware und durch die Kühlanlage kommt die Mercerisierlauge in großer Oberfläche in Berührung mit der Luft. Dabei setzt sich ein Teil der Natronlauge mit der Luftkohlensäure zu Soda um. Die Lauge reichert sich also mit Soda an, welche nun gegenüber der stärkeren Natronlauge wie ein Neutralsalz wirkt, also keinerlei mercerisierende Wirkung hat. Trotzdem spindelt jedoch die sodahaltige Lauge etwa die gleiche Zahl wie die sodaarme. Die Anreicherung ist größer, als man im allgemeinen annimmt. Zur Erzielung einer Hochglanzmercerisation muß daher die Lauge dauernd unter Kontrolle gehalten werden.

Wie groß die Anreicherung mit Soda in der Praxis ist, wurde an einem Beispiel festgestellt.

	Frisch an-, gesetzte Lauge 30° Bé	nach 2 Stunden 29° Bé	nach 4 Stunden etwa 28° Bé
% $NaOH$	21,7	19,6	16,8
% Na_2CO_3	1,5	2,1	3,1

In diesem Falle erfolgte keine Auffrischung durch Neuzusatz. Wird dagegen die Konzentration durch Zugabe frischer Lauge auf der Höhe von 30 °Bé gehalten, so ergeben sich innerhalb einer Woche Schwankungen zwischen 1,5 und 4,5% Karbonatgehalt.

Es ist also wichtig, die Laugenkonzentration stets über der Zahl 27° Bé zu halten, sie aber nicht über 30° Bé zu steigern. Auf diese Weise wird einer Beeinträchtigung der mercerisierenden Wirkung durch Soda am besten gesteuert.

Gehaltsbestimmung von Ätznatron und Natriumkarbonat einer Mercerisierlauge: Man stellt sich von der Lauge mit dest. Wasser eine Verdünnung her, die etwa 20 g/l $NaOH$ enthält. (Durch Feststellung des spez. Gewichts mit Hilfe eines Aräometers. Der Sodagehalt wird hierbei nicht berücksichtigt.) 25 ccm dieser Lösung werden dann in einem 250-ccm-Meßkolben bis zur Marke aufgefüllt.

Von dieser letzteren Verdünnung werden in einem 250-ccm-Erlenmeyerkolben 50 ccm mit 1—2 Tropfen Methylorangelösung gefärbt. Unter Umschwenken wird mit $\frac{n}{10}$ Salzsäure bis zum Farbumschlag (maisgelb) titriert. Daraus (a ccm) errechnet sich das Gesamtkali:

Zur Bestimmung des Natriumhydroxyds werden 50 ccm der letzten Verdünnung in einem 25-ccm-Erlenmeyerkolben mit 10proz. Bariumchloridlösung im Überschuß versetzt. Nach Zusatz einiger Tropfen Phenolphthaleinlösung titriert man vorsichtig unter Umschwenken mit $\frac{n}{10}$ Salzsäure bis zur Entfärbung (b ccm).

Das Natriumkarbonat errechnet sich dann aus dem für die Differenz geltenden Salzsäureverbrauch:

$$a - b = \text{HCl-Verbrauch}$$

$$1 \text{ ccm } \frac{n}{10} \text{ Salzsäure} = 0,004 \text{ g NaOH}$$

$$= 0,0053 \text{ g Na}_2\text{CO}_3.$$

(24) Versuch: Ermittlung der bei der Mercerisation freiwerdenden Wärmemenge. Die Bildungswärme der Alkaliverbindung der Zellulose beträgt im Durchschnitt 5 Kal.[1] Bei einem Molverhältnis zwischen Zellulose und Ätznatron von 172:40 setzt sich also 1 kg Zellulose unter folgender Wärmeentwicklung zu Alkalizellulose um:

$$\frac{5 \cdot 1000}{172} = 29,6 \text{ Kal.}$$

Diese Zahl versucht man, experimentell zu ermitteln.

Legt man von gebleichter und reiner Mako-Baumwolle 4,70 g in 100 ccm Natronlauge von 30° Bé (spez. Gewicht 1,3) ein, so erwärmt sich die Lauge um 1° C. 4,7 g Baumwolle liefern also bei der Alkalisierung 130 kal. Für 1 kg Baumwolle hat man daher mit folgender Wärmeentwicklung zu rechnen:

$$\frac{130 \cdot 1000}{4,7} = 27,6 \text{ Kal.}$$

Bei den Versuchen ist die spezifische Wärme der Natronlauge gegenüber Wasser nicht berücksichtigt. Für die Technik kann man annehmen, daß rohe Baumwolle 90%, gebeuchte 92% Zellulose enthält. Man muß also für die Wärmeentwicklung auf der Mercerisiermaschine für 1 kg Baumwolle, gleichgültig ob sie 1, 2 oder 3 min in der Lauge verbleibt, 25 bis 28 Kal. rechnen.

C. Das Bleichen der Baumwolle.

Die Vorgänge und die Bleichmittel. Die Baumwollbleichverfahren sind Oxydationsvorgänge. Der oxydative Angriff muß so gesteuert werden, daß der auf der Faser befindliche Farbstoff zerstört, jedoch die Faser selbst nicht angegriffen wird. Diese Forderung ist nicht ganz leicht durchzuführen, weil Farbstoff und Faser auf demselben Individuum gewachsen und miteinander verwandt sind. Man unterscheidet folgende Verfahren:

1. *Chlorbleiche,*

2. *Peroxydbleiche,*

3. *Kombinierte Bleiche.*

---

[1] MARK: Physik und Chemie der Zellulose.

1. Die Chlorbleiche.

Als Bleichmittel werden heute fast ausschließlich Chlorkalk und Natronbleichlauge verwendet. Chlorkalk wird durch Einleiten von Chlorgas in gelöschten Kalk hergestellt. Da es nicht möglich ist, eine restlose Sättigung des Kalks mit Chlor zu erhalten, bleibt stets etwas Kalziumhydroxyd ($Ca(OH)_2$) übrig, welches die alkalische Reaktion der Bleichbäder bedingt. Chlor-

kalk $Ca\Big\langle\begin{smallmatrix}OCl\\[2pt]Cl\end{smallmatrix}$ *oder als Doppelverbindung:* $Ca(OCl)_2 \cdot CaCl_2$ *zerfällt mit*

Wasser in unterchlorigsaures Kalzium und Chlorkalzium.

$$2\,CaOCl_2 + H_2O \rightarrow Ca(OCl)_2 + CaCl_2 + H_2O$$

Die unterchlorige Säure ist der Sauerstoffträger für den Bleichvorgang. Die unterchlorigsauren Salze (Hypochlorite) dissoziieren in wässeriger Lösung als ClO′-Ionen bzw. als freie HOCl. Die freie unterchlorige Säure kann in Gegenwart von Bleichgut aktiven Bleichsauerstoff abspalten:

$$ClO' + H_2O \rightarrow HClO + OH'$$
$$2\,HClO \rightarrow 2\,HCl + 2\,O.$$

Ist Alkali (wie in allen normalen Chlorbleichflotten) vorhanden, so verläuft die Reaktion weniger einfach.

Der Bleichvorgang wird durch den p_H der Bleichflotte gesteuert. In einer Chlorbleichflotte liegen je nach deren Reaktion verschiedene Körper vor (CHWALA):

sauer
- *p_H unter 2: viel elementares Chlor,*
- *p_H 2—3: elementares Chlor neben wenig freier unterchloriger Säure,*
- *p_H 4—6: wenig elementares Chlor neben viel unterchloriger Säure,*

neutral-alkalisch p_H 7—8: freie unterchlorige Säure neben neutralem Hypochlorit (in sekundärer Reaktion bildet sich Chlorat und Salzsäure).

Alkalisch p_H über 9: neutrales Hypochlorit

Die Vorgänge lassen sich hierbei wie folgt erklären:

a) saure Bleichflotte:

$$HOCl + HCl \rightarrow H_2O + Cl_2,$$

wobei

$$Cl_2 + HOH \rightleftarrows HOCl + HCl$$

abnehmend $\leftarrow p_H \rightarrow$ zunehmend

b) alkalische Bleichflotte:

$$NaOCl + HOH \rightleftarrows HOCl + NaOH$$

oder

$$ClO' + HOH \rightleftarrows HOCl + OH'.$$

Daß der Träger des Bleichprinzips die freie unterchlorige Säure ist, konnten SCHILOW und MINAJEW beweisen: Unterchlorige Säure lagert sich an Doppelbindungen natürlicher Farbstoffe (chromophore Gruppen) pflanzlicher Fasern wie folgt an:

$$R-CH=CH-R_1 + HOCl \rightarrow R-CH-CH-R_1$$
$$\qquad\qquad\qquad\qquad\qquad\quad OH \quad Cl$$

Nun tritt unter Abspaltung von Salzsäure die Bildung ungefärbter Oxydationsprodukte ein.

In der sauren Bleichflotte tritt vorwiegend Chlorierung ein, in der alkalischen vorwiegend Oxydation. Unter der Annahme, daß die natürlichen zu bleichenden Farbstoffe längere Ketten und auch mehrere chromophore Gruppen besitzen, würde das rein schematische Bild dieser Vorgänge etwa wie folgt zu beschreiben sein:

I. Saure Bleiche:

$$-R-C-C-R'-C-C-R''-C-C-R'''-$$
$$\quad\; Cl\;\; Cl \qquad Cl\;\; Cl \qquad Cl\;\; Cl$$

II. Schwach alkalische Bleiche:

$$-R-C-C-R'-C-C-R''-C-C-R'''-$$
$$\quad\; OH\,Cl \qquad OH\,Cl \qquad OH\,Cl$$

III. alkalische Bleiche:

$$-R-C-C-R'-C-C-R''-C-C-R'''-$$
$$\quad\; OH\,OH \qquad OH\,Cl \qquad OH\,OH$$

Die Natronbleichlauge $NaOCl$ *(unterchlorigsaures Natron, Natriumhypochlorit) wird aus Kochsalzlösungen durch Elektrolyse gewonnen. Sie enthält etwa 150 g/l aktives Chlor und etwa 3 g/l* $NaOH$. *Bei der Herstellung aus wässeriger Kochsalzlösung durch Elektrolyse im Elektrolyser ohne Diaphragma entsteht an der Anode Chlor und an der Kathode unter Freiwerden von Wasserstoff Ätznatron, die sich sodann zu* $NaOCl$ *umsetzen:*

$$Cl_2 + 2\,NaOH \rightarrow NaOCl + NaCl + H_2O.$$

Man mißt den Wert eines Chlorbleichmittels als „wirksames, aktives" Chlor und versteht darunter die Menge Chlor, die aus dem Chlorbleichmittel mit Salzsäure oder Schwefelsäure freigemacht werden kann:

$$CaOCl_2 + H_2SO_4 \rightarrow CaSO_4 + H_2O + Cl_2.$$

Die Gehaltsbestimmung von Bleichflotten durch „Spindeln" ist ungenau und daher auch im Betrieb nicht brauchbar.

Der Ablauf des Bleichvorganges wird gesteuert durch
Chlor-Konzentration, Reaktion, Temperatur.
Während Konzentration und Temperatur in den heutigen Bleichverfahren

wenig verändert werden (2—4 g/l akt. Chlor und 15—18° C), spielt die Reaktion für die Bleichgeschwindigkeit eine große Rolle. Die Bleichgeschwindigkeit in Chlorbleichflotten wird durch Alkali abgebremst, durch Säure angetrieben.

Um einen Weißgehalt der aus nachfolgender Tabelle im Grundversuch 1 durchgeführten Bleiche zu erhalten, waren bei veränderter Reaktion folgende Zeiten nötig (W. KIND):

1. Grundversuch: Hypochloritbleichbad	2 g/l akt. Chlor	Bleichdauer: 1 Std.
2. Hypochloritbleichbad (2g/l akt. Chlor)	+ 0.5 g/l Ätznatron:	5 Std. 10 Min.
3. ,,	+ 0,2 g/l ,,	: 2 ,, 20 ,,
4. ,,	+ 0,1 g/l ,,	: 1 ,, 10 ,,
5. ,,	+ 0,1 g/l Salzsäure :	0 ,, 50 ,,
6. ,,	+ 0,5 g/l ,,	: 0 ,, 40 ,,

Die Reaktion der Chlorbleichflotte ist auch für die Schädigung der Ware von Bedeutung: Im Neutralpunkt herrscht eine akute Schädigungsgefahr (Abb. 22). Die Flotten müssen also deutlich alkalisch (oder deutlich sauer) sein. Die im Chlorkalk und in der Natronbleichlauge enthaltenen Alkalimengen genügen zur normalen Alkalisierung der Flotten. Kommt aber z. B. eine Ware mit Säurerückständen in die Bleichflotte, so können Schädigungen auftreten, weil der p_H-Wert des Bades in die Gegend von 7 gedrückt wird.

Eine Zugabe von zuviel Alkali verlangsamt die Bleichgeschwindigkeit über das normale Maß (2 Stunden) hinaus.

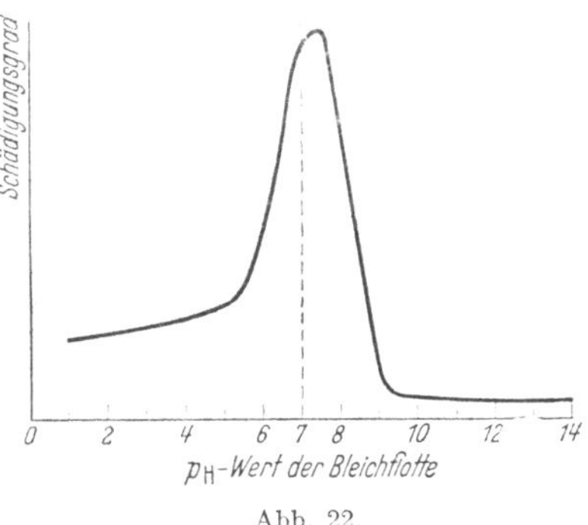

Abb. 22.

Die Entchlorung der Ware kann nicht nur durch Waschen erfolgen. Jede pflanzliche Faser — Baumwolle weniger, Leinen mehr — enthält Eiweißkörper (Pflanzenproteine). Die Eiweißkörper bilden mit Chlor und mit Hypochloriten Chloramine. Setzt man an Stelle der stickstoffhaltigen Eiweißkörper den stickstoffhaltigen Ammoniak, so läßt sich die Chloraminbildung einfach erklären:

$$NH_3 + NaOCl \rightarrow NH_2Cl + NaOH.$$

Bei Anwesenheit von Chloraminen wird die Bleichenergie gesteigert. Außerdem haften Chloramine hartnäckig auf der Faser (oft am Geruch zu erkennen). Werden sie nicht durch Entchloren entfernt, so können auf Lager oder im Gebrauch Faserschädigungen eintreten. Chloramine zersetzen sich leicht unter Abspaltung von Säure, wie dies am Beispiel Monochloramin gezeigt sei

$$3 NH_2Cl \rightarrow N_2 + NH_3 + 3 HCl.$$

oder

$$2 NH_2Cl + 2 H_2O \rightarrow 2 NH_4Cl + 2 O$$ (nach R. HALLER)

Man muß daher das Verfahren des Entchlorens auf die Anwesenheit oder Abwesenheit von Chloraminen einstellen. Bei der gewöhnlichen Baumwollbleiche — Beuchen + Chloren — werden die Eiweißkörper in der alkalischen Beuche so gut wie restlos entfernt. In diesem Falle können keine nennenswerten Mengen an Chloramin entstehen, weshalb ein einfaches Entchloren mit Schwefelsäure oder Salzsäure genügt.

$$NaOCl + 2\,HCl \rightarrow NaCl + Cl_2 + H_2O.$$

Steinsalz und Chlor werden durch die Wäsche entfernt.

Hat man jedoch die Baumwolle vor der Bleiche nicht alkalisch abgekocht, so treten Chloramine auf. Dies ist insbesondere bei der sog. Kaltbleiche der Fall, in welcher die rohe trockene oder vorher genetzte Ware direkt in ein Hypochloritbad gelangt. Diese Bleiche erfordert eine sorgfältige Überwachung auf

> *Chlorverbrauch,*
> *Reaktion,*
> *Choraminbildung.*

Die Entchlorung in Gegenwart von Chloraminen erfolgt durch Bisulfit oder durch Thiosulfat. Ein besonders gutes Entchlorungsmittel ist auch die Peroxydbleiche, sofern sie in der „kombinierten Bleiche" angewandt wird.

Die schweflige Säure aus dem Natriumbisulfit zersetzt die Chloramine wie folgt

$$2\,NH_2Cl + 2\,H_2SO_3 + 2\,H_2O \rightarrow (NH_4)_2SO_4 + H_2SO_4 + 2\,HCl.$$

Die Entchlorungsmittel können in bezug auf ihre Wirkung wie folgt eingeteilt werden:

a) Mittel für die Entchlorung des aktiven Chlors der unterchlorigen Säure (I) und des aktiven Chlors der Eiweißverbindungen (II). (KIND):

> *schweflige Säure (Bisulfit),*
> *Thiosulfat,*
> *Hydrosulfit,*
> *Ammoniak;*

b) Mittel für die Entchlorung von I:

> *Wasserstoffsuperoxyd;*

c) Mittel für die Entchlorung von II:

> *Ätznatron,*
> *Ätzkali,*
> *Soda.*

Die Zersetzung von Bleichlaugen durch Katalyse und die katalytischen Schädigungen der Bleichware sind nicht selten. Eisen, Kobalt, Kupfer, Nickel u. dgl. können in Substanz oder in ihren Verbindungen (z. B. als

Rost) Schädigungen hervorrufen, indem sie die Oxydationswirkung des Bleichmittels katalytisch zu einem „Oxydationsstoß‟ steigern, der die Bildung von Oxyzellulose zur Folge hat. Die Bleichapparate werden aus Holz, V_4A-Stahl, Zement oder Eisen (mit Schutzschicht aus Gummi oder Zement) gebaut (Abb. 23).

(25) Verfahren: Die Chlorbleiche. Man bleicht die gebeuchte Baumwolle mit einer Natronbleichlauge, die man auf einen Aktivchlorgehalt von 2 g/l verdünnt hat. Die Flotte braucht nicht angewärmt zu werden,

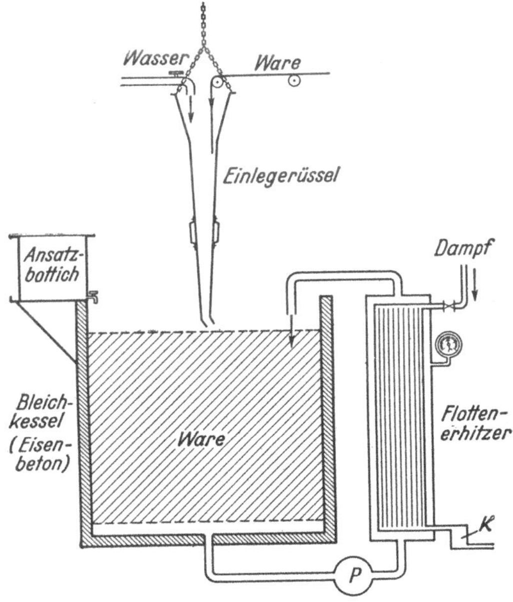

Abb. 23. Bleichapparat.

wenn die Temperatur nicht unter 12—14° C liegt. Keinesfalls soll die Temperatur über 20° C steigen. Die Bleichdauer beträgt 2—4 Stunden.

Hierauf wird die Ware gewaschen, mit 1—2 ccm/l Schwefelsäure (techn.) abgesäuert und wieder kräftig gewaschen. Die Bleichflotte wird mit weichem oder mit enthärtetem Wasser angesetzt, das Säuern und Waschen kann auch mit hartem Wasser erfolgen.

Die Säure wirkt als Entchlorungsmittel, indem sie das aktive Chlor der unterchlorigen Säure zersetzt.

(26) Versuch: Vergleichende Chlorbleichen. Man führt folgende Chlorbleichen mit Makogarn (100/2), das man vorher gebeucht hat, durch:

a) Bleiche mit 2 g/l akt. Chlor und verschiedenen Wärmegraden,

b) Bleiche mit 2, 4, 6, 8 g/l akt. Chlor bei Laboratoriumstemperatur,

c) Bleiche unter verschiedenen p_H-Werten: 1, 2, 3, 4, 5, 6, 7, 8, 9, 10, 11, 12. Die Reaktion wird durch Zugabe von Natronlauge oder von Salzsäure eingestellt.

Die Bleichdauer beträgt jeweils zwei Stunden. Nach dem Bleichen wird gespült, gesäuert und wieder gespült. Man mißt nun die Schädigung (z. B. Beobachtung durch die Quellprobe) und den Weißgehalt.

(27) Untersuchung: Bestimmung des Gehalts von Bleichflotten an aktivem Chlor.

1. Nach der PENOTschen Tüpfelmethode. Chlor führt arsenige Säure in schwach alkalischer Lösung quantitativ in Arsensäure über:

$$4\,Cl + As_2O_3 + 5\,H_2O \rightarrow 2\,H_3AsO_4 + 4\,HCl.$$

Eine abgemessene Menge der Bleichflotte wird mit n/10 arseniger Säure titriert, bis ein Tropfen der Flüssigkeit Jodkaliumstärkepapier nicht mehr bläut.

$$NaOCl + 2\,KJ + H_2O \rightleftarrows 2\,KOH + NaCl + J_2.$$

Beispiel: Man entnimmt der Bleichflotte 50 ccm, bringt sie in einen Erlenmeyerkolben und läßt aus einer Bürette langsam n/10 arsenige Säure zufließen. Mit Hilfe eines Glasstabes nimmt man aus dem Kolben immer wieder einen Tropfen der Lösung und betupft damit ein (auf einem Uhrglas befindliches) Jodkaliumstärkepapier. Wenn sich dieses eben nicht mehr bläut, ist die Titration zu Ende. War der Verbrauch an n/10 Arseniklösung z. B. 29,33 ccm, so enthält das Bleichbad

$$29{,}33 \cdot 0{,}00355 \cdot 20 = 2{,}08 \text{ g/l akt. Chlor}$$
$$(1 \text{ ccm n/10 arsenige Säure} = 0{,}00355 \text{ g akt. Chlor}).$$

Will man den Gehalt an akt. Chlor einer konz. Bleichlauge bestimmen, so muß man diese zuerst in einem 1 l-Meßkolben verdünnen (50 ccm auf 1 l).

2. Chlorometerverfahren Pyrgos. Das Verfahren beruht auf dem Ausbleichen einer sehr verdünnten Indigolösung. Für annähernde betriebsmäßige Bestimmungen des Chlorgehaltes kann das Chlorometer benützt werden. Dieses ist ein graduierter Meßzylinder mit eingeschliffenem Glasstopfen. Dazu gehören noch eine Maßlösung und die sog. „grüne Säure". Beide Lösungen können gebrauchsfertig (v. Fa. Chem. Fabrik Pyrgos, Dresden) bezogen werden. Die Maßlösung ist eine Lösung von Indigo in Wasser und Salzsäure und die „grüne Säure" besteht aus konz. Salzsäure und etwas Kupferchlorid.

Man gießt in das Chlorometer Bleichflotte genau bis zur untersten Marke ein, setzt 1—3 Tropfen „grüne Säure" zu und gibt allmählich soviel Maßlösung strichweise zu, bis beim Umschütteln die gelbliche Farbe der Flüssigkeit in grünlich umschlägt. Der Flüssigkeitsstand gibt direkt den Gehalt der Flotte in g/l akt. Chlor an.

(28) Untersuchung: Bestimmung der Reaktion von Bleichflotten.

a) Titration mit n/10 HCl. Man titriert das Bleichbad mit n/10 HCl. Die Neutralisation wird durch Tüpfeln auf Phenolphthaleinpapier ermittelt.

b) p_H-Messung. *Erklärung: Der p_H-Wert ist der negative Logarithmus der Wasserstoffionenkonzentration.*

Unter Wasserstoffionenkonzentration versteht man die Anzahl Gramm Wasserstoffionen (H·), die in einem Liter einer Lösung enthalten sind. Die starken Elektrolyte sind in wässeriger Lösung praktisch vollkommen in Ionen gespalten (dissoziiert) und so kann man aus der Normalität von starken Säuren und Basen auch die Wasserstoffionenkonzentration [H·] bzw. die OH-Ionenkonzentration [OH'] berechnen. Dies gilt aber nur für verdünnte Lösungen. Bei konzentrierten Säuren und Basen treten Komplikationen auf, da die Aktivität der Ionen mit steigender Konzentration abnimmt. Zu den Elektrolyten, die der elektrolytischen Dissoziation unterworfen sind, gehört auch das Wasser. Die Dissoziation des reinen Wassers ist sehr gering, d. h. die Wasserstoffionen und die Hydroxylionen haben das Bestreben, sich weitgehend wieder zu Wasser zu vereinigen.

$$H_2O \rightleftharpoons H· + OH'.$$

Man geht davon aus, daß in 10 Mill l Wasser von 22° C nur ein Molekül Wasser dissoziiert ist. Also enthält ein Liter

$$\frac{1}{10\,000\,000}\ \text{H-}\textit{Ionen und ebenfalls}$$

$$\frac{1}{10\,000\,000}\ \text{OH-}\textit{Ionen.}$$

Man kann dafür auch schreiben

$$\frac{1}{10^7}\,\text{H}· + \frac{1}{10^7}\,\text{OH}\ .$$

Oder, was dasselbe ist

$$10^{-7}\,\text{H}· + 10^{-7}\,\text{OH}\ .$$

In diesem Fall ist also die Anzahl H· die gleiche wie die Anzahl OH'; die Wirkung hebt sich also auf und die Reaktion ist neutral. Wird die Potenzzahl (Exponent) der H·-Ionenkonzentration nun größer, so verkleinert sich die Acidität; die Reaktion verschiebt sich also ins alkalische Gebiet. Umgekehrt ist es im sauren Gebiet. An Stelle von H· = 10^{-7} läßt sich auch log H· = —7 oder — log · H· = 7 setzen.

An Stelle von —log[H·] hat SÖRENSEN das Symbol p_H = Wasserstoffexponent eingeführt. Mit zunehmender Wasserstoffionen-Konzentration nimmt also der p_H-Wert ab, mit abnehmender Wasserstoffionen-Konzentration nimmt er zu.

Neutrale Reaktion : p_H = 7
Saure Reaktion : p_H < 7 (kleiner)
Alkalische Reaktion : p_H > 7 (größer).

Statt des Ausdruckes "p_H-Wert" wird die bessere Benennung "Säurestufe" vorgeschlagen.

Ausführung der p_H-Messung. α) Im Potentiometer. In einem derartigen Instrument kann der p_H-Wert unmittelbar gemessen und auf einer Skala abgelesen werden. Man benutzt entweder eine Platin-Wasserstoff- oder eine Chinhydron-Kalomel-Kette.

Neuerdings wird mit einer Glaselektrode gearbeitet (Lautenschläger, München), die eine Messung über den ganzen p_H-Bereich erlaubt.

β) Mit dem Folienkolorimeter (F. u. M. Lautenschläger G. m. b. H., München). Mit Hilfe des Folienkolorimeters ist es möglich, den p_H-Wert einer Lösung in einigen Minuten auf einfachste Weise zu bestimmen.

Um einen unnötig großen Verbrauch an Folien zu vermeiden, ist es zweckmäßig, den ungefähren p_H-Bereich der Lösung vor Beginn der Messung mit Hilfe von „Mercks Universal-Indikatorpapier" zu bestimmen. Dann entnimmt man mit der Pinzette die Folie, in deren p_H-Bereich der p_H-Wert der Lösung fällt und taucht sie in die Untersuchungslösung. Jetzt wird sofort die Sanduhr umgesteckt, da die Einwirkung der Lösung auf die Folie genau die vorgeschriebene Zeit dauern soll. Mit einem Glasstab sorgt man durch Umrühren für gleichmäßige Benetzung der Folie. Nach beendigter Einwirkungsdauer wird die Folie mit Filtrierpapier, oder wenn nötig, mit destilliertem Wasser gereinigt und auf die Glasplatte des Schiebers gelegt. Der Schieber wird auf die zur Folie passende Vergleichsskala gesteckt und auf derselben der Farbton gesucht, der am besten zum Farbton der Folie paßt. Die auf der Vergleichsskala abzulesende Zahl gibt den p_H-Wert der Lösung an.

Bei der Arbeit mit dem Folienkolorimeter ist besonders darauf zu achten, daß das Ablesen des p_H-Wertes nach der Entnahme der Folie aus der zu untersuchenden Lösung möglichst schnell erfolgt, da die Änderung des Farbtones von der Zeit abhängig ist. Bei sorgfältigem und schnellem Arbeiten ist es möglich, den p_H-Wert mit einer Genauigkeit von $p_H \pm 0,1$ zu bestimmen.

γ) Mit Lyphanpapier (Dr. Gerh. Kloz, Leipzig). Wegen des schnellen Ausbleichens des Indikatorstreifens muß die Untersuchung bei Bleichflotten schnell vorgenommen werden. Man vergleicht die Farbe des Indikatorstreifens mit den daneben aufgedruckten Farbskalen.

(29) Untersuchung: Schädigungsnachweis mit der Quellprobe nach KRAIS-MARKERT. Einzelne ausgezupfte Fäserchen aus der Bleichpartie werden mit einer Schere oder einer Rasierklinge weiter zu ganz kurzen Fasertrümmern zerschnitten, auf einen Objektträger gelegt und mit einem Deckgläschen abgedeckt. Unter dem Mikroskop läßt man nun mit Hilfe eines Glasstabes Natronlauge von etwa 30° Bé zwischen Deckglas und Objektträger fließen. Stülpen sich in der Lauge die Fasertrümmer an ihren Enden stark aus, so liegt eine gänzlich ungeschädigte Baumwolle vor (Abb. 24), tritt überhaupt keine Ausstülpung ein, so hat man eine stark geschädigte Ware vor sich (Abb. 25). Die Schädigungsgrenze wird durch eine teilweise Ausstülpung angezeigt.

Der Verfasser steht auf dem Standpunkt, daß diese Quellproben für Baumwolle der einzige sichere Nachweis für das Vorliegen einer Schädigung sind. Sowohl die Abkochzahl als auch alle anderen Methoden (Fehlingsche Lösung, ammoniakalische Silberlösung, Methylenblauzahl) geben keine sicheren Anhaltspunkte, wenn die Ware nach der Bleiche

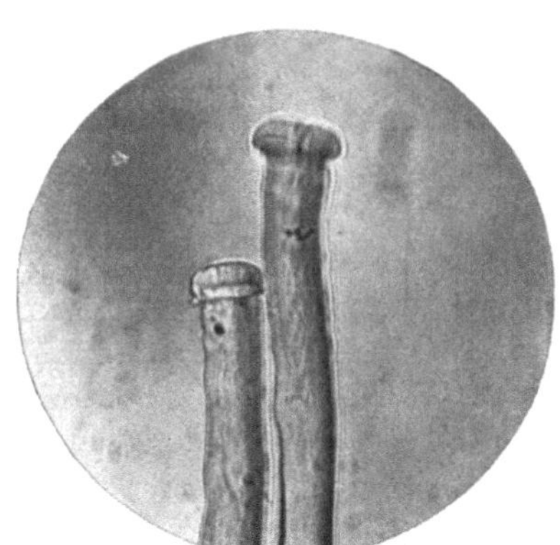

Abb. 24. Quellprobe der ungeschädigten Baumwollfaser.

Abb. 25. Quellprobe einer schwer geschädigten Baumwolle.

stark, womöglich alkalisch, gewaschen oder gar abgekocht wurde. Die Oxyzellulose wird dann im Laufe des Herstellungsprozesses entfernt. Die Quellprobe dagegen zeigt deutlich folgendes: Sind die Ausstülpungen rund, sektkorkenähnlich, so liegt eine völlig gesunde Baumwolle vor. Ist also der angestrebte Weißgehalt durch das Verfahren nicht erreicht worden, so kann unbedenklich eine intensivere Bleiche angewandt werden. Sind jedoch die runden Ausstülpungen verschwunden, so muß darauf geachtet werden, ob statt der Ausstülpungen nur noch Ausweitungen an den Enden der Baumwolltrümmer vorhanden sind. Ist dies der Fall, so befindet sich die Ware bereits kurz vor einer technisch feststellbaren Schädigung. Man darf also höchstens bis zum Auftreten dieser Ausweitungen bleichen. Sind auch diese verschwunden, und liegen nur gequollene, walzenförmige Gebilde vor, so ist mit Sicherheit auf eine vorhandene, in der Praxis in Erscheinung tretende Bleichschädigung zu schließen. Durch eingehende Nachkontrolle der KRAISschen Quellprobe an Großpartien, können folgende Schädigungsgrade auf Baumwolle festgelegt werden: I. Grad: ungeschädigt. II. Grad: praktisch ungeschädigt. III. Grad: zulässige Schädigungsgrenze. IV. Grad: wenig geschädigt. V. Grad: stark geschädigt.

(30) Untersuchung: Quantitative Schädigungsbestimmung durch Viskositätsmessung nach CLIBBENS u. GEAKE. Die durch chemische Einwirkungen erfolgten Eigenschaftsänderungen der Baumwolle werden die Zähflüssigkeit von Lösungen der Fasern in Kupferoxyd-Ammoniak (Cuoxam) beeinflussen.

Die Cuoxamlösung wird folgendermaßen hergestellt: In eine Suspension von geraspeltem Kupfer (MERCK) mit zuckerhaltiger Ammoniaklösung (0,910 spez. Gew. MERCK) bläst man unter Eiskühlung während 20—24 Stunden einen langsamen Luftstrom. Die entstehende blaue Lösung wird vom ungelösten Kupfer abgegossen und so eingestellt, daß sie 11 g Kupfer, 210 g Ammoniak und 10 g Zucker im Liter enthält.

Die Viskositätsmessung erfolgt mit Hilfe von geeichten Glasröhren, in denen auch die Auflösung der Baumwolle in Cuoxam erfolgt (Abb. 26).

Die Röhren besitzen eine lichte Weite von 1 cm und eine Länge von etwa 26 cm. An einem Ende münden sie in eine Kapillare von 2,5 cm Länge und 0,088 cm lichter Weite. Das andere Ende der Röhre trägt einen Gummistopfen, durch den eine Glaskapillare führt. Die beiden Kapillaren werden durch Druckschläuche und Quetschhähne verschlossen. Der Abstand der Eichmarken auf den Röhren beträgt 17,8 cm. Für jede Röhre ist das Volumen bei geschlossenen Quetschhähnen zu ermitteln.

Die Menge der aufzulösenden Baumwolle wird so gewählt, daß eine 0,5proz. Lösung entsteht. Die Baumwolle muß lufttrocken sein (Feuchtigkeitsexsikkator). Die an einer besonderen Probe ermittelte Feuchtigkeit ist zu berücksichtigen. Die abgewogene Baumwolle wird in die sorgfältig gereinigte und getrocknete Röhre gegeben, nachdem der untere Quetschhahn geschlossen wurde. Man füllt jetzt das Cuoxam und 0,7 ccm Quecksilber, welches zum Durchmischen des Röhreninhaltes dient, ein und schließt die Röhre mit Hilfe des Gummistopfens. Der obere Quetschhahn wird geschlossen und die Röhre sofort zwei- bis dreimal umgeschüttelt. Die so vorbereiteten Röhren dürfen keine Luftblasen enthalten, da sonst die Ausflußzeiten zu niedrig werden.

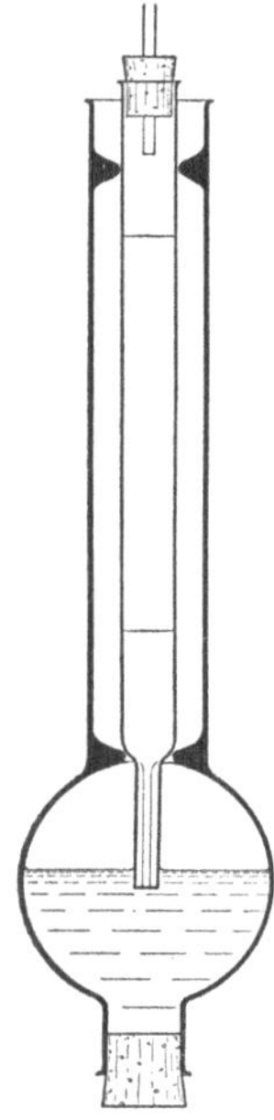

Abb. 26.

Die Röhren werden nun an die Speichen eines sich langsam drehenden Rades gebunden (Dunkelraum) und auf diese Weise 10 Stunden lang bewegt. Anschließend werden die Röhren auf die Temperatur von 20° C gebracht. Nun wird die Zeit gemessen, welche der sinkende Flüssigkeitsspiegel von einer Eichmarke bis zur anderen braucht.

Die Viskositätszahl stellt das Verhältnis der Ausflußzeiten der Baumwollösung zu der eines Glyzerin-Wassergemisches vom spez. Gew. 1,1681 bei einer Temperatur von 20° C dar. Für jede Röhre muß die Auslaufzeit des Glyzerin-Wassergemisches bestimmt werden.

Viskositätszahlen unter 1,0 zeigen deutlich geschädigte Baumwolle an.

(31) Untersuchung: Die Abkochzahl (H. KAUFFMANN). Wurde die Ware nach dem Bleichen oder beim Bleichen nicht gekocht, so läßt sich der Schädigungsgrad dadurch erfassen, daß man die Oxyzellulose durch mehrmaliges Kochen mit Natronlauge von der Faser ablöst und die Menge der abgelösten organischen Produkte durch Titration mit Kaliumpermanganatlösung bestimmt.

Ausführung: 1,000 g Material (das von Fett, Schlichte, Appretur befreit ist) wird mit 150 ccm 3proz. Natronlauge 30 Minuten lang (vom Aufkochen an gerechnet) im 300-ccm-Erlenmeyerkolben mit Siedestab gekocht, abgekühlt, durch Glaswolle in einen 500-ccm-Meßkolben filtriert, bis zum Verschwinden der alkalischen Reaktion ausgewaschen, auf 500 ccm aufgefüllt und davon 2mal je 100 ccm mit der Pipette entnommen. Diese 100 ccm werden mit 20 ccm 10proz. Schwefelsäure und 20,00 ccm n/10 Kaliumpermanganatlösung 10 min (vom Aufkochen an gerechnet) gekocht, auf 70° C abgekühlt, mit 20 ccm 10proz. Schwefelsäure und 22,00 ccm n/10 Oxalsäure versetzt und mit n/10 Kaliumpermanganatlösung zurücktitriert. Der Verbrauch an Kaliumpermanganat (abzüglich der 2 ccm, die durch den Überschuß an Oxalsäure verbraucht werden) multipliziert mit 5, ergibt die erste Abkochzahl. Das Verfahren wird mit demselben 1-g-Stück solange wiederholt, bis sich bei drei aufeinanderfolgenden Abkochungen derselbe Kaliumpermanganatverbrauch ergibt. Die konstante Zahl stellt den Grundwert dar. Werden alle Abkochzahlen um den Grundwert vermindert und dann addiert, so ergibt sich die Gesamtabkochzahl.

(32) Untersuchung: Die Kupferzahl (Merkblatt 8 der Faserstoff-Analysen-Kommission des Vereins der Zellstoff- und Papierchemiker und Ingenieure). *Das in der Fehlingschen Lösung vorhandene zweiwertige Kupfer wird durch die Oxyzellulose zu einwertigem unlöslichem Kupferoxyd reduziert. Dieses Kupfer(1)-oxyd wird mit Ferrisulfatlösung zu zweiwertigem Kupfer zurückoxydiert. Dabei entsteht Ferrosulfat, welches seinerseits nun mit Permanganatlösung titriert wird. Je höher der Verbrauch an Permanganat, desto stärker ist die Faser geschädigt.* In einem 150-ccm-Becherglas werden 40 ccm Fehlingsche Lösung zum Sieden gebracht. In die siedende Lösung trägt man 1 g der im Feuchtigkeitsexsikkator gelagerten kleingeschnittenen Ware ein und hält drei weitere Minuten in lebhaftem Sieden. Hierauf wird der Faserbrei sofort auf einer Porzellannutsche mit Filter (597 SCHLEICEHR und SCHÜLL) abgesaugt und der Filterrückstand mit je $^3/_4$ l heißem und kaltem Wasser gewaschen. Darauf behandelt man Filter und Rückstand im Becherglas mit 25 ccm schwefelsaurer Eisen(3)-sulfatlösung, bis das auf der Faser abgeschiedene Kupfer(1)-oxyd vollkommen gelöst ist. Der Faserbrei wird nun nochmals auf einem Filter (597) abgesaugt, mit weiteren 25 ccm Eisen(3)-sulfatlösung behandelt und mit $^1/_2$ l Wasser gut ausgewaschen. Das Gesamtfiltrat wird nun mit n/10 Kaliumpermanganatlösung bis zur Rosafärbung titriert.

Berechnung:

$$\frac{\text{Verbr. ccm n/10 KMnO}_4 \text{ Lsg.} \times 0{,}006357 \times 100}{\text{Einwaage—Wassergehalt der Einwaage in g}} = \text{Kupferzahl.}$$

Die Kupferzahl ist nur dann genau, wenn die Ware während oder nach der Bleiche keiner Kochung unterzogen wurde.

Ansatz der Fehlingschen Lösung.

Man setzt 2 Lösungen an, die getrennt aufbewahrt werden.

I. 36,64 g $CuSO_4$ krist. zu 500 ccm Wasser lösen
II. 173   g Kaliumnatriumtartrat (Seignette-Salz)
    52   g festes Natriumhydroxyd zu 500 ccm Wasser lösen.

Für Prüfungen werden gleiche Mengen I + II gemischt. Hierauf werden die Proben zugesetzt.

Bereitung der Eisen(3)-sulfatlösung.

    50 g/l Ferrisulfat
    200 g/l Schwefelsäure vom spez. Gewicht 1,84 (108,7 ccm) werden
        zusammengebracht und gelöst.

(33) Untersuchung: Unterscheidung von Oxy- und Hydrozellulose (nach HALLER). Goldpurpurreaktion. Die Reaktion spricht nur auf Oxyzellulose an. Ergab also die Quellprobe eine Schädigung, während die Goldpurpurreaktion negativ verlief, so lag nur Hydrozellulose vor.

Die Probe wird nach vorhergehender Entschlichtung naß 1—2 Stunden lang in eine schwach essigsaure 10proz. Zinn(2)-chloridlösung gelegt. Hierauf wird die Faser in fließendem Wasser gewaschen und in eine sehr verdünnte Lösung von Goldchlorid gebracht. Dort, wo Oxyzellulose vorhanden ist, schlägt sich metallisches Gold (Goldpurpur) nieder.

Oxy- und Hydrozellulose können entstehen, wenn Zellulose mit starken Oxydationsmitteln bzw. mit Säuren behandelt wird. Dabei wird das Molekül an der Sauerstoffbrücke gesprengt. Die Eingriffe können auch an den OH-Gruppen erfolgen. In der Oxyzellulose liegen also weitgehende Abbauprodukte der Zellulose vor, die keine Festigkeitseigenschaften mehr besitzen.

2. Die Peroxydbleiche.

Die Vorgänge und die Bleichmittel. Als Bleichmittel werden Wasserstoffsuperoxyd, Natriumsuperoxyd, Natriumperborat und Perkarbonat verwendet.

Wasserstoffsuperoxyd H_2O_2 wird durch Elektrolyse aus verdünnter Schwefelsäure gewonnen. Die handelsüblichen Konzentrationen betragen 30 und 40 Volumenprozente, d. h. eine 30volumproz. Ware weist 300 g H_2O_2 im Liter auf. Da die Dichte der 30volumproz. Ware etwa 1,111 beträgt, würde 1 kg etwa 270 g H_2O_2 enthalten. Eine Ware von 30 Volumprozenten hat also 27 Gewichtsprozente. Ein Liter der 30volumproz. Ware enthält 141 g, ein Liter 40volumproz. 188 g aktiven Sauerstoff.

Natriumsuperoxyd Na_2O_2 ist unter den Bleichmitteln der billigste Sauerstoffträger. Es wird als Pulver (hygroskopisch!) oder in Körnern geliefert. Beim Eintragen in Wasser entsteht unter Wärmeentwicklung Wasserstoffsuperoxyd und Natronlauge

$$Na_2O_2 + 2\,H_2O \rightarrow H_2O_2 + 2\,NaOH.$$

Diese großen Alkalimengen lassen die Verwendung des Natriumperoxyds bei der Baumwollbleiche nur insoweit vorteilhaft zu, als man zur Bereitung der Flotten soviel Natriumsuperoxyd verwendet, daß die angestrebte Alkalität erreicht ist. Die weiteren Sauerstoffmengen setzt man als Wasserstoffsuperoxyd zu.

Die starke Wärmeentwicklung beim Auflösen macht es erforderlich, das Natriumsuperoxyd mit einer Blechschaufel oder einem Blechtrichter (Abb. 27) vorsichtig in viel Wasser einzustreuen. Kommt das Peroxyd mit nassen Lappen oder Papieren zusammen, so können Brände entstehen. Gutes Natriumsuperoxyd ist 98proz. 1 kg entspricht dem Sauerstoffgehalt von 1,56 kg Wasserstoffsuperoxyd 30 Vol.-Proz. oder 1,20 kg Wasserstoffsuperoxyd 40 Vol.-Proz.

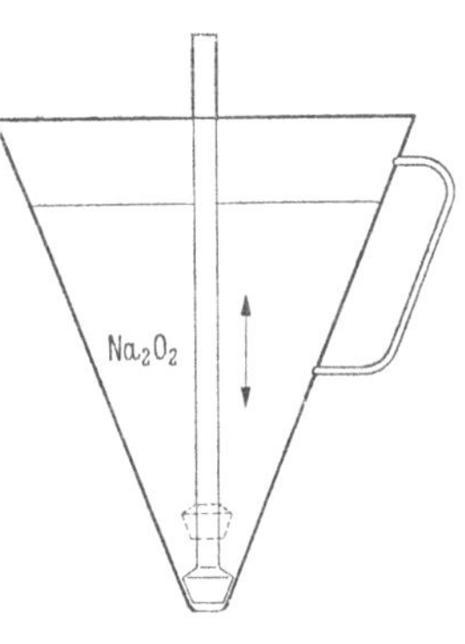

Abb. 27.

Mit 1 kg Na_2O_2 wird die Lösung so alkalisch, als ob man gleichzeitig etwa 1 kg NaOH zugesetzt hätte.

Natriumperborat $NaBO_2 \cdot H_2O_2$, $3\,H_2O$ wird hauptsächlich für bleichende Waschmittel verwendet. Perborat zerfällt mit Wasser in Wasserstoffsuperoxyd, Borax und Natronlauge

$$4\,NaBO_2 \cdot H_2O_2 \cdot 3\,H_2O \rightarrow 4\,H_2O_2 + Na_2B_4O_7 + 2\,NaOH + 11\,H_2O.$$

Die bleichende Wirkung wird vom Wasserstoffsuperoxyd getragen.

Natriumperkarbonat $2\,Na_2CO_3 \cdot 3\,H_2O_2$ ist eine Additionsverbindung von Soda und Wasserstoffsuperoxyd. Es liegt als weißes loses Pulver vor *und wird als Sauerstoff abgebende Substanz Waschmitteln zugesetzt. Ebenso kann es als Bleichmittel verwendet werden.*

Unter aktivem Sauerstoff versteht man den Sauerstoff im Entstehungszustand (in statu nascendi). Das Wasserstoffsuperoxyd zerfällt bei der Bleiche wie folgt:

$$H_2O_2 \rightarrow H_2O + O.$$

Im Augenblick der Abspaltung liegt der Sauerstoff atomar, aktiv, aggressiv, lebendig vor. Er wird versuchen, sich schnellstens zu verbinden. Gelangt er an das Bleichgut, so wird er seine bleichende Wirkung dadurch ausüben, daß er sich mit den natürlichen Farbstoffen der Baumwolle verbindet, sie oxydiert und ihnen damit ihren Farbstoffcharakter nimmt. Gelangt dieser aktive, eben entstehende, als 1 Atom (atomar) vorliegende Sauerstoff an ein zweites derartiges Atom, so verbindet er sich zum molekularen Sauerstoff O_2, der in Bleichflotten keine wesentlichen Wirkungen ausübt und daher als Verlust verzeichnet werden muß.

Die umfassende Abspaltung von atomarem Sauerstoff ist jedoch vom p_H der Bleichflotte abhängig. Nach SCHELLER liegt der aktive Sauerstoff im alkalischen Bereich in Form folgender Ionen vor

$$\begin{pmatrix} O \\ | \\ O \end{pmatrix}'' \qquad \begin{pmatrix} O-Na \\ | \\ O \end{pmatrix}$$

Der Sauerstoff ist also schon etwas gebunden. Es sind jedoch noch freie Affinitäten vorhanden. Tatsächlich besitzen diese Ionen keine ausgesprochene Angriffslust auf die Zellulose, sie wirken lediglich auf die natürlichen Farbstoffe und einige sonstige Faserbegleitstoffe. Im Neutralpunkt (p_H 7) liegen die Verhältnisse jedoch ganz anders, hier kann eine schwere Schädigung der Ware eintreten. Man muß also annehmen, daß im Neutralpunkt der Flotte der aktive Sauerstoff in seiner reinsten atomaren Form vorliegt.

Der Bleicher hat nun dafür zu sorgen, daß möglichst viel aktiver Sauerstoff an die Ware gelangt. Dies wird durch ein kurzes Flottenverhältnis, durch genügende Flottenzirkulation und durch richtige Flottenanwärmung erreicht.

Die Sauerstoffabspaltung und damit die Bleichgeschwindigkeit wird reguliert durch

> *Temperatur,*
> *Alkalität,*
> *Stabilisierung*

der Flotte.

Die Erhöhung der Temperatur hat eine rasche Sauerstoffabspaltung zur Folge. Da die Temperatur bis zur Kochgrenze getrieben wird, kann neben dem Bleichen eine gute Reinigung der Ware erreicht werden, so daß sich bei der Peroxydbleiche eine Vorkochung oder eine Beuche erübrigt.

Die Alkalität der Flotte spielt bei der Peroxydbleiche eine andere Rolle als bei der Chlorbleiche. Während eine hohe Alkalisierung des Bades bei letzterer die Bleichgeschwindigkeit herabsetzt, hat ein Alkalizusatz bei der Peroxydbleiche einen rascheren Zerfall des Wasserstoffsuperoxyds und damit eine Erhöhung der Bleichgeschwindigkeit zur Folge.

Bei dieser Erhöhung der Geschwindigkeit erhebt sich die Frage, in welchem Rhythmus dies zu geschehen hat.

Soll man die Bleichtemperatur schnell hochtreiben oder langsam? Im allgemeinen begegnet man oft der Ansicht, daß eine gleichmäßige, lineare Steigerung wohl die beste Sauerstoffaus-nützung und damit den höchsten Bleich-effekt zur Folge habe.

Die drei Möglichkeiten der Temperatur-regulierung sind in folgendem Schema enthalten (Abb. 28).

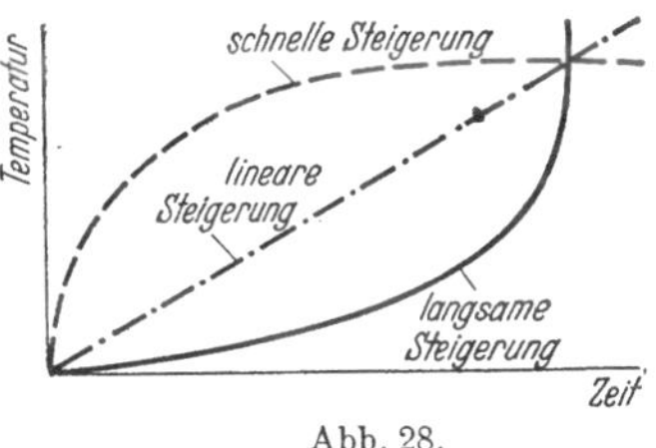

Abb. 28.

Es hat sich nun gezeigt, daß zur Erzielung eines höchstmöglichen Weißgehaltes und zur größtmöglichen Ausnutzung des Sauerstoffs die Bleichtemperatur möglichst rasch auf etwa 80° C zu treiben ist, worauf man dann langsam bis zur Kochgrenze weiter erhitzt.

Wenn man schließlich den Sauerstoff einer Bleichflotte ganz ausnutzen will, ist es zweckmäßig, dem Bleichbade am Schlusse des Bleichprozesses noch etwas Soda zuzusetzen.

Die Stabilisierung der Flotte hat die Aufgabe, den Zerfall des Bleichmittels langsam und gleichmäßig vor sich gehen zu lassen. Die Bleichgeschwindigkeit darf nicht zu groß werden, damit eine gleichmäßige Durchbleiche der ganzen Partie möglich ist. Zerfällt außerdem das Bleichmittel zu schnell, so treten Sauerstoffverluste ein.

Als Stabilisatoren wirken Kolloide (Leim, Seife, Igepon, Gardinol u. dgl.), ferner anorg. Verbindungen wie Magnesiumsilikate, Phosphate (auch Pyrophosphat).

Der gebräuchlichste Stabilisator ist das Wasserglas, das allerdings erst mit harten magnesiumhaltigen Wässern als Magnesiumsilikat seine hervorragend stabilisierende Wirkung entfaltet. Man setzt daher Peroxydbleichflotten stets mit hartem Brunnenwasser an. Flockige Niederschläge von Magnesiumsilikat wirken ebenfalls stabilisierend und schaden der Ware nicht.

Von besonderer Bedeutung sind die Katalyseerscheinungen. Viele Bleichschädigungen sind darauf zurückzuführen.

Die Ursache für solche Schädigungen liegt in der Anwesenheit von Schwermetallen und ihren Verbindungen, die sich entweder von vornherein auf der Faser befanden oder im technologischen Herstellungsprozeß oder durch das Betriebswasser oder im Gebrauch (z. B. auch in Rost- und in Blutflecken) auf die Ware gelangten. Sie wirken bei Oxydationsvorgängen der Bleiche als Katalysatoren. In ihrer Gegenwart erfolgt in Superoxydbädern eine vermehrte Abspaltung von Sauerstoff. Dieser eben entstehende, sehr aktive Sauerstoff kann zu einer Veränderung der Zellulose, nämlich zur Bildung von Oxyzellulose, führen. Damit beginnt ein Abbau der Faser mit physikalischen Auswirkungen. Die Qualität der Ware sinkt katastrophal.

Allgemein nimmt man für die Wirkungsweise eines Katalysators an, daß im Laufe der Reaktion eine Zwischenverbindung entsteht, während er am Schlusse wieder unverändert vorliegt. Nach WIELAND beruht die Aktivierung des Hydroperoxyds durch Eisensalze auf der Zwischenstufe eines höheren Oxyds oder Peroxyds des Eisens, das an eine geeignete der Oxydation zugängliche Substanz den über die Ferristufe hinausgehenden Sauerstoff mehr oder weniger rasch abzugeben vermag. Fe^{II} wird durch Wasserstoffsuperoxyd an sich mit großer Geschwindigkeit zu Fe^{III} oxydiert. Erfolgt nun diese Umwandlung bei einem Überschuß von Wasserstoffsuperoxyd in Gegenwart eines oxydierbaren Stoffes, der von Wasserstoffsuperoxyd allein nicht oxydiert wird, so kann von dem Eisen mehr H_2O_2 in die Reaktion hineingezogen werden als der Gleichung

$$2\,Fe^{++} + 2\,H^+ + H_2O_2 \rightarrow 2\,Fe^{+++} + 2\,H_2O$$

entspricht. Der Überschuß wird von der sekundären Reaktion verbraucht. Die Untersuchungen von MANCHOT ergaben, daß die Reaktion $Fe^{II} + H_2O_2$ ein höherwertiges, besonders aktives Peroxyd der Stufe Fe^{IV} oder Fe^{V} liefert, das nun seinen Überschuß an Sauerstoff unter Absinken auf Fe^{III} an fremde Substrate abgeben kann. Ist dieser Vorgang beendet, also wieder Fe^{III} entstanden, so ist auch der Unterschied zwischen Fe^{II} und Fe^{III} verschwunden. Von einer katalytischen H_2O_2-Aktivierung kann keine Rede mehr sein, seine katalytische Leistung wird zu der wenig hervortretenden des Fe^{III}. Die Voraussetzungen für eine weitere katalytische Aktivierung des Hydroperoxyds durch Eisen sind demnach nur dann gegeben, wenn in der Reaktionslösung erneut Fe^{II} gebildet werden kann. (Unsere Versuchsbedingungen bei der Peroxydbleiche sind gegenüber den WIELANDschen Untersuchungen allerdings insofern andere, als wir es mit zwei Phasen zu tun haben, mit einer flüssigen und einer festen.)

Die Einwirkung auf solche Ferrosalze hat MANCHOT sudiert. Er kommt zu dem Ergebnis, daß das zweiwertige Eisen mehr Äquivalente Wasserstoffperoxyd verbraucht, als zu seiner normalen Oxydation nötig wäre. MANCHOT zog daraus den Schluß, daß das Eisen ein Primäroxyd von der Stufe Fe_2O_5 bildet. Danach entstünde also durch Einwirkung auf Fe^{II} nicht direkt Fe^{III}, sondern als Zwischenstufe ein Peroxyd, das spontan zu der dreiwertigen Stufe zerfällt. (Man kann deshalb z. B. auch Ferrosalzlösungen *nicht ohne weiteres in salzsaurer Lösung mit Kaliumpermanganat titrieren, weil dieses unter der „induzierenden" Wirkung des Ferrosalzes durch vorübergehende Bildung eines „Primäroxyds" des Eisens auch die Salzsäure oxydiert.)*

Diese Reaktionsvorgänge würden dann durch folgende Gleichungen anzugeben sein:

$$2\,Fe^{+++} + H_2O_2 \rightarrow 2\,Fe^{++} + 2\,H^+ + 2\,O$$

$$2\,Fe^{++} + 3\,H_2O_2 \rightarrow Fe_2O_5 + 4\,H^+ + H_2O$$

$$Fe_2O_5 \rightarrow Fe_2O_3 + 2\,O.$$

Man sieht daraus deutlich, wie dieser „Oxydationsstoß" durch den Zerfall des Fe_2O_5 eintritt. Es werden schnell verhältnismäßig große Mengen an aktivem Sauerstoff frei, welche die Faser angreifen.

Nach BERTALAN findet nun bei Einwirkung von Wasserstoffperoxyd auf Fe^{III}-Salze eine vorübergehende Bildung von Fe^{II} satt. Das Wasserstoffsuperoxyd reagiert nämlich mit Oxydationsmitteln, z. B. mit Kaliumpermanganat, unter Sauerstoffentwicklung. Genau so kann es mit Fe^{+++} wirken, wie dies folgende Gleichung anzeigt:

$$2\,Fe^{+++} + H_2O_2 \rightarrow 2\,Fe^{++} + 2\,H^+ + 2\,O.$$

Die Kinetik der Reaktion zwischen Wasserstoffperoxyd und Eisen geht also mit großer Geschwindigkeit vor sich:

Das Fe^{III} wird durch Wasserstoffsuperoxyd zum Teil reduziert, hierauf sofort wieder oxydiert zum Eisenperoxyd, das nun augenblicklich unter Abgabe von viel Sauerstoff (Oxydationsstoß) wieder zu Fe^{III} zerfällt usf. Es findet also eine dauernde Neubildung von Fe^{II}, Fe_2O_5 und Fe^{III} statt, eine Wechselwirkung, die besonders bei höheren Temperaturen und in alkalischem Medium sehr schnell abläuft und dadurch an den Grenzstellen Eisen—Ware große Mengen Sauerstoff freimacht. Es tritt Bildung von Oxyzellulose auf, d. h. die Ware wird zerstört. Schematisch läßt sich dieser Oxydationsstoß wie folgt darstellen:

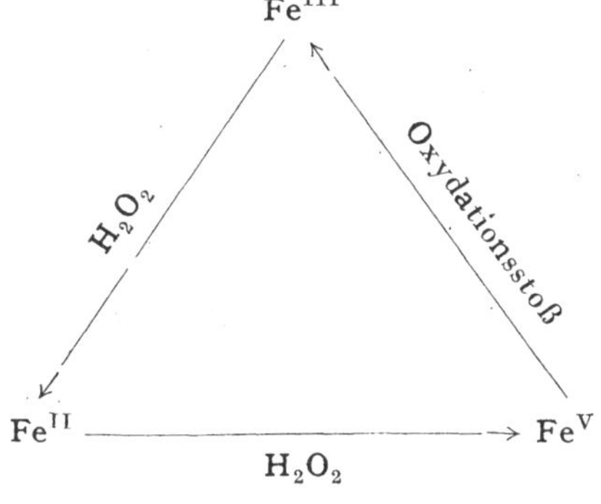

Die Reaktion beginnt beispielsweise bei Fe^{III}, führt unter der Einwirkung von Wasserstoffsuperoxyd über die niedrigere Wertigkeitsstufe des Fe^{II} zum Peroxyd Fe^{V} und endet unter Sauerstoffabgabe wieder bei Fe^{III}, wo der Kreislauf erneut beginnt.

Zur Vermeidung katalytischer Bleichschäden sind also folgende Maßnahmen zu ergreifen:

1. Das zum Bleichen verwendete Wasser muß eisenfrei sein.

2. Auf der Ware dürfen sich keine Rost- oder sonstigen Eisenablagerungen befinden. Eisenflecken lassen sich auf der Ware mit einer heißen Hydrosulfitflotte (nachspülen) entfernen.

3. Die Ware darf während des Bleichprozesses nicht mit eisernen Kesselwänden, Leitungen u. dgl. in Berührung kommen.

Was ist aber zu tun, wenn die Ware die Eisenflecken schon besitzt, wenn die Bleiche schon mit eisenhaltigem Wasser begonnen wurde, oder wenn die Ware aus irgendeinem Grunde mit Eisen während des Bleichprozesses in Berührung geraten ist?

Man kann sich zunächst nur dadurch helfen, daß man die Reaktionsgeschwindigkeit abbremst. Die Summe der Oxydationsstöße muß in einer Zeiteinheit geringer werden als beim normalen Bleichprozeß. Dies geschieht:

a) Durch vermehrte Zugabe eines Stabilisators,

b) durch Einhaltung niedriger Temperaturen,

c) durch Verringerung der Alkalität der Bleichflotte.

Man verzichtet damit natürlich auf die volle Ausnützung der Bleichflotte, aber man rettet so meist noch die Ware.

Zusammenfassend ist schließlich zu sagen:

1. Sowohl Ferri- als auch Ferroeisen bewirken eine starke katalytische Zersetzung von Peroxydflotten. Es ist deshalb zweckmäßig, vor dem Bleichen eine Untersuchung des Wassers vorzunehmen.

2. Äquimolekulare Mengen von Ferri- und Ferroeisen bewirken eine gleich rasche Zersetzung der Hydroperoxydlösung.

3. Die Reaktionsgeschwindigkeit wächst mit zunehmender Alkalität.

4. Wasserstoffsuperoxyd wirkt auf Eisensalze reduzierend und oxydierend, wobei sich aus Fe^{III} Fe^{II} bildet, daraus Fe_2O_5 und daraus wieder Fe^{III}.

5. Durch Stabilisatoren läßt sich die Katalyse zurückdrängen und die Abgabe des Sauerstoffs regulieren.

6. Natürliche Gewässer, die wenig Eisen enthalten, aber reich an härtebildenden Stoffen sind, eignen sich ohne weiteres für die Peroxydbleiche. In einem solchen Falle kann man sogar die Menge des zuzugebenden Stabilisators verringern.

(34) Verfahren: Peroxydbleiche von Baumwolltrikot. 100 kg Ware in einem Bleichkessel mit indirekter Heizung und Zirkulationsvorrichtung.

Die Ware wird trocken in Schleifen eingelegt und bei 60° C während zwei Stunden mit 2 ccm/l Türkischrotöl oder einem anderen Netzmittel genetzt. Der Bleichansatz 5 l Wasserglas 38—40° Bé,

1,5 kg Natriumsuperoxyd,

4,5 l Wasserstoffsuperoxyd 40 Vol.-Proz.

wird auf zwei Bleichbäder verteilt. Jede Bleiche dauert etwa $2^1/_2$ Stunden, wobei bis nahe an die Kochgrenze erhitzt wird (hartes Wasser).

Nach der Bleiche wird die Ware einmal heiß und einmal kalt im Apparat gespült und nun auf der Waschmaschine gewaschen.

(35) Versuch: Vergleichende Peroxydbleichen. (Die Versuche werden zweckmäßig in einer nach Abb. 29 konstruierten Vorrichtung durchge-

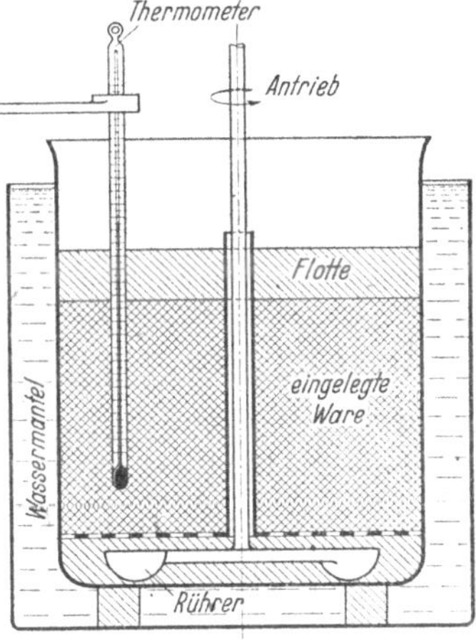

Abb. 29. Einfache Apparatur für Peroxydbleichversuche, wenn keine Möglichkeit besteht, die Flotte zirkulieren zu lassen.

führt.) Im nachfolgenden sei nochmals (s. Mercerisation) der systematische Gang zur Aufstellung eines Verfahrens geschildert. Man bleicht die Baumwolle entsprechend dem halben Ansatz in Verfahren (34) während $2^1/_2$ Stunden, indem man die Temperatur bei verschiedenen Versuchen verschieden schnell in die Höhe treibt. Es wird hierauf gemessen

a) die Erschöpfung der Bleichflotte (Sauerstoffverlust),

b) der Weißgehalt der Ware.

Jeder Einzelversuch wird für eine graphische Darstellung ausgewertet, z. B. wie in Abb. 30—32 dargestellt.

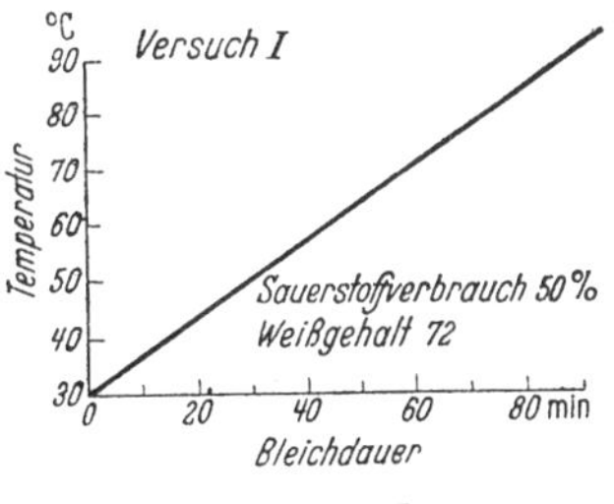

Abb. 30. Lineare Temperatursteigerung.

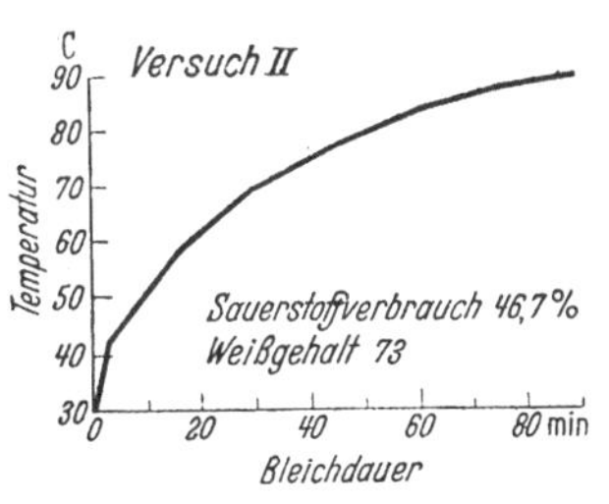

Abb. 31. Schnelle Temperatursteigerung.

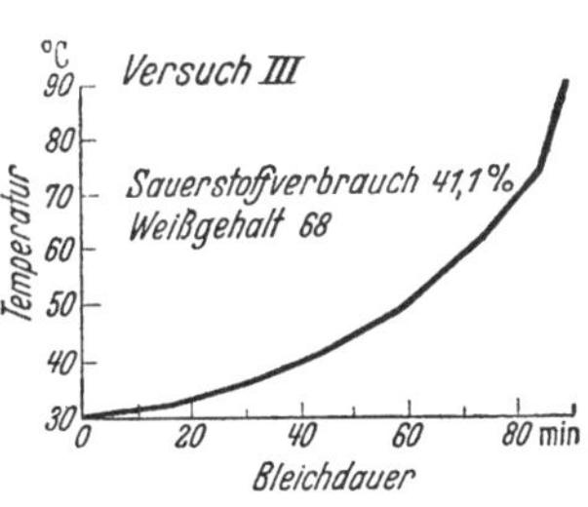

Abb. 32. Langsame Temperatursteigerung.

(Die Ergebnisse werden zweckmäßig gleich in die Kurvenzeichnungen eingetragen.)

Die Erhöhung der Temperatur kann nun auf Grund dieser Versuche weiter verändert werden, indem man z. B. sehr schnell oder mit Unterbrechungen heizt (Abb. 33 u. 34).

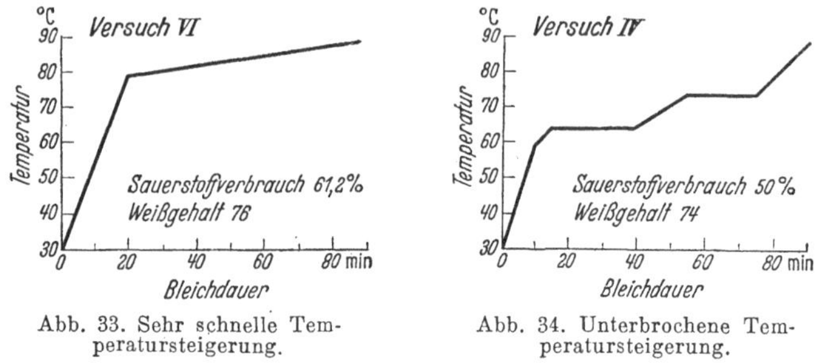

Abb. 33. Sehr schnelle Temperatursteigerung.   Abb. 34. Unterbrochene Temperatursteigerung.

Die Gesamtergebnisse werden in einer Tabelle oder in einer graphischen Darstellung zusammengefaßt (Abb. 35).

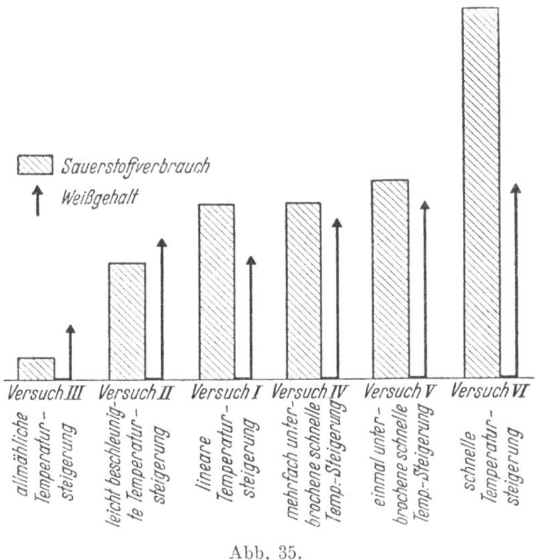

Abb. 35.

In weiteren zwei Versuchsreihen ändert man

a) die Alkalimenge,

b) die Menge des Stabilisators

und prüft Sauerstoffverbrauch und Weißgehalt.

(36) Untersuchung: Feststellung des Sauerstoffgehalts einer Peroxydbleichflotte. Man bringt 50 ccm der Bleichflotte in einen 1 l-Meßkolben und verdünnt mit dest. Wasser bis zur Marke. Von dieser Lösung bringt man 50 ccm in einen 500 ccm-Erlenmeyerkolben, versetzt mit 250 ccm

Wasser und 30 ccm Schwefelsäure (1:4). Nun titriert man mit n/5 Kaliumpermanganatlösung bis zur schwachen Rosafärbung.

$$1 \text{ ccm n/5 Kaliumpermanganatlösung} = 0,0034 \text{ g } H_2O_2$$
$$= 0,0016 \text{ g akt. Sauerstoff.}$$

(37) Untersuchung: Messung des Weißgehaltes mit dem Zeiß-Kugelreflektometer in Verbindung mit dem Pulfrich-Photometer. Das Instrument besteht aus dem Kugelreflektometer und dem Photometer (Abb. 36). Die Gebrauchsanweisung liegt beim Instrument.

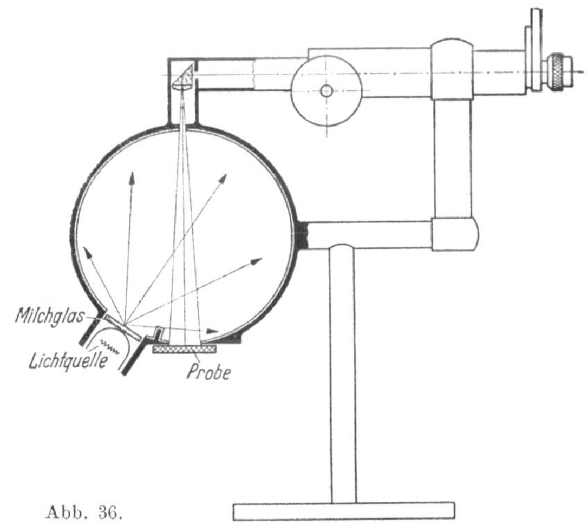

Abb. 36.

Die Messungen mit dem Kugelreflektometer erfolgen nach einem Substitutionsverfahren. Durch die Messung mit dem Photometer wird direkt nur die Helligkeit der im Probefenster liegenden Fläche des Untersuchungsobjektes verglichen mit der Helligkeit eines bestimmten Teiles der Kugelinnenwand. Man geht daher bei der Benutzung des Instrumentes so vor, daß man zunächst eine Normalweißplatte an das Probenfenster anlegt und ihre Helligkeit im Vergleich zur Helligkeit der betrachteten Stelle der Kugelinnenwand bestimmt. Dann wird die Normalweißplatte durch das zu untersuchende Objekt ersetzt und wiederum die Helligkeit im Vergleich zu derjenigen der Kugelinnenwand ermittelt. Das Reflexionsvermögen des zu untersuchenden Objektes im Vergleich zu der Normalweißplatte ergibt sich dann durch Division der bei den beiden Messungen erhaltenen Einzelresultate.

Für die Ausführung der Messungen ergeben sich demgemäß folgende Möglichkeiten:

Messungen nur mit linker Trommel:

Die rechte Trommel (vom Beobachter aus gesehen) bleibt stets auf voller Öffnung (Einstellung 100) stehen. Bei der Messung der Normalweißplatte bzw. des zu untersuchenden Objektes wird stets nur die linke Meßtrommel betätigt. Erhält man an der linken Meßtrommel bei Messung der Normalweißplatte die Ablesung b und bei Messung der Probe die Ablesung a, so ist die Albedo A der Probe in Prozenten im Vergleich zu Normalweiß gegeben durch

$$A = \frac{a}{b} \times 100.$$

Messung mit linker und rechter Trommel:

Will man die Division vermeiden, so kann man auch so vorgehen, daß man zunächst die Normalweißplatte an das Probenfenster anlegt und die linke Trommel auf 100 einstellt. Die Einstellung auf gleiche Helligkeit der Gesichtsfelder nimmt man mittels der rechten Meßtrommel vor. Im allgemeinen ergeben sich rechts Ablesungen über 100. Die Einstellung rechts wird nun mehrmals wiederholt. Schließlich stellt man die rechte Meßtrommel auf den Mittelwert der verschiedenen Einstellungen fest ein. Dann wird die Normalweißplatte durch die zu untersuchende Probe ersetzt. Die Einstellung auf gleiche Helligkeit bei Messung irgendwelcher Proben erfolgt jetzt nur mit Hilfe der linken Meßtrommel. Die Ablesung an der linken Trommel gibt dann direkt die Albedo der Probe in Prozenten im Vergleich zur Albedo der Normalweißplatte an.

Das Meßergebnis mit dem Kugelreflektometer ist direkt die Albedo (Reflexionsvermögen) für diffuse Beleuchtung und lotrechte Beobachtung.

Die zehn Gebote für den Peroxydbleicher.

1. Verwende zur Bleichflotte bei Anwendung von Wasserglas als Stabilisator hartes Wasser.

2. Dosiere die Bleichzusätze nach Warenqualität und Vorbehandlung.

3. Setze das Natriumsuperoxyd erst am Schluß des Ansatzes zu, und

4. streue es in kleinen Portionen möglichst mittels Streutrichter ein.

5. Lege die Ware immer locker und in Schleifen ein, damit sich keine Flottenkanäle bilden.

6. Achte darauf, daß die Ware nur eben von der Flotte voll bedeckt ist.

7. Treibe die Temperatur möglichst rasch auf 80° C.

8. Koche die Flotte niemals vor nahezu erreichter Sauerstoffausnützung auf (gib notfalls etwas Soda zu).

9. Überwache titrimetrisch die geregelte Zersetzung der Bleichbäder.

10. Untersuche fertige Partien auf Schädigung (mit der Quellprobe).

(38) Versuch: Katalyse-Schädigungen. Man setzt zwei Vergleichsbleichen nach Verfahren (34) an und beschickt die eine mit einem gewöhnlichen Baumwollrohgewebe, die andere mit einem Baumwollrohgewebe, auf welches man zahlreiche Rostflecken oder Flecken mit Ferrichlorid gebracht hat. Nachdem unter völlig gleichen Bedingungen gebleicht wurde, wird gemessen

a) Schädigung an den Flecken (Quellprobe)
b) Weißgehalt der Ware,
c) Sauerstoffverbrauch.

3. Die kombinierte Bleiche.

Die Bleiche wird so durchgeführt, daß dem Chlorbad mit oder ohne Zwischenspülung ein Peroxydbad angeschlossen wird. Da letzteres immer ein Kochbad darstellt, ist eine Beuche oftmals nicht notwendig. Das Peroxydbad entchlort außerdem die Ware.

Arbeitet man ohne Zwischenspülung, so tritt im Peroxydbad eine Aktivierung des Sauerstoffs durch das Hypochlorit ein. Es entsteht eine lebhafte Sauerstoffentwicklung und eine große Bleichgeschwindigkeit. Gewöhnlich wird deshalb eine Spülung zwischen den beiden Bleichflotten vorgenommen. Außerdem wird das Peroxydbad etwas stärker stabilisiert.

Die kombinierte Bleiche stellt das gegebene Verfahren für eine Vollbleiche mit möglichst hohem Weißgehalt dar.

(39) Verfahren: Die kombinierte Bleiche. (100 kg Baumwollstückware)

Sengen
|
Entschlichten
|
Waschen
|
I. Chlorbleiche: 1,5 g/l aktives Chlor,
2—3 Stunden,
höchstens 18° C.
|
Waschen
|
II. Peroxydbleiche: 4,5 l Wasserglas,
1,5 kg Natriumsuperoxyd,
2,5 l Wasserstoffsuperoxyd 40 Vol.-Proz.,
hartes Wasser,
schnell bis 80° C erhitzen, dann langsamer
bis Kochgrenze,
3—5 Stunden.
|
Waschen
|
Bläuen mit Ultramarinblau oder
mit Alizarinirisol (R oder B je nach gewünschtem Ton).

(40) Versuch: Die Ermittlung des zur Warenart passenden Bleich-verfahrens. Man prüfe die verschiedenen Bleichverfahren auf Grund nachstehender Beispiele durch:

Der praktische Bleicher kann ab und zu beobachten, wie sehr seine Ware ihren Charakter durch die Änderung des Bleichverfahrens bei völlig gleichem Weißgehalt ändert. Es ist daher die Aufgabe des Bleicherei-leiters, das für seine Ware richtige Verfahren zu wählen. Leider wird dabei meist nur die Kostenrechnung zugrunde gelegt. Man wählt das Bleichverfahren, welches sich bei gleichem Weißgehalt am billigsten stellt. Die nachfolgenden Tabellen sollen nun zeigen, wie sehr auch der technische Effekt zu berücksichtigen ist. Neben dem Weißgehalt ist die Schädigung, die Glanz- und Weichheitsänderung und noch manches andere wichtig. Zum Studium dieser Frage bleicht man ein Gewebe aus Mako-Baumwolle nach verschiedenen Verfahren in einem Kleinversuch im Laboratorium und in einem Großversuch im Fabrikbetrieb. Gemessen wird Festigkeit, Viskosität, Weißgehalt, Glanz und Weichheit.

Die Viskositätszahl wird nach CLIBBENS bestimmt. Sie dient zur Kontrolle der Schädigung. Man nimmt an, daß die Baumwollfaser dann geschädigt ist, wenn die Viskositätszahl wesentlich unter 1 sinkt. Weiß-gehalt und Glanz werden am Stufenphotometer (PULFRICH) nach KLUGHARDT gemessen. Die Messung der Weichheit erfolgt nach MECHEELS.

Nachstehend sind als Beispiel die Gesamtergebnisse einer Versuchs-reihe angeführt:

A. Laboratoriumsbleiche.

Mercerisierte Mako-Baumwolle.

Bleich-ver-fahren	Behandlung vor der Bleiche	Festig-keit kg	Deh-nung mm	Visko-sität	Weiß-gehalt	Glanz-zahl	Weich-heits-zahl
Chlorbleiche	Mit 1 g/l Nekal BX ohne Al-kali und Druck gekocht	64,90	52,8	1,52	72	59	1,14
	Mit 3 g/l Soda ohne Druck ge-kocht	60,46	50,4	1,44	73	65	1,11
	Mit Druck und 0,3proz. Na-tronlauge gebeucht	52,70	44,2	1,27	74	59	1,00
Sauerstoff-bleiche	Mit Nekal gekocht	65,18	70,6	2,07	72	57	1,02
	Mit Soda gekocht	62,00	65,6	1,93	73	61	1,05
	Gebeucht	61,30	66,0	1,84	73	60	1,01

B. Fabrikbleiche.

Mercerisierte Mako-Baumwolle.

Die Ware wurde während vier Stunden mit 3 g/l kalz. Soda ohne Druck gekocht, hierauf gewaschen, gesäuert und wieder gewaschen.

Nun wurde sie bei 15° C mit einer Lauge von 30° Bé mercerisiert, gespült und entlaugt.

Bleichverfahren	Festig-keit kg	Visko-sität	Weiß-gehalt	Glanz-zahl	Weich-heits-zahl
Chorbleiche	60,0	0,98	76	59	1,10
Sauerstoffbeiche . .	61,0	1,36	78	51	1,36
Kombinierte Bleiche .	57,0	0,59	82	58	1,19

Der Vergleich dieser Meßergebnisse zeigt zunächst, daß man im Kleinversuch zu völlig falschen Ergebnissen gelangen kann. Eine im Laboratorium durchgeführte Bleiche kann nicht immer bündige Rückschlüsse
auf die Verhältnisse im Fabrikbetrieb gestatten. Man sieht in der allei-
nigen Beurteilung von Laboratoriumsversuchen den Hauptgrund für die
manchmal weit auseinanderliegenden Ergebnisse einzelner Institute.

Im vorliegenden Falle hat man z. B. bei der Baumwollbleiche im
Laboratorium nicht nur durchweg niedrigere Weißgehalte als bei der
Fabrikbleiche, sondern auch die jeder Erfahrung widersprechende Tatsache, daß die Chlorbleiche eine weichere Ware erbringt als die Sauerstoffbleiche.

Erst im Großversuch treten auf derselben Ware die richtigen Verhältnisse zutage:

Weichheitszahl für Baumwolle nach Chlorbleiche 1,10
Weichheitszahl für Baumwolle nach Sauerstoffbleiche 1,36
Weichheitszahl für Kunstseide nach Chlorbleiche 0,83
Weichheitszahl für Kunstseide nach Sauerstoffbleiche 1,40

Ohne Zweifel lockert also die Sauerstoffbleiche, in unserem Falle
durch die Kochungen, die Ware auf und macht sie weich. Die Chlorbleiche dagegen ist ein Glanzerhalter. In allen Daten der Fabrikbleiche
kommt die hohe Glanzzahl der Chlorbleiche zum Vorschein.

Die kombinierte Bleiche bringt natürlich den höchsten Weißgehalt.
In bezug auf die Schädigung ist sie aber im vorliegenden Falle nicht ganz
einwandfrei durchgeführt worden. Dies geht weniger aus den Werten für
die Festigkeit als aus den Viskositätszahlen hervor. Gerade die kombinierte Bleiche braucht als ein Verfahren der Hochveredlung eine dauernde
Kontrolle. (Je höher wir veredeln, um so nötiger ist der die Betriebskontrolle beherrschende Fachmann.)

Die Tabellen bringen bei näherem Studium noch weitere Aufschlüsse.

Über die Viskositätswerte sei noch bemerkt, daß nicht besonders weit
unter 1 liegende Werte oftmals auch bei einer praktisch noch als ungeschädigt zu beurteilenden Ware vorkommen. Solche niedrigen Werte
sind jedoch zum mindesten Alarmsignale. Der Bleicher muß nach seinem

Verfahren sehen. Liegen die Zahlen über 1 und stimmt der Weißgehalt der Ware, so ist alles in Ordnung.

(41) Untersuchung: Die Messung der Weichheit nach MECHEELS. Die Weichheit von Textilien ist bestimmt durch zwei Faktoren: Oberflächenglätte oder Rauheit und Zusammendrückbarkeit.

Abb. 37. Apparat zur Messung der Weichheit.
1 Messung der Oberflächenglätte. 2 Dickenmesser für Garne. 3 Dickenmesser für Gewebe.

Die Oberflächenglätte wird auf dem in Abb. 37 u. 38 gezeigten Apparat gemessen, der aus zwei feststehenden polierten Stahlwalzen besteht, über die das Garn gezogen wird. An dem einen Ende des Fadens wird ein kleines Gefäß befestigt, am anderen Ende ein genau so schweres Gegengewicht. In das Gefäß läßt man Wasser mit einer bestimmten Geschwindigkeit (60 ccm/min) zufließen, bis der Faden zu gleiten anfängt. Da die Dauer der Belastung als Maß für die Glätte des Fadens gelten kann, drückt man die Oberflächenglätte in Sekunden aus. Die Zeit vom

Nr.	Behandlung	Rauheit c	Fadendicke a/mm	Zusammendrückbarkeit b/mm	Differenz $a-b=x$	% Zusammendrückbarkeit $z = \dfrac{100 \cdot x}{a}$	z in %-Verhältnis zu Nr. 1 $Z = \dfrac{100 \cdot z_x}{z_1}$	c in %-Verhältnis zu Nr. 1 $R = \dfrac{100 \cdot c_x}{c_1}$	Prozentuale Rauheit — Warenfaktor $R_k = R - 10\%$	Weichheitszahl $W = \dfrac{Z}{R_k}$
1	dest. Wasser	32,4 (c_1)	0,668	0,308	0,360	53,89 (z_1)	100,00	100,00	100,00	1,00
2	½ g/l Seife	29,4 (c_x)	0,699	0,307	0,392	56,08 (z_x)	$\dfrac{56,08 \cdot 100}{53,89} = 104,06$	$\dfrac{29,4 \cdot 100}{32,4} = 90,74$	81,67	1,27
3	1 g/l Seife	27,4 (c_x)	0,702	0,309	0,393	55,98 (z_x)	$\dfrac{55,98 \cdot 100}{53,89} = 103,88$	$\dfrac{27,4 \cdot 100}{32,4} = 84,57$	76,11	1,36

Beginn der Belastung (durch Zufließen von Wasser) bis zum Gleiten des Fadens wird abgestoppt. Aus 10 solcher Messungen nimmt man den Mittelwert für die Oberflächenglätte. Die Zusammendrückbarkeit wird in zwei Stufen gemessen, in der Dickebestimmung und der Quetschfähigkeit.

Die Dickenmessung wird auf einem normalen Dickenmesser mit Ableselupe vorge-

Abb. 38. Vorrichtung zur Messung der Oberflächenglätte (1 aus Abb. 37).

nommen, wobei der zu messende Faden mit einem Klemmgewicht von 1 g gespannt wird.

Die Zusammendrückbarkeit wird auf einem Dickenmesser für Gewebe durchgeführt. Das Garn wird zwischen die feststehende und die mit dem Zeiger verbundene Auflagescheibe gebracht. Läßt man nun das aus Auflagescheibe, Achse und Zusatzgewicht bestehende Fallelement immer aus gleicher Höhe auf den Faden fallen, so wird die jeweilige Quetschbarkeit desselben als Querschnittsgröße auf der Skala

5*

des Instrumentes abgelesen werden können. Die Differenz dieser Zahl von der ursprünglichen Fadendicke liefert die Zahl für die Zusammendrückbarkeit des Fadens.

Bei beiden Meßarten müssen wieder je 10 Einzelmessungen gemacht werden.

Je nachdem, ob die Oberflächenglätte oder die Zusammendrückbarkeit für eine Ware charakteristisch ist, wird die Oberflächenglätte (R) durch den sogenannten Warenfaktor reguliert. Er hat die Aufgabe, in der Formel der Weichheitszahl die Bedeutung der Oberflächenglätte oder der Zusammendrückbarkeit abzubremsen.

Im allgemeinen ist für die Baumwolle der Warenfaktor — 10%, für Wolle — 30% einzusetzen, während für glatte Textilien kein Faktor benötigt wird.

Bei der Messung der Weichheit spielt die natürliche Feuchtigkeit eine große Rolle. Es ist deshalb notwendig, die Messungen in einem Raum mit konstanter rel. Luftfeuchtigkeit von 65% vorzunehmen.

Die Weichheitszahl läßt sich errechnen aus der Formel

$$W = \frac{Z}{R_k} \qquad \text{wobei}$$

Z = prozentuale Zusammendrückbarkeit,
R_k = prozentuale, um den Warenfaktor verkleinerte Rauheit bedeutet.

Die Berechnung der Weichheitszahl geht aus dem Beispiel hervor (siehe Tabelle S. 67).

Will man Gewebe auf ihre Weichheit prüfen, so schneidet man schmale (etwa 1 cm breite) Streifen. Die Dicke wird auf dem Dickenmesser für Gewebe ohne Belastung, die Quetschbarkeit mit Belastung und Fallelement gemessen.

D. Das Färben der Baumwolle.

Das Färbeverfahren richtet sich nach der angestrebten Echtheit. Keine Färbung soll echter durchgeführt werden, als es der Gebrauchszweck der Ware bedingt. Andererseits sind mangelhafte Echtheitseigenschaften zu vermeiden.

Man unterscheidet für Baumwollfärbungen:

Lichtechtheit,	*Vulkanisierechtheit,*
Wasserechtheit,	*Säureechtheit,*
Waschechtheit,	*Alkaliechtheit,*
Beuchechtheit,	*Überfärbeechtheit,*
Mercerisierechtheit,	*Reibechtheit,*
Superoxydechtheit,	*Schweißechtheit,*
Chlorechtheit.	*Bügelechtheit.*

Diese Echtheitseigenschaften erhält man mit folgenden Farbstoffklassen:

1. Basische Farbstoffe,   *5. Küpenfarbstoffe,*
2. Substantive Farbstoffe,   *6. Anthrasole (Indigosole),*
3. Entwicklungsfarbstoffe,   *7. Naphthole,*
4. Schwefelfarbstoffe,   *8. Beizenfarbstoffe.*

Das Zustandekommen einer Färbung. *Die weitaus meisten Baumwoll-. färbungen sind substantiver Natur. Unter „Substantivität" versteht man „das spezifische Vermögen einer Verbindung (eines Farbstoffes), aus ihren Lösungen auf die Faser zu ziehen." Es wird also der Lösung mehr von der Verbindung entzogen, als dies der von der Faser mitgenommenen Flüssigkeitsmenge entspricht. Durch das Färben von Baumwolle mit substantiven, Küpen- usw. Farbstoffen tritt eine Farbstoffanreicherung auf der Faser und eine Farbstoffverarmung in der Flotte ein.*

Unter Färben versteht man die Änderung der Farbe eines Textilguts durch Aufziehen von Farbstoffen aus ihren Lösungen.

Der Färbevorgang wird gesteuert durch die Natur des Textilguts und durch die chemischen und physikalischen Eigenschaften der Farbstoffe.

a) Das Verhalten der Textilfaser in der Färbeflotte. Die Baumwolle und andere Textilfasern besitzen einen hochorganisierten Feinbau. Die langen hinter- und nebeneinanderliegenden Zellulosemoleküle bilden „Kristallite". Man versteht darunter Zellgebilde, welche (ähnlich den bekannten Kristallformen) in ziemlich orientierter Form (bündelförmig mit parallel gelegten Achsen) beisammen liegen. Zwischen diesen Kristalliten und zwischen ganzen Komplexen derselben befinden sich feine Kanäle, Kapillaren, Poren, Zwischenräume.

Gelangt in diese Poren Wasser, so tritt eine Quellung der Faser ein, sie wird dicker, die einzelnen Molekülkomplexe entfernen sich mehr voneinander als dies im trockenen Zustande der Fall ist. Manche Faseranteile werden weich, wasserdurchlässig, plastisch. Bei diesem Wassereintritt in das Faserinnere wandern mit dem Wasser auch molekular oder kolloid gelöste Substanzen (z. B. Farbstoffe) ein.

Stark gequollene Fasern können mehr und größere Farbstoffteilchen in ihrem Innern aufnehmen als schwächer gequollene.

b) Das Verhalten der Farbstoffe beim Färbevorgang. Farbstoffe können sich in der Färbeflotte molekular oder kolloid lösen (Abb. 39).

Diese Tabelle (frei nach Mitteilungen der I.G. Farbenindustrie A.-G.) zeigt die außerordentlich verschiedene Dispersität der Farbstoffe. Die Unterschiede sind auch in den gleichen Farbstoffklassen groß. Im „Baumwolloptimum" finden wir diejenigen Farbstoffe, deren Verteilungsgrad den besten „Flottenauszug" ergibt. In dieser Zone haben wir also die größte Farbstoffanreicherung auf der Faser, die größte Substantivität.

Es besteht ein Zusammenhang zwischen der Dispersität (Verteilungszustand der Farbstoffe, Teilchengröße) und der Substantivität.

In der Färbeflotte liegen immer Farbstoffteilchen verschiedenster Größe vor. Es können winzige molekular (1 Teilchen = 1 Molekül) gelöste und größere kolloid (1 Teilchen = mehrere Moleküle) gelöste Teilchen gleichzeitig vorhanden sein. Die Kolloidteilchen können z. B. die Größe von $1\,\mu\,(= 1\,Mikron = \frac{1}{1\,000}\,mm)$ bis weniger als $10\,m\mu\,(1\,m\mu = 1\,Millimikron = \frac{1}{1\,000\,000}\,mm)$ besitzen.

(Bis zu $^1/_2\,\mu$ kann man sie noch im Mikroskop sehen, zwischen 500 und 10 mμ erscheinen sie noch im Ultramikroskop.)

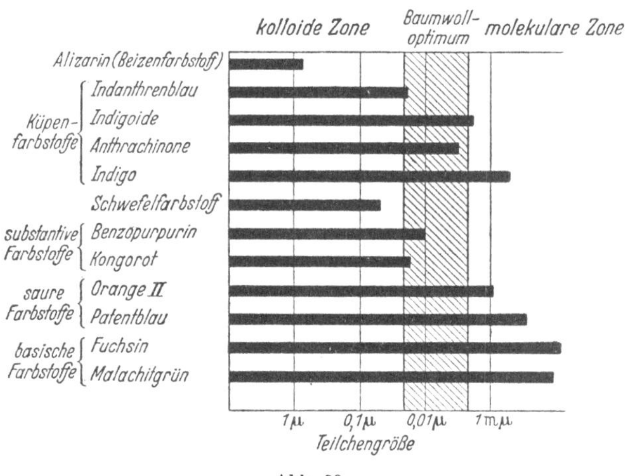

Abb. 39.

Stellt man sich nun die Faser als ein Gebilde mit Kapillaren und Poren vor, in welche das Wasser eindringen kann, so ist es klar, daß die innere Oberfläche der Faser außerordentlich groß ist und bei der Quellung noch größer werden muß. Die Farbstoffteilchen werden an dieser inneren Oberfläche adsorbiert. Je stärker dies der Fall ist, um so intensiver angefärbt erscheint die Faser.

Man kann die Farbstoffaufnahme weiter verbessern, wenn man die Faser stärker zur Quellung bringt. Dies kann durch Zugabe von Alkali (z. B. durch Soda) zur Färbeflotte erfolgen.

Die Mercerisation hat ebenfalls eine Förderung der Quellung zur Folge. Man kann hier deutlich sehen, daß eine Trocknung zwischen Mercerisation und Färbung diese Quellbarkeit wieder etwas herabsetzt.

(42) Versuch: Der Einfluß der Faservorbehandlung auf das Aufziehvermögen substantiver Farbstoffe. Man teilt 4 gleiche Baumwollstränge ein und kocht sie gemeinsam mit Soda ab. Nach dem Spülen wird

Strang   I getrocknet,
Strang   II zentrifugenfeucht gehalten (in feuchtes Tuch einschlagen),
Strang III mercerisiert und getrocknet,
Strang IV mercerisiert und zentrifugenfeucht gehalten.

Nun färbt man die vier Strängchen gemeinsam in einer Flotte eines substantiven (blauen) Farbstoffs an (3proz. Färbung, 4 ccm/l Netzmittel, kein Salzzusatz, 80° C). Man wird finden, daß die Stränge I und II gleich dunkel angefärbt sind, Strang III fällt dunkler als I und II und Strang IV dunkler als III aus.

Man kann also Färbungen verbessern, indem man entweder die Faser stärker zur Quellung bringt und damit die Zwischenräume vergrößert [dies geschieht durch Zusatz von Alkali (z. B. von Soda) zur Färbeflotte oder vor dem Färben durch Mercerisation (wobei zwischen Mercerisation und Färbung nicht getrocknet werden darf)] oder durch eine weitere Zerteilung („Dispersion") der Farbteilchen mit Hilfe eines Dispergierungsmittels (Leim, Seife, Türkischrotöl, Fettalkoholsulfonat, Igepon, Intrasol u. dgl.).

Die Kunst des Färbers besteht nun nicht nur darin, den gewünschten Farbton so schnell wie möglich zu erreichen, sondern vor allem darin, diese Aufgabe mit einem möglichst geringen Aufwand an Farbstoffen zu lösen.

Er wird dies dann erreicht haben, wenn er die Faserquellung und den Verteilungszustand der Farbstoffe in ein bestimmtes günstiges Verhältnis zueinander gebracht hat.

Bei jeder substantiven Färbung beobachtet man, daß der Vorgang nach einiger Zeit aufhört. Die Faser wird trotz Vorhandenseins überschüssigen Farbstoffs nicht mehr dunkler angefärbt.

Zwischen Faser und Farbstoff herrschen Anziehungskräfte, die noch nicht ganz klar erkannt sind. Immer tritt aber schon kurze Zeit nach dem Beginn einer Färbung ein Gleichgewichtszustand ein, d. h. trotz noch in der Flotte vorhandener größerer Farbstoffmengen hört die Färbung auf, die Ware wird nicht mehr dunkler.

Der Färber muß diesen Gleichgewichtszustand immer wieder stören, damit möglichst große Mengen des gelösten Farbstoffes auf die Faser gelangen.

Er kann hier eingreifen

1. Durch Zugabe von Steinsalz oder Glaubersalz. Diese Salze sind „Elektrolyte", Ladungsträger, die im Wasser zu Ionen zerfallen, welche elektrische Ladungen tragen.

$$NaCl \xrightarrow{\text{Wasser}} Na^+ + Cl^-$$

Steinsalz   Natriumion   Chlorion
pos. el. geladen   neg. el. geladen

Diese Ladungen werden nun auch in dem System Farbstoff—Faser wirksam. Sie bewirken zunächst ein Zusammenflocken der kleinsten Farbstoffteilchen. Die Flotte enthält also nun größere, dafür aber auch weniger Farb-

stoffteilchen („Der Dispersitätsgrad ist gesunken"). Diese größeren Teilchen besitzen eine andere Ladungsenergie, als die früheren kleineren, sie werden sich deshalb an Plätzen entsprechender Ladung der Faser ablagern, die bisher noch frei waren.

2. Durch Erhitzen. Je nach dem Gehalt der Flotte an Elektrolyten oder an Dispergierungsmitteln (Färbereihilfsmitteln) kann das Erhitzen eine Verminderung des Dispersitätsgrades oder eine Erhöhung desselben bewirken. Auf alle Fälle wird durch das Erhitzen das Gleichgewicht gestört und die Färbung weitergetrieben.

3. Durch Zugabe eines Dispergierungsmittels. Die Störung des Gleichgewichts erfolgt dadurch, daß man die in der Flotte befindlichen Farbstoffteilchen weiter zerstreut.

4. Durch Zugabe von Soda. Alkalien erhöhen den Quellungszustand der Baumwolle, so daß weitere größere Kolloidteilchen zur „inneren Oberfläche" der Faser gelangen können.

Den Verlauf der substantiven Färbung kann man nun wie folgt ansetzen:

1. Beim Eintauchen in die Flotte quillt die Faser auf („Quellung ist begrenzte Löslichkeit").

2. Die kleinsten Farbstoffteilchen dringen mit der Flotte in die Faser ein.

3. Diese Farbstoffteilchen werden im Innern der Faser adsorbiert.

4. Durch Elektrolytzugabe oder Erwärmen oder Dispergierungsmittel wird die Dispersität der übrigen in der Flotte vorhandenen Teilchen so verändert, daß sie ebenfalls von der Faser aufgenommen werden können.

5. Die größten Farbstoffteilchen können nicht in das Faserinnere gelangen; sie werden an der Außenfläche der Faser adsorbiert.

Je nachdem mehr die innere oder die äußere Oberfläche angefärbt ist, spricht man von einer Einlagerungs- oder von einer Auflagerungsfärbung.

Welche Kräfte treiben nun die Farbstoffteilchen auf die Faser (Substantivität)?

In den meisten Fällen hat man folgende Vorgänge:

1. Diffusion. Das Farbteilchen dringt durch die von der gequollenen Faser gebildete durchlässige Schicht („Membran") in das Faserinnere ein. Der tiefste Grund für jede Diffusion ist die „Brownsche Molekularbewegung" (BROWN 1827): In der kolloiden Lösung kann man bei genügender Vergrößerung (z. B. bei Mikro-Kino-Projektion) die Kolloidteilchen heftig hin und her zittern sehen. Dabei wird keine bestimmte Richtung eingehalten (Gesetz der idealen Unordnung), trotzdem stoßen die Teilchen nie zusammen. Der Grund für dieses Phänomen liegt darin, daß die Kolloidteilchen eine elektrische Ladung besitzen.

Durch diese „ewige Beunruhigung" in den Färbeflotten wird nun der „osmotische Druck" ausgelöst. Dieser Druck sorgt dafür, daß die Farbstoffteilchen „von Stellen höherer Konzentration zu Stellen niedrigerer Kon-

zentration" wandern. Da sich in der Gegend der Faser in den Färbeflotten meistens weniger Farbstoffanteile befinden als in den weiter entfernten, wird also von diesen eine Wanderung zur Fasergegend eintreten. Von dort nun wieder wandern die Teilchen in die gequollene Faser, die zunächst überhaupt noch keinen Farbstoff besitzt.

(43) Versuch: Die BROWNsche Molekularbewegung. Die BROWNsche Molekularbewegung kann man auch im gewöhnlichen Mikroskop sichtbar machen, wenn man Gummigut-Harz in Wasser auflöst. Teilchengröße 0,2—0,5 μ.

(44) Versuch: Die Diffusion von gelösten Farbstoffen durch eine Pergament-Membran. Man löst Berliner Blau einerseits und Methylenblau andererseits in Wasser, bringt die Lösungen in Pergamentbeutel und hängt diese in Wasser (Abb. 40). Die Pergamentmembran (halbdurchlässig) hat so kleine Poren, daß nur das molekular gelöste Methylenblau, nicht aber das kolloid gelöste Berliner Blau hindurch diffundieren kann. Der Versuch mit Methylenblau stellt das Modell für die Diffusion bei der Färbung dar. (Die Durchlässigkeit der Membran ist viel geringer als die der gequollenen Faser.)

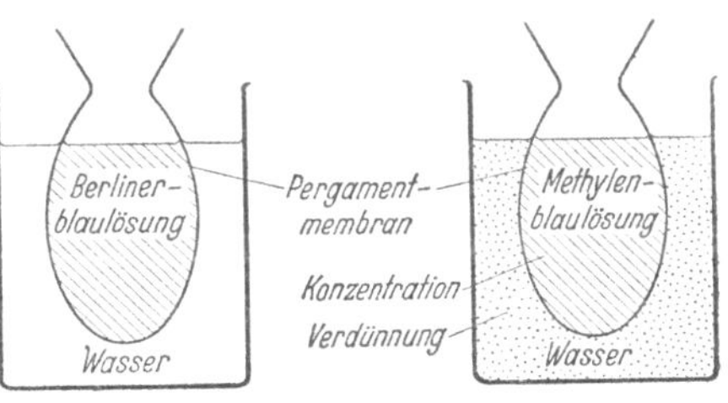

Abb. 40.

2. Adsorption. *Unter „Adsorption" versteht man die Anreicherung eines Stoffes an einer „Grenzfläche". Die Grenzfläche zwischen der festen Baumwolle und der flüssigen Farbstofflösung liegt dort, wo außen und im Innern der Faser das Wasser nicht mehr weiter in dieselbe eindringen kann. (Die Grenzfläche einer im Wasser liegenden polierten Stahlkugel befindet sich danach an der Kugeloberfläche. Hier grenzen Stahl und Wasser zusammen. Die Grenzfläche eines Gummischwammes mit den äußeren Abmessungen der Stahlkugel ist dagegen viel größer. Sie liegt überall dort, wo — auch im Innern des Schwammes — Wasser und Gummi zusammentreffen. Die Textilfaser hat — ähnlich dem Gummischwamm — eine große innere Oberfläche.)*

An dieser Grenzfläche des Systems Faser—Flotte reichert sich also beim Vorliegen einer Adsorption der Farbstoff an, vorausgesetzt, daß die Teilchen klein genug sind, um in das Faserinnere eindringen zu können.

(45) Versuch: Die Bedeutung der Grenzflächen und der inneren Oberfläche für den Färbevorgang. Um die Bedeutung einer großen inneren Oberfläche zu zeigen, kann folgender Versuch ausgeführt werden: Ein Stückchen gewöhnliche Steinkohle und ein gleichgroßes Gewicht an (pulverförmiger) Tierkohle (aktiver Kohle) wird je in eine etwa 10proz.

Methylenblau-Lösung geworfen. Diese Gemenge werden nun gut umgeschüttelt und filtriert. Die Tierkohle hat den ganzen Farbstoffanteil der Lösung aufgenommen. Das Filtrat ist wasserhell, während die Steinkohle nur wenig Farbstoff adsorbieren konnte. Das Filtrat ist blau. (1 kg Tierkohle hat eine innere Oberfläche von 1000 m².)

Die Vorstellung über den Färbevorgang mit substantiven Farbstoffen ergänzen manche Forscher (K. H. MEYER) dadurch, daß sie den Hydroxylgruppen der Zellulose (den „van der Waals'schen Kräften"), welche bekanntlich an der „Vernetzung" der Fadenmoleküle (seitliche Verkettung) beteiligt sind, auch die Rolle der Kohäsionskräfte zuschreiben, welche den Farbstoff anziehen und abbinden. Da an den Außenflächen der Kristallite derartige Hydroxylgruppen ohne Zweifel in großer Menge frei sind, hat diese Annahme viel Aussicht auf eine spätere Bestätigung.

In bezug auf die Eigenschaften der Farbstoffe machte nun SCHIRM eine Entdeckung, die für die Theorie der Substantivität von Bedeutung ist. Er fand, daß so gut wie alle substantive Farbstoffe in ihrer Konstitution ein vielgliedriges System gleichmäßig mit einfachen Bindungen abwechselnde (sog. „konjugierter") Doppelbindungen besitzen (Schirmsche Substantivitätsregel) und zeigte dies am Molekül des Kongorots:

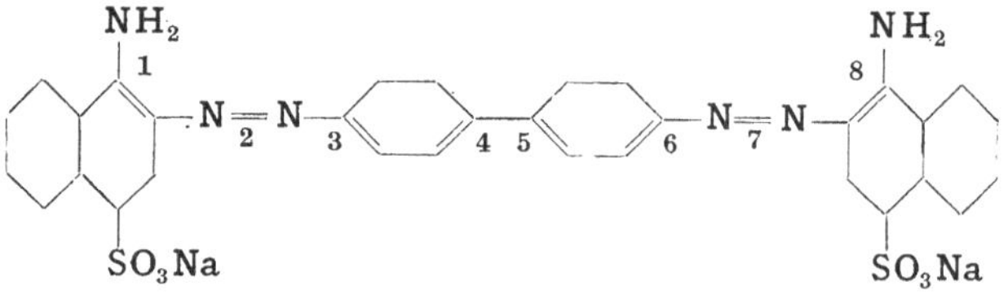

$$\text{NH}_2 \quad\quad\quad\quad \text{NH}_2$$

$$\overset{1}{|} \quad\quad\quad\quad\quad\quad \overset{8}{|}$$

$$\text{—N}\underset{2}{=}\text{N}\underset{3}{—}\cdots\underset{4\ \ 5}{—}\cdots\underset{6}{—}\text{N}\underset{7}{=}\text{N—}$$

$$\text{SO}_3\text{Na} \quad\quad\quad\quad \text{SO}_3\text{Na}$$

Zwischen den beiden auxochromen Aminogruppen sind acht konjugierte Doppelbindungen. (Die Reihe der konjugierten Doppelbindungen wird vorzugsweise zwischen den entferntesten Auxochromgruppen berechnet. VALKó.)

Diese Erklärungen befriedigen nicht in allen Punkten. Ohne Zweifel spielen auch die kapillaren Kräfte der Faser mit, ferner die Frage der Löslichkeit des Farbstoffs und seine Konstitution über die Schirmsche Substantivitätsregel hinaus.

Wie dies bei der Untersuchung der Eulansubstantivität deutlich wurde, ist auch für die Substantivität der Farbstoffe der Verdacht begründet, daß eine solche oftmals dann vorliegt, wenn im Verlauf der Temperatursteigerung beim Färben der kolloide Charakter des Farbstoffs geändert wird, d. h. wenn Dispersionsgrad und Teilchengröße größer bzw. kleiner werden.

Nach O. N. WITT, der im übrigen schon im Jahre 1890 weitaus die besten Anschauungen über den Färbevorgang geäußert hatte, soll der Farbstoff in der Faser „starr" gelöst sein (ähnlich wie Glasfärbungen oder wie beim Ausschütteln von wässerigen Lösungen mit Äther u. dgl.).

Dieser Begriff wurde mit folgenden Argumenten stark bekämpft:

1. Lösungen gehören zu den umkehrbaren Vorgängen, Färbungen nicht.

2. Bei einer starren Lösung müßten die Faserquerschnitte gleichmäßig durchgefärbt sein. Daß dies häufig nicht der Fall ist, weiß zu seinem Leidwesen jeder Färber.

3. Bei einer starren Lösung ist (nach dem Henryschen Gesetz) das Verhältnis der Farbstoffkonzentration C in der Flotte zu derjenigen in der Faser konstant

$$\frac{\text{C-Flotte}}{\text{C-Faser}} = K.$$

Viele Messungen zeigten, daß diese Konzentrationsverhältnisse nur für die Azetatkunstseide, nicht aber für substantive Färbungen auf Baumwolle gelten. Bei den letzten Färbungen hat nämlich die Faser das Bestreben, aus verdünnten Lösungen relativ mehr Farbstoff aufzunehmen als aus konzentrierten. Dieser Erscheinung wird folgende Formel gerecht

$$\frac{\sqrt[x]{\text{C-Flotte}}}{\text{C- Faser}} = K \ (\text{wobei } K > 1).$$

Die Formulierung kann aber ganz allgemein als für Adsorptionsverbindungen geltend angesprochen werden.

Damit war eine mathematisch formulierbare Gesetzlichkeit gefunden, die auch auf anderen physikalisch-chemischen Gebieten ihre Geltung hat.

Substantive Färbungen gehören also zu den Adsorptionserscheinungen.

3. Chemische Bindung. *Ein ganz geringer Teil des Farbstoffs sitzt nicht nur rein physikalisch (durch Adsorption) gebunden auf der Faser, er hat sich ohne Zweifel auch mit der Zellulose verbunden. Bei substantiven Färbungen sind jedoch die physikalischen Vorgänge vorherrschend. (Vgl. Färbungsvorgänge bei der Wolle).*

Die Färbeverfahren für Baumwolle. Die Baumwolle kann in den verschiedensten Verarbeitungsformen gefärbt werden. Z..B. als Flocke, Kardenband, Vorgarn, Kop, Kreuzspule, Stranggarn, Kette, Stück, Trikot, Strumpf. Helle Töne erfordern eine Vorbleiche. Es ist immer wichtig, die Ware gut gebeucht und evtl. entschlichtet zu verarbeiten.

Die verschiedenen Baumwollsorten zeigen ein verschieden starkes Aufnahmevermögen für Farbstoffe. Die Steigerung des Aufnahmevermögens ist in folgender Reihe ausgedrückt:

> *ostindische Baumwolle*
> *amerikanische Baumwolle*
> *ägyptische Baumwolle (Mako)*
> *Sea-Island Baumwolle*

Die ostindische Baumwolle nimmt also am wenigsten, die Sorte Sea-Island am meisten Farbstoff aus gleich konzentrierten Bädern auf.

Das Flottenverhältnis (Ware in kg zu Flotte in Litern) wechselt je nach Art der Kufen oder Apparate:

Färbung in der Kufe: Flottenverhältnis 1 : 20—1 : 30
„   im Apparat: „   1 : 5—1 : 10
„   im Jigger   „   1 : 1—1 : 3
„   im Foulard: „   1 : 0,5—1 : 1

Man färbt in Apparaten mit Flottenzirkulation: Flocke, Kardenband,
*   Kreuzspule, Kettbaum, Kop,*
in Kufen oder auf Haspelfärbemaschinen: Stranggarn,
auf Haspelkufen: Trikot, Stück,
auf Breitfärbemaschinen (Jiggern) und Foulards: Stück.

Allgemeines über Färbeversuche im Übungslaboratorium. Man muß unterscheiden zwischen quantitativen Färbeversuchen zur Ermittlung der Ausgiebigkeit eines Farbstoffs oder zur zahlenmäßigen Feststellung eines Färbeverfahrens und zwischen Übungen zur Erlernung des Färbens.

Ohne Zweifel erlernt man das Färben am besten im Fabrikbetrieb an der Großpartie. Dies ist jedoch nicht allen Lernbeflissenen in umfangreichem Maße möglich. Man muß deshalb den Weg über das Laboratorium wählen. Hier gibt es wieder zwei verschiedene Lehrmethoden:

Methode I: Es wird vorausgesetzt, daß der Studierende das Färben an sich in einer umfangreichen Praxis gelernt und es jetzt nur noch nötig hat, weitere Färbeverfahren und Farbstoffe kennenzulernen. In diesem Falle genügt es, Färbungen mit vorgeschriebenen Prozentmengen an Farbstoff beinahe mechanisch ausführen zu lassen. Häufig wird dies sogar lediglich mit nur einem Farbstoff in der Flotte durchgeführt, so daß schließlich reine Typfärbungen vorliegen.

Methode II: Hier muß man zwar auch eine gewisse Fabrikpraxis des Lernenden voraussetzen, man nimmt aber an, daß diese Praxis immer nur recht lückenhaft sein kann. Infolgedessen läßt man sämtliche Färbungen im Laboratorium als Musterfärbungen durchführen. Die Farbenkarten der Farbenfabriken übernimmt man als Typfärbungen. Sie zeigen in völlig genügender Exaktheit Ton und Ausgiebigkeit eines Farbstoffs an.

Aus jeder Farbenklasse wählt man nun die „Grundfarben" aus, das heißt diejenigen Farbstoffe, welche am häufigsten gebraucht werden.

Wenn man zudem aus jeder Klasse eine geringe Anzahl von Farbstoffen gut kennt, wird man viel sicherer färben, als wenn man immer wieder auf andere bisher unbekannte Farbstoffe zurückgreifen muß.

Das Musterfärben selbst stellt eine ausgezeichnete koloristische Erziehungsmethode dar. Die am häufigsten gebrauchten Farbstoffe werden, soweit sie gut löslich sind, in Lösungen 1:10 vorrätig gehalten. Von diesen Farbstoffen liegen außerdem größere Typfärbungen im Musterzimmer auf.

Man kann nun aus jeder Flasche soviel Farbstofflösung entnehmen, als es das Muster erfordert. Besser ist es allerdings, wenn man sich daran gewöhnt, die zugesetzten Farbstoffe abzumessen und in Prozente vom Warengewicht umzurechnen.

Grundsätzlich rechnet man bei den Rezepturen alle Zusätze mit substantiven Eigenschaften (Farbstoffe, Beizen, Eulan u. dgl.) in Prozenten vom Warengewicht, während alle übrigen Zusätze (Salze, Säuren, Hilfsmittel u. dgl.) in Grammen bzw. Kubikzentimetern pro Liter Flotte angegeben werden. Z. B.

1,7% Siriusgelb,
2,0% Siriusbraun
3 g/l Steinsalz
40° C bis kochend.

Es ist beim Musterfärben von Strängchen, Gewebeläppchen usw. nicht nötig, ein genaues Flottenverhältnis einzuhalten. Man fülle die Gefäße grundsätzlich immer voll auf.

Die zehn Gebote für das Musterfärben.

1. Bist Du nicht von vornherein im klaren, nach welchem Verfahren oder nach welcher Farbstoffklasse das Muster gefärbt ist, so nimm zunächst eine genaue Untersuchung vor.

2. Unterscheide zwischen klaren und trüben Färbungen.

3. Es gibt viele Möglichkeiten, mustergetreue trübe Färbungen herzustellen, z. B. „Blau-gelb-rot-Methode". Wähle diese nur im Notfall.

4. Wähle von vornherein als Hauptfarbstoff einen solchen, dessen Farbton demjenigen des Musters möglichst nahekommt.

5. Das Nüancieren nimm nicht mit Komplementärfarben (in bezug auf den Hauptfarbstoff), sondern möglichst mit verwandten Farben vor.

6. Schwärze mit schwarz, grün, braun oder violett ab, je nachdem eine gleichzeitige Veränderung des Buntgehaltes nötig ist.

7. Wähle beim Abschwärzen dem bisherigen Ton der Partie verwandte und nicht komplementäre Farbtöne, sonst entsteht leicht eine „Zweischeinigkeit" der Färbung bei verschiedener Beleuchtung.

8. Für klare Färbungen (königsblau, reingelb, scharlach, giftgrün u. dgl.) suche die passenden Spezialfarbstoffe sorgfältig aus. Dieselben sollen einen möglichst geringen Schwarzgehalt besitzen.

9. Stelle die Flotte von Anfang an so, daß der beim ersten Aufstellen erzielte Farbton demjenigen des Musters nahekommt.

10. Halte die mustergetreue Färbung so, daß sie weder bei verschiedener Tagesbeleuchtung, noch bei üblichem künstlichem Licht vom Muster abweicht.

1. Das Färben mit basischen Farbstoffen.

Die Farbstoffe und die Vorgänge bei der Färbung. *Basische Färbungen sind sehr leuchtend, aber wenig echt, insbesondere wenig lichtecht. Aus letzterem Grunde ist diese alte Farbstoffklasse für Baumwolle in den Hintergrund getreten. Für Karnevalartikel, Theaterkostüme, Bauernstickereien, Fahnenfabrikation werden sie noch verwendet.*

Basische Farbstoffe besitzen Aminogruppen oder substituierte Aminogruppen. Sie können als Azofarbstoffe, Di- und Triphenylmethanfarbstoffe, Phthaleïne, Thiazine usw. vorliegen.

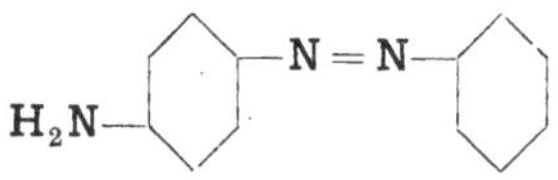

Anilingelb
basischer Azofarbstoff (für
Textilfärberei nicht geeignet).

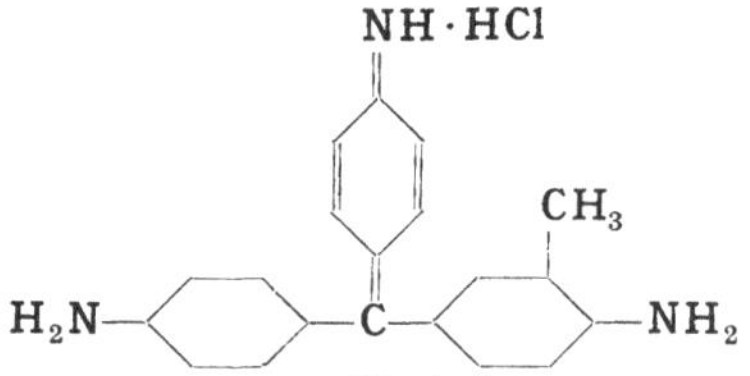

Fuchsin
(basischer) Triphenylmethanfarbstoff.

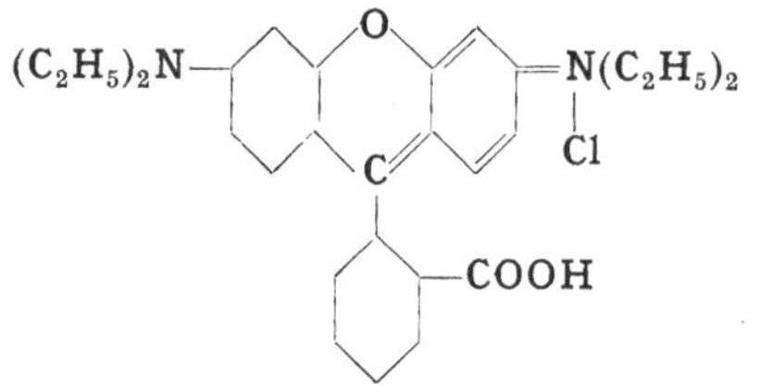

Rhodamin B
basischer Phthaleïnfarbstoff.

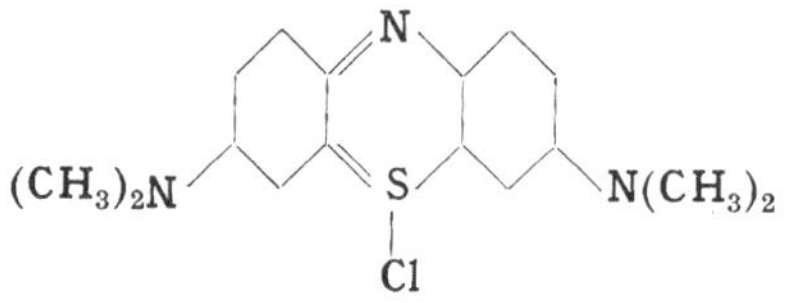

Methylenblau
basischer Thiazinfarbstoff.

Die basischen Farbstoffe kommen als salzsaure, essigsaure oder Chlorzinkdoppelsalze in den Handel. Sie erleiden im Färbebade durch Hydrolyse eine Spaltung, wonach sich die Farbbase mit der Beize verbindet, während die Säure im Bade zurückbleibt.

Viele basische Färbungen, z. B. Rhodamin- und Auraminfärbungen leuchten im ultravioletten Licht auf. Man kann sie oft daran erkennen. (Die gleichen Eigenschaften besitzen allerdings auch noch andere Farbstoffe, z. B. Eosine.)

Basische Farbstoffe ziehen auf Baumwolle und andere pflanzliche Fasern nicht ohne weiters auf. Für alle nicht ganz helle Färbungen muß die Ware mit einer „Beize" vorbehandelt werden. Man beizt die Ware mit

1. Tannin-Brechweinstein oder mit
2. Katanol.

a) Das Wesen der Tannin-Brechweinstein-Beize. Das Tannin, eine Gerbsäure, besitzt eine gewisse Substantivität zur pflanzlichen Faser, haftet aber auf derselben schlecht. Es würde an sich genügend Verwandtschaft mit basischen Farbstoffen besitzen, sitzt aber so wenig wasserecht auf der Faser, daß es im Färbebade abgelöst wird. Es muß deshalb „fixiert" werden. Dazu dienen schwache Basen, insbesondere der Brechweinstein (weinsaures Antimonyl-Kalium)

$$\begin{array}{l} \text{COOK} \\ | \\ \text{CHOH} \\ | \\ \text{CHOH} \\ | \\ \text{COO(SbO)} \end{array} \quad + \; \tfrac{1}{2}\,H_2O$$

Dieses Doppelsalz verbindet sich mit Tannin zu Kaliumantimonyltannat, welches fest und gut wasserecht auf der Faser haftet.

Die schwache Base Brechweinstein ist jedoch nicht imstande, die sauren Eigenschaften des Tannins völlig zu blockieren. Es bleiben noch genügend Bindungskräfte für die Reaktion Gerbsäure-Farbbase übrig. Die Gesamtreaktion verläuft jedoch wahrscheinlich nicht ganz so einfach. Die „Beize" Kaliumantimonyltannat und ihre Einlagerung in die Faser besitzt Anziehungskräfte, die größer sind, als etwa nur diejenigen des reinen Tannins. Die Wichtigkeit sämtlicher Faktoren für das Zustandekommen der Färbung und für die Bildung des „Lackes" Farbstoff-Beize wird durch folgendes einfache Schema charakterisiert:

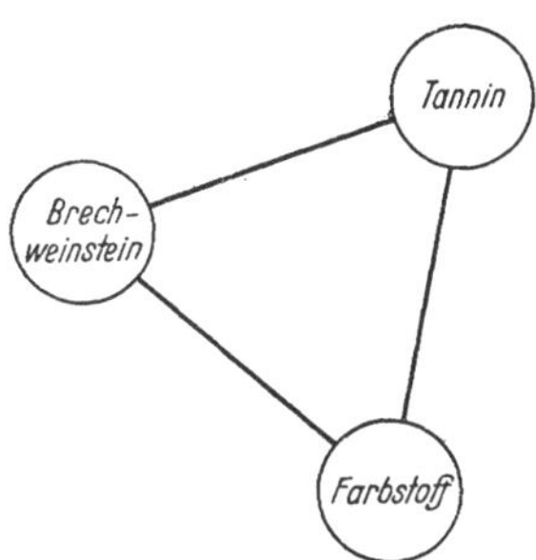

(46) Versuch: Ausfällen von Kaliumantimonyltannat. Man versetzt im Reagenzglase Tanninlösung mit einigen ccm Brechweinsteinlösung. Es entsteht ein weißer, käsiger Niederschlag von Kaliumantimonyltannat.

(47) Verfahren: Die Tannin-Brechweinstein-Beize. Man arbeitet auf einem Bade, dem man 1—5% vom Warengewicht Tannin zugesetzt hat, 2—4 Stunden lang bei 70—80° C. Bei der Großpartie ist ein Neuaufwärmen der Flotte nicht nötig. Man kann die Ware auch über Nacht in der Flotte belassen (einstecken).

Nun wird die Ware abgequetscht oder zentrifugiert, worauf man sie in ein kaltes Bad (Färbereitemperatur) bringt, welches die Hälfte des angewandten Tanningewichts an Brechweinstein enthält. Nach $^1/_2$ bis 1 Stunde wird die Ware aus der Flotte genommen, kalt gespült und evtl. zentrifugiert.

b) Das Wesen der Katanol-Beize. Während die Tannin-Brechweinstein-Beize ein Zweibadverfahren darstellt, besitzt man in der Katanol-ON-Beize ein Einbadverfahren. Das Katanol ON ist ein Schmelzprodukt eines phenolartigen Körpers mit Schwefel und Alkali. Es ähnelt also den Schwefelfarbstoffen, die farbgebenden Gruppen fehlen ihm jedoch. Ein weiterer Vorteil des Katanol ON liegt darin, daß es nicht, wie das Tannin, eisenempfindlich ist.

(48) Verfahren: Die Katanol-Beize. Lösen des Katanol ON. Man streut zwei Gew.-Teile Katanol in eine wässerige Lösung von einem Gew.-Teil Soda calc. bei Kochtemperatur ein.

Beizbad. Man setzt die Flotte so an, daß sie je nach der angestrebten Tontiefe 3—6% vom zu beizenden Warengewicht an Katanol enthält. Hierzu setzt man noch das 5—6fache des Katanolgehaltes an Steinsalz. Das Flottenverhältnis soll möglichst kurz (etwa 1:10 bis 1:12) sein. Die Ware wird $1^1/_2$ Stunden bei 60—70° C behandelt, hierauf wird abgequetscht und gut gespült. (Wird das Katanolbad während des Beizens trübe, so muß noch etwas Soda nachgesetzt werden.)

(49) Verfahren: Die basische Färbung auf Baumwolle. Die nach dem einen oder anderen Beizverfahren vorbehandelte Ware wird nun wie folgt gefärbt:

x% basischer Farbstoff (während der Färbung in Portionen zugeben) 1—3 ccm/l Essigsäure, kalt — 60° C (Temperatur langsam steigern).

Hierauf wird gespült und mit Essigsäure und einem säurebeständigen Aviviermittel (z. B. mit einer Olivenöl-Soda-Emulsion) aviviert.

Eine Nachbehandlung (vor der Avivage) mit einer Tanninlösung (in Essigsäureflotte) erhöht die Wasserechtheit.

(50) Verfahren: Abziehen von basischen Färbungen. Mit Hydrosulfit, dem viel angewandten Abziehmittel, lassen sich basische Färbungen im allgemeinen nicht abziehen. Dagegen hilft häufig eine blinde Küpe (Natronlauge + Hydrosulfit) evtl. unter Zusatz von Seife oder Igepon oder Peregal, die möglichst heiß angewandt werden muß.

(51) Untersuchung: Nachweis der Beize. Tannin-Brechweinsteinbeize weist man dadurch nach, daß man die Färbung am besten ohne vorheriges Abziehen mit Hydrosulfit in eine verdünnte Lösung von Ferrichlorid legt (Porzellanschale). Es entsteht auf der Faser eine dunkle Färbung (Tinte). Katanolbeize reagiert wie ein Schwefelfarbstoff.

2. Das Färben mit substantiven Farbstoffen.

Die Farbstoffe. *Substantive Färbungen werden auf Baumwolle und auf alle übrigen pflanzlichen Fasern in großem Ausmaße gefärbt. Die Farbstoffklasse ist sehr umfangreich und besitzt ausgiebige und zum Teil hochlichtechte Farbstoffe. Die lichtechtesten werden unter der Bezeichnung Siriuslichtfarbstoffe (Chlorantinlichtfarbstoffe) auf den Markt gebracht. Ihre Lichtechtheit steht denen der Indanthrenfarbstoffe oft nicht nach. Die übrigen substantiven Farbstoffe kommen unter der Bezeichnung Benzo-, Oxamin-, Diamin-, Chloramin-, Columbia-, Dianil-, Direkt- usw. Farbstoffe in den Handel. Sie besitzen eine mittlere Lichtechtheit. Die Waschechtheit ist bei allen substantiven Farbstoffen nicht erheblich.*

Die substantiven Farbstoffe zählen zur Klasse der Azofarbstoffe. Ihre typische chromophore (farbtragende) Gruppe ist die Azogruppe

$$-N = N-$$

Als Beispiel sei angeführt

a) Das Kongorot (erster subst. Farbstoff 1884) aus Benzidin und Naphthionsäure (zwei Azogruppen).

Naphthionsäure
(kuppelnde

Naphthionsäure
Komponente)

b) Das Benzoblau R. Es wird dadurch hergestellt, daß man zunächst o-Toluidin diazotiert und mit α-Naphthylamin (sauer) kuppelt. Das Produkt wird wieder diazotiert und nun mit 1-Naphthol-3,8-disulfosäure (Andresens Säure) gekuppelt. Dadurch bringt man in das Molekül drei Azogruppen.

I. Aus o-Toluidin ; *II. Aus α-Naphthylamin*

III. Aus Andresens Säure

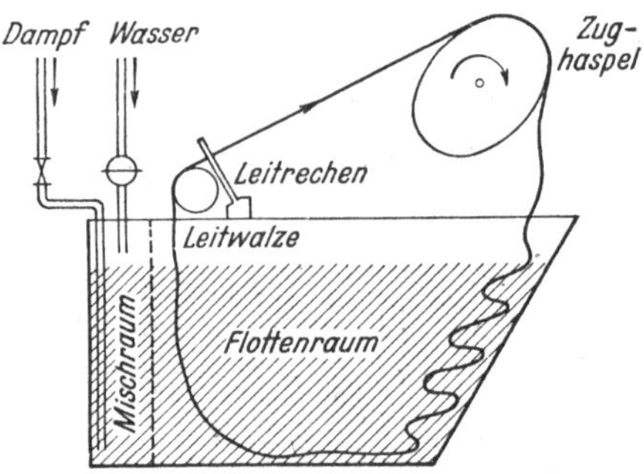

Abb. 41. Haspelkufe.
Das an den Enden zusammengenähte Stück wird „gerafft" durch eine Flotte bewegt. Der durch Motor (2 Geschwindigkeiten) angetriebene Zughaspel ist häufig oval. (Baustoffe: Holz, V4A-Stahl, Porzellanauskleidung, Gummibelag.)

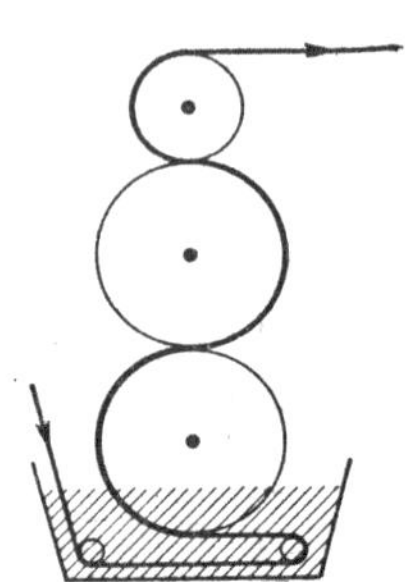

Abb. 43.
Färbefoulard für einmaligen Gewebedurchlauf mit Einpressen der Flotte in das Stück.

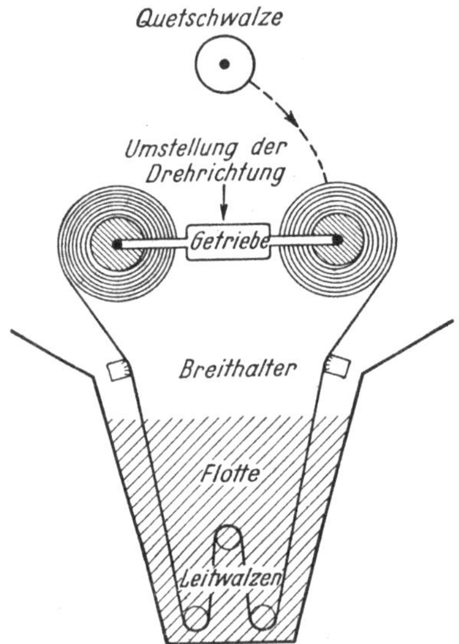

Abb. 42. Breitfärbemaschine (Jigger). Die jeweilige Zugwalze wird von Hand eingeschaltet. Nach Ablauf des Stücks wird ebenfalls von Hand auf die andere Walze, welche nun beim Rücklauf des Stücks den Zug ausübt, umgeschaltet. Durch den einseitigen Zug wird die Kette des Gewebes oftmals zu sehr strapaziert. Beim „Automatjigger" werden beide Walzen angetrieben. Ein Differentialgetriebe sorgt für den Ausgleich der je nach Aufwicklung verschiedenen Walzengeschwindigkeit. Außerdem erfolgt die Umstellung der Drehrichtung automatisch.

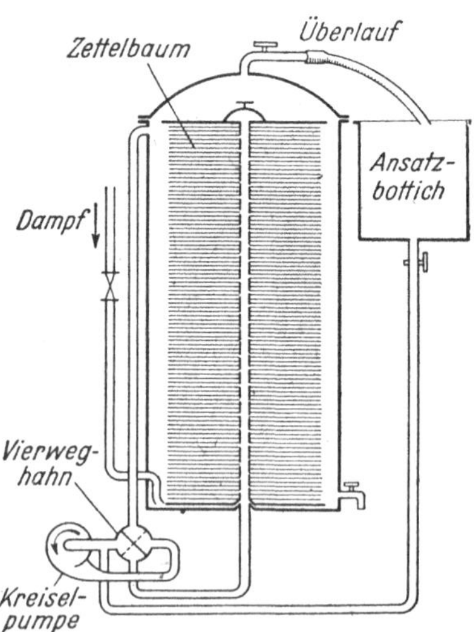

Abb. 44. Kettbaumfärbeapparat. Statt des Zettelbaumes kann auch ein Materialträger (Igel) mit Kreuzspulen aufgesteckt werden. Baustoff: Eisen.

Will man substantive Farbstoffe abziehen, so ist dies durch Reduktion mittels Hydrosulfit möglich. Die Azogruppe zerfällt dabei in zwei Aminogruppen

$$R - N = N - R' + 4H \rightarrow R \cdot NH_2 + H_2N \cdot R'.$$

Zu den substantiven Farbstoffen zählen auch die Benzoform-, Benzochrom- und Benzoechtkupferfarbstoffe, welche durch Nachbehandlung eine Echtheitserhöhung erfahren; ebenso Azofarbstoffe, welche durch Diazotieren auf der Faser in eine höhere Echtheitsstufe übergeführt werden können.

Die Eigenschaften der substantiven Farbstoffe finden sich im wesentlichen in den Färbungen wieder, z. B. die Lichtechtheit, die Sublimierbarkeit, die Diazotierfähigkeit und die Chlorechtheit. Eine Ausnahme stellt die Löslichkeit dar, die in den Färbungen geringer ist als in der Substanz.

Man färbt die substantiven und die übrigen Baumwollfarbstoffe „von Hand" auf Barken oder mechanisch auf Apparaten und Maschinen. Wird die Ware dabei durch die Flotte bewegt, so spricht man von Färbemaschinen (z. B. Abb. 41, 42, 43), wird die Flotte durch die ruhende Ware gepumpt, so liegen Färbeapparate vor (Abb. 44).

(52) Versuch: Feststellung des Unterschieds in der Löslichkeit eines substantiven Farbstoffs in Substanz und in seiner Färbung auf Baumwolle.

a) Bestimmung der Löslichkeit eines Farbstoffs in Substanz. In ein Reagenzglas, welches 10 ccm dest. Wasser enthält, trägt man bei einer bestimmten Temperatur genau 10 mg des zu untersuchenden Farbstoffs ein und schüttelt nun (genau festgelegtes Schütteltempo: alle zwei Sekunden einmal schütteln). Das Reagenzglas wird gegen das Licht gehalten und so der Zeitpunkt der vollständigen Lösung des Farbstoffs erkannt und mit der Stoppuhr gemessen. Diese Messung wird bei gleichmäßig gesteigerter Temperatur wiederholt.

b) Bestimmung der Löslichkeit des Farbstoffs auf der Faser. Man färbt bei einem Flottenverhältnis 1:20 5 g gebleichtes Baumwollgewebe mit 3% vom Warengewicht eines substantiven Farbstoffs. Die Flotte erhält von Anfang an einen Zusatz von 10 g/l Glaubersalz. Die anfangs 50° C betragende Temperatur wird während $^3/_4$ Stunden gleichmäßig zum Kochen getrieben. Die Färbung wird nun so lange mit kaltem Wasser gespült, bis dasselbe völlig ungefärbt ist.

Bei einem gut substantiven Farbstoff sitzen dann 120—140 mg Farbstoff auf der Faser.

Nun wird das Gewebe in 500 ccm dest. Wasser (Becherglas) von jeweils verschiedener Temperatur behandelt (Glasstab, Rühren) bis von der Färbung 10 mg heruntergezogen sind. Man stellt dies dadurch fest, daß man der Abziehflotte mit einer Pipette 10 ccm entnimmt, die Menge in ein Reagenzglas bringt und nun einen Vergleich mit einer Standardlösung des Farbstoffs (10 mg in 500 ccm dest. Wasser) in einem gleichen Reagenzglas anstellt (weniger genau: Auge; genauer: Kolorimeter). Die Temperatur wird zweckmäßig im Thermostaten konstant gehalten.

Beispiel: Löslichkeitsdiagramm von Benzopurpurin 4 B.

<table>
<tr><td colspan="2">Löslichkeit des Farbstoffs</td><td colspan="2">Ablösbarkeit des Farbstoffs
von der Baumwolle</td></tr>
<tr><td>Tempe-ratur in °C</td><td>Klare Lösung tritt ein nach Sek.</td><td>Tempe-ratur in °C</td><td>Zeitspanne bis zur Ablösung von 10 mg in Sek.</td></tr>
<tr><td>17</td><td>nach 300 Sek. noch nicht klar gelöst</td><td>20</td><td>nach 1 Stunde noch nicht abgezogen</td></tr>
<tr><td>25</td><td>120</td><td></td><td></td></tr>
<tr><td>30</td><td>50</td><td>30</td><td>2880</td></tr>
<tr><td>50</td><td>40</td><td>50</td><td>180</td></tr>
<tr><td>65</td><td>25</td><td>65</td><td>120</td></tr>
<tr><td>80</td><td>10</td><td>80</td><td>30</td></tr>
<tr><td>100</td><td>6</td><td>100</td><td>110</td></tr>
</table>

Diese Werte werden nun in ein Koordinatensystem etwa wie in Abb. 45 eingetragen.

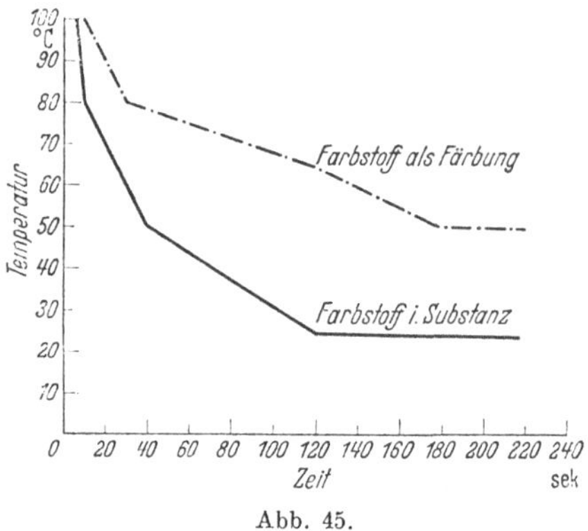

Abb. 45.

(53) Verfahren: Standard-Rezept für substantive Färbungen. Die Farbstoffe werden in weichem Wasser (besser noch in Kalk-Soda- oder in Permutitwasser) kochend gelöst (im Betrieb am Stechrohr), wobei man dann etwas Soda zugibt, wenn die Lösung nicht klar wird.

a) Steinsalz-Bad:

    x % substantiver Farbstoff,
    2—4 g/l Türkischrotöl (od. Monopolbrillantöl oder Avirol od. dgl.),
    3—20 g/l Steinsalz,
    50° C bis kochend.

b) Seife-Glaubersalz-Bad:

x % substantiver Farbstoff,
3—10 g/l Marseiller Seife,
3—30 g/l Glaubersalz.

Bei beiden Verfahren empfiehlt sich ein Sodazusatz von 2—4 g/l, insbesondere dann, wenn die Farbstoffe nicht klar gelöst sind.

Die Zusätze werden nicht von vornherein in ganzer Menge zugesetzt. Man färbt z. B. zunächst bei niedriger Temperatur mit wenig Farbstoff und ohne Salz. Erst allmählich steigert man Wärme und Zusätze bis zur guten Durchfärbung, einwandfreien Egalisierung, vorgeschriebenen Mustergleichheit und bis zum größtmöglichen Flottenauszug.

Nach dem Ende der Färbung wird gespült und nun „aviviert". Avivierbad: 2—4 g/l Türkischrotöl od. dgl.
                        kalt.

Nun wird zentrifugiert und getrocknet. Die Flotten für hellere Töne müssen nicht bis zur Kochgrenze getrieben werden.

Bei Egalisierungs- oder Durchfärbeschwierigkeiten schränkt man den Salzzusatz ganz oder teilweise ein. Außerdem steigert man die Menge des angewandten Hilfsmittels (Türkischrotöl, Seife dgl.).

(54) Versuch: Der Einfluß der Zusätze und der Temperatursteigerung auf den Flottenauszug. Man löst je 10 g (genau) eines blauen, roten, gelben und grünen (oder auch eines anderen) substantiven Farbstoffs in destilliertem Wasser auf und stellt im Meßkolben auf 1 l ein. Von diesen Lösungen setzt man folgende Färbebäder mit genauem Flottenverhältnis 1:20 (dest. Wasser) an.

I. 4% Farbstoff:	II. 4% Farbstoff:	III. 4% Farbstoff:
a) kein Steinsalz	a) kein Türkischrotöl	a) kein Salz, kein Öl
b) 2 g/l Steinsalz	b) 2 ccm/l Türkischrotöl	b) je 2 g/l bzw. ccm/l Salz u. Öl
c) 8 g/l Steinsalz	c) 8 ccm/l Türkischrotöl	c) je 8 g/l bzw. ccm/l Salz u. Öl
80—100° C	80—100° C	80—100° C
30 Minuten	30 Minuten	30 Minuten

IV. 4% Farbstoff:

4 ccm/l Türkischrotöl

4 g/l Steinsalz

a) kalt
b) 50° C
c) 80° C
d) 100° C
  30 Minuten.

Man mißt die Flottenauszüge kolorimetrisch und die·Anfärbung als „Vollfarbe" nach Ostwald auf dem Zeiss'schen Stufenphotometer. Die Ergebnisse bringt man zur graphischen Darstellung (vgl. Abb. 46 u. 47). Als Übungsmaterial nimmt man zweckmäßig gebleichten Baumwollzwirn.

Diese 52 Färbungen geben bereits gute Aufschlüsse über die Gestaltung der Färbeweise. Man treibe die Flottenauszüge sehr ernsthaft auf die höchstmögliche Grenze. Aus einer Färberei, die im Jahre für 100000 DM Farbstoff gebraucht, können geradesogut für 30000 DM wie nur für 20000 DM Farbstoffe durch den Kanal weglaufen.

Die Unterlagen für die Versuche I bis IV seien durch folgende Darstellungen gegeben (Abb. 46 u. 47).

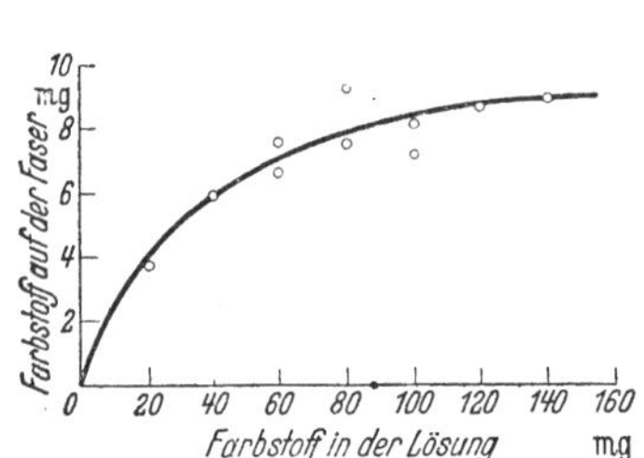

Abb. 46. Anlagerungsgleichgewicht von Benzobraun G an Baumwolle (1 g Baumwolle, 1 g NaCl, 350 ccm Wasser). Nach Valko.

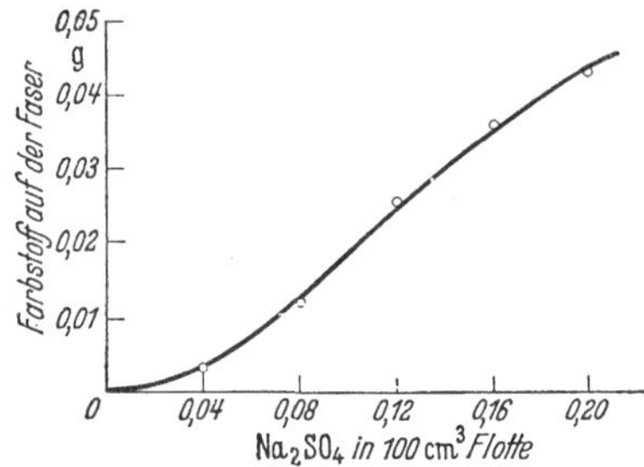

Abb. 47. Aufnahme von Oxaminrot 3 R durch Baumwolle bei 70° C in Abhängigkeit von der Salzkonzentration im jeweiligen Gleichgewichtszustand. Nach Weltzien.

(55) Untersuchung: Die kolorimetrische Messung des Flottenauszuges.
Die Konzentrationsbestimmungen gefärbter Lösungen, also auch von Färbeflotten, werden durch optische Vergleichung der zu untersuchenden Lösung und einer Lösung bekannten Gehaltes durchgeführt. Die Lösung bekannten Gehaltes ist die Färbeflotte vor und die zu untersuchende Lösung die Färbeflotte nach dem Färben. Die Differenz stellt den „Flottenauszug" dar, der in Prozent von der ursprünglichen Flotte angegeben wird.

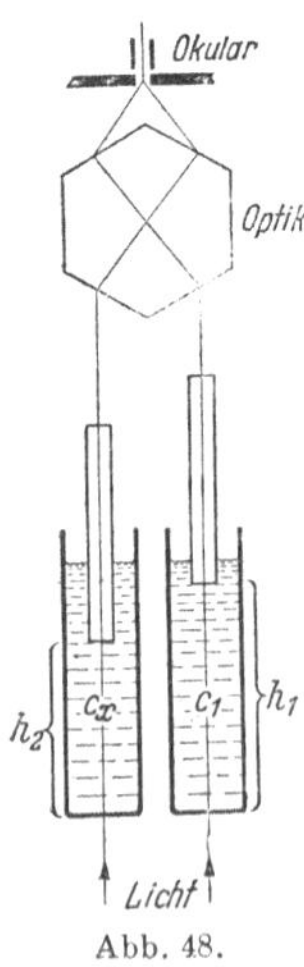

Gemessen wird der Lichtverlust, der durch Absorption in den zu untersuchenden Lösungen entsteht.

Zur Messung bedient man sich des Dubosq-Kolorimeters, Abb. 48.

Für die Berechnung gilt das Beersche Gesetz:

Sind die Schichthöhen zweier Lösungen auf Lichtgleichheit eingestellt, so ist die Konzentration der Vergleichs- und der unbekannten Lösung umgekehrt proportional zu den Schichthöhen der Flüssigkeiten.

$$c_1 : c_x = h_2 : h_1$$

$$c_x = \frac{c_1 \cdot h_1}{h_2}$$

c_1 stellt also die ursprüngliche, c_x die zu ermittelnde Flottenkonzentration nach dem Färben dar.

Es ist wichtig, daß man von vornherein für gleiche Verhältnisse in den beiden Lösungen sorgt (Temperatur, Klarlöslichkeit, Farbton).

(56) Untersuchung: Die Messung der Vollfarbe mit dem Zeißschen Stufenphotometer. Für Messungen des Schwarz- und Weißgehalts wird die Helligkeit der Probe unter dem Paß- und unter dem Sperrfilter im Vergleich zum Normalweiß ermittelt. An Stelle der bei der Glanzmessung verwendeten Wippe, wird zur Aufnahme der Untersuchungsobjekte der Zusatzapparat nach KRÜGER benutzt. Die Normalweißplatte ruht auf einer besonderen Brücke, die auf der linken Seite auf den Zusatzapparat aufgesteckt werden kann. Im übrigen wird das Photometer wie bei der Glanzmessung gehandhabt, nur daß bei den Schwarz- und Weißmessungen noch zwei Linsen (F = 30) am Photometer eingeschraubt werden.

Bei den Schwarz- und Weißgehaltsmessungen benützt man Filter, die sich auf der drehbaren Scheibe unterhalb des Okulars befinden. Ist z. B. die zu untersuchende Probe grün, so wird zur Messung des Schwarzgehalts ein grünes Farbfilter in den Strahlengang eingeschaltet (Paßfilter). Die farbige Probe ist im Vergleich mit der Barytweißplatte stets dunkler als diese. Die gemessene Differenz ist nach OSTWALD direkt der Schwarzgehalt (S = 100 — Ablesung), wenn die eine Meßtrommel auf 100 eingestellt ist).

Zur Messung des Weißgehalts wird ein Sperrfilter verwendet, d. i. das Filter, das nur die Strahlen hindurchläßt, die eine ideal grüne Körperfarbe nicht zurückwirft. Durch dieses Filter erscheint also eine ideal grüne Körperfarbe schwarz; im Vergleich mit der Normalweißplatte ist aber doch eine gewisse Helligkeit unter dem Sperrfilter zu messen. Die direkte Ablesung auf der Meßtrommel ist der Weißgehalt W = direkte Ablesung.

Die Vollfarbe läßt sich folgendermaßen errechnen:

$$V + S + W = 100$$
$$\text{Vollfarbe} + \text{Schwarz-} + \text{Weiß-}$$
$$\text{gehalt} \quad \text{gehalt}$$
$$V = 100 - S - W.$$

(57) Verfahren: Das Abziehen substantiver Färbungen. a) „Aufhellen", d. h. teilweises Abziehen erzielt man durch heiße oder kochende Seifenbehandlung (4—10 g/l Seife). Soll mit dem Aufhellen gleichzeitig eine Tonänderung verbunden werden, so genügt oftmals der Ansatz einer neuen Flotte ohne Salzzusatz und mit einem entsprechenden Farbstoff. (Höhere Temperatur, evtl. Seifenzusatz.)

b) Die Färbung wird weitgehend zerstört, wenn man die Ware auf ein heißes Hydrosulfitbad (4—10 g/l) stellt. Anschließend wird gespült.

c) Führt ein Hydrosulfitabzug nicht zum Ziele, so hilft folgende Gewaltmethode: Man unterwirft die Partie einer sauren Chlorbleiche (3—4 g/l akt. Chlor, 4—10 ccm/l Salzsäure, kalt). Sobald die Entfärbung eingetreten ist, wird gespült und nun in üblicher Weise mit Säure und Bisulfit nachbehandelt.

Verbesserung der Echtheitseigenschaften. *Die Echtheitseigenschaften (Wasser- und Lichtechtheit) können oftmals durch Nachbehandlung erhöht werden. Man wendet folgende Methoden an:*

Nachbehandlung mit Formaldehyd
*   ,,   ,, Kupfervitriol*
*   ,,   ,, Chromkali*
*   ,,   ,, Kupfervitriol + Chromkali.*

Aldehyde neigen unter bestimmten Voraussetzungen zur Polymerisation, d. h. es lagern sich verschiedene Moleküle zu einem Großmolekül zusammen. Denkt man sich nun die Farbstoffe einer Färbung mit einem Aldehyd verbunden, so wird mit der Polymerisation des Aldehyds auch eine solche der Farbstoffe eintreten. Es lagern sich z. B. 6 Moleküle Formaldehyd H·CHO

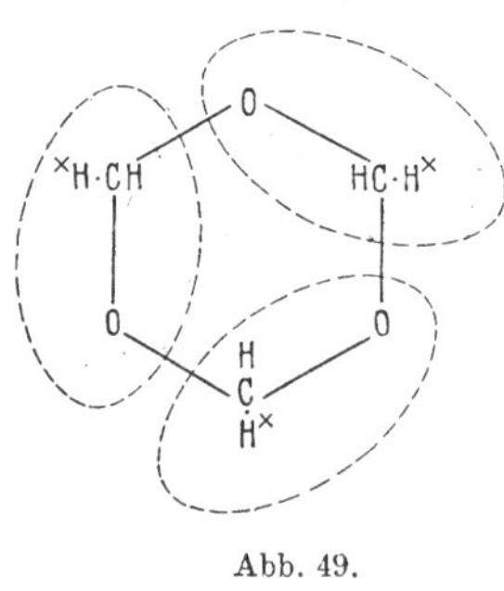

Abb. 49.

zu Formose (Zuckerart) oder drei Moleküle zu Trioxymethylen (Paraform) zusammen.

Es entsteht also unter starker Molekülvergrößerung aus einer kettenförmigen eine ringförmige Verbindung, die vielleicht an Stelle der mit × bezeichneten H-Atome die Farbstoffreste bindet (Abb. 49). Die Vergrößerung der Echtheit hängt in diesem Falle mit der Molekülvergrößerung zusammen, vielleicht findet auch einfach eine „Härtung" der Farbstoffe durch den Formaldehyd statt.

(58) Verfahren: Die Nachbehandlung mit Formaldehyd. Die gefärbte und gespülte Baumwolle wird mit folgendem Ansatz behandelt:

1—3 ccm/l Formalin (techn. Formaldehydlösung 40 Vol.-Proz.)
1—3 ccm/l Essigsäure, 30proz.
40—60° C.
30 Minuten.
Hierauf wird gespült.

(59) Verfahren: Die Nachbehandlung mit Kupfervitriol. Diese Nachbehandlung verbessert vorwiegend die Lichtechtheit vieler substantiver

Farbstoffe. (Eine Klasse für sich bilden die Benzoechtkupferfarben, die auf Kupfervitriol besonders stark reagieren.) Die Waschechtheit wird jedoch ebenfalls etwas gehoben.

Die gefärbte und gespülte Ware wird nachbehandelt:

1—3 g/l Kupfervitriol

2—4 ccm/l Essigsäure, 30proz.

50—60° C.

30 Minuten.

Spülen.

(60) Verfahren: Die Nachbehandlung mit Chromkali. Durch diese Nachbehandlung wird vorwiegend die Wasser- und Waschechtheit verbessert.

Die gefärbte und gespülte Ware wird nachbehandelt:

2—4 g/l Chromkali.

2—5 ccm/l Essigsäure, 30proz.

70—80° C.

30 Minuten.

Spülen.

(61) Verfahren: Die Nachbehandlung mit Chromkali und Kupfervitriol. Diese Nachbehandlung hebt bei bestimmten Farbstoffen Licht- und Waschechtheit.

Die gefärbte und gespülte Ware wird nachbehandelt:

1—2 g/l Chromkali.

1—2 g/l Kupfervitriol.

2—4 ccm/l Essigsäure, 30proz.

60—80° C.

30 Minuten.

Spülen.

(62) Untersuchung: Nachweis der Nachbehandlung mit Formaldehyd (Karbazolprobe). Man kocht die zu untersuchende Probe in mit Schwefelsäure angesäuertem dest. Wasser ab und gibt diese Flotte tropfenweise zu einer 0,1proz. Karbazollösung in konz. Schwefelsäure. Bei Anwesenheit von Formaldehyd tritt tiefblaue Färbung ein; nach längerem Stehen scheidet sich oftmals ein blauer Niederschlag ab.

(63) Untersuchung: Einfacher Nachweis der Nachkupferung (H. RATH). Der Nachweis beruht auf der Eigenschaft der Kupferionen, die Zersetzung einer alkalischen, mit Wasserglas stabilisierten, konzentrierten Wasserstoffsuperoxydlösung stark zu katalysieren.

Bringt man eine gekupferte und eine nicht gekupferte Färbung getrennt in eine ammoniakalische, mit Wasserglas stabilisierte Wasserstoffsuperoxydlösung, so wird die Zersetzungsgeschwindigkeit der die gekupferte Färbung enthaltenden Lösung so sehr beschleunigt, daß die Lösung binnen weniger Minuten ins Sprudeln gerät und ihren gesamten Sauerstoff fast momentan abgibt, während die Zersetzung der keinen Katalysator enthaltenden Lösung mehrere Tage beansprucht.

Die Reaktion wird folgendermaßen durchgeführt:

In einem Reagenzglas versetzt man 10 ccm einer 30proz. Wasserstoffsuperoxydlösung mit 2—3 Tropfen Wasserglas, schüttelt kurz um und gibt der Lösung 1 ccm konz. Ammoniak hinzu. Nach vorsichtigem Umschütteln bringt man, sobald die Gasentwicklung aufgehört hat, das zu prüfende Material in die Reaktionsflüssigkeit.

Die Reaktion kann benützt werden zur Unterscheidung von gewöhnlichen und nachgekupferten substantiven Färbungen und Schwefelfärbungen und evtl. zur Unterscheidung einer Variaminblaufärbung von einer mit Echtblau B Base erzeugten Färbung, da diese im allgemeinen nachgekupfert wird.

Alle auf andere Art und Weise nachbehandelten Färbungen wie nachchromierte, mit Aluminiumsalzen oder Formaldehyd nachbehandelte Färbungen geben diese Reaktion selbstverständlich nicht.

(64) Untersuchung: Nachweis der Nachbehandlung mit Chromkali (Chromschmelze). Die zu prüfende Probe wird in einem Porzellantiegel verascht (grünliche Asche) und mit Soda und Salpeter geschmolzen. Die Anwesenheit von Chrom bedingt einen auch in der Kälte gelben Schmelzfluß.

Über die Nachbehandlungsmethoden für substantive Färbungen. *Diese Methoden sind mehr oder weniger unsicher. Je nach dem zu färbenden Ton und den angewandten Farbstoffen bekommt man eine größere oder kleinere Erhöhung der Echtheitseigenschaften. Bei der Behandlung mit Metallsalzen kann auch eine Tonverschiebung eintreten, die den Ton oftmals mehr vom Muster abweichen läßt, als dies tragbar ist. Man muß diese Tonverschiebung also schon von vornherein in Rechnung stellen. Die Formaldehydnachbehandlung hat zwar eine solche Tonverschiebung nicht in dem Maße zur Folge. Dafür ist sie aber auch weniger erfolgsicher.*

Man muß sich daher aus diesen Gründen die Nachbehandlungserfolge genau ansehen.

(65) Versuch: Färbungen mit verschiedener Nachbehandlung. Mit den für die Nachbehandlung als besonders geeignet angegebenen Farbstoffen werden substantive 4proz. Färbungen auf gebeuchtem Baumwollgarn hergestellt. Die eine Hälfte aus jeder Partie wird ohne Nachbehandlung der Echtheitsprüfung unterzogen, die andere wird nach den Verfahren 58—61 nachbehandelt und ebenfalls zusammen mit den nicht nachbehandelten Vergleichsfärbungen der Echtheitsprüfung unterzogen.

(66) Untersuchung: Die Prüfung auf Lichtechtheit. Über die gesamte Echtheitsprüfung auf Textilien gab die Echtheitskommission der Fachgruppe für Chemie der Farben- und Textilindustrie im Verein Deutscher Chemiker eine umfassende und klare Anleitung heraus: „Verfahren, Normen und Typen für die Prüfung und Beurteilung der Echtheitseigenschaften von Färbungen usw.", Verlag Chemie G. m. b. H., Berlin W 35.

Nach diesen Normen wird die Lichtechtheit in den Stufen I bis VIII geprüft. I bezeichnet die geringste, VIII die höchste Lichtechtheit. Als Vergleichstypen werden folgende auf Wollstoff nach besonders vorgeschriebenen, jedoch den normalen Färbemethoden entsprechenden Methoden hergestellte Färbungen bezeichnet:

Lichtechtheit	I: 0,6%	Brillantwollblau FFR extra,
,,	II: 0,6%	Wollblau N extra,
,,	III: 1%	Brillantindocyanin 6 B,
,,	IV: 1,5%	Wollechtblau GL,
,,	V: 1%	Cyananthrol RX,
,,	VI: 2,5%	Alizarinlichtblau 4 GL Sandoz,
,,	VII: 2,5%	Indigosol AZG (dekatiert),
,,	VIII: 3%	Indigosolblau AGG (dekatiert).

Für die Lichtechtheitsprüfung wird nun die substantive nachbehandelte und nicht nachbehandelte Färbung zusammen mit dem Vergleichstyp der Belichtung ausgesetzt, indem man die Färbungen auf einem Karton befestigt oder, wenn Garne vorliegen, auf Pappestreifen wickelt und sie mit einem Pappestreifen zur Hälfte abdeckt. Es wird also nur jeweils die Hälfte der Färbung der Belichtung ausgesetzt. Die Vergleichstypen werden gleichzeitig belichtet.

Die Belichtung wird hinter Glas (einige Zentimeter Abstand) am besten an einem nach Süden liegenden Fenster vorgenommen. Nach genügender Ausbleichung durch das Licht (Dauer: oft Tage und Wochen, je nach der Sonnenbestrahlung) wird verglichen, welche der Vergleichstypen gleich stark ausgebleicht wurde. Danach wird die Lichtechtheit gemessen.

Man kann jedoch auch ohne Vergleichstypen belichten, indem man einfach die gewöhnliche und die nachbehandelte Färbung nebeneinander dem Licht aussetzt und nun die Zeiten bis zur gleichen Ausbleichung vergleicht. Das unbehandelte Muster müßte also nach einer bestimmten Zeit der Belichtung entzogen werden, während das behandelte noch so lange weiterbelichtet wird, bis es ebenso stark ausgebleicht ist.

Diese Methode ist jedoch sehr witterungsabhängig. Man kann deshalb schließlich auch die gewöhnliche und die nachbehandelte Färbung gleich lange und gleichzeitig belichten und nun die Unterschiede der Ausbleichung mit bloßem Auge vergleichen oder mit dem Stufenphotometer messen.

(67) Untersuchung: Die Prüfung auf Waschechtheit. Für die Waschechtheitsprüfung legte die Echtheitskommission des Vereins Deutscher

Chemiker fünf Echtheitsstufen fest. Man unterscheidet Waschechtheit bei 40° C und bei 100° C. Die Normen und Typen gehen aus folgender Tabelle hervor:

Normen	Typen	
	40° C	100° C
I. Färbung stark ausgelaufen, weiß stark angefärbt	4% Heliotrop BB	3% Diaminorange B
III. Färbung hat etwas geblutet, weiß schwach angefärbt	3% Siriuslichtblau 3 R	6% Immedialindonviolett B konz.
V. Färbung hat nicht ausgeblutet, weiß ist unverändert	2,5% Indanthrenbraun R pulv.	2,5% Indanthrenblau R pulv.

Man kann die Färbungen, die man in den Mengen 2:1 mit je der Hälfte Baumwolle und Kunstseide (weiß) zusammenflicht, auch ohne Vergleichstypen normen. Die Waschflotten enthalten 5 g/l Marseiller-seife und 3 g/l kalz. Soda. Das Flottenverhältnis ist 1:50. (Die Ware wird dabei einschließlich der Verflechtung gerechnet.) Für die Waschprobe bei 40° C wird die Ware eine halbe Stunde in der Waschflotte behandelt, nun 10mal in der Flotte mit der Hand durchgeknetet, ausgedrückt, gespült und getrocknet. Bei der Waschprobe bei 100° C kocht man die Flechtung $^1/_2$ Stunde in der Waschflotte, läßt anschließend während einer weiteren halben Stunde auf 40° C abkühlen, knetet, spült und trocknet wie oben.

(68) Verfahren: Die Echtheitserhöhung durch Diazotieren.

Substantive Farbstoffe, welche mindestens eine Aminogruppe enthalten, können durch Diazotieren nach dem Färben in ihrer Echtheit wesentlich erhöht werden. Es entsteht dadurch ein neuer Farbstoff, der mindestens eine Azogruppe mehr besitzt. Die Diazotierung ist also keine einfache Nachbehandlung. Es tritt eine deutliche Tonverschiebung und -vertiefung ein, die von vornherein berücksichtigt werden muß.

Die nach Vorschrift gefärbte und gespülte, jedoch nicht zwischengetrocknete Ware wird, wie folgt, diazotiert:

> Flottenverhältnis 1 : 20,
> 5 ccm/l Salzsäure 20° Bé,
> 1,2 g/l Natriumnitrit,
> möglichst kalt,
> 15—20 min.

Hierauf wird gründlich kalt gespült und nun sofort (ohne langes Lagern) entwickelt.

Aus den von der Industrie gelieferten Entwicklern seien folgende erwähnt und mit ihrem Ansatz für die Entwicklungsflotte beschrieben. (Die Entwicklung erfolgt kalt und dauert 15—30 min.)

1. Entwickler A (β-Naphtholnatrium) wird einfach in warmem Wasser gelöst. Für helle Färbungen 0,5 g/l, für dunkle 1 g/l.

2. Entwickler H (m-Toluylendiamin) wird mit $^1/_2$ seines Gewichts an Soda calc. in heißem Wasser gelöst. Für helle Färbungen 0,5 g/l, für dunkle 1 g/l.

3. Entwickler Z (Phenylenmethylpyrazolon) wird in heißem Wasser gelöst. Für helle Färbungen 0,5 g/l, für dunkle 1 g/l.

4. Entwickler BS (salzsaures Äthyl-β-Naphthylamin) wird in warmem Wasser unter Zugabe von wenig Salzsäure gelöst. Man setzt eben soviel Salzsäure zu, bis eine klare Lösung eintritt. Für helle Färbungen 0,4 g/l, für dunkle 0,8 g/l.

5. Entwickler F (Resorcinnatrium) wird in heißem Wasser gelöst. Für helle Färbungen 0,5 g/l, für dunkle 1 g/l.

6. Entwickler J (Phenolnatrium). 1 kg wird mit 2,5 l Natronlauge 38° Bé übergossen und mit kaltem Wasser in Lösung gebracht. Für helle Färbungen 0,2 g/l, für dunkle 0,4 g/l.

7. Entwickler D (Schwarzentwickler, m-Phenylendiamin) wird mit der gleichen Menge konz. Säure versetzt und in Wasser gelöst. Dem Entwicklungsbad setzt man auf 1 kg Entwickler 3 kg Soda calc. zu. Für Schwarzfärbungen 0,5 g/l Entwickler D.

Manchen Entwicklungsbädern setzt man Soda zu.

Den diazotierten und entwickelten Färbungen kann man ein warmes Seifenbad geben.

Die Diazotierung eines substantiven Farbstoffs auf der Faser verläuft entsprechend den Vorgängen bei der Herstellung der Poly-Azofarbstoffe:

$$R-N = N-R' \cdot NH_2 \cdot HCl \qquad + HCl \qquad + NaNO_2 \qquad \rightarrow$$

substantiver Farbstoff   Salzsäure   Natriumnitrit
(als Chlorhydrat)

$$R-N = N-R'-\underset{\underset{N}{\|\|}}{N}-Cl \qquad + NaCl \qquad + 2 H_2O$$

Diazoniumform des   Steinsalz   Wasser
neuen Farbstoffs

Die Entwicklung verläuft als Kupplung der angewandten Entwickler (Phenole, Naphthole u. dgl.) mit dem Diazoniumprodukt:

$$R-N = N-R'-\underset{\underset{N}{\|\|}}{N}-Cl \qquad + \qquad NaO \cdot C_{10}H_7 \qquad \rightarrow$$

Diazoniumprodukt β-Naphtholnatrium
                              (Entwickler A)

$$R-N = N-R-N = N-C_{10}H_6 \cdot OH \qquad + NaCl$$

diazotierte Färbung (um 1 Azogruppe vermehrt)   Steinsalz

(69) Versuch: Vergleichende Entwicklungen diazotierter Färbungen.
Man diazotiere einige Färbungen, teile sie dann in mehrere Partien und
entwickle diese mit den verschiedenen Entwicklern. Die Tonverschiebung wird beobachtet. Am besten gelingt dieser Versuch mit Primulin,
das zwar kein Azofarbstoff ist, sich jedoch wie ein solcher beim Färben
und Entwickeln verhält.

3. Das Färben mit Schwefelfarbstoffen.

Die Farbstoffe und die Vorgänge bei der Färbung. *Schwefelfarbstoffe
sind verhältnismäßig billige, sehr waschechte Farbstoffe, die überall dort
angewandt werden, wo man auf hohe Echtheit bei möglichst niedriger
Kostengestaltung Wert legt. Sie sind dagegen im allgemeinen nicht sehr
leuchtend. Ihre Haupttöne sind grau, braun, blau und schwarz.*

*Die Farbstoffe werden durch Schmelzen organischer Körper mit Schwefel und Alkali hergestellt. Sie besitzen keine ausgesprochene Säure- oder
Basennatur. Da sie nicht wasserlöslich sind und erst durch Reduktionsmittel alkalilöslich werden, gehören sie im weiteren Sinne zu den Küpenfarbstoffen.*

Schwefelschwarz (Vidal)   Immedialreinblau

*Echtheitseigenschaften. Die Lichtechtheit der Schwefelfarbstoffe
liegt im allgemeinen bei IV und V (höchste VIII), während die Waschechtheit ebenfalls bei IV und V (höchste V) liegt. Die Waschechtheit ist
also sehr gut, die Lichtechtheit gut, die Chlorechtheit ist schlecht (Ausnahme:
CL-Marken).*

*Die Schwefelfarbstoffe gehen durch Einwirkung von Reduktionsmitteln
in Phenole, Thiophenole u. dgl. über, die sich in Alkalien unter Salzbildung
lösen. Die Reduktionsprodukte nennt man „Leukoverbindungen"*

*Die Vorgänge bei der Schwefelfärbung lassen sich nach folgendem Schema
darstellen:*

Die Auflösung und Verküpung der Schwefelfarbstoffe erfolgt mit Schwefelnatrium ($Na_2S + 9\,H_2O$). *Im Wasser erleidet dieses Hydrolyse:*

$$Na_2S + H_2O \;\rightarrow\; NaSH^{(1)} + NaOH^{(2)}$$
Natriumsulfhydrat

*Die Reduktion des Farbstoffes geht unter Bildung einer Leukoverbindung,
der „Küpensäure" (BRASS), vor sich*

$$R\cdot S\!-\!S\cdot R' \;+\; 2\,NaSH^{(1)} \rightarrow R\cdot SH + HS\cdot R' + Na_2S + S$$
Schwefelfarbstoff

Diese Küpensäure bildet sofort mit dem in der Flotte anwesenden Alkali Salze

$$R \cdot SH + NaOH^{(2)} \rightarrow R \cdot SNa + H_2O.$$

(Der bei der Reaktion frei werdende Schwefel verbindet sich mit weiterem Schwefelnatrium zu Natriumdisulfid bzw. zu Polysulfiden.) In dieser Leukoform zieht der Farbstoff auf die Faser, auf welcher er dann in seine ursprüngliche unlösliche, echte Form zurückoxydiert wird. Diese Rückoxydation geht grundsätzlich in zwei Phasen vor sich.

a) $\quad R \cdot SNa + H_2O \xrightarrow[\text{löste Kohlensäure}]{\text{Luft- oder ge-}} R \cdot SH + NaOH$
$\qquad\qquad\qquad\quad$ Spülwasser

b) $R \cdot SH + R' \cdot SH + O \longrightarrow R \cdot S - S \cdot R' + H_2O$
$\qquad\qquad$ Luftsauerstoff
$\qquad\qquad$ oder in Wasser
$\qquad\qquad$ gelöster Sauerstoff

Die Rückoxydation der Schwefelfarbstoffe geht sehr leicht und meist ohne Anwendung besonderer Oxydationsmittel vonstatten.

(70) Verfahren: Das Färben mit Schwefelfarbstoffen. Die Schwefelfarbstoffe (Immedialfarbstoffe) werden mit dem gleichen bis $2^1/_2$fachen Gewicht an Schwefelnatrium gelöst und gefärbt. Die Farbenfabriken geben für jeden Farbstoff die nötige Schwefelnatriummenge an. In den weitaus meisten Fällen handelt es sich um das $1^1/_2$fache des Farbstoffgewichtes. Indokarbon CL wird mit dem 3fachen Gewicht gelöst. Zu viel Schwefelnatrium setzt die an sich schon geringe Substantivität noch weiter herab, zu wenig läßt den Farbstoff in der Flotte ausfallen. Bei einem Flottenverhältnis 1:20 und einem Farbstoff, der mit der $1^1/_2$fachen Menge Schwefelnatrium gelöst wird, erhält man folgenden Ansatz, den man kochend ausfärbt.

Ton	Farbstoff	Schwefel-natrium krist.	Soda calc.	Glauber-salz
	% v. W.-G.	% v. W.-G.	g/l	g/l
helle Färbung	3	4,5	0,5	40
mittlere Färbung . .	10	15	2,0	50
dunkle Färbung . . .	15	22,5	2,5	60
schwarze Färbung . .	20	30	2,5	80

Nachbehandlung. Nach dem Färben wird die gut verküpte (d. h. reduzierte) Partie abgequetscht und sofort mit kaltem Wasser gespült, bei 60—80° C geseift (4—8 g/l Seife) und nun aviviert.

Nachstellen der Flotten. Wegen der oftmals nicht besonders hohen Substantivität der Schwefelfarbstoffe färbt man auf „stehenden" Bädern, d. h. auf Flotten, die immer wieder „aufgefrischt" werden. Dadurch vermeidet man Farbstoffverluste. Man setzt in solchen Fällen weniger Farbstoff und $^1/_4$—$^1/_3$ der für einen Neuansatz bestimmten Menge an Schwefelnatrium zu.

(71) Untersuchung: Das Messen des Gesamtsalzgehaltes der Schwefelfarbstoff-Flotten. Der Gesamtsalzgehalt wird durch Spindeln ermittelt. Die abgekühlte Flotte soll bei mittleren Färbungen nicht über 3—4° Bé, bei dunkleren nicht über 5—6° Bé spindeln. Schwarzflotten sollen nicht über 8° Bé spindeln.

Bei zu langem Stehen ist die Umsetzung des Schwefelnatriums durch Polysulfidbildung und Luftoxydation meist zu weit fortgeschritten, als daß sich ein Nachsatz überhaupt noch lohnen würde.

(72) Verfahren: Die Nachbehandlung mit Chromkali und Kupfervitriol. Zur Erhöhung der Licht- und Waschechtheit der meisten Schwefelfärbungen wird folgende Nachbehandlung durchgeführt.

> 1,5% v. W.-Gew. Chromkali.
> 1,0% v. W.-Gew. Kupfervitriol.
> 1,5 g/l Essigsäure, 30proz.
> 70—80° C.
> $^1/_2$ Stunde.

Die Autoxydation von Schwefelfärbungen. *Schwefelfarbstoffe können sowohl in Substanz, wie auch vor allem auf der Faser durch Autoxydation Schwefelsäure abspalten, die in Gegenwart von Feuchtigkeit die Faser angreift. Infolge der großen inneren Oberfläche einer Textilfaser ist der aufgefärbte Farbstoff so fein verteilt, daß der Oxydationsprozeß des Schwefels im Farbstoffmolekül stark gefördert wird.*

Es wird vor allem der Schwefel oxydiert, welcher durch Nebenvalenz- oder Adsorptionskräfte festgehalten wird. Beschleunigend wirken dabei Wärme und Feuchtigkeit (feuchtwarmes Lagern der Ware), ebenso Kupfer- und Eisensalze, Jod, Schwefeldioxyd und Schwefelwasserstoff.

Nach MÖHLAU und nach ERDMANN werden Polysulfidbrücken angenommen, aus denen der Schwefel vielleicht wie folgt abgespalten und zu Schwefelsäure oxydiert wird

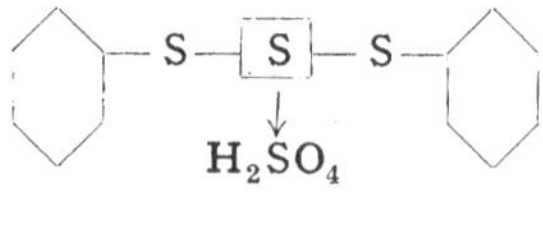

$$\text{—S—}\boxed{\text{S}}\text{—S—}$$
$$\downarrow$$
$$H_2SO_4$$

Das nun entstehende Disulfid kann weiter Schwefel abspalten, so daß schließlich eine Form

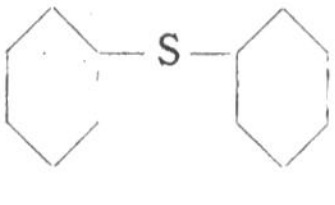

$$\text{—S—}$$

entsteht, in welcher der Schwefel zu einer Sulfoxydgruppe oxydiert wird.

$$O$$

Aus dem zweiwertigen ist ein vierwertiger Schwefel geworden. Das Bestreben des Schwefels, in die jeweils stabilste Form überzugehen, gibt die annehmbare Erklärung, warum schließlich durch Autoxydation selbst Farbton und andere Eigenschaften einer Färbung geändert werden.

(73) Untersuchung: Die Prüfung auf Lagerbeständigkeit. a) Eine Probe (mindestens 10 g) einer Schwefelfärbung wird in möglichst wenig dest. Wasser 1 Stunde lang abgekocht. Die Probe wird herausgenommen und das Kochwasser mit Bariumchloridlösung versetzt. Eine Trübung zeigt SO_4'' an.

b) Eine Probe (mindestens 10 g) wird in möglichst wenig dest. Wasser (Becherglas) gut befeuchtet. Nun wird die Probe zentrifugiert und im Trockenschrank bei 90° C getrocknet. Hierauf wird die Probe wieder im alten Wasser angefeuchtet, wieder zentrifugiert und wieder getrocknet.

Dieser Prozeß wird 10 mal wiederholt. Am Schlusse wird die Probe $^1/_2$ Stunde lang im alten Wasser (Verdampfungsverlust ersetzen) gekocht und schließlich herausgenommen. Nun wird wieder auf SO_4'' geprüft.

c) Quantitative Erfassung der Schwefelsäureabspaltung. Das Dämpfen im Druckkessel oder im Trockenschrank geht ohne Kontrolle vor sich. Um die Gefahr des Schwefelsäureverlustes zu beheben, sei der abgebildete Dämpfapparat empfohlen, der es ermöglicht, die Zwischenstufen zu beobachten und ohne Schwefelsäureverlust zu arbeiten (Abb. 50).

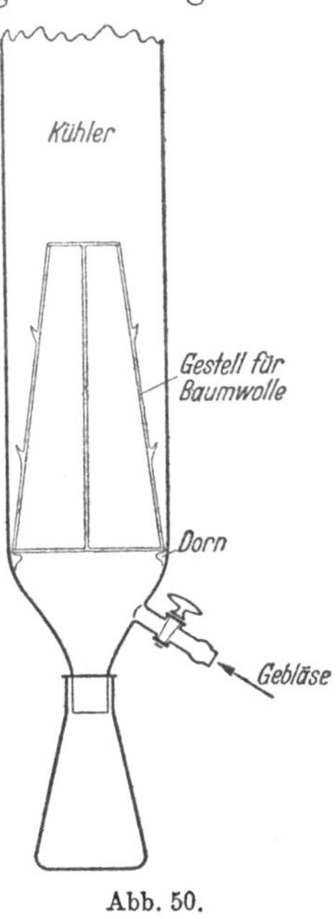

Abb. 50.

Der Apparat besteht aus einem gläsernen zylinderförmigen Mittelstück von 7 cm lichter Weite, in dem sich, auf Dornen liegend, ein aus Glasstäben bestehendes Gestell befindet, um das die zu dämpfende Baumwolle gelegt wird. Unten ist durch Glasschliff ein Erlenmeyerkolben angebracht. Der obere Teil schließt mit einem eingeschliffenen Kühler ab. Am Mittelstück ist ein Hahn eingeschmolzen, durch den Luft eingeblasen werden kann. Das herabtropfende Wasser kann bei dieser Anordnung nicht an die Baumwolle gelangen. Der Erlenmeyerkolben wird mit destilliertem Wasser beschickt, darin kann dann leicht etwa mitgerissene Schwefelsäure bestimmt werden.

Jeweils nach 1, 2 und 6 Stunden wird das Dämpfen unterbrochen, und der Schwefelsäuregehalt nach bekannter Methode mit Bariumchlorid ermittelt.

Beispiel: Mit **Immedialtiefschwarz B** gefärbte Baumwolle:

Nach einer Stunde Dämpfen:

Einwaage	4,7252 g	5,2550 g
Bariumsulfat	0,0412 g	0,0587 g
Schwefelsäure	0,0170 g	0,0241 g
=	0,36%	0,46%
Mittelwert	0,41%	

Nach zwei Stunden Dämpfen:

Einwaage	4,7295 g	5,0521 g
Bariumsulfat	0,0758 g	0,0773 g
Schwefelsäure	0,0312 g	0,0318 g
=	0,66%	0,63%
Mittelwert	0,64%	

Nach sechs Stunden Dämpfen

Einwaage	5,3326 g	4,8898 g
Bariumsulfat	0,0829 g	0,0677 g
Schwefelsäure	0,0341 g	0,0278 g
=	0,64%	0,57%
Mittelwert	0,60%	

Beispiel: Zusammenstellung von 4 Schwarzfärbungen.

Schwefelsäuregehalt	nach 1 Std. Dämpfen	nach 2 Std. Dämpfen	nach 6 Std. Dämpfen
Immedialschwarz B	0,41%	0,64%	0,60%
Immedialschwarz 3 G	0,25%	0,46%	0,51%
Immedialschwarz ML extra stark . .	0,55%	0,60%	0,57%
Immedialkarbon KBL	0,45%	0,54%	0,52%

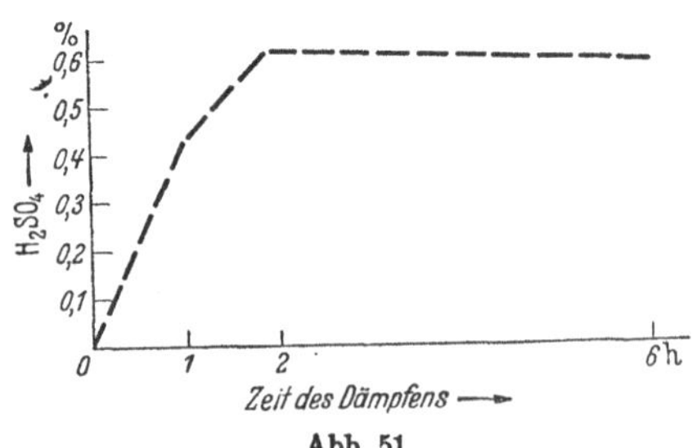

Abb. 51.

Derartige Dämpfreihen lassen erkennen, daß die Oxydation des Schwefels zu Schwefelsäure während der ersten Stunde sehr schnell verläuft, um nach 6 Stunden einen Maximalwert zu erreichen. Von diesem Zeitpunkt ab kann sich keine neue Schwefelsäure in nennenswertem

Ausmaße mehr bilden, da jeder oxydierbare Schwefel verbraucht ist (vgl. Abb. 51).

Man kann also durch kräftiges Dämpfen der fertigen getrockneten Partie ebenfalls eine gewisse Lagerechtheit erreichen. Dabei ist eine vorhergegangene alkalische Avivage von Vorteil.

Für die Praxis heißt das: Im Anfang des Lagerns geht die Bildung der Schwefelsäure rasch vor sich, um nach einiger Zeit (2—3 Jahre) den höchsten Wert erreicht zu haben.

(74) Versuch: Lagerbeständige Avivage. Eine Schwefelfärbung wird in drei Teile geteilt und wie folgt aviviert: 1. Teil: weiches neutrales Wasser, 2 g/l Türkischrotöl. 2. Teil: weiches neutrales Wasser, 4 g/l Soda calc. 3. Teil: weiches neutrales Wasser, 4 g/l essigsaures Natron. Die Proben werden nun 10mal in feuchtem Dampf während 10 min gedämpft und immer wieder getrocknet. Nun wird die Avivage mit reichlichem kaltem Wasser abgespült. Hierauf wird auf SO_4'' nach Untersuchung (73) geprüft. War die alkalische Avivage ein Vorteil für die Lagerechtheit?

(75) Untersuchung: Das Erkennen von Schwefelfärbungen. Waschechte Färbungen übergießt man im Reagenzglase mit Zinnchlorür und Salzsäure und legt über die Öffnung des Glases ein angefeuchtetes Bleiazetatpapier. Beim Erhitzen bildet sich bei Anwesenheit eines Schwefelfarbstoffs Schwefelwasserstoff, der das Papier schwärzt. Man benutze ein möglichst kurzes Glas, damit die Entfernung der Oberfläche der Flüssigkeit zum Bleiazetatpapier möglichst gering ist. (Katanolbeizen [bei basischen Färbungen] ergeben ebenfalls eine positive Reaktion.)

(76) Untersuchung: Die Unterscheidung von lagerechten und lagerunechten Schwefelschwarzfärbungen. Man benützt zu dieser Trennung die Tatsache der schlechten Chlorechtheit der gewöhnlichen Schwefelschwarzmarken und der hervorragenden der CL-Marken (Indokarbon CL). Von den zu untersuchenden Färbungen bringt man kleine Proben in ein Reagenzglas und füllt verdünnte Natriumhypochloritlösung (Natronbleichlauge) mit 10—20 g/l akt. Chlor zu. Beim Erwärmen entfärbt sich die gewöhnliche Schwarzfärbung, während die Indokarbonfärbung tiefschwarz bleibt.

(77) Versuch: Die Wirkung des Schwefelnatriumzusatzes. Man färbt möglichst hart gedrehte dicke Baumwollzwirne (etwa 30/3) einerseits mit dem Gewicht des Farbstoffes andererseits mit dem fünffachen Gewicht des Farbstoffes an Schwefelnatrium und vergleicht Farbton und Durchfärbung.

(78) Versuch: Substantivität und Salzzusatz. Man färbt mit steigenden Salzzusätzen 0, 10, 20, 40, 80, 160 g/l in sonst gleicher Weise und mißt die Vollfarbe (Stufenphotometer) oder vergleicht den steigenden bzw. fallenden Farbstoffaufzug.

(79) Versuch: Substantivität und Temperatur. Man erhitzt die Färbeflotte in Stufen auf 40, 60, 80, 100° C, indem man nach jedem Erhitzen die Flamme wegnimmt und 10 min lang färbt (also zusammen 40 min). (Die Erhitzungszeit wird als Färbedauer gerechnet.) Während des Erhitzens wird die Ware aus der Flotte genommen („aufgeworfen"). Diesem Versuche wird ein Versuch mit kontinuierlicher Erhöhung der Flottentemperatur von 40—100° C während 30 min und einem Färben bei Kochtemperatur während 10 min gegenübergestellt (Abb. 52). Bei diesem Versuch wird also die Heizquelle während des Färbens nicht entfernt. Die beiden Färbungen werden miteinander auf Tontiefe und Waschechtheit verglichen.

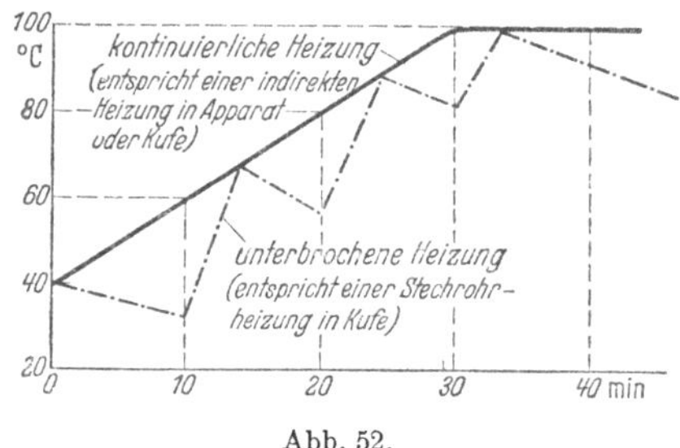

Abb. 52.

(80) Verfahren: „Schönen" trüber Schwefelfärbungen. Der auf der Faser befindliche Schwefelfarbstoff wirkt ähnlich wie das Katanol für basische Farbstoffe als Beize. Man kann daher die Leuchtkraft und Klarheit der Schwefelfärbungen durch „Übersetzen" („Schönen") mit basischen Farbstoffen steigern (Essigsäure, 60° C), wie beim Färben von mit Katanol gebeizter Ware mit basischen Farbstoffen).

Obwohl damit die Schönheit der Schwefelfärbungen beträchtlich gehoben wird, wird die Echtheit, insbesondere die Lichtechtheit der Ware beeinträchtigt. Färber, welche also Schwefelfärbungen schönen, kommen in die traditionelle Koloristenhölle.

4. Das Färben mit Küpenfarbstoffen.

Die Farbstoffe und die Vorgänge bei der Färbung. *Küpenfarbstoffe sind an sich in Wasser, verdünnten Alkalien und verdünnten Säuren unlöslich. Durch Reduktionsmittel werden sie jedoch in ihre Leukoform übergeführt, die in verdünnten Alkalien unter Salzbildung löslich ist.*

Zum Färben braucht man diese Löslichkeit der Farbstoffe, während ihre Unlöslichkeit, wenn sie sich erst einmal auf der Faser befinden, einen wertvollen Faktor in der Gesamtechtheit darstellt.

Küpenfarbstoffe können aus der Reihe der Indigoide oder der Anthrachinone oder der Benzanthrone od. dgl. stammen (Indanthren = Indigo +

Anthrachinon)

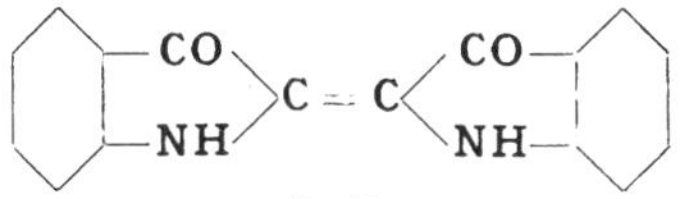

Indigo

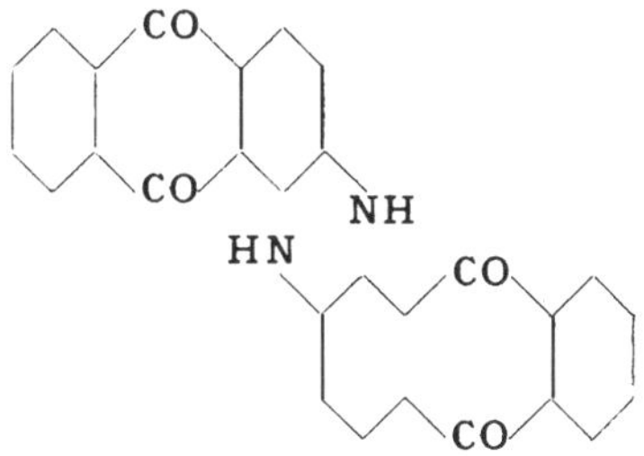

Indanthrenblau R
(eigentliches Indanthren R. Bohn 1901).

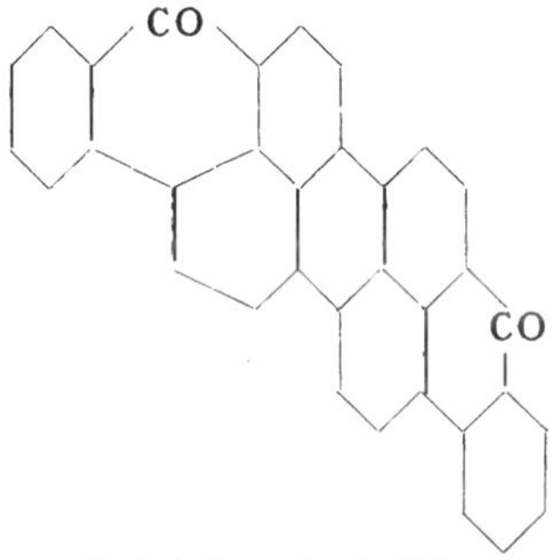

Indanthrendunkelblau

Die Farbstoffe enthalten also hydrierbare ungesättigte Bindungen. Die Gruppe =CO ist typisch und kommt ein- oder mehrmals vor. Durch Reduktion geht sie in die Gruppe $\equiv$ C(OH) über, wodurch das gesamte Molekül eine Umstellung in den Bindungsverhältnissen erfährt. Dies ist auch der Grund, warum die reduzierte (verküpte) Form der Farbstoffe einen anderen Farbton besitzt als der ursprüngliche Farbstoff.

„Verküpung" und Rückoxydation gehen nach folgendem Schema vor sich:

1. Reduktion und Salzbildung (in der Küpe).

$$R : CO \quad + H \quad \longrightarrow \quad R : C(OH)$$

unlöslicher Küpenfarbstoff   „Küpensäure", Leukoform
des Küpenfarbstoffs.

$$R : C(OH) \quad + NaOH \quad \longrightarrow \quad R : C(ONa) + H_2O$$

Natriumsalz der
Küpensäure

2. Oxydation der Küpensäure (auf der Faser).

$$2R : C(ONa) \quad + \quad H_2CO_3 \rightarrow 2R : C(OH) \quad + \quad Na_2CO_3$$

küpensaures Salz   Küpensäure

(die Küpensäure [K. BRASS] ist eine so schwache Säure, daß sie sogar von Kohlensäure in Freiheit gesetzt wird).

$$4R : C(OH) \quad + \quad O_2 \rightarrow \quad 4R : CO \quad + \quad 2H_2O$$

unlöslicher
Küpenfarbstoff

Wie sehr die Hydrierung der ungesättigten Gruppe =C=O in die gesättigte =C—OH in die Bindungsverhältnisse des Gesamtmoleküls eingreift, sei an folgendem Beispiel gezeigt

$$O=C \qquad \xrightarrow{\text{Reduktion}} \qquad C-OH$$

Anthrachinon   Anthrahydrochinon

Färbt man die Indanthrene zu heiß und mit zu viel Hydrosulfit, so kann Überreduktion eintreten. Überreduzierte Küpenfarbstoffe werden trübe. Sie lassen sich nicht mehr in den ursprünglichen Farbstoff zurückoxydieren. Reduktion und Überreduktion seien am Indanthrenblau gezeigt:

$$\xrightarrow{\text{Reduktion}}$$

Indanthren   verküpte Form
                                         (Leukoform) Küpensäure

$$\xrightarrow[\text{starke Hitze}]{\text{starke Reduktion}}$$

Überreduzierte Form. Die chromophore Gruppe CO und die auxochrome
Gruppe OH sind verschwunden.

Unter ,,Küpe" versteht man die Natronlauge-Hydrosulfit-Küpe, also die mit Natronlauge und Natriumhydrosulfit angesetzte Färbeflotte.

Das wichtigste Hilfsmittel der Küpenfärberei liegt im Natriumhydrosulfit $Na_2S_2O_4$ vor. Es ist ein Salz der unterschwefligen Säure $H_2S_2O_4 \cdot aq$. Die unterschweflige Säure kann man sich als ein gemischtes Anhydrid aus der schwefligen Säure H_2SO_3 oder $HO \cdot SO \cdot OH$ und der Sulfoxylsäure $HO \cdot S \cdot OH$ vorstellen. Die Strukturformel von Hydrosulfit ist demnach

$$\begin{matrix} NaO \cdot SO \\ NaO \cdot S \end{matrix} \Big> O$$

Industriell wird das Hydrosulfit u. a. wie folgt hergestellt: Bisulfit und schweflige Säure werden im Kohlensäurestrom mit Zink versetzt

$$2\,NaHSO_3 + H_2SO_3 + Zn \rightarrow Na_2S_2O_4 + 2\,H_2O + ZnSO_3$$

Aus dieser Lösung fällt man das Hydrosulfit mittels Alkohol oder Kochsalz.

In Wasser zerfällt das Hydrosulfit je nach Anwesenheit oder Abwesenheit von Luftsauerstoff verschieden:

$$\text{ohne Luftsauerstoff:}\quad 2\,Na_2S_2O_4 \rightarrow \underset{\text{Thiosulfat}}{Na_2S_2O_3} + \underset{\text{Sulfit}}{Na_2S_2O_5}$$

$$\underset{\text{Bisulfit}}{Na_2S_2O_5 + H_2O \rightarrow 2\,NaHSO_3}$$

$$\text{mit Luftsauerstoff:}\quad Na_2S_2O_4 + H_2O + O_2 \rightarrow \underset{\text{Bisulfat}}{NaHSO_4} + \underset{\text{Bisulfit}}{NaHSO_3}$$

In Wasser geht das Bisulfit unter Abspaltung von Wasserstoff in Sulfat über

$$NaHSO_3 + H_2O \rightarrow NaHSO_4 + 2\,H.$$

Diese Reaktion geht vollständig erst in Anwesenheit eines reduzierbaren Körpers vor sich.

Die bleichende Wirkung des Bisulfits (und des Hydrosulfits) beruht also auf der Abspaltung von Wasserstoff. Oftmals jedoch auch auf der Anlagerungsfähigkeit des Bisulfits an organische Körper. In Gegenwart von Natronlauge (also in der Küpe) stellt man sich die Reduktionswirkung des Hydrosulfits, wie folgt, vor:

$$Na_2S_2O_4 + 2\,NaOH + O_2 \rightarrow \underset{\text{Glaubersalz}}{2\,Na_2SO_4} + 2\,H.$$

Auch hier muß ein reduzierbarer Körper zugegen sein.

Diejenigen Küpenfarbstoffe, welche die höchste Gesamtechtheit aufweisen, wurden unter der Bezeichnung „Indanthrene" zusammengefaßt. Ihre Echtheit ist unübertroffen. So beträgt die Lichtechtheit VII und VIII (höchste VIII), die Waschechtheit V (höchste V). Sämtliche übrigen Echtheitseigenschaften stehen ebenfalls auf hoher Stufe. Manche Indanthrene sind allerdings nicht ganz beuchecht.

In ihrem Verhalten zur und auf der Faser weichen sie beträchtlich voneinander ab: Die indigoiden Farbstoffe lassen sich aus kalter oder schwach angewärmter Küpe färben, während die anthrachinoiden aus heißer Küpe gefärbt werden müssen.

Zur Rückoxydation benötigen die indigoiden mehr Zeit als die anthrachinoiden.

Die Reduktionsprodukte haben meist (bei den anthrachinoiden Farbstoffen) eine tiefere Farbe als die Farbstoffe selbst. (Unterschied gegenüber den Schwefelfarbstoffen).

Die Farbstoffe werden nach 3 Hauptverfahren gefärbt:

$I\,N$ = *Indanthren-Normal-Verfahren,*
$I\,W$ = *Indanthren-Warm-Verfahren,*
$I\,K$ = *Indanthren-Kalt-Verfahren.*

Küpenfarbstoffe, welche nicht eine höchste Gesamtechtheit aufweisen, werden unter der Bezeichnung Algol- und Anthra- in den Handel gebracht.

(81) Verfahren: Die Indanthren-(Küpen-)Färbung.

Verfahren	I N	I W	I K
Natronlauge 40° Bé	10—20 ccm/l	3—5 ccm/l	3—5 ccm/l
Hydrosulfit . . .	2—4 g/l	2—4 g/l	2—4 g/l
Glaubersalz . . .	—	5—20 g/l	10—40 g/l
Temperatur . . .	60—70° C	45—50° C	kalt

(Diese Zahlen gelten für ein Flottenverhältnis 1 : 20. Für kürzere Flotten [Apparatefärberei] müssen sie abgeändert werden.)

Indanthrenfärbeverfahren.

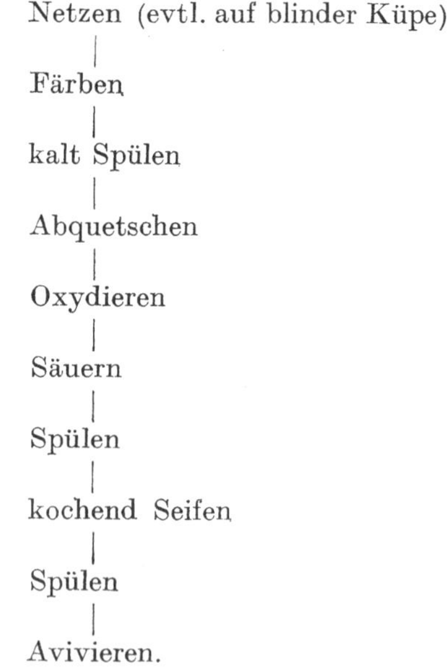

Nach beendigter Färbung wird die noch gut verküpte Partie schnell mit kaltem Wasser gespült, hierauf abgequetscht und nun zur Oxydation an der Luft verhängt.

Die oxydierte Partie wird abgesäuert (2 ccm/l Schwefelsäure) gut mit weichem Wasser gespült und hierauf kochend geseift (4—10 g/l Marseillerseife).

Schließlich wird nochmals gespült und zum Schluß aviviert.

(82) Versuch: Die Durchführung von Küpenfärbungen. Zunächst betrachtet man sich das Muster, nach welchem gefärbt werden soll, sehr genau und vergleicht es mit bekannten Typenmustern oder Kombinationsfärbungen in den Musterkarten. Diesen Vergleich kann man bei schwieriger zu färbenden Tönen außer am Tageslicht auch noch unter einer Kohlenfadenlampe und im ultravioletten Licht durchführen. Besonders die viele rote Strahlen aussendende Kohlenfadenlampe ermöglicht sichere Rückschlüsse über den Rotanteil des Musters. Muster und Färbung müssen am Tageslicht und unter der Kohlenfadenlampe übereinstimmen. (Die Methode gilt selbstverständlich für jede Planung in bezug auf das Färbeverfahren, nicht nur für Küpenfärbungen.)

Nach dieser Prüfung entscheidet man sich für die Wahl der Farbstoffe und damit auch des Verfahrens (IN, IW, IK). Liegt ein seltener Ton vor, mit dem man noch keine Erfahrung besitzt, so empfiehlt sich die vorherige Einfärbung eines Strängchens oder kleinen Abschnittes der Partie.

Das auf Grund der Mustervergleichung anzuwendende Verfahren und die erforderlichen Farbstoff- und Chemikalienmengen schreibt man für sich selbst oder für den Betrieb etwa wie folgt auf:

Partie Nr. 672.

Ware: Baumwollzwirn (Mako) 100/2. abgekocht, trocken
Gewicht: 100 kg. Einteilung: 500 g-Strang.
Färbeverfahren: Indanthren I N. Flottenverhältnis: 1:20 = 2000 l.
Farbstoffe: Indanthrengrün GT Plv f. hochkonz. f. F. 1%   = **1000 g**
          Ind. blau GCD Plv. f. f. F. 0,6%   = **600 g**
Natronlauge: 10 ccm/l   = **20 l**
Hydrosulfit: 2 g/l   = **4000 g**
Glaubersalz: —
Temperatur: Bis 80° C.

Das Aufschlämmen des Farbstoffs erfolgt nun

a) bei Pulvermarken durch gründliches Anteigen der abgewogenen Pulvermenge mit Türkischrotöl und etwas heißem Wasser und schließlich durch Aufrühren in heißem Wasser,

b) bei Teigmarken durch einfaches Aufschlämmen in heißem Wasser.

Die Lösung (Verküpung) des Farbstoffs erreicht man durch Ansetzen einer „Stammküpe", d. h. jeder Farbstoff wird in einem Topf mit der zehnfachen Menge weichen Wassers und der eben ausreichenden Menge an Natronlauge und Hydrosulfit verküpt. Diese konzentrierte Lösung setzt man dann der Flotte zu, die zuvor die errechneten Mengen an

Natronlauge und Hydrosulfit erhalten hat. Wurden zur Herstellung der Stammküpe besonders große Mengen an diesen Chemikalien gebraucht, so macht man bei der Färbeflotte dementsprechende Einsparungen.

Die sog. „Pulver fein"-Marken der Farbstoffe stellen besonders fein gemahlene Substanzen dar. Man kann dieselben oftmals ohne vorheriges Aufschlämmen durch einfaches Einstreuen in die Küpe lösen.

Sollen Kombinationsfärbungen, also Musterfärbungen, hergestellt werden, so setzt man für jeden einzelnen Farbstoff eine Stammküpe an. Man kann auf diese Weise zum Schluß der Färbung durch Mehrzusatz des einen oder anderen Farbstoffes besser abtönen („nüancieren"), als wenn die Farbstoffe gemeinsam verküpt worden wären.

Nachdem man der Flotte die vorgeschriebenen Mengen an Natronlauge und Hydrosulfit zugesetzt hat, fügt man dem noch nicht oder nur wenig erhitzten Bade etwa die Hälfte des errechneten Farbstoffes zu und beginnt nun zu färben. Nach einiger Zeit (10—15 min) wird je nach dem beobachteten mehr oder weniger intensiven Aufziehen die Flotte entweder etwas angewärmt oder noch mehr Farbstoff zugesetzt. Man wechselt nun mit Anwärmung und mit Farbstoffzusatz sinngemäß ab und kommt schließlich zu dem Punkt, wo bei schon gutem Flottenauszug und bei erreichter Höchsttemperatur das Muster nahezu erreicht ist. Nun setzt man vorsichtig die etwa noch fehlende Farbstoffmenge zu und färbt fertig. Häufig genügt es auch, die Flotte weiter zu erhitzen, um die noch fehlende Tiefe vollends zu erhalten.

(83) Untersuchung: Die Prüfung des Flottenauszuges. Der Flottenauszug wird nach Untersuchung (55) kolorimetrisch geprüft. Es ist jedoch darauf zu achten, daß die zu untersuchenden Lösungen klar verküpt sind.

Man kann den Flottenauszug auch dadurch überprüfen, daß man von der Anfangs- und von der Endküpe bei gleicher Temperatur und Zeitdauer Ausfärbungen herstellt und diese miteinander vergleicht. Die Erreichung eines Musters ist nur dann zufriedenstellend, wenn mindestens 70% der verwendeten Farbstoffmengen auf die Faser aufgezogen sind und höchstens 30% in der Flotte verbleiben.

(84) Untersuchung: Die Prüfung der Färbeflotte auf richtige Verküpung. Sobald die Flotte trübe geworden ist, hat eine Ausfällung von Farbstoff begonnen. Die Flotte muß deshalb ständig überwacht werden. Eine gute Küpe zeigt eine dunkle klare Färbung und im Schaum eine (an der Luft rückoxydierte) Blume im Ton des ursprünglichen nicht verküpten Farbstoffs.

Erscheint nun die Flotte trüb, so versetzt man eine Probe davon im Reagenzglase zunächst mit Hydrosulfit. Tritt daraufhin Klärung ein, so fehlt dem Bade lediglich Hydrosulfit. Tritt keine Klärung ein, so versetzt man eine weitere Probe mit Natronlauge. Tritt jetzt Klärung ein, so fehlte die Lauge. Wurden aber die Proben in beiden Versuchen nicht klar, so fehlt der Flotte Natronlauge und Hydrosulfit.

(85) Versuch: Beispiele zur Aufstellung eines Küpenfärbeverfahrens. Einfluß der Temperatur auf den Flottenauszug. Man teigt den zu untersuchenden Küpenfarbstoff mit Türkischrotöl an und schlämmt ihn (10 g/l) mit heißem Wasser auf. Nach jeweiligem, kräftigem Umschütteln kann man die gewünschte Menge mit einer Pipette entnehmen.

Indanthrenblau RS. Färbeverfahren: IN (2proz. Ausfärbung, 12 ccm/l Natronlauge 40° Bé, 2 g/l Hydrosulfit, 30—45 min). Es werden jeweils bei 20, 30, 40, 50, 60, 70 u. 80° C 2proz. Ausfärbungen gemacht mit genau den gleichen Zusätzen und in genau der gleichen Färbezeit. Vor dem Aufstellen der gut vorbehandelten und genetzten Ware wird der Anfangsflotte eine Probe entnommen. Diese wird im gut verstöpselten Reagenzglas aufbewahrt. Beim Färben muß darauf geachtet werden, daß die jeweilige Temperatur immer konstant bleibt. Nach 30 min wird die Ware, die gleichmäßig umgezogen wurde, gespült, und wie üblich nachbehandelt:

(Spülen — Abwringen — Verhängen - Spülen — Säuern — Spülen — kochend Seifen — Spülen.)

Von den ausgezogenen Flotten wird nun je eine Probe entnommen und der Flottenauszug gegenüber der Anfangslösung kolorimetrisch bestimmt. Es ist zu beachten, daß die Flotten bei niedrigen Temperaturen (20 und 30° C) vollständig verküpt und in Ordnung sein müssen, ehe man die Ware aufstellt (evtl. auf höhere Temperatur erwärmen und wieder abkühlen lassen).

Es werden bei sieben Ausfärbungen (je 45 min) etwa folgende Werte gemessen:

Fär-bung Nr.	Temp. °C	Vergleichs-zahlen im Kolorim.	Flotten-Auszug %
1	20	10,1 : 12,9	21,8
2	30	8,0 : 12,9	38,0
3	40	8,5 : 21,9	61,2
4	50	8,5 : 22,4	62,1
5	60	9,0 : 22,0	59,2
6	70	8,7 : 13,9	60,0
7	80	4,3 : 15,9	58,0

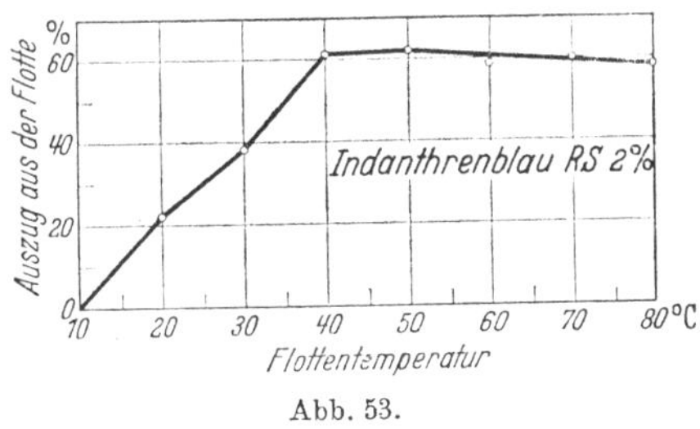

Abb. 53.

Diese Werte werden in das Koordinatensystem eingetragen (Abb. 53).

Der Farbstoff Indanthrenblau RS zieht also bis 40° C (evtl. 50° C) ungemein rasch auf die Faser, aber bei höheren Temperaturen ist der Auszug nicht mehr zu steigern.

Einfluß von Temperatur und Färbezeit auf den Flottenauszug. Ein noch besseres Bild vom Verhalten dieses Farbstoffs bei verschiedenen Temperaturen zeigen die Flottenauszugskurven in Abhängigkeit von der Zeit.

Es wird in normaler IN-Küpe bei verschiedenen Temperaturen 60 min lang gefärbt (2proz. Ausfärbung) und nach je 10 min eine Probe der Flotte entnommen, um den Auszug festzustellen. Man muß hier mit größeren Proben, am besten 100 g (Flottenverhältnis 1:20) arbeiten, damit die entnommenen Mengen die Ergebnisse nicht entscheidend beeinflussen können.

Die konstant zu haltenden Temperaturen liegen bei 20, 30, 40, 60, 70, 80° C. Die kolorimetrischen Werte der Endflotte im Vergleich zur Anfangsflotte sind z. B.:

Min.	Vergleichsz. im Kolorim.	Endkonz. der Flotte %	Vergleichsz. im Kolorim.	Endkonz. der Flotte %
	Temperatur 20° C		Temperatur 30° C	
10	5,0 : 8,5	58,6	7,0 : 10,3	68,0
20	7,0 : 13,95	50,1	6,3 : 13,2	47,8
30	7,5 : 13,9	53,9	6,0 : 14,2	42,1
40	7,2 : 13,9	52,1	5,2 : 13,6	38,2
	Temperatur 40° C		Temperatur 60° C	
10	4,9 : 6,9	71,0	4,1 : 8,8	46,5
20	4,9 : 10,0	49,0	5,0 : 8,9	56,2
30	4,9 : 12,8	38,2	5,0 : 11,5	43,5
40	4,9 : 19,0	25,8	4,9 : 13,3	36,8
50	4,1 : 19,8	20,7	4,6 : 13,1	35,0
	Temperatur 70° C		Temperatur 80° C	
10	3,8 : 11,9	31,9	3,4 : 6,2	54,7
20	3,8 : 12,1	31,2	3,4 : 8,3	41,0
30	3,5 : 14,1	24,8	3,4 : 9,0	37,8
40	3,5 : 15,1	23,1	3,4 : 9,2	37,0
50	3,4 : 13,7	25,5	3,4 : 9,0	37,8

Diese Werte graphisch dargestellt, zeigen (Abb. 54).

Die günstigste Färbetemperatur liegt nach Abb. 54 bei 40—50° C. Am besten egalisiert Indanthrenblau RS bei 40° C und bei 30° C, da hier der Farbstoffauszug ganz allmählich erfolgt. Z. B. ist bei 40° C nach 10 min erst 30% Farbstoff ausgezogen. Bei 50° C und nach 30 min ist in der Hauptsache die Färbung beendet. In den ersten 10 min ist ein starkes Absinken festzustellen.

Falls die Temperatur also zu schnell auf 50° C getrieben wird, besteht eine akute Gefahr für eine unegale Färbung. Bei der Temperatur von 60° C verläuft die Aufziehkurve zunächst sehr steil, nach 10 min legt sie sich jedoch fast parallel zur X-Achse. Also auch hier eine schlechte Egalisierung und gleichzeitig ein ungenügender Flottenauszug.

Bei 80° C sind schon Ablöseerscheinungen bemerkbar. Der Auszug ist wesentlich geringer als bei 40—70° C.

Auf Grund dieser Beobachtungen ergibt sich folgende Färbevorschrift für Indanthrenblau RS in bezug auf das Substrat:

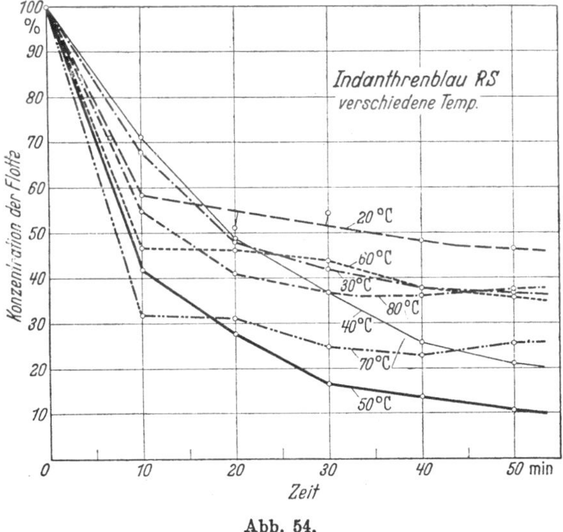

Abb. 54.

Man geht bei 30° C in die IN-Küpe ein, steigert innerhalb 20 min langsam auf 50° C und färbt während weiterer 20 min fertig. Eine weitere Temperatursteigerung hat bei dem vorliegenden Farbstoff und der verwendeten Baumwollsorte keinen Zweck.

Einfluß der Natronlauge- und der Hydrosulfitkonzentration auf den Flottenauszug. Wenn die „Küpe" schlecht steht, d. h. nicht klar und blank ist, hilft sich der Färber mit reichlichen Zugaben an Natronlauge und Hydrosulfit. Daß diese Zusätze nur sehr vorsichtig gegeben werden dürfen, zeigt folgendes Versuchsbeispiel:

Man stellt 2proz. Ausfärbungen z. B. mit Indanthrenblau GCDN bei verschiedenen Laugenkonzentrationen und bei verschiedenen Hydrosulfitkonzentrationen her und stellt wieder die Flottenauszüge kolorimetrisch fest.

Änderung der Laugenkonzentration.

ccm/1 NaOH	Vergleichsz. im Kolorim.	Endkonz. der Flotte %	Flottenauszug %
2	6,8 : 14,0	48,5	51,5
6	5,0 : 16,2	30,8	69,2
12	4,9 : 18,9	25,9	74,1 (Normalküpe)
20	4,0 : 20,4	19,6	80,4
30	2,9 : 13,9	22,0	78,0 (trüb)

Die Ergebnisse werden, wie folgt, verbildlicht (Abb. 55).

Bei der Laugenkonzentration 12 ccm/1 (normal) und 30 ccm/1 wird die Zeitkurve bestimmt. Es zeigt sich folgendes Bild (Abb. 56).

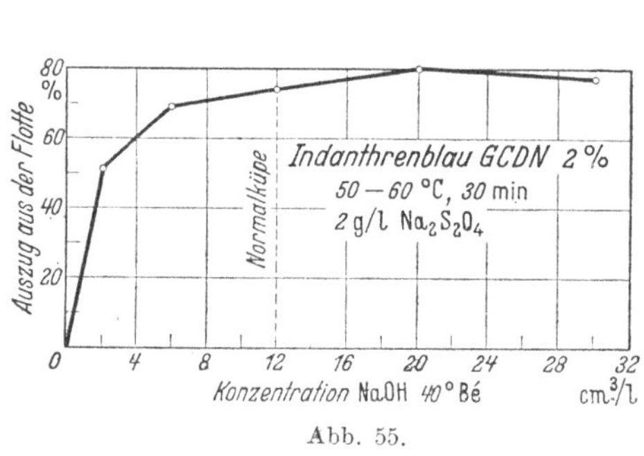

Abb. 55.

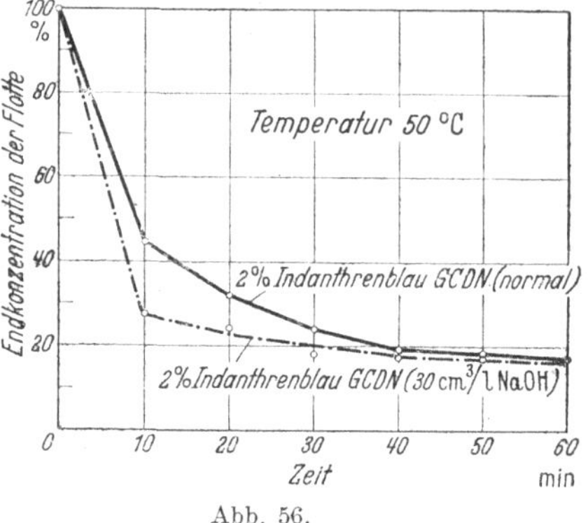

Abb. 56.

Mit steigender Natronlaugekonzentration wird der Flottenauszug verbessert. Dies geschieht jedoch nur bis zu einer bestimmten Grenze. Von hier ab zieht wieder weniger auf die Faser, der Farbton wird stumpf.

In den ersten 10 min ist die Hauptmenge des Farbstoffs ausgezogen.

Da also sowohl die Temperatur wie auch die Konzentration der Lauge den Auszug beschleunigen, darf bei einer Färbung nicht gleichzeitig erhitzt und Lauge zugesetzt werden. Andererseits kann am Schlusse der Färbung zum Zwecke eines besseren Auszugs ruhig mehr Lauge zugegeben werden.

Änderung der Hydrosulfitkonzentration.

Das Diagramm (Abb. 57) zeigt anschaulich, daß bei einer Küpenfärbung an sich nur soviel Hydrosulfit benötigt wird, als zur Reduktion des Farbstoffes erforderlich ist. Ein weiterer Zusatz ist nicht nötig und hat auf den Flottenauszug keinen Einfluß. Die Kurve verläuft annähernd parallel der x-Achse. Praktisch muß aber immer ein gewisser Überschuß über die eben notwendige Menge Hydrosulfit gegeben werden. Schon durch die Oxydation an der Luft (beim Stehenlassen der Küpe) nimmt der Hydrosulfitgehalt ab. Dies ist bei erhöhter Temperatur noch mehr der Fall. Das Hydrosulfit zersetzt sich durch die Oxydation. Es könnte daher der Fall eintreten, daß das Hydrosulfit sich erschöpft und dadurch der Farbstoff ausfällt. Aber umgekehrt bedingt eine große Menge überschüssiges Hydrosulfit eine erhöhte Natronlaugezugabe, da bei der Oxydation in Wasser sauer reagierende Produkte entstehen, die wieder Natronlauge zur Neutralisation erfordern.

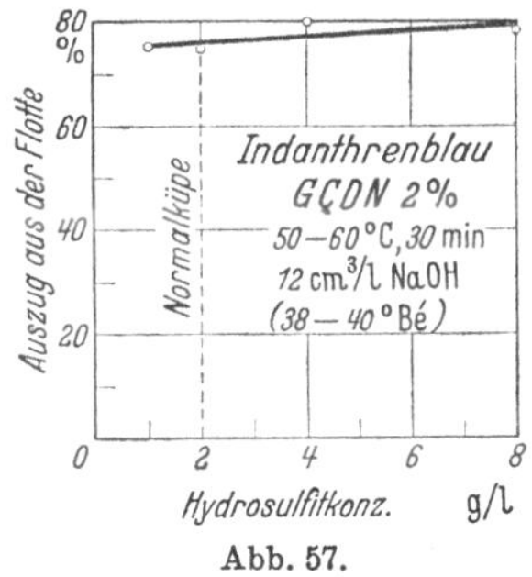

Abb. 57.

Hydro-sulfit g/l	Vergleichsz. im Kolorim.	Flottenauszug %	
1	4,9 : 20,0	75,5	
2	5,0 : 20,1	75,1	(Normalküpe)
4	3,0 : 15,3	81,4	
8	4,0 : 17,9	78,8	

(86) Versuch: Färbungen von Schatten. Das Schattenfärben stellt eine besonders gute Übung dar. Man geht von einem bestimmten Ton aus und färbt vor oder hinter denselben auf Strängchen von gleichem Material hellere oder dunklere Töne in gleichmäßiger Abstufung. Man wird finden, daß diese gleichmäßig sich steigernden Töne in stärkeren Tiefen unverhältnismäßig mehr an Farbstoff gebrauchen (aus verdünnten Lösungen nimmt die Faser relativ mehr Farbstoff auf als aus konzentrierteren. Hier spielt aber auch das WEBER-FECHNERsche Gesetz herein).

Neben den gewöhnlichen Ton in Tonschatten, welche sich lediglich in der Tontiefe voneinander unterscheiden, können auch Variationsschatten gefärbt werden. Hier ändert sich nicht nur die Tontiefe, sondern auch der Ton selbst. Ein derartiger Variationsschatten ist z. B. folgender:

Blauweiß — reinweiß — gelbweiß — elfenbein — gelb — orange — gelbrot — rotgelb — rot — bordo.

Die schöne Ausführung dieses Schattens erfordert hohe koloristische Kenntnisse.

(87) Verfahren: Das Durchfärben dichter und gröberer Textilien mit Küpenfarbstoffen.

Pigment-Klotzverfahren. Die Gewebe werden auf einem Foulard (Abb. 58), Garne auf einer Garnpassiermaschine mit dem aufgeschlämmten, jedoch nicht verküpten Farbstoff imprägniert und nun nach gutem Abquetschen in einer blinden Küpe entwickelt. Der Imprägnier(Klotz-)Flotte wird ein Öl, zweckmäßig Prästabitöl V zugesetzt.

Wichtig ist das Abquetschen nach dem Klotzen. Man rechnet mit einem Abquetscheffekt von 60—70%, d. h. eine Ware von 100 kg Trockengewicht weist nach dem Klotzen bei einem Abquetscheffekt von 70%

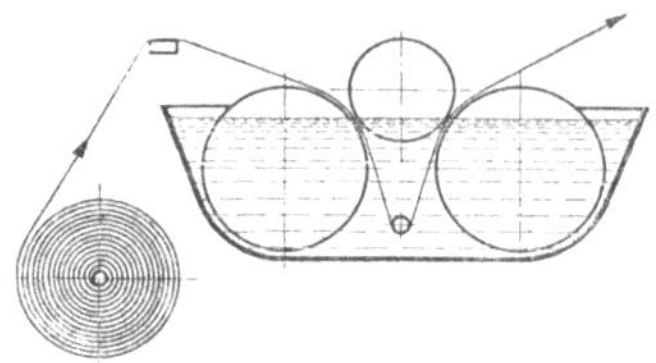

Abb. 58. Färbefoulard mit Luftausquetschung und Vor- und Rückwärtslauf.

ein Gewicht von 170 kg auf. Nach diesem Abquetscheffekt wird der Ansatz der Klotzflotte berechnet.

Die Menge des Ansatzes muß dem Abquetscheffekt entsprechen. Wenn also 100 kg Ware nach dem Klotzen 170 kg wiegen, so muß die Klotzflotte mindestens die Menge von 70 kg als Nachsatz enthalten.

Da man je nach Art des Foulards das Flottenverhältnis so kurz wie möglich hält, muß die Menge des für die vorliegende Maschine und Ware ermittelten Abquetscheffekts — also 70 kg — zum Nachsetzen der verbrauchten Flottenmenge vorhanden sein.

Klotzflotte für 100 kg dichtes Baumwollgewebe. Bei einem Flottenverhältnis 1:1,2 enthält der Foulard 120 l Flotte. Bei einem Abquetscheffekt von 70% benötigt man zum Nachsetzen 70 l der Flotte mehr. Es werden also insgesamt 190 l angesetzt. Nun gibt man soviel Flotte in den Foulard bis derselbe voll ist, den Rest läßt man in dem Maße nachfließen, wie die Flotte verbraucht wird.

Der Ansatz beträgt z. B.:

6 g/l Indanthrenbraun FFR Plv. (6 × 190 = 1140 g),
9 g/l Indanthrenbrillantorange GR f. f. Fbg. (9 × 190 = 1710 g),
30 ccm/l Prästabitöl V (30 × 190 = 5700 ccm).

Mit dieser geklotzten Ware, die man in zwei Partien teilt, fährt man nun auf die blinde Küpe in einer Breitfärbemaschine (Jigger), die bei einem Flottenverhältnis von 1:3 150 l Flotte für jede Partie enthält:

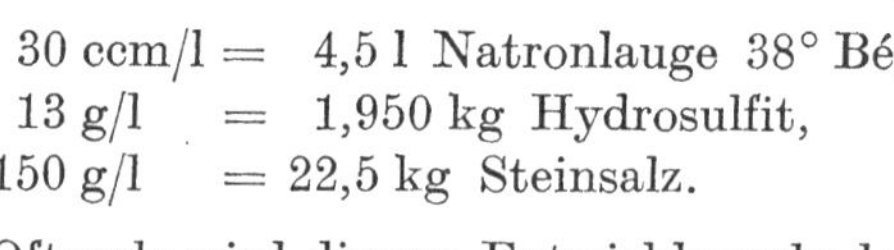

30 ccm/l =　4,5 l Natronlauge 38° Bé,
13 g/l　 =　1,950 kg Hydrosulfit,
150 g/l　 =　22,5 kg Steinsalz.

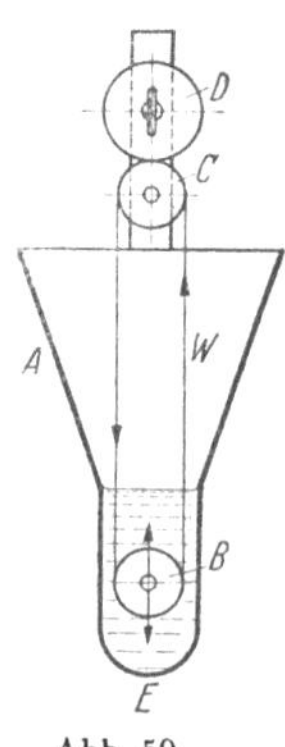

Abb. 59.

Oftmals wird diesem Entwicklungsbade noch etwas von der Klotzflotte zugesetzt, z. B. 25 ccm/l, was für dieses Beispiel die Menge von 3,750 l ausmacht.

Man läßt die Ware bei 50—60° C 10—12 mal passieren, spült, quetscht ab, gibt einen Luftgang zur Oxydation und behandelt sie nun wie bei jeder Küpenfärbung fertig.

Um diese Verhältnisse im Laboratorium nachahmen zu können, wird ein kleiner Jigger nach Abb. 59 empfohlen. Der Färbebottich A besitzt einen Ansatz E, in welchem sich eine Walze in Nuten geführt, beliebig auf und ab bewegen kann. Die Walze C wird von Hand oder mit einem Motor angetrieben und dreht sich in festen Lagern, während die Walze D ebenfalls in Nuten auf und ab beweglich ist und so als Quetschwalze wirkt. Die zusammengenähte Ware W kann nun in breiter Form bei jedem gewünschten Flottenverhältnis gefärbt werden. Bei E wird mit Bunsenbrennern erhitzt.

(88) Versuch: Das Abmustern von Küpenfärbungen. Da der Ton eines verküpten Farbstoffes nicht demjenigen des Originalfarbstoffs entspricht, bietet das Abmustern während des Färbens einige Schwierigkeiten. Bei jeder Musterung muß das der Färbepartie entnommene Probesträngchen oder -läppchen genau so behandelt werden, wie die Partie selbst. Man muß die Probe also spülen, oxydieren, evtl. absäuern, spülen und kochend seifen und dabei möglichst alle Verhältnisse denjenigen der Großpartie anpassen.

Für jede Musterung nimmt man von der Partie eine neue Probe ab.

(89) Verfahren: Das Abziehen von Küpenfärbungen. Küpenfärbungen lassen sich nicht so leicht abziehen wie substantive. Man kann sie dadurch aufhellen, daß man sie auf eine heiße blinde Küpe (Natronlauge und Hydrosulfit, jedoch kein Farbstoff) stellt. Die besten Erfolge erhält man mit einer blinden (12 ccm/l Natronlauge, 10 g/l Hydrosulfit) Küpe, der man 2—10 g/l Peregal O zugesetzt hat. Die Temperatur kann man dabei bis zum Kochen treiben. Die Aufhellung gelingt jedoch auch auf diese Weise nur um wenige Töne.

(90) Versuch: Die Ausfällung von Küpenfarbstoffen aus ihren Lösungen. Man versetzt die den Farbstoff enthaltende Küpe bei beliebiger Temperatur mit Schwefelsäure bis etwa zum p_H 3 und läßt nun den ausgefällten Farbstoff absitzen. Der Farbstoff liegt dann in seiner Leukoform (als Küpensäure) vor. Man hebert die überstehende Flüssigkeit ab, filtriert den Rest an der Saugpumpe im Nutschtrichter und wäscht nun mit Wasser nach. Hierbei erfolgt die Oxydation in den ursprünglichen Küpenfarbstoff.

(91) Versuch: Die Selbstherstellung von Hydrosulfit. 100 g Zinkstaub werden allmählich in ein Gemisch von 1 Liter Bisulfit 35° Bé und 1 Liter Wasser eingetragen (kalt). Nach gutem Rühren läßt man absitzen. Die klare Lösung wird abgezogen und verschlossen aufbewahrt. Das Natriumsalz erhält man durch Zugabe von Soda.

Die Küpenfärberei mit Indigo. *Die Blaufärberei mittels Indigo wurde zuerst in Indien, der Heimat der Indigopflanze, geübt. Die älteste Küpe war die Gärungsküpe, bei der durch Gärung Wasserstoff erzeugt wurde.*

Marco Polo brachte um das Jahr 1300 die ersten sicheren Nachrichten über den indischen Indigo. Etwa vom Jahre 1510 ab begann in Europa

Fehler in Küpenfärbungen.

Fehler	Ursache	Abhilfe
Unegale Färbung	a) Durch schnelles Erhitzen oder durch zu reichlichen Salzzusatz zu Beginn der Färbung zog der Farbstoff zu rasch auf die Faser.	Langsames Steigern der Temperatur. Salzzugabe erst „nach Halbzeit". Der Färbung Schutzkolloid (z. B. Peregal) zusetzen.
	b) Durch ungenügendes Umrühren nach der Farbstoffzugabe.	Gut verrühren und etwas warten (5 min).
	c) Durch ungenügende Oxydation.	Die gespülte Ware muß an der Luft oder mit Oxydationsmitteln (z. B. Wasserstoffsuperoxyd, Natriumperborat oder Natriumpersulfat) vollständig oxydiert werden.
Schlechte Durchfärbung	Durch zu rasches Erhitzen wurde der Farbstoff nur aufgelagert.	Langsam erhitzen. Ware in blinder Küpe vornetzen. Evtl. zum Kochen treiben. (Vorsicht! Überreduktion!) Nach dem Klotzverfahren färben. Indigosolverfahren vorziehen.
Trüber Farbtonausfall	Durch zu heiße Färbetemperatur bei gleichzeitig zu hohem Hydrosulfitgehalt erfolgte Überreduktion.	Nicht über 60—80° C erhitzen. Bei höheren Temperaturen Hydrosulfitgehalt durch Auffüllen mit Wasser verringern.
Fleckenbildung	a) Ungenügende Verküpung des Farbstoffs.	Gut verküpen. Küpe muß blank und klar sein.
	b) Ungenügendes Spülen der verküpten Partie vor dem Oxydieren. (Es fand örtliche Flottenanreicherung statt.)	Gut Spülen, gut abquetschen.
	c) Flottenbewegung oder Warenbewegung in der Flotte waren ungenügend.	Lebhafte Warenbewegung. Pumpe überprüfen.
Ungenügende Reibechtheit	a) Ungenügende Verküpung.	Gut verküpen.
	b) Partie wurde zu wenig geseift.	Stets kochend seifen.
	c) Partie wurde übersetzt (sie erhielt zu viel Farbstoff).	Farbstoff sparen.

*ein Kampf zwischen den Indigoimporteuren und den Pflanzern des indigo-
haltigen Waid, der in Europa gedieh. Nach zwei Jahrhunderten hatte der
natürliche Indigo wegen seiner größeren Ergiebigkeit gesiegt. Seit dem
Jahre 1897 brachte die Badische Anilin- und Soda-Fabrik den synthetischen
Indigo als Indigo BASF rein in den Handel. Zehn Jahre später war die
Indigoausfuhr aus Britisch-Indien unbedeutend geworden.*

*Der Indigo ist wie alle Küpenfarbstoffe in nicht faserschädlichen Lö-
sungsmitteln unlöslich. Man muß ihn also verküpen, wobei das Indigweiß,
die Leukoform des Indigo, entsteht. Das farblose Indigweiß stellt die Küpensäure dar. Es geht mit Alkalien in das küpensaure Salz über. In
dieser Form kann es auf die Faser aufziehen. Die Vorgänge decken sich
mit denjenigen der übrigen Küpenfarbstoffe.*

Indigo (Indigotin)   + 2 H →   Indigweiß (Küpensäure)

*Das Indigweiß, auch Leukoindigo genannt, kann sowohl ein alkohol-
artiges wie auch ein ketonartiges Reaktionsvermögen zeigen. Man stellt
es sich deshalb oftmals als aus zwei ketoenolisomeren Formeln zusammengesetzt vor.*

Ketoform   ⇄   Enolform

*Im Gegensatz zu den übrigen Küpenfarbstoffen wird der Indigo in
„Zügen" gefärbt, d. h. man überlagert auf der Faser mehrere Schichten
des Farbstoffs, indem man zwischen jede Neueinlagerung einen Oxyda-
tionsgang schaltet. Durch diese „Züge" wird dann allmählich die gewünschte Tontiefe erreicht.*

Ein Zug setzt sich also aus folgenden Teilvorgängen zusammen:

*I. Verküpung: unlöslicher Indigo + Alkali + Reduktionsmittel →
alkalilösliches Natriumsalz des Indigweiß.*

II. Färbung: Der verküpte Farbstoff wird in der Faser adsorbiert.

*III. Oxydation: lösliche Leukoverbindung + Luftsauerstoff → unlös-
licher Indigo.*

Man unterscheidet heute folgende Verküpungsverfahren:

a) die Hydrosulfitküpe,

b) die Zinkküpe,

c) die Vitriolküpe.

8*

Die Verküpung geht nur in der Hydrosulfitküpe nahezu eindeutig vor sich. In den anderen Küpen entstehen durch die Reduktionsmittel leicht Nebenprodukte des Indigweiß, die nicht mehr rückoxydierbar sind und sich als Kristalle und Schlamm am Boden des Küpengefäßes ansammeln.

Der richtige Ansatz der Küpe ist also von besonderer Wichtigkeit. Der Färber (Küpenführer) muß wissen, daß ein Alkalimangel die Ausscheidung von Indigweiß in Form von Flocken oder Kristallen mit Perlmutterglanz und ein Mangel an Reduktionsmitteln die Ausfällung von unverküptem Farbstoff zur Folge hat.

Die Vorgänge in der Natronlauge-Hydrosulfit-Küpe entsprechen denjenigen bei den übrigen Küpenfärbungen. Die „Vitriolküpe" wird mit Eisenvitriol und Kalk angesetzt. Dabei spielt sich folgender Vorgang ab:

$$FeSO_4 + Ca(OH)_2 \rightarrow Fe(OH)_2 + CaSO_4$$

$$2\,Fe(OH)_2 + 2\,H_2O + Indigo \rightarrow 2\,Fe(OH)_3 + 2\,H + Indigo$$

$$Indigo + 2\,H \rightarrow Leukoindigo$$

Das Verfahren der „Zink-Kalk-Küpe" beruht auf der unter bestimmten Bedingungen reduzierenden Wirkung des Zinkstaubes, der ebenfalls in Gegenwart von Kalk angewandt wird:

$$Zn + Ca(OH)_2 + Indigo \rightarrow ZnO_2Ca + 2\,H + Indigo$$

$$Indigo + 2\,H \rightarrow Leukoindigo$$

Pflanzliche Fasern werden im allgemeinen aus kalter (stehender) Küpe gefärbt.

Die Indigoküpe „steht richtig", wenn sie klar gelb ist und beim Schlagen eine blaue Blume zeigt.

Bei der Überlagerung des Farbstoffs durch das Färben in Zügen spielt die Zeit der Rückoxydation („Vergrünung") eine Rolle. Eine zu schnelle Vergrünung würde den Farbstoff nicht in der notwendigen feinsten Verteilung auf der Faser hinterlassen. Die Reibechtheit der Färbung würde darunter leiden.

An der Geschwindigkeit der Vergrünung kann man also sehen, ob genügend Reduktionsmittel vorhanden war (ob „die Küpe richtig gestellt" ist). Eine normale Vergrünung dauert 10—20 Sekunden.

Die Farbe des Indigo erscheint uns als ein besonders angenehmes Blau.

Indigo wird auf allen Maschinen und Apparaten gefärbt. Typisch für die Indigofärberei ist die Sternreifküpe (Abb. 60) und die Rouletteküpe (Abb. 61).

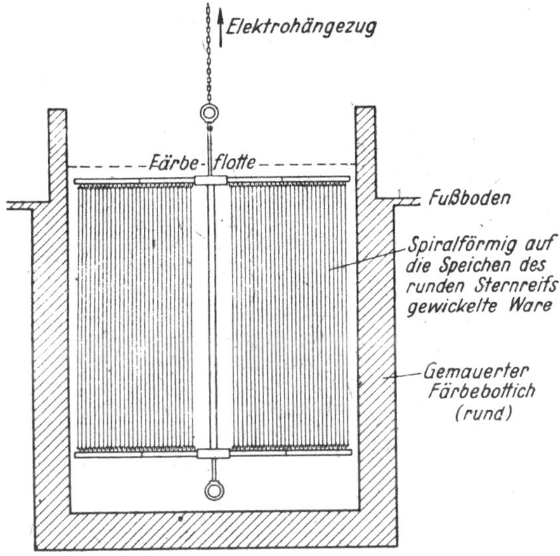

Abb. 60. Sternreifküpe. Das Gewebe wird an seinen Kanten in die Häkchen der oben und unten befindlichen Sternreifen gehängt.

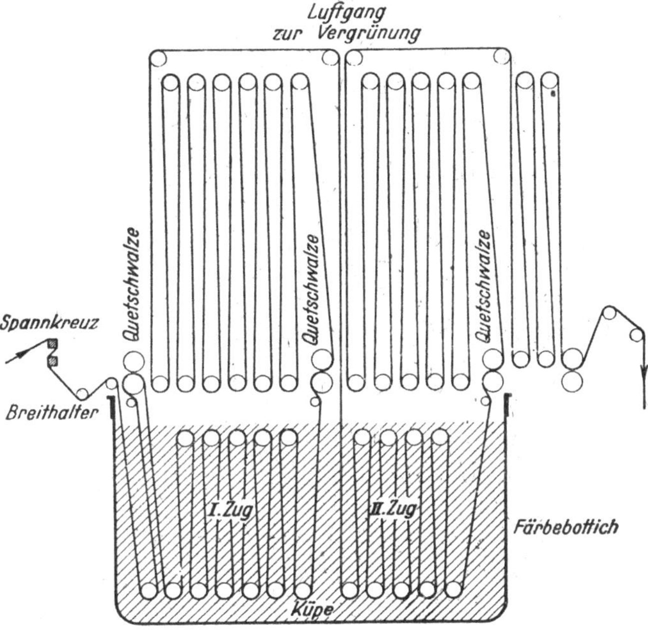

Abb. 61. Rouletteküpe für 2 Züge. Wird in mehr Zügen gefärbt, so wird der Vorgang wiederholt oder es wird auf größeren Maschinen „kontinue" gefärbt.

(92) Untersuchung: Das Erkennen von Indigofärbungen. Der Indigo-test besteht darin, daß man Indigofärbungen mit konzentrierter Salpetersäure betupft. Es entsteht ein gelber Fleck mit grünem Rand.

Durch die oxydative Wirkung der Salpetersäure wird der Indigo in Isatin oxydiert, welches gelb ist.

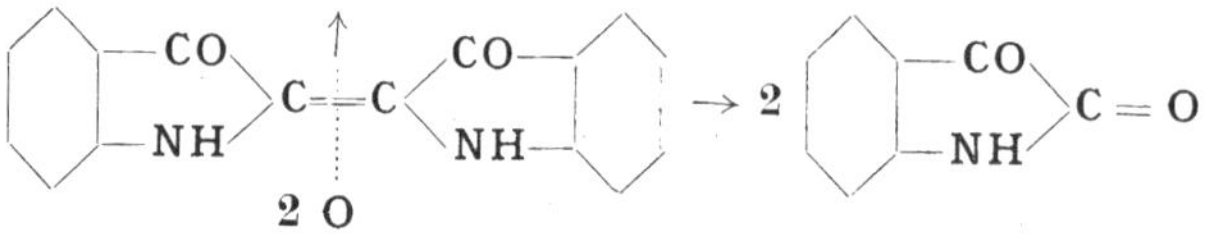

$$\text{(Indigo)} \;+\; 2\,O \;\text{(aus Salpetersäure)} \;\longrightarrow\; 2\;\text{Isatin.}$$

(aus Salpetersäure) Isatin.

(93) Verfahren: Die Hydrosulfitküpe des Indigo. Man teigt für die Stammküpe

> 50 g Indigo Tg mit
> 100 ccm Wasser und
> 20 ccm Natronlauge 40° Bé an und fügt unter Rühren
>   9 g Hydrosulfit konz. hinzu.

Die Stammküpe bleibt nun $^1/_2$ Stunde lang stehen.

Die „Glasplattenprobe" (man taucht einen Glasstreifen 10×2 cm in die Küpe ein, zieht ihn heraus und beobachtet die Vergrünung) muß eine Vergrünung nach 20—30 Sekunden zeigen.

Die Färbeküpe wird nun mit

> $^1/_2$—1 ccm/l Natronlauge
> 0,1—0,2 g/l Hydrosulfit

„angeschärft".

Man färbt nun etwa 10 min, quetscht ab und verhängt zum Vergrünen (1. Zug). Hierauf werden in gleicher Weise die übrigen Züge gefärbt. Ein schönes Dunkelblau wird in 5—8 Zügen erreicht. Wünscht man ein besonders leuchtendes Blau, so färbt man den letzten Zug aus einer frischen Küpe. Besonders reibechte Färbungen erhält man durch Erhöhung der Zahl der Züge unter gleichzeitiger Verminderung des Farbstoffgehaltes.

Zum Schlusse wird vergrünt, gespült, heiß geseift, gespült und aviviert.

(94) Untersuchung: Die Messung der Reibechtheit einer Färbung. Nach den von der Echtheitskommission des V. d. Ch. aufgestellten Verfahren für die Prüfung der Echtheitseigenschaften von Färbungen wird die Reibechtheit so geprüft, daß man mit einem über den Zeigefinger gespannten, trockenen, unappretierten weißen Baumwoll-Lappen auf der trockenen Färbung 10mal kräftig hin und her reibt (Reiblänge etwa 10 cm). Es können fünf Normen angegeben werden:

I. Die Färbung reibt stark ab
III. Die Färbung reibt etwas ab
V. Die Färbung reibt fast nicht ab.

5. Das Färben der Baumwolle mit Anthrasolen.

Die Farbstoffe und die Vorgänge bei der Färbung. *Während man die an sich unlöslichen Küpenfarbstoffe dadurch zur Lösung bringt, daß man sie in ihre Leukoform überführt, hat man in den Anthrasolen Küpenfarbstoffe vor sich, die durch Einführung von Sulfogruppen löslich gemacht wurden.*

Die Anthrasole sind also wasserlösliche Ester von Indigo und anderen Küpenfarbstoffen, die nun aus der wässerigen Lösung gefärbt werden und schließlich auf der Faser durch Verseifung und Oxydation wieder in die früheren unlöslichen Küpenfarbstoffe überführt werden.

Der Vorgang läßt sich am Indigo zeigen:

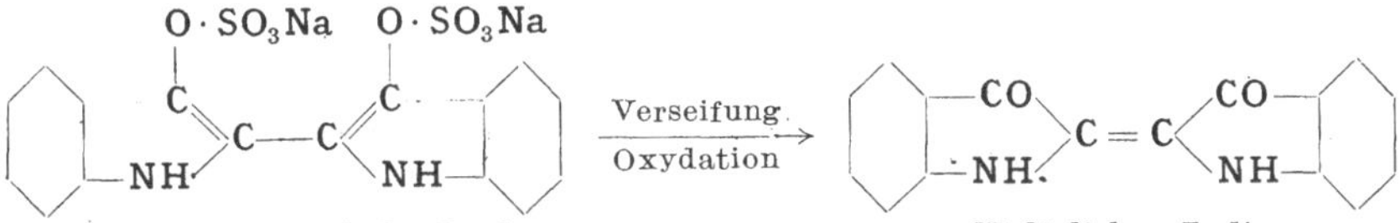

$$O \cdot SO_3Na \qquad O \cdot SO_3Na \qquad \xrightarrow[\text{Oxydation}]{\text{Verseifung}}$$

Lösliches Anthrasol O (Leuko-indigo-di-schwefelsäure-ester).   Unlöslicher Indigo.

Dieser Weg wäre an sich also durchaus geeignet, um unlösliche Farbstoffe auf die Faser zu bringen. Leider ist aber die Substantivität der Anthrasole im allgemeinen gering, so daß sie nur für hellere Färbungen (Klotzverfahren) in Frage kommen.

Die Anthrasole färben jedoch dichte Waren gut durch. Sie sind in dieser Hinsicht den Küpenfarbstoffen überlegen.

Die Anthrasole dürfen beim Auflösen nicht gekocht werden, weil sich sonst die Ester zersetzen.

Die Färbungen können nach drei Verfahren durchgeführt werden:

a) Nitritverfahren,

b) Bichromatverfahren,

c) Eisensalzverfahren.

Das Nitritverfahren. Man fügt den gelösten Farbstoff dem Bade nebst Nitrit und Glaubersalz zu. Nach dem Färben wird abgequetscht und in einem Schwefelsäurebade entwickelt.

Das Bichromatverfahren. Man färbt ohne Nitritzusatz und fügt dafür dem Säurebade Kaliumbichromat zu.

Das Eisensalzverfahren. Man setzt dem Säurebade statt Bichromat Eisensalz, z. B. Eisenchlorid (Ferrichlorid) zu. Die Entwicklung geht hierbei etwas langsamer.

Man färbt am besten nach dem Nitritverfahren.

**(95) Verfahren: Das Nitritfärbeverfahren für Anthrasole (für Stück-
ware).** Ansatz:

	für helle Töne	für mittlere Töne	für dunkle Töne
Anthrasol	1—6 g/l	6—15 g/l	15—40 g/l
Nitrit.	10 g/l	15 g/l	20 g/l
Glaubersalz calc. . .	10—100 g/l	10—100 g/l	10—100 g/l
Türkischrotöl	5 ccm/l	2—5 ccm/l	2 ccm/l

Man fährt mit der trockenen oder zentrifugenfeuchten Ware in das Anthrasolbad und färbt mit Temperaturen von 50—70° C. Nach dem Färben wird gut abgequetscht und sofort in folgender Flotte entwickelt:

20—30 ccm/l konz. Schwefelsäure;

50—60° C,

$^1/_2$—1 min.

Einige Anthrasole z. B. 0 und 0 R und Anthrasolschwarz IB werden
nur bei 25° C entwickelt. Die Entwicklungsdauer soll so kurz wie möglich gehalten werden. Es können jedoch bei etwas längerer Entwicklungsdauer (5—10 min) nur die eben genannten Anthrasole Schaden leiden.

Nach dem Entwickeln wird gut gespült und schließlich kochend geseift.

**(96) Verfahren: Das Nitritklotzverfahren für Anthrasole (für Stück-
ware).** Man klotzt die Ware auf dem Foulard, indem man mit der
trockenen Ware in das Anthrasolbad einfährt, das jedoch kein Glaubersalz enthält, dafür aber zweckmäßig 50 g/l Tragant 65:1000. Die Ware
wird also in einer Passage in das Bad getaucht und nun zwischen den
Gummiwalzen des Foulards abgequetscht. Nun wird getrocknet und
hierauf entwickelt. Die Nachbehandlung deckt sich mit der im Nitritfärbeverfahren angegebenen Arbeitsweise.

6. Das Färben mit Naphtholen[1].

Die Ausgangsprodukte und die Vorgänge bei der Färbung. *Das Wesen
der Naphtholfärberei beruht darauf, daß man aus den keinen Farbstoffcharakter besitzenden Ausgangsprodukten auf der Faser unlösliche Azofarbstoffe erzeugt. Der Färber stellt sich also aus zwei „Halbfabrikaten"
seinen Farbstoff auf der Faser selbst her. Der Chemismus dieser Selbst-
fabrikation von Farbstoffen entspricht im allgemeinen demjenigen der Herstellung von Azofarbstoffen. Als Vorgänger der Naphtholfärbungen kann
die Färbung des „Eisrots" gelten, das aus p-Nitranilin und β-Naphthol
hergestellt wurde. Der Name Eisrot kommt daher, daß man beim Diazotieren zur Kühlung Eis benötigt.*

---

[1] Die wissenschaftliche Schreibweise der Naphthol- und Naphthalin-Ver-
bindungen erfolgt mit th. Die Farbenfabriken schreiben Naphtol AS und
ähnliche Farbstoffe ohne das zweite h.

Die Herstellung des Eisrots auf der Faser geht aus folgendem Schema hervor (die Diazonium-Zwischen-Form wurde nicht berücksichtigt).

$$\text{NH}_2 \cdot \text{HCl} \quad + \text{NaNO}_2 + \text{HCl} \longrightarrow \quad \text{N} = \text{N—Cl} \quad + \text{NaCl} + 2\,\text{H}_2\text{O}$$

p-Nitranilinchlorhydrat.   Diazo-p-nitranilin.

$$\text{N} = \text{N} \cdot \text{Cl} \quad + \quad \text{C}_{10}\text{H}_7 \cdot \text{ONa} \longrightarrow \quad \text{N} = \text{N—C}_{10}\text{H}_6 \cdot \text{OH} \quad + \text{NaCl}$$

β-Naphtholnatrium.

p-Nitranilinrot (Eisrot).

Das erste Naphthol der Klasse wurde als „Naphthol AS" herausgebracht (1912).

Naphthol-**AS**
(β-Oxynaphtoësäureanilid).

Die übrigen Naphthol AS-Derivate besitzen ähnliche Konstitution, z. B.

Naphthol AS-D
(2-Oxynaphthalin-3-karbonsäure-
o-toluidid).

Naphthol AS-BS
(2-Oxynaphthalin-3-karbonsäure-
m-nitroanilid).

Naphthol AS-SW
(2-Oxynaphthalin-3-karbonsäure-β-naphthylamin).

Die zu diazotierenden Basen sind aromatische Amine, Diamine usw. der verschiedensten Variationen.

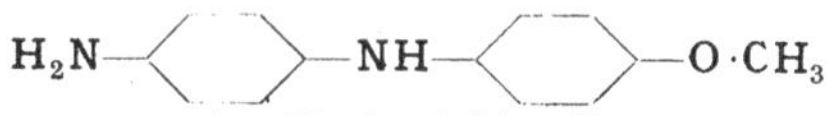

$$H_2N-\langle\ \rangle-NH-\langle\ \rangle-O\cdot CH_3$$

eine Variaminblau-Base

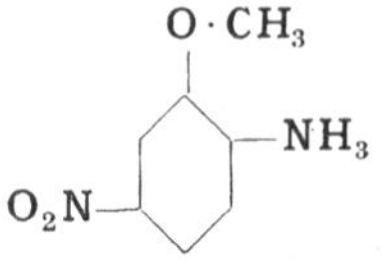

$$O_2N-,\ O\cdot CH_3,\ -NH_3$$

Echtrot B-Base

Der Chemismus der Naphtholfärberei *wird, wie folgt, beschrieben: (Es bedeuten:* R_b : *Rest der Base,* R_n : *Naphthol AS-Rest).*

I. Anteigung und Diazotierung (Vorarbeiten).

a) Anteigung:

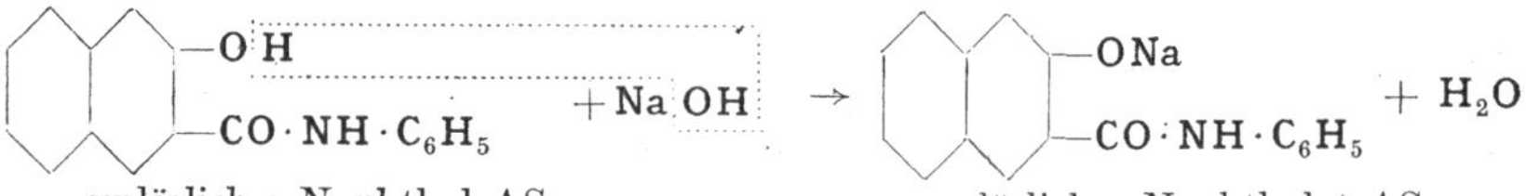

$$-O\cdot H,\quad -CO\cdot NH\cdot C_6H_5\quad +Na\cdot OH \rightarrow -ONa,\quad -CO\cdot NH\cdot C_6H_5\ +H_2O$$

unlösliches Naphthol AS.   lösliches Naptholat AS.

b) Diazotierung: (1)

$$R_b\cdot NH_2\cdot HCl + HCl + NaNO_2 \rightarrow R_b-\underset{\underset{N}{\parallel\parallel}}{N}-Cl + NaCl + 2\,H_2O$$

salzsaure Base.

Diazoniumverbindung.

II. Kupplung (Farbbildung).

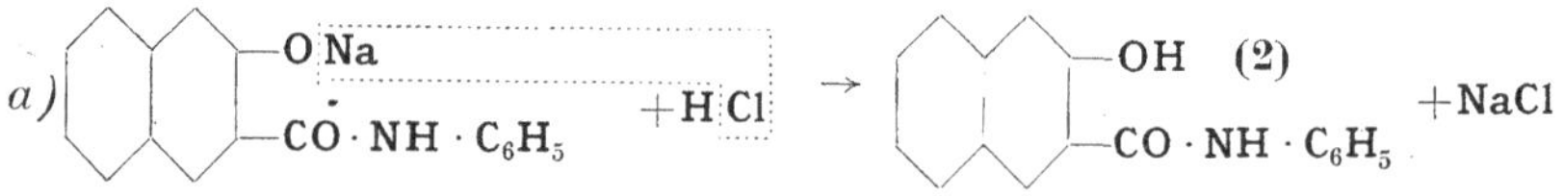

$$a)\quad -O\cdot Na,\quad -CO\cdot NH\cdot C_6H_5\ +H\cdot Cl \rightarrow -OH\ (2),\quad -CO\cdot NH\cdot C_6H_5\ +NaCl$$

gleichzeitig geht die Kupplung vor sich:

(2)   (1)

$$b)\quad \underset{R_n}{\underline{NH\cdot CO\cdot OH\cdot C_{16}H_{10}}}\cdot H + Cl-\underset{\underset{N}{\parallel\parallel}}{N}-R_b \rightarrow R_n-N=N-R_b + HCl$$

gekuppelter unlöslicher Azofarbstoff.

Die großen Fortschritte, welche insbesondere auf dem Gebiete der echten leuchtenden Rottöne durch die Erfindung des Naphthols AS gemacht wurden, zeigt folgender Vergleich mit den früheren Eisfarben.

	Eisfarben	Naphthol AS-Farben
Substantivität der Grundierung . .	mangelhaft	besser
Ausgiebigkeit des Farbkörpers . .	schlecht	gut
Durchfärbung dichter Textilien . .	gut	sehr gut
Möglichkeit mustergetreuer Färbungen.	unsicher	sicher
Leuchtkraft der Färbung	gut	vorzüglich
Gesamtechtheit	genügend	sehr gut

Die Naphthol AS-Reihe besitzt Farbstoffe in allen Tonskalen. Von besonderer Bedeutung sind die Rottöne, ferner das Blau (Variaminblau) und das Schwarz. Die Färbungen sind von hoher Gesamtechtheit. Die ,,I''-Marken sind indanthrenecht (z. B. Naphthol AS-ITR   Echtrot ITR-Base,

Der Färbevorgang gliedert sich in zwei Operationen:

I. Die Grundierung der Faser mit einer Naphtholat-AS-Lösung.

II. Das Entwickeln des Farbstoffs auf der Faser mit einer Diazolösung.

(97) Verfahren: Das Lösen des Naphthols AS und die Einstellung der Färbeflotte. a) Warmlöseverfahren. Das Naphthol wird mit Natronlauge und Türkischrotöl angeteigt. Der Teig ist fertig, wenn die zunächst zusammengeklumpte und dann wasserziehende Masse in eine homogene dickflüssige Konsistenz ohne Knötchen übergegangen ist. Der Teig wird nach Übergießen mit sehr heißem Wasser (evtl. kochend) bis zur Klarlöslichkeit gerührt. Bei schwerer Löslichkeit wird nochmals aufgekocht. Nach dem Abkühlen wird Formaldehyd zugesetzt. Etwa 5 min nach diesem Zusatz füllt man mit kaltem Wasser auf.

b) Kaltlöseverfahren. Die Naphtholatbildung erfolgt durch Verrühren des Naphthols mit Natronlauge und denaturiertem Spiritus. Dieser Vorgang geht sehr schön vonstatten. Man setzt nun einfach kaltes Wasser hinzu und rührt bis zur Klarlöslichkeit.

Den meisten Naphthollösungen wird Formaldehyd zugesetzt, der die grundierte Partie widerstandsfähig gegen Zersetzungen des Naphtholats an der Luft macht.

Grundierungsflotte. Das gelöste Naphtholat wird der auf 25 bis 30° C angewärmten Flotte (weiches Wasser) zugesetzt. Hierauf fügt man Glaubersalz hinzu und kann nun färben. Die Grundierungsflotte muß eine klare Lösung zeigen.

Die Lösung der Naphthole (Naphtholatbildung) erfolgt auf Grund nachstehender Tabelle.

Der Ansatz der NaphtholeAS-ITR, SG und SR erfolgt so, daß man das Naphthol (bzw. Naphthol + Sprit) mit der durch die Klammern angegebenen Mischung auf einmal übergießt und verrührt.

Die Substantivität der Naphthol-AS-Marken ist verschieden (Abb. 62). Die Naphtholate ziehen in der Kälte im allgemeinen stärker auf die Faser als in der Wärme. (Ausnahme: Naphthol AS — BR, das in der Wärme stärker auf die Faser zieht.)

Die Substantivität nimmt in folgender Reihe zu:

Naphthol AS — G, AS — D, AS — OL, AS — TR, AS — ITR, AS — SG, AS — SR, AS — SW.

Naphthol.

	AS	AS-G	AS-D	AS-TR	AS-ITR	AS-SW	AS-OL	AS-SG	AS-SR
I. Ansatz: Warmlöseverfahren									
g Naphthol	10	10	10	10	10	10	10	10	10
ccm Natronlauge 38° Bé	15	25	15	13	10	30	15	10	10
ccm Türkischrotöl .	15	15	15	15	15	15	15	15	15
ccm heißes Wasser .	150	150	150	250	300	250	150	150	150
Abkühlen durch ccm kaltes Wasser .	150	—	150	250	250	400	150	—	—
ccm Formaldehyd 33proz.	10	—	10	5	10	10	5	—	—
II. Ansatz: Kaltlöseverfahren									
g Naphthol	10	10	10	10	10	10	10	10	10
ccm Spiritus . . .	10	10	10	15	10	12	10	10	10
ccm Natronlauge 38 Bé.	5	7	5	5	4	4	5	4	4
ccm kaltes Wasser .	15	20	15	20	10	10	15	4	4
ccm Formaldehyd .	5	—	5	15	10	5	5	5	5
Beim Kaltlöseverfahren wird die Grundierungsflotte versetzt mit									
ccm/l Natronlauge .	10	3	10	10	10	10	10	15	15
ccm/l Türkischrotöl	2	2	2	2	2	2	2	2	2
g/l Steinsalz . . .	50	30	20	20	20	10	10	20	20

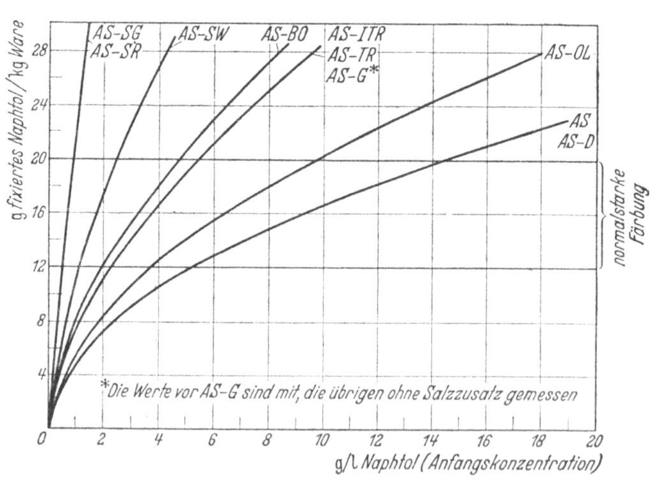

Abb. 62. Aufziehvermögen einiger Naphthole der AS-Reihe (nach I. G. Farben). Als „normalstark" gelten Färbungen, bei denen sich pro kg Ware 12—20 g Naphthol auf der Faser befinden.
Flottenverhältnis 1 : 20, Temperatur 30° C, Baumwolle. (Die Werte von AS—G sind mit, die übrigen ohne Salzzusatz gemessen.)

(98) Verfahren: Das Diazotieren der Basen und die Einstellung der Entwicklungsflotte. Das grundierte Material wird nun gründlich entwässert (Zentrifuge 800—1000 U/min) oder (bei Stückware) getrocknet. Eine ungenügende Entwässerung beeinträchtigt die Reibechtheit. Beim Schleudern ist es zweckmäßig, die Ware in Tücher zu verpacken, welche vorher in das Grundierungsbad getaucht wurden.

Die für die Entwicklung bestimmten Basen müssen zuvor diazotiert werden. Man kennt zwei Verfahren:

a) Salzsäurelösliche Basen. Die Base wird mit Salzsäure und Wasser angeteigt und gelöst. Nun läßt man in dünnem Strahl und unter Rühren Nitritlösung zufließen. Die Diazotierungstemperatur soll bei 10° C liegen. Man muß also kühlen (Einstellen des Gefäßes in eine Kältemischung oder Einwerfen von Eisstücken in das Reaktionsgemisch). Keineswegs darf die Temperatur über 18° C steigen. Braune Dämpfe (nitrose Gase, giftig) zeigen zu hohe Temperaturen an. Schließlich füllt man mit kaltem Wasser auf das Doppelte auf und läßt das Ganze 1—3 Stunden lang stehen.

b) Salzsäureunlösliche Basen. Man teigt sie mit heißem Wasser an und setzt Nitrit hinzu. Schließlich schlämmt man die Anteigung mit kaltem Wasser auf. Man trägt nun die Aufschlämmung langsam unter Rühren (und Kühlen) in verdünnte Salzsäure ein und füllt auf das Doppelte auf. Nach 1—3 Stunden ist der Ansatz gebrauchsfertig.

Nach vollständiger Beendigung der Diazotierung wird die etwa noch vorhandene überschüssige Mineralsäure mit Schlämmkreide oder essigsaurem Natron neutralisiert (abgestumpft). Kongopapier darf sich nicht mehr blau färben.

(Für Betriebe, denen die Diazotierungsarbeiten Schwierigkeiten bereiten, sind fertig diazotierte Salze [Diazoniumsalze] im Handel.)

Für mittelstarke Färbungen nimmt man, bezogen auf das für die Grundierung verwendete Naphthol AS, folgende Mengen:

Auf 1 g Naphthol	nimmt man g							
	Echt-rot RC-Base	Echt-scharlach GGS-Base	Echt-rot KB-Base	Echt-orange GC-Base	Echt-rot TR-Base	Echt-rot ITR Base	Echt-rot 3 GL-Base spez.	Echt-rot B-Base
Naphthol AS . .	0,28	0,35	0,28	0,24	0,28	—	0,58	0,29
Naphthol AS-G .	0,66	0,76	0,66	0,66	0,66	—	1,16	0,58
Naphthol AS-D .	0,28	0,35	0,30	0,30	0,28	—	0,60	0,29
Naphthol AS-TR .	0,44	0,50	0,44	0,50	0,50	—	1,00	0,45
Naphthol AS-ITR	0,44	0,50	0,44	0,34	0,44	0,81	0,77	0,40
Naphthol AS-SW .	1,00	1,40	1,00	0,82	1,00	—	2,00	0,87
Naphthol AS-OL .	0,38	0,40	0,38	0,37	0,28	—	0,60	0,30
Naphthol AS-SG .	0,60	0,76	0,60	0,62	0,60	—	0,60	0,60
Naphthol AS-SR .	0,50	0,60	0,50	0,62	0,50	—	0,60	0,50

Diazotierungsvorschriften.

Echtrot RC-Base.

10 g	Echtrot RC-Base werden mit
10 ccm	heißem Wasser angeteigt und mit etwa
100 ccm	kaltem Wasser versetzt, wobei der größte Teil der Base in Lösung geht. Man gibt
10 ccm	Salzsäure 20° Bé zu und läßt unter Rühren
4 g	Natriumnitrit, gelöst in
20 ccm	Wasser, zufließen. Die Base geht nunmehr vollkommen in Lösung; die Diazotierung ist in 30—40 min beendet.

Man löst (zum Abstumpfen)

3 g	Soda calc. in 1 l heißem Wasser und rührt diese Lösung in eine solche von
10 g	schwefelsaurer Tonerde in
40 ccm	Wasser ein. Mit dieser Lösung von basisch-schwefelsaurer Tonerde wird die Diazolösung abgestumpft. (Prüfung auf kongoneutrale Reaktion, evtl. noch etwas Sodalösung zugeben.) Muß die schwefelsaure Tonerde aus dem Bade fortbleiben (z. B. bei losem Material), dann ist die Diazolösung mit
8 g	essigsaurem Natron abzustumpfen und mit
2 ccm	50proz. Essigsäure zu versetzen.

Echtscharlach GGS-Base.

10 g	Echtscharlach GGS-Base werden mit einer Mischung von
20 ccm	Salzsäure 20° Bé und
40 ccm	kaltem Wasser angeteigt. Nach etwa 5 min läßt man unter kräftigem Rühren in dünnem Strahl
4 g	Natriumnitrit, gelöst in
20 ccm	Wasser, zufließen. Die klar gewordene Lösung wird unmittelbar nach dem Eintragen des Nitrits durch ein Haarsieb filtriert und auf das erforderliche Volumen mit kaltem Wasser, evtl. unter Zugabe von Eis verdünnt. Man stumpft mit
25 g	essigsaurem Natron, gelöst in
50 ccm	Wasser ab.

Nachdem das Färbebad mit 50 g/l Kochsalz beschickt ist, stellt man auf das gewünschte Volumen ein.

Diazotierungstemperatur etwa 10—15° C.

Echtrot KB-Base.

10 g	Echtrot KB-Base werden durch langsames Zugeben von
100 ccm	kochendem Wasser gut aufgeschlämmt und
10 ccm	Salzsäure 20 °Bé zugesetzt.

Hierbei tritt Lösung ein.

Man filtriert die heiße Lösung durch ein feines Sieb. Ungelöste Anteile der Echtrot KB-Base zerdrückt man und übergießt nochmals mit dem Filtrat. Man verdünnt mit Wasser und Eis auf

250 ccm	Flüssigkeit und läßt bei 10—12° C
4 g	Natriumnitrit, in
10 ccm	kaltem Wasser gelöst, in obige Lösung einfließen und setzt das Rühren bis zur Lösung der beim Salzsäurezusatz etwa eingetretenen Ausscheidungen fort.

Nach etwa 30 min ist die Diazotierung beendet.
Man filtriert, stumpft mit

8 g	essigsaurem Natron, in
20 ccm	Wasser gelöst, ab und setzt
6 ccm	50proz. Essigsäure zu.

Nachdem das Färbebad mit 50 g/l Kochsalz beschickt ist, stellt man auf das gewünschte Volumen ein.

Diazotierungstemperatur etwa 10—12° C.

Echtrot TR-Base.

10 g	Echtrot TR-Base werden mit etwa
200 ccm	kaltem Wasser gelöst. Der erhaltenen Lösung setzt man
10 ccm	Salzsäure 20° Bé zu, rührt gut durch und läßt unter kräftigem Rühren
4 g	Natriumnitrit, gelöst in
20 ccm	kaltem Wasser, einfließen.

Die Diazotierung ist nach 30 min beendet.

3 g	Soda calc. und
5 g	schwefelsaure Tonerde werden mit der 4fachen Menge Wasser getrennt gelöst und die Sodalösung in die Tonerdelösung eingerührt. Dieses Gemisch gibt man zwecks Neutralisation zur Diazolösung und prüft nun auf kongoneutrale Reaktion (evtl. noch etwas Sodalösung zugeben).

Echtrot 3GL-Base spezial.

10 g	Echtrot 3 GL-Base spezial werden mit
20 ccm	heißem Wasser gut angeteigt und
3 g	Natriumnitrit zugegeben. Nach vollständiger Lösung des Nitrits trägt man die abgekühlte Paste in kleinen Portionen unter beständigem Rühren in
100 ccm	kaltes Wasser (evtl. etwas Eis) und
9 ccm	Salzsäure 20° Bé ein. Das Ganze wird unter öfterem Umrühren $^1/_2$ Stunde stehengelassen, filtriert, mit
5 g	essigsaurem Natron, in etwa
10 ccm	Wasser gelöst, abgestumpft und mit
5 g	schwefelsaurer Tonerde, in etwa
30 ccm	Wasser gelöst, versetzt.

Muß die schwefelsaure Tonerde aus dem Färbebad fortbleiben, dann sind an ihrer Stelle

5 ccm	50proz. Essigsäure zuzusetzen.

Nachdem das Färbebad mit 50 g/l Kochsalz beschickt ist, stellt man auf das gewünschte Volumen ein.

Diazotierungstemperatur etwa 10° C.

Echtorange GC-Base.

10 g	Echtorange GC-Base werden mit
50 ccm	heißem Wasser und
12 ccm	Salzsäure 20° Bé angeteigt, durch Zusatz von etwa
150 ccm	kaltem Wasser gelöst, mit Eis auf 5° C abgekühlt und unter Rühren mit
5 g	Natriumnitrit, gelöst in etwa
20 ccm	Wasser, versetzt.

Nach etwa 15 min ist die Diazotierung beendet.
Man stumpft mit

9 g	essigsaurem Natron, gelöst in etwa
20 ccm	Wasser, ab und setzt
9 g	schwefelsaure Tonerde, in etwa
50 ccm	Wasser gelöst, zu.

Muß die schwefelsaure Tonerde aus dem Färbebad fortbleiben, dann sind an ihrer Stelle

7 ccm	50proz. Essigsäure zuzusetzen.

Nachdem das Färbebad mit 50 g/l Kochsalz beschickt ist, stellt man auf das gewünschte Volumen ein.

Diazotierungstemperatur 5—10° C.

Echtrot ITR-Base.

10 g	Echtrot ITR-Base werden mit etwa
100 ccm	kaltem Wasser übergossen und mit
11 ccm	Salzsäure 20° Bé versetzt. In die völlig klare Lösung trägt man unter Rühren
3 g	Natriumnitrit, gelöst in Wasser, ein. Die Diazotierung ist in 15 min beendet. Man stumpft sodann mit
6 g	Natriumazetat ab, setzt
2 ccm	Essigsäure 50proz. zu.

Diazotierungstemperatur: 10—15° C.

Das Bad erhält außerdem noch einen Zusatz von 10 g/l essigsaurem Natron.

Echtrot B-Base.

10 g	Echtrot B-Base werden mit
15 ccm	heißem Wasser angeteigt und
5 g	Natriumnitrit zugegeben. Nach vollständiger Lösung des Nitrits kühlt man die Paste ab und trägt sie unter beständigem Rühren in kleinen Portionen in ein Gemisch von
200 ccm	kaltem Wasser und
17 ccm	Salzsäure 20° Bé ein. Das Ganze wird unter öfterem Rühren noch $^1/_2$ Stunde stehengelassen. Man filtriert, stumpft mit
9 g	essigsaurem Natron, in etwa
20 ccm	Wasser gelöst, ab und setzt
9 g	schwefelsaure Tonerde, in etwa
50 ccm	Wasser gelöst, zu.

Muß die schwefelsaure Tonerde aus dem Färbebad fortbleiben, dann sind an ihrer Stelle

6 ccm	50proz. Essigsäure zuzusetzen.

Nachdem das Färbebad mit 50 g/l Kochsalz beschickt ist, stellt man auf das gewünschte Volumen ein. Diazotierungstemperatur etwa 10—15° C.

Die Entwicklungsbäder brauchen nicht mit enthärtetem Wasser eingestellt zu sein. Am besten eignet sich gewöhnliches Brunnenwasser. Keinesfalls darf das Wasser alkalisch reagieren.

Nach dem Entwickeln (10—20 min) wird die Partie gut kalt und heiß gespült und schließlich heiß geseift.

(99) Versuch: Beispiele von Kombinationen zwischen Naphtholen und Basen.

Rot aus Naphthol AS—SW und Echtrot KB-Base:	Rot aus Naphthol AS—OL und Echtrot 3 GL-Base spezial:
Flottenverhältnis 1:20, 100 g in 2000 ccm	Flottenverhältnis 1:20, 100 g in 2000 ccm.
2,5 g/l Naphthol AS—SW; 1,8 g/l Echtrot KB-Base.	4,5 g/l Naphthol AS—OL; 2,7 g/l Echtrot 3 GL-Base spezial.
Grundierung:	Grundierung:
5 g Naphthol AS—SW	9 g Naphthol AS—OL
15 ccm Natronlauge 38° Bé	15 ccm Natronlauge 38° Bé
7,5 ccm Türkischrotöl	15 ccm Türkischrotöl
5 ccm Formaldehyd.	5 ccm Formaldehyd.
Entwicklung:	Entwicklung:
5,4 g Echtrot KB-Base	5,4 g Echtrot 3 GL-Base spezial
200 ccm Wasser	10 ccm Wasser
6 ccm Salzsäure 20° Bé	1,5 g Nitrit
2 g Nitrit	50 ccm Wasser
10 ccm Wasser	4 ccm Salzsäure 20° Bé
5 ccm Essigsäure	2,5 g essigsaures Natron
100 g Steinsalz	2,5 g schwefelsaure Tonerde
	2,5 g Essigsäure
	100 g Steinsalz

(100) Versuch: Die Folgen falscher Vorbereitungsarbeiten. Man beobachtet gegen eine normal und richtig vorbereitete und ausgefärbte Probe den Ausfall einer Färbung, die jeweils mit folgenden Fehlern durchgeführt wurde:

1. Ungenügend gelöstes Naphtholat durch unexaktes Anteigen und Zugabe einer ungenügenden Laugenmenge: Der Ton wird zu hell.

2. Der Einfluß des Formaldehyds: Es wird die doppelte Menge zugesetzt: Der Ton wird zu hell.

3. Zu heiße Grundierungsflotte z. B. 60° C: Der Ton wird zu hell

4. Ungenügendes Schleudern der naphtholierten Ware: Die Reibechtheit wird schlecht.

5. Wassertropfen auf der geschleuderten Partie: Flecken beim Kuppeln.

6. Zu rasches und zu warmes Diazotieren: Der Ton wird hell und streifig.

7. Mineralsäureüberschuß im Entwicklungsbade: Der Ton wird hell und trübe.

8. Kein Essigsäureüberschuß im Entwicklungsbade: Die Reibechtheit wird schlecht.

9. Kein Steinsalz im Entwicklungsbade: Der Ton wird hell und fleckig.

(101) Versuch: Der Wassertropfen auf der naphtholierten Ware. Naphthol AS und seine Derivate leuchten im ultravioletten Licht (Analysenquarzlampe) nicht auf. Dagegen zeigen die entsprechenden Naphtholate lebhafte Lumineszenz.

Ein eindrucksvoller Beweis dafür, daß nur das Naphtholat und nicht das Naphthol AS an sich die Ursache der Lumineszenz ist, läßt sich dadurch erbringen, daß man einen Tropfen von einer ammoniakalischen Naphthol-AS-Lösung auf ein Stück Filtrierpapier bringt und dieses im ultravioletten Licht schwach erwärmt. Dabei nimmt das Leuchten allmählich bis zum fast völligen Verschwinden ab. Das Ammoniumnaphtholat zerfällt also unter Ammoniakabgabe und gleichzeitiger Rückbildung zu nichtleuchtendem Naphthol AS. Bringt man nun einen mit Ammoniak benetzten Glasstab in die Nähe der befeuchteten Stelle, so sieht man allmählich ein Aufleuchten darüber hinziehen und in kurzem leuchtet der ganze Fleck, wie zu Beginn, intensiv blauweiß auf. Der Versuch kann immer von neuem wiederholt werden. Stets bleibt die Erscheinung die gleiche. (Vorlesungsversuch.)

Die Haftfestigkeit der Hauptmenge des Naphtholates auf der Faser ist nur gering und hält einer Wasserbehandlung nicht stand. Besonders gefährlich ist der vom Unterzug des Sheddaches der Färberei immer gerade auf die grundierte Ware fallende Wassertropfen. Was hier vor sich geht, zeigt der „Tropfenversuch".

Auf ein waagerecht gespanntes und mit Naphthol AS gefärbtes und getrocknetes Baumwoll-Läppchen wird ein Tropfen Wasser gebracht. Nach dem Einsaugen und Abtrocknen ist mit dem bloßen Auge nichts zu erkennen. Hält man aber das Stück unter die Analysenquarzlampe, so nimmt man die in Abb. 63 wiedergegebene Erscheinung wahr.

Man kann darin von außen nach innen vier Zonen unterscheiden. Zone 1 ist das gelbleuchtende Naphtholat, mit dem die Baumwolle gefärbt wurde, Zone 2 ist ein grellgelber und intensiver als 1 leuchtender

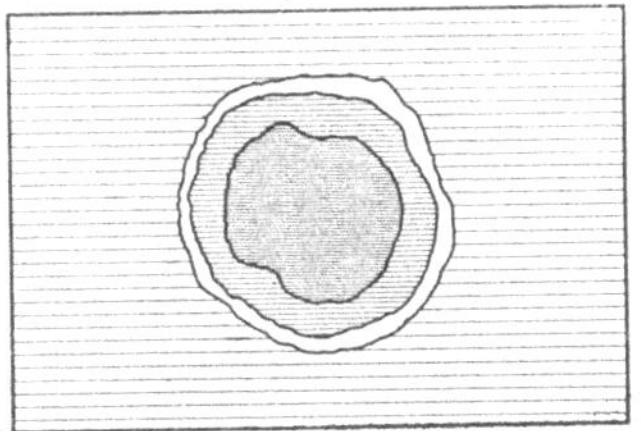

Abb. 63. Tropfenversuch.

Ring, Zone 3 ist halbdunkel und Zone 4 ist fast dunkel und kaum leuchtend. Von dem Wassertropfen gelöst, ist also das Naphtholat durch die Kapillarwirkung des Gewebes ringförmig nach außen gewandert und in Zone 2 zum Stillstand gekommen, wo dann infolge der Anreicherung des Naphtholats ein stärkeres Leuchten hervorgerufen wird. Bei der Entwicklung mit einer Farbbase zeichnet sich die gleiche Erscheinung auf der gefärbten Ware ab. Der helle Fleck in der Mitte (durch Hydrolyse zurückgebildetes Naphthol AS) gleicht in der Stärke des Farbtons einem in warmem Wasser abgezogenen und dann gekuppelten Naphtholat.

Für die Praxis der Naphtholfärberei folgt daraus, daß naphtholierte (grundierte) Ware im ultravioletten Licht gleichmäßig ohne Fleckerscheinung luminieszieren muß, wenn beim nachfolgenden Kuppeln mit einer diazotierten Base eine einwandfreie egale Färbung erzielt werden soll.

(102) Untersuchung: Der Nachweis der Naphtholfärbungen im ultravioletten Licht. Nach diesen Untersuchungen war es nun naheliegend, das Naphthol AS und seine Derivate aus den fertig entwickelten Färbungen zu regenerieren und im ultravioletten Licht zu betrachten, um so zu einem einfachen Nachweis dieser Farbstoffklasse auf der Faser zu gelangen. Bei der Reduktion dieser Körper muß ja das Molekül an der —N=N-Gruppe aufgespalten werden unter Rückbildung des ursprünglichen Naphtholates, vermehrt um eine Aminogruppe.

Für die Durchführung des Nachweises der Naphtholfärbungen sei folgende Anleitung gegeben:

Man gibt die zu prüfende Färbung in ein 50 ccm-Becherglas und dazu so viel von einer blinden Küpe, die 36 g/l Natronlauge (40° Bé) und 24 g/l Hydrosulfit enthält, daß die Probe gut mit Flüssigkeit bedeckt ist. Darauf wird so lange gekocht, bis von der ursprünglichen Färbung so viel abgezogen ist, daß die Faser schmutzig gelb erscheint. Mit einem Glasstab wird nun die Probe aus dem Glase genommen, an der Wandung des Becherglases abgequetscht und auf ein Rundfilter gelegt, das zweckmäßig auf einer Glasplatte liegt. Nach dem Trocknen an der Luft bringt man die auf dem Filtrierpapier liegende Probe unter die Analysenquarzlampe. Eine kräftige Lumineszenz zeigt die Naphtholfärbung an.

Türkischrot und Indrarot. *(Aus einer grundlegenden Veröffentlichung der I. G. Farbenindustrie.)*

Echte Färbungen müssen je nach dem Verwendungszweck der in Frage kommenden Artikel ganz verschiedenen Anforderungen genügen.

Für Inletts verlangt man neben Lichtechtheit und Wasserechtheit eine ausreichende Echtheit gegen Schweiß und organische Säuren, die für den Bedarf von Krankenhäusern zur besonderen Bedingung gemacht wird.

Bei Markisen, Gartenschirmen u. dgl. stellt man die höchsten Anforderungen in bezug auf Licht- und Wetterechtheit, wobei in der Wetterechtheit die Unempfindlichkeit gegen besonders schädliche Bestandteile der Atmosphäre einbegriffen sein muß.

Bunte Handtücher und ähnliche Artikel für den Haushalt werden in erster Linie durch Kochen — oft unter Zusatz von Bleichmitteln — in der Wäsche beansprucht; die Färbung muß deshalb in vielen Fällen bleichecht und gut lichtecht sein.

Rot ist nicht durch Zufall für alle diese Warengruppen bis in die Gegenwart die bevorzugte Farbe geblieben. Lange Zeiten hindurch gab es nur eine Rotfärbung, deren Echtheit der starken und verschiedenartigen Bean-

spruchung bei langjährigem Gebrauch standhielt und den Waren ihr ursprüngliches Aussehen bewahrte, die Alizarinrot-Färbung, oder wie sie im Handel bezeichnet wird, die Türkischrotfärbung. Von altersher galt diese Färbung mit Recht als unerreicht an Echtheit.

Nach der Erfindung des sog. „Säurerot" erschienen geringere Qualitäten der obengenannten Artikel in dieser einfacheren, billigeren Färbung auf dem Markt. Doch erwies es sich bald, daß die „Billigkeit" eine Täuschung war; denn „Säurerot" ist nicht echt genug, um jenen Waren die erforderliche Lebensdauer zu sichern. Zwar besitzt „Säurerot", bisweilen auch „Echtrot" genannt, eine gewisse Echtheit gegenüber bestimmten für den praktischen Gebrauch der genannten Artikel gar nicht in Betracht kommenden Säuren, in der Gesamtechtheit und besonders in bezug auf Licht- und Waschechtheit ist Säurerot unzureichend.

Erst die Entdeckung der Naphthol AS-Farbstoffe führte zu Rotfärbungen, die durch ihre Echtheits-Eigenschaften dem Türkischrot nahekommen und je nach Wahl der Kombination Färbungen ermöglichen, die eine hervorragende Waschechtheit und Säureechtheit und auch eine für viele Fälle ausreichende Lichtechtheit aufweisen.

Es ist nun gelungen, im Naphthol AS-ITR ein verbessertes Naphtholrot zu finden, das in allen Gebrauchsechtheiten dem Türkischrot ebenbürtig ist. Dieses neue Rot hat den Namen „Indrarot" erhalten.

Innerhalb der Reihe der Indanthrenfarbstoffe ist es heute noch nicht möglich, den tradionellen leuchtend roten Ton zu erzielen, wie er für Inletts durch Türkischrot erreicht wird.

Da das Türkischrot und das Indrarot in bezug auf Schönheit und Leuchtkraft des Farbtones und auf Gesamtechtheit gleichwertig sind, bilden die Türkischrotfärbung und die Indrarotfärbung eine wertvolle Ergänzung der Skala von Farbtönen höchster Echtheit.

(103) Verfahren: Das Färben von Indrarot. Die Kombination 3,5 g/l Naphthol AS-ITR und 2,85 g/l Echtrot ITR-Base führt zu einer dem Türkischrot gleichkommenden Färbung von hoher Echtheit. Die Färbung muß ausgiebig kochend geseift werden (5 g/l Marseillerseife), damit der notwendige blaustichige Ton erreicht wird.

(104) Verfahren: Das Färben von Türkischrot. (Neurotverfahren nach K. BRASS.) 100 g Baumwolle im Flottenverhältnis 1:20.

1. Ölen. Die gut abgekochte Ware wird in 500 ccm/l Türkischrotöl und mit 6 g/l Zinnsoda (Natriumstannat $Na_2SnO_3 \cdot 3\,H_2O$) lauwarm behandelt, hierauf abgeqtetscht und nun 1—2 Stunden lang im Trockenschrank bei 70° C behandelt.

2. Beizen. Das Beizen erfolgt mit basischen Doppelsalzen der essigsauren Tonerde, die man wie folgt herstellt. Man löst unter Erwärmen 250 g Aluminiumsulfat in 1500 ccm Wasser und läßt erkalten. Anderer-

seits rührt man 19 g Kreide mit 150 ccm Wasser von 40° C an. Diese Aufschlämmung setzt man langsam zur Lösung und läßt über Nacht stehen. Dann wird filtriert und das Filtrat mit 500 ccm einer wässerigen Sodalösung, die 70 g kalzinierte Soda enthält, allmählich versetzt. Die entstehende Fällung von Tonerdehydrat wird durch 100 ccm Essigsäure 30proz. (u. U. auch mehr) wieder in Lösung gebracht.

Mit dieser Lösung wird die geölte Ware gründlich durchtränkt. Hierauf wird abgequetscht und bei 30° C getrocknet. Die trockene, so gebeizte Ware wird in 1 l einer 60—65° C warmen wässerigen Aufschlämmung von 10 g Kreide umgezogen und nun gut ausgewaschen.

3. Färben. Das Bad enthält 13,7 g 20proz. Alizarin V (2,5% Farbstoff). Man erwärmt langsam bis 70° C und behandelt die Ware so lange bis die Flotte gut ausgezogen ist. Darauf gießt man 5 g Türkischrotöl in das Bad und zieht noch einige Male um. Nun wird getrocknet.

4. Dämpfen. Die gefärbte Ware wird 3—4 Stunden lang bei etwa 0,5 atü gedämpft und hierauf gut gewaschen.

5. Seifen. Das gedämpfte Rot wird nun kräftig geseift (10—15 g/l Seife, 80—90° C).

(105) Versuch: Vergleich zwischen Indrarot und Türkischrot. Man prüfe die Echtheitseigenschaften beider Färbungen in bezug auf Lichtechtheit, Waschechtheit, Reibechtheit, Bleichechtheit und Schweißechtheit.

(106) Untersuchung: Die Prüfung auf Bleichechtheit (Chlor- und Superoxydechtheit). Nach V. d. Ch. Verfahren, Normen und Typen.

2 g der entschlichteten Färbung werden mit Baumwolle (2 g) verflochten und nun 1 Stunde lang in ein Bad von Perchloron mit 1 g/l aktivem Sauerstoff (durch Titration eingestellt) und 2 g/l Natriumbikarbonat eingelegt. Hierauf wird gespült, gesäuert, gespült.

Nun wird in einer Lösung (200 ccm) von 3 g/l Natriumsuperoxyd in Wasser gebleicht, indem man innerhalb 45 min auf 75° C erwärmt und weitere 45 min bei dieser Temperatur behandelt. Dann wird gut gespült.

Normen:

I. Farbton oder -tiefe stark verändert bzw. Weiß stark angefärbt.

III. Farbton oder -tiefe etwas verändert bzw. Weiß etwas angefärbt.

V. Farbton, -tiefe und Weiß unverändert.

(107) Untersuchung: Die Prüfung auf Schweißechtheit. Nach V. d. Ch. Verfahren, Normen und Typen.

Der Prüfling wird zwischen einen weißen Baumwollnessel und ein weißes Wolltuch gewickelt. Darauf wird der Wickel in einer Lösung von 5 g/l Kochsalz und 6 ccm/l Ammoniak (p_H der Flotte 11,1, Flottenverhältnis 1:10) $^1/_2$ Stunde bei 45° C so behandelt, daß man ihn alle 10 min 10mal mit der Hand durchknetet. Hierauf setzt man 7,5 ccm

Eisessig für 1 l Lösung zu ($p_H = 4{,}7$) und behandelt in der gleichen Weise $^1/_2$ Stunde weiter. Anschließend wird abgequetscht und ohne Spülen an der Luft getrocknet.

Man unterscheidet fünf Normen:

I. Farbton oder -tiefe stark verändert bzw. Weiß stark angefärbt.

III. Farbton oder -tiefe etwas verändert bzw. Weiß etwas angefärbt.

V. Farbton, -tiefe und Weiß unverändert.

(108) Untersuchung: Die Untersuchung von Rotfärbungen auf pflanzlichen Fasern.

Waschprobe kochend (5 g/l Seife, ½ g/l, Soda ½ Std.).

<table>
<tr>
<td rowspan="2">Aus-blutung:
Substantive Färbung

In blinder IN-Küpe Entfärbung. (Anwärmen)</td>
<td colspan="4">Keine oder nur sehr schwache Ausblutung.
Blinde IN-Küpe (12 g/l NaOH, 5 g/l Hydrosulfit 80° C)</td>
</tr>
<tr>
<td rowspan="6">Ton-umschlag

Farbton kehrt an der Luft zurück

Küpenfärbg.</td>
<td colspan="3">Entfärbung.
Farbton kehrt an der Luft nicht zurück:
Naphtholrot, Türkischrot, Diazoechtrot, Eisrot.</td>
</tr>
<tr>
<td colspan="3" align="center">Paraffinprobe.</td>
</tr>
<tr>
<td colspan="2" align="center">Positiv.
Naphthalrot, Eisrot
Sublimationsprobe:</td>
<td align="center">Negativ.
Türkischrot, Diazoechtrot</td>
</tr>
<tr>
<td align="center">Positiv
Eisfärbung</td>
<td align="center">Negativ
Naphtholrot</td>
<td rowspan="3">Übergießen mit konz. HCl, aufkochen, ½ min abkühlen u. mit konz. NaOH übersättig.:
Violettfärbung</td>
</tr>
<tr>
<td>Durch Behandeln wie bei Türkischrot angegeben (HCl + NaOH): Entfärbung.</td>
<td>U - Lichtprobe: Starke Lumineszenz.</td>
</tr>
</table>

<table>
<tr><td>Positiv
Türkisch-rot</td><td>Negativ
- Diazo-echtrot.</td></tr>
</table>

Anmerkung: Naphtholrot ist oftmals besser durchgefärbt als Türkischrot.

(109) Untersuchung: Die Sublimationsprobe. Die zu untersuchende Probe wird bei nicht leuchtender Flamme vorsichtig verbrannt, während man eine kalte, möglichst nicht glasierte Porzellanschale darüber hält. Liegt eine Eisfärbung vor, so sublimiert der Farbstoff an der Außenfläche der Schale.

(110) Untersuchung: Die Paraffinprobe. Man bringt in ein Reagenzglas ein Stückchen Paraffin und fügt eine kleine Probe der Färbung hinzu. Nun läßt man das Paraffin über einer kleinen Flamme schmelzen und hält den Schmelzpunkt (Entwicklung von Dämpfen) 1—2 min lang fest. Angefärbt wird das Paraffin von Indanthrenfärbungen, Naphtholfärbungen, Eisrot, nicht angefärbt von Schwefelfärbungen, Türkischrot, Diazoechtrot.

(111) Untersuchung: Der Nachweis von Alizarin-(Türkischrot-)Färbungen. Man kocht eine Probe der Färbung mit verdünnter Salzsäure. Nach dem Abkühlen äthert man diese Abkochung in einem kleinen Schütteltrichter aus und fügt 1—2 Tropfen Ammoniak und Natronlauge im Überschuß hinzu. Eine Blaufärbung zeigt Alizarinfärbung an.

7. Das Färben von Anilinschwarz.

Die Vorgänge bei der Oxydation zum Anilinschwarz. *Das Anilinschwarz gehört zur Klasse der Oxydationsfarbstoffe. Es wird auf der Faser hergestellt durch Oxydation des Anilins bzw. des Anilinchlorhydrats mit Hilfe von Bichromaten, Chloraten u. dgl. in Gegenwart von Katalysatoren bzw. Sauerstoffüberträgern.*

Auch organische Körper z. B. p-*Phenylendiamin oder Phenyl-p-chinondiimid (nicht grünende Färbungen) können bei der Oxydation beteiligt sein.*

Zur Bildung von Anilinschwarz treten mehrere (etwa 8) Anilinkerne zusammen. Die Färbung auf der Faser ist ein Gemenge von mehreren Oxydationsstufen.

Die in Stufen verlaufende Oxydation wird schematisch dargestellt:

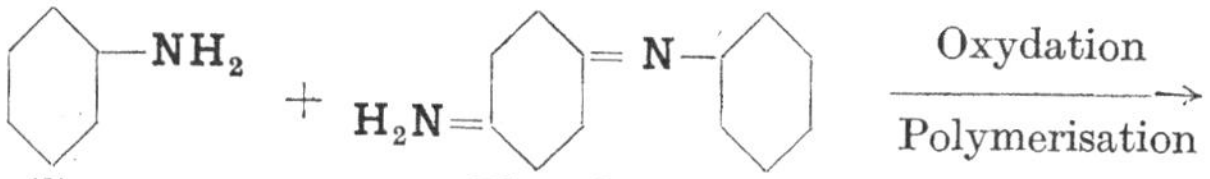

Anilin   +   Phenyl-p-chinon-diimid $\xrightarrow[\text{Polymerisation}]{\text{Oxydation}}$

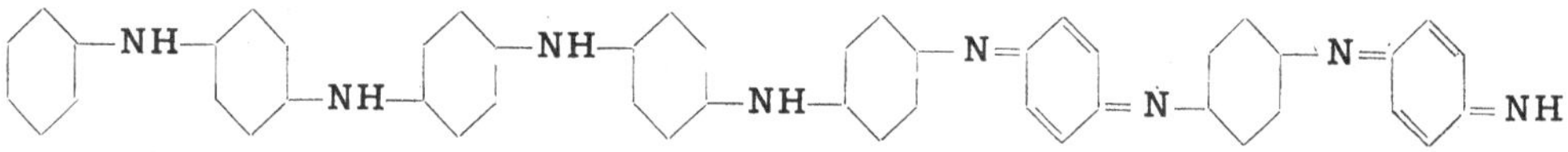

Emeraldin (zweifach chinoïd, entsteht besonders beim Dampfanilinschwarz)

$\xrightarrow[\text{Oxydation}]{\text{weitere}}$

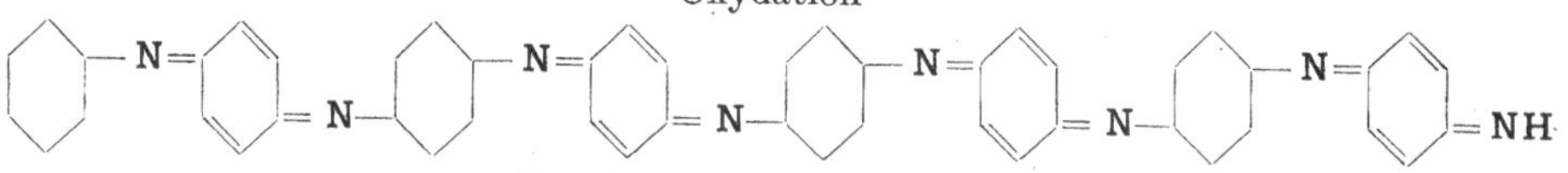

Pernigranilin (vierfach chinoïd)

$\xrightarrow[\text{Oxydation}]{\text{weitere}}$

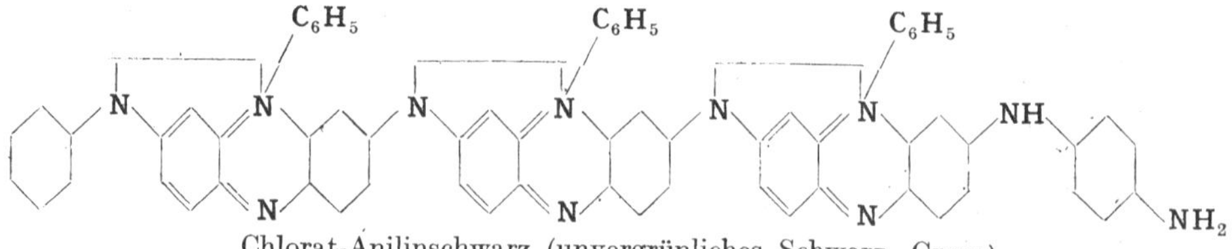

Chlorat-Anilinschwarz (unvergrünliches Schwarz, Green)

Die technischen Verfahren werden mit salzsaurem Anilin durchgeführt. Bei der Oxydation wird die Salzsäure abgespalten und bildet nun eine Gefahr für die Ware. Man wirkt derselben durch säurebindende Mittel entgegen.

Echtheitseigenschaften: Früher wurde das Anilinschwarz nach einigen Jahren häufig grün. Heute weist es eine hervorragende Wasch- und Lichtechtheit nebst einer hohen Allgemeinechtheit auf.

Das Anilinschwarz ist eine ausgesprochene Einlagerungsfärbung. Sämtliche Ausgangsprodukte besitzen ein kleines Molekül und liegen molekulardispers vor

Als Katalysatoren wirken z. B. Kupfervitriol, Schwefelkupfer, Eisenchlorid, vanadinsaures Ammonium.

Man unterscheidet drei Verfahren:

1. Einbadschwarz. Die Oxydation des Anilins erfolgt in einem Bade. Das Oxydationsmittel ist Bichromat.

2. Oxydationsschwarz. Man tränkt die Ware mit Anilin und entwickelt nachträglich.

3. Dampfschwarz. Die Oxydation der mit Anilin versehenen Ware erfolgt im Schnelldämpfer.

(112) Verfahren: Einbadschwarz (Färbeschwarz).

> 13% vom Warengewicht Anilinsalz
> 20% vom Warengewicht Salzsäure
> 14% vom Warengewicht Bichromat (zuvor heiß gelöst)

kalt eingehen, 1 Stunde lang umziehen, auf 70—80° C erwärmen und weiter $^1/_2$ Stunde umziehen, spülen, bei 60° C seifen, spülen.

(Da sich ein Teil der Oxydation in der Flotte abspielt, ist diese Färbung oftmals wenig reibecht.)

(113) Verfahren: Oxydationsschwarz (Hängeschwarz, Diamantschwarz).

Gang des Verfahrens: Imprägnieren mit „Schwarzbeize",

> Trocknen ⎫
> Oxydieren ⎬ „Schwarzprozeß",
> Chromieren,
> Liegenlassen,
> Spülen,
> Seifen,
> Spülen.

„Schwarzbeize" für 50 g Baumwolle:

110 g	Anilinsalz
500 ccm	Wasser
6 g	Kupfervitriol
50 ccm	Wasser
18 g	Natriumchlorat
28 ccm	Wasser
5 g	Salmiak
12 ccm	Wasser·
45 ccm	essigsaure Tonerde 10° Bé.

Das Ganze auffüllen mit Wasser bis es 5,5° Bé (15° C) spindelt, also etwa auf

850 ccm

15 min bei gewöhnlicher Temperatur imprägnieren, abquetschen, nicht stark schleudern, nicht zu heiß (35° C) trocknen. Das Oxydieren erfolgt durch leichtes aber längeres (4—6 Stunden) Dämpfen bei 35—40° C. Dabei muß eine gute Entlüftung vorhanden sein, damit die entstehende Salzsäure möglichst schnell abgeführt wird. Nun chromiert man mit

$$2\text{—}3 \text{ g/l Bichromat}$$
$$^3/_4 \text{ g/l Schwefelsäure}$$
$$10\text{—}15 \text{ min}, 30\text{—}50° \text{ C}$$

spülen, seifen (2 g/l Seife, $^1/_2$ g/l Sodá, 60° C), spülen.

(Das Kupfervitriol wird als Katalysator, die essigsaure Tonerde zur Bindung der bei der Dampfoxydation entstehenden Salzsäure zugesetzt.)

(114) Verfahren: Dampfschwarz (Prud'homme-Schwarz). Man klotzt die Ware in folgendem Ansatz:

3 g chlorsaures Natron 27 g Wasser	Die mit diesem Ansatz geklotzte Ware wird getrocknet (z. B. Hot flue) und nun im Schnell-
5 g Ferrocyankalium 25 g Wasser	dämpfer (Mather Platt) gedämpft. Anschließend läßt man die Ware ein Bad mit Kaliumbichromat
6 g Anilin 6 g Salzsäure	(Verf. 113) passieren:
28 g Wasser	Schließlich wird gespült und geseift.

100 g

II. Die Bleicherei und Färberei der Wolle.

Grundsätzliches über die Wolle.

Die Schafwolle ist eine Eiweißfaser, deren Hauptbestandteil das Keratin ist. Im Unterschied zur Naturseide enthält die Wolle Schwefel, der als Cystinrest in die Hauptvalenzketten des Wollkeratins eingebaut ist. Die seitliche Vernetzung der Hauptvalenzketten wird durch diese „Schwefelbrücken" aber auch durch elektrostatische salzartige Bindungen (im Formelschema eingeklammert) besorgt.

Der isoelektrische Punkt der Wolle liegt, wie derjenige des Keratins im allgemeinen, bei p_H 4,9 (E. ELÖD).

Im isoelektrischen Punkte besitzt die Wolle die geringste Quellung.

Unter dem isoelektrischen Punkt der Wolle versteht man denjenigen Zustand, bei welchem zwischen den Kolloidteilchen (Wolle) und dem Lösungsmittel keine Potentialdifferenz besteht (HARDY). Zur Ermittlung der Lage des isoelektrischen Punktes der Wolle brachte E. ELÖD gut gereinigte Wollproben in wässerige Säure- oder Laugenlösungen von verschiedenem p_H-Wert. Nach Erreichen eines Gleichgewichtszustandes wurde der nunmehr in den Lösungen vorhandene neue p_H-Wert gemessen. Es zeigte sich, daß die Werte der Lösungen, die unter p_H 4,9 lagen, zugenommen, diejenigen, die über 4,9 lagen, abgenommen hatten. Wurden Wollproben in Lösungen gelegt, deren p_H-Werte nur wenig über oder unter 4,9 standen, so stellte sich das Gleichgewicht genau auf $p_H = 4,9$ ein.

Die Einwirkung von Natronlauge hat einen Abbau der Wolle zur Folge, wobei der Angriff besonders gegen die Disulfidbrücke gerichtet ist. Gleichzeitig findet Salzbildung an den Carboxylgruppen statt. Stark alkaligeschädigte Wolle weist gegenüber einer ungeschädigten einen deutlichen Verlust an Schwefel auf.

Die mechanische und chemische Widerstandsfähigkeit der Wolle ist davon abhängig, daß die Disulfidbrücken unversehrt sind. Diese können beim Abbau entweder durch eine einfache Salzbildung oder aber reduktiv, oxydativ oder hydrolytisch gespalten werden (E. VALKO), und zwar nach folgendem Schema:

Salzbildung:

$$\begin{array}{c}H_2N\diagdown \\ CH\cdot CH_2\cdot S\cdot S\cdot CH_2\cdot CH \diagup NH_2 \\ HOOC\diagup \diagdown COOH\end{array} \xrightarrow{\quad NaOH \quad}$$

Cystin

$$\begin{array}{c}H_2N\diagdown \\ CH\cdot CH_2\cdot SNa + NaS\cdot CH_2\cdot CH \diagup NH_2 \\ HOOC\diagup \diagdown COOH\end{array}$$

Spaltung durch Reduktion:

$$\begin{array}{c} H_2N \\ \diagdown \\ HOOC \diagup \end{array} CH \cdot CH_2 \cdot S \cdot S \cdot CH_2 \cdot CH \begin{array}{c} \diagup NH_2 \\ \diagdown COOH \end{array} \quad \underset{-2H}{\overset{+2H}{\rightleftarrows}} \quad \begin{array}{c} H_2N \\ \diagdown \\ HOOC \diagup \end{array} CH \cdot CH_2 \cdot SH$$

Cystin   Cystein

Spaltung durch Oxydation: Es entsteht Cysteinsäure.

$$\begin{array}{c} H_2N \\ \diagdown \\ HOOC \diagup \end{array} CH \cdot CH_2 \cdot SO_3H \,.$$

Hydrolytische Spaltung:

$$\begin{array}{c} H_2N \\ \diagdown \\ HOOC \diagup \end{array} CH \cdot CH_2 \cdot S \cdot S \cdot CH_2 \cdot CH \begin{array}{c} \diagup NH_2 \\ \diagdown COOH \end{array} \quad \xrightarrow{\;H_2O\;}$$

Cystin

$$\begin{array}{c} H_2N \\ \diagdown \\ HOOC \diagup \end{array} CH \cdot CH_2 \cdot SH \; - \qquad \begin{array}{c} H_2N \\ \diagdown \\ HOOC \diagup \end{array} CH \cdot CH_2 \cdot SO_3H$$

Cystein   Sulfensäure

Die Wolle ist ein amphoterer Körper, d. h. sie verhält sich gegen Säuren wie eine Base und gegen Basen wie eine Säure. Dies geht aus der Schemaformel für die Eiweißstoffe (und ihr Abbauprodukt, die Aminosäure) hervor:

$$H_2N \cdot R \cdot COOH.$$

Die Carboxylgruppe bindet die Basen, die Aminogruppe die Säuren.

Der Eiweißkörper der Wolle ist aus verschiedenen Aminosäuren aufgebaut. Als die wichtigsten sind zu erwähnen die Asparaginsäure von der Formel

$$COOH \cdot CH \cdot NH_2 \cdot CH_2 \cdot COOH.$$

Dies ist eine Monoaminodicarbonsäure, während die Argininsäure von der Formel

$$C \diagdown\overset{\textstyle NH_2}{\underset{\textstyle NH \cdot CH_2 \cdot (CH_2)_2 \cdot CH \cdot NH_2 \cdot COOH}{=NH}}$$

eine Diaminomonocarbonsäure ist.

Schema der Vernetzung der Hauptvalenzketten des Wollkeratins (SPEAKMAN u. ASTBURY).

Der Aufbau zum Wollmolekül erfolgt nun so, daß die Hauptvalenzkette jeweils abwechselnd aus diesen beiden Säuretypen gebildet wird und

*zwar sind auf der einen Seite der Hauptvalenzkette nur Carboxylgruppen,
auf der anderen Seite nur Aminogruppen gelagert. Diese Nebenvalenzketten sind die sog. Salzbindeglieder, und es stehen sich jeweils eine Carb-
oxyl- und eine Aminogruppe gegenüber.*

*In chemische Reaktionen treten nun die Amino- bzw. die Carboxylgrup-
pen der Salzbindeglieder, und zwar wird bei der Carboxylgruppe der Wasserstoff ersetzt:* $R—COO^-$, *während bei der Aminogruppe eine Additionsverbindung stattfindet:*

$$—NH_2 + H \rightarrow NH_3$$

Bei der allgemeinen Eiweißformel $R \cdot COOH \cdot NH_2$ *bedeutet das* R *also
die Hauptvalenzkette mit den Nebenvalenzketten, von denen durch* NH_2
und $COOH$ *nur ihr Charakteristikum bezeichnet ist.*

Als weitere Säuren kommen in Frage die Glutaminsäure

$$COOH \cdot CHNH_2 \cdot (CH_2)_2 \cdot COOH$$

und die Diaminocapronsäure = Lysin:

$$CH_2 \cdot NH_2 \cdot (CH_2)_3 \cdot CHNH_2 \cdot COOH.$$

Die Schwefelbrücken werden durch Cystin gebildet:

$$S—CH_2 \cdot CH \cdot NH_2 \cdot COOH$$
$$\big|$$
$$S—CH_2 \cdot CH \cdot NH_2 \cdot COOH,$$

welches sich dann folgendermaßen in die Hauptvalenzkette einbaut:

$$
\begin{array}{ccc}
\diagup\!CO & & \diagdown\!CO \\
\diagdown\!CH—CH_2—S—S—CH_2—CH\diagup \\
\diagup\!NH & & \diagdown\!NH
\end{array}
$$

*Der Abbau durch Säuren ist nicht eindeutig. Neben der Anlagerung
an die Aminogruppen (Umladung) kann auch Sprengung an den Disulfidbrücken auftreten.*

Die Wolle ist in der Lage, Säure aufzunehmen und festzuhalten. Nach
MEYER u. FIKENTSCHER binden 1200 g Wolle etwa 1 Äquivalent Säure.

*In starken Alkalien kann sich die Wolle völlig lösen, besonders wenn
Wärme hinzugefügt wird.*

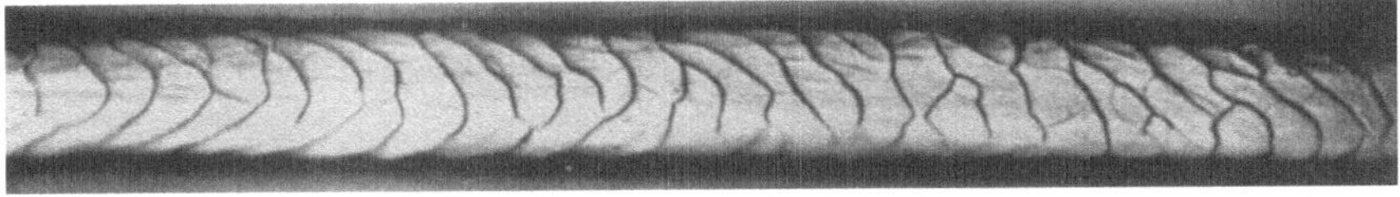

Abb. 64. Gewaschenes Wollhaar (nach H. REUMUTH).

*Das Wollhaar besitzt als Oberfläche eine Schuppenschicht, das Schuppen-
epithel (Abb. 64). Unter dieser Epidermis findet man eine dünne Subkutis*

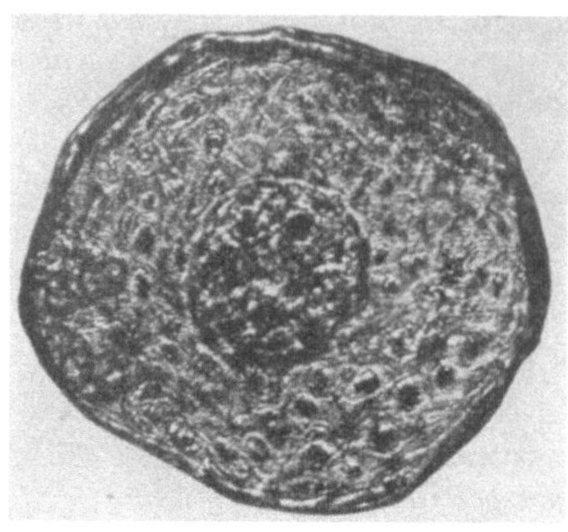

Abb. 65. Wollquerschnitt, gequollen.
(Im Innern: Markkanal.) (Nach H. REUMUTH,
Diss. M.-Gladbach.)

(H. REUMUTH) und eine dickere Rindenschicht, die im Gegensatz zu der Schuppenschicht Tyrosin enthält. Nun folgt nach innen eine Bündelpackung von Fibrillen, die mit einer elastischen Substanz verleimt sind, und schließlich findet man, besonders bei dicken Teppichhaaren noch einen Markstrang (Abb. 65).

Die natürliche Feuchtigkeit der Wolle beträgt $17 - 18^1/_4\%$ des Trockengewichtes.

(115) Untersuchung: Die Unterscheidung von Wolle und Naturseide. Man bringt die Probe in eine alkalische Bleilösung und erwärmt schwach. Wolle wird infolge ihres Schwefelgehaltes schwarz (Bildung von Bleisulfid), Naturseide nicht.

Alkalische Bleilösung: Einer Lösung von 10 g Bleiazetat (Bleiazetat = Bleizucker = essigsaures Blei:

$$Pb(C_2H_3O_2)_2 + 3H_2O)$$

in 100 ccm Wasser wird soviel Natronlauge bzw. Kalilauge zugesetzt, daß sich das ausfallende Bleihydroxyd eben wieder löst.

A. Das Waschen der Wolle.

Die Verunreinigungen der Wolle: Wollschweiß, Straßenschmutz, Staub und Ruß sollen durch die Wäsche entfernt werden, das Wollfett (Lanolin) dagegen soll weitgehend erhalten bleiben.

Die Wäsche erfolgt auf großen Waschbottichen, die in einer Reihe hintereinander angeordnet sind. Die Wolle wird mit Gabeln maschinell durch die Bottiche befördert. Zwischen jedem Bottich befindet sich eine Quetschvorrichtung. Die bekannteste Maschine, welche in diesem Sinne arbeitet, heißt „Leviathan".

Man arbeitet grundsätzlich nach drei Methoden:

Die alkalische Wäsche

die neutrale Wäsche

die „Wäsche im isoelektrischen Punkt".

(116) Verfahren: Die alkalische Wollwäsche. Man wäscht die Wolle in der Flocke oder im Garn in folgender Flotte:

3 g/l Kernseife oder Schmierseife,
3 g/l Soda calc.,
40—50° C,
1 Stunde.

Nach dem Abquetschen wird warm und kalt gespült und evtl. mit Essigsäure abgesäuert.

Statt der Seife kann man mit Vorteil 1 g/l Igepon oder Gardinol verwenden.

(117) Verfahren: Die Wollwäsche im neutralen Bade. Die gut in der Flotte eingeweichte Ware wird durch Knetwalzen oder von Hand durchgeknetet.

5 g/l Igepon oder Gardinol,
50° C, 1 Stunde.
Nach dem Waschen wird abgequetscht, warm und kalt gespült.

(118) Verfahren: Die isoelektrische Wäsche (Elöd.). Reine Wolle besitzt den isoelektrischen Punkt p_H 4,9—4,7. Die Wäsche erfolgt deshalb in einem leicht sauren Gebiet mit Waschmitteln, welche diesen Säurewert ertragen, z. B. mit Ipegon oder Gardinol und etwas Essigsäure.

(119) Untersuchung: Die Bestimmung des Wollfettgehaltes gewaschener Wollen. Man extrahiert die Wolle in einem Soxhletapparat (oder in einer ähnlichen Konstruktion) mit Äther: Petroläther 1 : 1. Die Proben und der Extrakt werden gewogen. (Die Proben luftfeucht.)

B. Die Karbonisation der Wolle.

Die Aufgabe der Karbonisation besteht darin, pflanzliche Bestandteile (Kletten, Holz, Heu u. dgl.) aus der Wolle zu entfernen. Dies erfolgt durch Behandlung der Wolle mit Schwefelsäure und nachfolgendes Erhitzen. Es entsteht dabei jedoch nicht, wie man aus der Bezeichnung „Karbonisation" schließen könnte, eine Verkohlung (carbo = die Kohle), sondern ein Abbau der Zellulose, eine Verzuckerung. Die abgebaute Zellulose hat ihre faserige Struktur verloren und kann deshalb mechanisch oder durch Wäsche aus der Wolle herausgeholt werden.

(120) Verfahren: Die Karbonisation der Wolle. Die Wolle wird zunächst in folgendem Säurebade gut durchgenetzt:

Schwefelsäure-Wasser 4—5° Bé,
kalt, 5—10 min.

Hierauf wird gut abgequetscht (oder besser zentrifugiert — Vorsicht, Säurezentrifuge!) Nun wird diese gesäuerte Wolle in einem Trockenschrank (im großen im Karbonisierofen) während $^1/_2$ Stunde bei 80 bis 100° C erhitzt.

Anschließend wird mit Wasser gut gespült und mit Soda (8—10 g/l) neutralisiert.

Die Säurekonzentration läßt sich auf $2^1/_2$—3° Bé herabsetzen, wenn man der Säureflotte 1 g/l eines geeigneten Netzmittels, z. B. Leonil SB zusetzt. Die gesäuerte Ware darf nicht lange liegen bleiben und insbesondere nicht antrocknen.

(121) Versuch: Die Säureschädigung beim Karbonisieren. Um die evtl. Schädigung festzustellen, wird die karbonisierte Wolle im Vergleich mit der nicht karbonisierten folgenden Prüfungen unterzogen:

Verschleißprüfung,

Quellprobe,

Diazoreaktion.

(122) Untersuchung: Wollschädigungen. Die Voruntersuchung auf Wollschädigungen aller Art wird unter dem Mikroskop vorgenommen. Eine völlig intakte Schuppenschicht deutet eine gesunde Faser an, während kahle Stellen und Ablösungen auf Schädigungen schließen lassen.

(123) Untersuchung: Die Quellprobe nach KRAIS, MARKERT und VIERTEL.

Man läßt unter dem Mikroskop zu den zwischen Deckglas und Objektträger liegenden Wollhaaren einige Tropfen Ammoniak-Kalilauge-Lösung (K. M. V.-Reagenz) fließen und beobachtet nun bei 300facher Vergrößerung. An ungeschädigter Wolle treten nach 8—10 min „Geschwüre" auf, die sich auf die ganze Länge der Faser verteilen und langsam wachsen.

An einer säuregeschädigten Faser treten diese „Geschwüre" schon nach 1—2 min auf.

Das K.M.V.-Reagenz wird dadurch bereitet, daß man 20 g Kaliumhydroxyd reinst, in Stangen, z. Anal. „Merck" in 50 ccm Ammoniaklösung 0,910 = 24° Bé z. Anal. „Merck" unter Kühlung löst.

(124) Untersuchung: Die Diazoreaktion nach PAULY.

Herstellung eines stabilen und haltbaren Diazotats
(nach REUMUTH und KÖHLER):

50 g   Sulfanilsäure werden in etwa

250 ccm   Ätzkalilösung von einem Gehalt von

25 g   KOH gelöst. Wenn nötig, muß die Zugabe des Ätzkalis soweit fortgesetzt werden, bis Lackmuspapier schwach bläut. Hierdurch wird sämtliche Sulfanilsäure als Kalisalz in eine klare Lösung gebracht. Nach vollständigem Abkühlen werden

200 ccm   Natrium-Nitritlösung 1 : 10 kalt zugesetzt. Die Mischung wird in einen Scheidetrichter übergeführt und wird dann tropfenweise in eisgekühlte Salzsäure von einem Gehalt von

80 ccm Salzsäure konz. +
40 ccm Wasser zugetropft. Nach einiger Zeit fällt das Diazoniumchlorid in Form schöner Kristalle aus.

Es ist darauf zu achten, daß während der Umsetzung Jodstärke-
papier bis zuletzt gebläut wird, andernfalls ist Nitrit nachzusetzen. Das
anfallende Produkt wird nach einigem Stehen durch den Büchner-
Trichter abgesaugt, filtriert, kurz mit eisgekühltem Wasser nachgedeckt,
sodann mit Alkohol und schließlich mit Äther auf der Nutsche gewaschen.
Wichtig ist, daß Alkoholreste ausgespült werden, da sich sonst das
Diazotat mit Alkohol langsam umsetzt und nicht haltbar bleibt. Das
Trocknen erfolgt durch Auflegen des gesamten Filterkuchens mit Filter
auf Tonteller an der Luft. Ein auf diese Weise hergestelltes Präparat
wird im dunklen und kühlen Raum (braune Flasche allein genügt nicht)
für lange Zeit haltbar sein. Obwohl das Präparat beim Erhitzen auf dem
Spatel heftig verpufft, wurde bisher noch nie irgendeine gefährliche
Selbstentzündung beobachtet. Abgeraten sei davon, das Präparat direkt
durch Abschaben gewinnen zu wollen. Vorsicht ist in jedem Falle ge-
boten.

Die Vorgänge bei der Diazoreaktion.

Herstellung des Reagenzes:

NH_2 wird diazotiert und in Soda gelöst $\longrightarrow$ $N \equiv N - ONa$ ... $SO_3H(Na)$

Sulfanilsäure

Kupplung mit der Wolle:

$N \equiv N - ONa$ ... SO_3H + OH ... $CH_2 - CH \cdot NH_2 - COOH$ $\xrightarrow{\text{Alkali}}$ $NaO_3S - \langle \rangle - N = N - \langle \rangle$ OH ... $CH_2 - CH \cdot NH_2 - COONa$

Pauly-Reagenz $\longrightarrow$ Tyrosin $\longrightarrow$ Azofarbstoff (rot).

Die Durchführung der Prüfung.

Man netzt das zu prüfende Material zuerst vor, dann erst bereitet man aus dem Diazoniumchlorid die Lösung. 2,0 g Diazotat werden in 100 ccm 10proz. Na_2CO_3-Lösung (chemisch rein) gelöst.

Das vorher sorgfältig im dest. Wasser vorgenetzte Textilmaterial (Netzmittel benutzen, dann gut kalt auswaschen) wird in die frisch angesetzte Diazolösung gebracht, wobei man nach Möglichkeit sowohl unbehandeltes Vergleichsmaterial der gleichen Herkunft wie auch, wenn angängig, absolut einwandfrei intaktes Wollmaterial in getrennten Gefäßen genau gleiche Zeit (10 min, Stoppuhr!) behandelt. Anschließend wird sorgfältig mit kaltem, am besten laufendem dest. Wasser gespült. Die in verschiedenem Maße braun angefärbten Fasern werden nach Lufttrocknung sowohl durch Augenschein als auch unter dem Mikroskop auf dén verschiedenen Bräunungs-, also Schädigungsgrad und die verschiedenen lokal oder allgemein verbreiteten Schadenstellen untersucht.

Achtung! Bei allen Arbeiten mit dem Diazotat (Herstellung und Anwendung) nur mit Schutzbrille arbeiten!

Der Mechanismus der Schädigungsreaktionen nach KRAIS, PAULY und ALLWÖRDEN. *Die drei Reaktionen besitzen als gemeinsames Merkmal die Ablösungserscheinungen, welche unter der Schuppenschicht der Wolle vor sich gehen. Die widerstandsfähige Schuppenschicht wird dabei weniger angegriffen als die darunterliegende. Man nimmt nun an, daß die Wollschädigung physikalisch durch eine Vergrößerung der Durchlässigkeit der Schuppenschicht gekennzeichnet ist. Diese Durchlässigkeit kann durch chemische, aber auch durch mechanische Einflüsse (Schlag, Scheuerung u. dgl.) hervorgerufen werden. Die Schädigungsreagenzien dringen nun unter die Schuppenschicht und nehmen dort Anfärbung bzw. Ablösung vor.*

Die Reaktionen besitzen jedoch auch wesentliche Unterschiede. Die Bläschen der Allwördenschen Reaktion (Behandlung von Wollhaaren mit Chlorwasser) sind wie eine Perlenschnur regelmäßig am Wollhaar entlang verteilt, während die ,,Geschwüre'' nach KRAIS unregelmäßig in Größe und Verteilung sind. An Schnittflächen ist ferner die Krais-Reaktion positiv, die von ALLWÖRDEN negativ. Bei der Pauly-Diazo-Reaktion nimmt man die Bildung eines Azofarbstoffs durch Kupplung der Aminokörper der Wolle mit der Diazolösung an. Da die Schuppenschicht selbst nicht angefärbt wird, glaubt man, daß die Farbstoffbildung mit dem Tyrosin der Rindenschicht, das in den Schuppen fehlt, zusammenhängt.

(125) Untersuchung: Der Nachweis der Wollschädigung mit Baumwollblau-Lactophenol (nach M. NOPITSCH).

Reagenzien: Lösung I: wird erhalten durch Mischen von 20 ccm Milchsäure chem. rein, 20 g Phenol, 40 ccm Glyzerin und 20 ccm Wasser.

Lösung II: 2proz. Lösung von Baumwollblau II (THEODOR SCHU-CHARDT, Görlitz).

Zur Prüfung verwendet man eine Mischung von 50 ccm der Lösung I und 10 ccm der Lösung II.

Ausführung der Untersuchung: Man gibt einige Tropfen auf einen Objektträger, präpariert aus dem zu untersuchenden Garn- oder Gewebestück oder einer verdächtigen Stelle eine Anzahl Wollhaare oder Abschnitte derselben heraus und bringt sie unter vorsichtiger Verteilung in das Einbettungsmittel, bedeckt mit Deckglas und beobachtet unter dem Mikroskop bei etwa 120—150facher Vergrößerung. Nach längerer Einwirkungszeit macht sich an den geschädigten Stellen eine nach dem Grad der Schädigung abgestufte, mehr oder weniger starke Blaufärbung bemerkbar, während die ungeschädigte Wolle oder unangegriffene Stellen ungefärbt bleiben. Die Färbung tritt ein sowohl bei Alkali- wie bei Säureschädigung, als auch bei Schäden durch Stock- und Schimmelpilzen, aber auch an mechanisch verletzten Stellen. Bei starker Alkalischädigung wurde eine sogleich eintretende starke Breiten-Quellung beobachtet, während bei Säureschädigung bei längerer Einwirkungsdauer ein fortschreitender Zerfall der Fasern in die Spindelzellen festgestellt wird. Bei letzterer Prüfung kann man auch vorteilhaft das reine Lactophenolreagenz ohne Baumwollblauzusatz verwenden.

C. Das Chlorieren der Wolle.

Die Vorgänge beim Chlorieren. *Die Wolle hat die Eigenschaft, sich in feuchtem Zustande und bei kräftiger mechanischer Einwirkung zu verfilzen (vgl. Das Walken der Wolle). Behandelt man dagegen Wolle mit Chlor (gasförmig oder mit Chlorwasser) oder mit unterchloriger Säure, so wird das Filzvermögen aufgehoben. Je nachdem man nun mit konzentrierteren oder mit verdünnteren Lösungen arbeitet, erhält man eine glänzende oder eine nur krumpffreie (nicht filzende) Wolle. Man unterscheidet deshalb zwei Chlorbehandlungsverfahren der Wolle:*

Die Herstellung der glänzenden Seidenwolle und

die Herstellung der nichtglänzenden Schweißwolle.

(Diese hauptsächlich für Wollstrümpfe u. dgl. verwandte „Schweißwolle" darf nicht mit der Schweißwolle des Wollhandels, der schmutzigen Schurwolle verwechselt werden.)

Die Vorgänge beim Chlorieren der Wolle sind nicht eindeutig. Neben einer Chloraminbildung findet auch eine Oxydation statt (VOM HOVE):

$$2\,R \cdot CH \cdot COOH + 3\,HOCl \begin{cases} R \cdot \underset{\underset{O}{\|}}{C} \cdot COOH + NH_2Cl + H_2O + HCl \\[2ex] R \cdot \underset{\underset{NHCl}{|}}{CH} \cdot COOH + H_2O \end{cases}$$

Im Verlauf der Nachbehandlung zerfallen die Chloramine in (warmem) Wasser (LANGHELD):

$$\underset{NHCl}{R \cdot CH \cdot COOH} + H_2O \rightarrow \underset{\text{Aldehyd}}{R \cdot CHO} + CO_2 + NH_3 + HCl$$

Durch die Chlorierung gehen also basische Aminogruppen verloren, die für den Salzbildungsprozeß bei der Färbung notwendig sind. Daß sich die chlorierte Wolle trotzdem intensiver anfärbt als die nicht chlorierte, ist durch die stärkere Quellung der Faser infolge der Chloreinwirkung zu erklären. Die Diffusion des Farbstoffs durch die Rinde und in die in ihrem ganzen Gefüge gelockerte Faser geht leichter vor sich. Selbstverständlich sind nicht alle Aminogruppen vom Chlorierungsprozeß betroffen worden, so daß die Salzbildung zwischen basischer Wollgruppe und Farbsäure nach wie vor möglich ist. Allerdings ist auch in vermehrtem Maße mit einer reinen Adsorption des Farbkörpers an der inneren Oberfläche der Wolle zu rechnen.

Der Angriff des Chlors erfolgt weniger an den Schuppen als an der unter dem Schuppenepithel liegenden Rinde (ALLWÖRDEN). Die Hauptänderung im Fasergefüge tritt aber erst bei der Entchlorung ein (SPEAKMAN und GOODINGS). In der chlorierten Wolle liegt also eine charakterlich von der nicht chlorierten Wolle sehr verschiedene Faser vor, die sowohl in ihrem textilchemischen als auch in ihrem physiologischen Verhalten typische Merkmale besitzt.

Während bei der stark chlorierten Schweißwolle die Schuppenschicht so gut wie ganz verschwunden ist (hier haben auch sicher Spaltungen in den Hauptvalenzketten stattgefunden), ist die Oberfläche der schwach chlorierten Schweißwolle nicht sichtlich verändert worden. Es hat höchstens eine leichte Abrundung an den Schuppenkanten stattgefunden.

Das Verschwinden des Filzvermögens beruht in erster Linie darauf, daß durch die Lockerung des gesamten Fasergefüges die vom Wachstum her stammende stets latent vorhandene Spannung in der Faser aufgehoben wurde.

Zu stark chlorierte Wolle wird hart.

Obwohl durch das Chlorieren die Zugfestigkeit steigt, wächst damit doch nicht der Gebrauchswert der Wolle.

(126) Versuch: Die Herstellung der Seidenwolle. Die Herstellung wird zweckmäßig im Zweibadverfahren durchgeführt.

Säureflotte: hartes Wasser,
    20 ccm/l Salzsäure 20° Bé,
    30° C, $^1/_2$ Stunde,
    Abquetschen.

Chlorierungsflotte: 5—15 g/l akt. Chlor (weiches Wasser),
    $^1/_2$—1 Stunde,
    kalt.

Spülen, Absäuern (3 ccm/l Schwefelsäure) / Spülen.

(127) Versuch: Die Ermittlung eines Verfahrens zur Herstellung von Schweißwolle (schwach chlorierter Wolle). Als Beispiel für derartige Untersuchungen sei folgender im Fabrikations-(Groß-)Versuch ausgearbeiteter Gang mitgeteilt. (Die entsprechenden Versuche lassen sich natürlich auch im Laboratorium durchführen.)

Schafwolle hat die Eigenschaft zu filzen und einzugehen. Je größer die Verfilzung, um so größer das Eingehen (Krumpfen).

Man muß oftmals diese Filzfreudigkeit unterbinden. So vor allem bei wollener Fußbekleidung. Am schwitzenden Fuß erfährt der Wollstrumpf eine regelrechte Walke. Die Strümpfe filzen, gehen ein und werden dadurch in ihren Maßen verkleinert. Das Eingehen der Wollstrümpfe erfolgt jedoch viel mehr als beim Tragen in der Wäsche selbst. Häufig wird diese Wäsche noch ganz unsachgemäß durchgeführt. Wenn man z. B. getragene Strümpfe in der rotierenden Waschtrommel selbst mit wenig Alkali und bei niedrigen Temperaturen wäscht, krumpfen sie durch die mechanische Behandlung in der Trommel ein. Strümpfe können im großen nur so gewaschen werden, daß man sie (in einen Materialträger) einpackt und nun die Waschflotte hindurchpumpt. So wurden bei einem Großversuch 50 kg Strümpfe auf einmal gewaschen und zwar mit bestem Erfolg. Es ist also bei einer derartigen Wollwäsche nicht nur notwendig, starke Alkalien und große Wärme zu vermeiden, sondern es darf auch keine mechanische Beanspruchung, keine Walke, erfolgen. Dies für die Großwäsche von Wollstrümpfen gut geeignete Waschverfahren geht etwa wie folgt:

    2 g/l Fettalkoholsulfonat oder Igepon,
    40—50° C,
    1 Stunde,

hierauf wird gut gespült.

Nun ist es aber nicht immer möglich, die Wäsche in einem Apparat mit zirkulierender Flotte vorzunehmen. Man wird deshalb, und auch wegen des Krumpfens beim Tragen, immer mehr auf die Herstellung von Strümpfen aus Schweißwolle übergehen.

Dabei erheben sich verschiedene Forderungen: Vor allem muß die Aufsaugefähigkeit der Wolle für Schweiß erhalten bleiben. Ferner darf die Verschleißfestigkeit nicht allzusehr beeinträchtigt werden. Und schließlich muß die Elastizität der Wolle erhalten bleiben. Außerdem muß die Waschfestigkeit gechlorter Wolle geprüft werden, weil ja Chlorkeratine alkalilöslich sind. Im folgenden sollen die entsprechenden Versuchsergebnisse beschrieben werden.

Die grundsätzliche Herstellung der Schweißwolle erfolgt durch Chlorieren. Das überschüssige Chlor wird durch Bisulfit, das Alkali durch Absäuern entfernt. Zur Erhöhung der Waschechtheit ist es ferner nötig, die Wolle zu chromieren. Hierbei genügt es, wenn man nach dem Chloren beim Färben mit Chromierungsfarbstoffen arbeitet.

Bei dem gesuchten Verfahren ist außerdem die Frage wichtig, ob man im sauren oder im normalen Chlorbade arbeiten soll.

Als Versuchsmaterial dient ein 22/2 Wollgarn. Aus diesem Garne werden Stränge von etwa 130 m Länge und 14 g Gewicht hergestellt. Das Garn wird einer normalen Wäsche unterzogen.

1. Chlorieren. Die günstigsten Konzentrationen werden in einem Reihenversuch ermittelt und erprobt. Dabei stellt sich die Mindestkonzentration an Chlor auf den Wert 1 g/l.

Chlorieren ohne Säurezusatz.

1 g/l aktives Chlor aus Natronbleichlauge,
18° C,
40 min,
Weiches Wasser,
Flottenverhältnis: 1 : 60.

Chlorieren mit Säurezusatz.

1 g/l aktives Chlor,
3 ccm/l Schwefelsäure conc.

sonst wie beim Arbeiten ohne Säurezusatz.

Hierauf wird stark mit Wasser gespült, nun mit 2 ccm/l Schwefelsäure während 10 min behandelt, wieder gespült, schließlich mit 10% vom Warengewicht Bisulfit behandelt und zuletzt wieder gespült.

2. Chromieren. Ein Teil der gechlorten Ware wird nun nach folgendem Verfahren chromiert:

1% vom Warengewicht Kaliumbichromat,
3 ccm/l Essigsäure (30 proz.),
50° C bis Kochgrenze,
$1^{1}/_{2}$ Stunden,
Flottenverhältnis 1 : 50.

Hierauf wird gut gespült.

Das Auslaugen wird, wie folgt, durchgeführt: Es werden Reihenversuche bei verschiedenen Waschtemperaturen angesetzt und zwar bei 30, 40, 50, 60° C. Die Dauer beträgt 1 Stunde (Flottenverhältnis 1 : 30). Nach gutem Spülen wird mit 1 ccm/l Schwefelsäure behandelt, nun wieder gespült und getrocknet.

Die Waschflotte besteht aus

> 2 g/l Seife,
> n/20 Natronlauge.

Der ganze Prozeß wird so lange wiederholt, bis Gewichtskonstanz eingetreten ist. (Im allgemeinen nach dreimaliger Wiederholung.)

Wäge-Ergebnisse.

a) Durchschnittliche Gewichtsverluste.

	Chloriert	
	ohne Säure %	mit Säure %
Chlorieren	0,98	6,64
Chromieren.	1,83	6,84
Auslaugen 40° C, chromiert . .	3,27	9,70
Nicht chromiert	3,52	18,50
Gesamtverlust, chromiert . . .	4,25	16,34
Gesamtverlust, nicht chromiert	4,50	25,14

(Die Auslaugverluste sind bezogen auf das Gewicht vor dem Chromieren.)

Der Vergleich fällt in diesem Falle zugunsten der ohne Säure chlorierten Wolle aus. 20% Gewichtsverlust mehr oder weniger spielen keine unbedeutende Rolle. Es sei denn, daß andere Qualitäten einen entsprechenden Ausgleich herbeiführen, wie das im folgenden zu ersehen ist.

b) Gewichtsverluste durch Auslaugen.

Temperatur °C	Chloriert			
	ohne Säure		mit Säure	
	Chromiert %	Nicht chromiert %	Chromiert %	Nicht chromiert %
30	2,88	2,76	8,20	17,10
40	3,52·	3,27	9,70	18,50
50	4,30	4,20	10,08	19,60
60	5,07	4,95	14,10	21,60

Aus den beiden Tabellen ist noch folgendes zu ersehen:

Chloriert man ohne Säure, so ist ein Chromieren nicht unbedingt nötig, um die Waschechtheit zu erhöhen. Die Differenz beim Gesamtverlust beträgt 0,25%. Anders ist es bei der mit Säure chlorierten Wolle. Hier ist ein Chromieren unerläßlich, denn nun beträgt die Differenz des Gewichtsverlustes etwa 10%. Die Gewichtsverluste durch Auslaugen (dieses soll ja den häufigen Waschprozeß in der Praxis ersetzen) sind etwas zu groß, weil die hohe Laugenkonzentration selbst einem häufigen Waschen in der Praxis nicht entspricht.

Glanzmessungen. Sie werden auf dem Stufenphotometer nach C. Pulfrich ausgeführt.

Die Glanzwerte ergeben, daß durch die einzelnen Behandlungen der Wolle, wie: Chlorieren, Chromieren, Auslaugen der Glanz wesentlich gesteigert wird, im Maximum von Glanzzahl 15 auf 50. Durch Waschen (hier Auslaugen) wird der Glanz noch erhöht und zwar erheblich mehr bei chromiertem Material. Diese Glanzsteigerungen sind allgemein als Ablösungserscheinungen zu erklären. Wesentliche Unterschiede sind zwischen dem ohne Säure und mit Säure chlorierten Material nicht vorhanden.

Weichheitsmessungen.

Die Tabelle zeigt, daß die Weichheitsunterschiede nicht sehr groß sind. Um sich jedoch ein richtiges Bild von der Weichheit machen zu können, ist es erforderlich, die einzelnen Faktoren, die zur Berechnung der Weichheitszahl dienen, zu vergleichen. Besonders wichtig ist die Fadendicke, soweit sie (wie hier) stark verändert wird.

Die Weichheitszahl 1,00 gilt für die gewaschene, sonst jedoch nicht weiter behandelte Wolle. Die ohne Säure behandelte Ware ist im allgemeinen weicher als die mit Säure behandelte. Wird allerdings mit Säure behandelt und nicht chromiert, so steigt die Weichheit stark an.

Netzversuche. Hierzu werden je 3 cm² Wirkware (Links-Links) verwendet. Die Stücke werden mit einem Senkkörper aus Glas belastet (1 g schwer), der in der Mitte eingehakt wird. Abgestoppt wird die Zeit vom Auflegen auf die Wasseroberfläche bis zum Versinken.

Untergesunken nach:

Rohware, gewaschen . . . . . 24 Std.
Ohne Säure, chloriert . . . . 30 min
Ohne Säure, chromiert . . . . 55 min
Mit Säure, chloriert . . . . . 9 sec
Mit Säure, chromiert. . . . . 21 sec

Weichheitszahlen.

Behandlung	Rau-heit c/g	Faden-dicke a mm	Quet-schung b mm	$a-b=x$	2.	3.	4.	5.	Weich-heits-zahl
Gewaschen . . .	26,48	1,015	0,174	0,841	82,9	100,0	100,0	—	1,00
Ohne Säure:									
Chloriert	31,20	0,960	0,511	0,809	84,2	101,6	117,5	98,7	1,03
Chromiert	32,16	0,890	0,142	0,748	84,0	101,3	121,0	101,3	1,00
Ausgel. 30° C. . .	29,78	0,937	0,164	0,773	82,5	99,6	112,2	94,2	1,06
Chromiert 40° C .	29,60	0,930	0,176	0,754	81,0	.87,7	111,7	93,9	0,93
Chromiert 50° C .	31,60	0,796	0,131	0,665	83,5	100,8	119,2	100,1	1,00
Chromiert 60° C .	31,10	0,750	0,133	0,617	82,3	99,4	117,3	98,5	1,01
Nicht chrom. 30° C	29,98	0,932	0,177	0,755	81,0	97,7	113,0	94,2	1,04
Nicht chrom. 40° C	29,01	0,940	0,170	0,770	82,0	99,0	109,5	92,0	1,07
Nicht chrom. 50° C	30,03	0,886	0,165	0,721	81,4	98,2	113,5	95,6	1,02
Nicht chrom. 60° C	30,22	0,809	0,161	0,648	80,0	96,5	114,6	96,3	1,00
Mit Säure:									
Chloriert	34,35	0,770	0,145	0,625	81,2	98,0	127,2	108,6	0,90
Chromiert	33,10	0,990	0,146	0,774	75,0	90,0	124,9	104,9	0,86
Ausgel. 30° C. . .	30,75	0,837	0,145	0,692	82,7	99,8	115,9	97,4	1,02
Chromiert 40° C .	31,19	0,781	0,161	0,612	78,3	94,5	117,6	98,8	0,95
Chromiert 50° C .	30,09	0,810	0,166	0,644	79,5	96,0	116,6	97,9	0,98
Chromiert 60° C .	30,02	0,715	0,154	0,561	78,5	94,7	113,4	95,2	0,99
Nicht chrom. 30° C	26,36	0,698	0,127	0,571	81,8	98,8	99,5	83,6	1,18
Nicht chrom. 40° C	28,04	0,835	0,140	0,695	83,3	100,5	106,0	89,0	1,12
Nicht chrom. 50° C	27,33	0,784	0,136	0,648	82,7	99,9	103,1	86,6	1,15
Nicht chrom. 60° C	28,48	0,705	0,150	0,555	78,8	95,2	107,5	90,3	1,05

1. $a - b = x$; 2. $z = 100\,x:a$; 3. $Z = 100\,z_x:z_1$; 4. $R = 100\,c_x:c_1$;
5. $Rk = R - 16\%$; Weichheitszahl $W = Z:Rk$.

Die Tabelle zeigt, daß die Netzfähigkeit der mit Säure chlorierten Wolle erheblich größer ist, als die der ohne Säure chlorierten. Bei Verwendung des Materials zur Fußbekleidung ist diese größere Netzfähigkeit sehr vorteilhaft, weil sie der Schweißaufsaugung einigermaßen entspricht.

Schweißaufsaugende Wirkung beim Eintauchen in Schweißflüssigkeit. 100 cm² große Strickstücke werden in eine wässerige Lösung von 1 g/l Zitronensäure und 0,5 g/l Kochsalz eingetaucht, aufgehängt und 45 sek lang abtropfen gelassen. Die Wägung ergibt:

	Un-behandelt g	Gewaschen		
		1 mal g	2 mal g	6 mal g
Gewöhnliche Wolle:				
trocken	8,90	9,25	10,95	12,95
benetzt	21,00	30,70	31,70	32,90
Schweißwolle:				
trocken	8,90	8,60	9,55	10,00
benetzt	26,50	32,80	38,20	42,40

Waschversuche.

a) Filzung. Je ein Stück Wirkware (10 mal 10 cm) wird 1 Stunde lang in einer Flotte mit 4 g/l Seife bei 50° C mit der Hand geknetet.

Abb. 66. Ungewaschenes Wollgestrick.

Abb. 67. Unter Kneten gewaschenes Gestrick aus chlorierter Wolle.

Beim Vergleich dieser Walkproben (Abb. 66—68) ist deutlich zu erkennen, welch günstigen Einfluß das Chlorieren auf die Wolle ausübt.

b) Krumpfen. Je 1 Garnstrang wird in einer Flotte mit 4 g/l Seife + 2 g/l Soda bei 50° C häufig und kräftig umgezogen.

Der Strang wird am Unterband aufgehängt und mit 50 g belastet (mit einem Drahthaken eingehängt). Gemessen wird der Abstand der äußersten Strangpunkte.

Abb. 68. Unter Kneten gewaschenes Gestrick aus nicht chlorierter Wolle.

Während die ohne Säure chlorierte Wolle durch das Waschen noch etwas eingeht, nimmt das mit Säure chlorierte Material sogar noch an Länge zu, mit anderen Worten, ein Strumpf aus diesem Material wird sich nach dem Waschen sogar etwas ausweiten. Die Verhältnisse liegen bei einer Wirkware naturgemäß günstiger als beim Garnstrang, da die Größenunterschiede hier nur in einer Dimension angegeben sind.

Eingehen der Wolle in der Seifenwäsche.

	Un-gewaschen cm	Gewaschen		
		1 mal cm	3 mal cm	6 mal cm
Gewöhnliche Wolle . .	38,0	34,0	29,5	26,0
Schweißwolle.	38,0	35,0	32,0	32,0

Schweißwolle geht nach dreimaligen Waschen nicht weiter ein.

Zugfestigkeit. Bei der Beurteilung eines Gespinstes spielt die Zugfestigkeit eine hervorragende Rolle.

Es zeigte sich, daß diese Festigkeit durch Chlorieren der Wolle ohne Säure oftmals erheblich vermindert wird. Durch das Chromieren nimmt sie wieder etwas zu, erreicht aber nicht einmal diejenige der Rohware. Chlorieren wir mit Säure, so wird die Zugfestigkeit sogleich, und durch das Chromieren noch weiter erhöht. Im ungünstigsten Falle (hier durch das Auslaugen) ist die Festigkeit der mit Säure chlorierten Wolle immer noch größer als die der Rohware.

Verschleißwiderstand. Man vergleicht die Verschleißfestigkeit (vorsichtig durchgeführte Scheuerfestigkeit) der unbehandelten Wolle und der Schweißwolle. Es wird sich folgendes Bild ergeben:

	Zugfestigkeit g	Verschleißwiderstand
Unbehandelte Wolle	170	410
Nicht mit Säure behandelte Schweißwolle	180	300
Mit Säure behandelte Schweißwolle . . .	180	330

Trotzdem also in diesem Falle die Zugfestigkeit nicht verändert oder eher noch verbessert wird, ist der Verschleißwiderstand wesentlich gesunken.

Auswertung dieser Meßergebnisse für das Verfahren. Für das Chlorieren ohne Säure spricht lediglich der geringe Gewichtsverlust.

Die Filzfähigkeit zeigt bei beiden keine wesentlichen Unterschiede, immerhin scheint die mit Säure gechlorte Wolle etwas weniger zu filzen.

Die bessere Zugfestigkeit der mit Säure chlorierten Wolle beeinflußt die Entscheidung stark, ebenso die bessere Netzfähigkeit, weil sie für Schweißwolle ein sehr günstiges Aufsaugevermögen bedeutet.

Die Tatsache, daß eine Ware aus diesem Material nicht eingeht, sondern sogar noch etwas weiter wird, muß aber im Auge behalten werden. Evtl. ist Säure- und Chlorzusatz noch ein wenig zu ermäßigen.

Den Ausschlag gibt aber die Tatsache, daß die gesäuerte und chromierte Ware den besten Verschleißwiderstand aufweist.

(128) Verfahren: Die Herstellung der Schweißwolle.

Chlorieren:

1 g/l aktives Chlor
+ 2 ccm/l Schwefelsäure conc.
40 min.
Weiches Wasser.
Flottenverhältnis 1:60.

Bisulfitbad:

(10% vom Warengewicht Bisulfit)
etwa 2,5 g/l Bisulfit.
Spülen:
2maliger Wasserwechsel.
je 10 min.

Spülen:
  Weiches Wasser.
  15 min.
  3 maliger Wasserwechsel.
Absäuern:
  2 ccm/l Schwefelsäure.
  10 min.

Chromieren:
  1% vom Warengewicht Bichromat
  + 2 ccm/l Ameisensäure.
  50° C bis kochend.
  1¹/₂ Stunden.
Spülen:
  1 mal mit weichem Wasser.

Für jede Wollsorte, ja für jedes Gespinst, muß das Verfahren jeweils besonders ermittelt werden.

D. Die mottenechte Ausrüstung der Wolle mit Eulan neu.

Das Eulan neu ist ein Triphenylmethankörper. Es zieht mit dem Farbstoff auf die Wolle und verhindert nun den Fraß durch die Kleidermottenraupe.

Eulan neu
(Eulansäure)

Das Eulan neu wird mit 3% vom Warengewicht der sauren Flotte zugesetzt, wobei man zweckmäßig den Säuregehalt der Flotte etwas erhöht.

(129) Versuch: Das Aufziehvermögen des Eulan neu. Das Eulan verhält sich wie ein saurer Farbstoff, d. h. die „Eulansäure" zieht auf die Wolle. Der folgende Versuch stellt fest, wieviel des zugesetzten Eulans auf die Faser zieht.

Je 5 g Garn werden bei einer bestimmten Luftfeuchtigkeit genau abgewogen, ein Strängchen in einer Flotte mit 4% Schwefelsäure, ein zweites mit 4% Schwefelsäure und 3% Eulan behandelt (Flottenverh. 1 : 3). Die Temperatur wird langsam zum Kochen getrieben. Nach einer halben Stunde des Ankochens wird die Ware herausgenommen, gespült, getrocknet und wieder bei bestimmter Luftfeuchtigkeit gewogen. Hierbei ergibt die eulanisierte Wolle einen Wert von 5,10 g, die nur mit Schwefelsäure behandelte wiegt 4,98 g. Durch die Eulanisierung erhält also die Wolle eine Gewichtszunahme von 0,12 g. Da bei einer 3 proz. Eulanisierung 0,15 g Eulan zugegeben werden, läßt sich aus diesem Ergebnis schließen, daß das Eulan praktisch quantitativ auf die Wolle aufzieht.

(130) Versuch: Die Aufziehgeschwindigkeit der Farbstoffe aus Eulanflotten. Man stellt Vergleichsfärbungen mit und ohne Eulanzusatz her. Wie aus dem Kurvenbild (Abb. 69) hervorgeht, wird die Wolle mit Supramingelb G je aus einem normalen (0,6 g/l Schwefelsäure) schwefelsauren Bade gefärbt. Dabei wird bei gleichmäßig steigender Temperatur und steigender Färbezeit je mit und ohne Eulanzusatz gearbeitet. Nach je 10° C Temperaturerhöhung wird ein Probesträngchen für die Farbmessung der Flotte entnommen.

Die Färbungen werden unter dem Pulfrichschen Stufenphotometer auf Vollfarbe, Weiß- und Schwarzgehalt gemessen. Der einfachen Übersichtlichkeit halber werden nur die Werte für Vollfarbe erwähnt. Diese werden auf der Ordinate, die Flottentemperaturen auf der Ab-

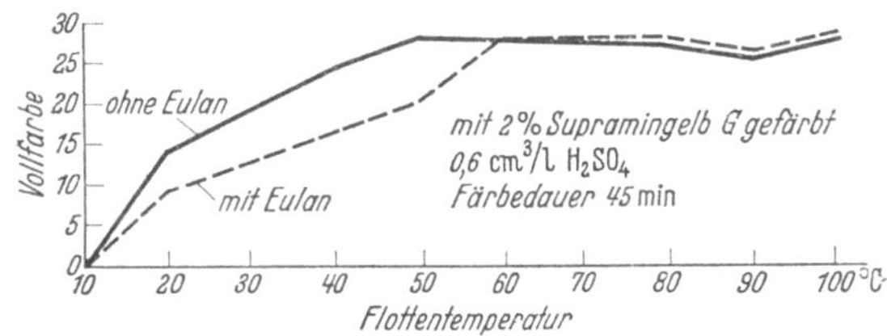

Abb. 69. Viel Flottensäure.

szisse der Kurvenbilder aufgetragen. Wie aus den hieraus resultierenden Kurven ersichtlich ist, zeigt es sich, daß Eulan die Aufziehgeschwindigkeit des Farbstoffs verlangsamt. Es wirkt also zweifellos egalisierend, und zwar ohne Rücksicht auf den Säuregehalt der Flotte. Die Kurven für die eulanlose und die eulanhaltige Flotte treffen sich jedoch stets bei dem Temperaturwert 60° C, also in dem Augenblick, in dem das Eulan seinerseits aufzuziehen beginnt. Von diesem Augenblick an hört die egalisierende Wirkung auf, die lediglich bei Temperaturen unter 60° C liegt.

Die Flottentemperatur vom 60° C muß für die Wollfärberei in Gegenwart von Eulan als die kritische bezeichnet werden. Für den Färber ist es deshalb ratsam, bei dem stufenweisen Erhitzen der eulanhaltigen Flotte, die Temperatur von 60° C einzuhalten. Wird z. B. bei stufenweiser Erhitzung die Temperatur etwa von 40° auf 80° C erhöht, so wird die Gefahr eines unegalen, streifigen Färbungsausfalles akut. Das Eulan zieht in diesem Falle sehr schnell auf die Faser und verliert dadurch seine egalisierende Wirkung. Die Werte für Vollfarbe bestätigen weiter die Erfahrung, daß Eulan nicht nur keinen Mehrverbrauch an Farbstoff, sondern im Gegenteil häufig ein stärkeres Aufziehen desselben zur Folge hat. Von der kritischen Temperatur an decken sich jedoch im wesentlichen die Werte für die Vollfarbe.

Die Veränderung der Azidität der Flotte übt innerhalb technischer Grenzen keinen sehr wesentlichen Einfluß aus. Das Eulan ist nicht empfindlich gegenüber variablen Säurekonzentrationen und, wie aus folgenden Werten der p_H-Messung hervorgeht, auch selbst kein wesentlicher Säureverbraucher.

Bei einem p_H-Wert von 2,8 für die Anfangsflotte beträgt der Endwert (nach fertiger Färbung) für die nicht eulanhaltige Flotte 3,5, für die eulanhaltige 3,4. Färbt man mit geringerer Säuremenge, so erhält man folgende p_H-Zahlen:

Anfangswert: p_H 3,5.

Endwert in Gegenwart von Eulan: p_H 6,5.

Endwert in Abwesenheit von Eulan: p_H 6,6.

(131) Versuch: Das Verhalten des Eulans bei der Flottentemperatur 58° C. Eulan ist in der Kälte ziemlich schwer löslich. Bei 15° C lösen sich in einem Liter dest. Wasser ca. 1,5 g Eulan gerade noch klar. Die gesättigte Lösung ist getrübt und zeigt seidenartige Kristalle. Es liegt der Gedanke nahe, daß das Eulan als Schutzkolloid wirkt. Erhitzt man nämlich die gesättigte Eulanlösung auf 55° C, so ist nur noch eine schwache Trübung vorhanden, die bei 60° C vollkommen verschwunden ist (Abb. 70).

Abb. 70. Eulanlösung bei 20° C,   55° C,   60° C.

Parallel hiermit verschwindet auch die Schaumfähigkeit, die bei 20° C ganz erheblich, bei 70° C fast Null ist. Abb. 71 veranschaulicht dies: Die Reagenzgläser, die je 20 ccm Eulanlösung 1proz., bzw. zum Vergleich Igepon T-Lösung enthalten, werden in verschlossenem Zustande 15 sek geschüttelt, nachdem sie vorher auf die jeweiligen Temperaturen erhitzt worden waren. Es zeigt sich, daß die Schaumfähigkeit des Igepon T bei beiden Temperaturen nahezu gleich ist, während sie bei Eulan von 16 auf 5 sinkt.

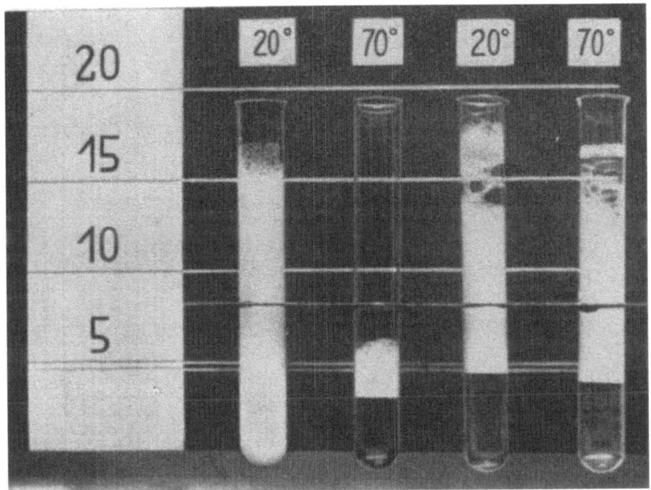

Abb. 71. Schaumfähigkeit von Eulan gegenüber Igepon.

Trübung und Schaumfähigkeit verschwinden also gerade im kritischen Temperaturgebiet. Beide Änderungen deuten darauf hin, daß Eulan bei etwa 60° C aus dem kolloiddispersen in den molekulardispersen Zustand übergeht. Für die Frage, ob Eulan im kolloidalen Gebiet, also unterhalb 60° C, schutzkolloidale Eigenschaften besitzt, wurde versucht, den Lösungszustand des Eulans mit Hilfe von Diffusionsmessungen und Bestimmung der Viskosität zu ermitteln.

Ausgehend von der Tatsache, daß kolloidgelöste Stoffe eine semipermeable Wand schwer, molekulargelöste Stoffe eine solche Wand ungehindert durchdringen, wird eine einprozentige Eulanlösung der Diffusion unterworfen.

Als semipermeable (halb durchlässige) Wand dient eine Cellophanfolie, aus der wie folgt Beutel hergestellt werden: Die Cellophanfolie wird in angefeuchtetem Zustande über ein Becherglas gelegt und darauf trocknen gelassen. Um ein Ankleben zu vermeiden, erweist es sich als zweckmäßig, zwischen Folie und Becherglas Filtrierpapier zu legen. Die Cellophanfolie läßt sich nach dem Trocknen gut abheben und hat die Form eines Beutels angenommen. Der Cellophanbeutel wird nun mit Isolierband über einem Kork befestigt, dessen Durchmesser dem des Becherglases entspricht und der je eine Bohrung zur Aufnahme eines Einfülltrichters und eines Thermometers besitzt (Abb. 72a).

Nach Einfüllen von 60 ccm 1proz. Eulanlösung wird der Cellophanbeutel in ein Becherglas, das 200 ccm dest. Wasser enthält, gesenkt, und zwar so, daß der Flüssigkeitsstand innen und außen gleich hoch ist (Abb. 72b). Alle halbe Stunde werden nun 5 ccm des außen befindlichen Wassers entnommen und wie folgt die Eulankonzentration bestimmt: Die Probe wird in einem Reagenzglas mit 1 ccm Ferrichloridlösung versetzt und mit 1 ccm Amylalkohol ausgeschüttelt. Die Blau-

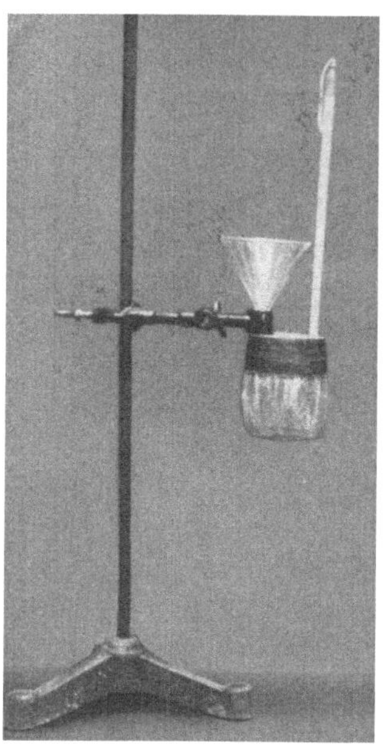

Abb. 72a.

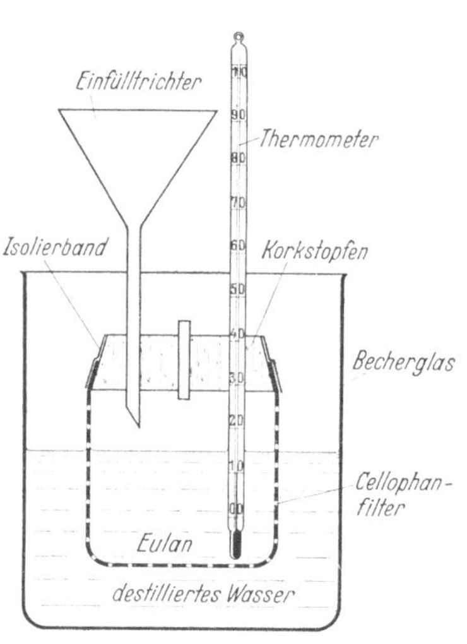

Abb. 72b.

färbung der Amylalkoholschicht kann mit der Blaureaktion einer Eulanlösung bekannten Gehalts verglichen werden.

In gleicher Weise werden zwei Versuche angesetzt, von denen der eine bei 50° C, der andere bei 70° C ausgeführt wird. In beiden wird die Diffusion messend verfolgt.

Ein Beutel enthält 60 ccm einer 1proz. Eulanlösung (0,6 g Eulan), die von 200 ccm dest. Wasser umgeben sind. Bei 100proz. Diffusion müssen sich also in 5 ccm zur Probe entnommenen Wassers $\frac{0,6 \cdot 5}{200 + 60}$ g Eulan nachweisen lassen. Die gefundenen Werte, bei denen der immer wiederkehrende Faktor $\frac{5}{260}$ der Einfachheit halber weggelassen wird, sind nun folgende:

Zeit	Versuch 1 bei 50° C	Versuch 2 bei 70° C
nach ½ Std.	— g Eulan	0,075 g Eulan
„ 1 „	0,03 g „	0,15 g „
„ 1,5 „	0,06 g „	0,23 g „
„ 2 „	0,08 g „	0,29 g „
„ 2,5 „	0,11 g „	0,35 g „
„ 3 „	0,13 g „	0,41 g „
„ 3,5 „	0,15 g „	0,45 g „
„ 4 „	0,17 g „	0,48 g „
„ 4,5 „	0,18 g „	0,50 g „
„ 5 „	0,185 g „	0,52 g „
„ 6 „	0,19 g „	0,53 g „

Diese Werte vermitteln ein recht deutliches Bild von dem verschiedenen Diffusionsvermögen der beiden Lösungen und stellen eindeutig unter Beweis, daß Eulan bei 50° C noch zum größten Teil kolloidal und bei 70° C vornehmlich molekular gelöst ist. Die geringe Diffusion bei 50° C ist so zu erklären, daß nur ein ganz geringer Anteil des Eulans in molekulardisperser Form vorhanden ist, der diffundiert und sich nun infolge der Konzentrationsänderung zwischen kolloidal gelöstem und molekular gelöstem Eulan ein neuer Gleichgewichtszustand einstellt, der immer wieder gestört wird, bis wie bei Versuch 2 der Konzentrationsaustausch eingetreten ist.

Besonders klar wird dies veranschaulicht, wenn man, wie Abb. 73, die Diffusion in Abhängigkeit von der Zeit darstellt. Bei Versuch 1 nach einer halben Stunde, bei Versuch 2 sofort, erfolgt ein starker Anstieg der Diffusionskurven, der dann selbstverständlich durch das kleiner werdende Konzentrationsgefälle abgebremst wird und horizontalen Verlauf zeigt.

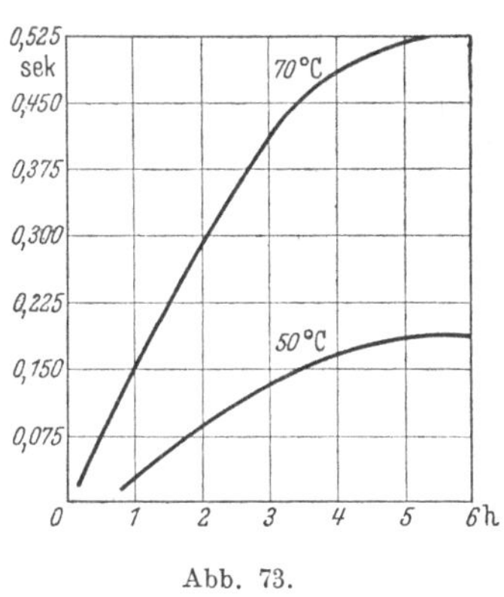

Abb. 73.

Aus dem auffallend großen Unterschied der beiden Kurven ist zu erkennen, daß die Verfeinerung des Lösungszustandes ziemlich sprunghaft vor sich geht, was wiederum hoffen läßt, die „kritische" Temperatur nicht nur annähernd, sondern auch exakt festzulegen:

Die Bestimmung des Lösungszustandes des Eulan neu bei verschiedenen Temperaturen durch Viskositätsmessungen. Nach STAUDINGER sind Molekulargewicht und Viskosität einander annähernd proportional. Die Messung der Viskosität bei verschiedenen

Temperaturen muß also den Punkt deutlich hervortreten lassen, bei dem der Vorgang kolloid $\rightleftarrows$ molekular vor sich geht.

Zur Messung der Viskosität wird das OSTWALDsche Viskosimeter verwendet und zwar mit einem Wasserwert von 62,2 bei 18° C. Es befindet sich während der Messungen in einem 1 l-Becherglas, das mit Wasser gefüllt ist und auf die jeweilige Temperatur gebracht wird. Die Temperaturmessung erfolgt sowohl im Viskosimeter als auch im Wasserbad (Abb. 74).

Eulan		dest. Wasser	
Temp. °C	Ausflußzeit in sec	Temp. °C	Ausflußzeit in sec
17	79,6	18	62,2
20	72,1		
25	64,0		
29	60,0		
33	55,8		
37	52,8		
41	49,4	42	46,6
46	46,2		
50	43,1	52	41,0
54	40,4		
58	38,6	59	38,0
61	37,2		
68	35,0	68	35,0
73	33,4		
77	32,0		
80	31,0	81	31,0
85	30,0	85	30,0
90	29,0	90	29,0
95	28,0	95	28,0
100	27,2	100	27,2

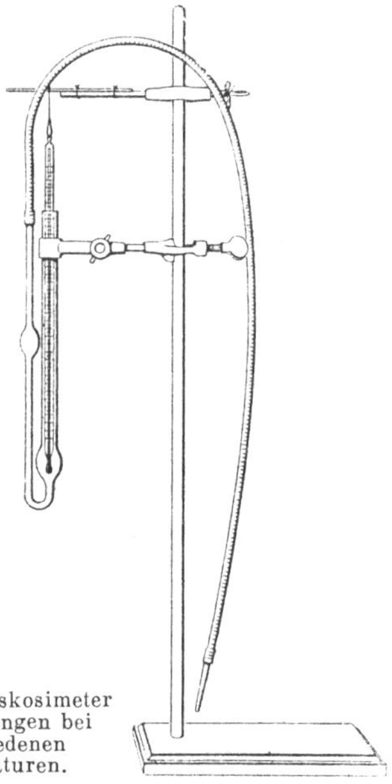

Abb. 74. Viskosimeter für Messungen bei verschiedenen Temperaturen.

Es kommen 10 ccm einer 1proz. Eulanlösung zur Anwendung. Die nachfolgend aufgeführten Werte sind die direkt gemessenen Ausflußzeiten der Eulanlösung, gegenübergestellt den Werten, die sich bei Anwendung von 10 ccm dest. Wasser ergaben.

Aus den Ausflußzeiten ist zu ersehen, daß sich die Werte für Eulan und Wasser von 19° C bis 60° C immer mehr nähern und von dieser Temperatur ab praktisch gleich sind. Abb. 75, welche die Ausflußzeiten in Abhängigkeit zur Temperatur darstellt, verdeutlicht dies besonders. Die Kurven treffen sich im „kritischen" Temperaturgebiet. Solange Eulan kolloidal gelöst ist, ist seine innere Reibung immer größer als die des Wassers, also sind auch seine Ausflußzeiten größer. Je mehr sich der Lösungszustand vom kolloiddispersen zum molekulardispersen Zustand verschiebt, um so geringer wird die innere Reibung, die sich endlich bei vollständig molekulardisperser Zustandsform auf den Grad des Wassers vermindert. An dem Punkt, wo dies erreicht ist, wo sich also die Kurven treffen, liegt die „kritische" Temperatur. Nach Abb. 75a muß diese zwischen 57° C und 59° C liegen. Um sie nun noch genauer zu bestimmen, werden die Messungen in dem „kritischen" Temperaturgebiet mit einem engeren Viskosimeter mit einem Wasserwert von 140,4 bei 19° C wiederholt. Es ist zu erwarten, daß sich hierbei die Unterschiede in den Ausflußzeiten schärfer zeigen und sich somit der Treffpunkt der Kurven deutlicher hervorhebt.

Es ergeben sich hierbei folgende Ausflußzeiten:

Die Werte für die Ausflußzeiten decken sich nach diesen Messungen von 58° C ab (Abb. 75b). Daraus geht klar hervor, daß die Zustandsformen kolloiddispers: molekulardispers bei dieser Temperatur ihre genaue Trennung finden, d. h. 58° C ist als die „kritische" Temperatur des Eulans anzusehen, was im Färbeverfahren zu berücksichtigen ist.

Eulan		dest. Wasser	
Temp. °C	Ausflußzeit in sec	Temp. °C	Ausflußzeit in sec
16	163	19	140,4
50,5	79,2	49	79,0
53,5	75,8	51	77,6
55,5	73,6	52,5	75,8
57	71,8	57	71,4
58	70,6	58	70,6
59,5	69,4	59	69,7
62	67,5	61,5	67,8

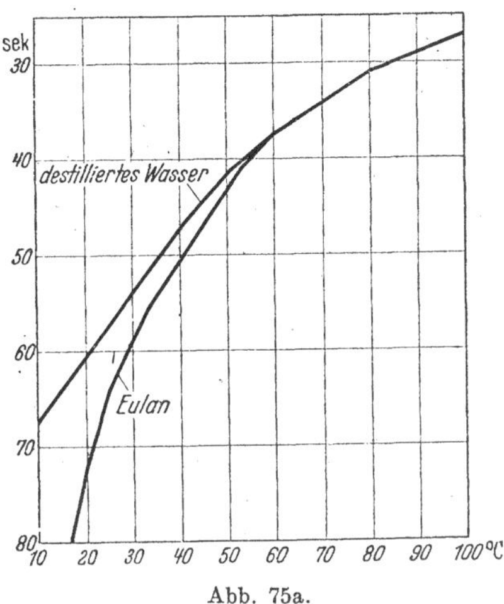

Abb. 75a.

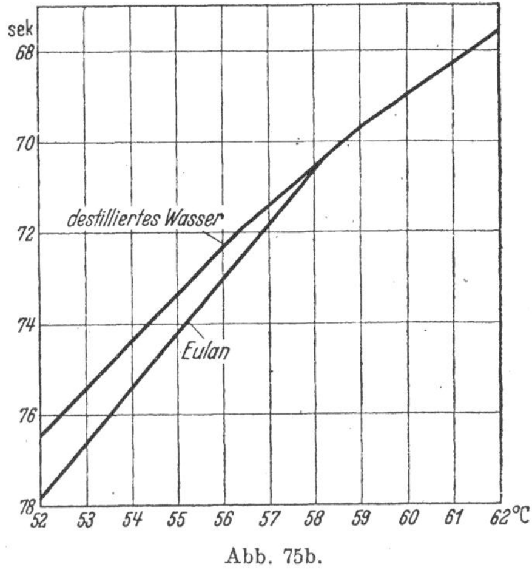

Abb. 75b.

(132) Versuch: Die Vorgänge bei der Färbung. Der Verlauf einer Wollfärbung läßt sich am besten durch die Kontrolle der veränderlichen Azidität beobachten. Die p_H-Messung erfolgt elektrometrisch bei einer

Temperatur von 18° C. Selbstverständlich sind die p_H-Verhältnisse in kochenden Flotten andere als bei dieser niedrigen Temperatur. Es erscheint jedoch durchaus zulässig, bei gleichmäßiger Messung aller Flottenzustände bei 18° C auf entsprechend gleichmäßige p_H-Verhältnisse im kochenden Medium zu schließen. Die nachstehenden Kurvenbilder (Abb. 76a u. 76b) entsprechen dem fast immer gleichmäßigen Verlauf der Färbung.

Die Flotte wird gestellt mit Brunnenwasser, der p_H-Wert betrage 7,5. Beschickt man nun den Apparat mit 2,5 g/l Glaubersalz, so steigt der p_H-Wert auf 7,7 an. Bei Zusatz von 0,8 g/l Essigsäure (30 Vol.-%) erhält man nunmehr im sauren Gebiet den Wert 4,7. Nach einem Zusatz von 3% vom Warengewicht Eulan neu (die Flotte ist immer noch nicht

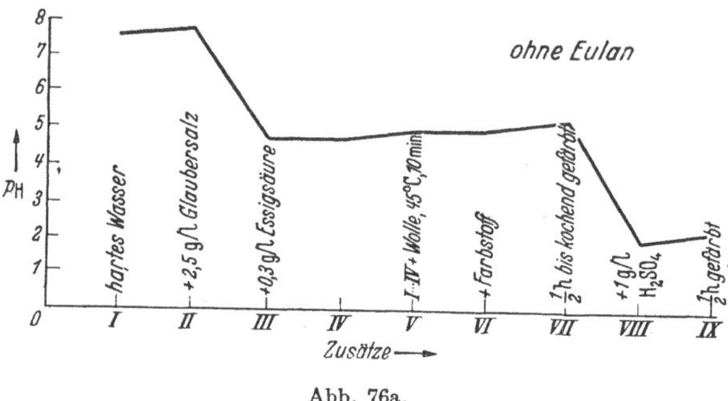

Abb. 76a.

angewärmt) stellt man den Wert 4,6 fest. Nach dem Erwärmen der Flotte auf 45° C wird die Wolle aufgestellt. Nach 10 minutigem Färben besitzen die Bäder mit und ohne Eulan den p_H-Wert 5,0. Es wird also schon bei dieser niedrigen Temperatur Säure verbraucht. Nun werden die für eine mittlere Färbung nötigen Farbstoffmengen hinzugesetzt. Dabei ergeben sich bei etwa 2 proz. Färbungen für gewöhnliche saure Farbstoffe ohne Rücksicht auf die Marke praktisch nahezu konforme Verhältnisse: Die Azidität geht wenig zurück, z. B. von 5,0 auf 5,1. Nachdem eine weitere halbe Stunde gefärbt worden ist, wobei die Temperatur zur Kochgrenze getrieben wird, ergibt sich für eulanhaltige und eulanfreie Flotten ein p_H-Wert von 5,3, also ein weiterer Verbrauch von Säure. Nun wird 1 g/l Schwefelsäure zugesetzt, worauf die Azidität auf p_H 2,0 steigt. Nachdem während einer halben Stunde bei Kochtemperatur fertig gefärbt worden ist, steht der p_H-Wert auf 2,2.

Das Eulan selbst besitzt schwachen Säurecharakter. Die p_H-Messungen seiner Lösung in saurer Flotte bei 18° C und einem angenommenen Flottenverhältnis von 1 : 30 haben folgendes Ergebnis:

p_H der Flotte ohne Eulan: 3,9

Eulan neu	1%	vom Warengewicht:	p_H	3,9
,, ,,	3%	,, ,,	: p_H	3,8
,, ,,	6%	,, ,,	: p_H	3,6
,, ,,	10%	,, ,,	: p_H	3,4
,, ,,	20%	,, ,,	: p_H	3,2
,, ,,	50%	,, ,,	: p_H	2,8
,, ,,	100%	,, ,,	: p_H	1,8

Der Aufzug des Eulan auf die Wollfaser geht wie oben beschrieben aus saurer Flotte praktisch quantitativ vor sich, während aus neutraler Flotte nur ein Bruchteil der dem Bade zugesetzten Eulanmenge aufgenommen wird. So ziehen z. B. aus saurer Flotte (1 g/l Schwefelsäure) bei 70° C in 15 min 58% Eulan, aus neutraler Flotte bei sonst gleichen Verhältnissen nur 21% auf die Ware auf.

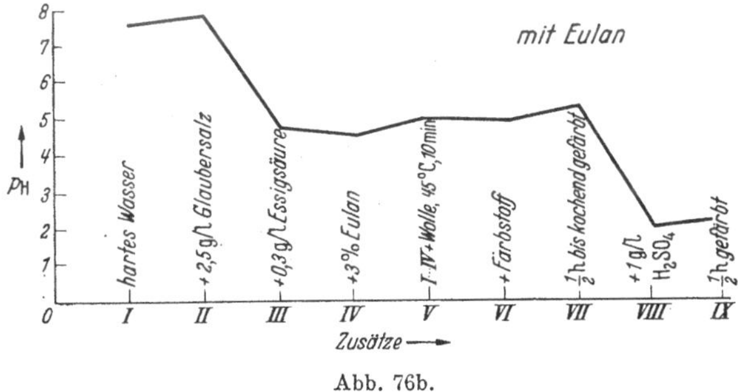

Abb. 76b.

(133) Untersuchung: Der qualitative Nachweis von Eulan neu. Eulan neu liefert in wässeriger Lösung mit Ferrichlorid einen schmutzigblauen Niederschlag, löslich mit blauer Farbe in Äthylazetat und Amylazetat, unlöslich in Benzol, Toluol, Xylol und Chloroform. Damit ist also ein qualitativer Nachweis möglich, wenn es gelingt, das Eulan von der Faser zu trennen. Dies kann auf zweierlei Weise geschehen: entweder schließt man die Wolle mit konz. Schwefelsäure auf und weist Eulan in dieser Lösung nach, oder man behandelt die eulanisierte Faser mit verdünnter Natronlauge und verwendet den alkalischen Auszug für die Untersuchung. Es sind also im Prinzip zwei Nachweismethoden möglich, diejenige nach saurem und die nach alkalischem Aufschluß. Die letztere soll hier beschrieben werden.

a) Alkaliaufschlußverfahren: In einer 300 ccm fassenden Pulverflasche wird 1 g eulanisierte Wolle mit 150 ccm n/10 Natronlauge im Thermostat bei 40° C eine Stunde lang unter öfterem Schütteln behandelt. Hierauf wird die Lösung in einen Goochtiegel über Glaswolle gegossen und gründlich mit dest. Wasser gewaschen. Nach scharfem

Absaugen wird das Filtrat schwach mit Essigsäure angesäuert und unter Verwendung eines Siedestabes auf 40 ccm eingedampft. Diese eingeengte Lösung spült man nun in einen Scheidetrichter über, füllt sie mit dest. Wasser auf 50 ccm auf und schüttelt sie mit 30 ccm Amylazetat. Nun wird der Ester abgetrennt und durch ein trockenes Filter gegossen. Das Filtrat wird im Scheidetrichter mit 50 ccm dest. Wasser geschüttelt und tropfenweise mit einer 10proz. Ferrichloridlösung versetzt. Bei Anwesenheit von geringen Mengen Eulan neu färbt sich der Ester schön blau.

b) Ninhydrinmethode (MECHEELS u. KIMMEL): Ein weiterer Nachweis gelingt mit Hilfe des Ninhydrins. Nach ABDERHALDEN ist das Ninhydrin ein Reagenz auf Aminosäuren. Es gibt mit diesen in wässeriger Lösung blaue Färbungen, wobei die Reaktion sehr empfindlich ist. Das Ninhydrin, ein Triketohydrinden von der Formel

$$\text{C}_6\text{H}_4 \left\langle \begin{array}{c} \text{CO} \\ \text{C(OH)}_2 \\ \text{CO} \end{array} \right.$$

wird von der I. G. Farbenindustrie AG. als Schwangerschaftsdiagnostikum und überhaupt als Reagenz auf Eiweiß, Peptone, Polypeptide und Aminosäuren in den Handel gebracht. Ninhydrin reduziert α-Aminokarbonsäuren zu Aldehyden. Es wird dabei in das blaue Ammoniumsalz des 1,3 Dioxo — 2 — [1,3 Dioxo-hydrindyliden — 2 — Amino]-hydrindens übergeführt (CO$_2$ und H$_2$O werden frei):

$$\text{C}_6\text{H}_4 \left\langle \begin{array}{c} \text{CO} \\ \text{CO} \end{array} \right\rangle \text{CH} \cdot \text{N} = \text{C} \left\langle \begin{array}{c} \text{CO} \\ \text{CO} \end{array} \right\rangle \text{C}_6\text{H}_4$$

Kocht man eine unbekannte stickstoffhaltige Probe bei neutraler Reaktion etwa 1 min lang mit einigen Tropfen Ninhydrin, so tritt Färbung ein bei Eiweißstoffen, Peptonen, Aminosäuren. Keine Färbung zeigen: Harnstoff, Gallussäuren, Pyridin.

Das Verfahren zur Erkennung mit Eulan behandelter Wolle beruht nun auf folgendem:

Kocht man eulanbehandelte und nicht eulanbehandelte Wolle mit dest. Wasser ab und prüft die beiden Abkochflotten mit Ninhydrin auf die Anwesenheit von Aminosäuren, so findet man, daß das von der nicht eulanisierten Ware stammende Wasser eine sehr starke, das von der eulanisierten Ware stammende eine sehr schwache Reaktion ergibt.

Die eulanisierte Wolle ist also entweder dem Abbau zu Aminosäuren nicht in dem Maße unterworfen, wie die nicht eulanisierte, oder aber ist die durch Abbau der eulanisierten Wolle entstehende Aminosäure durch irgendwelche aus dem Eulan stammende saure Gruppen substituiert und gibt in dieser Form nicht mehr die normale Reaktion.

Die Ninhydrinreaktion geht nun praktisch nicht so glatt vor sich, da die beim Färben und Eulanisieren zugesetzte Säure mit den Aminogruppen der Wolle unter Salzbildung reagiert, so daß beim Abbau nicht die freie Aminosäure, sondern deren Salz vorliegt. Das in dem Abkochwasser von mit Säure gekochter bzw. sauer gefärbter (aber nicht eulanisierter) Wolle befindliche Salz der Aminosäure hätte demnach die dem schwefelsauren Glykokoll $(CH_2NH_2COOH)_2$, H_2SO_4 *etwa analoge Zusammensetzung:* $(R \cdot NH_2COOH)_2$, H_2SO_4. *Es ist nun aber sehr leicht möglich, die freie Aminosäure aus diesem Salz zu erhalten, wenn man durch Zusatz von Pyridin die Schwefelsäure als Pyridinsulfat bindet. Auf Zusatz von Pyridin gibt auch tatsächlich das Abkochwasser von sogar mit starken Säuremengen gekochter Wolle mit Ninhydrin eine einwandfreie Aminosäurereaktion.*

Die Ninhydrin-Reaktion läßt also ein unterschiedliches Verhalten von mit Eulan behandelter und nicht behandelter Wolle erkennen. Die Ursache liegt offensichtlich in der Bildung eines sehr beständigen Komplexes Aminosäure-Eulan. Vielleicht läßt sich diese Tatsache auch in biologischer Hinsicht zur Aufklärung der Eulanwirkung verwerten:

Die Mottenraupe kann die eulanisierte Wolle in ihrem Darmkanal nicht verdauen, da die Hydrolyse der Wolle durch Eulan blockiert ist.

Durchführung der Ninhydrinmethode. Die zu untersuchende (gefärbte) Wolle wird mit destilliertem Wasser bei einem Flottenverhältnis von etwa 1 : 60 15 min lang gekocht. Hierauf wird die Wolle aus der Flotte genommen und letztere auf etwa $^1/_8$ ihres Volumens eingedampft. 1 ccm der eingeengten Flüssigkeit versetzt man in einem kleinen Reagenzglas mit zwei Tropfen Ninhydrinlösung 1 : 20, kocht 40 sec lang, setzt 0,3 ccm Pyridin zu und kocht noch weitere 10 sec. Nach dem Abkühlen tritt beim Vorliegen eulanisierter Wolle keine oder nur eine äußerst schwache, beim Vorliegen nicht eulanisierter Wolle eine sehr starke Blauviolett-Färbung ein.

Die Kochzeiten müssen genau eingehalten werden. Kocht man zu lange, so tritt auch beim Vorliegen eulanisierter Wolle eine stärkere Blaufärbung ein. Es ist unerläßlich, stets einen Versuch mit bekanntem Material parallel zu schalten.

Führt man die Reaktion mit chromierter Wolle durch, so tritt nach Pyridinzusatz weder bei eulanisierter noch bei nicht eulanisierter Wolle (auch nicht nach anhaltendem Kochen) eine Blaufärbung ein. Die Reaktion kann also zur Unterscheidung von chromierter und nicht chromierter Wolle mit herangezogen werden. Höchst wahrscheinlich liegt die beim Abbau von chromierter Wolle auftretende Aminosäure in Form eines Chromsalzes vor, in dem das Chrom komplex gebunden ist und dem etwa die Formel $(R \cdot NH_2COO)_3Cr$ zukäme. Ein Kobaltsalz der Aminoessigsäure von der Form $(CH_2NH_2COO)_3$ Co ist bekannt.

(134) Versuch: Der Einfluß der Eulanbehandlung auf den Glanz der Wollfaser. Die Frage, inwieweit die Eulanisierung das Aussehen der Faser beeinflußt, kann u. a. dadurch beantwortet werden, daß man zahlreiche Glanzmessungen von eulanbehandelter und nicht eulanbehandelter Ware durchführt. Mit dem bloßen Auge ist ein Glanzunterschied im allgemeinen nicht festzustellen. Immerhin macht Eulanwolle, wenn man sie zu größeren Posten gestapelt betrachtet, jenen überaus edlen Eindruck, den man von sorgfältig veredelter Wolle gewöhnt ist. Die Glanzmessung ergibt auch für Eulanwolle stets etwas höhere Glanzzahlen. Allerdings sind die Unterschiede zwischen den Zahlen für den Glanz eulanisierter und nicht eulanisierter Wolle so gering, daß man sie nur schwer mit dem bloßen Auge einwandfrei feststellen kann. Die Messungen zerstreuen aber den, in früheren Jahren ab und zu auftretenden Verdacht, wonach durch Eulanisieren die Wolle blind werde.

In folgendem sei ein typisches Beispiel einer solchen Glanzmessung angeführt:

Wolle gewaschen . . . . Glanzzahl 17
Gewaschene Wolle mit Schwefelsäure gekocht . . . . . Glanzzahl 21
Gewaschene Wolle mit Schwefelsäure und Eulan gekocht Glanzzahl 24

Bei der hier geübten Glanzmessung und der Errechnung mit großen ganzen Zahlen sind Glanzunterschiede mit dem Auge mit Sicherheit erst bei einer Differenz von 4—5 Punkten zu erkennen. Das Ergebnis zeigt aber, daß Eulan den natürlichen Faserglanz zum allermindesten nicht herabsetzt.

(135) Versuch: Der Einfluß der Eulanbehandlung auf die Weichheit der Wollfaser. Schon beim vergleichenden Befühlen fällt dem geübten Prüfer der offene, volle, weiche Charakter eulanisierter Garne auf. Es ist deshalb naheliegend, zu versuchen, diesen Punkt der Veredlung auch zahlenmäßig zu erfassen. Die Weichheitsmessung wird folgendermaßen durchgeführt:

Die zu untersuchenden Garne werden 24 Stunden lang in einem Raum mit konstanter relativer Luftfeuchtigkeit von 65% verhängt. Nach dieser Zeit wird in demselben Raume bei stets gleichbleibender Luftfeuchtigkeit gemessen. Zunächst bestimmt man in üblicher Weise die Fadendicke, hierauf mit dem Dickenmeßapparat für Gewebe die Zusammendrückbarkeit. Man belastet dabei das Fallelement mit einem Zusatzgewicht für 500 g Tasterdruck. Aus der Differenz zwischen Fadendicke und Quetschung erhält man die Zusammendrückbarkeit des Fadens. Die Ergebnisse für die daraus errechnete Weichheit sind aus nebenstehender Tabelle ersichtlich.

Das Ergebnis der Weichheitsmessung deckt sich voll und ganz mit dem durch Befühlen gewonnenen Eindruck. Der nur mit Seife gewaschene Wollstrang, welcher als Vergleichs-konstante zugrunde gelegt wurde, besitzt die Weichheitszahl 1,00. Die mit Schwefelsäure gekochte Ware ist etwas härter geworden. In vorliegendem Beispiel ist die Zunahme der Härte jedoch so gering, daß sie nur ein geübter Prüfer einigermaßen einwandfrei feststellen kann. Die Weichheitszahl 0,98 entspricht durchaus diesem Befund. Dagegen ist die eulanbehandelte Wolle um ein Mehr-faches weicher als das Vergleichs-muster, was aus der Zahl 1,12 auch hervor-geht.

(136) Verfahren: Der genaue Gang der Eulanisierung. Die Flotte wird mit der für die Färbung vorgeschriebenen Säuremenge, die man für das Eulanisieren um 10% er-höht, versetzt. Hierauf fügt man Glaubersalz und 3% vom Warengewicht Eulan neu hinzu. Nachdem man auch den Farbstoff zugegeben hat, erhitzt man so, daß der Temperatur-zwischenraum zwischen 50 und 70° C keines-falls schnell übersprungen wird. Bei konti-nuierlicher Erhitzung stellt man den Dampf bei 60° C eine Zeitlang ab. Bei einem Er-hitzen mit dem Stechrohr wird eine Tempe-raturstufe ausdrücklich auf 60° C gehalten.

Schließlich erwärmt man langsam bis zur Kochgrenze.

E. Das Bleichen der Wolle.

Die Bleichmittel. *Im Gegensatz zur Baum-wolle wird Wolle nicht nur mit Oxydations-mitteln gebleicht. Eine gute Wollbleiche stellt eine Kombination zwischen einer Oxydations-bleiche und einer Reduktionsbleiche dar.*

Früher wurde die Wolle nur mit Reduktions-mitteln gebleicht und zwar mit schwefliger Säure. Man hängte die befeuchteten Garne oder Stücke in den Schwefelkasten oder in die Schwefelhütte und verbrannte darin die nötige Menge Schwefel. Diese Bleiche ergab zwar ein schönes Weiß: Nach einigen Monaten trat

Nr.	Behandlung	Rauheit c/g	Faden-dicke a/mm	Quet-schung b/mm	Differenz $a-b=x$	% Zusammen-drückbarkeit $z=\dfrac{100\cdot x}{a}$	z ins %-Ver-hältnis zu Nr. 1 $Z=\dfrac{100\cdot z_x}{z_1}$	c ins %-Ver-hältnis zu Nr. 1 $R=\dfrac{100\cdot c_x}{c_1}$	Waren-Faktor $R_k = R-5\%$	Weich-heitszahl $W=\dfrac{Z}{R_k}$
1	unbehandelt	58,6	1,221	0,231	0,990	81,0	100,0	100,0	100,0	1,0
2	Mit H_2SO_4 gekocht	60,3	1,000	0,214	0,786	78,6	97,0	102,9	97,75	0,98
3	Mit Eulan + H_2SO_4 gek.	52,7	1,058	0,232	0,826	78,0	96,3	89,8	85,31	1,12

jedoch oftmals ein Vergilben ein, weil sich aus den aufgelagerten Schwefel-verbindungen Schwefel abschied.

Die neuzeitliche Bleiche wird deshalb zunächst mit Wasserstoff- oder Natriumsuperoxyd durchgeführt, worauf erst das Schwefeln mit weit geringeren Mengen schwefliger Säure oder auch eine Behandlung mit Blankit erfolgt.

Die Peroxydbleiche bringt keine wesentliche Aufhellung. Sie nimmt jedoch der Wolle den Rotanteil ihrer natürlichen Farbstoffe hinweg und bereitet so die Weißwirkung durch das Schwefeln oder das ,, Blankitieren" vor.

Die Grundsätze für die Peroxydbleiche entsprechen denjenigen für die Baumwollbleiche. Die Flotten werden jedoch nicht zum Kochen getrieben, sondern bei einer Höchstgrenze von 46—49° C gehalten. Außerdem darf nur ein äußerst geringer Alkaliüberschuß vorhanden sein.

Die Peroxydbleiche der Wolle kann in Holz-, V_4A-Stahl und u. U. in Aluminiumapparaten durchgeführt werden.

Das Schwefeln erfolgt durch Verbrennen von Schwefel an der Luft. Es entsteht schweflige Säure, die reduzierend und bleichend wirkt.

Die Blankitbehandlung erfolgt im wässerigen Medium. (Blankit ist ein Hydrosulfitpräparat).

(137) Verfahren: Die Wollbleiche.

a) Peroxydbleiche. Die gut gewaschene Wolle wird mit folgendem Ansatz behandelt:

     2 — 3 g/l Natriumpyrophosphat.
   20 —40 ccm/l Wasserstoffsuperoxyd 30 Vol.-% oder
   15 —30 ccm/l Wasserstoffsuperoxyd 40 Vol.-%.
     0,5— 2 ccm/l Ammoniakwasser, spez. Gew. 0,93—0,95
    hartes Wasser, 46—49° C.

Die Garne (oder das sonstige Wollmaterial) werden bei dieser Temperatur während mindestens fünf Stunden gehalten. (Evtl. wird 1 bis 2 Stunden lang die Temperatur gehalten, worauf man über Nacht stehen läßt.)

Der Ammoniak wird gerade bis zur lackmusalkalischen Reaktion zugesetzt.

Nach dieser Bleiche wird gut gespült.

b) Blankitbleiche. Die so vorgebleichte Ware wird nun bei 40—50° C während 2 Stunden mit 1—3 g/l Blankit I behandelt. Hierauf wird gut gespült.

c) Schwefeln. Statt der Blankitbleiche kann auch geschwefelt werden. Man hängt die mit Peroxyd gebleichte Wolle in die Schwefelkammer (im Laboratorium großer Stutzen oder großes Becherglas) und verbrennt unter knapper Luftzuführung 4—5% vom Warengewicht an Schwefel. Nach dem Schwefeln wird gespült.

(138) Untersuchung: Die Gehaltsbestimmung von Superoxydbleich-bädern. Man legt in einen Erlenmeyer-Kolben etwa 30 ccm verdünnte Schwefelsäure (Verd. 1 : 10) und 10 ccm der zu untersuchenden Bleich-flotte vor und titriert nun mit $\frac{n}{10}$ Kaliumpermanganatlösung bis eben zum Eintritt einer Rosafärbung. (1 ccm $\frac{n}{10}$ $KMnO_4$-Lösung entspricht 0,0017 g H_2O_2 [(100proz.].)

Beispiel: Es wurden verbraucht: 36,2 ccm $\frac{n}{10}$ Kaliumpermanganat-lösung. Daraus berechnet sich der Gehalt an 100proz. Wasserstoff-superoxyd H_2O_2

$$\frac{36,2 \cdot 0,0017 \cdot 1000}{10} = 6,15 \text{ g/l}.$$

(139) Verfahren: Die Nachstellung von Wollbleichflotten. Bei einer normalen Wollbleiche beträgt der Sauerstoffverbrauch etwa die Hälfte des Ansatzes. Die Flotten müssen also aufbewahrt und bei neuem Gebrauch nachgestellt werden. Die im Beispiel der Untersuchung 137 genannte Flotte soll nach der Bleiche für 10 ccm der Bleichflotte noch 19,55 ccm $\frac{n}{10}$ $KMnO_4$-Lösung verbrauchen. Der Gehalt an H_2O_2 beträgt also nunmehr $\frac{19,55 \cdot 0,0017 \cdot 1000}{10} = 3,32$ g/l. Es wurden also 6—3,32 = 2,68 g/l H_2O_2 verbraucht. Um wieder die alte Stärke der Flotte von 6 g/l H_2O_2 zu erhalten, muß man z. B. für eine Flotte von 850 l (75 kg Wolle) folgende Litermenge 40 Vol.-proz. Wasserstoffsuper-oxyd nachsetzen:

$$\frac{850 \cdot 2,68}{400} = 5,6 \text{ l}.$$

(140) Versuch: Die Messung des Weißgehaltes von Teilbleichen. Mit Wollgarnen mißt man unter dem Stufenphotometer den Weißgehalt und die Vollfarbe eines gewaschenen, eines mit Peroxyd gebleichten und eines mit Peroxyd und Blankit gebleichten Musters. Die Spanne des Weißgehaltes ist vom ungebleichten Muster zum mit Peroxyd gebleichten kleiner als von diesem zum mit Blankit gebleichten.

(141) Versuch: Die Messung der Weichheit gebleichter Wollgarne. Man mißt die Weichheit je eines mit Schwefeln und mit Blankit nachgebleichten Garnes. Das geschwefelte Garn wird weicher und voluminöser sein.

(142) Versuch: Das Entzünden einer größeren Schwefelmenge. Mindestens $1/_2$ kg Schwefel in Brocken oder Stangen wird so entzündet, daß man (im Kesselfeuer) ein Stück Eisen glühend macht und dieses (mit einer Zange) in die den Schwefel enthaltende Steinpfanne wirft.

(143) Versuch: Bleichschädigungen an Wolle. Die Wollschädigung von Bleichen mit zu hohen Temperaturen (z. B. 90° C) oder zu hohem Alkaligehalt wird mittels den in Untersuchung 121—123 beschriebenen Methoden festgestellt.

(144) Versuch: Die Ermittlung des Bleichverfahrens. Man verändert in Verfahren 137 den Stabilisator Pyrophosphat (1. Versuchsreihe) und den Gehalt an Wasserstoffsuperoxyd (2. Versuchsreihe), ferner nimmt man statt Pyrophosphat Trinatriumphosphat 2—4 g/l (normal) (3. Versuchsreihe) und mißt jeweils den erreichten Weißgehalt.

(145) Versuch: Die Wollbleiche mit Natriumsuperoxyd. Die in folgendem Bleichverfahren ermittelten Werte für Weißgehalt und Vollfarbe werden mit denjenigen aus Verfahren 137 verglichen.

Da das Natriumsuperoxyd beim Zerfall in Wasser viel Natronlauge abspaltet ($Na_2O_2 + 2\ H_2O \rightarrow 2\ NaOH + H_2O + O$), nimmt man die Auflösung in Schwefelsäure vor.

Flottenverhältnis 1 : 20.
Schwefelsäure 66° Bé, 13,5 g/l.
Natriumsuperoxyd 10 g/l.
46—49° C, 5 Stunden oder einlegen über Nacht.

Die Restsäure wird nun mit Wasserglas oder Trinatriumphosphat oder Natriumpyrophosphat so neutralisiert, daß ein ganz schwacher Alkaliüberschuß (Lackmus) verbleibt. (Die Säure muß unter Umrühren zum Wasser gegossen werden, nicht umgekehrt.) Das Natriumsuperoxyd wird langsam unter Umrühren ins Bad gegeben.

Die Flotte hat gegenüber derjenigen aus Verfahren 137 den Nachteil, daß sie infolge Salzanreicherung (Glaubersalz) ein hohes spez. Gewicht besitzt. $H_2SO_4 + 2\ NaOH \rightarrow Na_2SO_4 + 2\ H_2O$. Die Wolle schwimmt daher oftmals oben und muß immer wieder untergetaucht werden. Nach dieser Bleiche wird gespült und wie üblich mit schwefliger Säure oder mit Blankit I nachbehandelt.

F. Das Färben der Wolle.

Die Reaktion Farbstoff—Wollfaser und die Farbstoffe für Wolle. *Wolle besitzt amphoteren Charakter. Sie reagiert gegen Säuren wie eine Base und gegen Basen wie eine Säure. Infolgedessen könnte die Reaktion Farbstoff—Wollfaser einfach als eine Salzbildung zwischen der Farbsäure und den basischen Gruppen der Wolle aufgefaßt werden. Die Farbsäure wird durch die dem Färbebad zugesetzte Säure aus dem handelsüblichen Farbsalz frei gemacht.*

Farbstoff (Farbsalz) + Säure der Flotte → Farbsäure + Salz aus Farb-
salz (Kation) und Flottensäure
(Anion)

Farbsäure + bas. Wollgruppen → Färbung.

Ohne Zweifel spielt eine derartige chemische Bindung weitgehend mit. Die Vorgänge besitzen jedoch einen etwas komplizierteren Verlauf, den ELÖD klarstellte.

Man unterscheidet fortschreitend (Abb. 77):

1. Sorption des Farbstoffanions an der Faser-oberfläche.

2. Diffusion des Anions durch die Rinden-schicht.

3. Chemische Reaktion im Wollinneren im Sinne der Salzbildung.

4. Wanderung von Wollionen aus dem In-neren der Faser in die Flotte.

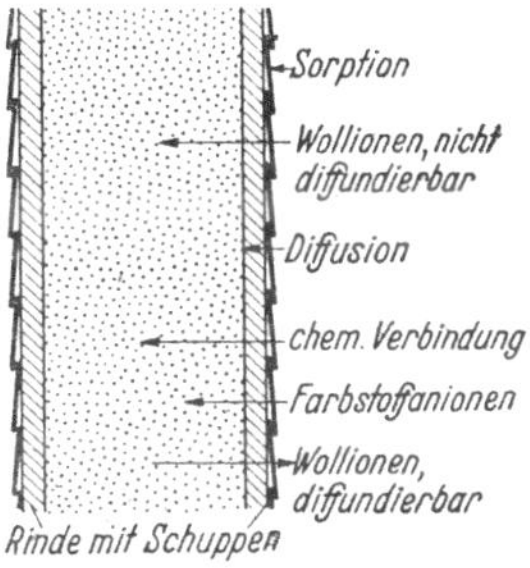

Sorption

Wollionen, nicht diffundierbar

Diffusion

chem. Verbindung

Farbstoffanionen

Wollionen, diffundierbar

Rinde mit Schuppen

Abb. 77.

Das Gleichgewicht zwischen dem System Wolle-Flotte wird im Sinne der Donnanschen Membrantheorie erreicht. Diese Theorie lautet in unserem Sinne etwa:

Die Wollfaseroberfläche ist eine semipermeable (halbdurchlässige) Membran, welche in die Flotte eingebracht nur bestimmte Ionen hindurchdiffundieren läßt, wobei sowohl Farbstoffionen in das Wollinnere, wie auch Wollionen in die Flotte wandern.

Ein Gleichgewichtszustand wird dann erreicht, wenn die Molarkonzentrationen von jedem Ionenpaar innen und außen untereinander gleich sind.

Neben dem Anion des Farbstoffs reagieren jedoch auch diejenigen der Färbesäure mit der Wolle. Außerdem beeinflußt die Wasserstoffionenkonzentration der sauren Flotte die Aufnahme der Farbstoffanionen.

Der Gleichgewichtszustand kann dadurch gestört werden, daß man durch vermehrte Säurezugabe oder durch längeres Kochen die Durchlässigkeit der Membran Faseroberfläche vergrößert.

Die Vorgänge bei der Diffusion sind jedoch nicht nur von der Durchlässigkeit der Membran, sondern auch von der Molekülgestalt der Farbstoffe abhängig. Außerdem spielt die räumliche Ausdehnung eines Farbstoffmoleküls eine maßgebliche Rolle.

Der Unterschied zwischen einer sauren Wollfärbung und einer substantiven Baumwollfärbung. Nach VALKO liegen vor dem Beginn einer Wollfärbung folgende Ausgangsstoffe vor:

1. Das Wolleiweiß, zwitterionisch $^+H_3N \cdot R \cdot COO^-$

2. Der Farbstoff, Farbanion F^-

3. Die Säure mit ihrem Wasserstoffion H^+ *und ihrem Anion* Ac^-

Das Zwitterion (Ladung $+$ *und* $-$*) des Wolleiweißes tritt nun zunächst mit den Ionen aus der Säure in Reaktion. Dabei erfolgt eine Bindung der* H^+ *an den Karboxylgruppen:*

$$Ac^- + {}^+NH_3 \cdot R \cdot COOH.$$

Es erfolgt also bei wachsender Erhöhung der Wasserstoffionenkonzentration ein Dissoziationsrückgang im Faserstoff. Schließlich tritt an die Stelle des Säureanions das Farbstoffanion,

$$F^- + {}^+H_3N \cdot R \cdot COOH.$$

Die positive Ladung der NH_3*-Gruppe des Eiweißmoleküls wird also nun durch die negative Ladung der* COO^-*-Gruppe nicht mehr ausgeglichen. Die Faser hat beim Sauerfärben der Wolle den dem Farbstoffanion entgegengesetzten Ladungssinn erhalten.*

Bei der substantiven Baumwollfärbung besitzt die Faser den gleichen Ladungssinn wie das Farbion.

Die Erhöhung der Säurekonzentration vergrößert demnach bei der sauren Wollfärbung die Geschwindigkeit und die Menge der Farbstoffaufnahme.

Der Salzzusatz zu einer Färbeflotte setzt die elektrischen Kräfte herunter. Bei der Wollfärbung bewirkt der Salzzusatz deshalb eine Verlangsamung, bei der substantiven Baumwolle eine Beschleunigung der Farbstoffaufnahme. Außerdem schwächt die Zugabe von Glaubersalz die Azidität der Flotte:

$$Na_2SO_4 + H_2SO_4 \rightarrow 2\,NaHSO_4.$$

Während also Säureflotten in den technisch üblichen Konzentrationen die Wolle nicht erheblich schädigen und sogar von dieser aufgenommen werden, löst sich die Wollfaser schon in verhältnismäßig verdünnten Alkalien auf, insbesondere dann, wenn der Angriff des Alkalis in der Wärme erfolgt. Dieses Verhalten der Wolle entspricht nicht demjenigen der Baumwolle, die von Säuren stark, von Alkalien weniger angegriffen wird.

Man unterscheidet folgende Färbemethoden:

a) Färben in saurer Flotte,

b) Färben in schwachsaurer Flotte,

c) Färben in neutraler Flotte,

d) Färben in saurer Flotte mit nachfolgender Beize,

e) Färben mit Palatinechtfarbstoffen,

f) Färben mit Küpenfarbstoffen.

Die sauren Wollfarbstoffe besitzen Säuregruppen (—SO$_3$H, —COOH, —OH). Sie können den verschiedensten Klassen angehören, z. B.

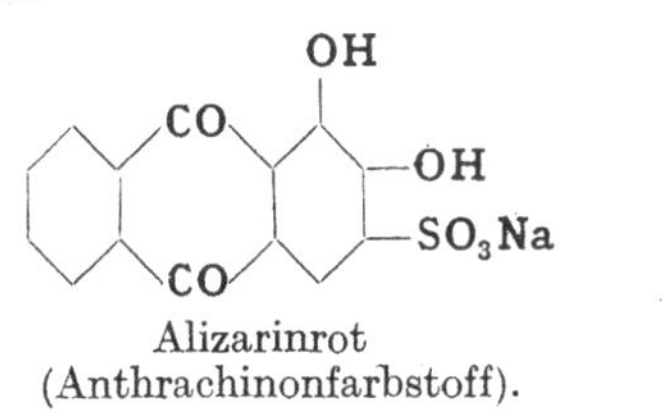

Säuregelb (Echtgelb) (Azofarbstoff).

Orange II (Azofarbstoff).

Naphtholblauschwarz
(Disazofarbstoff).

Typ eines roten Disazofarbstoffes

Naphtholgelb S
(Nitrofarbstoff).

Alizarinrot
(Anthrachinonfarbstoff).

Alizarinsaphirol
(Anthrachinonfarbstoff).

*Gut egalisierende Farbstoffe wer-
den im Schwefelsäure-Glaubersalz-
Bade gefärbt, während schlecht
egalisierende mit einer organischen
Säure (Essigsäure oder Ameisensäure) und Glaubersalz gefärbt
werden. Diesen Flotten kann man
gegen den Schluß der Färbung
noch Schwefelsäure zusetzen. Die
Färbung erfolgt meist auf Apparaten (Abb. 78).*

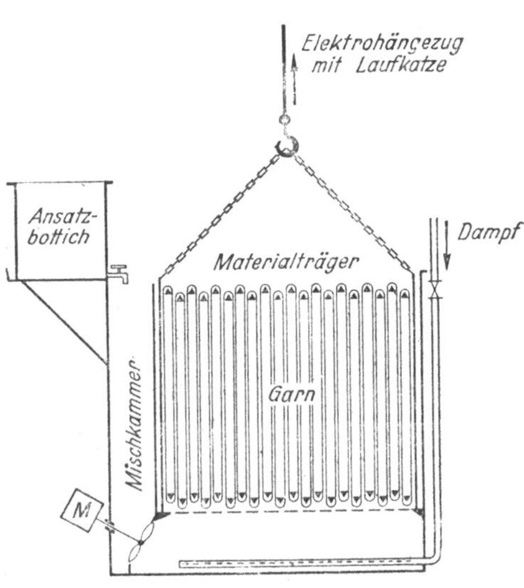

Abb. 78. Wollfärbeapparat für Garne.

1. Wollfärbung ohne Verlackung oder Verküpung.

(146) Verfahren: Die Wollfärbung aus der Schwefelsäureflotte.

Flottenverhältnis 1 : 30,
$\times$ % saurer Wollfarbstoff,
$^1/_2$—2 g/l Schwefelsäure 66° Bé,
3—7 g/l Glaubersalz krist.,
50° C — kochend,

Die Säure wird erst allmählich zugegeben.

(147) Verfahren: Die Wollfärbung aus der Essigsäure-Schwefelsäure-flotte.

Flottenverhältnis 1 : 30,
$\times$ % saurer Farbstoff,
1—3 ccm/l Essigsäure 30proz.,
3—6 g/l Glaubersalz krist.,
50° C — kochend.

Nach $^1/_2$—$^3/_4$ Stunden wird nun die gleiche Säuremenge oder $^1/_2$ bis $1^1/_2$ g/l Schwefelsäure 66° Bé zugesetzt und weitere 30 min gekocht. Muß während dieser Kochzeit noch Farbstoff zugesetzt werden, so wird die Flotte vorher abgeschreckt.

(148) Verfahren: Die Wollfärbung mit substantiven Farbstoffen aus schwachsaurer Flotte. Für satte Töne können die gut bügel- und teilweise gut lichtechten substantiven Farbstoffe verwendet werden.

Flottenverhältnis 1 : 30,
$\times$ % Farbstoff,
4—8 g/l Glaubersalz,
50° C — kochend.

Wenn die Flotte nicht erschöpft ist, werden noch

1—3 ccm/l Essigsäure zugegeben.

(149) Verfahren: Die Wollfärbung mit basischen Farbstoffen aus neutraler Flotte.

Weiches Wasser,
x % Farbstoff,
50—90° C,

Die Echtheit dieser Färbungen ist nicht hoch. Man erzielt jedoch besonders leuchtende Töne. Ein geringer Zusatz von Essigsäure schadet nicht, er ist für einige Farbstoffe z. B. für Viktoriablau und für die Rhodamine sogar notwendig.

2. Die Färbungen mit Nachbehandlung (Verlackung).

Man kann diese Färbungen mit folgenden Metallsalzen entwickeln:

Chromkali   Alaun
Fluorchrom   Kupfervitriol.

*Das Verfahren beruht darauf, daß man dem nahezu vollständig aus-
gezogenen Bade nach vorherigem Abschrecken das Metallsalz, am häufigsten Kaliumbichromat, zufügt. Die Farbstoffe besitzen o-ständige Hydroxyl-
oder Karboxylgruppen, an denen mit Hilfe des Metalls aus der Beize weitere
Ringbildungen entstehen, so daß schließlich Komplexsalze vorliegen.*

*Die beiden nachstehenden Beispiele sollen diese Verhältnisse bei Chrom-
entwicklungs- und bei Beizenfarbstoffen zeigen:*

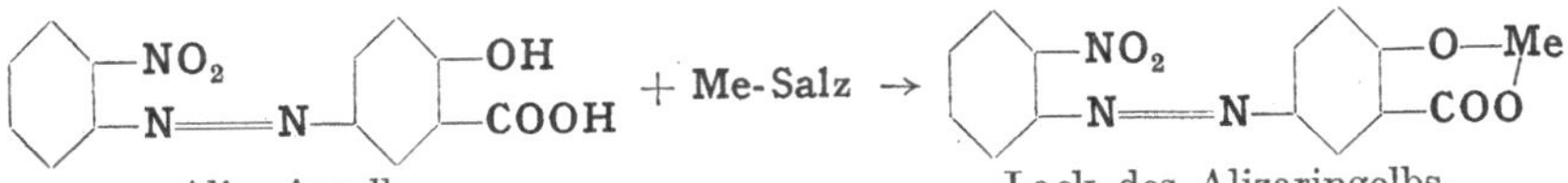

Alizaringelb.   Lack des Alizaringelbs.

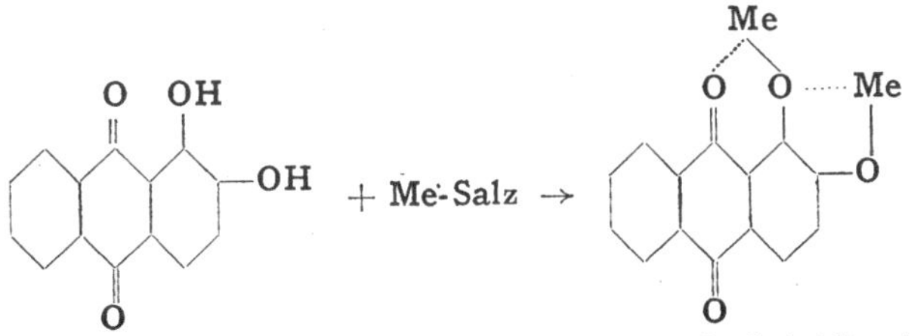

Alizarin (Oxyanthrachinon-
farbstoff).   Farblack des Alizarins.

*Diese Lacke sind gut waschecht. Bei den ausgesprochenen Beizenfarb-
stoffen erfolgt die Bildung der Farbe erst beim Zusammentreffen mit der Beize.*

(150) Verfahren: Die Wollfärbung im Nachchromierverfahren.

Flottenverhältnis 1 : 30
$\times$ % Farbstoff,
1—3 ccm/l Essigsäure,
3—8 g/l Glaubersalz krist.,
50° C — kochend.

Nach einer Kochzeit von $^1/_2$ Stunde werden, falls das Bad nicht genügend
erschöpft ist, nochmals

1—3 ccm/l Essigsäure oder
$^1/_2$—$1^1/_2$ g/l Schwefelsäure

zugegeben, worauf nochmals $^1/_2$ Stunde lang gekocht wird. Schließlich
wird die Flotte etwas abgekühlt und das Chromkali zugesetzt. In der
Regel wird die Hälfte des Gewichts der verwendeten Farbstoffe, jedoch
nicht unter 0,1% und nicht über 3% vom Warengewicht zugegeben.
Nachdem man nochmals $^1/_2$ Stunde gekocht hat, wird die Ware gespült.

(151) Verfahren: Die Metachromfärbung.

Die Metachrombeize hat die Eigenschaft, in der Färbeflotte langsam zu zerfallen, wobei Säure und Chromsäure frei werden. Die Säure setzt die Farbsäure aus dem Farbsalz in Freiheit, die Chromsäure verlackt (fixiert) die Färbung auf der Faser. Der Wert des Metachromverfahrens liegt also darin, daß ein Nachchromieren wegfällt, da das Chromieren gleichzeitig mit dem Färben erfolgt. Trotzdem bilden sich in der Flotte keine Farblacke.

> Flottenverhältnis 1 : 30
> $\times$ % Farbstoff,
> 3 g/l Glaubersalz krist.,
> $\times$ % Metachrombeize,
> 40° C — kochend, 2 Stunden.

Der Zusatz der Metachrombeize richtet sich nach der Farbstoffmenge. Im allgemeinen nimmt man die gleiche Menge Beize wie Farbstoff, jedoch nicht unter 3% und nicht über 8% vom Warengewicht. Die Partie muß mindestens $1^1/_2$ Stunden gekocht werden.

Beizenfärbungen auf Wolle. Die Beize wird meist von der Färbung getrennt. Am häufigsten findet man die Chrombeize.

(152) Verfahren: Die Beizenfärbung.

> Beize:
> 3% Chromkali.
> $^1/_2$ g/l Schwefelsäure 66° Bé.
> 70° C — kochend (Kochdauer $1^1/_2$ Stunden).

Das Chromkali wird als Chromoxyd auf der Faser fixiert. Nach dem Beizen wird gespült.

Die Färbeflotte wird schwach angesäuert (Essigsäure). Der gelöste Farbstoff wird zugegeben. Man stellt die Ware bei 40° C auf, treibt zum Kochen und kocht weitere $1^1/_2$ Stunden. Während des Kochens setzt man 1—2 ccm/l Essigsäure zu. Schließlich wird gespült.

(153) Verfahren: Die Palatinechtfärbung auf Wolle.

Die Chromentwicklungsfarbstoffe und die Beizenfarbstoffe sind durch die neueren Palatinechtfarbstoffe (Neolanfarbstoffe) etwas vom Markte verdrängt worden.

Die Palatinechtfarbstoffe sind Chromverbindungen von Azofarbstoffen. Beim Färben und Aufziehen auf die Faser zerfallen die Chromverbindungen, wobei das Chrom als Beize wirkt.

> Flottenverhältnis 1 : 30.
> $2^1/_2$—3 g/l Schwefelsäure 66° Bé.
> $\times$ % Farbstoff.
> 40° C — kochend während $^1/_2$ Stunde,
> weitere $1^1/_2$ Stunden kochen.

Gut spülen. Evtl. mit essigsaurem Natron spülen.

3. Die Küpenfärbungen auf Wolle.

Die Küpenfärbungen auf Wolle müssen mit möglichst wenig Alkali und mit möglichst wenig Wärme durchgeführt werden. Diesen Bedingungen entsprechen die Helindonfarbstoffe und der Indigo. Die Helindone werden nach zwei verschiedenen Verfahren mit verschiedenen Wärmezahlen gefärbt: Verfahren HN mit 50—55° C, Verfahren HW 60—65° C.

Die Helindonverfahren sind im übrigen untereinander verschieden.

(154) Verfahren: Die Helindonfärbungen auf Wolle.

Stammküpe: $\times$ % Helindonfarbstoff.

1,4—2,7 ccm/l Natronlauge 38° Bé.

1—1,5 g/l Hydrosulfit.

55—75° C.

Färbeküpe: Anschärfen mit

0,5 ccm/l Ammoniak.

1 g/l Hydrosulfit.

0,8 g/l Leim.

Die Flotte darf gegen Phenolphthalein schwach alkalisch reagieren.

Die Aufnahme von Säuren durch die Wolle. *Wolle nimmt Säuren in erheblichem Maße auf. Da die meisten Wollfärbungen in Gegenwart von Säuren vor sich gehen, ist die Art der dem Färbebade zugesetzten Säure und ihre Konzentration in der Flotte für den Ablauf der Färbung von Bedeutung*

Nach E. ELÖD handelt es sich bei der Aufnahme der Säure durch die Wolle weder um einen rein adsorptiven noch um einen rein chemischen Vorgang. Der Beginn der Säureaufnahme und, bei schwachen oder sehr verdünnten Säuren, auch ein großer Teil des vollen Ablaufes ist ohne Zweifel ein Adsorptionsvorgang. Mineralsäuren in höheren Konzentrationen oder bei höheren Temperaturen wirken aber chemisch auf die Faser ein, wobei Wollsubstanz in Lösung geht. Es liegt dem Gleichgewicht zwischen Eiweißkörpern und H-Ionen (aus der Säure) ein elektrolytischer Dissoziationsvorgang zugrunde.

Hier bietet sich eine Gelegenheit, auf die Zusammenhänge zwischen Textilchemie und Hygiene hinzuweisen.

Prof. Dr. GUSTAV JÄGER hat schon um die Jahrhundertwende beobachtet, daß das Tragen von Wollkleidung (insbesondere von Wollunterkleidung) auf den ganzen Habitus des Trägers eine typische Wirkung ausübt, die mit derjenigen anderer Fasern nicht verglichen werden kann. Neben anderen (z. B. wärmehaltigen) Eigenschaften der Wolle ist dies nach unserer Untersuchung vor allem dem Säureaufnahmevermögen der Wolle zuzuschreiben. So stellte JÄGER fest, daß ungefärbte oder indigo-

gefärbte Wollen die von ihm beobachtete gesundheitsfördernde Wirkung erfüllen, nicht aber anderswie gefärbte. Hier handelt es sich aber nicht um die Färbung, sondern um die Säureaufnahme. Mit Schweißdampf und Schweißflüssigkeit scheidet der Mensch auch Säuren und saure Körper an der Hautoberfläche ab. Eine noch nicht mit Säuren beladene Wolle (Rohwolle oder schwach alkalische Indigofärbung) kann diese Säuremodifikationen aufnehmen, so daß immer ein Säuregefälle zwischen Haut und Kleidung vorhanden ist, und sich keine größeren Säuremengen auf der Haut anreichern können. Der Säure- und Laugenhaushalt im menschlichen Körper wird dadurch günstig beeinflußt.

Daß die gewöhnlichen Wollfärbungen diese günstige physiologische Wirkung nicht zulassen, ist heute nur noch bedingt richtig. Früher wurde die Wolle mit großen Säuremengen „angekocht“ und damit von vornherein stark mit Säuren überladen. Dies ist bei den heutigen Wollfärbungen nicht mehr in dem Maße der Fall. JÄGER beobachtete weiter, daß Blauholzfärbungen auf Wolle deren hygienischen Wert ebenfalls herabsetzen. Hier hat er offenbar die Rolle der Chromierung registriert. Die neuzeitlichen echteren Wollfärbungen sind aber häufig Chromfärbungen. Aus folgendem Versuch geht tatsächlich hervor, daß eine Chromierung die Säureaffinität der Wolle beeinträchtigt.

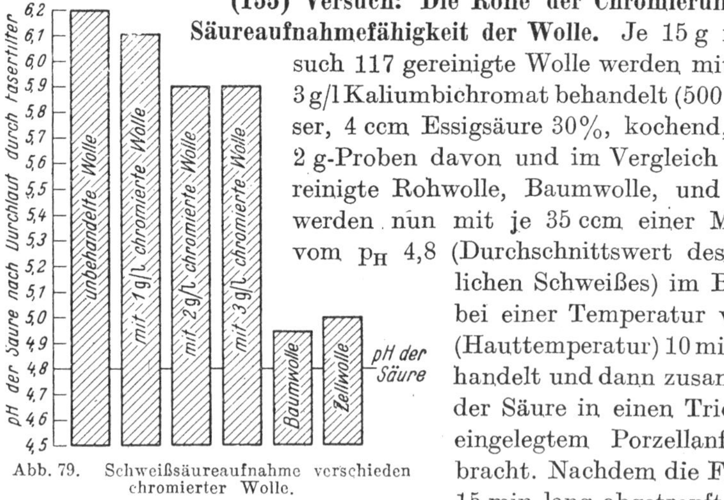

Abb. 79. Schweißsäureaufnahme verschieden chromierter Wolle.

(155) Versuch: Die Rolle der Chromierung für die Säureaufnahmefähigkeit der Wolle. Je 15 g nach Versuch 117 gereinigte Wolle werden mit 1, 2 und 3 g/l Kaliumbichromat behandelt (500 ccm Wasser, 4 ccm Essigsäure 30%, kochend, 30 min). 2 g-Proben davon und im Vergleich dazu gereinigte Rohwolle, Baumwolle, und Zellwolle werden nun mit je 35 ccm einer Milchsäure vom p_H 4,8 (Durchschnittswert des menschlichen Schweißes) im Becherglas bei einer Temperatur von 30° C (Hauttemperatur) 10 min lang behandelt und dann zusammen mit der Säure in einen Trichter mit eingelegtem Porzellanfilter gebracht. Nachdem die Flüssigkeit 15 min lang abgetropft ist, mißt man den p_H-Wert der abgelaufenen Säure. Bei 2 g/l Bichromat tritt ein Stillstand in der Säureaufnahmefähigkeit ein. Chromierte Wolle nimmt aber immer noch viel mehr auf als pflanzliche Fasern (Abb. 79). Die in diesem Versuch angewandte Chromierung ist ziemlich stark. Palatinechtfärbungen und nachchromierte saure Färbungen enthalten weniger Chrom.

(156) Untersuchung: Die Aufnahme der Säure durch Wolle. (Stammt die Zweischeinigkeit aus ein- und derselben Färbung?) Die Entscheidung, ob zwei Färbungen auf Wolle im gleichen oder in verschiedenen Bädern erfolgten, wird auf folgende Weise herbeigeführt: Es wird in den wässerigen Auszügen der zu untersuchenden Färbungen das p_H gemessen, und aus Übereinstimmung bzw. Verschiedenheit der p_H-Werte geschlossen, ob die Färbungen im gleichen oder in verschiedenen Bädern erfolgten.

Es kommt vor allem bei gestrickten Stücken oft vor, daß sich entlang einer fadengeraden Trennungslinie Gebiete von deutlich verschiedener Farbtiefe ohne Übergang unterscheiden lassen. Daraus ergibt sich nun häufig die Notwendigkeit, zu entscheiden, ob die Ursache dieses Fehlers ein Unterschied in der Herkunft oder Vorbehandlung der Wolle war, so daß diese beim Färben in einem Bad verschiedene Mengen Farbstoff aufnahm, oder ob die Färbung in zwei Bädern erfolgte.

Die gebräuchlichste Methode, diese Frage zu entscheiden, ist folgende: Man zieht von einem Probestück, welches die Trennungslinie enthält, den Farbstoff mit Decrolin möglichst vollständig ab, und färbt dann wieder auf den gleichen Farbton an. Wenn die Trennungslinie nicht wieder zum Vorschein kommt, schließt man daraus, daß in der Wolle keine Ursache zur verschiedenen Anfärbung lag, sondern daß in zwei Bädern gefärbt worden war. Diese Methode läßt aber häufig keine exakte Entscheidung zu, weil durch die immerhin die Wollsubstanz stark beeinflussenden Abziehmethoden eine Egalisierung des Substrats für die Farbstoffaufnahme eintreten kann. Ist nun die Probefärbung gleichmäßig ausgefallen, so liegt die Gefahr einer Fehlentscheidung vor. Infolgedessen gehören derartige, an sich häufige Untersuchungen zu den am wenigsten zuverlässigen in der Textilveredlung.

Der Versuch, die p_H-Werte der Auszüge zweier Proben zu einer exakteren Entscheidung heranzuziehen, geht auf folgende Überlegungen zurück. Beim Färben von Wolle muß das Färbebad immer eine bestimmte Menge Säure, meist Schwefelsäure enthalten und der primäre Vorgang bei der Anfärbung ist eine Säureaufnahme durch die Faser. Erst diese Wolle-Säureverbindung ergibt die Grundlage für die Farbstoff-Aufnahme aus der Flotte. Die von der Wolle aufgenommene Säure wird von dieser so festgehalten, daß man von den fertig gefärbten und gespülten Stücken durch Auskochen mit Wasser deutlich meßbare Säuremengen erhält. Es liegt nun nahe, anzunehmen, daß die von der Wolle aufgenommene und ebenso die in der Auskochflüssigkeit feststellbare Säuremenge in einer bestimmten Beziehung zur Azidität der Flotte steht. Da nun der Gehalt an Säure in zwei Bädern in der Praxis nie ganz genau übereinstimmen wird, kann man annehmen, daß auf diese Weise eine Entscheidung möglich ist, ob zwei Färbungen im gleichen, oder in verschiedenen Bädern erfolgten. Dies ist um so wahrscheinlicher, als auch Temperatur und Dauer der Färbungen nie genau gleich sein werden, und auch diese vielleicht eine verschieden große Säureaufnahme bewirken werden, und vor allem deshalb, weil die H-Ionen-Konzentration der Flotte noch durch den Zusatz von Glaubersalz stark verändert wird. Auch dieser Salzzusatz wird in der Praxis in zwei Bädern nie ganz übereinstimmen und die Azidität des Bades stark beeinflussen. Durch das Zusammenwirken aller dieser Faktoren wird wohl die von der Wolle aufgenommene Säuremenge nur dann genau übereinstimmen, wenn die Färbung in einem Bad erfolgte. Wolle aus verschiedenen Bädern wird sich immer durch die aufgenommene Säuremenge unterscheiden lassen, auch wenn der Farbton genau gleich ist.

Verfahren zur Beurteilung, ob eine „zweischeinig“ gefärbte Wolle in ein und demselben Apparat gefärbt wurde, oder ob zwei verschiedene Partien vorliegen. Die genau gewogenen Wollproben (z. B. 5,000 g) aus der helleren und aus der dunkleren Färbung werden mit genau gleicher Wassermenge (z. B. 150 ccm) und gleicher Behandlungsdauer (z. B. 60 min), d. h. also unter möglichst gleichen Bedingungen bei einer Temperatur von 90° C behandelt. Dies kann entweder am Rückflußkühler geschehen oder für die Praxis zweckmäßig in zwei gleichen Bechergläsern, welche in einem gemeinsamen Wasserbad erhitzt werden, damit die Konzentrationsänderungen durch das Verdampfen von Flüssigkeit möglichst gleich bleiben. Ein Kochen ist bei der Untersuchung zu vermeiden, da hierdurch Wollsubstanz abgebaut wird. Die Abbauprodukte würden das p_H der Lösung vergrößern. Da nun die Möglichkeit besteht, daß die Wolle, die vorher mit stärkerer Säure behandelt wurde, leichter abgebaut wird, würden hierdurch die p_H-Unterschiede zwischen den beiden Proben verkleinert werden. Nach der Behandlung werden die Wollproben aus der Flüssigkeit genommen. Nach dem Abkühlen der Abzugsflotte wird der p_H-Wert potentiometrisch gemessen (Ionometer von LAUTENSCHLÄGER mit Chinhydronkalomel-Kette oder mit Glaselektrode). Für die praktische Untersuchung kommt es nicht darauf an, die von der Wolle tatsächlich aufgenommenen Säuremengen zu ermitteln, sondern nur die Gleichheit bzw. Verschiedenheit. Daher wird die Trennungsmöglichkeit um so größer sein, je genauer die Arbeitsbedingungen bei der Untersuchung der beiden Proben vollständig gleich eingehalten werden.

Trotzdem wird man nur dann auf Grund dieser Methode allein eine Entscheidung fällen, wenn die p_H-Werte der Abzüge verschieden ausgefallen sind. Wolle, die verschiedene p_H-Werte ergibt, wird sicher aus verschiedenen Partien stammen.

Wenn aber die p_H-Werte gleich sind, wird immer noch eine Möglichkeit bestehen, daß die Proben dennoch aus verschiedenen Bädern gefärbt wurden. In diesem Fall wird man die übrigen färbereichemischen Untersuchungsmethoden zur Entscheidung heranziehen, z. B. das Abziehen und Wiederanfärben und schließlich noch die Untersuchung im ultravioletten Licht. Bei dieser wird sich evtl. eine verschiedene Behandlung der Wolle durch verschiedene Lumineszenz der beiden Flächen zeigen. Auch bei dieser Untersuchung müssen die Proben sowohl im ursprünglichen, als auch im abgezogenen und wiederaufgefärbten Zustand untersucht werden. Nur dann, wenn in allen diesen Fällen die Lumineszenz der beiden Flächen gleich ist, wird man auf Grund der gleichen p_H-Werte sicher entscheiden können, daß die Wolle in ein und demselben Bad gefärbt worden war.

(157) **Versuch: Die Ermittlung der günstigsten Säurekonzentration. (Der Einfluß der Säure auf den Ablauf der Färbung.)** Die p_H-Messung wird für die Berechnung der exakten Nachstellung von Flotten gebraucht, welche neben einer organischen Säure auch Schwefelsäure enthalten. In allen Fällen, wo sich nur eine und dieselbe Säure im Bade befindet, ist die maßanalytische Ermittelung des Säuregehaltes vorzuziehen. Die Maßanalyse versagt aber, wenn ein Säuregehalt, herrührend aus verschiedenen Säuren auf eine derselben berechnet, zu ermitteln ist, da man in einem Gemisch von Essigsäure, Schwefelsäure, Glaubersalz und Farbstoff durch einfaches Titrieren mit n/10 NaOH die Azidität der Flotten nicht exakt bestimmen kann. Man kann deshalb den Säuretiter nur als ungefähres Maß für die Azidität der Bäder nehmen. Hier greift die Messung der Wasserstoffionen-Konzentration der Färbeflotten ein, da doch nur die aktiven Wasserstoffionen einen Einfluß sowohl auf eine Schädigung der Wolle als auch auf die Freilegung der Farbsäure besitzen.

Im folgenden seien maßanalytische Messungen und p_H-Werte derselben Färbeflotten aus einem Fabrikbetrieb verglichen:

Aus diesen Zahlen ist deutlich zu entnehmen, daß der Säuretiter nicht zuverlässig ist. Z. B. wurde bei drei Versuchen p_H 1,9 gemessen, der Säuretiter war immer verschieden und zwar 8,50 ccm, 5,85 ccm, 6,40 ccm. Dagegen sind die p_H-Werte für den ganzen Färbevorgang maßgebend. In der Praxis werden die günstigsten Färberesultate mit Palatinfarbstoffen in Bädern erzielt, die einen Wert von p_H 1,9 aufweisen.

	p_H-Wert	Säuretiter (20 ccm Vorlage) n/10 NaOH ccm
1. Flotte .	2	5,80
2. Flotte .	3,2	3,15
3. Flotte .	1,9	8,50
4. Flotte .	1,9	5,85
5. Flotte .	2,3	4,20
6. Flotte .	1,9	6,40

Die p_H-Werte werden auch nach dem Färben festgestellt; die Resultate sind in folgender Tabelle festgelegt:

p_H-Wert	
am Anfang der Färbung	am Schluß der Färbung
2,8	4,1
2,6	4,0
2,1	3,3
1,9	3,0
1,8	2,5
1,7	2,3
1,6	1,9

Aus der Tabelle ist zu entnehmen, daß nach dem Färben der p_H-Wert durchweg zwar höher wird, aber immerhin enthalten die Bäder soviel Säure, daß beim Färben auf stehendem Bad diese Verhältnisse unbedingt zu berücksichtigen sind.

In vielen Färbevorschriften findet man, daß beim Weiterfärben auf erschöpftem Bade die gleiche Menge Säure wie bei der ersten Partie zugefügt werden soll. Nach den gefundenen Resultaten ist es leicht einzusehen, daß hierbei die Bäder allmählich viel zu sauer werden. Die Farbstoffe ziehen unegal auf, außerdem werden die Wollschädigungen unter Umständen erheblich.

Es ist deshalb besser, in solchen Fällen nicht wieder die gesamte Säuremenge hinzu zu geben, sondern (für Palatinecht-Farbstoffe) die Bäder auf p_H 1,9 einzustellen.

Um nun eine vollständige Betriebskontrolle bei der sauren Wollfärbung durchzuführen, muß man bei stehenden Bädern auch den Salzgehalt kontrollieren. Dies kann auf folgendem Wege erfolgen:

Es werden je 100 ccm Flotte verschiedenen Salzgehaltes in einer Porzellanschale auf dem Wasserbad eingedampft, dann vorsichtig mit freier Flamme erhitzt und geglüht. Nach dem Erkalten im Exsikkator wird gewogen und der Salzgehalt auf Glaubersalz calc. berechnet.

$Na_2SO_4 \cdot 10\,H_2O$		g/l Glaubersalz calc.	
proz. Lösung	%/o v. Warengewicht	berechnet	gefunden
0,1	5	0,44	0,51
0,2	10	0,88	0,92
0,4	20	1,76	1,95
0,8	40	3,52	3,70
1,0	50	4,42	4,51

Aus den gefundenen Werten ist ersichtlich, daß man mittels dieser Methode den Salzgehalt der Färbebäder mit für die Praxis genügender Sicherheit bestimmen kann.

In der üblichen Rezeptur findet man nämlich allgemein, daß beim Färben auf altem Bade ebenso wie Säure auch Salz zugefügt werden soll. Nach den Versuchsergebnissen ist jedoch ein erneuter Salzzusatz nicht oder nur in ganz geringem Maße nötig.

Das Färben auf stehendem Bade ist sehr zu empfehlen, da man erfahrungsgemäß in solchen Flotten leichter egale Färbungen erzielt, außerdem spart man an Wasser, Chemikalien und Dampf. Man muß jedoch die oben festgestellten Verhältnisse berücksichtigen und die Bäder sowohl auf Säure, als auch auf den Salzgehalt stets kontrollieren.

Um den Zusammenhang zwischen der Azidität (p_H) der Bäder und den Flottenauszügen festzustellen, werden folgende Laboratoriumsversuche angestellt.

Es werden jeweils auf dem Färbeherd 10 Parallelversuche ausgeführt. Je 5 g Wolle werden unter verschiedenem Säurezusatz 1—20% vom Warengewicht und 1% Farbstoff bei einem Flottenverhältnis 1 : 50 ausgefärbt. Bei 50° C wird mit der Wolle eingegangen, während einer halben Stunde auf 90° C getrieben und eine Stunde bei dieser Temperatur gehalten. Nach dem Färben wird die Wolle vorsichtig herausgenommen, ausgewunden und der Flottenauszug kolorimetrisch festgestellt. Es werden in dieser Untersuchung lediglich Palatinechtfärbungen berücksichtigt. Die gewöhnlichen Farbstoffe verhalten sich jedoch entsprechend.

Als typisches Beispiel für die Ergebnisse seien aus mehreren Versuchen die Daten für Palatinechtbordo RN angeführt:

Schwefelsäure		Säuretiter in ccm 10 ccm Vorlage		p_H		Flottenauszug in %
% v. Warengewicht	proz. Lösung	vor dem Färben	nach dem Färben	vor dem Färben	nach dem Färben	
1	0,02	0,50	0,10	2,8	4,1	80
2	0,04	0,70	0,15	2,6	4,1	76
3	0,06	1,20	0,15	2,1	3.3	82
4	0,08	1,70	0,25	1,9	3,2	98
5	0,10	2,20	0,45	1,8	2,5	74
6	0,12	2,60	0,95	1,7	2,3	62
8	0,16	3,25	1,90	1,6	1,9	62
10	0,20	4,00	2,00	1,5	1,8	56
12	0,24	4,50	2,90	1,5	1,6	54

Aus den gefundenen Resultaten ist zu entnehmen, daß bei steigendem Säurezusatz der Farbstoff zunächst stärker ausgezogen wird.

Bei weiterer Erhöhung des Säurezusatzes wird der Flottenauszug jedoch wieder geringer.

Aus dem Verhalten des Säuretiters vor und nach der Färbung sieht man, daß die Wolle bei steigendem Gehalt der Schwefelsäurelösung auch entsprechend mehr Säure bindet.

Als maximaler Säurezusatz ist also eine 0,08 proz. Schwefelsäurelösung (p_H 1,9) zu betrachten, da hierbei die Färbeflotte am meisten ausgenützt wird. Ein weiterer Zusatz übt eine schädigende Wirkung aus, der Griff wird härter, die Kosten der Färbung werden erhöht.

(158) Untersuchung: Die Biuretreaktion. Biuret entsteht aus Harnstoff beim langsamen Erhitzen durch Abspaltung von Ammoniak:

$$H_2N \cdot CO \cdot NH_2 + H_2N \cdot CO \cdot NH_2 \rightarrow H_2N \cdot CO \cdot NH \cdot CO \cdot NH_2 + NH_3$$
$$\text{Biuret}$$

In alkalischer Lösung gibt Biuret mit Kupfersalzen eine intensiv violette

Färbung, die von der Bildung eines Kupferkomplexsalzes herrührt und unter dem Namen „Biuretreaktion" bekannt ist.

Nach C. Tschugaeff hat die Komplexverbindung des Biuret folgende Konstitution:

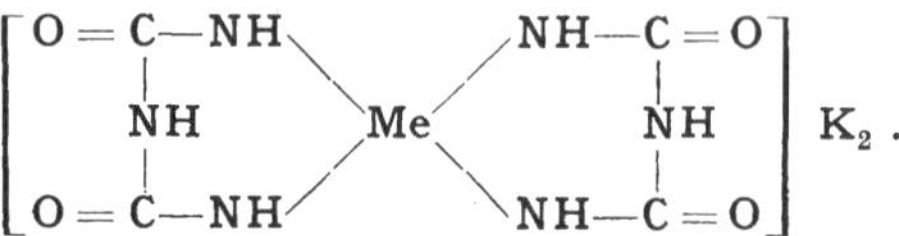

Diese Reaktion wird von allen Stoffen geliefert, die mehr als zwei Amidreste —CO · NH_2 enthalten, also auch von Leim, Eiweiß und abgebauter, geschädigter Wolle.

a) Leim: Man gibt zur wässerigen Leimlösung 1—2 Tropfen Kupfersulfatlösung und soviel Natronlauge, daß eine schwache Blaufärbung auftritt. Nach einiger Zeit (unter Umständen muß man schwach erwärmen) bildet sich eine Violettfärbung.

Bei Stärke tritt keine Biuretreaktion auf. Eiweiß kann durch Aufkochen mit etwas Essigsäure oder Salpetersäure zur Koagulation und durch Filtration zur Abtrennung gebracht werden.

b) Wolle: Nach Kertes erfolgt die Prüfung der Wolle auf folgende Weise:

Eine Wollprobe wird gut genetzt, mit 1proz. Sodalösung übergossen und 1 Stunde bei 60—65° C stehen gelassen. Dann wird die Sodalösung abgegossen und die Wollprobe mit 10 ccm n-Natronlauge und 2 ccm $\frac{n}{20}$ Kupfervitriollösung versetzt. Bei Vorhandensein abgebauter, geschädigter Wollteile tritt nach einiger Zeit die violette Färbung der Biuretreaktion auf.

Die Biuretreaktion kann auch quantitativ ausgeführt werden. Man benötigt dazu eine Standardlösung von 1 g/l Wolle, die folgendermaßen angesetzt wird:

1 g Wolle wird vorsichtig in Natronlauge aufgelöst, mit Salzsäure neutralisiert und zur Vertreibung des Schwefelwasserstoffes aufgekocht. Diese Lösung füllt man mit Wasser zu 1 l auf.

Man pipettiert zum kolorimetrischen Vergleich 1, 2, 3 usw. ccm der Standard-Woll-Lösung in die Zylinder und gibt dieselben Mengen $\frac{n}{20}$ Kupfervitriol-Lösung und n-Natronlauge wie bei der zu untersuchenden Probe zu. Nach etwa 1 Stunde kann man die Intensität der Violettfärbung feststellen. Eine Wolle ist um so stärker geschädigt, je kräftiger die Violettfärbung auftritt.

Um Fehler auszuschalten, führt man am besten nebenher einen Blindversuch aus.

(159) Versuch: Die Rolle der Chromierung für die Tragfähigkeit der Wolle. *Die Beize der Wolle wird durch Behandlung mit Salzen meist dreiwertiger Metalle wie Aluminium, Eisen, Chrom ausgeführt, wobei sich die Hydroxyde auf ihr niederschlagen. Beim nachfolgenden Färben in der Lösung oder in feinen Suspensionen eines geeigneten Farbstoffes bildet dieser ein unlösliches Metallsalz, welches fest auf der Faser haftet und gewöhnlich sehr echt ist. Diese Metallfarbstoffverbindungen werden als Farblacke bezeichnet und gehören in die Klasse der Innerkomplexsalze, woraus sich ihre Beständigkeit erklärt.*

Außerdem gibt es aber auch eine große Anzahl von Farbstoffen, die, schon direkt in neutralem oder saurem Bade gefärbt ,gute Echtheitseigenschaften aufweisen, mit Metallsalzen jedoch Verbindungen von größerer Echtheit geben.

Die wichtigsten Wollbeizen sind Chrombeizen.

Das Beizen wird heute in der Regel mit Kaliumbichromat ausgeführt, weil die Langsamkeit der Reduktion zur Stufe des dreiwertigen Chroms in verdünnter Lösung zur Erzielung eines egalen Beizeffektes günstig ist.

Der Griff der Wolle wird beim Beizen nicht beeinflußt, doch soll man nicht mehr wie 2—4% vom Warengewicht (0,25—1 g/l) Kaliumbichromat verwenden, da sonst ein schädliches Überchromieren entsteht.

Die Aufgabe besteht nun darin, festzustellen, in welchem Maße Chromierung die Wolle vor dem Einfluß von Säuren und Alkalien schützt.

Es werden verschieden starke Chromierungen auf Wolle ausgeführt und die so behandelte Ware in Säure und Alkali geschädigt. Mit Hilfe von Festigkeitsprüfungen, Mikrobildern und verschiedenen Reaktionen wird daraufhin die Schädigung untersucht.

Für Rohware, das ist die noch nicht behandelte Wolle, ergibt sich z. B. eine Zugfestigkeit von 326,5 g und eine Dehnung von 8,2%.

Um zu sehen, ob die Erhöhung der Zugfestigkeit nach dem Chromieren nicht lediglich durch eine Verfilzung hervorgerufen wird, muß die Rohware in gleicher Weise mit Säurewasser vom p_H 4,9 behandelt werden, wie dies beim Chromieren der Fall war.

Die Wolle wird bei 70° C aufgestellt, $^1/_2$ Stunde bei dieser Temperatur behandelt, während einer weiteren $^1/_2$ Stunde zum Kochen getrieben und $1^1/_2$ Stunden lang gekocht.

Nach dieser Behandlung ergibt sich eine Festigkeit von 353,5 g und eine Dehnung von 10,1%.

Um zunächst die Schädigungszahlen unchromierter Ware kennenzulernen, wird die in Wasser behandelte Wolle je mit 2 g/l Soda und 2 g/l Schwefelsäure bei 70° C bzw. 80° C eine Stunde lang bewegt.

Die Ergebnisse sind in folgender Tabelle festgelegt:

	Zug-festigkeit g	Dehnung $^0/_0$	Veränderung der Zugfestigkeit $^0/_0$
Rohware	326,5	8,2	100
Rohware bei p_H 4,9 behandelt . .	353,5	10,1	108,3
dto. mit Soda gesch.	333,1	11,57	104,4
dto. mit Schwefels. gesch.	345,6	11,5	105,8

Mit je 2 Strängchen werden nun verschieden starke Chromierungen ausgeführt und zwar mit

0,5   1   1,5   2   2,5   3   g/l Kaliumbichromat
und jeweils 6 ccm/l Essigsäure.

Man chromiert 30 min lang bei 70° C, treibt während weiterer 30 min zum Kochen und kocht nun wieder 30 min lang.

Nach dem Chromieren ergeben sich folgende dynamometrische Werte:

Chromierung mit g/l Bichromat.

	bei p_H 4,9 behandelte Ware	0,5	1	1,5	2	2,5	3
Zugfestigkeit/g	353,5	360,2	366,7	376,8	386,9	374,7	373,3
Dehnung/%	10,1	12,91	13,12	12,55	12,96	12,41	12,77
Veränderung d. Reißfest. g. d. bei p_H 4,9 beh. Ware in %	100	101,9	103,7	106,6	109,4	106,0	105,6

Die chromierte Wolle wird nun mit Soda und Schwefelsäure geschädigt:

1. Sodaschädigung. Die verschiedenen Chromierungen werden getrennt mit je 2 g/l Soda 1 Stunde lang bei 70° C behandelt. Es ist zu bemerken, daß sich das Bad leicht gelbgrün färbt, während die gelbe Farbe auf der Faser zurückging. Nach dem Schädigen wird gut gespült.

Die nun vorgenommenen Festigkeitsmessungen ergeben folgendes Bild:

Chromierung mit g/l Bichromat.

	bei p_H 4,9 behandelte Ware	0,5	1	1,5	2	2,5	3
Reißfestig-keit/g } nach Soda-schädigung	333,1	341,5	363,3	375,2	385,9	359,5	358,5
Dehnung/% }	11,57	11,08	9,82	10,62	10,77	10,69	11,71
Veränd. d. Reißfestigkeit gegen bei p_H 4,9 behandelte Ware in %	100	102,5	109,2	112,6	115,9	107,9	107,6

2. Schwefelsäureschädigung. Geschädigt wird in diesem Falle durch einstündiges Kochen mit 2 g/l Schwefelsäure bei 80° C. Auch hier wurde die Chromierung in starkem Maße von der Faser abgelöst, während sich das Säurebad gelbgrün färbte.

Reißfestigkeit und Dehnung: Chromierung mit g/l Bichromat.

	Daten der bei p_H 4,9 behandelten Ware	0,5	1	1,5	2	2,5	3
Reißfestigkeit/g · } n. Schwefelsäureschäd. Dehnung/% }	354,6 11,5	371,4 12,12	379,4 10,71	390,8 11,01	407,8 11,72	427,6 12,53	383,0 10,69
Veränd. der Reißfestigkeit geg. bei p_H 4,9 behandelte Ware in % . . .	100	107,5	109,8	113,1	118,0	123,7	110,8

Auf Grund der Zugfestigkeitsmessungen gelangt man zu folgenden Ergebnissen:

Sieht man von der Verfilzung der Wolle ab, so ist auch durch steigende Chromierung eine Erhöhung der Zugfestigkeit bewirkt worden. Diese hat bei Chromierung mit 2 g/l ihren höchsten Wert erreicht und geht dann stufenmäßig absteigend in geringem Maße zurück.

Die mit Soda geschädigte chromierte Wolle nimmt in allen Fällen an Zugfestigkeit ab. Vergleicht man jedoch die mit Soda geschädigten Chromierungen mit der sodageschädigten Rohware, so ist hier ebenfalls durch steigende Chromierung eine Erhöhung der Festigkeit gegeben. Während Rohware bei Sodaschädigung einen ziemlich starken Rückgang der Zugfestigkeit erleidet, hat man bei den Chromierungen eine geringe Zunahme der Festigkeit zu verzeichnen. Die günstigsten Werte liefert hier die Chromierung mit 2 g.

Bei der Behandlung mit Schwefelsäure ergibt sich gegenüber der mit Schwefelsäure geschädigten Rohware in allen Fällen eine Zunahme der Reißfestigkeit.

Diese Ergebnisse werden nun mit Hilfe der Diazoreaktion nach PAULY überprüft. Dabei wird versucht, die Tiefe der Färbung mit Hilfe des Stufenphotometers zahlenmäßig festzuhalten. Man mißt Schwarzgehalt, Weißgehalt und Vollfarbe. Es werden folgende Werte erhalten:

1. Sodaschädigung.

Chromierung/g/l	0,5	1	1,5	2	2,5	3
Schwarzgehalt .	87,5	83	82	80	84	85
Weißgehalt . .	5	10	12	14	9	8
Vollfarbe . . .	7,5	7	6	6	7	7

2. Schwefelsäureschädigung.

Chromierung/g/l	0,5	1	1,5	2	2,5	3
Schwarzgehalt .	85	82	80	81	79	82
Weißgehalt . .	6	9	14	12	15	12
Vollfarbe . . .	9	9	6	7	6	6

Zur Beurteilung zieht man im vorliegenden Falle die Werte für den Weißgehalt heran, weil sie zusammen mit den ziemlich stabil gebliebenen Zahlen für die Vollfarbe den besten Eindruck der Farbtonänderung vermitteln.

Die Ergebnisse stützen die Reißmessungen in hohem Maße.

(160) Versuch: Der Einfluß von Schutzkolloiden in der Wollküpe.

In ähnlicher Weise untersucht man den Einfluß von Schutzkolloiden auf die Erhaltung einer gesunden Wollfaser in der Küpe. Die gebräuchlichsten Schutzmittel sind:

Leim

Traubenzucker

Decol

Protektol.

Es werden Küpen von steigendem Alkaligehalt (I. Reihe) und mit steigender Flottentemperatur (II. Reihe) angesetzt. Neben der Festigkeitsmessung laufen die übrigen Untersuchungen auf die für Wollschädigungen beschriebenen Reaktionen. Schließlich wird auch noch die Verschleißfestigkeit bestimmt. Außerdem wird bei allen Versuchen die mikroskopische Überprüfung auf das Vorliegen einer unbeschädigten Schuppenschicht durchgeführt.

III. Die Bleicherei, Erschwerung und Färberei der realen Seide.

Grundsätzliches über Seide.

Die reale Seide (Naturseide) ist ein Erzeugnis der Seidenraupe, die aus den Eiern des Seidenspinners (bombyx mori), eines Schmetterlings mit kräftigem Körper und schwachen Flügeln, ausschlüpft. Nachdem sich die Raupe mehrmals gehäutet hat und ihr Gewicht bei einer schließlichen Länge von 80—90 mm um das 5000fache vergrößern konnte, beginnt sie, sich einzuspinnen. Einige Tage vor dem Spinnen hört das gefräßige Tier auf, zu fressen (Futter: Maulbeerblätter). Die Spinndrüsen, die sich unterhalb des Maules befinden, füllen sich mit Sekret. Beim Spinnen erhebt sich die Raupe mit dem Vorderkörper und bewegt denselben so, daß eine Art Kreuz-

spule, der Kokon, entsteht. Da jede gesunde Raupe aus zwei Drüsen gleichzeitig spinnt, entsteht ein Doppelfaden, der je nach Größe 300 bis 1300 m lang ist (Abb. 80).

Die Kokons werden bei 60—75° C gedörrt, wodurch die eingepuppten Tiere absterben. Nur die zur Zucht ausgewählten Kokons werden für das Ausschlüpfen der Schmetterlinge eingelagert.

Der Kokon (Abb. 81) enthält im Innern die Puppe mit der abgestorbenen Raupe, die von einer membranartigen Hülle, der Telette umgeben ist. Darum befindet sich die abhaspelbare Seidenschicht. Die äußerste Oberfläche wird durch die Flockseide gebildet, mit welcher die Raupe ihren Kokon an den Spinnreißern oder dem Lattengatter befestigt.

Zum Abhaspeln werden die Kokons in warmem Wasser eingeweicht. Jeweils 4—15 Kokons werden gemeinsam abgehaspelt, wobei die Fäden eine schwache Drehung erhalten. So entsteht der Grègefaden. Je nach der Farbe der Kokons — weiß oder gelb — erhält man eine Weißbast- oder eine Gelbbast-Grège. Dreht man zwei oder mehr Grègefäden unter stärkerer Drehung zusammen, so entsteht die Organzinseide, die zu Gewebeketten verwendet wird. Schwächer gedrehte Fäden (mit höherem Glanz) nennt man Tramefäden. Sie werden als Schußmaterial verwendet.

Jeder Seidenfaden besteht aus dem Fibroïn und der darauf befindlichen Bastschicht, dem Sericin. Fibroïn ist eine Eiweiß-Substanz, die jedoch im Gegensatz zur Wolle keinen Schwefel, also auch kein Keratin (Hornsubstanz) enthält. Das Fibroïn läßt sich wie die Wollsubstanz zu Aminosäuren hydrolysieren. Das Seidenfibroïn wird von der Mottenraupe nicht gefressen.

Das Sericin ist eine leimartige Substanz. Es unterscheidet sich vom Fibroïn in seiner Bruttoformel durch einen höheren Gehalt an Wasser und Sauerstoff.

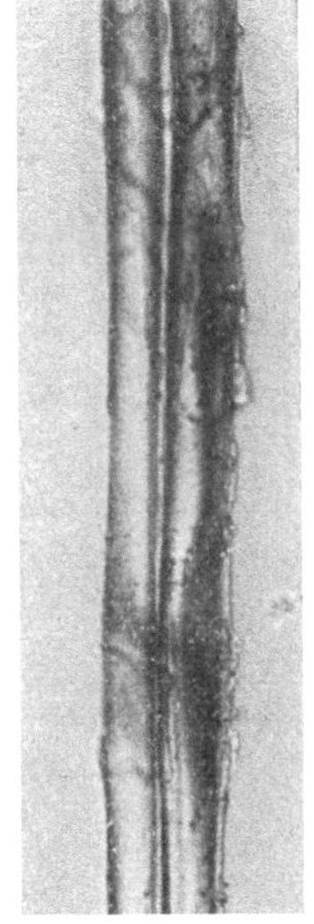

Abb. 80.
Reale Seide im Bast
(nach H. REUMUTH).

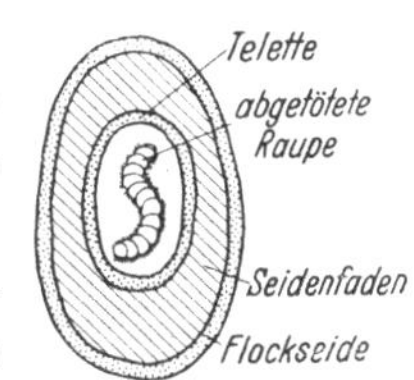

Abb. 81. Schnitt durch
einen Kokon der
Seidenraupe.

$$C_{15}H_{23}N_5O_6 \qquad C_{15}H_{25}N_5O_8$$
Fibroïn.   Sericin.

Die Annahme, wonach es sich beim Sericin um ein einfaches Oxydationsprodukt des Fibroïns handle, wird jedoch mit Recht bestritten.

Der Bast, das Sericin, beträgt 23—30% der Rohseide. Bei der Veredlung wird er abgelöst.

Die Tussah-Seide ist eine „wilde Seide“. Sie zeigt im Unterschiede zu der gezüchteten realen Seide unter dem Mikroskop keinen regelmäßigen

Doppelfaden. Der Tussahspinner ist ein hauptsächlich in Indien vorkommender großer Nachtschmetterling. Die Tussahseide enthält keinen Bast.

Die reale Seide ist sehr zugfest und besitzt eine hohe Dehnung und eine große Elastizität. Außerdem ist sie sehr verschleißfest. Gegen Alkali ist sie weniger empfindlich als Schafwolle.

Die entbastete Seide besitzt einen Feuchtigkeitsgehalt von 11%.

Fachausdrücke in der Seidenveredlung.

Weißbast:
Gelbbast: } *Rohseide aus weißen oder gelben Kokons.*

Grège: *abgehaspelte, aus mehreren Kokons zusammengesponnene Rohseide.*

Organzin: *Kettseide (stark gedreht).*

Trame: *Schußseide (schwach gedreht).*

Fibroïn: *Seidensubstanz.*

Sericin: *Bast.*

Cuite: *vollständig entbastete Seide.*

Souple: *halb entbastete Seide (Weichseide).*

Ecrue: *kaum entbastete Seide (Hartseide).*

Tussah: *Wilde Seide (des Tussahspinners).*

Chappe: *aus Faserenden versponnene Seide.*

Kokons: *Gehäuse der Seidenraupe, in welchen sie sich verpuppt.*

Bourette: *Flockseide (Vorgespinst zum Befestigen der Kokons).*

Frisons: *Flockseide, beim Schlagen der Kokons im Wasserbad gewonnen.*

Bassinés: *abgehaspelte Kokons.*

Mouliné: *gezwirnter und entbasteter Seidenfaden.*

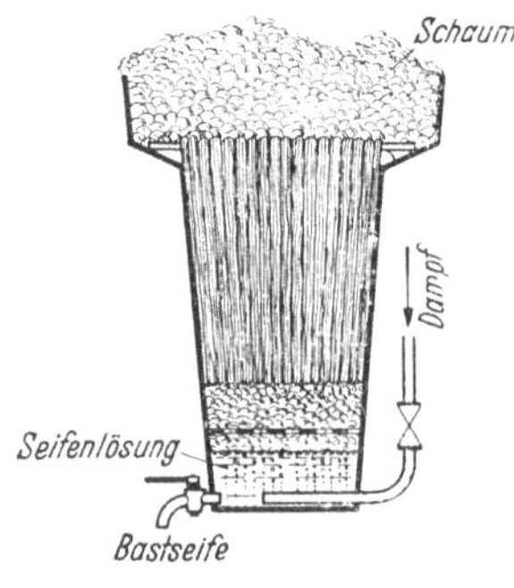

Abb. 82. Schaumentbastung von Seidengarnen.

A. Das Entbasten der Seide.

Die Ablösung des Bastes erfolgt in einer Seifenlösung (Badentbastung) oder im Seifenschaum (Schaumentbastung, Abb. 82). Zur Lösung des Bastes ist Alkali notwendig. Am besten bewährt sich eine sorgfältig versottene Marseillerseife. Das aus einer solchen fast kein freies Alkali enthaltenden Seife durch Hydrolyse abgespaltene Alkali genügt zur Ablösung, ohne daß zugleich die Seidensubstanz angegriffen wird. Die Entbastung erfolgt bei Siedehitze. Sie muß für eine einwandfreie Veredlung restlos erfolgen.

(161) Verfahren: Die Entbastung realer Seide. Man arbeitet bei einem möglichst kurzen Flottenverhältnis 1:15 oder 1:20.

Seifenbad: 4—8 g/l Marseillerseife.

kochend, 2 Stunden.

(Bei der Schaumentbastung wird eine sehr kurze Flotte unterhalb der eingehängten Seide mit 50—250 g/l Seife angesetzt und durch Auf-

kochen zur Schaumbildung getrieben) (Abb. 82). Die Ware wird im Bade (und im Schaum) mehrere Male umgezogen.

Repassierbad:

2—4 g/l Marseillerseife,
60—80° C, $^{1}/_{2}$ Stunde.

Hierauf wird in warmem Sodawasser ($^{1}/_{2}$ g/l Soda kalz.) gespült und anschließend gut kalt gewaschen.

(162) Untersuchung: Die Bestimmung des Bastgehaltes der Seide. Man entbastet ein gewogenes lufttrockenes, im Feuchtigkeitsraum oder im Feuchtigkeitsexsikkator ausgehängtes Seidensträngchen von mindestens 10 g (besser von 100 g) im Seifenbade nach Ver-

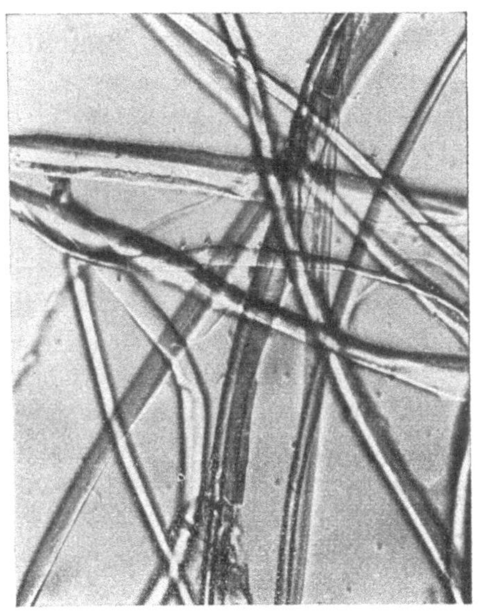

Abb. 83. Reale Seide mit Bastresten (nach H Reumuth).

fahren 161, trocknet und wiegt wieder nach dem Aushängen im Feuchtigkeitsraum, nachdem man die Probe zur Kontrolle mit 11% Feuchtigkeit konditioniert hat.

Nun wird der Entbastungsvorgang nochmals wiederholt. Bei dieser zweiten Entbastung darf nur noch ein ganz geringer Bastverlust festgestellt werden.

Der Gesamtverlust gibt das Bastgewicht an. Die Rohseide wird mit „pari" bezeichnet. Betrug also das Bastgewicht 25% des Rohgewichtes, so wird das Gewicht der nach der Entbastung vorliegender Cuiteseide mit „25% unter pari" bezeichnet.

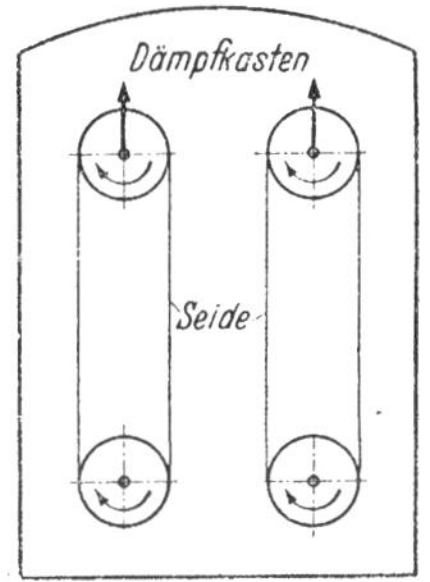

Abb. 84. Streckmaschine für halbentbastete Seidengarne.

(163) Verfahren: Die Glanzsteigerung auf Seidengarn durch Strecken. Man kann den Glanz eines Seidengarnes dadurch steigern, daß man es auf einer Art „Lüstriermaschine" in halb entbastetem Zustande und unter gleichzeitigem

Dämpfen um etwa 4% der Weifenlänge streckt. Zu diesem Zwecke nimmt man das Garn nach etwa $1/2$ Stunde aus dem Entbastungsbade und legt es einer Maschine nach Abb. 84 auf. Nach dieser Behandlung wird die Entbastung wie üblich fortgesetzt.

B. Das Bleichen der Seide.

Die Seidenbleiche unterscheidet sich nicht wesentlich von der Wollbleiche. Man kann lediglich die Temperatur des Peroxydbades etwas höher halten (bis 55° C). Auch die Alkalität des Bades braucht nicht so streng niedergehalten zu werden wie bei der Wollbleiche.

(164) Verfahren: Das Bleichen der realen Seide. Man arbeitet genau nach dem Verfahren 137, erhält jedoch bei der Blankitbehandlung besonders gute Ergebnisse, wenn man der Flotte 2—4 g/l Igepon oder Gardinol zusetzt.

(165) Untersuchung: Die Bleichschädigungen der Seide. Im Unterschied zu anderen Faserstoffen kann man Bleichschädigungen an realer Seide durch Messungen der Zugfestigkeit und der Dehnung feststellen. Stark bleichgeschädigte Seiden zeigen zudem unter dem Mikroskop ein Abfasern und oftmals ein Aufspleißen des sonst glatten Fadens.

(166) Versuch: Die Einwirkung von Bleichmitteln auf Seide. Es werden folgende Bleichen angesetzt (Verf. s. Wollbleiche):

1. Peroxydbleiche.
2. Blankitbleiche,
   a) ohne Igepon,
   b) mit Igepon.
3. Schwefeln mit gasförmiger schwefliger Säure.
4. Kombinierte Peroxyd-Blankitbleiche.
5. Kombinierte Peroxyd-Schwefelgasbleiche.

Von diesen Bleichen wird gemessen

1. die Festigkeit und die Dehnung,
2. der Weißgehalt,
3. der Glanz.

Man wird finden, daß eine kombinierte Peroxyd-Blankitbleiche (mit Igepon oder Fettalkoholsulfonat) neben hohem Weißgehalt eine gute Glanzerhalterin ist. Die schonendste Bleiche stellt das Schwefeln dar.

C. Das Erschweren der Seide.

Die Ziele der Seidenerschwerung. *Der hohe Verlust, welchen die Seide beim Entbasten erleidet, verführte den Seidenfärber zu allen Zeiten dazu, diesen „Veredlungsverlust" wieder auszugleichen. Wenn er dies mit Appre-*

turmitteln versucht, die nur mechanisch und nicht waschfest auf der Faser haften, spricht man von einer Beschwerung. Bringt er jedoch die Schwerkörper so auf die Faser, daß dieselben weder durch das nachfolgende Färben noch durch eine einfache Wäsche sich wieder beseitigen lassen, so liegt eine Erschwerung vor.

Erschwerungen lassen sich mit bestimmten Zuckerarten, mit Farbstoffen (z. B. mit Blauholzextrakt) und mit anorganischen Körpern (z. B. mit Chlorzinn) erzielen.

Immer hat die Erschwerung eine Gewichtserhöhung, eine Volumvergrößerung des Fadens und einen edleren Faltenwurf des Gewebes zur Folge.

Die Vorgänge bei der Seidenerschwerung. *Von den zahlreichen Erklärungen über die chemischen Vorgänge bei der Zinn-phosphat-silikat-Erschwerung erscheint die folgende als besonders zutreffend (LEY).*

1. Zinnchloridbad und Hydrolysierung (starkes Spülen).

$$SnCl_4 + 4\,H_2O \rightarrow Sn(OH)_4 + 4\,HCl.$$

Das Waschen wird also nicht nur wegen der Hydrolyse, sondern auch zur Entfernung der Salzsäure durchgeführt. Eine teilweise Hydrolyse tritt auch im Zinnchloridbade selbst ein, weshalb immer wieder neutralisiert werden muß.

2. Phosphatbad. Die Vorgänge lassen sich in drei Stufen darstellen:

1. $Sn(OH)_4 + Na_2HPO_4 \rightarrow Sn(ONa)_2HPO_4 + 2\,H_2O$
sek. Phosphat.   Zinnoxydnatriumphosphat.

2. $Sn(ONa)_2HPO_4 + 2\,H_2O \rightarrow Sn(OH)_2HPO_4 + 2\,NaOH$
bas. Zinnphosphat.

3. $NaOH + Na_2HPO_4 \rightarrow Na_3PO_4 + H_2O$
tertiäres Phosphat.

Die Stufe 3 zeigt die Wichtigkeit der Neutralisierung bis zur schwach alkalischen Reaktion. Größere Mengen von abgespaltener Natronlauge setzen das sekundäre in das tertiäre Phosphat um.

3. Silikatbad. Das Natriumsilikat tritt wie ein Alkali an die Stelle des Phosphats und bildet Zinn-natrium-silikat, welches waschechter als das bas. Zinnphosphat ist.

$$Sn(OH)_2HPO_4 + Na_2SiO_3 \rightarrow SiO_2 \cdot Na_2O \cdot SnO_2 + H_3PO_4$$

Das Silikat wird also sauer.

Diese Erklärungen berücksichtigen den Faktor Fibroïn nicht. Nimmt man Fibroïn allgemein als $H_2N \cdot R \cdot COOH$ *an, so bildet sich beim Pinken das Anlagerungsprodukt*

$$SnCl_4(H_2N \cdot R \cdot COOH)_4.$$

Dieses reagiert nun mit Wasser in der beschriebenen Weise:

$$SnCl_4(H_2N \cdot R \cdot COOH)_4 + 4\,H_2O \rightarrow Sn(OH)_4(H_2N \cdot R \cdot COOH)_4 + 4\,HCl$$

usw.

(167) Verfahren: Die Zinn-Phosphat-Silikat-Erschwerung. I. Das Zinnbad (Pinkbad). Die entbastete und repassierte Ware wird auf einer Chlorzinnflotte von 25—30° Bé bei gewöhnlicher Temperatur etwa zwei Stunden lang unter nur gelegentlicher Bewegung behandelt. Hierauf wird sehr stark mit Wasser gespült.

Das Zinnbad soll leicht salzsauer sein. Unter keinen Umständen darf es stark sauer reagieren. Es muß deshalb immer wieder mit Ammoniak neutralisiert werden.

II. **Das Phosphatbad.** Man setzt die Flotte mit sek. Natriumphosphat (Na$_2$HPO$_4$ · 12H$_2$O) von 5—10° Bé (150—200 g/l) an und behandelt die aus dem Zinnbade kommende Ware 1 Stunde lang bei 50 bis 60° C (zuweilen wird die Flotte auch zum Kochen getrieben). Das Phosphatbad soll leicht alkalisch gehalten werden.

Nach dieser Behandlung muß wieder gut mit kaltem Wasser gewaschen werden.

Je nach der angestrebten Erschwerung wird nun diese Behandlung auf dem Zinn- und auf dem Phosphatbade wiederholt. Ein „Pinkzug" (Zinn + Phosphatbehandlung) bringt eine Gewichtserhöhung von etwa 10—15%. Man braucht also bei einer entbasteten Seide mit dem Gewicht von 25% unter pari 2 Pinkzüge bis die Seide wieder auf pari steht. Eine Erschwerung von 20—60% über pari ist keine Seltenheit.

Ist das angestrebte Gewicht erreicht, so kommt die Ware zum Schluß auf das Wasserglasbad.

III. **Das Wasserglasbad.** Man setzt die Flotte mit Wasserglas so an, daß sie 1—5° Bé spindelt. Bei 60° C wird 1 Stunde lang behandelt. Schließlich wird gut gespült

(Wenn anschließend mit Naturfarbstoffen gefärbt werden soll, bleibt das Wasserglasbad weg.)

(168)   Untersuchung: Bestimmung der Erschwerungshöhe. Man wiegt aus der Partie (im Laboratorium das ganze Strängchen) einen Strang (1000 g) vor der Erschwerung und nach der Entbastung in lufttrockenem Zustande ab. Im Laufe der Erschwerung wird dieser Strang öfters getrocknet und wieder gewogen. Die Gewichtszunahme zeigt die Erschwerung an.

Pari = Gewicht der Rohseide (Fibroïn + Sericin)

Erschwerung:	Gewicht der Rohseide	1000 g
	Gewicht der entbasteten Seide	750 g
	Erschwerung 10% unter pari	900 g
	Erschwerung 10% über pari	1100 g

(169) Verfahren: Die Erschwerung und Färbung mit Blauholz und Gerbstoffen. Zur Erzielung eines Schwarztones und einer Erschwerung bis pari wird folgendes Verfahren angegeben:

Die entbastete, repassierte und gesäuerte Ware wird mit Eisenbeize, Gambir (Katechu) und holzessigsaurem Eisen vorgebeizt und nun mit Blauholzextrakt ausgefärbt.

Flottenverhältnis 1 : 25. Man nimmt 100 g reale Seide.

1. Bad: Beizen: Eisenbeize 18° Bé, gewöhnl. Temperatur, 1 Stunde, abquetschen, 3 Stunden liegen lassen, waschen.

2. Bad: Gambir: 20 g/l, 1 Stunde, kochend, gut waschen.

3. Bad: Holzessigsaures Eisen: 40 g/l, gewöhnl. Temp., 1 Stunde, abquetschen, 2 Stunden liegen lassen, gut waschen.

4. Bad: Gambir: 20 g/l, 35° C, 1 Stunde, gut waschen.

5. Bad: Ausfärben: 14 % vom Warengewicht = 14 g Blauholzextrakt (Hämateïn), 20 g/l Kernseife. Bei 65° C eingehen und so hoch erhitzen, bis der gewünschte Ton Blauschwarz erreicht ist. Färbezeit mindestens 1 Stunde.

6.—8. Bad: Spülen: 3 mal mit weichem Wasser bei 40° C mit je 1 g/l Soda calc., 1 mal mit warmem Wasser ohne Soda.

9. Bad: Avivieren: 1,8 g/l Milchsäure (od. Essigsäure), 1 g/l Leim, 1,8 g/l Olivenöl mit 0,9 g/l Soda emulgiert.

Das Blauholzschwarz, ein Beispiel für das Färben und Erschweren mit Naturfarbstoffen. *Der Blauholzextrakt wird aus dem Blauholz (haematoxylon campechianum) durch Extrahieren gewonnen. Er kommt flüssig (als noir réduit) oder fest (als Haematoxylin oder Haemateïn) in den Handel.*

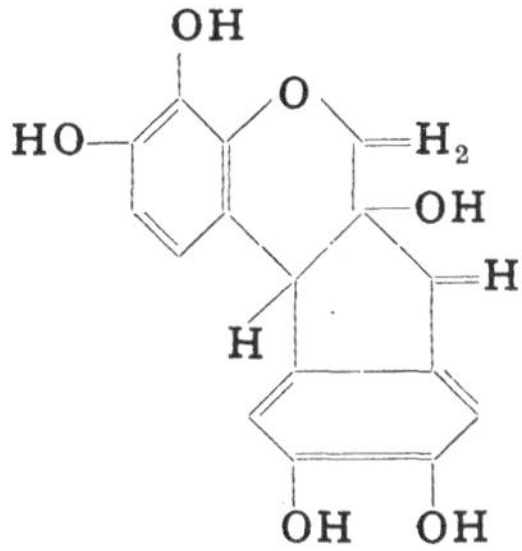

Haematoxylin. 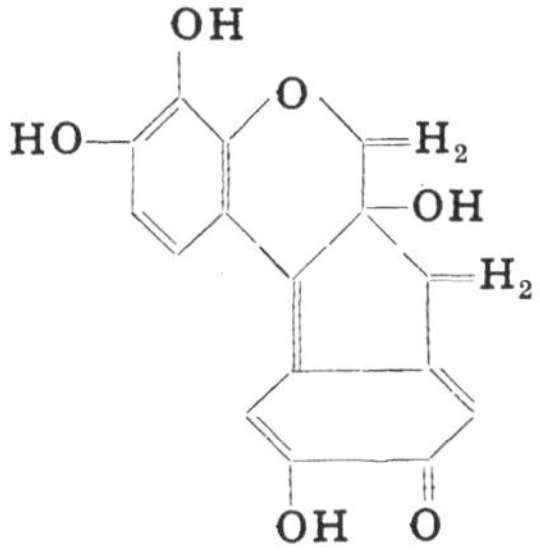   Haemateïn.

Haemateïn entsteht aus Haematoxylin durch Wasserabspaltung und Oxydation. Die Hydroxylgruppen lassen sich durch Metall substituieren, wodurch der Farbstoff verlackt wird. Darauf beruht die hohe Waschechtheit der Blauholzfärbungen. Blauholzfärbungen zeigen ein prächtiges tiefes Schwarz.

(170) Verfahren: Die Herstellung von Soupleseide. Bei dieser Art von Seide wird nur ein kleiner Teil des Bastes abgelöst, dadurch wird die Seide weich und etwas glänzend, jedoch nicht so weich und glanzreich wie Cuiteseide.

Zu diesem Zweck wird die Rohseide zuerst in einem Seifenbad mit 5 g/l Seife bei 30° C 1 Stunde lang behandelt. Nach dieser Behandlung wird die Seide mit Natriumbisulfit oder in der Schwefelkammer gebleicht. Die Bleiche in der Schwefelkammer mit Schwefeldioxyd ist die billigste, jedoch im kleinen schwer ausführbar. Deshalb wendet man im Laboratorium die Bisulfitbleiche an, man bleicht in schwefelsaurem Bad mit 10 g/l Natriumbisulfit. Nach der Bleiche wird gespült und soupliert, es können drei Verfahren angewandt werden:

1. das Säureverfahren,
2. das Verfahren mit sauren Salzen,
3. das Verfahren mit Gerbstoffen.

Hier sei das Säureverfahren beschrieben:

Nachdem die Seide geseift ist, wird sie mit Natriumbisulfit und Schwefelsäure bei Zimmertemperatur gebleicht.

Bleichbad: 10 g/l Natriumbisulfit,
             5 ccm/l konz. Schwefelsäure,
             Flotte: 1 : 20,
             Zimmertemp., 2—3 Stunden,

hernach wird gespült, abgesäuert und gespült.

Souplierbad: 1,5 g/l Glaubersalz,
               0,5 ccm/l konz. Schwefelsäure,
               1 Std. bei 65° C,
               Flotte: 1 : 70.

Hernach wird zuerst bei 50° C, dann bei 30° C und schließlich kalt gespült. Anschließend wird nach der Zinn-phosphat-silikat-Methode erschwert. Am Schluß wird bei 30° C mit 2 g/l Seife 10 min lang geseift, gespült und nun mit Ameisensäure aviviert. Die Temperatur des Phosphat-, Wasserglas- und Seifenbads muß herabgesetzt werden, damit der noch auf der Faser sitzende Bast nicht gelöst wird. Der Bastverlust bei Souple beträgt nur 8—10% vom Warengewicht. Souple kann daher höher erschwert werden, da sie aufnahmefähiger ist.

(171) Untersuchung: Bestimmung des Bastverlustes bei Souple.

Gewicht der Rohseide:	42,80 g
„ „ souplierten Seide:	38,40 g
Gewichtsverlust:	4,40 g

$$\frac{4,4 \cdot 100}{\cdot 42,8} = 10,3 \% \text{ Bastverlust.}$$

Die Chemikalien für die Seidenerschwerung und die Blauholzfärbung.

Zinnchlorid, Chlorzinn $SnCl_4$ *kommt fest oder in Lösungen von 50° Bé in den Handel.*

Natriumphosphat, sekundäres, $Na_2HPO_4 \cdot 12H_2O$ *bildet leicht zerfallende Kristalle, ist in kaltem Wasser schwer, in heißem leicht löslich.*

Wasserglas, Natriumsilikat, besitzt im wesentlichen die Zusammensetzung des Metasilikats Na_2SiO_3 *bis* Na_2SiO_7. *Als Salz einer schwachen Säure ist es stark hydrolysiert und gibt eine stark alkalische Lösung.*

Eisenbeize, basisches Ferrisulfat. $Fe_4(OH)_2(SO_4)_5$ *bis* $Fe_2(OH)_2$ $(SO_4)_2$, *durchschnittlich* $Fe_8(OH)_6(SO_4)_9$. *Dieser Durchschnitt besitzt die für das Beizen erforderliche „Basizitätszahl" 2.*

(Die Basizitätszahl wird erhalten durch Division des Schwefelsäuregehaltes (als H_2SO_4 *ber.) durch den Eisengehalt (als met. Eisen ber.). Also* $H_2SO_4 : Fe = Basizitätszahl)$.

Die Herstellung der Eisenbeize geschieht so, daß man ein Gemisch von 700 g Eisenvitriol und 36 g konz. Schwefelsäure langsam unter Erwärmen mit 95 g Salpetersäure versetzt.

Gambir, Katechu. Ein Gerbstoff. Eingedickter Extrakt von ungaria gambir.

Holzessigsaures Eisen. Gewinnung durch Sättigen roher Holzessigsäure mit Eisenspänen.

(172) Untersuchung: Der Nachweis der Seidenerschwerung.

Brennprobe: Wenn eine Metallerschwerung vorliegt, bleibt nach dem Anzünden und Abbrennen der Faser ein Skelett zurück. Glüht man dasselbe an einer Flamme nach, so wird das Skelett hellgrau.

Veraschungsmethode. Sind die Erschwerungsstoffe mineralisch, so kann man die Höhe der Erschwerung bestimmen, wenn man eine Probe verascht. Der Aschengehalt der Seide muß abgezogen werden.

Nach STOCKHAUSEN wird die Erschwerungsbestimmung beim Vorliegen einer Zinn-phosphat-silikat-Erschwerung wie folgt durchgeführt:

Das eingewogene Seidenquantum wird in einem Porzellantiegel oberflächlich mit gelinder Flamme verbrannt, alsdann wird ein Rose-Tiegeldeckel aufgelegt und ein zugehöriges Gaseinleitungsrohr eingeführt. Aus einer Sauerstoffbombe wird ein in Schwefelsäure getrockneter gelinder Sauerstoffstrom eingeleitet. Nach halbstündigem Glühen wird die Asche mit einem Glasstab zerstoßen und zerrieben, alsdann nochmals 20 min mit Sauerstoff geglüht und hierauf gewogen. Die Asche ist nun reinweiß und ändert durch weiteres Glühen mit Sauerstoff ihr Gewicht nicht mehr. Zur Analysenbestimmung wird, wie üblich, das Aschengewicht mit dem Faktor 1,2 (nat. Aschengeh. d. Seide) multipliziert.

Berechnung der Erschwerungshöhe in % über pari:

P = Gewicht der lufttrockenen Seide
a = Aschengewicht × 1,2
S = Abkochverlust in %
X = über pari = Erschwerung in %.

$$X = \left[(100 - S) \cdot \frac{a}{P - a}\right] - S\%$$

Stickstoffmethode nach Dumas und nach Kjeldahl. Wenn die Erschwerung nicht mit Sicherheit als rein mineralischer Natur erkannt wird, so bestimmt man die Erschwerung mit Hilfe von Stickstoffuntersuchungen. Der Stickstoffgehalt des reinen trockenen Seidenfibroïns wird allgemein im Durchschnitt mit 18,33% angenommen. Da keines der bekannten Erschwerungsmittel Stickstoff enthält, kann man aus dem Rückgang des prozentualen Anteils an Stickstoff auf die Höhe der Erschwerung schließen.

Der Stickstoffgehalt der trockenen Seide ergibt, mit 5,455 multipliziert, den Gehalt an absolut trockenem Fibroïn (f).

Fibroïn (f) + Sericin (s) = absolut trockene Seide (r),
lufttrockene Seide (R) = r + 11%.

Beträgt die Einwaage der gefärbten, lufttrockenen Seide p Gramm, so ist die Erschwerung E in Prozenten

$$E = \frac{(p-R) \cdot 100}{R}.$$

Die Stickstoffbestimmung im Verbrennungsofen nach Dumas. Die erschwerte Seide wird in einer Verbrennungsröhre im Kohlensäurestrom über glühendem Kupferoxyd verbrannt. Dabei entweicht der Stickstoff als Gas, die übrigen Bestandteile der Seide werden zu Kohlensäure und Wasser oxydiert. Diese beiden, wie auch die Kohlensäure aus dem Strom, werden von der Kalilauge des der Röhre vorgelegten Azotometers absorbiert, während der elementare Stickstoff aufgefangen wird. Die Bestimmung nach Dumas ist sehr genau und läßt bei einiger Übung keine Fehler zu. Das Verbrennungsrohr aus schwer schmelzbarem Glas (85 cm lang, 15 mm ⌀) wird wie folgt gefüllt (Abb. 85a):

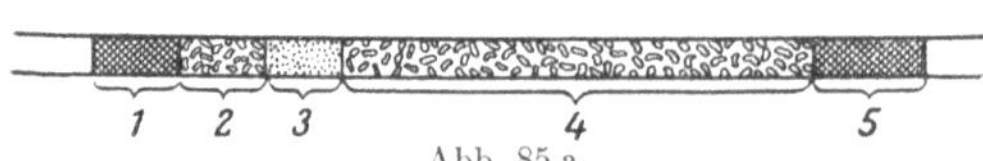

Abb. 85 a.

Verbrennungsröhre für die Stickstoffbestimmung.

1 Cu-Spirale,
2 grobes CuO,
3 Substanz mit feinem CuO,
4 grobes CuO,
5 Cu-Spirale blank.

Zuerst wird in die senkrecht gestellte Röhre die Kupferspirale eingefügt, hierauf etwas grobes Kupferoxyd gegeben und nun die mit

feinem Kupferoxyd innig gemischte Seidenprobe eingefüllt. Die Probe
wurde vor dem Wägen in kurze Fasertrümmer geschnitten. Schließlich
wird grobes Kupferoxyd und dann die reduzierte (blanke) Kupferspirale vorgelegt.

(Die Mischung der Fasertrümmer mit feinem Kupferoxyd wird in
einem Bechergläschen vorgenommen. Die nach dem Einfüllen in die
Röhre verbleibenden Reste werden mit einer zugeschnittenen Gänse-
feder quantitativ aus dem Becherglas in die Röhre um-
transportiert.) Das Kupferoxyd wird vor dem Einfüllen in
einem Porzellantiegel stark geglüht, damit jede organische
Substanz verschwindet. Die Kupferspirale besteht aus
einem zusammengerollten etwa 10 cm langen Kupferdraht-
netz. Man reduziert sie, indem man sie mit einer
Tiegelzange in die rauschende hohe Flamme
eines Bunsenbrenners hält (senkrecht), bis sie
— wenigstens teilweise — glüht. Nun gibt man
sie in ein Reagenzglas, welches etwa 1—2 ccm

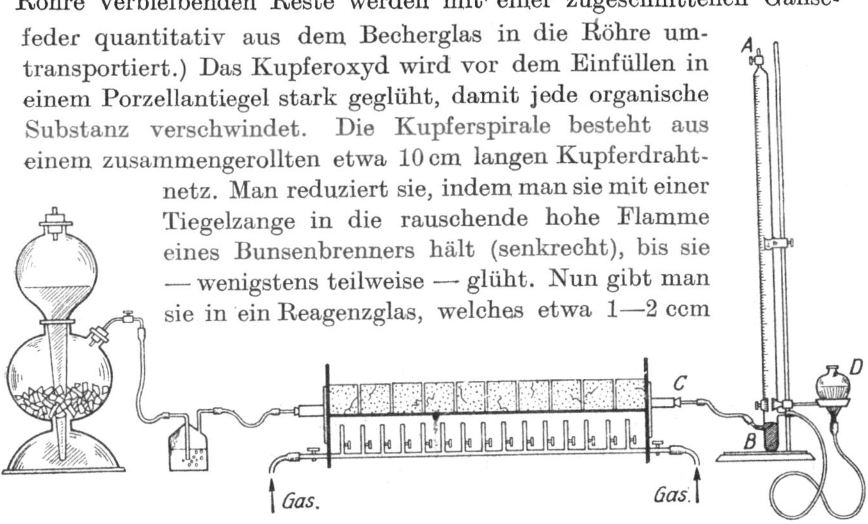

Abb. 85 b. Apparatur zur Stickstoffbestimmung nach Dumas. (Kohlensäurekipp, Schwefelsäure-
wäsche und Blasenzähler, Verbrennungsofen mit Röhre, Azotometer.)

Methylalkohol enthält. Die Röhre wird in den Verbrennungsofen
gebracht, mit den Kacheln des Ofens bedeckt, rechts und links
mit Gummistopfen und Zuleitungsröhre versehen und, wie aus
Abb. 85 b ersichtlich, mit dem Kohlensäurekipp (Marmor und Mineralsäure) und dem Azotometer verbunden. Das Azotometer enthält Kalilauge (Lösung von 150 g Kaliumhydroxyd in 150 g Wasser)
(Porzellanschale). Das Azotometer wird durch Hochheben der Birne D
über die Ausflußspitze A völlig mit Kalilauge gefüllt. Hierauf wird die
Birne D wieder möglichst tief gesetzt, um den Druck in der Röhre zu
vermindern und damit das Einströmen des Gases zu fördern. Bei B
ist Quecksilber eingefüllt, welches das Rückströmen der Kalilauge
in die Verbrennungsröhre verhindert. Nun wird zunächst der An-
schlußstopfen bei C entfernt und durch die kalte Röhre Kohlensäure
geleitet, damit die in der Röhre enthaltene stickstoffhaltige Luft verdrängt wird. Hierauf erfolgt im stetigen langsamen Kohlensäurestrom
die Erhitzung zunächst des groben Kupferoxyds bis dunkle Rotglut
erreicht ist. Dann erhitzt man die reduzierte Kupferspirale. Jetzt

wird das Azotometer wieder mit der Röhre verbunden. Nun wird die vor der Substanz liegende vordere Kupferspirale und schließlich ganz langsam immer im Kohlensäurestrom die Substanz erhitzt. Die Kohlensäureblasen dürfen nur langsam, leicht zählbar in das Azotometer eintreten. Sie müssen sich schnell verkleinern und dürfen keinesfalls bis zur Spitze gelangen. Sollte sich im Azotometer über der Kalilauge vor dem Erhitzen der Substanz noch etwas Gas angesammelt haben, so wird dieses nochmals durch Hochheben der Birne verdrängt. Beim Verbrennen der Substanz, unter welcher allmählich die Hitze gesteigert wird, setzt sich der Stickstoff in Freiheit. Er sammelt sich in der Azotometerspitze an. (Vorsicht, keine Gasstöße, evtl. Kohlensäurestrom vorübergehend drosseln.) Man erhitzt, bis auch Substanz und feines Kupferoxyd rot glühen und schließlich im Azotometer keine Stickstoffblasen mehr auftreten. Ist die Verbrennung beendigt, so hebt man die Birne D des Azotometers so hoch, daß ihr Flüssigkeitsspiegel mit demjenigen im Azotometer gleich ist und liest nun die ccm aufgefangenen Stickstoff direkt am Azotometer ab. (Ein Umfüllen, wie in der organischen Elementaranalyse, ist nicht nötig.)

Einwaage: 1 g erschwerte lufttrockene Seide (p).

Gefunden: Bei einer Raumtemperatur von 18° C und einem Barometerstand von 748 mm QS wurden 59,1 ccm abgelesen. Da unter diesen Bedingungen 1 ccm — 1,137 mg Stickstoff entspricht (lt. folgender Tabelle), ergeben sich für 59,1 ccm also $59{,}1 \cdot 1{,}137$ mg $= 67{,}1967$ mg oder 0,0672 g Stickstoff. Daraus errechnet sich ein Gehalt an wasserfreiem Fibroïn (f) von $0{,}0672 \cdot 5{,}455 = 0{,}366576$ g. Bei 24% Bast (d. h. 24 Teile Bast auf 76 Teile wasserfreies Fibroïn) entfallen auf obigen Fibroïngehalt 0,11576 g Bast (Sericin) s, nach folgender Gleichung:

$$0{,}366576 : x = 76 : 24$$

Zusammen macht dies

$$0{,}366576 + 0{,}11576 = 0{,}482336 \text{ g}$$

wasserfreie Rohseide (r)
Dieser werden 11%, also 0,05305696 g zugeschlagen, und man erhält 0,5354 g lufttrockene Rohseide (R). Hieraus ergibt sich, daß 0,5354 g lufttrockene Rohseide 1,000 g (Einwaage) erschwerte lufttrockene Seide geliefert haben. Die Erschwerung selbst errechnet sich dann nach folgender Formel:

$$R : (p - R) = 100 : E$$

$$E = \frac{(p-R)\,100}{R}$$

$$E = \frac{(1 - 0{,}5354) \cdot 100}{0{,}5354} = 86{,}77\% \text{ ü. p.}$$

Die Stickstoffbestimmung nach KJELDAHL hat den Vorteil, daß man mehrere Bestimmungen nebeneinander durchführen kann. Aus diesen zieht man den Durchschnitt.

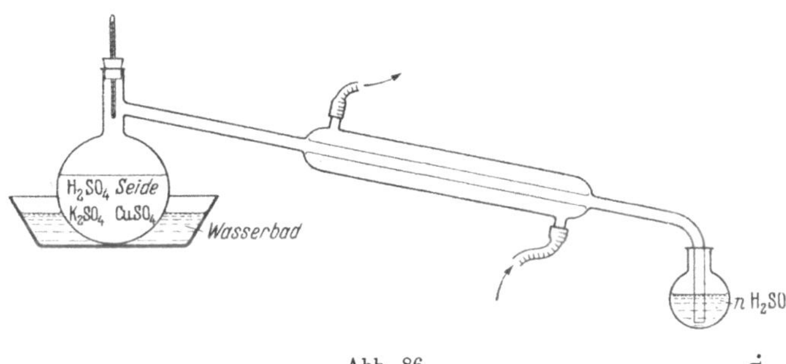

Abb. 86.

Bei der KJELDAHL-Methode wird nicht, wie bei DUMAS, der elementare Stickstoff bestimmt, sondern der Stickstoff als Ammoniak. Beim Aufschließen (oft mit Hg als Kontaktsubstanz) wird die org. Substanz zerstört und der Stickstoff in Ammoniak umgesetzt.

Zunächst wird die durch Abziehen von Fremdstickstoff (Farbstoff) befreite Seide (SISLEY) aufgeschlossen, indem man die Probe in einem kleinen Kolben langsam in einem der beiden Gemische erhitzt:

(Siedesteine zugeben)

 20 g konz. Schwefelsäure
 10 g Kaliumsulfat
 0,5 g entwässertes Kupfervitrol.

(Einwaage 0,5—1,0 g)

 20 ccm Kjeldahlsäure
  (95 g H_2SO_4 p.a. + 5 g
  P_2O_5 + wenig $CuSO_4$).

Man erhitzt so lange, bis die anfangs schwarze Lösung gelb geworden ist. (Etwa 30 min.)

Die abgekühlte Lösung wird quantitativ mit 300—400 ccm Wasser in einen Destillationskolben von etwa 1 l Inhalt übertragen und mit 30—40 ccm konz. NaOH (40° Bé) übersättigt (Abb. 86).

Gewicht eines Kubikzentimeters feuchten Stickstoffs in Milligrammen.
t = Raumtemperatur, b = Barometerdruck (mm Quecksilbersäule).

t	730	732	734	736	738	740	742	744	746	748	750	752	754	756	758	760
16°	1,119	1,122	1,125	1,129	1,132	1,135	1,138	1,141	1,144	1,147	1,150	1,154	1,157	1,160	1,163	1,166
17°	1,114	1,117	1,120	1,123	1,126	1,130	1,133	1,136	1,139	1,142	1,145	1,148	1,151	1,154	1,158	1,161
18°	1,109	1,112	1,115	1,118	1,121	1,124	1,127	1,130	1,133	1,137	1,140	1,143	1,146	1,149	1,152	1,155
19°	1,103	1,106	1,110	1,113	1,116	1,119	1,122	1,125	1,128	1,131	1,134	1,137	1,140	1,144	1,147	1,150
20°	1,098	1,101	1,104	1,107	1,110	1,113	1,116	1,120	1,123	1,126	1,129	1,132	1,135	1,138	1,141	1,144

Die Vorlage wird mit 25 ccm nH_2SO_4 beschickt. In etwa 1 Stunde werden 50—100 ccm abdestilliert, bis kein NH_3 mehr nachweisbar ist (Übersättigen einer Probe und Erwärmen mit NaOH—Geruchprobe). Nach beendigter Destillation wird die Vorlage mit n oder $\frac{n}{10}$ NaOH zurücktitriert (Lackmus). 1 ccm $nH_2SO_4 = 0,01401$ g Stickstoff $= 0,07642$ g wasserfreies Fibroïn.

Man macht mehrere Bestimmungen und zieht den Durchschnitt.

(173) Untersuchung: Die Bestimmung der Erschwerung einer Blauholzfärbung. Neben der genauen Methode der Stickstoffbestimmung nach DUMAS oder nach KJELDAHL kann die Erschwerung annähernd und für den Betrieb oftmals mit genügender Sicherheit dadurch bestimmt werden, daß man das Blauholz mit Salzsäure abzieht und auf Grund der Farbe der zurückbleibenden Eisenbeize auf die Höhe der Erschwerung schließt. Abgezogene Vergleichsproben mit bekannter Erschwerungshöhe erleichtern den Schluß.

Man kocht die Probe in einer Porzellanschale in einer wässerigen Salzsäurelösung 1 : 1 etwa $\frac{1}{2}$ min lang ab, wobei das Blauholz blutrot in Lösung geht, spült die Probe gut mit Wasser, trocknet sie und vergleicht nun die zurückbleibende braune Färbung mit Typmustern.

(174) Versuch: Erschwerung und Gebrauchswert. Man stellt mit Hilfe der Zinn-phosphat-silikat-Methode verschiedene Erschwerungen auf Seide her, etwa 10% unter pari, pari, 10, 20, 30, 40, 50% über pari und vergleicht diese Erschwerungen mit der nicht erschwerten entbasteten Seide nach folgenden Gesichtspunkten:

1. Bestimmung der Fadendicke.

2. Bestimmung der Fadennummer (der Denier-Zahl).

3. Bestimmung des Glanzes.

4. Bestimmung des Verschleißwiderstandes.

5. Bestimmung der Festigkeit und der Dehnung.

1. Die Fadendicke (gemessen mit der Fadenmeßlupe oder besser mit dem Lanameter) nimmt deutlich zu. Das Garn wird also nicht nur schwerer, sondern auch dicker.

2. Die Garnnummer nimmt regelmäßig ab.

3. Der Glanz nimmt bei den niedrigeren Erschwerungen zu, um für die hohen Erschwerungen um so mehr wieder abzusinken.

4. Der Verschleißwiderstand nimmt regelmäßig ab. Bei der Messung muß die verschiedene Dicke berücksichtigt werden.

5. Die Festigkeit nimmt zunächst zu und sinkt bei höheren Erschwerungen wieder ab.

Als Beispiel seien einige Werte aus einer Versuchsreihe angeführt, in welcher entbastete (Cuite-)Seide mit steigenden Zinnmengen erschwert wurde. Die Untersuchung befaßt sich vorwiegend mit der Glanzänderung.

Der Glanz steigt in diesem Falle also bis 36% ü. pari und fällt dann wieder schnell ab. Die Fadendicke steigt gleichmäßig an.

Versuch Nr.	Erschwerung % ü. od. u. pari	Fadendicke mm	Glanzzahl
1	24% u. p.	0,654	18
2	3,8% ü. p.	0,692	20
3	18,9% ü. p.	0,723	21
4	36,1% ü. p.	0,790	23
5	58,2% ü. p.	1,020	18
6	92,6% ü. p.	1,203	14

An einem weiteren Beispiel sei die Widerstandsfähigkeit der erschwerten Seide gegen chemische Einflüsse, besonders gegen Alkalien gezeigt. Dabei werden die Zugfestigkeit und Dehnung, der Glanz und der Verschleißwiderstand gemessen.

Die Seide hatte einen Bastgehalt von 23,8%. Ihre Erschwerung nach dem Zinn-phosphat-silikat-Verfahren betrug 75,2% ü. pari.

Behandlung	Zugfestigkeit g	Dehnung %	Glanzzahl	Verschleißwiderstand
Rohseide	687	14,5	4	17
Entbastete Seide	602	13,3	22	14
Entbastete und erschwerte Seide	840	21,0	16	8
Entbastete Seide mit 6 ccm/l NaOH, 80° C, ½ Std. behandelt	552	16,2	20	11
Dasselbe, jedoch mit 12 ccm/l NaOH behandelt	387	11,3	17	8
Entbastete und erschwerte Seide mit 6 ccm/l NaOH 80° C, ½ Std. behandelt	680	19,4	12	7
Dasselbe, jedoch mit 12 ccm/l NaOH behandelt	303	6,3	16	2

Bei diesem Versuch steigt der Glanz der erschwerten Ware in keinem Falle über denjenigen der entbasteten unerschwerten Seide, weil die Erschwerung sehr hoch gewählt wurde. Es ist jedoch an den Verschleißzahlen deutlich zu sehen, daß die Erschwerung stets mit einer Minderung des Gebrauchswertes verbunden ist und daß erschwerte Seiden gegen Alkali weniger widerstandsfähig sind als unerschwerte.

Eine weitere Versuchsreihe wird zweckmäßig für die Prüfung der Lagerechtheit hoch erschwerter Seiden angesetzt. Diese Seiden werden oftmals schon beim Lagern zerstört.

(175) Untersuchung: Dickenmessungen an Garnen. Die Messung kann mit der Dickenmeßlupe nach SCHOPPER, mit dem Promar von SEIBERT und mit dem Lanameter nach ZEISS ausgeführt werden.

(176) Untersuchung: Die Bestimmung der Garnnummer für Seide, Kunstseide und Zellwolle (Titerbestimmung). 1 Denier = 9000 m/g. Die Denierzahl ist das Gewicht in Gramm eines Fadens von 9000 m Länge.

Beispiel: 30 m wiegen bei Normalfeuchtigkeit 0,06 g. Also wiegen 9000 m

$$\frac{0,06 \cdot 9000}{30} = 18\,\text{g}.$$

Der Titer des Fadens beträgt somit 18 den.

D. Das Färben der Seide.

Reale Seide färbt sich mit fast allen Farbstoffklassen gut an. Da sie gegen Alkalien weniger empfindlich ist als Wolle, kann sie sogar — unter Mitwirkung von Schutzkolloiden und bei niedrigeren Temperaturen — in stärker alkalischen Küpen gefärbt werden.

Man kann also basische, substantive ·Diazotierungs- und saure Farbstoffe ebenso auf Seide färben wie Küpenfarbstoffe, Naphthole, Indigosole, Beizenfarbstoffe usw., wobei die Färbeverfahren meist denen der Wolle oder der Baumwolle entsprechen. Da Seide kein Keratin enthält, wird sie auch nicht von Schädlingen, z. B. von der Mottenraupe befallen, so daß sie nicht eulanisiert zu werden braucht. Dagegen nimmt Seide wie die Wolle (nur weniger leicht) Säure auf.

Zwei Färbeverfahren sind aber für die Seide typisch.

1. Das Färben im gebrochenen Bastseifenbade.

2. Das Färben im Seife-Glaubersalz-Bade.

(177) Verfahren: Das gebrochene Bastseifenbad. Die Bastseife besitzt wertvolle kolloide Eigenschaften. Sie kann mit Säuren auch in der Kochhitze nicht völlig zerlegt werden. Die Fettsäure ist also nur schwer abspaltbar. Diese Eigenschaften machen sie (neben Leim, Türkischrotöl und Seife) zum ältesten Textilhilfsmittel. Ein gebrochenes Bastseifenbad enthält neben dem sauren Farbstoff die Säure und die Bastseife.

$\times$ % saurer (od. basischer) Farbstoff,

$^1/_3$ der Flottenmenge an Bastseife,

10 ccm/l Essigsäure oder

1—4 ccm/l Schwefelsäure.

Das Bad muß so gebrochen sein, daß es nicht mehr stark schäumt. Man geht bei 40° C ein und färbt bei Kochtemperatur aus. Schließlich wird gut gespült und sauer aviviert. (Statt Bastseife nimmt man neuerdings oftmals Fettsäurekondensationsprodukte oder Fettalkoholsulfonate.)

(178) Verfahren: Olivenöl-Soda-Avivage. Der Seidenfärber wendet noch gerne seine alte Olivenöl-Soda-Avivage an: Man kocht am Stechrohr Olivenöl und die $^1/_2$ Gewichtsmenge davon an Soda krist. mit etwas Wasser (5fache Menge des Olivenöls) auf und rührt die Emulsion in das mit 10 ccm/l Essigsäure versehene Avivierbad ein. An Olivenöl (lampantes Olivenöl) nimmt man 1—2 g/l.

(179) Verfahren: Das Seife-Glaubersalz-Bad für reale Seide. Substantive Farbstoffe, welche meist sehr bügelecht und lichtecht sind, werden im Seife-Glaubersalz-Bade gefärbt.

$\times$ % Farbstoff,
4—12 g/l Marseillerseife,
2—8 g/l Glaubersalz,
40° C bis kochend.

(180) Versuch: Ombréfärbungen auf Seidengarn. Will man auf einen Garnstrang mehrere Farben färben, so bedient man sich des Ombré-Verfahrens. Von allen Vorrichtungen hat sich die in Abb. 87 beschriebene am besten bewährt. Auf einem Rahmen A liegen je zwei vierkantige Stöcke B aufeinander. Auf diesen hängt das sauber glattgeschlagene Garn C. Im Flottenbehälter D, der mit dem Stechrohr E beheizt wird, befindet sich die Färbeflotte. Will man nun einen vierfarbigen

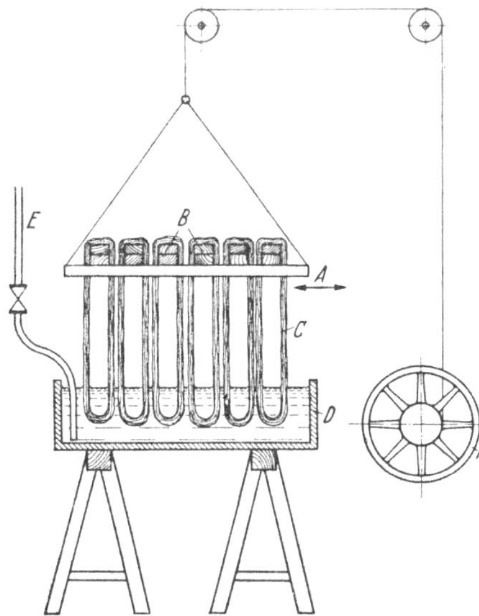

Abb. 87. Vorrichtung zum Färben von Ombrégarnen.

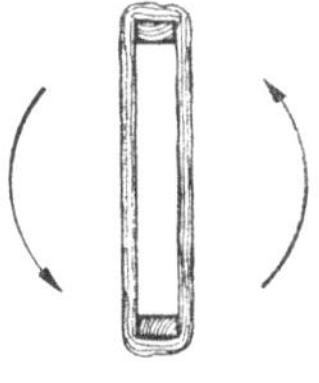

Abb. 87a.

Ombré färben, so läßt man mit dem arretierbaren Handrad F, das mit einer Winde (oder einem Flaschenzug) gekuppelt ist, den Rahmen A so weit in die Flotte tauchen, daß $^1/_4$ des Weifenumfanges benetzt wird. Nun bewegt man den Rahmen A (am besten von Hand) im Sinne des Pfeiles hin und her, um das gleichmäßige Anfärben zu fördern. Ist die Färbung nach Muster ausgefallen, gespült und aviviert, so nimmt man jeden Doppelstock vom Rahmen, hält den oberen der beiden Stöcke fest und legt den unteren auf die entgegengesetzte Seite des Weifens (Abb. 87a). Nun dreht man das Ganze um 180° (im Sinne des Pfeiles und bringt die beiden Stöcke wieder zusammen, um sie auf den Rahmen *A* zu legen. Jetzt befindet sich die fertige Färbung oben und eine neue Färbung kann beginnen. Ist auch diese fertig, so wird mit den beiden Stöcken eine sinngemäße Bewegung ausgeführt, um nun auch die beiden seitlichen noch nicht angefärbten Stellen des Garnstranges einfärben zu können.

IV. Die Bleicherei und Färberei der Azetatkunstseide.

Grundsätzliches über die Azetatkunstseide und -Zellwolle.

Die Azetatkunstseide kann als ein Ester zwischen der Zellulose und der Essigsäure angesprochen werden. Es liegt also eine Azetylzellulose (Zellulosehydroazetat) vor, bei welcher die Hydroxylgruppen der Zellulose durch den Azetylrest $CH_3 \cdot CO$ — *blockiert sind.*

Im allgemeinen verwendet man als Ausgangsprodukt für die Azetatkunstseide gebleichte Baumwoll-Linters. Die Azetylierung erfolgt durch Essigsäureanhydrid und Eisessig. Da die Reaktion langsam und unvollkommen verläuft, wendet man Reaktionsbeschleuniger (Katalysatoren) an, von denen Schwefelsäure und Zinkchlorid die bekanntesten sind.

Die Höhe der Azetylierung kann nicht stufenweise fortschreitend etwa durch die Menge des Essigsäureanhydrids oder durch die Temperatur oder durch die Dauer der Einwirkung gesteuert werden, sondern man muß zunächst eine hohe Azetylierungsstufe herstellen, von der aus man dann rückwärts durch Hydratisierung die geeignetste Stufe gewinnt.

Man unterscheidet also:

I. die Herstellung des Triazetats (sog. Primärazetat),

II. die Umformung des Triazetats in das Diazetat (sog. Sekundärazetat).

Wenn die Zellulose als $(C_6H_{10}O_5)_n$ *angesprochen wird, so kann man sich die Herstellung des Triazetats nach folgendem Schema vorstellen*

$$C_6H_7O_2\!\!<\!\!\begin{array}{l}OH\\OH\\OH\end{array} + 3\,\begin{array}{l}CH_3\cdot CO\\ \\CH_3\cdot CO\end{array}\!\!>\!\!O \xrightarrow[\text{säure}]{\text{Schwefel-}} C_6H_7O_2\!\!<\!\!\begin{array}{l}O\cdot CH_3\cdot CO\\O\cdot CH_3\cdot CO\\O\cdot CH_3\cdot CO\end{array}$$

Zellulose.   Essigsäureanhydrid.   Zellulosetriazetat.

$$+\ 3\,CH_3\cdot COOH$$

Essigsäure.

Das Zellulosetriazetat ist chloroformlöslich. Man kann aus ihm keine stabile und gebrauchstüchtige Faser spinnen, sondern muß in die Nähe des Diazetats zurückgehen, welches azetonlöslich ist und eine wertvolle Faser ergibt. Diese „Rückverseifung" wird mit verdünnten Mineralsäuren durchgeführt. Man erreicht ein Gemisch verschiedener Azetylierungsstufen, bei

$$\text{dem aber das Diazetat } C_6H_7O_2 \diagup\!\!\!\begin{array}{l} O \cdot CH_3 \cdot CO \\ O \cdot CH_3 \cdot CO \\ OH \end{array} \text{ vorherrscht.}$$

dem aber das Diazetat $C_6H_7O_2$ *vorherrscht. Dieses wird in*

Azeton (und Alkohol) gelöst und nun versponnen, wobei man den Faden entweder in der Luft (Trockenspinnverfahren) oder in Wasser (Naß-spinnverfahren) erstarren läßt.

Das Verfahren ist natürlich nicht so einfach, wie dies nach den (rein schematischen) Ausführungen erscheinen könnte.

Im Gegenteil, die Herstellung der Spinnlösung gehört zu den schwierigsten Prozessen in der Erzeugung der künstlichen Faserstoffe. So kann z. B. „Azetolyse" eintreten. Man versteht darunter nach SKRAUP einen weitgehenden Abbau des Zellulosemoleküls durch Säuren bis zu Dextrinen und Zuckern. Da die für die Azetolyse besonders verantwortliche Schwefelsäure jedoch immer (entweder bei der Herstellung des Primärazetats oder bei dessen Hydratisierung) vorhanden ist, kommt es häufig vor, daß die Azetate nicht mehr Derivate von reiner Zellulose sondern von abgebauten Produkten, etwa von Hydrozellulose u. dgl. sind (HOTTENROTH).

Das Ziel der Fabrikation muß also die Gewinnung eines möglichst „edlen, ungebrochenen", d. h. wenig abgebauten, gut azetonlöslichen Sekundärazetats sein.

Aus diesen Vorgängen bei der Faserstoffherstellung gehen die Eigenschaften der Kunstseide und der Zellwolle aus Zelluloseazetat hervor.

Die Azetatfaser ist azetonlöslich. Diese Löslichkeit verliert sie, wenn sie im Veredlungsprozeß teilweise oder ganz verseift wird. (Dies ist z. B. durch Behandlung mit Natronlauge oder durch langes Kochen in Wasser möglich.) Eine derartige Verseifung und Entazetylierung kann man sich etwa wie folgt vorstellen (R · OH = Zellulose, R · O · R′ = Azetylzellulose, R′ = Azetyl);

$$R \cdot O \cdot R' \xrightarrow[\text{Entazetylierung}]{\text{Verseifung}} R \cdot OH$$

$$R \cdot O \cdot R' + HOH \xrightarrow{\text{Hydrolyse}} R \cdot OH + R' \cdot OH.$$

2. Die Azetatfaser hat einen stark sauren Charakter, der durch die Azetylgruppen bedingt ist. Es erklärt sich aus dieser Tatsache die Affinität zu den basischen Farbstoffen.

3. Durch das Fehlen einer großen Anzahl von Hydroxylgruppen, die bei den sonstigen pflanzlichen Faserstoffen die Quellbarkeit (den hydrophilen Charakter) bedingen, ist die Azetatfaser nahezu hydrophob. Außerdem verhält sie sich gegen echte wässerige Lösungen (Hydrosolvate) negativ. Dagegen besitzt sie Affinität zu org. Lösungsmitteln oder zu Fetten.

4. Als Ester ist die Azetatfaser ein gutes Lösungsmittel für viele organische Körper. So lösen sich z. B. die Azetatfarbstoffe starr in der Azetatzellulose. Hier gilt nun für den Eintritt des Gleichgewichts in der Färbung das Henrysche Gesetz:

$$\frac{\text{C-Flotte}}{\text{C-Faser}} = K.$$

5. Gegenüber vielen wasserlöslichen Farbstoffen verhält sich die Azetatfaser negativ, d. h. sie wird nicht angefärbt. Daraus ergibt sich ihr Wert für die Herstellung von Effekten und Reservierungen.

6. Durch das weitgehende Fehlen der Hydroxylgruppen ist zwar die Gesamtfestigkeit der Azetatfaser geringer als bei der Viskosefaser (etwa 1,8 gegen 2,4 g/den), jedoch ist das Verhältnis zwischen Trocken- und Naßfestigkeit günstiger (etwa 1,8 : 1,4 gegen etwa 2,4 : 1,4 g/den).

7. Die Azetatfaser besitzt ein geringes spezifisches Gewicht (1,3 gegen Baumwolle und Kunstseide mit 1,5 und Wolle mit 1,4).

(181) Untersuchung: Die Feststellung des Verseifungsgrades von Azetatkunstseide durch Färben (MERCK). Die vorgenetzte Probe wird $^1/_2$ Std. lang bei 50° C in ein Bad von Siriusrot 4 B, welches 2—4 g/l Glaubersalz enthält, eingelegt. Darauf wird gespült und getrocknet. Verseifte Azetatfaser wird rot gefärbt, während unverseifte höchstens schwach rosa erscheint. Durch Messung der Vollfarbe (Stufenphotometer) kann sogar auf den Verseifungsgrad geschlossen werden.

(182) Untersuchung: Die Feststellung des Verseifungsgrades nach KNOEVENAGEL und KOENIG. Man bestimmt den Grad der Verseifung der Azetatfaser durch Titration mit $\frac{n}{2}$ Natronlauge, nachdem man die Faser gut mit kaltem Wasser gespült hat. In einem Erlenmeyerkolben werden 1—2 g Zelluloseazetat mit 20 ccm 75proz. Alkohol eine halbe Stunde lang bei 50—60° C vorgequollen. Hierauf setzt man 50 ccm $\frac{n}{2}$ NaOH hinzu und erwärmt auf dem Wasserbade auf eben 50° C. Hierauf läßt man das Ganze 24 Stunden lang bei gewöhnlicher Temperatur stehen. Dann gibt man Phenolphthalein und einen kleinen Überschuß von $\frac{n}{2}$ H_2SO_4 hinzu, erwärmt auf dem Wasserbade, bis die Zellulose nicht mehr rot gefärbt ist und titriert mit $\frac{n}{2}$ NaOH zurück.

Der Grad der Verseifung (Verseifungszahl) wird durch die verbrauchten ccm $\frac{n}{2}$ Natronlauge angegeben. Je geringer der Verbrauch an Natronlauge ist, um so stärker ist die Faser verseift.

Beispiel. Eine Faser wurde zwei Stunden lang mit 3 g/l Soda kalz. bei 40° C behandelt. Nach gutem Spülen, einer Lufttrocknung und Auslegen im Feuchtigkeitsexsikkator wurde gemessen:

Einwaage: jeweils 2,000 g Azetatkunstfaser.

Messung a) Auf 54 ccm $\frac{n}{2}$ NaOH wurden verbraucht 41,30 ccm $\frac{n}{2}$ H_2SO_4

Messung b) Auf 53 ccm $\frac{n}{2}$ NaOH wurden verbraucht 40,20 ccm $\frac{n}{2}$ H_2SO_4

Verbrauch im Mittel auf 53,5 ccm $\frac{n}{2}$ NaOH 40,75 ccm $\frac{n}{2}$ H_2SO_4.

Der Verbrauch an $\frac{n}{2}$ NaOH beträgt also 53,5 — 40,75 = 12,75 ccm

A. Das Bleichen der Azetatfaser.

Im allgemeinen ist ein Bleichen nicht notwendig, da die Faser mit einem hohen Weißgehalt in den Handel kommt. Wenn jedoch eine Bleiche durchgeführt werden muß, so ist ein geringer Alkaligehalt und eine niedrige Temperatur der Bleichflotte einzuhalten.

(183) Verfahren: Die Bleiche der Azetatkunstseide. Man bleicht die Ware in einer Hypochloritflotte (Natronbleichlauge) von 1—2 g/l akt. Chlor bei Zimmertemperatur.

Nach $1^1/_2$—2 Stunden wird die abgequetschte Fartie. gespült, gesäuert (kalt mit 1 ccm/l Salzsäure), wieder gespült und nun bei Zimmertemperatur mit 2 g/l Natriumthiosulfat behandelt. Hierauf wird gewaschen.

(184) Versuch: Glanzveränderung und Verseifung. Die bei verschiedenen Temperaturen mit Hypochlorit und insbesondere mit Peroxyd (Alkaligehalt variieren) gebleichte Azetatkunstfaser wird nach den Untersuchungen 181 und 182 gemessen. Man vergleicht den Glanzrückgang und den Verseifungsgrad.

B. Das Färben der Azetatfaser.

Man wendet heute noch vier Verfahren an:

1. Färben mit wasserlöslichen Azetatfarbstoffen.
2. Färben mit Suspensionsfarbstoffen.
3. Färben mit Diazotierungsfarbstoffen.
4. Färben mit basischen Farbstoffen unter gleichzeitigem Aufquellen.

(185) Verfahren: Das Färben mit wasserlöslichen Azetatfarbstoffen. Die wasserlöslichen Azetatfarbstoffe kommen in Deutschland unter dem Namen Cellit- und Cellitechtfarbstoffe in den Handel. Die Cellitechtmarken sind gut bis sehr gut lichtecht. Die Cellitmarken stehen hierin auf geringerer Stufe. Sämtliche Farbstoffe der Cellitklasse ergeben ziemlich gut wasser- und waschechte Färbungen.

Man löst die Farbstoffe in heißem Wasser auf und färbt nun wie folgt:

Flottenverhältnis 1 : 30
× % v. W. G. Cellit(echt)-farbstoff,
5—10 g/l Glaubersalz,
20—70° C.

Hierauf wird gespült und leicht sauer aviviert.

(186) Verfahren: Das Färben mit Suspensionsfarbstoffen. Diese an sich nicht oder schwer wasserlöslichen Farbstoffe sind als Celliton- und Cellitonechtfarbstoffe bekannt. Die Lichtechtheit der Färbungen ist bei den Cellitonechtmarken sehr gut, bei den Cellitonmarken gut. Die Waschechtheit aller Cellitone ist gut.

Die Farbstoffe werden mit Wasser bei 40—50° C angeteigt und nun unter weiterem Wasserzusatz, bei Zimmertemperatur aufgeschlämmt. Der Ansatz wird durch ein Sieb zur Flotte gegeben. Man färbt im Seifenbade:

× % v. W. G. Celliton(echt)farbstoff,
2—3 g/l Marseillerseife,
60—75° C.

Hierauf wird gespült und leicht sauer aviviert.

(Statt Seife kann man auch Türkischrotöl, Igepon, Gardinol u. dgl. verwenden.)

(187) Verfahren: Das Färben mit Diazotierungsfarbstoffen. Diese Farbstoffe heißen Cellitazole. Sie sind sehr gut wasser-, wasch- und schweißecht und besitzen eine unterschiedliche Lichtechtheit. Während die Cellit- und Cellitonmarken andere Faserstoffe kaum anfärben, ziehen die Cellitazole z. B. auch auf Baumwolle. Zu Effektfärbungen auf Mischgespinsten und Mischgeweben sind sie also nicht zu gebrauchen.

Die Cellitazole müssen auf der Faser diazotiert und mit (verschiedenen) Entwicklern entwickelt werden.

Das Lösen bzw. Anteigen sowie das Färben der Cellitazole wird nach verschiedenen Methoden durchgeführt:

1. Die Cellitazole STN (auch konz.) AZN, ST, AZ werden mit warmem Wasser angeteigt und nun mit weichem Wasser verdünnt bzw. aufgeschlämmt.

Die Ausfärbung erfolgt im Seifenbade wie bei den Cellitonen.

2. Die Cellitazole SR, B, R und RB können nach dem Tetrapol- oder nach dem Säurelösungsverfahren gelöst werden.

Säurelösungsverfahren für B und SR:

1 Teil Cellitazol wird mit
30—50 Teilen kochendem Wasser
und 2 Teilen Salzsäure 20° Bé in
  Lösung gebracht

Tetrapollösungsverfahren für B, R und RB:

1 Teil Cellitazol wird mit
3—4 Teilen Tetrapol und
4,5 Teilen Seife und
0,5 Teilen Soda in
100 Teilen Wasser etwa 20 min
  lang gekocht.

Die so gelösten Cellitazole werden in das Färbebad eingesiebt und bei 40—75° C ausgefärbt. Die nach dem Säurelösungsverfahren gelösten Cellitazole erhalten nach $^{1}/_{4}$stündiger Färbedauer 4—7 g/l essigsaures Natron.

Das Säurelösungsverfahren wird beim Färben von Mischgeweben und -gespinsten aus tierischen Fasern angewandt. Sämtliche aufgefärbten Cellitazole werden schließlich kalt gespült und nun, wie folgt, diazotiert:

2 g/l Natriumnitrit,
5 ccm/l Salzsäure 20° Bé,
kalt, $^{1}/_{2}$ Stunde,

hierauf wird gespült und nun entwickelt. Die Entwickler löst man in warmem Wasser (Entwickler BS unter Zugabe von etwas Salzsäure, Entwickler ON unter Zugabe der gleichen Gewichtsmenge an konz. Natronlauge).

Man entwickelt sofort nach dem Diazotieren.

(188) Verfahren: Das Färben mit basischen Farbstoffen. Für lebhafte, gut waschechte Töne.

1. Verwendung von Celloxan. Das Celloxan wird zur Färbeflotte gegeben:

Flottenverhältnis 1 : 25,
× % v. W. G. basischer Farbstoff,
5—20 ccm/l Celloxan,
50—70° C.

(Das Celloxan wird zunächst nur zu einem Drittel zugesetzt. Erst nach einiger Zeit fügt man den Rest hinzu.) Nach der Färbung wird gespült und mit Essigsäure (2—4 ccm/l) aviviert.

2. Verwendung von „Beize für Azetatkunstseide".

Vorbeize: Flottenverhältnis 1 : 20,

8% v. W. G. Beize für Azetatkunstseide,
kalt — 60° C (helle Färbungen kalt, dunkle heiß),
20 min.
(trocken eingehen).

Die Ware wird nicht gespült, sondern abgequetscht oder geschleudert und nun gefärbt:

> Flottenverhältnis 1 : 30
> × % v. W. G. basischer Farbstoff,
> 2 ccm/l Essigsäure,
> kalt — 70° C.

Spülen, sauer avivieren.

V. Die Bleicherei, Färberei und Aufschließung der Bastfasern.

Grundsätzliches über Flachs und Hanf (Dikotyle, Stengelfaser).

Die Bastfasern bestehen in der Hauptsache aus dem Bast und aus dem Holzkern (Abb. 88). Die Abtrennung des wertvollen Bastes erfolgt durch Rösten, Brechen, Schwingen und Hecheln.

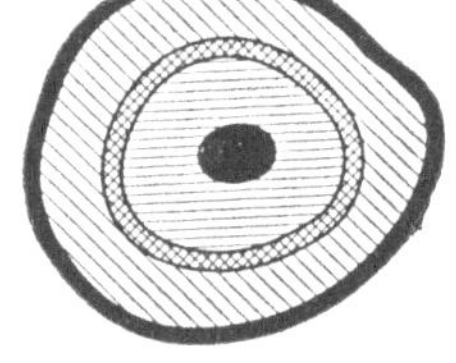

Abb. 88. Schnitt durch den Flachsstengel (von innen nach außen: Mark, Holzkern, Splint, Bast, Rinde).

Der Bast, die eigentliche Fasersubstanz (etwa 20—25% des Stengels), besteht aus Einzelzellen (Elementen), die durch eine Leimsubstanz bündelartig miteinander verbunden sind.

Der Flachs (Linum usitatissimum) wird entweder bei der Gelbreife (Gelbwerden der Blätter) oder bei der Samenreife geerntet. Die etwa 1 m hohe Pflanze wird zunächst geröstet.

Man unterscheidet die Wasserröste und die chemische Röste. Bei beiden wird die Splintsubstanz zerstört. Bei der Wasserröste werden die gebündelten Stengel in große Gruben eingelegt und mit (oftmals angewärmtem) Wasser überdeckt. Mit Hilfe eines Bakteriums (Bacillus amylobakter) entsteht eine Gärung, welche die Splintsubstanz zersetzt.

Bei der chemischen Röste wird mit Säuren oder Alkalien oder Bleichmitteln gearbeitet.

Die noch schlauchartig vorliegende Bastsubstanz wird nun vom Holz gelöst, indem man die Stengel zunächst „bricht". Auf der Breche wird der Stengel geschlagen, geknickt und gebogen, wobei die Holzsubstanz in Stückchen zerbricht, die z. T. (als Schäben) ausfallen. Durch das Schwingen werden die Schäben weiter entfernt, außerdem erfolgt ein Aufspalten des Bastschlauches. Dabei gehen auch Fasertrümmer (Werg) in den Abfall. Schließlich wird das Material durch Hecheln zwischen Kammfeldern noch weiter von Holzteilchen und Fasertrümmern gereinigt, weiter aufgespalten und schön parallel gelegt. Es verbleibt eine Faser von 300—800 mm Länge. Die Einzelzelle hat eine Länge von 20—45 mm (Abb. 89).

Man kann den Flachs elementarisieren, wodurch Flachswolle entsteht. Von den verschiedenen Verfahren sei als Beispiel dasjenige genannt, bei welchem der Flachs zunächst alkalisch gekocht und nun einer sauren Chlorbleiche unterworfen wird. Es entsteht nun eine Faser, die nach dem Zwei- oder Dreizylinderspinnverfahren versponnen werden kann.

Der Hanf (Cannabis sativa) wird als Pflanze etwa 2 m hoch. Nach der Ernte wird er ebenfalls wie der Flachs geröstet und ähnlich wie dieser mechanisch verarbeitet. Auch hier liegen Fasern mit Einzelzellen vor, die durch Leimsubstanzen verbunden sind. Die Einzelzelle ist aber 15—18 mm lang und besitzt ein Lumen.

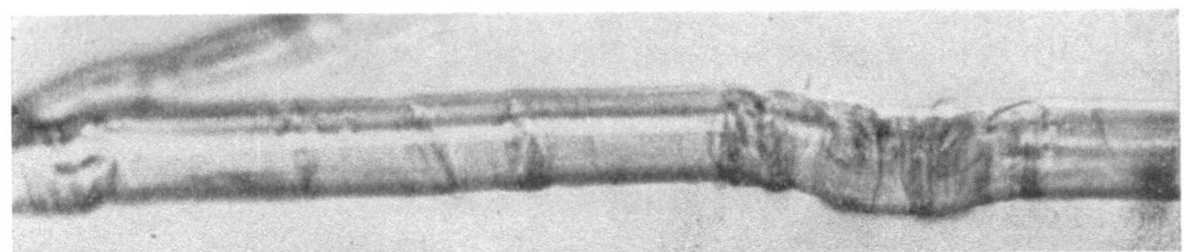

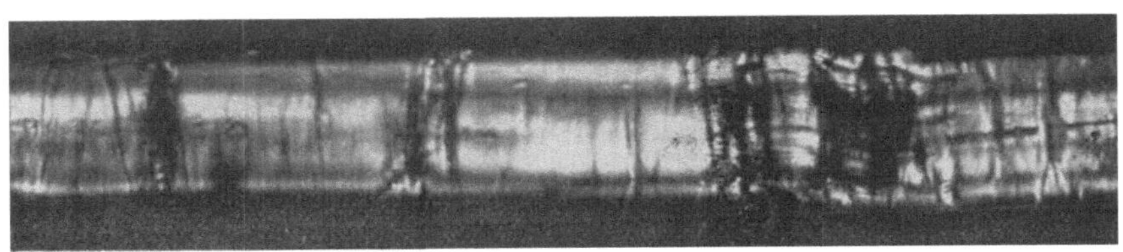

Abb. 89. Leinenfaser in gewöhnlichem (oben) und in polarisiertem Licht (unten) aufgenommen (H. Reumuth)

Während der Flachs infolge seiner Feinheit für Wäsche (Leinen) gebraucht wird, stellt der Hanf mit seiner gröberen Faser einen wertvollen Rohstoff für Schläuche, Riemen, Zeltbahnen u. dgl. dar.

Die zulässige Feuchtigkeit für Flachs beträgt $5^1/_2—7^1/_2\%$, diejenige für Hanf 12%.

A. Die Bleiche des Flachses und des Hanfs.

Der Flachs enthält nach A. Herzog, W. Frenzel, Tschilikin folgende Bestandteile:

Zellulose	etwa 86%
Pektine, Farbstoffe, Gerbstoffe usw.	etwa 8%
Rohprotein (Eiweiß)	etwa 4%
Flachswachs	etwa 2%.

Der Wachsgehalt kann und soll bei der Veredlung nicht völlig entfernt werden (W. Kind). Nach einer Vollbleiche kann immerhin noch nahezu 1% erhalten bleiben.

Das Eiweiß bildet in den Chlorbleichstoffen größere Mengen von Chloraminen, die nach der Bleiche sorgfältig entfernt werden müssen. Die Bleiche besteht aus abwechselnden Alkalikochungen und Bleichen. Bei Garnen kennt man die $^1/_4$-, $^1/_2$-, $^3/_4$- und $^4/_4$-(Voll-)Bleiche, d. h. der Koch- und Bleichvorgang wird ein- bis viermal wiederholt.

(189) Verfahren: Die Vollbleiche von Flachs.

1. Kochung. Flottenverhältnis 1 : 10—1 : 20,

> 4—6 g/l Soda kalz.,
> 2—4 g/l Igepon T oder Fettalkoholsulfonat,
> 2 Stunden kochen.

(Falls in einer Apparatur gearbeitet wird, wendet man einen Druck bis 0,5 atü an.)

Hierauf wird die Ware heiß und kalt gespült und abgequetscht.

2. Bleiche. Flottenverhältnis 1 : 20,

> 2—4 g/l akt. Chlor,
> kalt, 2 Stunden.

Die Ware wird in der Flotte bewegt. (In einer Apparatur wird die Flotte durch die Ware gepumpt.)

Nun wird die Ware gut gespült, gesäuert (2 ccm/l Schwefelsäure) und wieder gespült. Damit ist der 1. „Rundgang" beendet.

Die weiteren Rundgänge werden mit weniger Soda (z. B. 2—5 g/l) und mit weniger aktivem Chlor (z. B. 2—3 g/l) durchgeführt. Nach dem letzten Rundgang mit einem Antichlorbad mit Bisulfit oder mit Thiosulfat (2—5 g/l) muß Spülung nach dem Säuren angeschlossen werden, damit die Ware den Chloramingeruch verliert. Solange dieser Geruch noch vorhanden ist, darf das Entchloren nicht als beendigt angesehen werden.

Die Ware wird schließlich (für eine Vollbleiche) mit Ultramarin oder Alizarinirisol gebläut.

(190) Verfahren: Die kombinierte Leinenbleiche (nach BAIER). Das Leinengewebe wird zunächst entschlichtet und gewaschen.

> Ansatz auf 100 g Ware, Flottenverhältnis 1 : 15,
>
> hartes Wasser,
> 3,0 g Wasserglas,
> 0,8 g Natriumsuperoxyd,
> 2 ccm Wasserstoffsuperoxyd (40 Vol.-Proz.),
> 3—5 Stunden, 75° C bis Kochgrenze.

Hierauf wird gut gewaschen und nun mit

> 2 g/l akt. Chlor (Natronbleichlauge) gechlort,
> Zimmertemperatur, 2—3 Stunden.

Nach gutem Waschen erfolgt das 2. Peroxydbad:

hartes Wasser,
3,0 g Wasserglas,
0,5 g Natriumsuperoxyd,
1,5 g Wasserstoffsuperoxyd,
3—5 Stunden, bis Kochgrenze.

Nach gutem Waschen wird die Ware wie folgt geseift:

2 g/l Seife,
1 g/l Soda,
1 ccm/l Wasserstoffsuperoxyd,
80° C, 1 Stunde.

(191) Verfahren: Beispiel einer Damastbleiche (nach W. KIND). Der Damast aus vorgekochtem Garn wird zunächst gesengt und wie folgt gebleicht:

1. Kalkkochung 6° Bé, 5 Stunden, schwacher Überdruck, waschen, säuern auf Maschine, abquetschen.

2. Sodakochung mit 6% Soda zu $^1/_3$ kaustifiziert, 5 Stunden, 2 atü, waschen.

3. Sodakochung mit 2,5% Soda zu $^1/_3$ kaustifiziert, waschen.

4. Chloren auf dem Haspel mit 3 g/l Chlor anfangend, 3 Stunden waschen, säuern mit Zugabe von Bisulfit, waschen.

5. Seifen mit Schmierseifenlauge oder Natronlauge und Seife auf Maschine.

6. Beuchen mit 3% Soda, 6 Stunden, waschen.

7. Rasenbleiche.

8. Chloren im Bassin mit 0,5 g/l Chlor, waschen, säuern, waschen.

9. Seifen auf Maschine.

10. Beuchen mit 2,5% Soda + Seife.

11. Rasenbleiche.

12. Chloren im Bassin mit 0,4 g/l Chlor, waschen, säuern, waschen.

13. Seifen.

14. Bläuen.

(192) Verfahren: Die Aufhellung für Färbungen. Die Ware wird wie bei Verfahren 189 mit Soda gekocht, hierauf gespült und nun bei 60 bis 80° C während zwei Stunden mit 5—10 g/l Blankit I behandelt und schließlich wieder gespült.

(193) Verfahren: Die saure Leinenbleiche (nach KORTE). Die schwach gebrühte Ware wird mit 8—15 ccm/l konz. Salzsäure und 4—8 g/l akt. Chlor bei Zimmertemperatur während 1—2 Stunden behandelt. Hierauf wird gut gespült und in einem Peroxydbad nach Verfahren 190 behandelt.

Die saure Bleiche bezweckt ein Chlorieren der Faserfremdstoffe(u. a. der Ligninsubstanzen) und wirkt sich besonders günstig auf die Entfernung von Holzresten aus. Der p_H-Wert der Chlorbleichflotte soll nach KORTE unter fünf liegen. Die Flotte hat bei der Kortebleiche einen Überschuß an freier Salzsäure neben freier unterchloriger Säure. Während bei der üblichen Chlorbleiche die Alkalität der Flotte zurückgeht, geht beim sauren Chlorieren der Säuregehalt zurück (Abb. 90).

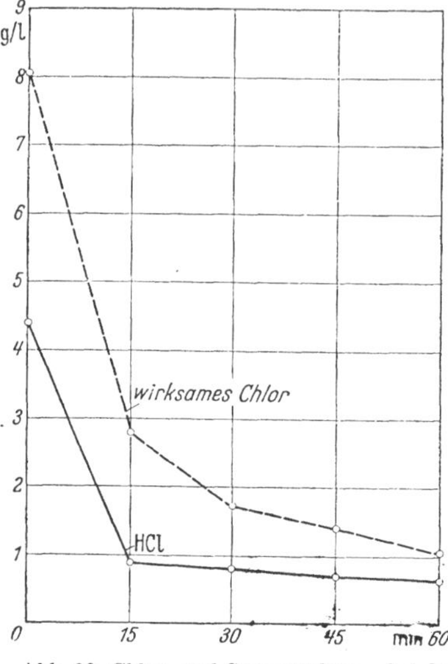

Abb. 90. Chlor- und Säurerückgang bei der sauren Bleiche (10er Werggarn) (nach KORTE).

(194) Versuch: Die Vermeidung eines hohen Gewichtsverlustes. Der Gewichtsverlust der Ware kann bei einer Vollbleiche bis zu 25% betragen. Man arbeite für eine bestimmte Ware dasjenige Bleichverfahren aus, welches bei gutem Weißgehalt den geringsten Gewichtsverlust bringt. Am aussichtsreichsten ist ein Verfahren, bei welchem möglichst viele Alkalikochungen durch kochende Peroxydflotten ersetzt werden.

(195) Verfahren: Das Kotonisieren von Flachs. Flachsstengel werden zunächst durch Brechen und Ausziehen (z. B. auf einer Entholzungsmaschine von MONTFORTS) entholzt. Flachswerg kann unmittelbar kotonisiert werden.

Man legt die Ware zuoächst in ein stark saures Bad (200 ccm/l Salzsäure) bei Zimmertemperatur während 1—2 Stunden ein, quetscht die Ware ab und kocht sie nun mit einer 10proz. Natronlauge. Nach gutem Spülen folgt eine saure Bleiche mit anschließender Peroxydkochung (Verfahren 190). Sollte die Elementarisierung noch nicht genügen, so wird die Laugekochung verstärkt oder wiederholt. Ein Stampfen und Kneten der Ware in der Lauge kann vorteilhaft sein.

(196) Versuch: Die Ermittlung des Bleichverfahrens mit der günstigsten Auswirkung auf den Gebrauchswert des Leinens. Man setzt die alte $^4/_4$-Bleiche in Vergleich mit den Kombinationen nach den Verfahren 190 und 191. Außerdem wählt man eine selbsterdachte Kombination und mißt nun

> Zugfestigkeit und Dehnung,   Glanzzahl,
> Verschleißfestigkeit,   Weichheit.

Die erhaltenen Werte vergleicht man mit denjenigen aus Verfahren 189. Das beste Verfahren wird nun wieder untersucht, indem man die Messungen nach jeder Teiloperation durchführt. Nach diesen Ergebnissen legt man dann das genaue Verfahren endgültig fest,

Das Bleichen und Aufschließen (Kotonisieren) des Hanfs geht nach ähnlichen Grundsätzen vor sich, wie die Veredlung des Flachses. Man kann jedoch mit einer stärkeren Dosierung der Chemikalien arbeiten.

B. Das Färben des Flachses und des Hanfs.

Die Färbeverfahren lehnen sich eng an diejenigen der Baumwolle an. Es ergeben sich jedoch häufig Schwierigkeiten in der Durchfärbung und in der Weichmachung. Man wählt daher diejenigen Verfahren, welche eine gute Durchfärbung ermöglichen z. B.:

basische Färbungen bei Kochtemperatur,
substantive Färbungen mit Hilfsmitteln (z. B. Peregal O),
Küpenfärbungen im Klotzverfahren,
Indigosolfärbungen,
Naphtholfärbungen.

(197) Versuch: Durchfärbungen von Leinengarnen. Man färbt mit substantiven Farbstoffen und setzt von den Hilfsmitteln Seife, Leim, Türkischrotöl, Igepon, Gardinol, Peregal u. dgl. je 1, 2, 4, 8, 16 g/l zu. Es wird verglichen die Durchfärbung und die Reibechtheit und gemessen der Flottenauszug und die Vollfarbe.

(198) Versuch: Die Erhaltung des Glanzes und die Erzielung von Weichheit auf gefärbten Leinengarnen.

Man aviviert (am besten blaues) küpengefärbtes Leinengarn mit den verschiedensten Aviviermitteln und Weichmachern und mißt nun Glanz und Weichheit.

VI. Die Bleicherei und Färberei der Kunstseide und der Zellwolle.

Grundsätzliches über die künstlichen Faserstoffe.

Kunstfasern nach dem Viskose-Verfahren. *Als Ausgangsstoff dient in erster Linie Holzzellstoff, eine Form der Zellulose, wie sie aus dem Holz (Fichte, Buche, Kiefer) gewonnen wird. Der wesentliche Bestandteil des Holzzellstoffes ist mit etwa 87—89% die α-Zellulose, welche in 18 proz. Natronlauge unlöslich ist, während β- und γ-Zellulose in 18 proz. Natronlauge löslich sind. An Verunreinigungen enthält Holzzellstoff (Sulfitzellstoff) noch etwa*

3,5—6,0% β-Zellulose,   0,1—0,2% Asche,
4,5—7,0% γ-Zellulose,   0,4—0,7% Harz.

Der in Form durchlochter Pappen vorliegende Holzzellstoff wird im Tauchverfahren mit 17—18 proz. Natronlauge getränkt und nun abge-

preßt. Die so gequollenen Pappen erfahren jetzt eine Lagerung in temperierten Räumen, wobei Alkalizellulose entsteht (Vorreife). Diese wird zerfasert und in Drehtrommeln mit Schwefelkohlenstoff versetzt (Sulfidierung). Dabei entsteht gelbes Zellulosexanthogenat (Xanthat), welches sich in Natronlauge zu einer zähflüssigen, fadenziehenden, sirupartigen Flüssigkeit löst. Nach längerem Stehen (Hauptreife), Filtrieren und Evakuieren ist die Viskose spinnfähig. Man spinnt auf der Spinnmaschine unter schwachem Druck durch Metalldüsen und fällt die entstehenden Fäden in sauren Salzlösungen aus. Je nach Aufwindung des Fadens auf eine Spule oder in einer sich schneller drehenden Zentrifuge spricht man von einem Spulen- und von einem Zentrifugen- (oder Topf) Spinnverfahren. Während des Koagulierens der Fäden im Spinnbad erfolgt eine Streckung. Dadurch entsteht eine gewisse Gleichrichtung der Molekülpakete. Schließlich wird das Fasermaterial gewaschen, entschwefelt, gebleicht und aviviert. Jeder einzelne Faden besteht aus vielen Elementarfäden. Bei Zellwollen wird aus einer sehr großen Düse so gesponnen, daß ein dickes Spinnkabel (aus sehr vielen Einzelfäden) entsteht, welches nun vor irgendeinem Nachbehandlunsprozeß in Stapel geschnitten wird. Die Bildung der Alkalizellulose geht gesetzmäßig vor sich. Der Eingriff des Alkalis auf die Zellulose ist nachhaltiger als beim Vorgang der Mercerisation.

Nach VIEWEG wird mit steigender Laugenkonzentration zunächst eine steigende Menge von der Zellulose aufgenommen. Schließlich tritt ein Gleichgewicht ein, wobei 2 Mol Zellulose 1 Mol Natronlauge aufgenommen haben. Bei weiterer Steigerung der Konzentration erfolgt dann wieder eine Vermehrung der Laugenaufnahme durch die Zellulose bis ein 2. Sattel eintritt. Es wurden von 2 Mol Zellulose 2 Mol Natronlauge aufgenommen. Wird diese Alkalizellulose nun mit Schwefelkohlenstoff versetzt, so entsteht das Natronsalz der Xanthogensäure.

$$\mathrm{R \cdot ONa + CS_2 \rightarrow CS(SNa)O \cdot R.}$$

Das Zellulosexanthogenat hat demnach folgende Konstitution:

$$\mathrm{C} \!\!\!\begin{array}{l} \diagup \mathrm{O \cdot R \cdot NaOH} \\ = \mathrm{S} \\ \diagdown \mathrm{SNa} \end{array} \quad ,$$

wobei R *den ganzen umfangreichen Zelluloserest darstellt. Die gelbe Farbe des Xanthats stammt aus dem in Nebenreaktion sich bildenden Natriumtrithionat.*

$$\mathrm{3CS_2 + 6\,NaOH \rightarrow Na_2CO_3 + 2\,Na_2CS_3 + 3\,H_2O.}$$

$$\mathrm{Na_2S + CS_2 \rightarrow Na_2CS_3.}$$

Für die Eigenschaften der Kunstseide ist die richtige Überwachung des Reifevorgangs von Bedeutung. Die Zellulose durchläuft dabei ver-

schiedene Zustände, wobei eine Zelluloseanreicherung gegenüber den in der Viskose vorhandenen Anteilen an Natrium und Schwefel erfolgt.

Reifezeit	Natrium-Teile	Schwefel-Teile	Zellulose-Teile
nach 1. Tag	1	2	1
nach 2. Tag	1	2	2
nach 5. Tag	1	2	3
nach 7. Tag	1	2	4
nach 9. Tag	1	2	ausgeschieden

Bei der für die Fadenbildung günstigsten Reifestufe wird versponnen. Während der Reife setzt sich das Trithionat mit Luftsauerstoff wie folgt um:

$$Na_2CS_3 + 3O \rightarrow Na_2CO_3 + 3S.$$

Die Viskosefaser besteht aus regenerierter Zellulose und besitzt im Gegensatz zur Baumwolle keinen Markstrang (Lumen) und keine Kutikula.

Der Querschnitt ist bei den meisten Viskosefasern gezackt, flach oder zusammengebogen und eingeschnitten, bei einigen dagegen fast rund (z. B. Lanusa, Schwarza-Zellwolle, Floxalan).

Die gezackte Querschnittsform entsteht u. a. durch das Spinnen in stark sauren Fällbädern. Zuerst koagulieren die äußeren Schichten der Viskose und bilden eine Haut, welche dann bei der nun folgenden Koagulation im Innern des Fadens schrumpft und Rillen und Falten bildet. Die Fasern mit gezacktem Querschnitt besitzen Längsrillen. Die Erscheinungsformen der Viskosefasern sind heute so mannigfaltig, daß es unmöglich erscheint, auf Grund des mikroskopischen Bildes das Vorliegen einer Viskosefaser einwandfrei festzustellen.

Kunstfasern nach dem Kupferoxyd-Ammoniakverfahren. *Zur Herstellung von Fasern nach diesem Verfahren dienten früher ausschließlich Linters und Baumwollabfälle, heute wird in steigendem Maße auch Holzzellstoff verwendet.*

Das Prinzip der Herstellung ist folgendes;

Das Rohmaterial wird gebleicht und in Kupferoxydammoniak (eine Komplexverbindung) zu einer tiefblau gefärbten, zähflüssigen Spinnmasse aufgelöst.

Das Kupferoxydammoniak (SCHWEITZERsches Reagenz, Cuoxam) wird dargestellt durch Auflösen von Kupferhydroxyd in konz. Ammoniak oder in Ammoniumhydroxyd.

$$Cu(OH)_2 + 4NH_4OH \rightarrow [Cu(NH_3)_4](OH)_2 + 4H_2O.$$
Cupriammoniumhydroxyd
Cupritetraminhydroxyd.

Cuoxam allein löst jedoch zu wenig Zellulosemasse, weshalb man für die Spinnmasse gefälltes, karbonathaltiges Kupferhydroxyd, Zellulose, Am-

moniak und Wasser zusammen knetet. Diese Masse wird durch Rühren an der Luft verdünnt, durch Metalltücher filtriert, evakuiert und nun unter gleichzeitiger starker Streckung in Wasser versponnen. Es bildet sich ein blauer Faden, der nach Entkupferung einen besonders edlen Glanz zeigt, Infolge der langsamen Koagulation in Wasser und der hohen Verstreckung ist eine sehr feine Ausspinnung möglich. Das Kupfer wird zurückgewonnen.

Die Nachbehandlung besteht in dem Spülen, Bleichen, Spülen, Trocknen und Aufmachen des Fasermaterials. Durch Schneiden der nassen Fasern auf eine bestimmte Länge erhält man die Kupferzellwolle.

Die Faser besteht aus regenerierter Zellulose. Die äußere Erscheinungsform unterscheidet sich dadurch von den Viskosefasern, daß die Kupferkunstfasern durch die Art des Spinnens einen fast runden Querschnitt haben. In der Längsansicht unter dem Mikroskop sind keine Längsrillen wahrzunehmen.

Im Gegensatz zur Viskose besitzt die Kupfer-Kunstfaser keine „Haut", da beim Spinnen und Strecken in ganz milde wirkenden Bädern eine gleichmäßige Koagulation der Zellulose erzielt wird. Die Kupferkunstfaser enthält noch Spuren von Kupfer und kann daran erkannt werden.

Allgemeines über die Kunstfasern. *Die Festigkeitseigenschaften der beiden Faserarten sind im großen und ganzen gleich. Ein unterschiedliches Verhalten ist bedingt:*

1. durch die Oberfläche,

2. durch das Vorhandensein einer „Haut" bei der Viskose und das Fehlen derselben bei der Kupferseide.

Die glattere Oberfläche der Kupferkunstseide und -zellwolle verleiht der Faser ein glatteres, glänzenderes, edleres Aussehen, das dem Aussehen der realen Seide ziemlich nahekommt (vergleiche den edlen Glanz der Bembergstrümpfe). Die Viskosefasern besitzen dagegen durch die rauhere Oberfläche ein besseres Haftvermögen aneinander.

Die „Haut" der Viskose bedingt ein langsameres Aufziehen von Farbstoffen und ein erschwertes Auswaschen derselben, während bei Kupferkunstfasern durch das Fehlen der Haut ein schnelleres Aufziehen von Farbstoffen gegeben und allerdings auch ein leichteres Auswaschen von wasserlöslichen Farbstoffen möglich ist.

Beim Färben sind die Bedingungen so zu wählen, daß ein zu schnelles Aufziehen der Farbstoffe bei Kupferkunstfasern vermieden wird.

Der Unterschied zwischen künstlichen und natürlichen Fasern auf Zellulosegrundlage. *Die Anschauungen der textilen Fachwelt über den Aufbau der Zellulosefasern gehen heute dahin, daß man sich die Zellulosekristallite aus Zellulosemolekülen zusammengesetzt denkt. Jedes Molekül besteht aus vielen Glukoseringen, welche miteinander durch Sauerstoffbrücken verknüpft sind.*

Diese Sauerstoffbrücken sind die empfindlichen Stellen des Zellulosemoleküls und können durch Oxydation oder andere Angriffe (letzteres besonders in Lösung) leicht gesprengt werden.

Je nachdem, ob mehr oder weniger Glukoseringe zu Kettenmolekülen vereinigt sind, spricht man von einem hohen oder niedrigen Polymerisationsgrad. Die Zahlenwerte geben die Zahl der Glukoseringe an, welche in einer Zellulosefaser durchschnittlich zu Kettenmolekülen vereinigt sind.

Bei künstlichen Faserstoffen ist der Polymerisationsgrad immer niedriger als bei den natürlichen. Folgende Tabelle gibt die Durchschnittswerte für einige Zellulosearten wieder (Polimerisationsgrade nach STAUDINGER):

Art der Zellulose	Polym.-Grad
Faserpflanzen	3000
Zellstoffe	1000
Kunstfasern	500
β-Zellulose	100
α-Zellulose	10

Aus diesen Werten darf man nicht ablesen, daß etwa der Gebrauchswert einer Kunstfaser mit dem Polymerisationsgrad 500 nur $^1/_6$ *desjenigen einer Naturfaser mit dem Polym.-Grad 3000 wäre. Die Abnahme des Gebrauchswertes erfolgt von 3000 an abwärts nicht parallel mit der Abnahme des Polym.-Grades. Allerdings soll der Polym.-Grad nicht weit unter 500 absinken, da z. B. bei einem Wert von 100 überhaupt keine Fasern, sondern nur noch pulverige Substanzen erhalten werden können.*

Infolge dieser Verkleinerung der Moleküle und Kristallite besitzen die Kunstfasern auch einen geringeren Verschleißwiderstand als die Naturfasern. Außerdem ist in dieser Molekülverkleinerung auch der Grund für die größere Quellbarkeit und die geringe Naßfestigkeit zu erblicken.

Der stark hydrophile Charakter der Kunstfasern bedingt jedoch eine größere Aufnahmefähigkeit für Farbstoffe.

(199) Untersuchung: Trennung von nativen und regenerierten Zellulosen. Zur Trennung von nativen und regenerierten Zellulosen dient das Auswalzverfahren mit 10proz. Natronlauge. Man wägt von dem zu prüfenden Garn oder Gewebe, letzteres in Kette und Schuß getrennt, etwa 0,3 g analytisch genau ab. Diese Probe wird in einem 150 ccm-Becherglas fingerbreit mit der Natronlauge unter Zugabe eines laugenbeständigen Netzmittels (Mercerol) übergossen. Nach guter Durchnetzung gibt man Probe und Flüssigkeit auf ein Nickeldrahtnetz, das auf einer gerifften Glasplatte liegt, wobei das Material beieinander bleiben muß. Mittels einer mit gummiertem Stoff überzogenen Holzwalze wird die Probe mehrmals nach beiden Richtungen ausgewalzt. Nach Umwendung der Probe wird die Behandlung wiederholt. Das gleiche wird dann noch zweimal mit frischer Lauge (ohne Netzmittel) durchgeführt. Schließlich wird mit einem feinen Wasserstrahl die Gummiwalze auf das Sieb abgespritzt und der Rückstand auf dem Sieb unter rollender Bewegung ausgewaschen. Anschließend wird er mit essigsaurem Wasser gespült, nochmals mit dest. Wasser ausgewaschen und endlich getrocknet. Der Rückstand besteht aus nativen Fasern und man muß einen gewissen Behandlungszuschlag zurechnen; die Differenz besteht aus regenerierten Zellulosen.

(200) Untersuchung: „Polygradbestimmung" regenerierter Zellulosen (nach I. G. Farben, Oppau). Zur besseren Erkenntnis über den Aufbau einer Zellulosefaser dient u. a. die Bestimmung des Polymerisationsgrades. Man versteht darunter die Anzahl Glukosereste, die sich zu dem Makromolekül Zellulose zusammenschließen.

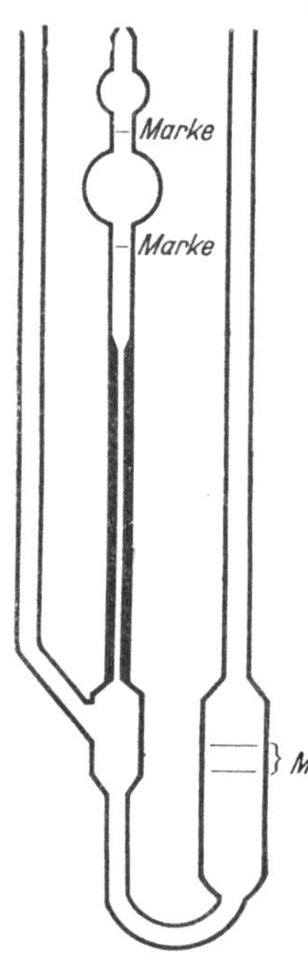

Abb. 91 a.

Für die Bestimmung des Durchschnittspolymerisationsgrades (DP) von regenerierten Zellulosen eignet sich das Löseverfahren mit 10proz. Natronlauge bei Tieftemperaturen.

Das lufttrockene Material wird in einzelne Fasern aufgeteilt und auf ca. 3—4 mm lange Stapel geschnitten. Bei Geweben wird der DP in Kette und Schuß getrennt bestimmt.

Die Einwaage richtet sich nach dem voraussichtlichen DP und wird nach der einfachen Faustregel festgesetzt:

$$E = \frac{50 \cdot 250}{\text{geschätzter DP}} \text{ mg} .$$

Die analytisch genau abgewogene Probe wird zur Verhinderung der gleichzeitigen Einwirkung von Luftsauerstoff und Alkali, die zu einem schnellen Abbau der Zellulose führen, in einem 250 ccm-Becherglas zunächst mit 55,7 ccm dest. Wasser gut genetzt und dann mit 45,5 ccm 20proz. Natronlauge übergossen. Hierauf wird die Lösung $^1/_2$ Stunde in einem Kältebad, bestehend aus Methylenchlorid und fester Kohlensäure (Kohlensäureschnee aus Kohlensäurebombe) unter gelegentlichem Umrühren gekühlt, wobei sich die Zellulose völlig auslöst.

Nach Einstellen der Lösung auf 20° C wird sie abgenutscht und in ein Kapillarviskosimeter, z. B. das Ubbelohde-Viskosimeter (Abb. 91 a) übergeführt. In diesem wird nach 10 min langem Einhängen in einem auf 20° C temperierten Wasserbad (Thermostat) die Viskosität mehrmals gemessen. Der Unterschied der einzelnen Messungen darf höchstens 0,1 sec betragen, was bei einer auf $^1/_{10}$°C konstanten Temperatur auch der Fall ist. Daneben wird ein Blindversuch im gleichen Viskosimeter und in gleicher Weise durchgeführt. Die spezifische Viskosität errechnet sich nach folgender Formel:

$$\mu_{sp} = \frac{\eta - \eta_0}{\eta_0},$$

wobei η den Durchlauf der Lösung in sec,

η_0 den Durchlauf des Lösungsmittels in sec

bedeutet.

Zur Bestimmung des Zellulosegehaltes dient die sogenannte Chromat-Naßverbrennung. Hierbei oxydieren Kohlenstoff und Wasserstoff zu Kohlendioxyd und Wasser.

25 ccm Zelluloselösung werden mit 30 ccm $\frac{n}{10}$ $K_2Cr_2O_7$-Lösung, 70 ccm dest. Wasser und 60 ccm 96proz. Schwefelsäure versetzt und nach Zugabe von Siedeperlen 5 min gekocht. Nach Abkühlung wird die Lösung mit dest. Wasser auf 300 ccm aufgefüllt, mit Tropfen Phenanthrolin (als Indikator) versetzt und der Überschuß an Bichromat bei 30—40° C mit $^1/_{10}$ n Ferroammonsulfatlösung zurücktitriert.

Auch hier müssen Blindversuche durchgeführt werden, und zwar der erste ohne, der zweite mit Kochen. Diese dienen einmal zur Einstellung der Ferroammonsulfatlösung auf die konstante Bichromatlösung und zum anderen zur Kontrolle auf oxydierbare Substanzen.

Die Berechnung des Zellulosegehaltes in g/l erfolgt dann nach folgender Formel:

$$x = \frac{\left(\dfrac{c - a}{b}\right) \cdot 81}{100},$$

wobei der Ferroammonsulfatverbrauch mit Zelluloselösung mit a, ohne Zellulose und ohne Kochen mit b, ohne Zellulose und mit Kochen mit c ccm bezeichnet ist.

Aus diesen Werten errechnet sich der DP nun folgendermaßen:

$$DP = \frac{\mu_{sp}}{x \cdot Km}.$$

Km ist eine Konstante, die für Lösungen in Natronlauge $7{,}1 \cdot 10^{-4}$ beträgt.

Berechnungsbeispiel:

η = Viskosität der Zelluloselösung   = 311,8 sec

η_0 = Viskosität der Natronlauge 10proz.   = 294,5 sec

a = Ferroammonsulfatverbrauch der Zelluloselösung = 21,05 ccm

b = Ferroammonsulfatverbrauch der Bichromatlösung
ohne Kochen   = 30,00 ccm

c = Ferroammonsulfatverbrauch der Zelluloselösung
mit Kochen   = 29,99 ccm

Für die spezifische Viskosität ergibt sich daraus:

$$\mu_{sp} = \frac{\eta - \eta_0}{\eta_0} = \frac{311,8 - 294,5}{294,5} = \frac{17,3}{294,5} = 0,05874 \,.$$

Für den Zellulosegehalt ergibt sich daraus:

$$x = \frac{\dfrac{c - a}{b} \cdot 81}{100} = \frac{\dfrac{29,99 - 21,05}{30}}{100} = \frac{\dfrac{8,94 \cdot 81}{30}}{100} = 0,2414 \text{ g/l}.$$

Schließlich ergibt sich ein Durchschnittspolymerisationsgrad von:

$$DP = \frac{0,05874}{0,2414 \cdot 7,1 \cdot 10^{-4}} = \frac{0,05874 \cdot 10^4}{0,2414 \cdot 7,1} = 342,8 \,.$$

Da eine chemische Behandlung von Zellulosefasern stets eine Erniedrigung des Polymerisationsgrades zur Folge hat, kann die Bestimmung des Durchschnittspolymerisationsgrades sowohl zur quantitativen Erfassung von Faserschädigungen als auch überhaupt zur Kontrolle der Veredlungsarbeiten mit chemischen Mitteln dienen. Dabei ist allerdings aus dem absoluten Abfall noch kein direktes Maß für die Schädigung abzulesen, sondern man muß erst den sogenannten Schädigungsfaktor errechnen, der einen Vergleich auch für Zellulosen verschiedenster Polymerisationsgrade ermöglicht.

Die Berechnung des Schädigungsfaktors erfolgt nach folgender Formel:

$$S = \frac{\log\left(\dfrac{2000}{P_{tx}} - \dfrac{2000}{P_x}\right) + 1}{\log 2}$$

wobei 2000, der DP einer Baumwolle, als einheitlicher
        Bezugspunkt dient,
P_{tx} den DP der chemisch behandelten Faser,
P_x den DP der unbehandelten Faser bedeutet.

Berechnungsbeispiel:

$$P_{tx} = DP \text{ der behandelten Faser} = 379$$
$$P_x = DP \text{ der unbehandelten Faser} = 394$$

$$S = \frac{\log\left(\dfrac{2000}{379} - \dfrac{2000}{394}\right) + 1}{\log 2} = \frac{\log(5,3 - 5,1 + 1)}{\log 2}$$

$$\frac{\log 1,2}{\log 2} = \frac{0,07918}{0,30103} = 0,26 \,.$$

Dabei sind Schädigungsfaktoren unter 0,4 gleichbedeutend einer einwandfreien Veredlung, Schädigungsfaktoren zwischen 0,4 und 0,8 beweisen eine allerdings nur unbedeutende Schädigung, während Werte über 0,8 eine ausgesprochene Schädigung bedeuten und die dabei angewandten Verfahren verbessert werden müssen. Zur Errechnung des

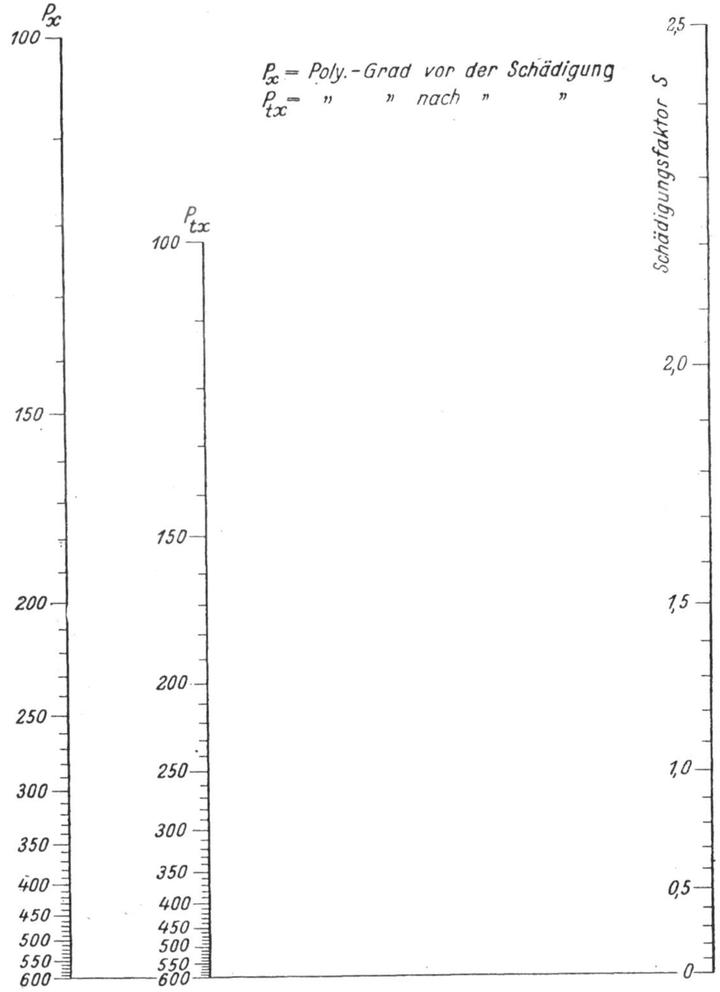

Abb. 91 b. Schädigungsfaktor S.

Schädigungsfaktors S kann man sich auch des in Abb. 91 b beigefügten Nomogramms bedienen.

Die Anwendung der Polygradbestimmung läßt keinesfalls eindeutige Schlüsse auf eine nicht richtig versponnene Kunstfaser oder auf eine Schädigung einer richtig versponnenen Kunstfaser in der Veredlung zu. Sie dient lediglich als Anhaltspunkt für eine Schädigungsdiagnose in Verbindung mit anderen chemischen und technologischen Untersuchungen. (Quellungsmessungen, Verschleißmessungen, Knickfestigkeitsprüfungen.)

Künstliche wollähnliche Faserstoffe. *Während es sich bei allen bisher besprochenen Faserstoffen um Zelluloseabkömmliang mit langgestreckten Makromolekülen handelt, liegen in den künstlichen Eiweißfasern Proteinkörper sphärokolloider Natur vor. Die Grundlage jeder faserigen Eigenschaft, das langgestreckte Molekül, fehlt also diesen Faserstoffen. TODTEN-HAUPT (1904) und später FERETTI schufen aus Casein (Milcheiweiß) die Volleiweißfaser Lanital bzw. Tiolan, die durch eine Härtung mit Formaldehyd gebrauchstüchtig gemacht wird, wobei folgendes stattfindet:*

a) M o l e k ü l v e r g r ö ß e r u n g .

$$
\begin{array}{c}
R \cdot COOH \\
| \\
NH\,H \\
\Big] + O\,CH_2 \\
NH\,H \\
| \\
R \cdot COOH
\end{array}
\quad \rightarrow \quad
\begin{array}{c}
R \cdot COOH \\
| \\
NH \diagdown \\
\;\;CH_2 + H_2O \\
NH \diagup \\
| \\
R \cdot COOH
\end{array}
$$

b) K o n d e n s a t i o n .

$$
\begin{array}{c}
R \cdot COOH \\
| \\
N\,H_2 \;+\; O\,CH_2
\end{array}
\quad \rightarrow \quad
\begin{array}{c}
R \cdot COOH \\
| \\
N = CH_2
\end{array}
\; + H_2O
$$

Diese Faser ist nicht immer kochfest, hat aber einen gut wolligen Charakter, ist warm und läßt sich mit Wollfarbstoffen anfärben, wobei möglichst jedes Kochen vermieden wird.

Um den gebrauchstüchtigen Charakter der Zellulose (u. a. hoher Verschleißwiderstand) mit wollartigen Eigenschaften zu verbinden, wurden „animalisierte" Faserstoffe geschaffen (Vistralan, Floxalan). Es handelt sich hierbei um Zellulosezellwollen, die, besonders im Interesse der färberischen Eigenschaften, schon in der Spinnmasse mit Aminokörpern oder ähnlichen Chemikalien versetzt wurden. MECHEELS hat solche animalisierte Faserstoffe aus dem sehr schwefelhaltigen Fischeiweiß (Muskeleiweiß der Seefische) entwickelt, wobei im Hinblick auf den kochfesten Charakter dieses Eiweißes schließlich auf eine Härtung mit Formaldehyd verzichtet werden konnte (Wikilanfaser).

Synthetische Faserstoffe. *Nach amerikanischen Patenten werden vollsynthetische Faserstoffe mit Wollcharakter durch Kondensation von höheren*

Aminen mit Karbonsäuren in Gegenwart von Katalysatoren erhalten, wobei große langgestreckte Moleküle aus Riegen oder Ketten entstehen:

$$\begin{array}{l}
\text{NH}\,|\,\text{H} \quad \text{HO}\,|\,\text{CO} \\
\text{CH}_2 \qquad\qquad \text{CH}_2 \\
(\text{CH}_2)\text{n} \qquad (\text{CH}_2)\text{m} \\
\text{CH}_2 \qquad\qquad \text{CH}_2 \\
\text{NH}\,|\,\text{H} \quad \text{HO}\,|\,\text{CO}
\end{array}
\quad\rightarrow\quad
\begin{array}{l}
\text{H} \\
\text{N} \\
\text{CH}_2 \qquad \text{C}=\text{O} \\
\text{CH}_2 \qquad \text{CH}_2 \\
(\text{CH}_2)\text{n} \quad (\text{CH}_2)\text{m} \\
\text{CH}_2 \qquad \text{CH}_2 \\
\text{CH}_2 \qquad \text{C}=\text{O} \\
\text{N} \\
\text{H}
\end{array}
\quad +\; 2\,\text{H}_2\text{O}$$

oder

$$\text{H}_2\text{N}\cdot\text{CH}_2\cdot(\text{CH}_2)\text{n}\cdot\text{CH}_2\cdot\text{NH}\,|\,\text{H} \;+\; \text{HO}\,|\,\text{OC}\cdot\text{CH}_2\cdot(\text{CH}_2)\text{m}\cdot\text{CH}_2\cdot\text{COOH}$$

$$\rightarrow \text{H}_2\text{N}\cdot\text{CH}_2\cdot(\text{CH}_2)\text{n}\cdot\text{CH}_2\cdot\text{NH}\cdot\text{CO}\cdot\text{CH}_2\cdot(\text{CH}_2)\text{m}\cdot\text{CH}_2\cdot\text{COOH} + \text{H}_2\text{O}$$

Wahrscheinlich handelt es sich im Endeffekt um eine Kombination beider Bilder. Es handelt sich um kunstharzartige Produkte, die bei sehr hohen Temperaturen durch Düsen zu Faserstoffen geformt werden und deshalb auch (über 200° C) thermoplastisch sind. Die basischen Gruppen bedingen das Anfärbevermögen mit Wollfarbstoffen (Nylonfaser, Perlonfaser).

Eine weitere synthetische Faser mit Kunstharzcharakter liegt in der Pe-Ce-Faser der I. G. Farbenindustrie A.G. vor. Diese Faser hat allerdings keine wollartigen Eigenschaften. Sie ist thermoplatisch, läßt sich schwer anfärben, besitzt aber eine hohe Widerstandskraft gegen Chemikalien und mechanische Einflüsse. Ihr Verwendungsgebiet liegt also bei Filterstoffen, Schläuchen und technischen Geweben aller Art. Die Pe-Ce-Faser kann als Vinylchloridverbindung $\text{CH}_2=\text{CH}\cdot\text{HCl}$ *angesehen werden (Vinylgruppe* $\text{CH}_2=\text{CH}-$ *), die durch Polymerisation aus Azetylen oder Äthylen gewonnen wurde.*

A. Das Bleichen der Zellwolle und der Kunstseide.

Die Kunstseide und die Zellwolle kann man nach den für Baumwolle üblichen Verfahren bleichen. Im allgemeinen kann der Ansatz der Bleichflotten um etwa $^1/_3$ schwächer gehalten werden als der Ansatz bei der Baumwollbleiche, da die künstlichen Faserstoffe heller sind als die natürlichen. Die bei der Baumwolle üblichen Reinigungsmethoden, vor allem das Beuchen, fallen weg. Man kann also die genetzte Ware unmittelbar mit der Bleichflotte zusammenbringen.

(201) Verfahren: Das Bleichen von Viskose-Kunstseidengarn. Man setzt mit Natronbleichlauge eine Flotte mit 1,5—2,0 g/l akt. Chlor an und bleicht darauf die vorher genetzte Ware bei gewöhnlicher Temperatur während zwei Stunden. Nun wird gespült, mit 1—2 ccm/l Salzsäure gesäuert, wieder gut gespült und evtl. aviviert.

(202) Untersuchung: Feststellung von Bleichschädigungen auf Kunstseide (nach M. NOPITSCH). Zum Nachweis von chemischer Faserschädigung, also von Oxyzellulose und Hydratzellulose, auf Kunstseide und Zellwolle sind im allgemeinen die gleichen Methoden brauchbar, die auch für den gleichen Schadennachweis auf Baumwolle angewendet werden.

Kunstseide und Zellwolle sprechen jedoch infolge ihres strukturellen Aufbaus auf die Reagenzien für die Prüfung auf Faserschädigung immer etwas positiv an, so daß eine vergleichende Prüfung an bekanntem ungeschädigtem Material gleicher Art und Herkunft unerläßlich ist.

Von chemischen Methoden seien genannt:

1. die Reaktion mit Fehlingscher Lösung: Ausscheidung von rotem Kupferoxydul zeigt Faserschädigung an. Bei Gegenwart von viel Schwefel in der Viskose kann die Reduktion durch Braunfärbung etwas beeinträchtigt werden.

2. Die Reaktion mit alkalischer Silbernitratlösung: Braunfärbung zeigt die Anwesenheit von Oxy- oder Hydrozellulose an. Bei Viskose ist die Reaktion mit Vorsicht anzuwenden, da bei Anwesenheit von Schwefel ebenfalls eine Braunfärbung eintritt. Man muß sich also zuvor vergewissern, ob die zu prüfende Viskose gut und vollständig entschwefelt ist.

Zur Herstellug der Lösung gibt man 10 g Silbernitrat in 100 ccm Wasser und setzt allmählich so viel Ammoniak zu, bis sich der entstandene Niederschlag wieder gelöst hat. Dieses Reagenz wird auf 80° C erwärmt und darin die Probe behandelt.

3. Die Ermensche Berliner Blau-Reaktion: Blaufärbung bei Anwesenheit von Oxy- oder Hydrozellulose. Die Prüfung kann auch bei Viskose, die noch Schwefel enthält, ohne Beeinträchtigung des Ergebnisses angewandt werden.

Man verwendet zwei Lösungen (kalt herstellen):

a) 20 g Ferrisulfat und 25 g Ammonsulfat in 100 ccm Wasser gelöst.

b) 33 g Ferrizyankalium in 100 ccm Wasser gelöst.

(Lösungen im Dunkeln aufbewahren.) Für die Untersuchung werden je 5 ccm der beiden Lösungen zusammen in 250 ccm Wasser gebracht, das hierauf zum Kochen erhitzt wird. Die Probe wird nun 1 min lang in dieser heißen Lösung behandelt, hierauf mit verdünnter Schwefelsäure und mit Wasser gespült. Zellulose mit Oxy- und Hydrozelluloseresten wird durch Bildung von Berliner Blau erkannt. Reine Zellulose gibt diese Reaktion nicht.

Von größerer Bedeutung als diese chemischen Prüfmethoden ist bei der Kunstseide und Zellwolle jedoch die mikroskopische Untersuchung;

und zwar gibt die. Quellung der Fasern in Natronlauge sichere Anhaltspunkte für das Vorliegen chemischer Schädigung. Die Methode ist aber
nur bei Viskose- oder Kupferseide bzw. Zellwolle anwendbar, nicht aber
bei Azetatseide.

Die zu prüfenden Fasern werden auf dem Objektträger trocken vorsichtig präpariert und, um störende Verletzungen der Fasern zu vermeiden, mit dem Deckglas bedeckt. Von der Seite aus läßt man nun
Natronlauge von 18° Bé (145 g/l) zulaufen. Man beobachtet besonders
das Verhalten der Schnittenden. Bei geschädigten Fasern sind die
Schnittenden nicht scharf umgrenzt, sondern verlaufen mehr oder
weniger undeutlich und zeigen Auflösungserscheinungen. Das Auftreten
von Faserspalten im Innern der Fasern und von lokal stark deformier-
ten und besonders durchsichtigen Stellen deutet ebenfalls auf das Vorliegen einer chemischen Schädigung hin. Bei stark oxydativer Schädigung bleibt mitunter die normale Quellung aus, was man am besten
beim Vergleich mit einer ungeschädigten Probe durch Messung mit
dem Objektmikrometer oder dem Lanameter feststellt.

Um mechanische Schädigungen vor der Anstellung der Quellprobe
auszuschalten, bettet man eine Probe in Glyzerin ein. Dabei treten mechanische Deformierungen hervor, die bei der Quellprobe evtl. ähnliche
Bilder wie chemisch geschädigte Fasern zeigen könnten.

Noch schöner treten mechanische Schädigungen mit Neokarmin W
(W. WAGNER) (Hersteller Sager & Goßler, Heidelberg) zutage. Man
legt die Fasern in eine Original-Neokarmin-Lösung etwa 3 min lang ein,
spült sie dann mit Wasser aus und bettet sie um in Glycerin für die
mikroskopische Betrachtung.

**(203) Versuch: Die Einwirkung verschiedener Bleichverfahren auf
die Kunstseide (Viskose).** Es werden — am besten an Großpartien im
Betrieb — verschiedene Bleichversuche durchgeführt. Dabei können
z. B. folgende Ergebnisse, die typisch sind, auftreten:

	Zug-festig-keit kg	Weiß-gehalt	Glanz-zahl	Weich-heits-zahl
Rohware	24,9	77	35	1,00
Chlorbleiche	23,2	86	40	0,83
Peroxydbleiche	20,9	88	35	1,40
Kombinierte Bleiche	17,2	89	39	1,34

Die Ware wird vor jeder Bleiche bei 40° C mit 3 ccm/l Türkischrotöl
genetzt.

Man sieht, daß die Peroxydbleiche wieder die Weichheit bringt, zugleich aber auch — durch die Kochung — eine geringere Festigkeit.
In bezug auf den Weißgehalt liegen keine großen Unterschiede vor.

Für die geprüfte Ware wäre also die Chlorbleiche am geeignetsten. Soll jedoch besonderer Wert auf Weichheit — z. B. bei Charmeuse — gelegt werden, so wäre, falls man die Weichheit nicht durch eine entsprechende Appretur erzielen will, eines der beiden Peroxydbleichverfahren zu wählen.

B. Das Färben der Kunstseide und der Zellwolle.

Ergänzung zur Färbetheorie.

Die Vorgänge beim Färben. *Nach eingehenden Arbeiten über „die Wanderung von substantiven Farbstoffen in Kunstfasern im Vergleich zu dem Verhalten der Farbstofflösungen und der Gelstruktur der Faser" kommen W. WELTZIEN und Mitarbeiter zu folgenden Anschauungen:*

1. Die Vorgänge bei der Diffusion des substantiven Farbstoffes in Lösung und dem Vordringen in die Faser sind grundsätzlich verschieden. In der Lösung bewirkt ein Elektrolytzusatz die Herabsetzung des Diffusionswegs. In der Faser beschleunigt er das Vordringen des Farbstoffes. Es ist somit festzustellen, daß die größeren, stärker aggregierten Farbstoffteilchen schneller in die Faser eindringen als die kleineren, weniger aggregierten. Eine Erklärung für diesen Unterschied gegenüber der Diffusion in der freien Lösung kann nur darin gefunden werden, daß die Adsorptionsgeschwindigkeit an der inneren Oberfläche der Faser mit steigendem Elektrolytzusatz zunimmt, wodurch hohes Konzentrationsgefälle zwischen innen und außen und damit auch eine schnellere Diffusion des Farbstoffes bewirkt wird.

Hierdurch wird klargelegt, daß nicht die Diffusionsgeschwindigkeit, sondern in noch größerem Maße die Adsorptionsgeschwindigkeit für den substantiven Färbeprozeß charakteristisch ist.

2. Auch die Vorbehandlung der Faser mit Alkalilauge wirkt in ähnlichem Sinne. Dies dürfte dadurch bedingt sein, daß nach der Laugenbehandlung die Faser geschrumpft ist, ein Vorgang, dem eine gewisse Desorientierung der inneren Ordnung entspricht.

Außerdem ist aber als sehr wesentlich zu berücksichtigen, daß in der Lauge kleinere Mengen Fasersubstanz in Lösung gehen, wodurch die innere Oberfläche ganz allgemein zugänglicher wird.

3. Da durch die Laugenbehandlung die Aufziehgeschwindigkeit des Farbstoffes stark gesteigert wird, verschwinden auf Viskosekunstseide die differenzierenden Eigenschaften, die z. B. dem Brillantbenzoblau 6 B sonst eigentümlich sind.

Durch die Vorbehandlung mit Natronlauge steigt die Farbstoffaufnahme bei verschiedenen Kunstseiden zwar ganz verschieden. Es wird aber als Endresultat erreicht, daß die Fasern nach der Vorbehandlung fast dieselbe Farbstoffaufnahme haben.

4. Der Einfluß von einigen Textilhilfsmitteln wurde dahin geklärt, daß diese das Vordringen des Farbstoffes wechselnd beeinflussen. Dies steht z. T. im Einklang mit den stark kapillaraktiven Eigenschaften dieser Substanzen, die durch Messungen der Oberflächenspannung kontrolliert werden können. Demgegenüber ergab die Messung der freien Diffusion keinerlei Erhöhung, eher eine kleine Erniedrigung der Diffusionsgeschwindigkeit. Es kann also keinesfalls die egalisierende Wirkung der Textilhilfsmittel durch wesentliche Beeinflussung, insbesondere Verfeinerung des Dispersitätsgrades erklärt werden.

5. Die vorliegenden Untersuchungen gestatten wichtige Rückschlüsse auf die Gelstruktur der verschiedenen Fasern. Sowohl mit färberischen als auch mit Quellungsmethoden konnten Randbildungen sichtbar gemacht und photographisch wiedergegeben werden. Diese Randbildungen sind teilweise nur mit färberischen Methoden (Kupferkunstseide), teilweise nur mit Quellungsmethoden (Sedura) und in anderen Fällen mit beiden Methoden nachgewiesen worden. Während die Randbildung bei der Kupferkunstseide nur unter bestimmten Bedingungen als ein dunkel gefärbter, schmaler Ring erscheint, dem offenbar mechanisch keine Bedeutung zukommt, findet man bei manchen Viskosekunstseiden mehr oder weniger breite Ränder, die bei der Quellung plastisch hervortreten und deshalb bestimmt auch für die mechanischen Eigenschaften von Bedeutung sind. Es ist immerhin auffallend, daß diejenigen Viskosekunstseiden, bei denen ein starker Rand nicht festgestellt wurde, nach der Natronlaugequellung eine starke Volumenzunahme aufweisen, während bei Viskosekunstseiden mit ausgeprägtem Rand die Volumenzunahme unter denselben Bedingungen geringer ist. Die Annahme erscheint gerechtfertigt, daß bei den gewöhnlichen Viskosekunstseiden der schwerer quellbare Rand eine Art Panzer bildet, der die Volumenvergrößerung des leichter quellbaren Inneren bei der Natronlaugequellung verhindert.

Bei Kupferseide konnte auch noch das Auftreten eines sich tiefer anfärbenden Kernes festgestellt werden, eine Erscheinung, die ganz besonders deutlich beim nachträglichen Auswaschen auftrat. Man könnte daran denken, daß es sich bei derartigen Phänomenen um rhythmische Fällungen nach Art der LIESEGANGschen Ringe handelt. Es ist aber hervorzuheben, daß hierfür besonders deshalb kein Grund vorliegt, weil der Färbevorgang gar kein Ausfällungsprozeß ist und der Farbstoff auch nicht in irgendeiner Weise auf der Faseroberfläche koaguliert wird. Gegen die letztere Annahme spricht auch die Reversibilität der Färbevorgänge, die sich be-

sonders deutlich in den Ergebnissen vieler Auswaschversuche kundgibt. Es bleibt also die Tatsache bestehen, daß man aus der verschiedenen Anfärbung auf gewisse Schwankungen in der Gelstruktur schließen kann und in diesem Falle bei der Kupferseide einen weniger stark gestreckten Kern annehmen muß.

Die Färbeverfahren für Kunstseide und Zellwolle entsprechen im großen und ganzen denjenigen für Baumwolle. Man hält, obgleich dies nicht unbedingt nötig ist, die Temperaturen etwas niedriger. Bei der mechanischen Verarbeitung ist die Tatsache zu berücksichtigen, daß die künstlichen Faserstoffe weniger naßfest sind, als die natürlichen. Außerdem quellen sie stärker als diese. Das Färben von Geweben unter stärkerer Spannung in Kettrichtung muß z. B. auf einem Jigger mit zwei angetriebenen Walzen erfolgen. Kreuzspulen lassen sich ferner nur färben, wenn sie nach einer besonderen Methode lose aufgewickelt und damit trotz stärkerer Quellung für die Flotte noch durchlässig sind.

Bei dem Ansatz aller Flotten ist schließlich darauf zu achten, daß die künstlichen Faserstoffe gegenüber warmen Mineralsäuren empfindlicher sind als Baumwolle. Der höhere Feuchtigkeitsgehalt der Kunstseide (11%) spielt für die Weichheit eine besondere Rolle. Übertrocknete Partien fühlen sich hart und spröde an. Man legt oder hängt die fertig veredelte Ware deshalb häufig im Feuchtraum aus. Diesen Raum stellt man sich am einfachsten dadurch her, daß man den Boden mit einer Sandschicht bedeckt, die man stets feucht hält.

(204) Verfahren: Besondere Färbemethoden für Kunstseide. 1. Seife-Glaubersalz-Bad für die substantive Färberei. Wünscht man eine besonders weiche und vollgriffige Ware, so setzt man folgende Flotte an:

bis 10% substantive Farbstoffe,
2—10 g/l Marseiller Seife,
2—10 g/l Glaubersalz calc. (nicht Steinsalz),
50° C bis kochend.

Die Ware wird weder gespült, noch aviviert, sondern direkt zentrifugiert (Kunstseide soll zum Zentrifugieren in Tücher, die vorher mit der Flotte getränkt werden, eingepackt werden).

2. Basische Färberei der Kunstseide. Man wendet im allgemeinen die Tannin-Brechweinstein-Beize an, da die Katanol-Beize nicht immer besonders lebhafte Töne ergibt.

3. Naphtholfärbungen auf Kunstseide. Man benutzt zum Abstumpfen der Kupplungsflotten keine essigsaure Tonerde. Öfteres kochendes Seifen kann zum Stumpfwerden des Glanzes der Ware führen.

4. Indigosolfärbungen auf Kunstseide. Die beim Nitritverfahren üblichen Entwicklungsbäder mit Schwefelsäure sollen nicht über 35° C warm gehalten werden.

(205) Versuch: Der Einfluß der Wärme und der Übertrocknung auf veredelte Kunstseiden. Hitze und Übertrocknung schaden allen Faserstoffen. Am meisten wird jedoch die Kunstseide angegriffen. Die Trocknung von Waren aus Kunstseide oder Zellwolle soll daher mit Warmluft und so erfolgen, daß die Luftbewegung die erste, die Wärme die zweite Rolle spielt.

Im folgenden sei ein Beispiel angeführt, wie man diese Verhältnisse durch rein physikalische Untersuchungen klären und Anhaltspunkte für die richtige Einstellung der Trocknung finden kann.

Die zu untersuchenden Kunstseiden, eine Viskose-, eine Kupfer- und eine Azetatkunstseide, werden den Untersuchungen in Form von Stranggarn unterworfen. Es werden folgende Veredlungsarten geprüft:

1. Wäsche in 60° C warmem Wasser,

2. Bleichen mit Hypochlorit, mit Peroxyd und mit der kombinierten Chlor-Peroxydbleiche,

3. Färbung mit substantiven Farbstoffen bzw. mit Cellitfarbstoffen,

4. Indanthrenfärbung nach dem IN-Verfahren.

Die Färbeverfahren sind genau zu beschreiben. (Hier kann darauf verzichtet werden. Es liegen normale Verfahren vor.)

Die so veredelten Kunstseiden werden nun während 45 min in einem Trockenschrank ohne Luftbewegung auf 110° C erhitzt. Darauf erfolgt während 20 min ein Dämpfen mit Sattdampf. Dieser Prozeß wird fünfmal wiederholt.

Daraufhin werden gemessen: Farbton, Glanz, Weichheit, Verschleißwiderstand, Festigkeit und Dehnung.

a) **Messung der Farbtonänderung.** (W = Weißgehalt, S = Schwarzgehalt, V = Vollfarbe).

Viskosekunstseide.

Veredlung	W.	S = 100 − x	V = 100 − (W + S)
Gewaschen	53	100 − 55 = 45	100 − (53 + 45) = 2
Chlorbleiche	62	100 − 64,9 = 35,1	100 − (62 + 35,1) = 2,9
Peroxydbleiche . . .	64	100 − 67,6 = 32,4	100 − (64 + 32,4) = 3,6
Komb. Bleiche . . .	67	100 − 70,5 = 29,5	100 − (67 + 29,3) = 3,7

In dieser Form werden die übrigen Farbmessungen eingetragen und nun, wie folgt zusammengestellt.

Material	Veredlung	Weißgehalt		Schwarzgehalt		Vollfarbe	
		nicht erhitzt	erhitzt	nicht erhitzt	erhitzt	nicht erhitzt	erhitzt
Viskosekunstseide	Wäsche	53	36	45	62,5	2	1,5
,,	Chlorbleiche	62	40,5	35,1	42,5	2,9	2
,,	Peroxyd-bleiche	64	43	32,4	44,5	3,6	2,5
,,	Kombinierte Bleiche	67	44	29,3	53,1	3,7	2,9
Kupferkunstseide	Wäsche	64	53	33,8	45,4	2,2	1,6
,,	Chlorbleiche	81	60	15,5	37,5	3,5	2,5
,,	Peroxyd-bleiche	83	61	13,2	36,4	3,8	2,6
,,	Kombinierte Bleiche	85	62	11	35,1	4	2,9
Azetatkunstseide	Wäsche	54	49	44,2	49,8	1,8	1,2
,,	Peroxyd-bleiche	75	56	22,6	42,1	2,4	1,9

Diese Messungen zeigen ein starkes Vergilben der gebleichten Ware. Dies ist besonders sichtbar bei der gebleichten Azetatkunstseide (Weißgehalt 75 und 56). Hier hat ohne Zweifel auch eine gewisse oberflächliche Verseifung stattgefunden (die zu messen ist). Auch die übrigen Bleichen konnten den Weißton nicht halten. Dabei besteht kein Unterschied im Verfahren. Die Vergilbung ist bei allen drei Verfahren gleich stark.

b) Messung des Glanzes. Die Ergebnisse sind im folgenden niedergelegt:

	nicht erhitzt	erhitzt
Viskosekunstseide	Glanzzahl	
Gewaschen	33	35,8
Mit Chlor gebleicht	34,2	35,1
Mit Sauerstoff gebleicht . .	40,3	43,6
Kombiniert gebleicht	30,5	31,1
Kupferseide	Glanzzahl	
Gewaschen	39	40,3
Mit Chlor gebleicht	38,6	39,2
Mit Sauerstoff gebleicht . .	40,7	41,5
Kombiniert gebleicht	40,3	41,2
Azetatkunstseide	Glanzzahl	
Gewaschen	33,6	33,9
Mit Sauerstoff gebleicht . .	34,3	35,4

Durch Überhitzung tritt durchweg eine Glanzerhöhung auf. Diese ist bei Viskose am höchsten, bei Kupferseide noch deutlich sichtbar, bei Azetatseide mit dem bloßen Auge kaum noch zu beobachten.

c) **Messung der Weichheit.** Die Zusammenstellung der Weichheitsmessungen erbrachte:

	Weichheitzahl					
Veredlung	Viskose-kunstseide		Kupfer-kunstseide		Azetat-kunstseide	
	nicht erhitzt	erhitzt	nicht erhitzt	erhitzt	nicht erhitzt	erhitzt
Wäsche	1	1	1	1	1	1
Chlorbleiche	0,99	1,06	1,17	1,19	—	—
Peroxydbleiche	1,04	1,01	1,17	1,22	1,18	1,21
Kombinierte Bleiche	0,95	1,07	1,16	1,07	—	—
Peroxydbleiche und Cellitfärbung .	—	—	—	—	1,29	1,26

Die Übertrocknung zeigt bei der Viskosekunstseide als interessantestes Ergebnis eine durchweg größere Weichheit als dies bei der nicht übertrockneten Ware der Fall ist. Die Zahlen für die Oberflächenglätte lassen auf eine glättere Oberfläche nach der Übertrocknung schließen. (Im übrigen werden die Messungen a. a. O. bestätigt, wodurch die Chlorbleiche die Ware etwas härter werden läßt als die Sauerstoffbleiche.)

Die Kupferkunstseide verhält sich ganz anders als die Viskosekunstseide. Sie scheint widerstandsfähiger zu sein als die Viskosekunstseide. Daß sie die Erhitzung jedoch nicht ganz ohne Strukturveränderungen überstand, zeigen die (hier nicht gebrachten) Werte für die Fadendicke (bei der Weichheitsmessung).

d) **Messung des Verschleißwiderstandes.** Der Verschleißwiderstand stellte sich wie folgt:

Verschleißwiderstand in sec. gemessen (Durchschnitt aus je 5 Messungen)

Vorbehandlung	nicht erhitzt	erhitzt	Differenz %
Viskosekunstseide			
Gewaschen	680	522	— 31
Chlorbleiche	732	562	— 23
Peroxydbleiche	788	546	— 33
Kombinierte Bleiche . .	788	600	— 29
Kupferkunstseide			
Gewaschen	62	37	— 42
Chlorbleiche	46	36	— 21
Peroxydbleiche	57	47	— 19
Kombinierte Bleiche . .	84	62	— 17
Azetatkunstseide			
Gewaschen	132	92	— 30
Peroxydbleiche	77	59	— 28

Die Überhitzung mindert also den Verschleißwiderstand und damit den Gebrauchswert ganz erheblich. Diese Werte sind verhältnismäßig deutlicher als diejenigen aus den Festigkeitsmessungen.

e) Messung von Zugfestigkeit und Bruchdehnung. Aus diesen Messungen ergibt sich folgendes:

Man sieht auch hier die Schädigung. Bei der Azetatkunstseide gibt die Verschleißprüfung den hier fehlenden Eindruck.

(Diese Messungen wären zweckmäßig noch

Mittlere Differenz zwischen nicht erhitzter und erhitzter Ware aus allen Messungen und Veredlungsarten.

	Zugfestigkeit %/o	Bruchdehnung %/o
Viskosekunstseide . . .	9,74	25,2
Kupferkunstseide . . .	13,4	35,6
Azetatkunstseide . . .	0,88	28,7

auf den Unterschied zwischen Naß- und Trockenfestigkeit auszudehnen gewesen).

(206) Untersuchung: Die Unterscheidung zwischen den verschiedenen Kunstseidensorten. Die Brennprobe zeigt bei der Viskose- und der Kupferkunstseide einen Geruch nach verbranntem Papier (oder nach verbrannter Baumwolle), bei der Azetatkunstseide treten saure Dämpfe auf (Geruch oder nasses blaues Lackmuspapier), außerdem schmilzt sie beim Brennen zu einem Knötchen zusammen.

Die Löseprobe mit Azeton ergibt eine Auflösung der Azetatkunstseide, während die beiden übrigen Sorten nicht gelöst werden. (Verseifte Azetatkunstseide ist nicht oder nicht vollkommen löslich.)

Die Färbeprobe wird mit Tinte-Eosinlösung vorgenommen. Statt der Tinte kann auch Siriusblau B verwendet werden.

Die Lösung besteht aus:

15 ccm Pelikantinte Nr. 4001 (oder 20 ccm 5proz. Siriusblaulösung).
20 ccm 5proz. Eosinextralösung,
65 ccm Wasser.

Die ungefärbte oder abgezogene Probe wird zusammen mit je einer bekannten Probe Viskose- und Kupferseide in dieser Lösung während 10 min behandelt. Kupferkunstseide ist mehr blau, Viskosekunstseide mehr rot gefärbt.

Während dieses 10 min dauernden Färbeprozesses sind beide Farbstoffe in das Innere der Kupferkunstfaser eingedrungen. Die kleineren Teilchen des Eosins extra werden leicht wieder ausgewaschen, während das Siriusblau B adsorptiv festgehalten wird. Die „Haut“ der Viskosefaser verwehrt den gröberen Teilchen des Siriusblau B in so kurzer Zeit und bei Zimmertemperatur den Durchgang im Innern der Faser, während die kleinen Eosin extra-Teilchen diffundieren und beim folgenden Waschen nicht mehr so leicht entfernt werden können.

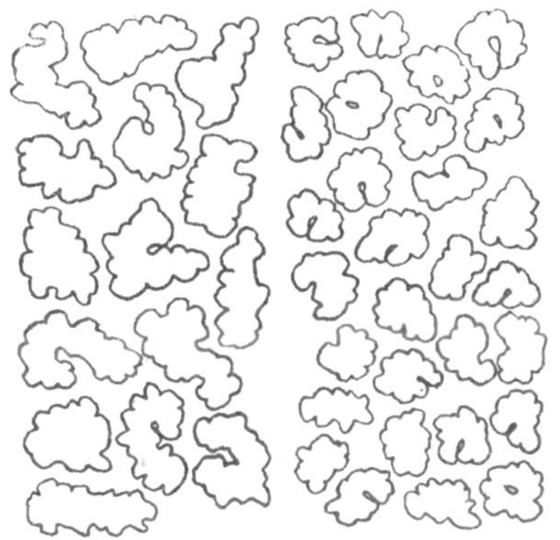

Abb. 92. Viskosefaser.

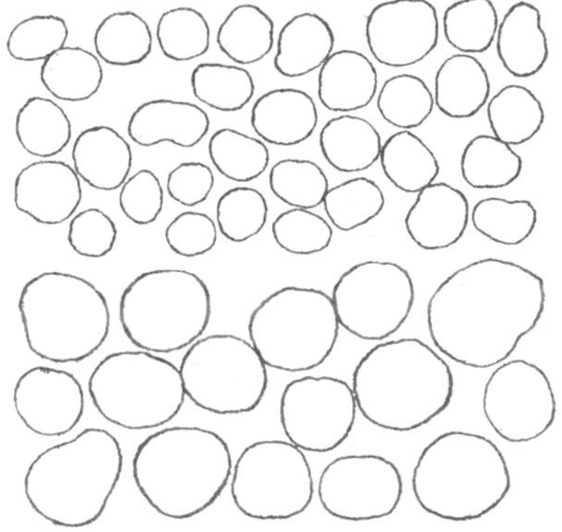

Abb. 93. Kupferfaser.

Die weitere Unterscheidung kann mit Hilfe der Querschnittform unter dem Mikroskop erfolgen (Abb. 92—94).

(207) Untersuchung: Die Herstellung von Faserstoffquerschnitten ohne Mikrotom. Man verwendet Metallplättchen in Objektträgerform. In der Mitte des Plättchens ist eineDurchbohrung von etwa $^1/_2$ mm Durchmesser angebracht. Von dem Material, von welchem die Querschnitte herzustellen sind, wird ein Faserbündel angefertigt. Es ist besonders darauf zu achten, daß die Fasern möglichst parallel liegen, auch wenn das Material ursprünglich als Garn vorliegt. Es wird dann durch die Öffnung des Plättchens eine Garnschlinge (man verwendet am besten ein Stückchen Nähfaden) durchgeführt und in die Schlinge das Faserbündel gebracht. Die Schlinge wird dann zurückgezogen und dadurch das Faserbündel in die Öffnung hineingezogen. Es sind soviel Fasern zum Faserbündel zu vereinigen, daß die Fasern in der Öffnung straff sitzen. Hierauf werden mit einer scharfen, möglichst frischen Rasierklinge die überstehenden Faserenden auf beiden Seiten abgeschnitten, indem man die Rasierklinge vorsichtig mit möglichst geringer Neigung zur Platte an dieser entlang führt, bis die Fasern abgeschnitten sind

Abb. 94. Azetatfaser (nach Wagner-Koch).

Der so erhaltene Querschnitt kann dann im Mikroskop bei durchfallendem oder auffallendem Licht bei beliebiger Vergrößerung betrachtet und auch mikrophotographiert werden. Am besten eignen sich Vergrößerungen von 250—400fach. Gefärbte Fasern sind zuvor zu entfärben, weil sie sonst zu wenig Licht durchlassen. Mattierte Kunstfasern betrachtet man am besten im Auflicht.

(208) Untersuchung: Die Unterscheidung von Kupferkunstseide und Viskosekunstseide (nach H. Rath). Der Nachweis beruht auf der Eigenschaft der Kupferionen, die Zersetzung einer alkalischen, mit Wasserglas stabilisierten, konzentrierten Wasserstoffsuperoxydlösung außerordentlich stark zu katalysieren.

Bringt man eine Kupferkunstfaser und eine gewöhnliche Viskosekunstfaser getrennt in eine ammoniakalische, mit Wasserglas stabilisierte Wasserstoffsuperoxydlösung, so wird die Zersetzungsgeschwindigkeit der die Kupferfaser enthaltenden Lösung so sehr beschleunigt, daß die Lösung nach 5—10 min Schaum bildet und ihren gesamten Sauerstoff dabei abgibt, während die Zersetzung der keinen Katalysator enthaltenden Faser mehrere Tage beansprucht.

Die Reaktion wird folgendermaßen durchgeführt:

In einem Reagenzglas versetzt man 10 ccm einer 30proz. Wasserstoffsuperoxydlösung mit 2—3 Tropfen Wasserglas, schüttelt kurz um und gibt der Lösung 1 ccm konz. Ammoniak hinzu. Nach vorsichtigem Umschütteln bringt man, sobald die Gasentwicklung aufgehört hat, das zu prüfende Material in die Reaktionsflüssigkeit.

Die Reaktion gilt natürlich nur für ungefärbte Fasern oder für solche Färbungen, von denen man gewiß ist, daß sie nicht nachgekupfert wurden oder kein Kupfer im Farbstoffmolekül enthalten.

VII. Die Mercerisation, Bleicherei und Färberei von Mischtextilien.

Textilien aus verschiedenartigen Faserstoffen verursachen häufig bei der Veredlung erhebliche Schwierigkeiten. Dies ist insbesondere dann der Fall, wenn die Veredlung der einen Faserkomponente mit Verfahren vorgenommen werden muß, welche die andere Faserkomponente entweder schädigen oder zu wenig beeinflussen oder ganz oder teilweise so im Aussehen verändern, daß der einheitliche Charakter des Textilguts verlorengeht.

A. Das Bleichen von Mischtextilien.

Das Bleichen derartiger Mischtextilien geht nach den in den Kapiteln Baumwolle und Wolle beschriebenen Verfahren vor sich. Mischgespinste aus Zellwolle-Baumwolle werden jedoch nicht gebeucht, sondern ohne Druck mit Alkali abgekocht oder nach vorherigem Netzen in der kombinierten Chlor-Peroxydbleiche behandelt.

B. Die Mercerisation von Baumwolle-Zellwolle-Mischgespinsten.

Bei Baumwoll-Zellwoll-Mischgespinsten lohnt sich eine Mercerisation nur dann, wenn der Zellwollanteil weitaus kleiner ist als der Baumwollanteil. Zellwolle quillt in der Mercerisierlauge so stark, daß sie das gewöhnliche Mercerisierverfahren nicht aushält.

Es müssen deshalb die Bedingungen studiert werden, welche zur Zerstörung des Zellwollanteils bei der Mercerisation führen. Daraus muß dann das geeignete Verfahren abgeleitet und durch Messungen kontrolliert werden.

Mercerisiert wird

1. um eine Glanzerhöhung zu erzielen,

2. um Porenschluß und Griff zu erhöhen,

3. um die Ware zum Zwecke erhöhter Farbstoffaufnahme zu laugieren.

Warum werden nun Kunstseide und Zellwolle bei der Mercerisation zerstört?

Pflanzliche Fasern quellen, in Natronlauge eingebracht, stark auf. Mit der Quellung ist eine Verkürzung in der Länge (Schrumpfung) verbunden. Regenerierte Zellulose (Zellwolle) quillt nun viel stärker als etwa native Zellulose (Baumwolle). Diese höhere Quellung der Zellwolle ist eine Folge ihrer Herstellung, bei welcher infolge von Reifungs-, Rühr- und Lösevorgängen das Zellulose-Molekül bzw. der Molekülgitterverband verkleinert wird. Während nun selbst hochgequollene Zellwolle in heißem und kaltem Wasser an sich so gut wie unlöslich ist, hat man dann sofort eine Löslichkeit, wenn die Zellwolle nicht mehr als regenerierte Zellulose (Hydratzellulose), sondern als Alkalizellulose (Natronzellulose) vorliegt. In Natronlauge bildet sich diese Alkalizellulose sehr schnell und es gibt bei jeder Temperatur der Lauge ein Quellungs- und Lösungsoptimum, d. h. eine Konzentration, in welcher die Zellwolle am stärksten quillt, damit einer Lösung am nächsten steht (oder bereits gelöst wird) und irgendwelchen mechanischen Beanspruchungen nicht mehr standhält.

Für Viskose-Zellwolle liegt dieses Optimum (bei der Mercerisiertemperatur von 18—20° C) etwa in einer Laugenkonzentration von 12° Bé.

In einer solchen Lauge ist also die Kunstseide am stärksten gequollen und damit am stärksten löslich, während die Quellung im Gebiet der Mercerisierkonzentration von 27—30° Bé schon wieder bedeutend geringer ist und bereits in der Nähe der Quellungswerte von Baumwolle liegt.

Die Laugenbehandlung greift tiefer in das Gefüge der Zellwolle als in dasjenige der Baumwolle ein. Während also am Anfang und am Ende der Mercerisation ziemlich stabile Körper vorliegen, hat man im Verlaufe des Prozesses lösliche Produkte vor sich, und zwar praktisch nur das lösliche Produkt aus der Zellwolle.

Die Frage, wo im Verlaufe der Mercerisation eine Zerstörung der Zellwolle eintritt, kann am besten an der Abb. 95 erörtert werden.

Im Gebiete der Laugenbehandlung (also etwa bei 30° Bé) ist die Quellung der Zellwolle nicht sehr viel höher als diejenige der Baumwolle. Bei der Laugung wird also praktisch keine Zerstörung eintreten. Erst im Spülprozeß, welcher durch den Pfeil angedeutet ist, durchläuft die Ware die Verdünnungsstadien der Natronlauge von 30° Bé bis annähernd 0° Bé. In dieser Durcheilung der abnehmenden Konzentrationswerte tritt für die Baumwolle keine Gefahr auf. Ihre Quellung geht lediglich etwas zurück. Die Zellwolle quillt aber immer stärker bis zu der „Todesspitze" bei 12° Bé. Und erst von jetzt ab läßt die Quellung schnell nach. In dieser „Todesspitze", also beim Spülen, wird die Zellwolle zerstört. Man kann diese Zerstörung etwas hintanhalten, wenn man große Mengen sehr heißen Spülwassers schlagartig auf die laugenhaltige Ware bringt. Im Mikroskop kann man aber trotzdem Lösungserscheinungen neben Fasertrümmern beobachten.

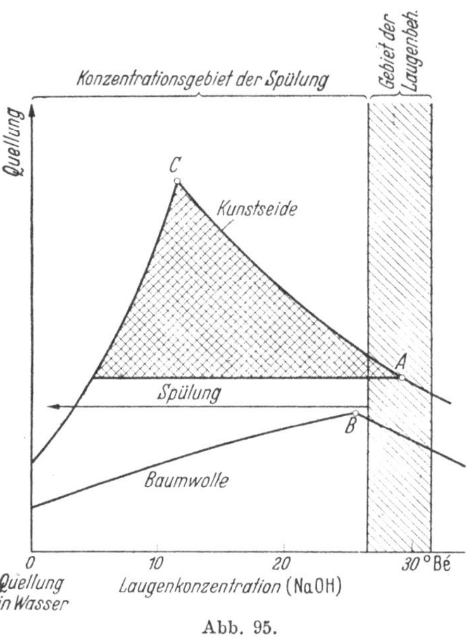

Abb. 95.

(209) Versuch: Die Auffindung des geeigneten Mercerisierverfahrens. Neben Natronlauge werden verschiedene andere Laugen, deren Löslichkeit für Zellwolle geringer sein soll, vorgeschlagen. Es werden deshalb die Dicken einer normalen Viskosezellwolle gegenüber einer Makobaumwolle unter dem Mikroskop (oder besser im Zeiss-Lanameter) gemessen, wenn man sie in verschiedenen Laugen z. B. NaOH, KOH, LiOH und in verschiedenen Konzentrationen bei 18° C mißt. Dabei stellt sich folgendes heraus:

Die mikroskopische Dickenmessung von Zellwollen in verschiedenen Laugen verschiedener Konzentration erbringt folgendes: In Lithiumhydroxyd quillt die Zellwolle am stärksten, in Natronlauge etwas weniger und in Kalilauge am wenigsten (Abb. 96). Es ergeben sich deutliche Quellungsmaxima, die für Natronlauge bei 12—13 °Bé, für Kalilauge bei 30° Bé liegen (Temperatur 20° C). Eine Erhöhung der Konzentration über diese Maxima hinaus bewirkt sofort ein starkes Abfallen der Quellung, eine Erscheinung, die für Baumwolle nicht in dem starken Maße gilt. Es zeigt sich also im Gegensatz zu Baumwolle für Zellwolle das oben beschriebene Quellungsmaximum.

Die Kalilauge läßt also die Zellwolle am wenigsten quellen. Ihre sonstigen Auswirkungen auf die Ware müssen daher zunächst untersucht werden.

Aus Abb. 96 geht ein völlig anderer Verlauf der Quellungskurven bei Verwendung von Kalilauge hervor. Während das Quellungsmaximum bei Natronlauge in einer Konzentration liegt, welche für den Mercerisiereffekt nicht in Frage kommt, findet man das Quellungsmaximum bei Kalilauge tatsächlich in der technisch richtigen Konzentration einer Mercerisierlauge, nämlich bei 30° Bé. Diese Tatsache ist für die Frage der Materialerhaltung sehr wichtig. Der

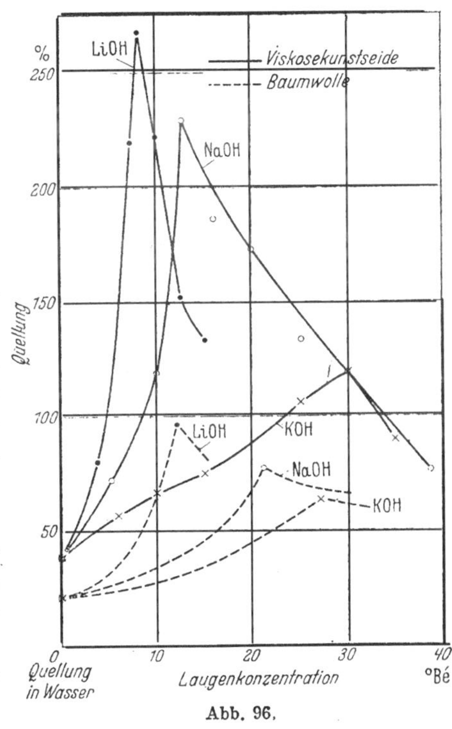

Abb. 96.

Kurvenverlauf für die Quellung der Zellwolle in Kalilauge entspricht im großen und ganzen demjenigen von Baumwolle in Natronlauge, d. h. die Zellwolle quillt bedeutend weniger als mit Natronlauge, so daß die Spannungen im Gespinst zwischen Zellwolle und Baumwolle nicht so groß werden, wie bei einer Mercerisation mit Natronlauge.

Man stellt nun Versuche für die richtige Einstellung eines Mercerisierverfahrens mit Kalilauge an, wobei nach Versuch folgendes gemessen wird:

Laugenkonzentration, Glanz,
Laugentemperatur, Porenschluß,
Schrumpfungsgeschwindigkeit, Gewichtsverlust.

Dabei arbeitet man am besten mit Garnen oder Geweben aus 50% Baumwolle und 50% Zellwolle, obwohl diese Mischung in der Praxis eine Mercerisation nicht mehr verlohnt. Hier soll der Zellwollanteil höchstens 25% des Baumwollanteils sein.

Neben den Versuchen mit reiner Kalilauge wird man auch solche mit Natronlauge-, Kalilauge-Mischungen durchführen. Man wird nämlich finden, daß Kalilauge zwar eine Schonung der Zellwolle gewährleistet, dafür aber Glanz und Porenschluß nicht so nachhaltig erzeugt wie Natronlauge. Auch die Mischlaugen sind nicht immer günstig. Es kommt hier stets auf die vorhandene Ware an. Deshalb muß der Betriebschemiker solche Messungen immer wieder ausführen und seine Verfahren selbst einstellen.

(210) Verfahren: Die Mercerisation von Mischgespinsten aus Zellwoll-Baumwolle. Nach diesen Versuchen läßt sich folgendes Verfahren aufstellen: Die genetzte, gebrühte oder mit wenig Alkali (2—4 g/l Soda kalz.) gekochte (1 h) Ware wird wie folgt mit Kalilauge mercerisiert:

Laugenkonzentration: 27—30° Bé,
Laugentemperatur: bis 18° C,
Eintauchdauer: 1 min (für Rohmercerisation länger),
Spannung: gleich Rohmaße,
Spülung: möglichst heiß, darauf kalt,
Entlaugen: 1—2 ccm/l Salzsäure techn.,
Spülen usw.

C. Das Färben von Mischtextilien.

Der Färber teilt Textilien aus verschiedenartigen Faserstoffen wie folgt ein:

1. Textilien aus verschiedenen natürlichen oder (und) künstlichen Faserstoffen pflanzlichen Ursprungs,

2. Textilien aus verschiedenen natürlichen oder (und) künstlichen Faserstoffen tierischen Ursprungs,

3. Textilien aus verschiedenen natürlichen oder (und) künstlichen Faserstoffen pflanzlichen und tierischen Ursprungs.

Dies Ton in Ton-Färben solcher Mischtextilien kann nach drei Grundmethoden erfolgen:

a) Man wählt Farbstoffe aus, welche bei geeigneter Färbweise eine egale Färbung ge ährleisten.

b) Man färbt im Einbadverfahren mit verschiedenen Farbstoffen, welche jeweils eine bestimmte Faserstoffart des Textilguts anfärben.

c) Man färbt im Mehrbadverfahren.

1. Mischtextilien aus Baumwolle-Kunstseide.

(211) Verfahren: Die Färbung von Mischtextilien aus Baumwolle-Kunstseide mit substantiven Farbstoffen. Man färbt am besten im Seife-Glaubersalzbad wie folgt:

× % subst. Farbstoff,   4—10 g/l Glaubersalz kalz.,
2—6 g/l Marseillerseife,   45° C — kochend.

Mit dem Salzzusatz beginnt man erst, wenn man sieht, daß die Anfärbung einer Faser zurückbleibt (Vorversuch an einem Muster). Oftmals wird die Egalisierung dadurch vergrößert, daß man bei abgestelltem Dampf noch 20—30 min ziehen läßt. (Statt Seife lassen sich auch Türkischrotöle, Gardinol, Igepon u. dgl. benutzen.)

(212) Verfahren: Die Färbung von Mischtextilien aus Baumwolle-Kunstseide mit Küpenfarbstoffen. Es werden die unter Verfahren 81 genannten Ansätze durchgeführt.

2. Zellwolle-Wolle-Mischgespinste und Baumwolle-Wolle-Mischgespinste.

Die gut mit Seife oder Igepon T oder Gardinol vorgewaschenen Textilien können nach folgenden Verfahren gefärbt werden:

I. Im Einbadverfahren:

a) mit Plurafilfarbstoffen,

b) mit substantiven und neutralziehenden sauren Farbstoffen,

c) mit Halbwollfarbstoffen,

d) mit Halbwollmetachromfarbstoffen und bestimmten substantiven Farbstoffen,

e) mit Küpenfarbstoffen.

II. Im Zweibadverfahren:

a) mit Diazotierungsfarbstoffen und echten Wollfarbstoffen,

b) mit Immedialleukofarbstoffen und echten Wollfarbstoffen.

Die Zweibadverfahren werden also grundsätzlich nur für echtere Töne oder nur dann angewandt, wenn die Einbadverfahren nicht zum Ziele führen.

Die folgende Tabelle soll einen (allerdings nur ungefähren) Anhaltspunkt über die erzielbaren Echtheitseigenschaften geben:

Verfahren	Lichtechtheit	Waschechtheit	Bügelechtheit	Dekatierechtheit
Einbad: Substantive und saure Farbstoffe	gut bis sehr gut	mittelmäßig bis gut	gut bis sehr gut	genügend bis gut
Einbad: Halbwollechtfarbstoffe .	gut	genügend	genügend	gut
Einbad: Halbwollmetachromfarbstoffe	gut	gut	gut	gut
Einbad: Diazotierungsfarbstoffe	befriedigend-gut	gut	sehr gut	gut
Einbad: Küpenfarbstoffe. . .	sehr gut	sehr gut	sehr gut	sehr gut
Zweibad: Diazotierungs- und Wollfarbstoffe . . .	gut	gut	gut	gut
Zweibad: Immedialleuko- und Wollfarbstoffe . . .	gut	gut bis sehr gut	gut	gut

(213) Verfahren: Das Färben von Zellwolle-Wolle und Halbwolle-Mischgespinsten mit substantiven und neutralziehenden Säurefarbstoffen. Das Verfahren wird für billige Artikel angewandt. Oftmals wird eine gute Mischfärbung nur mit substantiven Farbstoffen erreicht. In der Regel wird die Wolle jedoch mit neutralziehenden Säurefarbstoffen gedeckt.

Flottenverhältnis 1 : 20 bis 1 : 40,

$\times$ % substantiver Farbstoff,

$\times$ %· neutralziehender Säurefarbstoff,

4—10 g/l Glaubersalz kalz.,

40° C bis kochend. 20—30 min kochen.

Schließlich wird gespült und mit 2—5 ccm/l Essigsäure aviviert.

Fällt die pflanzliche Faser zu hell aus, so kann man sie auf einem neuen Bade dadurch mit substantiven Farbstoffen weiter anfärben, daß man der Flotte 3% vom Warengewicht Katanol SL oder WL zusetzt. Diese Katanole besitzen die Eigenschaft, die substantiven Farbstoffe am Aufziehen auf den Wollanteil zu verhindern. Man kann sie deshalb auch immer dann schon zur ursprünglichen Flotte setzen, wenn man die Anfärbung der Wolle (etwa wegen besserer Reibechtheit) nur mit Säurefarbstoffen anstrebt.

Die substantiven Färbungen lassen sich nach den üblichen Methoden durch Nachbehandlung etwas wasch- und wasserechter machen. Wegen des Wollanteils wird grundsätzlich im essigsauren Bade gearbeitet (1—2 g/l Essigsäure).

(214) Verfahren: Das Färben von Zellwolle-Wolle und Halbwolle (Baumwolle-Wolle) mit Halbwollfarbstoffen. Werden keine besonderen Echtheitsansprüche gestellt, so färbt man mit den Universal- und Veganfarbstoffen, welche Fasergemische aus Wolle, Baumwolle, Seide, Zellwolle, Flachs usw. gleichmäßig anfärben.

Man färbt wie unter Verfahren 212 angegeben. Im allgemeinen gilt hier die Regel, daß bei niedrigerer Temperatur mehr die pflanzliche, bei Kochtemperatur mehr die tierische Faser angefärbt wird. Man kann also durch kluges Zufügen von Wärme zur Erzielung eines ruhigen Unitones viel beitragen.

Eine höhere Lichtechtheit bringen die Halbwoll- und Halbwollechtfarbstoffe, die ebenfalls nach Verfahren 212 gefärbt werden.

Eine Farbstoffklasse, die alle Fasern (auch Azetatfasern) in beliebigen Gemischen deckt, liegt in den „Plurafil"-Produkten vor. Sie werden vor allem in der Kleiderfärberei angewandt. Bei dieser Färbung wird viel Glauber- oder Steinsalz (bis 20 g/l) gebraucht. Außerdem wird die Temperatur möglichst nicht über 80° C getrieben. Die Plurafilfarbstoffe besitzen keine hervortretenden Echtheitseigenschaften, sind aber oftmals die letzte Rettung in verzweifelten Fällen.

(215) Verfahren: Färbungen von Zellwolle-Wolle und Baumwolle-Wolle mit verschiedenen Farbstoffen nach dem Halbwollmetachromverfahren. Das Verfahren beruht darauf, daß man außer den in Verfahren 151 anzuwendenden Metachromfarbstoffen für die Wolle solche substantiven Farbstoffe für den pflanzlichen Faserstoffanteil verwendet, welche durch das Chrom der Metachrombeize echter werden.

$\times$ % substantiver Farbstoff,
$\times$ % Metachromfarbstoff,
10—20 g/l Glaubersalz,
3—7% Metachrombeize.
1—2 g/l Schwefelsaures Ammoniak,
40° C bis kochend, 1 Stunde kochen, 30 min nachziehen lassen.

(216) Verfahren: Färbungen von Zellwolle-Wolle und Baumwolle-Wolle mit Halbwollmetachromfarbstoffen. Die Halbwollmetachromfarbstoffe decken in vielen Fällen tierische und pflanzliche Fasern gleichmäßig ab. Die Färbungen sind gut lichtecht und genügend wasser- und waschecht.

$\times$ % Halbwollmetachromfarbstoff.
$^1/_2$—4 g/l Metachrombeize.
10—20 g/l Glaubersalz krist.
45° C langsam bis 95° C. Im abkühlenden Bade noch $^1/_2$ Stunde ziehen lassen.

(217) Verfahren: Die Vorfärbung von Zellwolle-Wolle und Baumwolle-Wolle mit Diazotierungsfarbstoffen. Man arbeitet im Zweibadverfahren, indem man die pflanzlichen Faserstoffanteile zunächst nach Verfahren 68 (wiederum 2 Bäder) färbt, diazotiert und entwickelt. Hierauf wird der Wollanteil nach einem beliebigen Wollverfahren gefärbt (evtl. mit neutralziehenden Säurefarbstoffen oder mit Metachromfarbstoffen).

(218) Verfahren: Färbungen von Zellwolle-Wolle und Baumwolle-Wolle mit Immedialleukofarbstoffen. Die Immedialleukofarbstoffe sind Schwefelfarbstoffe, die jedoch im Unterschied zu den eigentlichen Schwefelfarbstoffen schon in der Leukoform vorliegen und deshalb ohne Zusatz von Schwefelnatrium gelöst und gefärbt werden können. Man setzt die Flotte, wie folgt, an:

$\times$ % Immedialleukofarbstoff.
5—12 g/l schwefelsaurer Ammoniak.
2—3 g/l Hydrosulfit konz. oder ⎫
0,25 g/l Schwefelnatrium krist. ⎬ auf die ganze Färbezeit verteilt.
20° C, mindestens 1 Stunde.

Der Farbstoff wird mit lauwarmem Wasser angeteigt und nun bei gleicher Temperatur (30° C) mit Wasser gelöst. Für helle und mittlere

Färbungen benötigt man keinen oder wenig schwefelsauren Ammoniak. Erst bei dunklen Farbtönen erfolgt der angegebene Zusatz. Man kann auch 2—3 ccm/l Ammoniak und 4—10 g/l Ammonsulfat zugeben.

Der Zusatz von Hydrosulfit oder von Schwefelnatrium erfolgt, um eine vorzeitige Oxydation zu vermeiden.

Nach dem Färben wird gut gespült und abgequetscht oder geschleudert.

Diese Färbung deckt den Wollanteil fast gar nicht. Sie kann vor oder nach dem Färben des Wollanteils (evtl. der Echtheit der Immedialleukofarbstoffe entsprechend mit Helindonfarben) angewandt werden.

(219) Versuch: Das Färben von Mischfaserstoffen.

1. Marineblau auf Mischgewebe Wolle-Kunstseide: Diaminschwarz BH und Sulfoncyanin GR extra oder in höherer Echtheit: Brillantindocyanin 6 B, Sulfoncyanin 5 R extra, Siriuslichtblau 3 RL.

2. Modetöne verschiedener Echtheit, aber gleichen Farbtones auf Wollstra-Garn (Zellwolle: Wolle = 30 : 70).

a) Chloramingelb M, Benzoorange R, Diaminbrillantbordo R, Diaminschwarz BH (evtl. Zusatz von neutralziehenden Säurefarbstoffen).

b) Halbwollechtgrau GL, Halbwollechtbraun RL, Supraminrot GG.

c) Halbwollmetachromgrau G, Halbwollmetachromgelb B, Halbwollmetachrombraun R (1,5% Metachrombeize).

d) Immedialleukogelb 3 GT, Immedialleukobraun BR (oder RT), Immedialleukoschwarz MO extra stark (oder eine Kombination mit Orange, Gelb, Braun und Blau).

e) Metachromgelb B, Metachrombraun BL (evtl. Metachromrot BB), Alizarinlichtgrau BBLW.

Von diesen Färbungen werden bestimmt: Lichtechtheit, Waschechtheit, Wasserechtheit, Bügelechtheit, Schweißechtheit, Dekatierechtheit.

(220) Untersuchung: Die Bestimmung der Dekatierechtheit (V.d.Ch., Verf., Normen und Typen). Man umwickelt einen Dekatierzylinder (perforiertes Rohr mit Dampfanschluß) mit sechs Lagen Dekatiertuch, legt die Probe auf und umwickelt nochmals mit drei weiteren Lagen Dekatiertuch (Mitläufertuch). Es werden zwei Versuche durchgeführt:

a) 10 min dämpfen bei $^1\!/_2$ atü Dampfdruck,

b) 10 min dämpfen bei $1^1\!/_2$ atü Dampfdruck.

Man unterscheidet fünf Normen:

I. Nach a: Farbton oder Farbtiefe stark verändert,

III. Nach a: Farbton oder Farbtiefe nicht verändert,

IV. Nach b: Farbton oder Farbtiefe stark verändert,

V. Nach b: Farbton oder Farbtiefe unverändert.

(221) Versuch: Das Aufsuchen des Grundes für Fehlpartien. Zum Schlusse des Abschnittes über die Färberei sei der Bericht eines Schülers (H. STAPPER) des Verfassers angeführt. Es wird in diesem für viele Fälle typischen Bericht gezeigt, wie man durch systematische Untersuchungen die Gründe für Fehlpartien ermittelt und falsche Verdachtsmomente korrigiert. Aus dem Erkennen der Fehler wird dann das richtige Verfahren aufgestellt. Der Bericht lautet:

In einer Färberei, die Halbwollstoffe stückfarbig färbt, trat nach etwa halbstündiger Färbezeit eine Trübung der mit Halbwollfarbstoffen angesetzten Flotte ein. Die Farben zersetzten sich und am Schlusse lag z. B. aus einer Färbung mit Halbwollechtgrau A ein schmutziges Gelbbraun vor. Aus diesem Grunde habe ich mir Wasser, das ich sofort im Verdacht hatte, aus dem betreffenden Betriebe schicken lassen. Auch die von mir ausgeführten Färbungen wurden mit denselben Stoffen gemacht, die bei der Firma am meisten Verwendung finden, und zwar

a) Streichgarnhalbwolle, 65% Wolle und 35% Baumwolle.

b) Halbwollgeorgette, 30% Wolle und 70% Kunstseide.

Die erste Aufgabe war nun, das Wasser auf seine Verunreinigungen zu untersuchen.

Zuerst wurde die Härte bestimmt, woraus sich folgende Resultate ergaben:

Gesamthärte 15,3° D.H.

Karbonathärte 9,8° D. H.

Permanente Härte 5,5° D.H.

Der Eisengehalt war ein sehr niedriger, nämlich 0,3 mg/l.

Mangan konnte in diesem Wasser nicht festgestellt werden, dagegen Spuren von Natriumnitrit.

Bei der Bestimmung der organischen Substanz bekam ich einen höheren Wert, und zwar 15,484 mg/l.

Meine erste Vermutung, daß die Zerstörung der Farbe von Eisen herrührte, wurde durch diese Untersuchung widerlegt. Zu aller Sicherheit ausgeführte Färbungen mit destilliertem Wasser unter Zusatz von Spuren Eisen(II)sulfat mit dem Farbstoff Halbwollechtgrau A hatten negative Resultate, denn die Farbe blieb vollkommen intakt.

Aus der Untersuchung des Wassers konnte man jetzt nur noch schließen, daß die Zerstörung der Farbe durch die vorhandene organische Substanz im Wasser erfolgte. Deshalb wurden folgende Versuche unternommen (alle mit dem Halbwollstreichgarnstoff und dem Farbstoff Halbwollechtgrau A):

Versuch I: 500 ccm Betriebswasser,

2% Halbwollechtgrau A,

25% Glaubersalz, $^3/_4$ Stunde kochen.

Bei diesem Versuch wurde die Farbe total zerstört.

Versuch II: Hier wurde das Wasser ³/₄ Stunde allein vorgekocht, und dann ausgefärbt. Es trat keine Verbesserung ein.

Versuch III: Bei diesem Versuch wurde das Wasser mit einer der organischen Substanz äquivalenten Menge Ammoniumpersulfat vorgekocht, um die organische Substanz zu zerstören. Anschließend wurde gefärbt mit Halbwollechtgrau A, genau wie bei den vorigen Versuchen. Das Ergebnis war sehr gut, denn die Farbe wurde nicht zerstört.

Obwohl das neue Resultat sehr gut war, konnte ich mir nicht gut vorstellen, daß das Ergebnis so stimmte.

Einer letzten Überlegung folgend, schloß ich, daß das Nitrit evtl. der Zerstörer der Farbe sein könnte. Versuche, die ich unter Zusatz von geringen Mengen Nitrit ausführte, zeigten aber, daß dieses nicht der Fall war.

Um nun ganz sicher zu genen, beschloß ich, erst mal 2 proz. Ausfärbungen zu machen mit den beiden oben angeführten Stoffqualitäten, und zwar mit folgenden Halbwollechtfarbstoffen:

Versuch IV: 2% Halbwollechtgrau A.

destilliertes Wasser 500 ccm.

25% Glaubersalz, ³/₄ Stunde kochen.

Versuch V: 2% Halbwollechtgrün BN, sonst wie oben.

Versuch VI: 2% Halbwollechtblau 2 G, sonst wie oben.

Versuch VII: 2% Halbwollechtblau GL.

Versuch VIII: 2% Halbwollechtgrün GG.

Bei diesen Versuchen wurde wie auch bei den folgenden, bei 40° C eingegangen, zum Kochen getrieben und ³/₄ Stunden gekocht. Die Zusätze waren bei diesen Ausfärbungen gleich.

Die erzielten Farben nahm ich als meine Grundfarben an, wonach ich die weiteren Ausfärbungen beurteilen wollte.

Bei den oben angeführten Versuchen waren die Farben natürlich erhalten geblieben, da destilliertes Wasser ja nichts enthält, was die Farbe zerstören kann.

Anschließend machte ich Ausfärbungen mit dem Betriebswasser mit denselben Farbstoffen und Stoffqualitäten.

Versuch IX: 500 ccm Wasser.

2% Halbwollechtgrau A.

25% Glaubersalz, ³/₄ Stunde kochen.

Die Farbe wurde sowohl bei dem Streichgarn- und bei dem Georgettehalbwollstoff zerstört; bei ersterem war die Zerstörung stärker.

Versuch X: 2% Halbwollechtgrün BN, sonst wie oben.
Bei beiden Stoffqualitäten wurde der Farbton verändert, und zwar schmutziger.

Versuch XI: 2% Halbwollechtblau 2 G, sonst wie oben.
Das Resultat war dasselbe wie bei Versuch X.

Versuch XII: 2% Halbwollechtgrau GL, sonst wie oben, bei beiden Stoffqualitäten wurde der Farbton verändert.

Versuch XIII: 2% Halbwollechtgrün GG, sonst wie oben, auch hier dasselbe Resultat.

Um nun Sicherheit zu haben, ob meine obige Überlegung, daß die Zerstörung der Farbe durch organische Substanz im Wasser erfolgte, richtig war, mußte ich die Stoffe mit solchem Wasser färben, welches keine organische Substanz enthält. Zu diesem Zwecke wählte ich Leitungswasser aus dem Institut, welches fast keine organische Substanz enthält.

Die Resultate warfen meine obige Theorie völlig um, denn obwohl die Farben nicht ganz so stark wie bei dem Betriebswasser zerstört waren, hatte doch ein großer Umschlag bzw. eine Zerstörung der Farbe stattgefunden.

Versuch XIV: 500 ccm Wasser (Institut).

 2% Halbwollechtgrau A.

 25% Glaubersalz.

Versuch XV: 2% Halbwollechtgrün BN, sonst wie oben.

Versuch XVI: 2% Halbwollechtblau 2 G, sonst wie oben.

Da in diesem Wasser die organische Substanz, sowie Eisen-, Mangan- und Nitritgehalt fehlen, kam ich darauf, die Härte verantwortlich für die Zerstörung zu machen.

Daher wurde folgender Versuch ausgeführt:

Es wurde künstlich ein hartes Wasser hergestellt, und zwar wurde destilliertes Wasser durch Zugabe von Kalziumchlorid auf eine Härte von 12° DH. gebracht, was korrespondiert mit der Härte des Leitungswassers des Instituts. Mit diesem Wasser wurde der Streichgarnhalbwollstoff ausgefärbt. Hierbei fand im Vergleich mit den Ausfärbungen mit destilliertem Wasser eine Farbvertiefung statt. Von einer Zerstörung konnte aber keine Rede sein.

Versuch XVII: 2% Halbwollechtgrau A.

 500 ccm Wasser von 12° DH (dest. Wasser $+$ CaCl$_2$).

 25% Glaubersalz, $^3/_4$ Stunde kochen.

Versuch XVIII: 2% Halbwollechtgrün BN, sonst wie oben.

Versuch XIX: 2% Halbwollechtblau 2 G, sonst wie oben.

Da keine Farbstoffzerstörung stattgefunden hatte, wurden keine weiteren Ausfärbungen mit diesem Wasser gemacht. Weil die Härte keinen Einfluß hatte, mußte noch etwas in dem Wasser vorhanden sein, was die Farbe zerstörte. Um hier nun Sicherheit zu haben, wurden Ausfärbungen gemacht mit permutiertem Wasser aus dem Institut.

Bei allen diesen Versuchen (*XX—XXIV*) wurde die Farbe zerstört.

Versuch XX: 500 ccm permutiertes Wasser.
  2% Halbwollechtgrau A.
  25% Glaubersalz, $^3/_4$ Stunde kochen.
Versuch XXI: 2% Halbwollechtgrün BN, sonst wie oben.
Versuch XXII: 2% Halbwollechtblau 2G, sonst wie oben.
Versuch XXIII: 2% Halbwollechtgrau GL, sonst wie oben.
Versuch XXIV: 2% Halbwollechtgrün GG, sonst wie oben.

Nun folgte die Überlegung, was in dem Wasser vorhanden sei, um die Farbe zu zerstören. Das Wasser enthielt viele Bikarbonate, die beim Kochen zersetzt wurden, wobei Kohlensäure frei wurde. Sollten diese die Farbe zerstören? Versuche, wobei unter Einleiten von Kohlensäure gefärbt wurde, bewiesen, daß dies nicht stimmte.

Nun ging ich daran, den p_H-Wert der verschiedenen Wässer zu messen, und da die Zerstörung der Farbe nach etwa halbstündigem Kochen erfolgte, habe ich die verschiedenen Wässer $^1/_2$ Stunde gekocht und auch dann den p_H-Wert bestimmt. Das Ergebnis ist wie folgt:

1. Betriebswasser, $p_H = 7{,}5—8$,
   nach $^1/_2$ Stunde kochen $p_H = 9—9{,}5$.
2. Institutswasser $p_H = 7{,}5$
   nach $^1/_2$ Stunde kochen $p_H = 8—8{,}5$.
3. Permutiertes Institutswasser $p_H = 8$
   nach $^1/_2$ Stunde kochen $p_H = 8{,}5—9$.

Hieraus ergab sich, daß bei all diesen Wässern beim Kochen eine Zunahme der Alkalität stattfand. Deshalb vermutete ich, daß die Alkalität des Wassers die Farbe angriff.

Ich kochte daraufhin destilliertes Wasser mit Farbstoff (dieselbe Menge, welche ich beim Färben auch verwendete) und fügte Halbwollechtgrau A mit etwas Soda hinzu. Trotz längeren Kochens blieb die Farbe frisch blaugrau. Also konnte die Zerstörung doch nicht vom Alkali, oder wenigstens nicht allein vom Alkali herrühren.

Die nächsten Versuche, welche ich ausführte, sollten die Rolle der Wollfaser beim Ablauf des Färbevorgangs klären.

Versuch XXV: Destilliertes Wasser + etwas Soda,
    2% Halbwollechtgrau A.

Bei diesem Versuch wurde die Streichgarnhalbwolle gefärbt und die Farbe völlig zerstört.

Versuch XXVI: Wie Versuch *XXV*, nur wurde jetzt reine Baumwolle gefärbt. Die Farbe blieb frisch grau, und erst nach Zugabe größerer Mengen Soda wurde die Farbe etwas angegriffen.

Aus diesen beiden Versuchen ergab es sich, daß die Alkalibeständigkeit dieser Farbstoffe eigentlich ganz gut ist, daß sie jedoch erst durch Alkali in Gegenwart von Wolle zerstört werden.

Nun überlegte ich mir folgendes: Wolle wird von heißen wässerigen Lösungen um so mehr angegriffen, je höher die Temperatur und je größer der p_H-Wert ist. Während also im sauren Medium dieser Angriff sehr gering ist, ist er schon bei neutralen Flotten ganz erheblich. Dieser Angriff ist chemisch in all seinen Einzelheiten noch nicht vollständig geklärt, es findet aber eine hydrolytische Spaltung des Wollmoleküls statt, wobei wasserlösliche Spaltprodukte der Wolle auftreten. Ein Färbebad vom p_H-Wert 7 ist also gegen Wolle nicht neutral. Die Wolle verhält sich nämlich, wie ein amphoterer Kolloidelektrolyt, je nach dem p_H der sie umgebenden Lösung, wie eine Base oder wie eine Säure. Deshalb ist es angängig, nur dann von einem für die Wolle neutralen Bade zu sprechen, wenn es eine Säurestufe besitzt, die dem isoelektrischen Punkte der Wolle, p_H 4,9, entspricht.

Die Zerstörung der Farbe war also nicht direkt durch Alkali erfolgt, sondern durch Spaltprodukte, welche von dem Alkali aus der Wolle frei gemacht wurden.

Jetzt war es mir auch klar, warum bei dem Vorkochen des Wassers mit Ammoniumpersulfat die Farbe erhalten blieb, denn das Ammoniumpersulfat spaltet beim Kochen Schwefelsäure ab, welche das Alkali neutralisiert, so daß keine Spaltung der Wolle wie bei Anwesenheit von Alkali stattfinden kann.

War nun der Fehler gefunden, so war die zweite wichtige Aufgabe, diesen Fehler zu verhüten.

Die erste Überlegung ging selbstverständlich dahin, das Alkali im Wasser zu neutralisieren. Da wir aber bei Zugabe einer Säure zu stark saures Wasser bekommen, beschloß ich Ammoniumpersulfat zuzugeben, welches erst beim Kochen Säure abspaltet.

Es wurden die beiden Stoffqualitäten mit den Halbwollfarbstoffen ausgefärbt unter Zusatz von Ammoniumpersulfat, und zwar mit permutiertem Wasser.

Versuch XXVII: 2% Halbwollechtgrau A.
      500 ccm permutiertes Wasser
      25% Glaubersalz.
      5% Ammoniumpersulfat, $^3/_4$ Stunde kochen.

Versuch XXVIII: 2% Halbwollechtgrün BN, sonst wie oben.

Versuch XXIX: 2% Halbwollechtblau 2G, sonst wie oben.

Wie sich aus diesen Versuchen ergab, blieb die Farbe einwandfrei erhalten. Da sie aber im Vergleich zu den Ausfärbungen mit destilliertem Wasser zu tief war, wurden nun 1proz. Färbungen gemacht, und zwar:

Versuch XXX: 1% Halbwollechtgrau A.
                     500 ccm permutiertes Wasser.
                     25% Glaubersalz.
                     5% Ammoniumpersulfat.
Versuch XXXI: 1% Halbwollechtgrün BN, sonst wie oben.
Versuch XXXII: 1% Halbwollechtblau 2 G, sonst wie oben.
Versuch XXXIII: 1% Halbwollechtgrau GL, sonst wie oben.
Versuch XXXIV: 1% Halbwollechtgrün GG, sonst wie oben.

Das Ergebnis war sehr gut, die Färbungen stimmten mit den Versuchen mit destilliertem Wasser überein, nur war eine Ungleichmäßigkeit festzustellen. Diese rührte daher, daß im sauren Bade die Wolle viel stärker angefärbt wurde als die Baumwolle.

Da von dem Betriebswasser nicht mehr genügend vorhanden war, wurden mit diesem die Versuche nur mit den Farbstoffen Halbwollechtgrau A und Halbwollechtgrau GL durchgeführt. Um zu sehen, ob sie mit den Färbungen mit destilliertem Wasser übereinstimmten, wurden 1 proz. Färbungen ausgeführt.

Versuch XXXV: 1% Halbwollechtgrau A.
                500 ccm Betriebswasser.
                25% Glaubersalz.
                5% Ammoniumpersulfat, ¾ Stunde gekocht.
Versuch XXXVI: 1% Halbwollechtgrau GL, sonst wie oben.

Auch hierbei war das Ergebnis das gleiche wie bei den vorigen Versuchen.

Zusammenfassend kann gesagt werden, daß durch Regulieren des Wassers mit Ammoniumpersulfat gute Färbungen erzielt werden können. Ein großer Nachteil ist es aber, daß die Färbungen nicht ruhig werden.

Der IG-Farbenindustrie AG. ist es nun gelungen, ein Hilfsmittel zu finden, welches die Nachteile des Ammoniumpersulfats nicht haben soll.

Dieses Produkt, Vegansalz A, wurde nun zu den Versuchen herangezogen. Vegansalz A soll vor allen Dingen im Gegensatz zu Ammoniumpersulfat auch eine gute egalisierende Wirkung haben.

Es wurden folgende Färbungen gemacht:

Versuch XXXVII: 1% Halbwollechtgrau A.
                       500 ccm permutiertes Wasser.
                       25% Glaubersalz.
                       10% Vegansalz A, ¾ Stunde kochen.
Versuch XXXVIII: 1% Halbwollechtgrün BN, sonst wie oben.
Versuch XXXIX: 1% Halbwollechtblau 2 G, sonst wie oben.
Versuch XL: 1% Halbwollechtgrau GL, sonst wie oben.
Versuch XLI: 1% Halbwollechtgrün GG, sonst wie oben.

Das Ergebnis war sehr befriedigend, obwohl von einem besseren Egalisieren bei diesen kleinen Mustern wenig zu sehen war.

Auch mit dem Betriebswasser wurden Versuche mit Vegansalz A angestellt, und zwar:

Versuch XLII: 1% Halbwollechtgrau A.
500 ccm Betriebswasser.
25% Glaubersalz.
10% Vegansalz A, ¾ Stunde kochen.

Versuch XLIII: 1% Halbwollechtgrau GL, sonst wie oben.

Hier waren die Resultate gleich gut. Selbstverständlich fielen die Färbungen heller aus, wie die mit Ammoniumpersulfat.

Da nun dem Vegansalz A ein gutes Egalisierungsvermögen nachgesagt wurde, konnte dies ja nur der Fall sein, wenn es auch bei längerem Kochen nicht sauer reagieren würde. Um dieses nachzuprüfen, wurden folgende Proben angesetzt:

150 mg Ammoniumpersulfat wurden in 150 ccm dest. Wasser gelöst (dies entspricht der Menge beim Färben); der p_H-Wert war 6,5. Nach einer halben Stunde Kochen war der p_H-Wert dieser Lösung auf 4 gesunken, es war also eine stark saure Reaktion festzustellen.

Der gleiche Versuch mit Vegansalz A ergab vor dem Kochen p_H = 6,5—7; nach einer halben Stunde Kochen p_H 7. Dieses Hilfsmittel reagierte also auch nach dem Kochen noch neutral.

Deshalb fielen die Versuche mit Vegansalz A, obwohl es gleichprozentige Färbungen waren, heller im Ton aus als die unter Zusatz von Ammoniumpersulfat.

Bei Halbwollqualitäten, welche vorwiegend aus Wolle, z. B. 75%, bestehen, können mit Ammoniumpersulfat gute Färbungen erzielt werden, da sich hier das stärkere Aufziehen auf die Wolle im sauren Bade nicht bemerkbar macht. Sobald der nicht aus Wolle bestehende Anteil aber größer wird, ist dieses Arbeiten schon schwieriger, da man hier nur schwer, durch Regeln der Temperatur und der Zusätze, schöne egale Färbungen erzielen kann.

Ein weiterer Nachteil des Arbeitens mit Ammoniumpersulfat ist das leichte Ausfallen der substantiven Farbstoffe im sauren Bade.

Bei Vegansalz treten diese angeführten Schwierigkeiten nicht ein.

Kettstreifigkeit, Durchfärbeschwierigkeiten usw. brauchen beim Färben unter Zusatz von Vegansalz A nicht mehr aufzutreten, da wir hier länger kochen können, ohne daß „Verkochen" stattfindet.

Zusammenfassend kann also gesagt werden, daß gerade beim Färben mit Halbwollechtfarbstoffen der Einfluß des Wassers erheblich ist. Wie sich aus der Untersuchung ergeben hat, haben die geringsten Mengen Alkali schon eine große Zerstörung der Farbe zur Folge. Deshalb ist besonders hier eine gründliche, regelmäßige Kontrolle des Wassers notwendig. Falls diese immer gut durchgeführt wird, können die meisten Schwierigkeiten, besonders mit den uns heute zur Verfügung stehenden Hilfsmitteln zur Korrektur des Wassers, beseitigt oder wenigstens auf einen geringen Prozentsatz beschränkt werden.

(222) Untersuchung: Tabelle zur Auffindung der Farbstoffklassen. (Siehe Tabelle S. 257)

(223) Untersuchung: Systematischer Gang zur quantitativen Trennung von Faserstoffen. (R. HÖNER)

1. **Behandlung mit Nickeloxydammoniak:**   löslich:
    unlöslich: reale Seide
pflanzliche Fasern, Wolle, Kunstfaser.

2. **Behandlung mit Aceton:**   löslich:
    unlöslich:
pflanzliche Fasern, Wolle, Kunstfaser.   Acetatfaser

3. **Behandlung mit Calcium-**   löslich:
    rhodanid: Kunstfaser
    unlöslich:
pflanzliche Fasern, Wolle.

4. **Behandlung mit**   löslich:
    5proz. Natronlauge: Wolle
    unlöslich:
pflanzliche Fasern.

5. **Behandlung mit**
    konz. Schwefelsäure:
    unverändert: gallertartig gelöst:
    Flachsfaser   Baumwolle.

Arbeitsgang:

1. Nickeloxydammoniakverfahren: Die getrocknete und im Wägeglas analytisch genau abgewogene Probe wird mit ammoniakalischer Nickellösung behandelt, bis die Seide vollkommen gelöst ist. Man bereitet die Lösung, indem man 10 g krist. Nickelsulfat in 200 ccm Wasser löst, mit wenig Ammoniak fällt, abfiltriert und wäscht. In noch feuchtem Zustand wird der Niederschlag in einer Mischung von 50 ccm konz. Ammoniak und 50 ccm Wasser gelöst. Der ungelöste Anteil der Probe wird quantitativ gesammelt, salzfrei gewaschen und bis zur Gewichtskonstanz getrocknet. Differenz: Reale Seide.

Feststellung der Farbstoffklassen.

Probe wird (nach Verflechten mit gleichem Material) gewaschen.
4 g/l Seife ½ Std. kochend einlegen.

Ausblutung, keine waschechten Färbungen. Neue Probe: waschen ½ Std. in 60° C heißem H_2O.		Keine (oder nur sehr schwache) Ausblutung. Waschechte Färbungen. Neue Probe: Behandeln mit Na-Hydrosulfit 10 g/l 80° C.	
Ausblutung.	**Keine Ausblutung.**	**Teilweise oder ganze Entfärbung.**	**Farbtonumschlag.**
Pflanzl. Fasern: *substantive Färbungen.* (Häufig Farbtonumschlag m. konz. H_2SO_4, Rückkehr der Farbe nach starkem Verdünnen mit H_2O) *Bas. Färbungen schwach vorgebeizt.* Bei Tannin-Antimonbeize Schwarzfärbung mit Ferrichlorid. Tierische Fasern: *subst. basische u. saure* Färbungen.	Pflanzl. Fasern: *substantive Färbg. mit Nachbehandlg. Bas. Färbg. auf starker Beize.* (Tannin-Reaktion mit Ferrichlorid, Katanol nicht.) Tierische Fasern: *gewöhnl. saure,* bzw. *vor-* oder *überbeizte saure* Färbungen. *Diazotierte Färbungen.*	Teilweise oder ganze Entfärbung. (Farbton kehrt an der Luft nicht oder nur in schwächerem Ton zurück.) Pflanzl. Fasern: *Naphtholfärbungen* (durch Küpe hellgelb). *Diazotierte Färbungen.* (Keine Rückoxydation.) *Stark verlackte bas. Färbungen.* Nach Beh. mit NaOH nicht mehr waschecht, Farbton kehrt nach Betupfen mit $CH_3 \cdot COOH$ wieder. Tier. Fasern: *Diazot. Färbg.* (vollst. Entfärbg.) *Vor-* oder *überbeizte saure Färbg.* (meist teilweise Entfärbg. Oft bleibt Farbe d. Beize auf Faser zurück). *Beizenfarbstoffe.*	Farbtonumschlag. An der Luft kehrt alter Farbton zurück. *Küpenfärbungen.* Behandeln in IN-Küpe. 12 ccm/l NaOH, 4 g/l Hydrosulfit, 80 C°. Tonumschlag. — in *wesentl.* dunklerem Ton als Grundfarbe. *Indanthrene Anthra-Algol- usw. Färbung* | in hellerem Ton als Grundfarbe. *Schwefelfärbg.* (Ausnahme Hydronblau) Gegenprobe: Zinnchlorür + HCl + Bleipapier.

2. Acetonverfahren. Nunmehr wird die Probe im Soxhletapparat erschöpfend mit Aceton behandelt. Den Extraktionsrückstand bringt man nach erneutem Trocknen zur Wägung.

Differenz: Azetatfaser.

3. Rhodanidverfahren: Man löst 100 g techn. Calciumrhodanid in soviel dest. Wasser, daß 100 ccm Lösung entstehen. Nach Einstellen auf den p_H von etwa 5 wird filtriert. Die weiter zu untersuchende Probe wird nun ausreichend zerkleinert und in dieser Form gibt man sie in die auf 70° C erwärmte Rhodancalciumlösung, in welcher sie unter vorsichtigem Umrühren eine Stunde bei gleicher Temperatur verbleibt. Anschließend wird durch ein Kupfersieb filtriert, nochmals mit frischer heißer Rhodancalciumlösung behandelt und schließlich mit heißem und kaltem Wasser gründlich gespült. Nach kurzem Behandeln mit Alkohol wird wieder bis zur Gewichtskonstanz getrocknet und zurückgewogen. Dem Rückstand muß ein Behandlungsverlust von 2% zugerechnet werden.

Differenz: Kunstfasern.

4. Ätznatronverfahren: Als nächstes wird die Probe bei Zimmertemperatur mit 5proz. Natronlauge übergossen und bis zum Kochen erhitzt. Man behandelt 15 min bei Siedehitze, gießt das Ganze in ein feines Kupfersieb, wäscht reichlich mit Wasser, dann mit schwach essigsaurem Wasser nach und preßt den Rückstand ab. Nach erneutem Trocknen bis zur Gewichtskonstanz wird gewogen und ein Abkochverlust von 3,3% zugeschlagen.

Differenz: Wolle.

5. Schwefelsäureprobe: Die restliche Probe, welche nun noch ausschließlich aus pflanzlichen Faserstoffen besteht, wird ca. 2 min in konz. Schwefelsäure eingelegt, mit Wasser abgespült und mit den Fingern vorsichtig verrieben. Danach wird sie mit verd. Ammoniak behandelt und getrocknet.

Differenz: Baumwolle.

Berechnungsbeispiel:

Einwaage der Gesamtprobe:	5,2400 g
Rückwaage nach dem Nickeloxydammoniakverfahren:	4,7200 g
Differenz: 0,5200 g = 9,9% reale Seide.	
Rückwaage nach dem Acetonverfahren:	4,5460 g
Differenz: 0,1740 g = 3,3% Acetatfaser.	
Rückwaage nach dem Rhodanidverfahren:	3,2786 g
zuzügl. 2% Verlust:	3,2783 g
	+ 0,0656 g
	3,3424 g

Differenz: 1,2018 g — 23% Kunstfasern.

Rückwaage nach dem Ätznatronverfahren:	1,0876 g
zuzügl. 3,3% Abkochverlust:	1,0876 g
	+ 0,0359 g
	1,1235 g

Differenz: 2,2207 — 42,4% Wolle.

Rückwaage nach der Schwefelsäureprobe: 0,4685 g
  — 8,9% Flachsfaser.

Differenz: 0,6550 g — 12,5% Baumwolle.

VIII. Der Zeugdruck.

Allgemeines über den Zeugdruck.

(Teilweise nach Angaben und Veröffentlichungen von R. HALLER.)

Zur Aufbringung bestimmter Muster auf Gewebe bedient man sich der Druckverfahren. Beim Drucken erfolgt ein örtliches Färben oder ein örtliches Zerstören von Färbungen. Der Chemiker-Kolorist hat die Aufgabe, Künstlerentwürfe auf die Maschinenarbeit zu übertragen. Je näher sein textiles Erzeugnis der Form und dem Geiste des Entwurfs kommt, um so besser hat er seine Aufgabe gelöst. Daneben muß er dem Druck diejenige Echtheit verleihen, welche den Anforderungen des Gebrauchs entspricht.

Die Verdickungen.

Bringt man auf ein Gewebe einen Tropfen einer Farbstofflösung, so zerfließt derselbe rasch. Die Ränder des Farbfleckes werden undeutlich und verschwommen. Der Grund zu diesem „Zerfließen" der Farbstofflösung ist in der Kapillarität des Gewebes und des Gespinstes zu suchen. Man muß deshalb Mittel und Wege finden, dieses Zerfließen hintanzuhalten. Nur so lassen sich scharf begrenzte „Konturen" und damit eindeutig definierte Musterungen herstellen.

Dieser Aufgabe dienen die Verdickungen. Ihre kapillaren Kräfte müssen stärker sein als diejenigen des Gewebes. Neben dieser Aufgabe müssen die Verdickungen den farbbildenden Körpern oder den sonstigen Chemikalien den nötigen Halt verleihen und schließlich besitzen die Verdickungen eine schutzkolloide Wirkung.

Die Verdickungen müssen also

1. so kolloid sein, daß sie die Chemikalien einhüllen,

2. so kapillar sein, daß sie stärker sind als die Kapillarwirkung des Gewebes,

3. in der Hitze ihre kolloide Eigenschaft weitgehend verlieren,

4. auswaschbar sein.

Verdickungen, welche für die Druckerei brauchbar sein sollen, müssen ein bestimmtes Optimum zwischen Gel- und Solstruktur aufweisen. Überwiegt z. B. der Solanteil (wie dies beim Hautleim der Fall ist), so kann trotz sonstiger kolloider Eigenschaften die Aufgabe der Farbstoffdispersion und schutzkolloiden Wirkung nicht durchgeführt werden. Überwiegt der Gelanteil, so finden wir häufig einen schlechten Abbau des Kolloids und einen schlechten Reaktionsablauf der in die Verdickung eingearbeiteten Chemikalien beim Dämpfen.

Am besten läßt sich die Aufgabe der Verdickungen und damit der Unterschied zwischen Druckerei und Färberei am Beispiele des Türkischrots erklären.

Die Färbung von Türkischrot ist ein Mehrbad-Verfahren. Man muß sowohl die Beize wie die Alizarinfärbung in getrennten Flotten vornehmen, weil die wässerigen Lösungen bzw. Emulsionen sonst schon in der Flotte miteinander reagieren würden. In der Druckerei kann man sehr wohl Öl, Beize und Farbstoff in die Verdickungsmasse einarbeiten. Die schutzkolloide Wirkung der Verdickung verhindert die Reaktion der eingearbeiteten Chemikalien.

Das Dämpfen.

Diese Reaktion wird erst beim Dämpfen ausgelöst. Das Dämpfen ist in der Druckerei eine Operation von größter Bedeutung. Es kann entweder im Kontinueverfahren im „Mather Platt" (Schnelldämpfer) ohne Druck oder als Druckdämpfung im Dämpfkessel erfolgen.

Das Dämpfen hat folgende Wirkung: 1. Die Fasern beginnen zu quellen und werden dadurch aufnahmefähig für die Farbstoffe. 2. Die Verdickung verliert durch die Hitze die Klebekraft. Bei 100° C und darüber gehen Stärkesorten in Lösung, Eiweißkörper werden koaguliert. 3. Im feuchten Medium des Dampfes können nun die durch keine schutzkolloide Wirkung mehr gehemmten Farbstoffe und Chemikalien miteinander reagieren.

Die Verdickungssubstanzen.

Als Verdickungsmittel kennen wir

Stärke,	*Tragant,*
Gummi,	*Albumin*

und ihre Modifikationen.

a) Die Stärke. *Die Stärke* $(C_6H_{10}O_5)_n$ *besitzt gitterförmig geordnete Moleküle von der Formel*

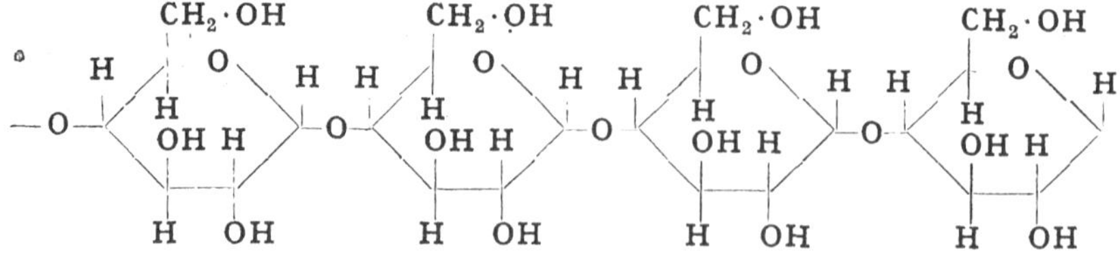

Im Unterschied zur Zellulose, welche aus β-Glukopyranoseresten aufgebaut ist, ist die Stärke aus α-Glukopyranosen zusammengesetzt. Die Hydroxylgruppen der Stärke können ebenso wie diejenigen der Zellulose zur Ester- und Ätherbildung herangezogen werden. Die Hauptvalenzkette der Stärke ist kürzer als diejenige der Zellulose. Das Abbauprodukt der Stärke ist die Maltose. Kartoffelstärke wird im Zeugdruck seltener verwendet. Dagegen steht die Weizenstärke an der Spitze der brauchbaren Verdickungsmittel. Auch Maisstärke und Reisstärke werden angewandt. Reine Stärkekleister sind nicht brauchbar, weil ihre Viskosität nicht lange anhält. Man verwendet deshalb immer andere Verdickungssubstanzen mit. So ist z. B. die Kombination „Stärke-Tragant" sehr verbreitet. Die Weizenstärke beginnt zwischen 62,5 und 69° C zu verkleistern. (Die Verkleisterungstemperatur der Kartoffelstärke liegt zwischen 58 und 62,5° C.) Aus den verschiedenen Stärkesorten werden durch Rösten (beim Dextrin auch durch Behandeln mit verdünnten Säuren) wichtige Modifikationen hergestellt:

Kartoffelstärke → Dextrin.
Maisstärke → Britisch-Gummi.
Weizenstärke → gebrannte Stärke.
(Britisch-Gummi besitzt eine besonders hohe Verdickungskraft.)

b) Das Gummi. *Die Gummisorten sind Pflanzensäfte, die man der Acacia arabica abzapft. Sie enthalten vorwiegend Arabinsäure. Bekannte Sorten sind diejenigen, welche mit den Namen Kordofan, Geddra, Senegal, Salabreda, Madras bezeichnet werden. Die sog. Gatti-Gummis sind für die Druckerei weniger geeignet. Aus ihnen wird der Büro-Leim, welcher auch als „Gummiarabicum" bezeichnet wird, hergestellt.*

c) Der Tragant. *Dieser Pflanzenschleim ist mit dem Gummi verwandt. Er besitzt jedoch eine gewebeartige Struktur. Der Tragant stammt von Astralagusarten (Smyrna oder Syrien). Er ist wenig wasserlöslich aber gut quellbar.*

d) Das Albumin. *Albumine sind Proteinsubstanzen, Eiweißkörper, die aus Eiweiß (Hühnereiweiß) oder aus Blut gewonnen werden. In der Hitze koagulieren sie und verlieren damit ihre Löslichkeit. Man benutzt diese Eigenschaft, um Farb- oder Mattierungspigmente (z. B. Ultramarin) auf Gewebe zu drucken und zu fixieren.*

Betrachtet man die gequollenen und gelösten Verdickungssubstanzen unter dem Mikroskop, so kann man eine Struktur beobachten, die einer Bienenwabe oder einem Gummischwamm ähnelt. Man kann eine große Zahl von Hohlräumen feststellen. Stärke besitzt z. B. große Hohlräume, während Tragant und die Gummisorten kleine Hohlräume besitzen. Diese Hohlräume charakterisieren auch die Wirkung der Verdickungsmittel. Stärke z. B. liefert sehr ausgiebige aber wenig egale „Decker" (größere

Flächen), während Tragant weniger ausgiebige, dafür aber egalere Drucke zeitigt.

Da die Gummisorten die feinste Struktur besitzen, liefern sie auch die gleichmäßigsten Drucke.

Nach diesen Gesichtspunkten allein lassen sich jedoch die Verdickungsmittel nicht anwenden. Man muß auch die chemischen Eigenschaften kennen. Es besteht die Regel, daß das Verdickungsmittel mit den eingearbeiteten Farbstoffen und Chemikalien möglichst wenig reagieren soll.

Will man nun z. B. Alkalien verdicken, so fallen Stärke, Tragant und Gummi aus, weil diese mit dem Alkali reagieren bzw. von ihm abgebaut werden. Dagegen lassen sich Dextrin und Britisch-Gummi verwenden.

Werden saure Körper verdickt, so können Gummisorten und Stärke-Tragant-Verdickungen herangezogen werden.

Für unlösliche Körper (Pigmente) sind die Gummis wertvolle Verdickungen, weil sie die Pigmente sehr energisch festhalten. Auch Albuminverdickungen sind geeignet (z. B. beim Druck mit Ultramarin).

Diazolösungen lassen sich mit Stärkemodifikationen nicht verdicken, da die Stärke reduzierend wirkt. Hier eignen sich reine Tragantverdickungen.

Ansatz einer Verdickung.

Die Art der Berechnung eines Ansatzes ist international einheitlich geregelt. Man stellt auf 1 kg oder ein Vielfaches davon ein. In der Farbküche wird grundsätzlich nur nach Gewichten (nicht nach Litern) gearbeitet. Der Ansatz einer Verdickung lautet z. B.

$$\left.\begin{array}{l} \textit{10 kg Weizenstärke.} \\ \textit{10 kg Wasser,} \\ \textit{25 kg Tragant 65:1000.} \\ \textit{3 kg Olivenöl.} \end{array}\right.$$

$$\underline{\textit{52 kg Wasser.}}$$

$$\textit{100 kg.}$$

Dieser Ansatz wird, wie folgt, gelesen:

Man wiegt 10 kg Stärke ab und rührt dieselbe mit 10 kg (= Liter) Wasser im Doppelwandkessel gut an. Hierauf fügt man den vorher gelösten Tragant, welchem man das Olivenöl zugesetzt hat, zu und erwärmt nun unter Rühren bis die Stärke verkleistert ist. Nun wird unter Rühren aufgekocht. In dieser Zeit wird noch Wasser zugesetzt bis das Ganze 100 kg wiegt (Marke im Kochkessel). Man kann auch den Rest des Wassers am Schlusse zufügen. Nun wird das Ganze durch ein Sieb passiert. Enthält die Verdickung noch Farbstoffe oder ein Ätzmittel, so ist die „Farbe" fertig. Unter „Farbe" versteht man alle fertigen und passierten Druckansätze, auch wenn sie keinen Farbstoff enthalten. So nennt man z. B. einen

Ätzansatz, der keinen Farbstoff enthält, ebenfalls „Farbe". Die Farben-zahl eines Druckes zählt man nach der Anzahl der aufzudruckenden „Farben". So kann z. B. ein „Dreifarbendruck" folgende Zusammensetzung haben:

	1. Beispiel	2. Beispiel	3. Beispiel
Farbe der Ware	*weiß*	*grün*	*grün*
I. Ansatz	*blau*	*blau (Ätze)*	*weiß (Ätze)*
II. Ansatz	*gelb*	*gelb (Ätze)*	*gelb (Ätze)*
III. Ansatz	*rot*	*rot (Ätze)*	*rot (Ätze)*
Summe der Farbtöne . .	*3*	*4*	*3*

Jede Farbe muß vor ihrer Verwendung zum Druck passiert werden, da oft die kleinsten Sandkörnchen, Knötchen oder Fäserchen genügen, um Rakelstreifen, Schneppen u. dgl. zu verursachen.

(224) Untersuchung: Eignungsprüfungen von Verdickungsmitteln (nach Heermann).

1. Stärke $(C_6H_{10}O_5)_n$. Der Ursprung der Stärke läßt sich chemisch nicht bestimmen. Dagegen kann die Unterscheidung mikroskopisch erfolgen. Man streut etwas Stärke auf einen Objektträger, verteilt dieselbe durch Abklopfen, gibt einen Tropfen destilliertes Wasser hinzu und legt nun das Deckglas auf. Die Stärke muß große gut ausgebildete Körner zeigen, die im einzelnen folgende Form besitzen (Abb. 97):

Kartoffelstärke: Körnerform eirund oder kugelig, Kern liegt exzentrisch.

Weizenstärke: Linsenförmige und kugelige Körner. Kern nicht sichtbar, jedoch oftmals durch Risse angedeutet.

Maisstärke: Kristallförmige Körner, oft auch rundlich. Manchmal mit Sternchen. Kern meist sichtbar.

Der Wassergehalt wird durch 1—2 stündiges Trocknen von 5 g Stärke bei 40—50° C und anschließend durch 6 stündiges Trocknen bei 110° C bestimmt. Kartoffelstärke soll nicht mehr als 18—23% und Weizenstärke nicht mehr als 15—17% Wasser enthalten.

Der Aschengehalt ist ebenfalls wichtig. Er soll 0,15% nicht übersteigen. Eine sehr gute Qualitätsprüfung stellt die Viskositätsmessung nach R. Haller dar:

50 g Stärke werden mit 1000 ccm Wasser verkleistert, nachdem die Stärke gut gepulvert wurde. Am besten rührt man mit einer „Schneerute". Vor dem Erwärmen wird das Gewicht des Ganzen (also samt Schneerute) genau bestimmt. Alsdann wird zum Kochen erhitzt und genau 3 min gekocht. Das beim Kochen verdunstete Wasser wird durch Nachfüllen bis zum vorigen Gewicht ersetzt. Unter fortwährendem

Rühren wird abgekühlt bis 20° C. (Evtl. Kältemischung $^1/_2$ kg Na_2SO_4 $+$ $^1/_4$ kg HCl.)

Der Kleister wird nun in einen Trichter mit 12 mm lichter Rohrweite gegossen. Man beobachtet die Ausflußzeit. Menge im Trichter immer gleichhalten. Ausflußzeit für Kartoffelstärke: 500 ccm sollen in 28 bis 32 sec ausfließen. Je besser eine Stärke, desto dickflüssiger der Kleister.

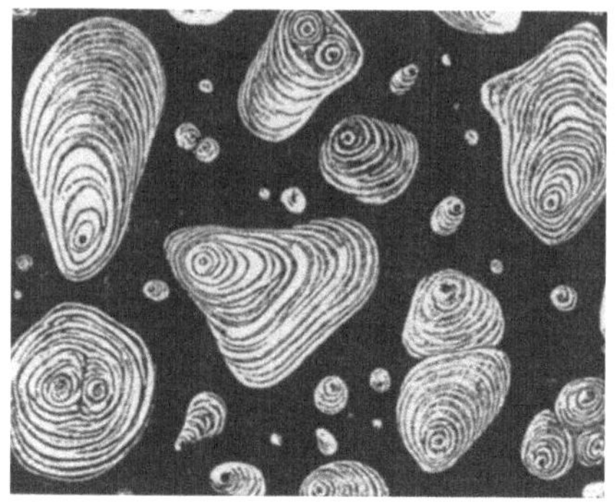

Kartoffelstärke.

Maisstärke.

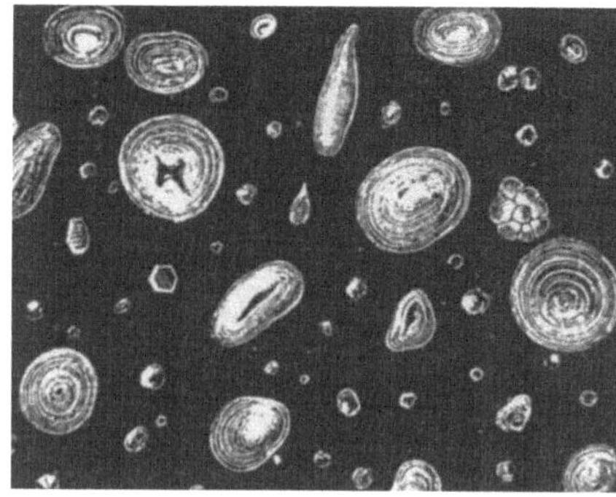

Weizenstärke.

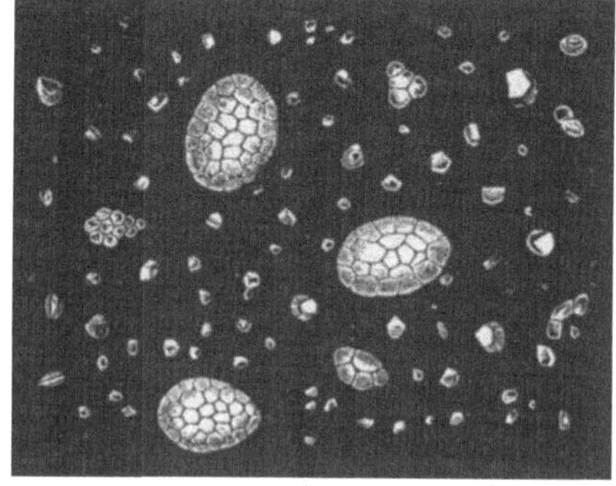

Reisstärke.

Abb. 97. (Aus P. HEERMANN: Untersuchungen.)

Man vergleicht die Ausflußzeit außerdem mit derjenigen von früheren Lieferungen.

Dextrin. Dextrin soll fade schmecken. Süßer Geschmack zeigt schon zu weit geführten Abbau zum Zucker an (Dextrose). Es soll in Alkohol unlöslich sein (mindestens bis 90%) und sich in kaltem Wasser lösen (höchstens 5—10% Unlösliches). Das Unlösliche stellt noch den Anteil an unabgebauter Stärke dar. Außerdem muß man auf Salze prüfen.

Gummi. Das Gummi soll sich leicht pulverisieren lassen. Wenn man es mit kaltem Wasser 1 : 1 während mehrerer Stunden (gelegentlich umrühren) behandelt, so muß es sich schließlich vollkommen zu einer klaren hellen Gallerte lösen. Läßt sich diese Masse mit einem Glasstab gut umrühren und fließt sie vom herausgenommenen Stabe stetig ab, so ist das Produkt brauchbar. Hängt die Masse aber zusammen, bleibt immer zähe und setzt sich am Glasstab beim Rühren fest oder bewegt sich im ganzen oder bildet Gallertkugeln, so ist das Produkt nicht brauchbar. Der Wassergehalt beträgt 15%, die Asche 3%.

Tragant. Dieses Produkt muß sich schwer pulverisieren lassen und möglichst hellblond aussehen. Es enthält 15—20% lösliches Arabin und 55—65% unlösliches Bassorin. Der Aschengehalt liegt zwischen 2% und 6%, der Wassergehalt zwischen 14% und 20%.

Ein guter Tragant soll mit Wasser eingeweicht (1 g : 50 ccm) eine homogene Schleimmasse frei von Trümmern und Splittern ergeben. (Da er immer Spuren von Stärke enthält, ist die Jodprobe positiv.)

Albumin (Eialbumin und Blutalbumin, Proteinsubstanzen). Die Albumine sollen wasserlöslich sein. Blutalbumin enthält oft viel Unlösliches und außerdem Eisen (höchstens 15%). Eine Lösung von 1 g in 40 ccm Wasser soll beim Erwärmen bei 50° C trübe werden und bei 75° C gerinnen. Blutalbumin gerinnt oft noch früher.

Man unterscheidet die beiden Albuminsorten dadurch, daß man die wässerigere Lösung des Albumins mit Äther versetzt und nun kräftig schüttelt. Eialbumin wird gefällt, Blutalbumin nicht.

(225) Untersuchung und Prüfung der Druckfarben: Man arbeitet mit dem Printograph nach BRABENDER-MECHEELS (Abb. 98). Der mit senkrechten Rundstäben durchsetzte Becher, welcher von einem Motor in stets gleichmäßiger Geschwindigkeit angetrieben wird, enthält eine bestimmte Menge Druckfarbe (oder Verdickung). Der nun aufgesetzte Kopf, welcher ebenfalls Rundstäbe enthält, wird mittels einer Hebelbremse abgebremst.

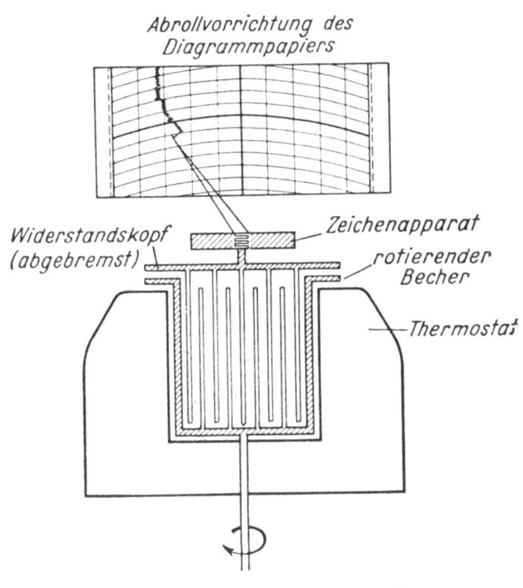

Abb. 98. Schema des Printograph.

Die Bremswirkung wird auf ein Kurvenblatt in Form einer für jedes Verdickungsmittel und für alle Farben charakteristi-

schen Kurve registriert. Die Rundstäbe in Becher und Kopf sind
so angebracht, daß sie jeweils zueinander in Nähe und Ferne treten,
wodurch der Kopf des Printographen einen verschieden starken Widerstand findet. Bei zügigen oder schwach viskosen Farben ist der Widerstand beim Durchgang des Stabes im Kopf durch 2 Stäbe im Becher
kleiner als bei stärker viskosen oder bei solchen Farben, welche nicht
homogen sind. Die Kurven sind sowohl absolut für das einzelne Verdickungsmittel als auch relativ als Vergleichswerte zu betrachten. Man
kann also für Rezepturen die Viskosität genau vorschreiben.

(226) Versuch: Messung von Druckfarben in Farbküche und Betrieb.

Am besten geht die Handhabung des Printographen aus folgendem
Bericht des Verfassers hervor:

Durch die ganze Arbeit unseres Internationalen Vereins der Che-
mikerkoloristen, durch alle Kongresse, koloristischen Tagungen und
durch die einschlägige Literatur zieht sich wie ein roter Faden das Bestreben, die koloristischen Arbeitsvorgänge zu messen und so eine möglichst exakte Betriebskontrolle auszuüben. Seit dem Bestehen einer
koloristischen Wissenschaft waren die besten Köpfe bestrebt, der stür-
mischen Entwicklung der Verfahren die dazugehörige Überwachung
in der Fabrikation mit nicht allzu großem Abstand folgen zu lassen.

Dem modernen Koloristen stehen tatsächlich auch genau ausge-
arbeitete Verfahren und Rezepturen zur Verfügung. Die Farbenfabriken und die Betriebslaboratorien liefern ihm eingehende und er-
probte Vorschriften. Er ist heute in der Lage, alle Töne, Echtheitseigenschaften, Illuminationen, Nachbehandlungsmethoden festzulegen und
beliebig oft und an beliebiger Stelle zu wiederholen. Für alle Verfahren
werden die Farbstoffe, Verdickungsmittel, Chemikalien in Grammen
festgelegt, die Temperatur in Graden Celsius und die Kochzeit in Minuten angegeben. Die Pression auf dem Roulleau, die Geschwindigkeit,
mit welcher die Ware „fährt“, all das ist eindeutig und stets repro-
duzierbar zu benennen. Und doch klafft hier eine große Lücke: Die
Konsistenz, die Dicke, die Viskosität der Verdickung und der fertigen
Farben ist nicht so meßbar, daß dies in der Farbküche schnell und
brauchbar geschehen könnte. Für jede Warenart und jede Gravur
muß die Konsistenz eine passende sein. Man war fast ausschließlich auf
die oftmals mit nachtwandlerischer Artistik ausgeübte Kunst des Farb-
küchenmeisters oder des Koloristen angewiesen. Die Ausgiebigkeit der
Farben, die Reinheit der Konturen, die Sauberkeit der Ätzen war abhängig von der „Kunst“ und dem durch Erfahrung erlangten „Gefühl“
eines Mannes. Versagten einmal Kunst und Gefühl, dann waren die
berühmten Fehldrucke die Folge. Es ist mir wohl bekannt, daß man
hier und da Hilfsreaktionen anwandte, um die Konsistenz der Farben

festzustellen. Hier fehlte diesen Methoden aber die Reproduzierbarkeit, um sie in die Rezepturen aufnehmen zu können.

Auf dem Salzburger Kongreß schilderte mir ein alter erfahrener Kolorist seine „Methode" als äußerst brauchbar. (Man wirft einen Patzen an die Wand, fließt er ab: Konsistenz I, bildet er nach wenigen Minuten einen ovalen Fladen: Konsistenz II, verformt er sich gar nicht: Konsistenz III.) Wir lachten alle, aber wir sahen den Ernst im Hintergrund und wir wußten, dieses Problem ist schwer zu lösen.

Auf meiner Suche nach geeigneten Meßvorrichtungen mußte ich natürlich Nachbargebiete durchstreifen, und es war naheliegend, die „Mehlphysik" nicht zuletzt vorzunehmen. Es erwies sich auf Anhieb, daß die schlechterdings geniale Konstruktion Brabenders für unsere Druckereiindustrie fast ohne Abänderung hervorragend brauchbar ist. Der Apparat ist in Untersuchung (225) beschrieben.

Will man nun eine Verdickung oder Druckfarbe auf ihre Konsistenz oder auf ihre Viskosität prüfen, so füllt man den Becher bis zu einer bestimmten Marke mit der Farbe an, setzt ihn in den Apparat und läßt ihn mit Hilfe des Synchronmotors, der immer gleich viele Umdrehungen je min macht, in rotierende Bewegung bringen. Die Reibung, welche durch die Konsistenz der Verdickung zwischen den Stäben des Bechers und denjenigen des Widerstandskopfes entsteht, wird mit Hilfe des einfachen und stabilen Schreibgerätes als Kurve auf einem Millimeterpapier registriert.

Unsere Versuche mit dem Printograph lieferten folgende grundsätzlichen Ergebnisse (Abb. 99):

1. Messung der Konsistenz einer Druckfarbe in der Farbküche.

Das Registrierband des Printographen ist mit Viskositätszahlen von 0—1000 eingeteilt, wobei vor allem die Einheiten 100, 200, 300 usw. wichtig sind. Man kann z. B. für eine Stärke-Tragant-Verdickung die Zahl 500 vorschreiben. Der Farbküchenmeister füllt den Meßbecher des Printographen mit der Verdickung bis zur Marke auf und läßt ihn rotieren. Zeigt der Apparat die Viskosität 400 oder 550 an, so ist die Verdickung zu dünn, bzw. zu dick. Eine derartige Messung ist in 1 bis 4 min durchzuführen.

Genau so wird die fertige (passierte oder noch nicht passierte) Farbe gemessen. Soll sie z. B. für eine bestimmte Gravur und Ware 170 betragen, so kann sie mit Hilfe des Printographen entsprechend eingestellt werden. Wichtig ist dabei die Form des Printographdiagrammes. Es kann bei ein und derselben Viskosität, z. B. 550 ein breiteres Schriftband oder ein schmäleres entstehen. (Abb. 99, 2 a und b.) Die größere Amplitude wird durch eine weniger „zügige" Verdickung verursacht. Wir haben hier aller Wahrscheinlichkeit nach ganz nebenbei auch die Messung der Zügigkeit beschert bekommen. Unter „Zügigkeit" versteht man die Summe von Geschmeidigkeit, Homogenität, Zähigkeit und innerer Kohäsion, welche das Kolloid Verdickung aufbringt. Eine zügige Verdickung läßt sich gut abrackeln, reißt auf großen Flächen (beim Drucken von Deckern) nicht ab, ist trotz ihrer Geschmeidigkeit nicht naß und kann eingearbeitete Pigmente gut in Schwebe halten. Außerdem muß sie homogen sein, d. h. sie darf keine Zonen von geringerer oder größerer Dichte enthalten. Sobald die Zügigkeit etwas nachläßt, wird die Amplitude des Schreibgerätes vergrößert. Die Zügigkeit der Flockengummiverdickung ist größer als diejenige der Verdickung aus Colloresin DK und Weizenstärke. (Colloresin ist übrigens ein ausgezeichnet zügiges Verdickungsmittel. Das Beispiel Abb. 99, 2a u. b zeigt eine ungünstige Mischung.) Das dickere Diagrammband kann aber gegenüber einem dünneren (bei gleicher Viskosität) eine wertvolle Eigenschaft offenbaren: Die bessere Verdickungs- und Haltekraft gegenüber Schwerkörpern, Pigmenten u. dgl. Man verzichtet hier lieber etwas auf höchste Zügigkeitswerte und nimmt mit der höheren Verdickungskraft vorlieb. Immer aber muß das Diagrammband glatte Ränder besitzen. Es darf nicht etwa gezackt sein, wie dies etwa in Abb. 99, 3, einer schlecht verkochten Farbe, der Fall ist.

Ein extremer Fall wird in Abb. 99, 4 gezeigt. Hier hatte sich die Verdickung zersetzt und jede Zügigkeit verloren. Die Schreibnadel jagte unruhig hin und her, je nachdem die Knoten zwischen die Stäbe gerieten.

Wie schön ist es in Zukunft: Der Kolorist läßt sich die Diagramme aller Verdickungen und Farben auf den Tisch legen und weiß dann mit einem Blick, ob seine Farbküche richtig gearbeitet hat. Jeder Farbkoch kann an Hand der Viskositätszahl und am glatten Bandrand seine Arbeit kontrollieren. Der Kolorist ist in der Lage, alle Korrekturen, die er für notwendig hält, vorzunehmen und den Erfolg zu überwachen.

2. Messung der Veränderung einer Verdickung beim Druck.

Die Farbe hat auf der Rouleauxmaschine eine andauernde Walkarbeit zwischen Auftragwalze und Druckwalze sowie zwischen letzterer und den Rakeln auszuhalten. Dabei kann sie sich so verändern, daß Fehldrucke entstehen. Ich habe diese Verhältnisse ebenfalls mit dem Printograph studiert und kann darüber nachstehend über einige typische Fälle berichten.

Da es sich um grundsätzliche Ausführungen handelt, werden nur die Diagramme der reinen Verdickungen gezeigt. Sobald Farbstoffe und Chemikalien eingearbeitet sind, verschleiert sich das Bild. (Es ist aber dabei sehr interessant, die Einwirkung dieser Zusätze auf Viskosität und Zügigkeit kennenzulernen.) Der Walkarbeit auf der Druckmaschine entspricht diejenige im Printograph. Man findet, daß die meisten Druckansätze zunächst dünner werden. Es ist aber dann we-

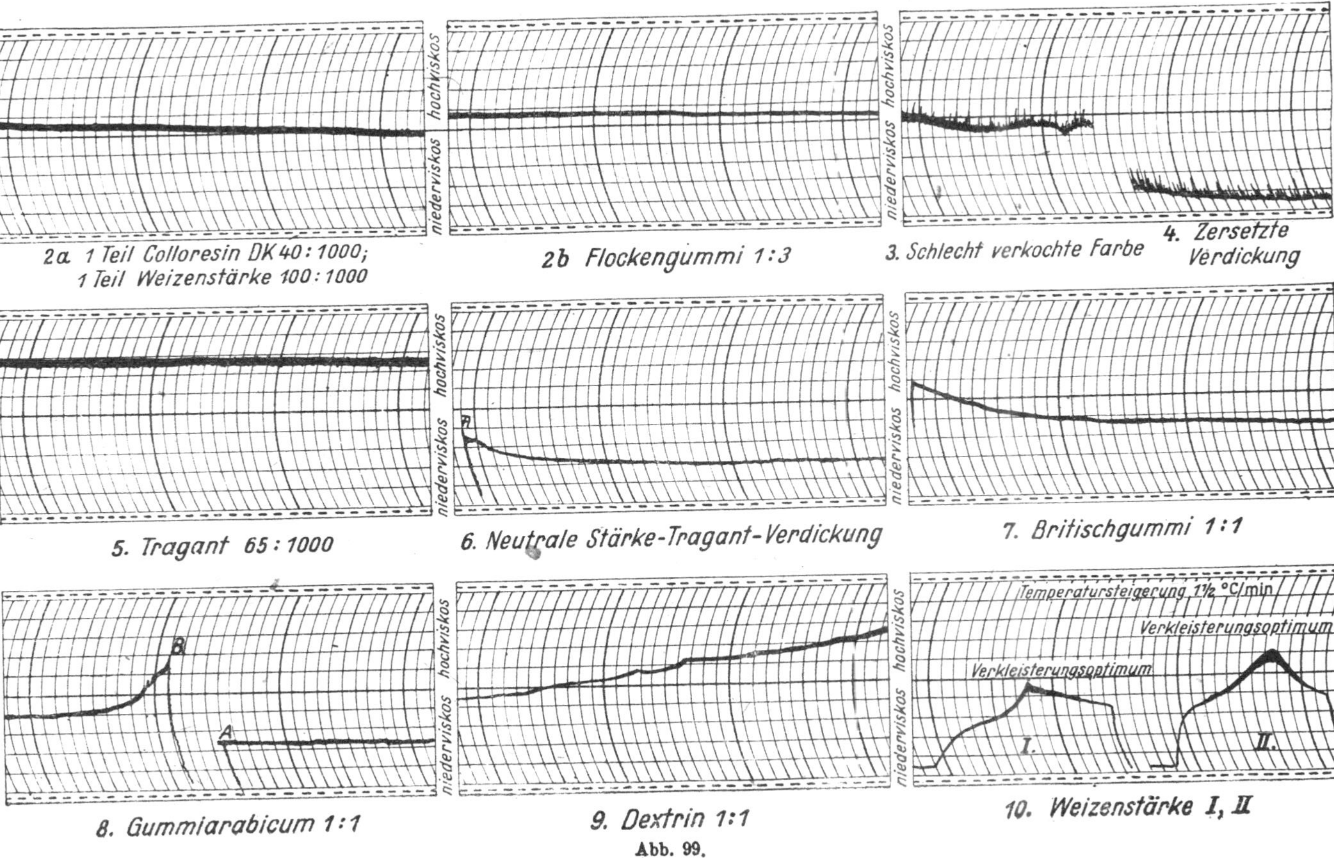

hochviskos
niederviskos
2a. 1 Teil Colloresin DK 40:1000;
1 Teil Weizenstärke 100:1000
2b Flockengummi 1:3
3. Schlecht verkochte Farbe
4. Zersetzte Verdickung
hochviskos
niederviskos
hochviskos
niederviskos
5. Tragant 65:1000
6. Neutrale Stärke-Tragant-Verdickung
7. Britischgummi 1:1
hochviskos
niederviskos
hochviskos
niederviskos
B
A
8. Gummiarabicum 1:1
9. Dextrin 1:1
Temperatursteigerung 1½ °C/min
Verkleisterungsoptimum
Verkleisterungsoptimum
I.
II.
10. Weizenstärke I, II
Abb. 99.

sentlich, ob dieser Abfall der Viskosität anhält oder zum Stillstand kommt. Ein gutes Verdickungsmittel muß konstant bleiben. So fällt z. B. Tragant 65 : 1000 fast gar nicht ab (Abb. 99, 5). Er hat eine erhebliche Verdickungskraft und ist in jeder Hinsicht stabil. Diese Eigenschaft erteilt er auch noch weitgehend der Stärke, die an sich sehr instabil ist. Das sehr zügige Diagramm in Abb. 99, 6 zeigt die Verhältnisse eindeutig. Das Britisch-Gummi 1 : 1 dagegen hat zwar eine wundervolle Zügigkeit, aber leider wird es dünner und dünner. Es ist nicht stabil (Abb. 99, 7). Das Gummiarabikum (Kordofan) in Abb. 99, 8 hat mehrere unangenehme Eigenschaften: Zunächst ist es nicht sehr zügig. Seine Bandränder sind gezackt und die Bandbreite ist ungleichmäßig. Bei der Walkarbeit fängt es aber auch noch an zu schäumen. Bei B wurde der Apparat einige Stunden lang stillgelegt bis sich der Schaum wieder zersetzt hatte. Bei A begann dann erst die stabile Eigenschaft des Gummis in Erscheinung zu treten. (Dadurch wurde die alte Farbküchenerfahrung, wonach Gummiverdickungen gut gerührt werden müssen, bestätigt.)

In Abb. 99, 9 wird, lediglich als Extrem, eine Dextrinverdickung gezeigt, die so schäumte, daß die Viskosität katastrophal anstieg.

3. Messung der Verdickungskraft eines Verdickungsmittels.

Für diese Bewertung wird das Verdickungsmittel in seiner Aufschlämmung mit Wasser erhitzt. Der Printograph gestattet eine Temperaturerhöhung von $1^1/_2{}^\circ$ C pro min. Aus den Diagrammen Abb. 99, 10 geht alles Nähere hervor. Sobald die Verkleisterungstemperatur erreicht ist, erfolgt eine genaue Messung der Viskosität. Das linke Diagramm zeigt eine geringere Verdickungskraft der Weizenstärke als das rechte, welches von einer Stärke stammt, die einen dickeren Kleister liefert.

Die mechanischen Druckverfahren.

Mehr als die Färberei ist die Ausübung der Druckerei von Maschinen und Apparaten abhängig. Während man Garne und Stücke aus einfachen Kufen färben und dabei im Notfalle auch auf die entsprechende maschinelle Einrichtung verzichten kann, ist eine befriedigende Übertragung des Druckmusters auf die Ware ohne genaue Kenntnis der maschinellen Vorrichtung nicht möglich. Hier trifft sich die Druckerei mit der Appretur wollener und pflanzlicher Gewebe.

Die weitaus meiste Druckware wird im Rouleauxdruckverfahren hergestellt. Die Rouleauxdruckmaschine (Abb. 100) ermöglicht den Kontinuedruck sehr großer Partien, wobei beliebig viele Farben aufgedruckt werden können. Das Rapportieren, d. h. die richtige Aneinanderfügung der Farbkonturen erfolgt in Längsrichtung mit Hilfe der Rapporträder, welche gleichzeitig den Antrieb der Druckwalzen bewerkstelligen, und in

Querrichtung mit Hilfe der Seitenverstellung an den Walzen. Beide Rapportkorrekturen kann der Rouleauxdrucker während des Ganges der Maschine durchführen. Die Druckfarben werden mit Hilfe von Auftragwalzen oder -bürsten aus dem Chassis auf die Druckwalze übertragen, wobei die Farbe in die tiefliegenden Gravuren der Walzen eindringt. Mit Hilfe einer Rakel, eines besonders sorgfältig zugeschliffenen Messers, wird die Farbe an allen nicht gravierten Stellen quantitativ von der Walze so abgenommen, daß an diesen Stellen keine Übertragung auf die Ware stattfindet. Die Art des Anpressens der Walzen an die Ware ist von besonderer Bedeutung. Man hat hier Feder- und Hebelelemente, welche in die Maschine eingebaut sind. Beide sind in ihrem Druck verstellbar. Der

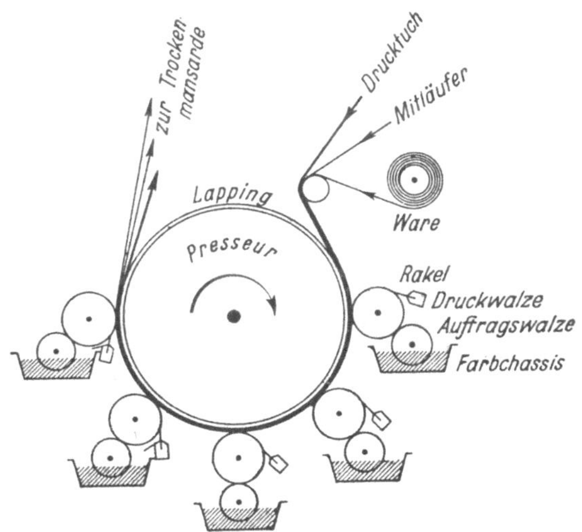

Abb. 100. Rouleauxdruckmaschine.

Kern jeder Rouleauxdruckmaschine ist der Presseur, eine große Walze, welche mit dem Lapping, einem sehr elastischen Gewebe sorgfältig umwickelt ist. Über den Lapping läuft das Drucktuch, ein dickes, gummiertes Gewebe, welches so zusammengeklebt ist, daß es in Form eines unendlichen Durchlaufs arbeitet. Die Ware selbst wird geführt von dem Mitläufer, welcher die Aufgabe hat, jedes Verziehen der Ware zu verhindern und außerdem das Drucktuch vor Beschmutzung durch die breiteren Druckwalzen zu schützen. Hinter der Druckmaschine befindet sich die Mansarde, eine Trockenkammer, in welcher die Ware durch Heißluft getrocknet wird. Besonders interessant ist der Antrieb jeder Druckmaschine, der völlig erschütterungsfrei und in seiner Geschwindigkeit regulierbar gehalten sein muß. Man wendet entweder Reguliermotoren an oder Mehrleitergetriebe, mit welchen man auf elektrischem Wege verschiedene Geschwindigkeiten einschalten kann.

Bei der Rezeptierung kann dem Drucker also vorgeschrieben werden, mit welcher Geschwindigkeit „die Ware fährt".

In den letzten Jahren hat sich das Filmdruckverfahren besonders stark eingeführt. Hier handelt es sich nicht um ein Kontinueverfahren, d. h. eine Fabrikation am laufenden Band, sondern um ein mehr oder weniger mechanisiertes Handdruckverfahren, welches zwar keine besonders großen Partien erlaubt, dafür aber sowohl mechanisch als auch koloristisch sehr . variierbar ist. Während wir jedoch beim Rouleauxdruck zerfließende Töne erhalten können, ist dies beim Filmdruck nur unter großen Schwierigkeiten und unter seltenen Bedingungen möglich. Der Filmdruck gibt in einer Farbe gleichmäßige, nicht zerfließende Effekte. Das einfachste Filmdruckverfahren (Abb. 101) geht so, daß jede Farbe des Musters auf einem Rahmen enthalten ist. Mit Hilfe mechanischer oder photographischer Vorgänge wird das auf den Holzrahmen gespannte . Metalltuch oder Seidengazegewebe mit Lack, dem Film, so abgedeckt, daß nur das erwünschte Muster freibleibt. Die Lackschicht deckt also alle diejenigen Stellen der Gaze oder des Metalltuchs zu, welche nicht auf die Ware gedruckt werden sollen. Mit einer Holzrakel streicht nun der Drucker die auf den Rahmen ausgegossene Farbe durch die freigebliebenen Öffnungen der Gaze auf das Gewebe. Auch hier kann man beliebig viele Farben drucken. Die Rapportierung erfolgt mit Hilfe von Markierungen, welche auf einer Schiene am Rand des Drucktisches angebracht sind. Jeder eine andere Farbe enthaltende

Abb. 101.

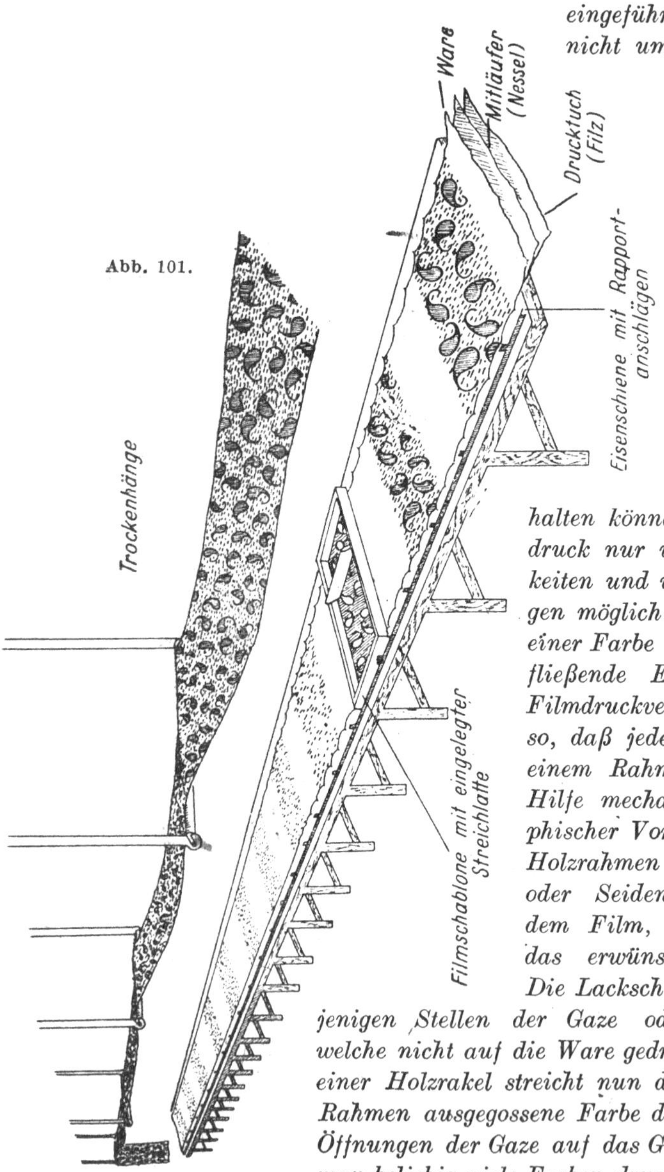

Druckrahmen wird gegen diese Markierungen gelegt und nun ausgedruckt. Die Mechanisierung geht im allgemeinen dahin, die Rahmen nicht von Hand aufzulegen oder abzunehmen, sondern mittels einer Fahrvorrichtung, welche genau nach dem Rapportpikot über das Gewebe fährt und jeweils dort Halt macht, wo der Druck zu erfolgen hat.

Das älteste Handdruckverfahren ist der Modeldruck. Mit Hilfe von aus hartem Holz geschnittenen Modeln, denen man evtl. Metallformen eingefügt hat, wird die Druckfarbe auf das Gewebe, welches ebenfalls wieder auf einem Drucktisch liegt, gebracht. Auf einer weichen Unterlage (Leim-

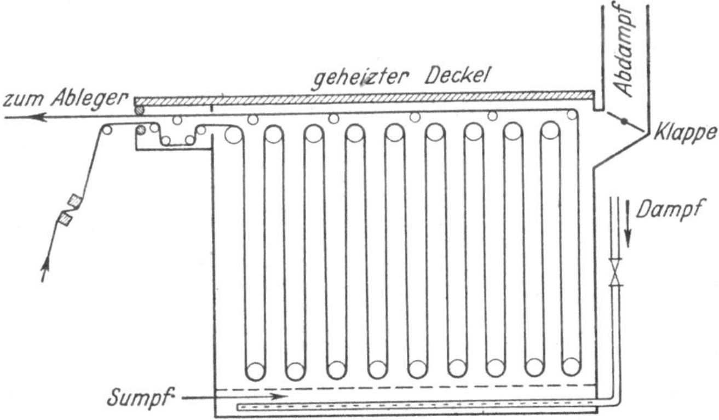

Abb. 102. Schnelldämpfer (Mather Platt). Baustoff: Eisen oder V$_4$A-Stahl.

masse) verstreicht der „Streicherbub“ die Farbe. Der Drucker setzt den Model auf die Fläche und färbt ihn ein. Hierauf legt er ihn rapportgerecht auf die Ware und klopft ihn mit einem Hammer fest, wobei sich die Farbe überhängt. Auch hier lassen sich mehrere Farben bei passend geschnittenen Modeln erzielen.

Ein besonders individuelles Handdruckverfahren liegt im Spritzdruck vor. Hier wird die wieder auf einem Drucktisch sorgfältig befestigte Ware mit Hilfe von mit Luftdruck betriebenen Spritzpistolen eingefärbt. Schablonen aus Zinkblech (chemisch geätzt) oder aus sorgfältig geschnittenem Ölpapier werden rapportgerecht auf die Ware gelegt. Dort, wo sich auf den Schablonen Durchbrüche befinden, kann die Einfärbung mittels der freihändig geführten Spritzpistole stattfinden. Diese Methode läßt zerfließende Töne zu. Der Drucker kann sich hier besonders individuell auswirken, indem er das Besprühen intensiver oder zarter vor sich gehen läßt. Wünscht man zerfließende Konturen, so legt man die Schablonen nicht direkt auf die Ware, sondern bringt wenige mm hohe Füßchen an, welche die Schablonen etwas von der Ware abheben (Füßli-Schablone).

Das Dämpfen erfolgt im Schnelldämpfer (Mather-Platt, Abb. 102). Dieser Dämpfer arbeitet ohne Druck, erlaubt aber eine kontinuierliche Be-

handlung. Mit Hilfe eines Sumpfes, welcher zum Kochen getrieben wird, erhält man den notwendigen feuchten Dampf von 100—105° C. Um die Dampffeuchtigkeit im gesamten Dämpferraum gleich hoch zu halten, genügt die Sumpferhitzung manchmal nicht. In diesem Falle muß eine besondere Befeuchtungsvorrichtung angebracht werden. Die Deckel des Dämpfers sind doppelwandig und mit Dampf geheizt, damit keine Tropfenbildung durch Kondenswasser möglich ist. Die Ware durchläuft zuerst eine Vorwärmkammer, um eine Kondenswasserbildung zu vermeiden. Der Warenaustritt erfolgt neben dem Wareneintritt.

Nicht alle Druckverfahren lassen sich im Mather-Platt durchführen. Manchmal (insbesondere bei Beizendrucken) ist eine längere Dämpfdauer — mitunter sogar unter erhöhtem Druck — notwendig. Hier benützt man den Runddämpfer, in welchem die Ware mit Hilfe eines einfahrbaren Gestells eingefahren wird. Der Dämpfer ist rund gehalten, damit evtl. sich bildendes Tropfwasser an seinen Wänden abläuft und nicht auf die Ware gelangen kann.

Die Einteilung der koloristischen Druckverfahren.

Man teilt die Druckverfahren, wie folgt, ein:

I. Direkter Druck auf weiße oder vorgefärbte Gewebe.

II. Ätzen auf vorgefärbtem Gewebe.

a) Halbätze. (Durch das Ätzen wird der Farbstoff des „Fonds" nur teilweise abgezogen — Ton-in-Ton-Effekte.)

b) Weißätze. (Der Fond wird an den bedruckten Stellen völlig zerstört, so daß der weiße Grund erscheint.)

c) Buntätze. (Der Fond wird zerstört, aber gleichzeitig wird ein nicht ätzbarer Farbstoff aufgedruckt.)

III. Reservedruck auf nachzufärbendem Gewebe.

a) Weißreserve. (Die Reserve wird als „Papp" auf das ungefärbte Gewebe gedruckt, so daß beim folgenden Färben kein Farbstoff an den bedruckten Stellen aufziehen kann.)

b) Buntreserve. (Der Reserve wird ein Farbstoff zugesetzt, der beim nachfolgenden Färben vor der Vermischung mit dem Farbstoff der Färbeflotte geschützt wird.)

IV. Spezialverfahren.

Z. B. Ätzreserven, Beizendrucke, Anilinschwarzpräparationen, Naphtholdrucke u. dgl.

A. Das Bedrucken von Geweben aus pflanzlichen Faserstoffen.

Die gebeuchten, gebleichten oder sonstwie vorbehandelten Gewebe müssen in gleichmäßig ausgerichtetem Zustande (Egalisierrahmen, Spannrahmen) zum Druck gelangen.

(227) Versuch: Das Drucken mit basischen Farbstoffen unter Verwendung verschiedener Verdickungen bei gleichbleibendem Farbstoff. Für den Druck mit basischen Farbstoffen eignet sich folgende Standard-Verdickung (I):

<table>
<tr><td>142 g Weizenstärke.</td><td rowspan="5" style="text-align:center">Standard I</td></tr>
<tr><td>286 g Tragant 65 : 1000.</td></tr>
<tr><td>286 g Essigsäure 6° Bé.</td></tr>
<tr><td>286 g Wasser.</td></tr>
<tr><td>Das Ganze aufkochen.</td></tr>
</table>

1000 g.

Die basischen Farbstoffe geben mit Tannin unlösliche Verbindungen deren Eigenschaften durch Antimon- und andere Metallverbindungen weiter verbessert werden.

Ansatz 1   2 g basischer Farbstoff.
              18 g Essigsäure 30 proz.
              10 g Wasser.
              60 g Standardverdickung I.
              10 g Tannin-Essigsäure (50 proz.) 1 : 1.

100 g.

Ansatz 2 wie Ansatz 1, jedoch statt 60 g Standardverdickung I 60 g Tragant 65 : 1000.

Ansatz 3 wie Ansatz 1, jedoch statt der Standardverdickung 60 g Gummi arabicum 1 : 1.

Ansatz 4 wie Ansatz 1, jedoch statt der Standardverdickung 60 g Britischgummi 1 : 1.

Nachbehandlung: Trocknen, Dämpfen $^1/_2$—1 Stunde ohne Druck (o. D.) oder $^1/_4$ Stunde mit Druck (m. D.), Brechweinsteinbad mit 10 g/l Brechweinstein und 5 g/l Schlämmkreide (Kreide vorwiegend zur Neutralisation der Säure) 5 min, 50° C, gut spülen. Bei Verwendung stärkehaltiger Verdickungen „malzen" mit 2 g/l Biolase od. dgl. 40° C, 10 min, spülen.

Man beobachtet diese lediglich im Verdickungsmittel veränderten Ansätze und die damit erzielten Drucke. Die Ausgiebigkeit und die Egalisierung ist verschieden. Zahlenmäßig kann man die Intensität der Drucke durch Messung der Vollfarbe, sowie des Weiß- und Schwarzgehaltes messen.

Man stellt nun von den Ansätzen folgende Koupüren 1 : 3 her:

1. 20 g Stammfarbe wie Ansatz 1.
   50 g Standardverdickung I.
   10 g Wasser.
2. 20 g Stammfarbe wie Ansatz 2.
   50 g Tragant 65 : 1000.
   10 g Wasser.
3. 20 g Stammfarbe wie Ansatz 3.
   60 g Gummi arabicum 1 : 1.
4. 20 g Stammfarbe wie Ansatz 4.
   60 g Britischgummi 1 : 1.

Die Nachbehandlung erfolgt, wie oben angegeben.

Unter einer Koupüre (Verschnitt) versteht man die Minderung des Farbstoffgehalts der Druckfarbe durch Hinzufügen von Verdickung und evtl. von Wasser. . Dadurch wird der Druck heller.

1. Das Drucken mit basischen Farbstoffen.

Wegen ihrer Leuchtkraft werden basische Farbstoffe trotz ihrer geringen Echtheitseigenschaften im Zeugdruck noch häufig verwendet.

(228) Verfahren: Direkter Druck auf Katanolklotz. Das Katanol läßt sich nicht in die Farbe einarbeiten, weil die kolloide Kraft der Verdickungsmittel nicht ausreicht, Ausflockungen zu verhindern. Man klotzt die Ware vor dem Druck:

> 12 g/l Katanol ON.
> 2 g/l Soda calc. 60° C.

(Das Katanol wird in die kochende Sodalösung eingestreut.)

Die Ware wird abgequetscht, getrocknet und mit folgendem Ansatz bedruckt:

> 2 g basischer Farbstoff.
> 2 g Acetin.
> 10 g Essigsäure (50proz.).
> 22 g Wasser.
> 60 g Standardverdickung I.
> 4 g Weinsäure 1 : 10.
> ___________
> 100 g.

Nach dem Trocknen wird nochmals durch den Katanolklotz passiert, hierauf wird kalt gespült (und evtl. lauwarm geseift).

Acetin ist eine Mischung von Mono-, Di- und Triazetatglyzerin, ein Lösungsmittel für basische Farbstoffe und für Tannin. Es greift das Gewebe weniger an als es Säuren tun. (Herstellung: Kochen von Glyzerin mit der doppelten Menge. Eisessig.)

Die Zugabe der Weinsäure dient der Erhöhung der Acidität. Essigsäure würde in zu hoher Konzentration die Rakeln angreifen.

(229) Verfahren: Behandlungsgang einer weißbödigen, glatten Druckware (Hemdenstoffe, Bettzeuge, Schürzenstoffe u. dgl.).

2. Das Drucken mit Beizenfarbstoffen.

Beizenfarbstoffe werden beim Druck mit Chrom-, Tonerde- oder Eisenbeizen fixiert. Diese Beizen nennt man Hauptbeizen. Als Hilfsbeizen bezeichnet man die Kalk-, Zinn-, Alizarinrot-Fettverbindungen. Treten nämlich in den Farblack des Alizarins Fettkörper ein, so wird die Echtheit und die Schönheit der Färbung ganz beträchtlich gesteigert.

Die Chrombeizenfarbstoffe sind eisenempfindlich. Als Hauptbeizen kennt man:

a) Aluminiumbeizen: Schwefelsaure Tonerde, essigsaure Tonerde, Aluminiumnitrat, Rhodanaluminiumbeize.

b) Chrombeizen: Chromalaun, essigsaures Chrom (violett und grün), Chromnitrat usw.

c) Eisenbeizen: Holzessigsaures Eisen.

d) Zinnbeizen: oxalsaures Zinn $\left(\begin{matrix}COO\\COO\end{matrix}{>}Sn\right)$, essigsaures Zinn usw.

Als Hilfsbeizen kennt man:

a) Türkischrotöl.

b) Fettbeize: Lizarol D, ein Kondensationsprodukt von Rizinolsäure und Formaldehyd. Das Lizarol wird beim Beizendruck auf ungeölter Ware verwendet. Es trägt beim Dämpfen in Gegenwart von Ammoniak zur Bildung eines lebhaften Farblacks bei.

Als Verdickungen kommen in Frage: Tragant, Stärke-Tragant, Britischgummi (letzteres vor allem im Handdruck).

Reine Gummiverdickungen sind ungeeignet, da sie mit essigsaurem Chrom ausflocken.

Wenn kein Alizarinrot verwendet wird, druckt man auf ungeölte Ware.

Die Ware wird entweder mit der Fettbeize vorbehandelt (imprägniert) oder man gibt die Beize in die Druckfarbe. Nach dem ersten Verfahren wird die Ware mit einer Lösung von Türkischrotöl imprägniert, getrocknet und bedruckt. Nach dem zweiten Verfahren wird die Fettbeize der Druckfarbe zugesetzt. Das Lizarol z. B. bildet beim Dämpfen die angestrebte Verlackung.

Als Standardverdickung (II) für Chrombeizenfarbstoffe wendet man an:

> 145 g Weizenstärke,
> 20 g hellgebrannte Stärke oder Britischgummi,
> 105 g Tragant 65:1000,
> 105 g Essigsäure 6° Bé,
> 25 g Olivenöl,
> 600 g Wasser.
>> Das Ganze wird aufgekocht.
> ________
> 1000 g.

Standard II

Als Standardverdickung (III) für Tonerdebeizenfarbstoffe nimmt man:

> 120 g Weizenstärke,
> 90 g Essigsäure 6° Bé,
> 40 g Olivenöl,
> 150 g Tragant 65:1000,
> 600 g Wasser.
>> Das Ganze wird aufgekocht.
> ________
> 1000 g.

Standard III

(230) Verfahren. Direkter Druck mit Chrombeizenfarbstoffen. Beize: Essigsaures Chrom $CH_3 \cdot COO$

$$CH_3 \cdot COO{-}\!\!\!>\!\!Cr$$

$CH_3 \cdot COO$

Ansatz (Farbe 1):

    3 g Beizenfarbstoff (z. B. Chromgelb D F Plv.) in
   26 g Wasser heiß lösen und in
   60 g Essigsäure-Stärke-Tragant-Verdickung (Standard II) einrühren.
        Nach Erkalten zufügen:
    9 g essigsaures Chrom (grün 20° Bé) und
    2 g Essigsäure (30proz.)
   ―――――――――
  100 g

Drucken, trocknen, dämpfen 1—1$^1/_2$ Stunde o. D. (nicht über 0,5 atü),
kreiden (Schlämmkreide) mit 5 g/l, spülen, seifen 50—80° C, spülen.

Ansatz (Farbe 2):

   15 g Beizenfarbstoff z. B. Anthracenbraun R D Tg,
   12 g Wasser,
   60 g essigsaure Stärke-Tragantverdickung (Standard II),
   10 g essigsaures Chrom (grün 20° Bé),
    3 g Essigsäure (30proz.).
   ―――――――――
  100 g

Nachbehandlung wie oben.

(231) Verfahren: Druck mit Gallofarbstoffen.

Ansatz (Farbe 1):

    3 g Beizenfarbstoff z. B. Galloviolett D F M in
    3 g Ameisensäure (90%) und
    2 g Essigsäure (30%)
   25 g Wasser heiß lösen,
   60 g essigsaure Stärke-Tragant-Verdickung (Standard II),
    1 g Rongalit C 1:1,
    6 g essigsaures Chrom (grün 20° Bé) zurühren.
   ―――――――――
  100 g

*Gallofarbstoffe sind Leukoverbindungen, deren vorzeitige Oxydation
durch den Zusatz von Rongalit verhindert wird. Beim Entwickeln wird die
Reduktionswirkung des Rongalit durch ein Bichromatbad wieder aufgehoben.*

Nachbehandlung: Drucken, trocknen, dämpfen 1 Stunde o. D. oder
auch 5 min Mather-Platt, chromieren (2 g/l Kaliumbichromat 50—60° C),
spülen, kreiden und malzen (50° C), seifen 50—80° C, spülen.

Ansatz (Farbe 2. Galloechtschwarz): (Wird mit Vorteil auf naphtholierter Ware [5—10 g/l β-Naphthol und 1—2 g/l Soda calc.] gedruckt).

> 6 g Galloechtschwarz,
> 3 g Ameisensäure (90%),
> 3 g Essigsäure (30%),
> 16 g Wasser,
> 60 g essigsaure Stärke-Tragant-Verdickung (Standard II)
> 1 g Rongalit C 1:1,
> 11 g essigsaures Chrom.
> ______
> 100 g.

Nachbehandlung wie oben.

Ansatz (Farbe 3): Dunkelblau auf naphtholierte Ware mit Gallophenin H B.

> 8 g Gallophenin H B,
> 14 g Wasser,
> 3 g Glyecin A,
> 60 g neutrale Stärke-Tragantverdickung (Standard IV),
> 2 g Rongalit C 1:1,
> 3 g Ameisensäure (90proz.),
> 10 g essigsaures Chrom (grün 20° Bé).
> ______
> 100 g.

Glyecin A ist ein glyzerinartiges Lösungs- und Egalisierungsmittel, das außerdem zur Homogenisierung heterogener Druckfarben dient.

Nachbehandlung: wie oben jedoch 5 min Mather-Platt.

Neutrale Stärke-Tragantverdickung (Standard IV):

> 150 g Weizenstärke,
> 500 g Tragant,
> 350 g Wasser.
> Das Ganze aufkochen.
> ______
> 1000 g.

Fertigstellung ohne Dämpfen: Trocknen, passieren breit während 2—5 min durch 2 g/l kalz. Soda bei 90—95° C, spülen, seifen, spülen.

(232) Verfahren: Druck von Alizarinrosa. Hellrosa ist schwierig zu drucken, weil größere Decker nicht leicht egalisieren. Man druckt deshalb oft Koupüren (Verschnitte) von Alizarinrot-Farben.

Ansatz (Farbe 1 ohne Koupüre):

> 12 g Alizarinrot S X extra Tg.,
> 65 g essigsaure Stärke-Tragant-Verdickung (Standard III),
> 8 g Rhodantonerde,
> 5 g essigsaures Kalzium,
> 2 g Olivenöl.
>> Das Ganze wird verrührt mit
> 1 g oxalsaurem Zinn,
> 7 g Wasser.
> ————
> 100 g.

Rhodantonerde, essigsaures Kalzium und oxalsaures Zinn dienen als Beizen zur Verlackung des Farbstoffs, die Rhodantonerde außerdem als Eisenschutz.

Drucken, trocknen, 1 Stunde dämpfen (0,5 atü), kreiden und malzen (5 g/l Schlämmkreide, 3 g/l Biolase 50° C), spülen, seifen, spülen.

Ansatz (Farben 2 und 3 Koupüre): aus den Ansätzen 1 und 2 des Versuches 234.

(233) Verfahren: Druck mit Noir réduit. Noir réduit ist oxydierter Blauholzextrakt. Es ist der einzige Naturfarbstoff, welcher in der neuzeitlichen Druckerei noch verwendet wird.

Ansatz:

> 30 g Noir réduit D K T Tg,
> 55 g Standardverdickung II,
> 5 g Essigsäure 30proz.,
> 10 g essigsaures Chrom (violett 20° Bé).
> ————
> 100 g.

Drucken, trocknen, dämpfen 5 min Mather-Platt (oder 1 Stunde o. D.), kreiden und malzen bei 50° C, spülen, kochend seifen, spülen.

(234) Verfahren: Druck von Alizarinrot. Man präpariert die Ware mit 10—50 ccm/l Türkischrotöl, quetscht ab und trocknet gelinde.

Aluminiumbeizen geben Rottöne, Eisenbeizen lila-schwarze Töne, Aluminium-Eisenbeizen granat-dunkelbraune Töne. Mit Hilfe der Rhodantonerde wird der Einfluß der Eisenrakel ausgeschaltet. Durch Lizarol (30—40 g/kg Ansatz) kann die Vorpräparation ersetzt werden. Satte Drucke werden mit Stärke-Tragant, helle Töne mit Gummi und Britisch-Gummi verdickt.

Ansatz (Farbe 1):

    12 g Alizarinrot Tg,
    65 g Stärke-Tragantverdickung (Standardverdickung IV),
     8 g Rhodantonerde 12° Bé,
     5 g essigsaurer Kalk 15° Bé,
     2 g Olivenöl,
     1 g oxalsaures Zinn 9° Bé,
     7 g Wasser.
    _____
   100 g.

Ansatz (Farbe 2):

    14 g Alizarinfarbstoff Tg,
    57 g Stärke-Tragantverdickung (Standardverdickung IV).
    12 g Rhodantonerde 12° Bé,
     6 g essigsaurer Kalk 15° Bé,
     4 g oxalsaures Zinn 15° Bé,
     3 g Chloröl,
     4 g Wasser.
    _____
   100 g.

Nachbehandlung entsprechend Verfahren 232.

(235) Verfahren: Druck mit Ergan- und Erganonfarbstoffen. *Ergan- und Erganonfarbstoffe sind halbfertige Chromlacke von Beizenfarbstoffen aus der Anthrachinon-Azo- usw. Gruppe, die durch Dämpfen oder durch eine Alkalipassage (Sodalösung) fixiert werden können.*

Ansatz:

    8 g Farbstoff Plv werden in
    5 g Glyecin A und
  28 g Wasser heiß gelöst und mit
  50 g essigsaurer Stärke-Tragantverdickung (Standard III) verrührt.
     Nach dem Erkalten werden zugefügt
    2 g ameisensaures Natrium,
    2 g Rhodankalium,
    5 g essigsaure Tonerde 10° Bé.
 _____
100 g.

(Das Rhodankalium wird zur Bindung des von der Rakel stammenden Eisens zugefügt, das ameisensäure Natrium ist ein gelinder Säurebinder).

Fertigstellung mit Dämpfen: Trocknen, dämpfen $^1/_4$—$^1/_2$ Stunde o. D. oder 5—7 min Mather-Platt, spülen, seifen (60° C), spülen.

(236) Verfahren: Die Herstellung verschiedener Beizen.

1. Chloröl.
    1 Teil Chlorkalklösung 4° Bé mischen mit
    1 Teil Olivenöl (lampantes).

2. **Essigsaure Tonerde 12° Bé.**
    485 g essigsaures Blei (Bleizucker) mit
    570 g Wasser lösen und
    248 g schwefelsaure Tonerde zusetzen
        (evtl. erwärmen).

3. **Essigsaurer Kalk 15° Bé.**
    684 g gebrannter, Kalk werden mit
  6000 g Wasser abgelöscht und in
  4100 g Essigsäure (30proz.) gelöst. Das Ganze wird auf 15° Bé
    mit Wasser eingestellt.

4. **Oxalsaures Zinn 9° Bé.**
    60 g Oxalsäure werden in
  1500 g Zinnoxydulhydratteig (18proz.) gelöst.

Zinnoxydulhydratteig 18proz.:
    370 g Chlorzinn 35° Bé werden in   } a
  5000 g Wasser gelöst.
    338 g Soda krist. werden in   } b
  5000 g Wasser gelöst.

b wird langsam zu a gerührt. Man läßt 12 Stunden lang stehen und
filtriert schließlich.

5. **Rhodantonerde 12° Bé.**
    289 g schwefelsaure Tonerde werden in   } a
    500 g Wasser gelöst.
    400 g Rhodanbarium krist. werden in   } b
    300 g Wasser gelöst.

b langsam zu a rühren, waschen, auf 12° Bé einstellen.

(237) Verfahren: Weißätze von Beizenfärbungen. Eine Alizarinrot-
färbung wird mit folgendem Ansatz geätzt:
    45 g Stärke-Tragant-Verdickung (Standard IV),
    23 g Wasser,
    10 g Kaolin 1:1
    20 g Rongalit C 1:1,
     2 g Anthrachinon Teig 30%.
    ———————
   100 g.

*(Das Kaolin wird zugegeben, um den geätzten Fond weiß zu decken.
Das Antrachinon verbindet sich mit dem reduzierten Farbstoff und verhindert dadurch eine etwaige Rückoxydation.)*
Drucken, trocknen, 5 min Mather-Platt, 3 g/l Wasserglas 50° C, spülen,
seifen, spülen.

(238) Verfahren: Der Blaurotartikel auf Alizarinrot. Eine Alizarinfärbung wird mit Indanthrenblau bunt geätzt.

Ansatz:

        4 g Dextrin,
        4 g Britischgummi werden mit
       24 g Wasser,
       10 g Schlämmkreide 1:1 und
       10 g Kaolin 1:1 gekocht. Nach Abkühlen wird zugegeben:
       20 g Rongalit C,
       18 g Ätznatron (fest) und
       10 g Indanthrenblau G D C dopp. Teig fein.
      ————
      100 g.

Drucken, trocknen, 5 min Mather-Platt, oxydieren mit 1 g/l Bichromat
und 5 ccm/l Essigsäure, spülen, kochend seifen, spülen.

3. Das Drucken mit Küpenfarbstoffen.

*Diese Drucke besitzen die höchste Gesamtechtheit. Man kennt haupt-
sächlich die beiden Dämpfverfahren:*

Rongalit-Pottasche.

Rongalit-Natronlauge-Bikarbonat.

*Das Pottascheverfahren wird heute fast allein angewandt. Will man mit
ihm auch Pulverfarbstoffe drucken, so werden dieselben vor ihrer Einarbei-
tung in die Verdickung wie folgt angeteigt:*

1 Teil Farbstoff,

1 Teil Spiritus,

3 Teile Wasser.

*Die Vorteile des Pottasche-Verfahrens liegen darin, daß die Druckfarben
gut haltbar sind und daher längere Zeit stehenbleiben können. Die Farbe
ist außerdem nur schwach alkalisch, wodurch die Walzen geschont werden.
Für den Transport der Farbe vom Chassis zur Druckwalze kann man
außerdem Bürstenwalzen verwenden. Diese Vorteile besitzt das Bikarbonat-
Verfahren nicht. Die Farben sind viel alkalischer und nicht lagerfähig.
Man muß Auftragwalzen verwenden, weil die Borsten der Bürstenwalzen
angegriffen würden. Bürstenwalzen laufen oftmals ohne sonstige Kraft-
übertragung mit, während Auftragwalzen stets mit Kammrädern von der
Druckwalze aus angetrieben werden müssen.*

*Bei einem guten Schnelldämpfer mit hoher Dampffeuchtigkeit fallen
die Drucke voll und gleichmäßig aus. Die Temperaturen in der Trocken-
mansarde sollen nicht über 60° C liegen, weil sonst das Rongalit vorzeitig
zersetzt wird. Nach dem Trocknen muß sofort gedämpft werden. Die
Ware darf nicht (etwa über Nacht) liegen bleiben. Die Dämpfdauer beträgt
im allgemeinen für jeden Punkt der Ware 3—5 min.*

Das Rongalit (RUSSINA) ist ein Salz der Sulfoxydsäure HO · S · OH, *welches mit Formaldehyd gekuppelt ist.*

$$NaHSO_2 \cdot CH_2O + 2\,H_2O$$
Natrium-Sulfoxylat-Formaldehyd.

Durch diese Kupplung ist es gegen Zerfall bei niedrigen Temperaturen weitgehend blockiert und infolgedessen beständiger als das Hydrosulfit. Erst beim Dämpfen und gleichzeitigem Erwärmen zerfällt es von 60° C ab. indem sich zunächst der Formaldehyd abspaltet. Bei seinem weiteren Zerfall wird Wasserstoff etwa wie folgt frei:

$$\begin{array}{ccc} NaO \cdot S \cdot OH & & NaO \cdot SO \\ & \xrightarrow{\ \text{Hitze}\ } & \hspace{1.5em} {>}O + 2\,H \\ NaO \cdot S \cdot OH & & NaO \cdot S \\ \text{2 Mol. Rongalit} & & \text{Hydrosulfit} \end{array}$$

Das entstehende Hydrosulfit seinerseits zerfällt weiter, wie dies S. 103 gekennzeichnet ist. Aus diesem doppelten Zerfall erklärt sich die hohe Reduktionskraft des Formaldehyds.

(239) Verfahren: Druck mit Teig-Farbstoffen nach dem Pottascheverfahren. Beim Ansatz der Farben mit Pottasche ist die Gefahr des „Gelierens“ der Stärke geringer als bei der Verwendung von Natronlauge.

> 20 g Küpenfarbstoff Teig fein f. Druck,
> 2 g Solutionssalz B,
> 70 g Standardverdickung V,
> 8 g Gummi 1:1 (oder Wasser).
> ___________
> 100 g.

(Solutionssalz B, benzylsulfanilsaures Natrium, hergestellt durch Benzylieren von Sulfanilsäure

$$NaO_3S \cdot C_6H_4 \cdot NH \cdot C_6H_5 \cdot CH_2$$

ist ein grauweißes leicht lösliches Pulver, das dispergierend wirkt. Die Verdickungen werden geschmeidiger [„zügiger“]. Sie lassen sich leichter abrakeln. Außerdem erzielt man egalere Decker.)

Standardverdickung (V) für Küpenfarbstoffe.

> 60 g Weizenstärke,
> 150 g Wasser,
> 60 g Britisch-Gummi,
> 160 g Gummi 1:1,
> 170 g Tragant 65:1000,
> 100 g Glyzerin,
> 150 g Pottasche
> heiß verrühren, abkühlen.
> 150 g Rongalit C.
> ___________
> 1000 g.

Standard V

Tragant 65:1000.

    65 g Tragant,
   935 g Wasser. Einweichen (24 Std.), kochen bis glatt.
  1000 g.

Drucken, trocknen (nicht über 60° C), dämpfen, waschen, breit passieren durch

      1 g/l Kaliumbichromat,
      5 ccm/l Essigsäure,
      50—60° C.

Waschen, kochend seifen, spülen.

Manche Küpenfarbstoffe werden mit Pottasche und Hydrosulfit vorreduziert.

(240) Verfahren: Druck mit Pulver-Farbstoffen nach dem Bikarbonat-Verfahren.

    3 g Küpenfarbstoff Plv. fein für Druck,
    8 g Glyzerin,
  40 g Stärke-Britischgummi-Verdickung (Standard V),
  19 g Wasser,
    5 g Natronlauge,
    4 g Hydrosulfit konz.
      auf 60° C erwärmen, bis Farbstoff verküpt, abkühlen.
  15 g Rongalit C 1:1,
    6 g Natriumbikarbonat.
  100 g.

Die Fertigstellung geht nach Verfahren 239.

Allgemeines über den Ätzdruck mit Küpenfarbstoffen (nach R. Haller).

Ätzbare Küpenfarbstoffe (häufig Indigoide oder sonstige Kaltfärber) lassen sich mit Hilfe von Leukotrop (REINKING) vor der Rückoxydation schützen. Man unterscheidet Leukotrop O und Leukotrop W.

Leukotrop O:

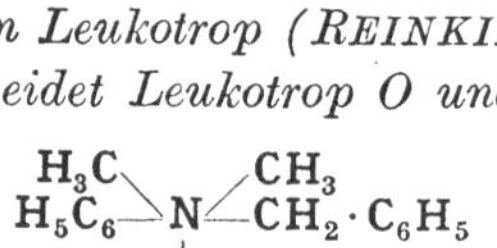

$$H_3C{\diagdown}\quad{\diagup}CH_3$$
$$H_5C_6{\diagdown}N{\diagup}CH_2\cdot C_6H_5$$
$$\underset{Cl}{\big|}$$

Dimethyl-phenyl-benzyl-ammoniumchlorid.

Dieses Produkt blockiert das Indigweiß (Reduktionsprodukt des Indigo) so, daß es nicht mehr rückoxydabel ist:

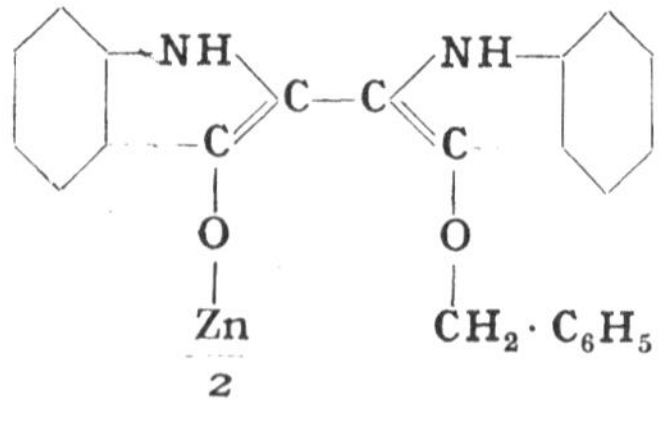

Es entsteht ein orangerotes Kondensationsprodukt. (Das Zink stammt aus dem Zinkoxyd der Verdickung.)

Leukotrop W:

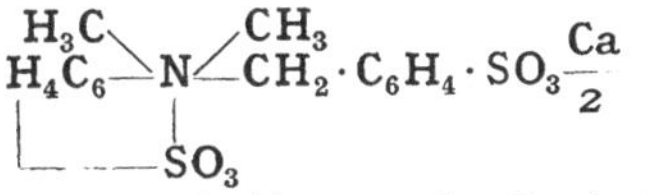

$$\begin{array}{c} H_3C \\ H_4C_6 \end{array}\!\!>\!\!N\!\!<\!\!\begin{array}{c} CH_3 \\ CH_2 \cdot C_6H_4 \cdot SO_3\dfrac{Ca}{2} \end{array}$$

$$\big|\text{———}SO_3$$

Calciumsalz der Disulfosäure des Leukotrops O.

Das Leukotrop W bildet mit bestimmten Leuko-Küpenfarbstoffen Kondensationsprodukte, die nicht mehr rückoxydabel sind und sich — hauptsächlich wegen der Sulfogruppe — lösen lassen:

Wenn die Ätzfarbe Rongalit und Leukotrop (als Rongalit C L) enthält, so geht im Dämpfer zwischen der Ätzfarbe und dem küpengefärbten (im Beispiel mit Indigo gefärbten) Fond folgendes vor sich:

I.

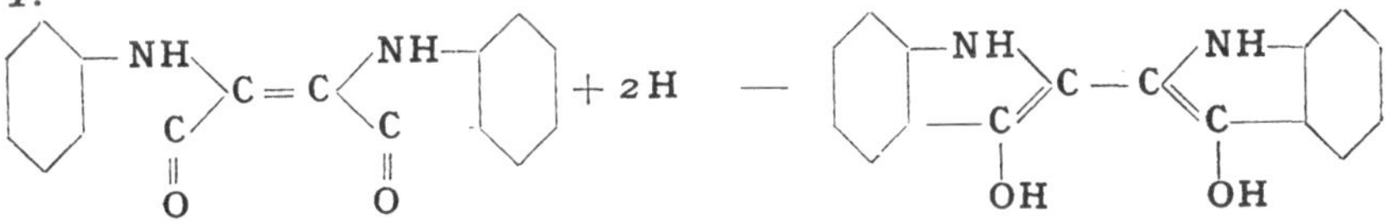

Indigo $+\ 2\,H\ \longrightarrow$ Indigweiß

II.

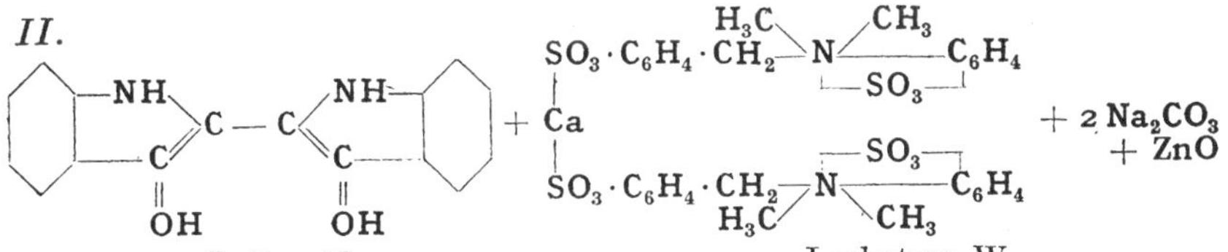

Indigweiß + Leukotrop W. $+\ 2\,Na_2CO_3 + ZnO$

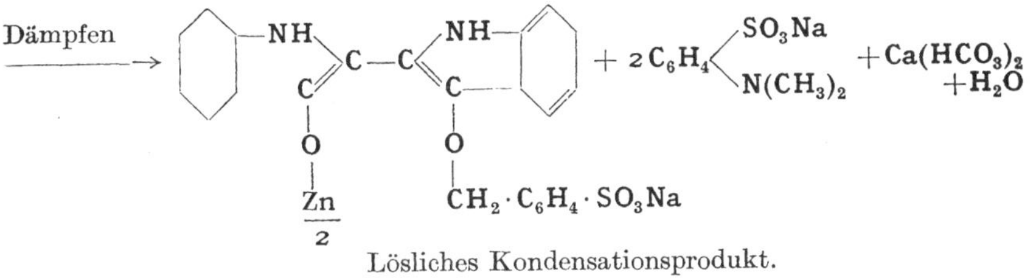

Dämpfen $\longrightarrow$ ... Lösliches Kondensationsprodukt. $+\ 2\,C_6H_4\!<\!\!\begin{array}{c}SO_3Na\\N(CH_3)_2\end{array} + Ca(HCO_3)_2 + H_2O$

Das zur Reaktion erforderliche Natriumkarbonat stammt aus dem Rongalit C L (Rongalit C + Leukotrop W + Soda).

(241) Verfahren: Weißätzen von Küpenfärbungen. Eine Anzahl von Küpenfarbstoffen läßt sich leichter ätzen, wenn man die Färbung zuvor mit 100—200 g/l Leukotrop W konz. und 20 g/l Glyzerin (oder Glyecin A) präpariert (klotzen, abquetschen, trocknen). Dies gilt besonders für dunkle Färbungen.

Drucken, trocknen, 5 min Mather Platt, spülen, abquetschen, abziehen in 2—5 ccm/l Natronlauge 38° Bé kochend, spülen, kochend seifen, spülen.

Weißätze	für helle Färbungen g	für dunkle Färbungen g
Britischgummi 1:1 . . .	35	20
Zinkoxyd 1:1	15	10
Banc fixe Teig 60% oder Titanoxyd (Kronos) 1:1	10	—
Wasser	3	10
Rongalit C L	30	30
Leukotrop W konz.. . . .	—	10
Glyzerin	3·	—
Anthrachinon Teig 30% .	4	—
Natronlauge 83° Bé. . .	—	20
	100	100

(242) Verfahren: Buntätzen mit Küpenfarbstoffen. Für Buntätzen von Küpenfärbungen werden in die Ätzfarbe „leukotropbeständige" Küpenfarbstoffe oder Anthrasole eingearbeitet.

Auf einen mit ätzbaren Küpenfarbstoffen gefärbten Fond wird folgender Ansatz gedruckt:

25 g Küpenfarbstoff Teig in
60 g Stammfarbe einrühren,
15 g Leukotrop W konz. zugeben. Mit Wasser einstellen auf
100 g.

Stammfarbe:
10 g Zinkoxyd werden mit
9 g Glyzerin und mit
6 g Solutionssalz B in
30 g neutrale Stärke-Tragant-Verdickung (Standard IV) eingerührt. Nun werden
20 g Pottasche und
25 g Rongalit. C zugegeben.
100 g.

Drucken, trocknen, 5 min Mather Platt, heiß spülen, oxydieren, spülen, kochend seifen, spülen.

(243) Verfahren: Colloresindruck mit Küpenfarbstoffen. *Das Colloresin D K ist ein filzigfaseriges Präparat, in kaltem Wasser löslich, in der Hitze, in konzentrierten Salzlösungen und in Alkalien unlöslich. Es quillt stark und besitzt eine große Verdickungskraft.*

Da die aufgedruckten Farben vor dem Entwickeln unbeschränkt haltbar sind, wird das Colloresinverfahren vorwiegend für den Handdruck verwendet.

Man unterscheidet:

das Rongalit-Verfahren und

das Hydrosulfit-Verfahren.

a) Rongalitverfahren. Der Vorteil des Rongalitverfahrens liegt darin, daß die Druckfarben alkalifrei gehalten werden können. Es tritt dadurch eine Schonung der Filze, Walzen, Bürsten usw. ein. Die Druckfarben sind außerdem haltbar.

Man druckt, trocknet, fährt durch das Rongalit-Entwicklungsbad, trocknet wieder, dämpft 5 min im Mather Platt, wäscht, oxydiert (2 g/l Bichromat, 5 ccm/l Essigsäure), spült, seift heiß und spült wieder.

    Ansatz: 50—250 g Küpenfarbstoff Teig ⎫
              5— 20 g Solutionssalz B   ⎬ einrühren in
            320— 80 g Wasser   ⎭
            300—350 g Stärkeverdickung 100/1000.
             25— 50 g Glyecin A.
            300—250 g Colloresin DK-Verd.
            ──────────
               1000 g.

Stärkeverdickung 100/1000.

    100 g Weizenstärke werden mit

    880 g kaltem Wasser angeteigt. Unter Zugabe von

     20 g Rhodanammonium ca. ¼ Std. verkocht und kaltgerührt.
    ──────
    1000 g.

Colloresin-DK.-Verd.

    40 g Colloresin DK werden mit

    940 g 80° C heißem Wasser übergossen und nach erfolgtem Aufquellen gut verrührt. Dann setzt man

    20 g Rhodanammonium zu.
    ──────
    1000 g.

Vollständige Lösung erfolgt erst beim Abkühlen auf etwa 30° C.

Rongalit-Entwicklungsbad.

    100 g Rongalit C,

    100 g Pottasche oder 50 g Soda kalz. lösen in

    500 g Wasser, zugeben:

     75 g Glyecin A oder Glyzerin.

      3 g Nekal B X.

     50 g Glaubersalz. Einstellen auf
    ──────
    1 Liter.

b) **Hydrosulfit-Verfahren.** Vorteile: Haltbarkeit der Farben und ungedämpften Drucke. Keine Zwischentrocknung wie beim Rongalitverfahren. Aufdrucken, trocknen. Man klotzt mit dem Entwicklungsbad, quetscht ab und dämpft sofort ohne zu trocknen mit **trockenem Dampf** bei 110—115° C 30 sec. Hierauf wird kalt gewaschen, mit Essigsäure (5 ccm/l) gesäuert, bei 50° C in $^1/_2$ g/l Natriumperborat oxydiert, gespült, heiß geseift, gespült.

	Druckfarbe:		Entwicklung:
50—200 g	Küpenfarbstoff Teig[1]	200 g	Kochsalz werden mit
5— 10 g	Solutionssalz B.	800 g	Wasser 60° C heiß gelöst.
305—125 g	Wasser.		Dann gibt man
300—300 g	Stärkeverd. 100/1000.	2 g	Monopolbrillantöl
25— 50 g	Glyecin A.	20 g	Azeton
300—300 g	Colloresin D K Verd.	90 ccm	Natronlauge 40° Bé zu
15— 15 g	Rizinusöl.		Einstellen auf
1000 g.		1 Liter.	

Vor Gebrauch rührt man 30—40 g Hydrosulfit ein. Das Entwicklungsbad ist unbeschränkt haltbar.

4. Das Drucken mit Naphtholen.

Einteilung der Naphthol-Druckverfahren.

I. Direkter Druck.

a) Aufdruck von Diazolösungen auf naphtholierte Ware.

b) Aufdruck von Naphtholen und Entwickeln in Diazolösungen.

c) Naphthol-Nitrit-Klotz- und Druckverfahren.

II. Ätz- und Reservedruck.

a) Ätzen der gefärbten Ware.
 1. Weißätze. 2. Buntätze.

b) Reservedruck auf halbfertige Ware.
 1. Buntreserve (Blaurotartikel) 2. Weißreserve.

III. Rapidechtfarben.

a) Direkter Druck.

b) Buntreserven mit Rapidechtfarben.

c) Pflatschartikel.

(244) Verfahren: Aufdruck von Diazolösungen auf naphtholierte Ware.
Man grundiert die Ware auf dem Jigger oder besser auf dem Foulard, quetscht ab und trocknet.

---

[1] Bei Verwendung von Pulvermarken wird 1:4 angeteigt.

Die Druckfarben werden mit Tragant oder Stärketragant verdickt. Bei Variaminblau und einigen anderen Basen erhält man durch Zusatz von Essigsäure klarere Töne, was sich daraus erklärt, daß bei der Kupplung der Alkaliüberschuß der Grundierung neutralisiert wird.

Ansatz (für größere Decker):
Grundierung: 15 g/l Naphthol A S.
Aufdruck: 18 g/kg Variaminblau B.
Stammfarbe: Variaminblau 24/1000:

2,4 g Variaminblau B werden mit
20　g kochendem Wasser und
3,5 g Salzsäure 20° Bé gelöst. Die heiße Lösung einrühren in
50　g neutrale Stärke-Tragantverdickung (Standard IV). Nach dem Abkühlen auf 35 bis 40° C unter Umrühren zufügen.
0,6 g Nitrit gelöst in
15,5 g Wasser. Nach 10 min zusetzen
8　g essigsaures Natron 1 : 1. Einstellen auf
______
100 g.

Drucken, trocknen (Stücke können einige Tage liegen bleiben), passieren breit durch heiße Sodalösung, heiß spülen, kochend seifen, spülen.

Statt des Variaminblaus werden heute die entsprechenden Variaminblausalze verwendet. In diesem Falle fällt das Diazotieren fort.

(245) Verfahren: Aufdruck von Naphtholen und Entwickeln in Diazolösungen. Das Verfahren wird immer angewandt bei wenig gedeckten Mustern, wo sich ein Naphtholieren des ganzen Stückes nicht lohnt. Vorzug: Scharfe Drucke, schöne Weißböden.

Ansatz:
2 g Naphthol A S werden mit
3 g Türkischrotöl und
3 g Natronlauge 38° Bé angeteigt, mit
42 g heißem Wasser (evtl. unter Aufkochen) klar gelöst und in
50 g neutrale Stärke-Tragantverdickung (Standard IV) eingerührt
______
100 g.

Drucken, trocknen (evtl. einige Tage lagern, Luftgang), entwickeln in Diazolösung, unter Zugabe von 25—50 g/l Steinsalz (damit Drucke nicht fließen).

(246) Verfahren: Das Naphthol-Nitrit-Klotzverfahren. Man gibt dem Naphtholgrundierungsbad Nitrit zu, färbt aus, und druckt das Chlorhydrat der freien Base unter Zusatz von Milchsäure auf. In diesem

Falle erfolgen Diazotierung und Kupplung auf der Faser unmittelbar hintereinander.

Vorteil: Druckfarben sind unbeschränkt haltbar,

Anwendbar: Nur für Basen, deren Chlorhydratverbindungen in Wasser löslich sind.

Naphtholgrundierung:

    2 g Naphthol AS-D werden mit

    3 g Türkischrotöl,

    3 ccm Natronlauge 38° Bé angeteigt und mit

    30 ccm heißem Wasser, evtl. unter Aufkochen, klar gelöst. Man fügt hinzu

    3 g Nitrit und stellt mit Wasser ein auf

    100 ccm.

Ansatz Druckfarbe:

    2,4 g Echtschwarz B-Base werden in

    2 g Salzsäure und

    10,6 g Wasser gelöst. Man fügt hinzu:

    8 g Weinsäure 1:1,

    7 g Milchsäure und arbeitet alles ein in

    70 g Stärke-Tragant-Verdickung (Standard IV).

    100 g.

(247) Verfahren: Das Naphthol-Nitrit-Druckverfahren. Dieses Verfahren ist die Umkehrung des Naphtholnitrit-Klotzverfahrens. Man druckt Naphtholat-Nitrit auf und entwickelt in saurer Chlorhydratlösung der Base.

Ansatz Druckfarbe:

    2,5 g Naphthol A S-G werden mit

    3 g Türkischrotöl und

    3 g Natronlauge 38° Bé angeteigt und in

    25,5 g heißem Wasser, evtl. unter Aufkochen, gelöst. Das Ganze wird eingerührt in

    57 g Stärke-Tragant-Verdickung (Standard IV). Dann werden

    3 g Natriumnitrit in

    6 g Wasser gelöst, zugegeben.

    100 g.

Entwicklungsflotte:

    1,5 g Echtrot KB-Base und

    5 g Glycolsäure werden in warmem Wasser gelöst. Hierauf fügt man

    1 g Brechweinstein gelöst in

    10 g Wasser hinzu und stellt ein auf

    100 ccm.

Drucken, trocknen, 5 min Mather Platt, entwickeln, kurz verhängen (Luftgang), kurz passieren durch heißes Wasser 90—100° C, spülen, seifen, spülen.

(248) Verfahren: Naphthol AS-Farben neben Küpenfarben. Auf naphtholierte Ware können ohne weiteres Küpenfarben aufgedruckt werden, wenn nicht Muster mit anstoßenden Konturen oder mit „Überfallrapport" gedruckt werden. In solchen Fällen ist das Verfahren nicht geeignet, weil Hofbildung eintritt.

Man druckt auf den ersten Walzen die Diazofarben, schaltet evtl. eine Wasserwalze ein und läßt nun die Küpenfarben folgen.

Nachbehandlung wie bei direktem Druck mit Küpenfarben.

(249) Verfahren: Naphthol AS-Farben neben Anthrasolen. Auf die grundierte Ware wird die Diazolösung und das Anthrasol aufgedruckt. Nach dem Trocknen wird 20 sec lang heiß gesäuert in

20 ccm/l Schwefelsäure 60° Bé und 10 ccm/l Ameisensäure 90%.

Hierauf wird gespült und geseift. Das Dämpfen fällt also weg. Der Druckansatz des Anthrasols geht nach Verfahren 257.

(250) Verfahren: Das Ätzen der gefärbten Ware. Die meisten fertig gefärbten und gekuppelten Naphthole sind ätzbar. Der chemische Vorgang bei der Reduktionsätze läßt sich, wie folgt, darstellen:

$$R_n - N = N - R_b + 4H \xrightarrow{\text{Alkali}} R_n \cdot NH_2 + H_2N \cdot R_b$$

gekuppelter, unlöslicher Farbstoff   urspr. Naphthol + urspr. Base
(stark farbig)   vermehrt um eine Aminogruppe.

R_n = Rest aus Naphthol.
R_b = Rest aus Base.

Die Weißätze ist eine Mischung von Rongalit C, Pottasche und Anthrachinon.

Beispiel: 50 g neutrale Stärke-Tragantverdickung (Standard IV)
              15 g Rongalit C.
              20 g Zinkweiß 1:1.
                5 g Solutionssalz B 1:1.
                3 g Pottasche.
                4 g Anthrachinon Teig 30proz.
                3 g Wasser.
              ———————
              100 g.

Drucken, trocknen, dämpfen 5 min Mather Platt, spülen, kochend seifen, spülen. Die Buntätzen werden meist mit Küpenfarbstoffen ausgeführt, wobei Weiß- neben Buntätzen angewandt werden können.

Der Ansatz der Buntätzen mit Küpenfarbstoffen erfolgt nach Verfahren 242.

Reservedruck mit Naphtholen.

Man unterscheidet

1. Weißreserven.

2. Buntreserven.

a) unter Färbungen mit Indanthren- bzw. Schwefelfarben,

b) auf Anilinschwarz-Klotzungen,

c) auf Anthrasolklotzungen.

Vorgang; Die naphtholierte Ware wird unter Zusatz reservierender Substanzen mit diazotierten Basen bedruckt und mit Küpenfarbstoffen überfärbt. Die Reservierung schützt die Naphtholstellen vor Überfärbung durch Küpenfarbstoffe.

Oder

Die Ware wird mit Anilinlösung auf dem Foulard geklotzt, in der Hotflue getrocknet, mit Naphtholat-Reserve bedruckt (Anthrasole können mitgedruckt werden), 3—5 min im Mather Platt gedämpft und hierauf auf dem Foulard durch die Diazolösung gezogen.

Als reservierende Mittel, die das Überfärben in der Küpe verhindern, werden alkalibindende, ferner oxydierende oder reduzierende und schließlich mechanisch reservierende Substanzen benutzt. Man hat z. B.:

Stannochlorid, Zinnchlorür $SnCl_2 \cdot 2H_2O$ *(Zinnsalz). Stark reduzierende Eigenschaften.*

Zinkchlorid $ZnCl_2$. *Reserviert besonders gut.*

Manganchlorür $MnCl_2 \cdot 4H_2O$. *Reserviert unter Indigo und Schwefelfarben.*

(251) Verfahren: Reserven unter Küpenfarbstoffen.

Grundierungsflotte

     10 g Naphthol AS.
     10 ccm Türkischrotöl.
     15 ccm Natronlauge 38° Bé
          mit Wasser einstellen auf
     ————————
     1000 ccm.

Die gefärbte Ware wird getrocknet und bedruckt mit

Ansatz Weißreserve:

15 g Kaolin 1:1,
32 g Britischgummi 1:1,
18 g Manganchlorür. Über Nacht
    stehen lassen, dann zugeben
30 g Zinkchlorid,
 5 g Ludigol.
____
100 g.

Ansatz Rotreserve:

 7 g Echtrotsalz 3 G L,
13 g Wasser (oder: 20 g Diazo-
    lösung Echtrot 3 G L),
10 g Stärke-Tragant-Verdickung
    (Standard IV),
26 g Stärke-Tragant-Verdickung
    (Standard IV),
16 g Manganchlorür.
25 g Zinkchlorid,
 3 g essigsaures Natron.
____
100 g.

Nun wird wieder getrocknet.

Überfärbungsflotte (für Foulard).

   8 g Indanthrenblau R S N Plv. werden angeteigt mit
 60 g Glykoselösung 1:1 und
200 g Wasser. Das Ganze wird eingetragen in
500 g kochendes Wasser. Man fügt hinzu
 80 g Natronlauge 38° Bé und
  4 g Hydrosulfit und stellt ein auf
____
1000 ccm, die man auf 80° C erwärmt.

Mit der bedruckten und getrockneten Ware fährt man nun während 20—30 sec durch den Foulard, quetscht ab, verhängt (Luftgang), spült, säuert (10 ccm/l Schwefelsäure), seift kochend unter Zusatz von 2 g/l Natriumperborat, spült und trocknet.

(252) Verfahren: Rotreserven unter Variaminblau (Blaurotartikel).
Die Ware erhält zuerst eine Naphtholgrundierung:

 15 g Naphthol AS.
 20 ccm Türkischrotöl.
 18 ccm Natronlauge 38° Bé. Auffüllen auf
____
1000 ccm.

Nach dem Trocknen wird die Ware mit der Rotreserve bedruckt:

 5 g Echtrotsalz RL in
29 g Wasser lösen und in
50 g Stärke-Tragant-Verdickung (Standard IV)
    einrühren. Hierauf zusetzen
16 g schwefelsaure Tonerde 1:1.
____
100 g.

Die Entwicklung erfolgt auf dem Foulard, dem ein Luftgang oder besser eine Zylindertrocknung (im Laboratorium: Bügeleisen) angeschlossen wird. Hierauf wird kalt und heiß gespült, kochend geseift und wieder gespült.

Entwicklungsflotte:

> 35 g/l Variaminblausalz B.

5. Das Drucken mit Rapidecht- und Rapidogenfarbstoffen.

Diese Farbstoffe sind Mischungen von Alkalinaphtholaten mit Nitrosaminen von Echtbasen. Sie werden erst nach dem Aufdrucken in der Nachbehandlung entwickelt. Man kann also die Ware ohne vorherige Grundierung bedrucken.

Die Haltbarkeit der Druckfarben von Rapidechtfarbstoffen ist beschränkt (etwa 24 Stunden). Die H-Marken dieser Farbstoffe und besonders die Rapidogenmarken sind in der Druckfarbe viel haltbarer.

Die Verdickung muß neutral oder schwach alkalisch sein und darf vor allem nicht reduzieren (wie z. B. Britischgummi). Man wählt daher Stärke-Tragant-Verdickungen, Gummi arabicum u. dgl.

Die Echtheitseigenschaften sind sehr gut. Die Drucke besitzen z. T. „I"-Echtheit.

(253) Verfahren: Direkter Druck mit Rapidechtfarben.

Ansatz für Rapidechtfarben in Plv.:

> 7,5 g Rapidechtfarbstoff Plv. werden mit
> 3   g Natronlauge 34° Bé
> 2   g Monopolbrillantöl und
> 32,5 g Wasser von 25—30° C angeteigt. Man fügt hinzu
> 5   g neutrale Chromatlösung und
> 50   g neutrale Stärke-Tragant-Verdickung (Standard IV).
> ———
> 100   g.

Ansatz für Rapidechtfarbstoff Tg:

> 15 g Rapidechtfarbstoff Tg werden mit
> 27 g kaltem Wasser,
> 3 g Monopolbrillantöl und
> 5 g Chromatlösung angeteigt und in
> 50 g neutrale Stärke-Tragant-Verdickung (Standard IV)
> eingetragen.
> ———
> 100 g.

Chromatlösung: 15 g Natriumbichromat krist. in
> 70 g Wasser lösen und
> 15 g Natronlauge 38° Bé zusetzen.
> ———
> 100 g.

(Nur abgekühlt verwenden!)

Die Chromatlösung erhöht die Haltbarkeit der Farben insbesondere gegen die Einwirkung des Dampfes.

Drucken, trocknen, 2—3 min Mather Platt (oder 12 Stunden verhängen, Feuchtraum), breit passieren durch 70—80° C heißes Bad mit 30 ccm/l Essigsäure und 25 g/l Glaubersalz, spülen, kochend seifen, spülen.

Die Säureentwicklung kann auch im Dämpfer erfolgen. Man setzt dem Sumpf des Mather-Platt Essigsäure zu, indem man sie langsam zutropfen läßt.

(254) Verfahren: Direkter Druck mit Rapidogenen.

8 g Rapidogenbordo K.		4,5 g Rapidogenblau K.	
3 g Natronlauge 38° Bé.		3 g Natronlauge 38° Bé.	
3 g Türkischrotöl.		3 g Spiritus.	
15 g warmes Wasser (40° C).		15 g warmes Wasser (40° C).	
50 g Stärke-Tragant-Verdickung (Standard IV).		3 g Glyecin A.	
5 g neutrale Chromatlösung.		55 g neutrale Stärke-Tragant-Verdickung (Standard IV).	
16 g kaltes Wasser.		5 g Harnstoff.	
100 g.		11,5 g kaltes Wasser.	
		100 g.	

Nach dem Drucken wird, wie folgt, entwickelt (vgl. Rapidechtfarbstoffe).

a) Säuredampfentwicklungsverfahren. Man dämpft in Gegenwart von Essig- und Ameisensäure (Zugabe zum Sumpf des **Mather Platt**). Man erhält so besonders ausgiebige Drucke. Man spült, seift kochend und spült wieder.

b) Naßentwicklungsverfahren. Die getrocknete Ware wird, ohne zu dämpfen, entwickelt in

20 ccm/l Essigsäure.	25 g/l Glaubersalz.
50 ccm/l Ameisensäure.	95° C, 20 sec.

Man spült, seift kochend und spült wieder.

c) Trockentrommel-Entwicklungsverfahren: Die bedruckte, trockene Ware wird rechtsseitig auf einem Foulard zwischen zwei Walzen, von denen die untere (bombagiert) in das kalte Säurebad mit 20 ccm Essigsäure 50proz., 25 ccm Ameisensäure 90proz. und evtl. 25 g/l Glaubersalz krist. eintaucht, gepflatscht und unmittelbar danach linksseitig auf den mäßig geheizten Trommeln (die ersten beiden bombagiert) einer Zylindertrockenmaschine getrocknet. Die Entwicklung erfolgt während des Trocknens, dann wird gespült, kochend geseift und gespült.

(255) Verfahren: Buntreserven auf Anthrasol. Man klotzt die Ware im Foulard:

> 40 g Anthrasol O 4 B.
> 600 g heißes Wasser, abkühlen.
> 50 g Tragant 65:1000.
> 40 g chlorsaures Natron.
> 10 g neutrales Ammoniumoxalat.
> 50 g vanadinsaures Ammonium 1:100.
> Mit kaltem Wasser auffüllen auf:
> 1000 ccm.

(Das Ammoniumvanadat $NH_4 \cdot VO_3$ *spielt die Rolle des Sauerstoffüberträgers. Das chlorsaure Natron* $NaClO_3$ *ist ein Oxydationsmittel.)*

Nach dem Trocknen druckt man folgende Gelbreserve auf:

> 15 g Rapidogen G Tg.
> 5 g Naphthol AS-G.
> 2 g Türkischrotöl.
> 50 g Stärke-Tragant-Verdickung (Standard IV).
> 3 g Natriumthiosulfat.
> 2 g Ludigol.
> 19 g Wasser.
> 4 g essigsaures Natron.
> 100 g.

Man dämpft 3 min im Mather Platt, passiert breit 1 min durch Natronlauge 1° Bé, spült heiß und kalt, seift kochend und spült wieder.

(256) Verfahren: Pflatschartikel. Man druckt eine Kaliumsulfit-Weißreserve neben Rapidechtfarben auf die mit Naphthol AS grundierte Ware und überdruckt nun mit Diazolösungen auf einer Pflatsch- oder Gründelwalze.

Kaliumsulfit $K_2SO_3 \cdot 2H_2O$ *ist eine reduzierende, schwach alkalische Reserve.*

Grundierungsflotte:

> 0,8 g Naphthol AS-RL.
> 20 ccm Türkischrotöl.
> 10 ccm Natronlauge 38° Bé.
> 2 g Nekal BX. Einstellen auf
> 1000 ccm.

Nach dem Trocknen wird aufgedruckt:

Ansatz Weißreserve:

3 g Kaliumsulfit.

50 g Stärke-Tragant-Verdickung
(Standard IV).

47 g Wasser.

100 g.

Ansatz Rotfarbe:

15 g Rapidechtrot GL Tg.

2 g Türkischrotöl.

5 g Chromatlösung.

28 g kaltes Wasser.

50 g Stärke-Tragant-Verdickung
(Standard IV).

100 g.

Nach dem Trocknen wird die Ware mit der Diazolösung überpflatscht.

Ansatz für die Pflatschwalze:

1 g Echtrot-RL-Base und

0,5 g Natriumnitrit, gelöst in

60 g Wasser, werden eingerührt in

2 ccm Salzsäure 20° Bé und

2 ccm Wasser. Nach eingetretener Lösung einrühren in

880 g Tragant-Verdickung 65:1000. Abstumpfen mit

1 g essigsaurem Natron. Einstellen auf

1000 ccm

(Diese Kombination wird oft als Ersatz für den „Rot-Rosa-Alizarin-Reserve-Artikel" angewandt.)

Nach dem Trocknen wird im Mather Platt gedämpft, hierauf (zur Fixierung der Rapidechtfarbe) in 10 ccm/l Essigsäure bei 80° C behandelt, gespült, geseift und gespült.

6. Das Drucken mit Anthrasolen.

Man kennt folgende Verfahren, die Anthrasole nach dem direkten Druck zu verseifen und zu oxydieren.

    a) Dämpfverfahren,

    b) Nitritverfahren,

    c) Chromatverfahren,

    d) Eisenchloridverfahren,

    e) Aluminium-Chloratverfahren,

    f) Kupfersulfatverfahren.

(257) Verfahren: Fixierung von Anthrasoldruck nach dem Dämpfverfahren. Die Druckfarbe enthält Natriumchlorat, ein Säure abspaltendes Mittel und einen Sauerstoffüberträger. Die Wirkung dieser Zusätze wird durch kurzes Dämpfen ausgelöst.

Ansatz (allgemein): 6 g Anthrasoldruckpurpur IR,
5 g Glycein A,
32 g Wasser,
45 g Stärke-Tragant-Verdickung (Standard IV)
5 g Rhodanammonium 1:1,
5 g Natriumchlorat 1:2,
1 g vanadinsaures Ammonium 1:100,
1 g Ammoniak 25%,

——————————

100 g.

Drucken, trocknen 5—10 min Mather Platt (oder 15—20 min Dämpf-kasten), spülen, kochend seifen, spülen.

(Statt Anthrasolpurpur IR können u. a. in gleicher Konzentration verwendet werden: Anthrasolgelb HCG, Anthrasolgoldgelb IRK, Anthra-solrot HR, Anthrasolbrillantrosa I 3 B, Anthrasolrotviolett IRH, Anthra-soldruckviolett IBBF, Anthrasoldunkelblau IB, Anthrasol HB, OR, O, O 4 B, O 6 B, AZG, Anthrasolgrün IAB.)

Ansatz (Solentwicklungsverfahren). Im Gegensatz zu Rhodanammo-nium sind die Solentwickler gute Lösungsmittel für Anthrasole. Das Verfahren kommt praktisch für die Anthrasole Anthrasolgrün AB, Anthrasolbraun IRRD, Anthrasolgoldgelb IGK in Betracht.

8 g Anthrasolgrün AB,
5 g Solentwickler GA,
4 g Solentwickler D,
32 g Wasser,
45 g Stärke-Tragant-Verdickung (Standard IV),
3 g Natriumchlorat 1:2,
2 g vanadinsaures Ammonium 1:100,
1 g Ammoniak 25%.

——————————

100 g.

Fertigstellung wie unter „Ansatz allgemein".

(258) Verfahren: Fixierung von Anthrasoldruck nach dem Nitrit-verfahren. Wenn keine Dämpfvorrichtung zur Verfügung steht oder wenn neben Anthrasolen Naphthole bzw. Rapidogene oder Rapidechtfarb-stoffe gedruckt werden sollen, wird das Nitritverfahren angewandt, welches dem Nitritverfahren bei der Färbung mit Anthrasolen entspricht.

Ansatz: 6 g Anthrasoldruckpurpur IR,
5 g Glycein A,
2 g Soda kalz.,
37 g Wasser,
44 g Stärke-Tragant-Verdickung (Standard IV),
6 g Natriumnitrit.

——————————

100 g.

Drucken, trocknen, breit passieren durch 20 ccm/l Schwefelsäure, 20—25 g/l Glaubersalz, 60—70° C, spülen, kochend seifen, spülen. (Will man die Bildung von nitrosen Gasen beim Entwickeln verhindern, so setzt man dem Entwicklungsbad etwas Harnstoff oder Ameisensäure zu.)

(259) Verfahren: Vordruckreserven unter Anthrasolen. Das Färben mit Anthrasolen kommt dann weniger in Frage, wenn Vordruckreserven angewandt werden. Die Färbung muß in diesem Falle schnell vor sich gehen. Man nimmt deshalb Klotzungen vor, bei denen die Entwicklung durch Dämpfen erfolgt.

Vordruck:

Man druckt den Ansatz Verfahren 260 auf und fährt durch die Anthrasolklotzlösung.

Anthrasolklotzlösung:

        30 g Anthrasolfarbstoff in
        30 g Glyezin A,
       700 g Wasser und
        50 g Tragant 65:1000 lösen, dann
        25 g Ammoniak 25%,
        20 g oxalsaures Ammonium,
        30 g Essigsäure 50% (8° Bé),
        45 g Natriumchlorat 1:2 und
        20 g vanadinsaures Ammonium 1:100 zusetzen.
              Auffüllen auf
     1000 ccm.

Klotzen, abquetschen, trocknen, 5 min Mather Platt, breit passieren durch 2 g/l Soda und 2 g/l Perborat, 25° C, spülen, kochend seifen, spülen.

(260) Verfahren: Überdruckreserven auf Anthrasolklotz. Das mit Anthrasolklotz (259) versehene, nicht zu heiß getrocknete und nicht weiter behandelte Gewebe wird mit einer Buntreserve überdruckt.

Ansatz: 25 g Küpenfarbstoff Teig (oder Suprafix) mit
           3 g Glycerin anteigen, dann
           7 g Soda kalz.,
          15 g Gummi 1:2,
          17 g Stärke-Tragant-Verdickung (Standard IV),
          15 g Zinkoxyd 1:1,
           8 g Rongalit C, gelöst in
          10 g Wasser, zufügen.
         100 g.

Drucken, trocknen, 5 min Mather Platt, breit passieren (zur Entwicklung) durch 20 ccm/l Schwefelsäure, 50° C, verhängen (Luftgang), spülen, kochend seifen, spülen.

(261) Verfahren: Naphtholatbuntreserve unter Anthrasol.

Ansatz Vordruck:

> 15 g Zinkoxyd 1:1, mit
> 40 g Stärke-Tragant-Verdickung (Standard IV),
> 7 g Wasser und
> 8 g Natronlauge (38° Bé) verrühren. Zusetzen
> 4 g Naphthol A S in
> 3 g Türkischrotöl,
> 4 g Natronlauge (38° Bé),
> 15 g heißem Wasser angeteigt und gelöst,
> 4 g Natronlauge (38° Bé).

$\overline{\quad\;\; 100\text{ g.}\qquad\qquad}$

Drucken, trocknen.

Ansatz Überdruck: Variation nach Verfahren 257.

Drucken, trocknen, dämpfen (5 min Mather Platt).

Ausfärbung: In einer Diazolösung nach Verfahren 98.

7. Das Drucken mit Anilinschwarz.

Anilinschwarz gehört zur Klasse der Oxydationsfarbstoffe. Es besitzt wegen seiner Echtheit und seiner vielseitigen Anwendungsformen für den Zeugdruck eine große Bedeutung. Um das Anilin zu schwarz oxydieren zu können, muß es als Salz einer starken Säure vorliegen (meist als salzsaures Anilin $C_6H_5 \cdot NH_2 \cdot HCl$). Diese Säure wird bei der Oxydation frei, wodurch die Gefahr einer Faserschädigung akut wird. Eine Anzahl von Zusätzen dient der rechtzeitigen Bindung der freiwerdenden Säure. In Klotzflotten und Druckfarben soll die Anilinsalzmenge zwischen 6 und 8% liegen. Man wendet in der Hauptsache zwei Verfahren an: Das Hängeschwarz und das Dampfschwarz.

(262) Verfahren: Hängeschwarz oder Vanadiumschwarz. Als Sauerstoffüberträger dienen Vanadiumsalze. Zur vollständigen Entwicklung ist ein nachträgliches Chromieren notwendig.

> Ansatz: 10 g Weizenstärke werden mit
> 60 g Wasser verkocht. Es wird heiß zugefügt:
> 4 g Natriumchlorat. Nach Abkühlen wird zugesetzt:
> 8 g Anilinöl,
> 7 g Salzsäure 22° Bé,
> 11 g Vanadinlösung 1:1000.

$\overline{\quad\;\; 100\text{ g.}\qquad\qquad}$

Vanadinlösung 1:1000 (VCl_3):

 1 g vanadinsaures Ammonium in
 10 ccm Salzsäure 22° Bé und
 40 ccm Wasser lösen.
  1 ccm Glyzerin zusetzen und so lange erwärmen, bis die gelbgrüne Lösung blau geworden ist, dann auf
 1000 ccm einstellen.

Drucken, trocknen, 18—24 Stunden in einem feuchtwarmen Raum verhängen (oder kurz im Mather Platt dämpfen), chromieren mit 3 g/l Kaliumbichromat und 3 g/l Soda bei 50° C, spülen, kochend seifen, spülen.

(263) Verfahren: Dampfanilinschwarz (Ferrocyandampfschwarz). Man stellt drei Ansätze her:

 Ansatz I: 50 g Stärke-Tragant-Verdickung (Standard IV),
     10 g Anilinsalz,
     5 g Anilinöl.
 Ansatz II: 3 g Natriumchlorat,
     15 g Wasser.
 Ansatz III: 5 g gelbes Blutlaugensalz,
     12 g Wasser.
     100 g.

Die drei Ansätze werden erst kurz vor dem Druck vereinigt. Drucken, trocknen, 5 min Mather Platt, breit passieren durch 5 g/l Kaliumbichromat und 5 g/l Soda bei 40—50° C, spülen, kochend seifen, spülen.

(264) Verfahren: Weißreserven auf und unter Anilinschwarzklotz. a) Aufdruckreserven.

Die gebleichte Ware wird auf einem Foulard geklotzt mit

 Lösung I: 84 g Anilinsalz,
     40 g Tragant 65:1000,
     5 g Anilinöl,
     250 g Wasser.
 Lösung II: 54 g gelbes Blutlaugensalz,
     200 g Wasser.
 Lösung III: 30 g Natriumchlorat,
     320 g Wasser.

Vor Gebrauch werden die drei Lösungen zusammengerührt und auf 1 l eingestellt.

Nach dem Färben wird getrocknet. Die Ware soll nun hell-grüngelb vorliegen.

Es werden drei Weißreserven angegeben:

Ansatz I: 50 g Britischgummi 1:1,   Ansatz II: 50 g Britischgummi 1:1
          20 g essigsaures Natron,   15 g essigsaures Natron,
          20 g Natriumbisulfit 36° Bé,   3 g Rongalit C,
          10 g Zinkoxyd 1:1,   32 g Wasser
         ─────────   ─────────
          100 g.   100 g.

Ansatz III: 8 g Natronlauge 38° Bé,
              50 g Britischgummi 1:1,
              25 g Zinkoxyd 1:1,
               8 g Natriumthiosulfat,
               9 g Wasser.
             ─────────
              100 g.

Drucken, trocknen, 5 min Mather Platt, passieren breit durch 5 g/l Kaliumbichromat und 5 g/l Soda bei 40—50° C (oder in 10 g/l Wasserglas 50° C), spülen, kochend seifen, spülen.

b) Vordruckreserven.

Man druckt auf die gebleichte Ware einen der beiden Ansätze:

Ansatz I: 10 g Zinkoxyd,
             10 g Magnesiumkarbonat,
              3 g Soda,
             49 g Britischgummi 1:1,
             27 g Wasser,
              1 g Ultramarin.
            ─────────
             100 g.

Ansatz II: 55 g Britischgummi 1:1,
             10 g Zinkweiß 1:1,
              6 g Natronlauge 38° Bé,
              8 g Natriumthiosulfat,
             11 g Wasser oder Verdickung,
             10 g Magnesiumoxyd 1:4,
            ─────────
             100 g.

Nach dem Trocknen wird mit Anilinlösung (wie für Aufdruckreserven angegeben) überklotzt. Dabei läßt man die Ware nicht in die Klotzflotte eintauchen, sondern führt sie mit der bedruckten Seite über die untere in die Flotte eintauchende (umwickelte) Walze (Abb. 103). Danach wird sofort getrocknet, wobei die Ware nur schwach vergrünen darf, hierauf wird 1—3 min im Mather Platt gedämpft, durch Chromkali-Soda oder durch Wasserglas geführt, gespült, kochend geseift und wieder gespült.

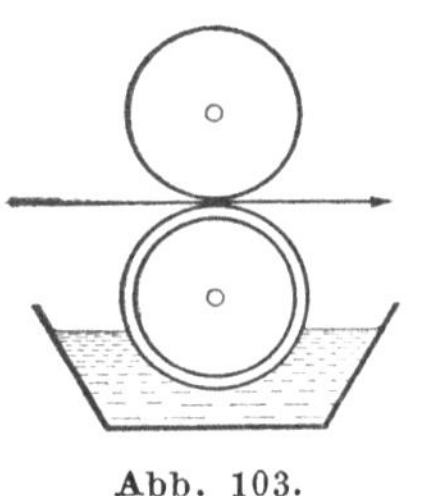

Abb. 103.

(265) Verfahren: Buntreserven auf und unter Anilinschwarzklotz.

a) Aufdruckreserve mit basischen Farbstoffen als Katanollack. Man klotzt die Ware mit 7—10 g/l Katanol ON (kochend einstreuen in Sodalösung), 1 g/l Soda kalz. und 5 g/l Türkischrotöl bei 40° C und überklotzt nun mit Anilinlösung (Verfahren 264), die man jedoch noch mit 5—10 ccm/l Essigsäure angesäuert hat. Nach dem Trocknen wird eine basische Buntreserve aufgedruckt:

Ansatz: 3 g basischer Farbstoff in
          8 g Alkohol,
          2 g Glyezin A,
          7 g Wasser lösen. Einrühren in
         80 g Reserve-Verdickung.
        ____
        100 g.

Ansatz: Reserveverdickung:
         42 g Britischgummi Plv. mit
         31 g Wasser verkochen, nach Erkalten zurühren:
          4 g Natriumazetat in
          4 g Wasser gelöst,
          4 g Kaliumsulfit 45° Bé,
          8 g Zinkoxyd,
          5 g Glyzerin,
          2 g Rhizinusöl.
        ____
        100 g.

Drucken, trocknen, 5 min Mather Platt, breit passieren durch 2 g/l Katanol ON + 2 g/l Soda + 1 g/l Kaliumbichromat 40° C, spülen, leicht seifen, spülen.

b) Vordruckreserve mit Küpenfarbstoffen („Prud'homme Artikel"). Man bedruckt die Ware mit folgendem

Ansatz: 20 g Indanthrenfarbstoff Teig,
         30 g Gummi 1:1,
         12 g Britischgummi 1:1,
         20 g Schlämmkreide oder Zinkweiß 1:1,
          8 g Natronlauge 40° Bé,
         10 g Rongalit C.
        ____
        100 g

Trocknen, 5 min Mather Platt, mit Anilinlösung (Verfahren 264) klotzen, trocknen, 3 min Mather Platt, breit passieren durch 1 g/l Kaliumbichromat + 4 g/l Soda 40° C, spülen, kochend seifen, spülen.

(266) Versuch: Die Anwendung von Druckfarben verschiedener Farbstoffklassen für mehrfarbige Muster im Maschinendruck (R. Schüle). Zur Vervollständigung der Verfahren zeigen die nachfolgenden Beispiele, wie Farben verschiedener Farbstoffklassen und unterschiedlicher Fertigungsverfahren doch in einem Arbeitsgang zur Erzielung mehrfarbiger Muster gedruckt und fertiggestellt werden können. Damit öffnet sich ein neuer Blick auf die Tagesarbeit des Koloristen, der die Farbvorschriften so zu beherrschen hat, daß er je nach der Art des vorliegenden Musters und des herzustellenden Artikels, nach dem Geschmack derMode und nicht zuletzt den Kosten der Druckfarben entsprechend, Farbstoffe auch verschiedenster Gruppen kombinieren kann. Das Ergebnis sei dann eine technisch und geschmacklich vollendet ausgeführte Druckware, deren Herstellungskosten auch der immer kritische Käufer noch anerkennen kann. Die Beispiele können darum keine vollständige Zusammenstellung aller Möglichkeiten, sondern nur Anregungen sein, welche einen Teil der in der Praxis üblichen Kombinationen und Arbeitsverfahren zeigen. Aus diesen Gründen unterbleibt auch eine Nennung bestimmter Farbstoffe. Die Möglichkeiten, aber auch die Schwierigkeiten, sind so zahlreich, daß die Anregungen nicht nur dazu dienen sollen, dem jungen Koloristen durch einige Fingerzeige in den Sattel zu helfen, sondern ihm auch die Grundlagen für den Aufbau eigener Verfahren zu bieten.

Druckversuch 1. Ein offenes Direktdruck-Muster, dessen Figuren nicht aneinander stoßen, soll in einer „Herbststellung" gedruckt werden. Besondere Echtheit wird nicht verlangt.

1. Walze: Chrombeizenfarbe   (Gelbbraun),
2.   ,,   : Chrombeizenfarbe   (Grau),
3.   ,,   : Rapidogenfarbe   (Orange),
4.   ,,   : (Decker) Chrombeizenfarbe   (Braun).

Zu beachten: Farben 1, 2 und 4 sind sauer, Farbe 3 ist alkalisch! Sind Farben 1 und 2 schwere Passer, wird auf Walze 3 eine Konterrakel aufgelegt. Ist Farbe 3 ein schwerer Passer, wird der Übertrag in Farbe 4 groß, also auf Walze 4 Konterrakel oder Farbe 4 öfters erneuern.

Frage: Mit welcher Farbe müßte Walze 4 drucken, wenn die Figuren von Walzen 3 und 4 aneinandergrenzen würden?
(Rapidogenfarbe.)

Fertigstellung: 3 min mit Essigsäure im Mather Platt dämpfen (zur Entwicklung der Rapidogenfarbe), dann 1—2mal 8 min mit neutralem Dampf im Mather Platt dämpfen (je nach Fixierungsgeschwindigkeit der Beizenfarbstoffe). Waschen und seifen wie bei Beizenfarben angegeben.

Druckversuch 2. Dasselbe Muster soll in derselben Farbstellung, aber „echt" gedruckt werden. Dies kann auf folgende zwei Arten geschehen:

1. Art:

1. Walze: Indanthrenfarbe (Gelbbraun),
2. ,, : Indanthrenfarbe (Grau),
3. ,, : Rapidogenfarbe mit Rapidogenentwickler NN (Orange),
4. ,, : Rapidogenfarbe mit Rapidogenentwickler NN (Braun).

Zu beachten: Indanthrenfarben drucken immer „an 1. Hand", die Rapidogene mit Rapidogenentwickler NN können die Übertragung von Rongalit und Pottasche in gewissen Grenzen ohne Nachteil aufnehmen. Drucken aber die Rapidogenfarben zuerst, dann „überziehen" die Indanthrene und zerstören einen Teil der aufgedruckten Rapidogene.

Fertigstellung: 7 min neutral im Mather Platt dämpfen, mit Natriumperborat und Essigsäure entwickeln, spülen, kochend seifen, spülen.

2. Art:

1. Walze: Indigosol-Dampffarbe (Gelbbraun),
2. ,, : Indigosol-Dampffarbe (Grau),
3. ,, : Rapidogenfarbe (Orange),
4. ,, : Rapidogenfarbe (Braun).

Zu beachten: Die Entwicklung der Indigosol-Dampffarben wird durch starkes Alkali zurückgehalten, also Indigosole vor den Rapidogenen drucken.

Fertigstellung: 5 min neutral im Mather Platt dämpfen, 3 min mit Essigsäure dämpfen, spülen, kochend seifen, spülen.

Frage: Was ist zu tun, wenn sich die Indigosole im Dampf nicht vollständig entwickeln?

(Nach dem Dämpfen, breit mit Nitrit-Schwefelsäurebad entwickeln.)

Druckversuch 3. Dasselbe Muster soll echtfarbig Marineblau gedruckt werden. Dies kann auf Naphthol AS-präparierter Ware geschehen, also:

1. Walze: Echtrotsalzfarbe (Rot),
2. ,, : Indanthrenfarbe (Hellgrün),
3. ,, : Indanthrenfarbe (Blau),

Wasserwalze:

4. Walze: Variaminblausalzfarbe (Marine).

Zu beachten: Echt-Basen und -Färbesalz-Farben sind rongalitempfindlich, daher für angrenzende Figuren ungeeignet. Übertrag durch Wasserwalze ist zu vermeiden.

Fertigstellung:

7 min neutral im Mather Platt dämpfen, mit Natriumperborat Indanthrenfarben entwickeln, spülen, kochend unter Sodazusatz seifen, spülen.

Druckversuch 4. Ein anderes Direktdruck-Muster, dessen Figuren aneinandergrenzen, soll „echtfarbig" ausgemustert werden.

Verlangt wird 1. eine Schwarzstellung:

1. Walze: Indigosol-Dampffarbe (Hellgrün),
2. „ : Indigosol-Dampffarbe (Blau),
3. „ : Rapidogenfarbe (Rot),
4. „ : Anilindampfschwarz (Schwarz).

Zu beachten: Rapidogen- und Indigosol-Dampffarben vertragen sich nur dann mit Anilinschwarz, wenn sie nicht größere Mengen reservierend wirkender Chemikalien enthalten. Die alkalische Rapidogenfarbe überträgt sich in das Anilinschwarz! also evtl. Konterrakel aufsetzen.

Fertigstellung:

5 min mit Essigsäure im Mather Platt dämpfen, chromieren, spülen, kochend seifen, spülen.

Frage: Wie können in diesem Falle nicht vollständig entwickelte Indigosole nachentwickelt werden?·

(Saures Chrombad.)

Verlangt wird 2. eine Mittelblaustellung:

1. Walze: Rapidechtfarbe (Gelb),
2. „ : Mischung Rapidechtfarbe (Gelb)
        mit Indigosolfarbe (Grün) (Grün),
3. „ : Rapidogenfarbe (Orange),
4. „ : Indigosol-Dampffarbe (Mittelblau).

Zu beachten: Farben 1, 2 und 3 sind alkalisch, dadurch kann Farbe 4 nachteilig beeinflußt werden. Abhilfe: Wasserwalze oder Konterrakel.

Fertigstellung:

5 min neutral und 3 min mit Essigsäure im Mather Platt dämpfen, spülen, kochend seifen, spülen.

Verlangt wird 3. eine Marinestellung:

1. Walze:	Echtorangesalzfarbe	(Orange),
2. „ :	Indigosol-Nitritfarbe	(gelb),
3. „ :	Indigosol-Nitritfarbe	(Hellgrün),
4. „ :	Variaminblausalzfarbe	(Marine).

Zu beachten: Die Echtorangesalzfarbe druckt an 1. Stelle, um nicht durch überfallende Indigosolfarbe reserviert zu werden. Je nach Muster wäre dies auch für die Blausalzfarbe günstig, deren Farbtiefe aber durch das „Verquetschen" beeinflußt wird.

Fertigstellung:

2 min neutral im Mather Platt dämpfen, kurze Passage durch heißes Schwefelsäurebad (Entwicklung der Indigosole, spülen, kochend unter Sodazusatz seifen, spülen).

Frage: Das Variaminblau wird beim Fertigstellen nach einigen Stücken roststichig. Wo ist der Fehler zu suchen?

(Nitritempfindlichkeit des Variamins, Schwefelsäurebad öfters erneuern.)

Druckversuch 5: Auf hellem, pastellfarbigem Grund soll ein 4farbiges kleines Blumenmuster, möglichst lebhaft, aber unbedingt indanthrenecht gedruckt werden.

Es gibt hierfür z. B. auch folgende zwei Möglichkeiten:

1. Art:

1. Walze:	Rapidechtfarbe	(Scharlach),
2. „ :	Indanthrenfarbe	(Gelb),
3. „ :	Indanthrenfarbe	(Grün),
4. „ :	Indanthrenfarbe	(Blau).

Fertigstellung:

7 min im Mather Platt neutral dämpfen, mit Indigosol-Nitrit-Klotzlösung klotzen, in Schwefelsäurebad entwickeln, spülen, neutralisieren, kochend seifen, spülen.

Frage: Wann findet die Oxydation der Indanthrenfarben statt?

(Im Schwefelsäurebad und beim kochenden Seifen.)

2. Art:

Mit Indigosol-Klotzlösung nach Dampfverfahren präparierter Ware bedrucken mit:

1. Walze:	Indanthrenfarbe	(Grau),
2. „ :	Indanthrenfarbe	(Blau),

Wasserwalze

3. Walze:	Rapidogenfarbe	(Orange),
4. Walze:	Rapidogenfarbe	(Bordo).

Fertigstellung:

    7 min neutral und 3 min mit Essigsäure im Mather Platt dämpfen, spülen, kochend seifen, spülen.

Druckversuch 6. Ferner liegt noch eine Zeichnung vor, welche auf einem Schwarzgrund ein 4farbiges Muster zeigt. Die Verteilung der Figuren und die Größe der Grundflächen lassen es nicht ratsam erscheinen, zu den vier Farben einen Decker zu gravieren. Das Muster wird im Ätz- und Reservedruck ausgeführt. Der Kunde verlangt die üblichen „Fondfarben", d. s. rot, bordo, blau, marine, braun und schwarz, auf bestimmten Qualitäten in echter, auf anderen Qualitäten in unechter Ausmusterung.

Für die unechte Ausmusterung wäre z. B. vorzuschlagen:
Substantive Färbung (Scharlach):

1. Walze:	Neutrale Weißätze	(Weiß),
2. ,, :	Basische Buntätze	(Gelb),
3. ,, :	Beizen-Buntätze	(Dunkelblau),
4. ,, :	Basische Buntätze	(Hellblau).

Zu beachten: Die Ätzmittel-Menge (Rongalit C) richtet sich nach der Ätzbarkeit der Färbung. Beizen- und basische Farbstoffe werden durch Rongalit z. T. in ihrer Ausgiebigkeit beeinflußt.

Frage: Wie ist die für die Ätze notwendige Rongalitmenge zu bestimmen?

    (Reihenversuche mit Weißätz-Konturen.)

    Und wie wird die Beeinflussung der Farbstoffausgiebigkeit durch Rongalit geprüft?

    (Druck auf gebleichte Ware mit und ohne Rongalit.)

Fertigstellung:

    5 min neutraler Dampf im Mather Platt, spülen, evtl. Katanol ON und Chrom-Bad, kalt seifen, spülen.

Frage: Die Färbung blutet beim Waschen aus und schmutzt das Weiß an — Abhilfe?

    (Glaubersalz-Zusatz in den Waschbädern.)

Druckversuch 7. Für eine echte, aber nicht I-echte Ausmusterung würde dieselbe Farbstellung etwa so auszuschreiben sein:
Naphthol AS-Färbung (Scharlach):

1. Walze: Alkal. Weißätze   (Weiß),
2.   ,,   :   Ätzfarbe m. Algolfarbstoff   (Gelb),
3.   ,,   :   Ätzfarbe m. Indigo   (Dunkelblau),
4.   ,,   :   Ätzfarbe m. Indanthrenfarbstoff   (Hellblau).

Fertigstellung:

> 5 min neutraler Dampf im Mather Platt, Perborat-Essigsäure zur Oxydation der Küpenfarben, spülen, kochend unter Soda- oder Laugen-Zusatz seifen, spülen.

Für die übrigen echtfarbigen Stellungen kommt z. B. der Variamin-Reserve-Artikel in Frage:

Naphthol AS-präparierte Ware:

1. Walze: Echtorangesalzfarbe (Reserve)   (Orange),
2.   ,,   :   Echtrotsalzfarbe (Reserve)   (Rot),
3.   ,,   :   Reserve-Anthrasolfarbe (Bleichromat)   (Creme),
4.   ,,   :   Reserve-Anthrasolfarbe (Bleichromat)   (Grün).

Zu beachten: Wie bei Aufdruck, auch hier Echtsalzfarben vor den Anthrasolreservefarben drucken, um die empfindlichen Diazokörper nicht durch übertragene Reservierungsmittel zu zerstören.

Fertigstellung:

> Dämpfen nicht erforderlich. Auf Foulard klotzen mit Variaminblausalz-Lösung, Luftgang zur Kupplung des Variaminblaus, kochendes Salzsäurebad zur Entwicklung der Indigosole, spülen, unter Sodazusatz kochend seifen, spülen.

Druckversuch 8. Ebenso auch der Anilinschwarz-Reserveartikel, welcher auf mit Anilinschwarz-Klotzlösung imprägnierter Ware gedruckt werden kann:

1. Walze: Rapidechtfarbe   (Gelb),
2.   ,,   :   Rapidogenfarbe   (Rot),
3.   ,,   :   Anthrasolfarbe   (Rosa),
4.   ,,   :   Anthrasolfarbe   (Grün).

Fertigstellung:

> 5 min mit Essigsäure im Mather Platt dämpfen, mit saurem Chrombad entwickeln, spülen, kochend seifen, spülen.

Diese Zusammenstellungen sind für den Maschinendruck bearbeitet. Seine Mechanik bringt es mit sich, daß die Übertragung einer Farbe in die andere, das „Hereinziehen", das „Nachschleppen", das „Auflegen", das evtl. „Abflecken" von Läufer u. a. m. bereits beim Ausschreiben der Farbzusammenstellungen berücksichtigt werden muß. Andererseits zwingt das Bestreben, den Druck wirtschaftlich zu gestalten, den Koloristen, möglichst wenig Wasserwalzen oder Walzenumlegungen vorzuschreiben.

Der Hand- und Filmdruck hat mit diesen Schwierigkeiten nicht zu kämpfen und darum noch viel mehr Möglichkeiten, Farben verschiedener Farbstoffklassen zu kombinieren.

(267) Verfahren: Konversionsartikel mit Rapidogenfarbstoffen in Verbindung mit Anthrasolen und Anilinschwarz. Konversion heißt Umwandlung. Die nachstehend beschriebenen Verfahren ergeben daher Musterungseffekte besonderer Art. Nicht wie bei der Ätze oder der Reserve tritt ein Farbstoff an die Stelle des anderen, sondern der Wechsel der Farbe setzt voraus, daß eine andere Farbe über diese erste druckt und damit dieser ersten nunmehr die Entwicklung und Fixierung gibt. Stellen der ersten Farbe, welche von der 2. nicht überdeckt werden, bleiben farblos und Figuren der 2. Farbe, welche auf keine Vordruckfarbe treffen, entwickeln sich im Eigenton der 2. Farbe. Voraussetzung für diese Effekte ist die Verwendung von Farbstoffen, welche sich nicht nur gegenseitig reservieren und ätzen lassen, sondern auch verschiedene Entwicklungs- und Fixierungseigenschaften haben. Das entstehende Musterbild ist z. B. bei Verwendung einer Überdruckwalze das eines vielfarbigen Überdrucks.

Die Ausführung solcher Effekte unter Verwendung von Rapidogenfarbstoffen mit Überdrucken von Anthrasolen oder Anilinschwarz zeigt folgendes Beispiel:

      Vordruck: 1. Walze: Rapidechtfarbe,
             2.   „   : Rapidogenscharlach R-Farbe,
             3.   „   : Rapidogenbraun IB-Farbe.

    Überdruck:
        Anthrasol 0 4 B-Farbe,
      oder Anilinschwarz-Farbe.

Farbvorschriften:

1.	2.	3.	
8 g	—	—	Rapidechtgelb I 3 GH Plv.,
—	8 g	—	Rapidogenscharlach R,
—	—	8 g	Rapidogenbraun IB,
3 g	3 g	3 g	Spiritus,
3 g	4 g	4 g	Natronlauge 38° Bé
10 g	10 g	10 g	Warmes Wasser
45 g	45 g	45 g	Neutr. Stärke-Tragant-Verd. (Standard
10 g	5 g	5 g	Zinkoxyd 1:1, [IV).
5 g	3 g	3 g	Natriumthiosulfat,
16 g	22 g	22 g	Wasser.
100 g.	100 g.	100 g.	

4.

5 g Indigosol 04B,
3 g Glyecin A,
30 g heißes Wasser,
45 g neutr. Stärke-Tragant-Verd
(Standard IV)
3 g Ammoniak 25%,
3 g Glykolsäure 50%,
4 g Rhodanammonium,
2 g Chlors. Natron,
5 g vanadins. Ammonium (1:1000)

100 g.

5.

9 g Anilinsalz,
35 g neutr. Stärke-Tragant-Verd. (Standard IV),   } A
5 g Ferrozyankalium,
30 g Wasser,   } B

4 g Natriumchlorat,
13 g Wasser,
4 g Glykolsäure.   } C

100 g.

(A, B und C vor Gebrauch mischen.)

Die Rapidechtfarbe ist eine normale Reserve. Sie wirft den Überdruck vollständig ab und fixiert sich an allen damit bedruckten Stellen. — Die beiden Rapidogenfarben enthalten als Reservierungsmittel gegen den Anthrasol- und Anilinschwarz-Überdruck: Zinkoxyd und Natriumthiosulfat. Die Anthrasol- und Anilinschwarz-Farbe enthält außer den üblichen Zusätzen eine Beimischung von glycolsaurem Ammonium bzw. Glykolsäure. Die Glykolsäure entwickelt beim Dämpfen die überdruckten Stellen der Rapidogenfarben, während diese selbst durch den Zusatz von Reservierungsmitteln und durch ihren Alkaligehalt die Entwicklung des überdruckten Anthrasols oder Anilinschwarz verhindern. Der Anthrasol- oder Anilinschwarz-Überdruck fixiert sich aber überall dort, wo kein Rapidecht- oder Rapidogenvordruck vorhanden ist. Bei den durch Dämpfen allein nicht fixierbaren Rapidogenfarben tritt an den nicht überdruckten Stellen keine Entwicklung ein. Der nicht fixierte Rapidogenfarbstoff wird beim Spülen und kochenden Seifen heruntergelöst.

Arbeitsweise beim Überdruck mit Anthrasolen: Rapidecht- und Rapidogenfarben vordrucken, trocknen, baldmöglichst mit Anthrasolüberdruckfarbe überdrucken, trocknen, 5 min im Mather Platt mit neutralem Dampf dämpfen, breit mit 1 ccm/l Natronlauge 38° Bé kochend abziehen, unter Sodazusatz kochend seifen, spülen, trocknen.

Arbeitsweise beim Überdruck mit Anilinschwarz: Rapidecht- und Rapidogenfarben vordrucken, trocknen, baldmöglichst mit Anilinschwarzüberdruckfarbe überdrucken, trocknen, 2—3 min im Mather Platt mit neutralem Dampf dämpfen, bei 50° C mit 1 g/l Chromkali und 3 g/l Soda behandeln, spülen, unter Sodazusatz kochend seifen, spülen, trocknen.

B. Das Bedrucken von Wollgeweben.

An Stelle einer Schilderung der verschiedenen Druckverfahren sei eine sog. Kolorierarbeit angeführt, aus der unschwer die wichtigsten Verfahren zu entnehmen sind. Diese Kolorierarbeiten auf den verschiedensten Substraten mit den verschiedensten Verfahren und Echtheitsgraden stellen die Schlußausbildung des jungen Koloristen dar.

(268) Versuch (und Verfahren): Ausarbeitung eines Druckverfahrens für wollene Damenkleiderstoffe. Es ist die Aufgabe gestellt, ein Muster umzuarbeiten, und zwar so, daß Modetyp und Charakter desselben erhalten bleiben bzw. verbessert werden.

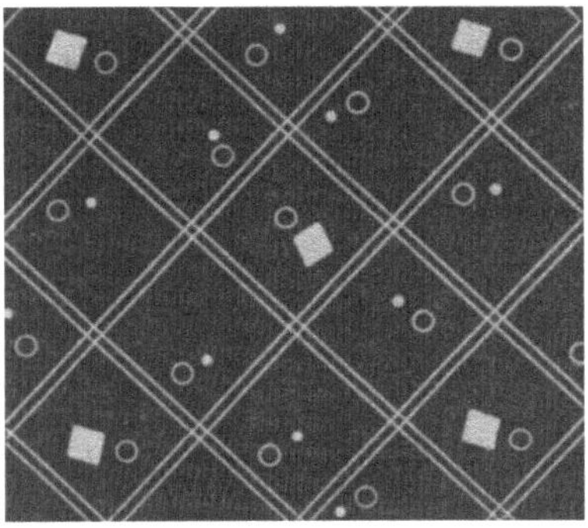

Es kann dabei nicht Aufgabe des Koloristen sein, eine zeichentechnisch vollkommene Arbeit zu leisten. Die Skizzierung soll lediglich dem Kunstgewerbler die für den richtig durchzuführenden Druck notwendigen Anregungen bieten. Auch die Farbenauswahl soll grundsätzlich dem Künstler überlassen werden. Hier allerdings behält sich der Kolorist bestimmte Vorschläge vor oder zum mindesten muß ihm ein Einspruchsrecht, verbunden mit Abänderungsvorschlägen

Abb. 104.

zustehen, denn nur er weiß, welche Grenzen der heutige Stand der Drucktechnik zu ziehen zwingt.

Charakterisierung des gegebenen Grundmusters. Der Charakter wird mit dem Muster durch Karos, welche wieder durch zwei parallel verlaufende geradlinige Diagonale erhalten werden, gegeben. Die regelmäßig wiederkehrenden Ecksteine und die wild versetzten Kreise und Punkte wirken ergänzend. (Abb. 104.)

Außerdem ist durch diese die mehrfarbige Ausführung des Musters möglich.

Die Umarbeitung des Grundmusters. Vorbemerkung: Soll der Charakter des Musters im wesentlichen erhalten bleiben, so müssen für alle Fälle wieder Karos Anwendung finden. (Entwürfe in Abb. 105.)

1. Entwurf: Dreiwellige Diagonale bilden das Karo.

Von den 3 Skizzen zur Ermittlung der für die Ecksteine anzuwendenden Form, wurde die erste gänzlich verneint, da diese zuviel Unregelmäßiges zeigt und eine charakteristische Übereinstimmung mit dem Grundmuster vollkommen vermissen läßt.

2. Entwurf: Hier wurde die dritte Skizze des ersten Entwurfs vergrößert und vereinheitlicht.

3. Entwurf: Es wurde auf die Formen der vierten Skizze des ersten Entwurfs zurückgegriffen. Diese konnten im wesentlichen wohl beibehalten werden, ebenso die kleinen verschobenen Ecksteine. Doch gefiel der Versatz derselben nicht. Außerdem erschien das Muster

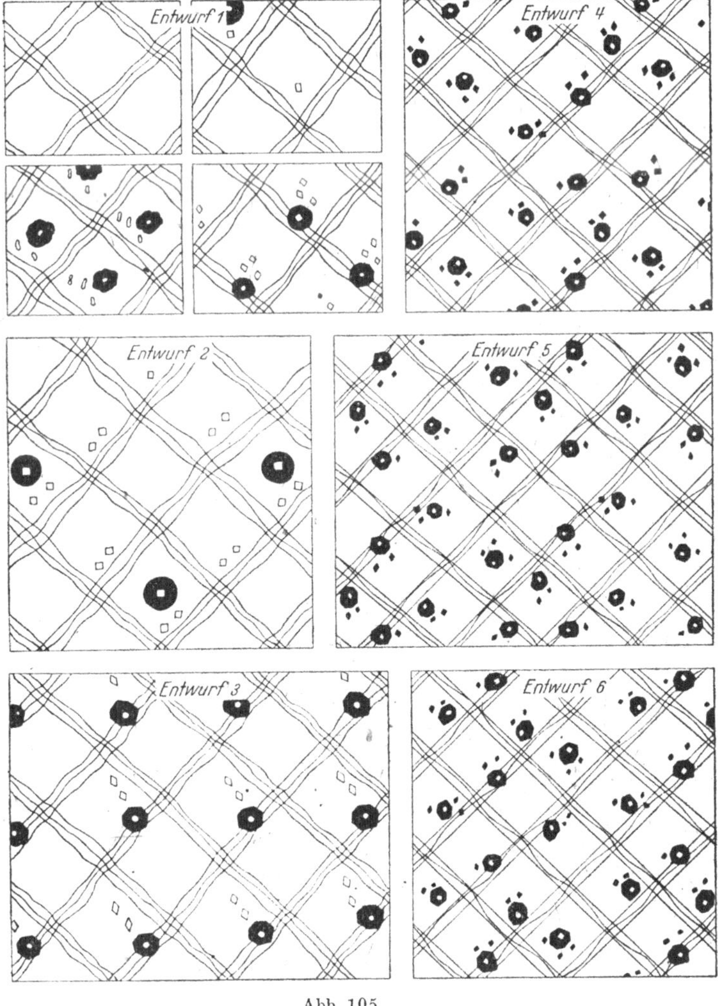

Abb. 105.

durch die nunmehr hinzugekommenen, eine stilisierte Frucht darstellenden Formen im ganzen zu unruhig.

4. Entwurf: Dieser kann insofern als eine Verbesserung von 3 angesehen werden, als für die Bildung der Karos zwei Gerade und dazwi-

schen eine Wellenlinie verwendet wurden. Die stilisierte Frucht wurde
nun noch unregelmäßiger versetzt.

5. Entwurf: Ist die farbige Ausführung von 4.

Nun zeigten sich, durch die Farbgebung deutlicher erkennbar, quer
zum Warenlauf „Gassen", die sich von Rapport zu Rapport wiederholen.
Da diese bei der Verarbeitung hinderlich sind und auch der Gesamt-
wirkung schaden, galt es, sie noch auszubessern.

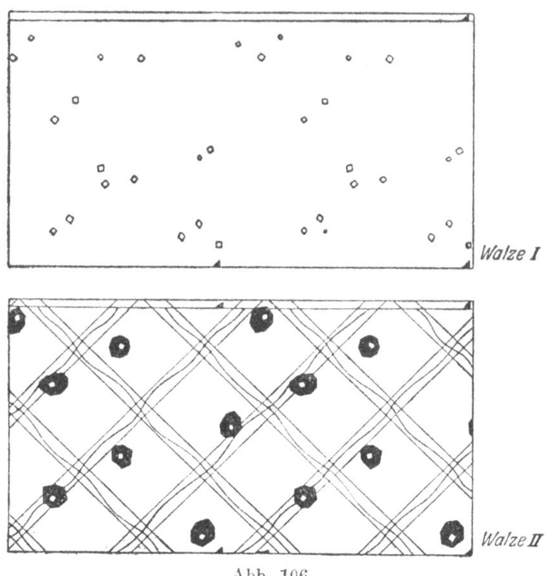

Abb. 106.

6. Entwurf: Die Gassen wurden durch Versetzen der stilisierten
Frucht abgestellt.

Zusammenfassung.

Mit Entwurf 6 dürfte das Ziel erreicht sein. Er wurde zur Ausführung bestimmt und zwar als „Zweifarbenmuster" mit der in Abb. 106
festgelegten Gravur.

Verwendungszweck der Muster. Durch Formen und Rapportgröße ·
sind sie als typische Rouleaux-Druckmuster charakterisiert.

Als solche können sie Anwendung finden zur Herstellung von Klei-
derstoffen u. dgl.

Ausführung im Druck. Die Größe der Flächen des Musters erlaubt es,
dieses in

I. Direktdruck; II. Ätzdruck

auszuführen.

Die Drucke wurden auf Gewebe aus Wolle vorgenommen.

Allgemeines.

Vorarbeiten: Die Ware, die entweder vom Kunden oder direkt von der Weberei roh angeliefert wird, gelangt zuerst ins Rohwarenlager. Hier wird sie eingetragen, gemessen, um Längen- und Breiteneingang gegenüber den Angaben der Weberei bzw. des Kunden zu kontrollieren; auf Schuß- und Ketteinstellung untersucht und je nach Verarbeitung entweder abgelegt oder auf Rollen aufgewickelt. Jedes Stück wird zur Erkennung während und nach den einzelnen Phasen des Verarbeitungsvorganges, und außerdem, um ein Abschneiden davon unmöglich zu machen, an beiden Enden mit Signierstiften od. dgl. gekennzeichnet. Die Einteilung der Ware für beistmmte Muster kann entweder schon in dieser Abteilung oder aber erst in derjenigen für druckfertig ausgerüstete Ware geschehen. Kommt ein neuer Artikel — wie das heute ganz besonders in Lohndruckereien sehr häufig der Fall ist — an, so wird erst ein Probestück ausgerüstet und der Ausfall mit dem der Ausrüstungsvorlage verglichen. Liegt eine solche nicht vor, so wird dem Kunden ein Ausfallmuster zur Begutachtung zugesandt. Erst wenn eine Bestätigung von seiten des Kunden vorliegt, wird mit der Weiterverarbeitung begonnen. Dies gilt selbstverständlich nur für hochwertigere oder für Phantasieartikel, wie sie heute häufig auf dem Markte sind. Nun tritt die Ware ihren Gang durch den Betrieb an. Am vorteilhaftesten und damit auch wirtschaftlichsten ist es, wenn die einzelnen Abteilungen so angelegt sind, daß die Ware schnell durch den Betrieb läuft. Werden doch dadurch unnötige Transportkosten sowie Schädigungen der Ware z. B. Rußflecken usw. durch Tragen der Ware über den Fabrikhof, vermieden.

Legen, Kennzeichnen der Walzen u. dgl.

Die Musterwalzen kommen vom Graveur. Handelt es sich dabei um mehrere Walzen, also um ein mehrfarbiges Muster, so ist eine Kennzeichnung der einzelnen Walzen erforderlich. Dies kann durch Nummern, Buchstaben usw. erfolgen. Es ist nicht immer möglich, bei der Kolorierung eines Musters entsprechend der laufenden Walzennummer auch die Reihenfolge der Nuance einzuhalten. Häufig kommt es vor, daß z. B. bei einem vierfarbigen Muster die Walze 4 an zweiter Stelle drucken muß, da eben auf den Walzen 2 und 3 dunklere oder empfindliche Farben laufen. Man spricht in solchen Fällen von „Muster-Umlegen". Wohl soll dies nach Möglichkeit vermieden werden, da durch die für das Umlegen der Walzen aufzuwendende Zeit größere Kosten entstehen. Bei mehrfarbigen Mustern und ganz besonders, wenn mehrere Farbstellungen vom Kunden verlangt werden, ist ein Umlegen jedoch nicht immer zu umgehen.

Überwacht der Kolorist die Zusammenstellung der Farbstellungen, so wird er immer bestrebt sein, ein Umlegen zu vermeiden. Jedoch kommt es auch vor, daß Kunden die Kolorierung ihrer Muster selber vornehmen und nun aus koloristischer Unkenntnis die Farben ungeschickt einsetzen.

Bei 2- und 3farbigen Mustern kann durch Zwischenlegen einer „Wasserwalze" ein Umlegen umgangen werden.

Um die Walzen zu kennzeichnen, werden die einzelnen Farben der Originalzeichnung numeriert, und zwar so, daß gelb beispielsweise als 1. Walze rot als 2. grün als 3. blau usw. gedruckt wird. Dabei ist gleiche Tontiefe vorausgesetzt.

Im vorliegenden Falle ist die Originalstellung orange-marine. Orange druckt als Walze 1 und marine als Walze 2. Es müßte also bei der Ätzdruck-Stellung orangeweiß auf schwarzem Fond eine Wasserwalze dazwischen gelegt werden.

Bestimmung der Farbstoffklasse.

Für die Auswahl einer bestimmten Farbstoffklasse sind ausschlaggebend:
1. Qualität des zu bedruckenden Gewebes.
2. Verwendungszweck des zu bedruckenden Gewebes.
3. Die Betriebseinrichtungen.

Die Vorbereitung von Wollmusselin für den Direkt-Druck.

Auf einer Strangwaschmaschine wird die Rohware entschlichtet und geseift, dann gespült und entwässert, breitgelegt und in zentrifugenfeuchtem Zustand gebleicht. Man wendet eine Schwefelbleiche an, der oftmals eine Peroxydbleiche folgt. Nach dem Bleichen wird gechlort, wobei nicht mehr als 5 g/l akt. Chlor verwendet werden. Die Ware wird nunmehr gespült und auf dem Spannrahmen auf Fertigbreite gespannt und getrocknet. Um eine gleichmäßige Oberfläche zu erhalten, wird anschließend geschoren und gebürstet. Gleichzeitig erfolgt auf dieser Maschine auch das leistengerade Aufbaumen für die Druckmaschine.

Fertigstellung.

Drucken, trocknen, evtl. feuchten, dann 1—2 Stunden im Kasten oder Sterndämpfer dämpfen. Kalt bis lauwarm auf der Strangwaschmaschine waschen und auf dem Spannrahmen auf Fertigbreite spannen und trocknen. Zur Erzielung eines volleren Aussehens wird anschließend vorteilhaft auf dem Filzkalander behandelt oder in der Spanpresse gepreßt.

Ausarbeitung der Verfahren.

I. Farbstellung: orange, marine.

Rezeptierung für orange (Walze I):

4 g Supranolorange GS,
1 g Supranolrot BR,
5 g Glyezin A,
20 g Wasser,
58 g Britisch-Gummi 1:1,
2 g oxalsaures Ammon,
10 g Wasser.
____
100 g.

Fertigstellung: wie angegeben. — Ergebnis: Farbton gut.

Rezeptierung für marine (Walze II):

5 g Palatinechtmarineblau RRN,
5 g Glyezin A,
20 g Wasser,
61 g Britisch-Gummi 1:1,
3 g Ameisensäure 90proz.,
6 g essigsaures Chrom violett 20° Bé.
____
100 g.

Fertigstellung: wie angegeben.

Ergebnis: Farbton zu violett, außerdem unvollkommene Entwicklung durch zu wenig feuchten Dampf, bzw. Mangel an hygroskopischen Mitteln (Glyzerin).

Verbesserung.

5 g Palatinechtmarineblau RRN,
0,5 g Brillantindocyanin G,
5 g Glyezin A,
2 g Glyzerin,
20 g Wasser,
58,5 g Britisch-Gummi 1:1,
3 g Ameisensäure 90proz.,
6 g essigsaures Chrom violett 20° Bé.
____
100 g.

Fertigstellung: wie angegeben.

Ergebnis: Farbe bezgl. Ton gut, jedoch nicht intensiv genug, was in Anbetracht der Farbstoffkonzentration und der Glyzerin-Zugabe nur an zu geringer Dampffeuchtigkeit liegen konnte.

Es wurde deshalb vor dem Dämpfen gefeuchtet, was zu einem mustergetreuen Ausfall führte.

II. Farbstellung: orange-dunkelbraun.

Rezeptierung für orange (Walze I):
Rezeptierung und Fertigstellung von orange wie in Kombination mit marine.

Rezeptierung für dunkelbraun (Walze II):

2,5 g Palatinechtbraun GRN,
4 g Glyezin A,
15 g Wasser,
69,5 g Britisch-Gummi 1:1,
3 g Ameisensäure 90proz.,
6 g essigsaures Chrom violett 20° Bé.

100 g.

Fertigstellung: wie angegeben.
Ergebnis: Farbe bezüglich Ton gut, jedoch zu hell.

1. Verbesserung.

2,5 g Palatinechtbraun GRN,
4 g Glyezin A,
3 g Glyzerin,
15 g Wasser,
66,5 g Britisch-Gummi 1:1,
3 g Ameisensäure 90proz.,
6 g essigsaures Chrom violett 20° Bé.

100 g.

Fertigstellung: wie üblich, nur wurde vor dem Dämpfen gefeuchtet.
Ergebnis: Farbton und Tontiefe waren wesentlich besser, aber noch nicht intensiv genug. Da die Entwicklung vollkommen war, mußte beim nächsten Versuch der Farbstoffzusatz erhöht werden.

2. Verbesserung.

3 g Palatinechtbraun GRN,
4 g Glyezin A,
3 g Glyzerin,
15 g Wasser,
66 g Britisch-Gummi 1:1,
3 g Ameisensäure 90proz.,
6 g essigsaures Chrom violett 20° Bé.

100 g.

Fertigstellung: wie beim letzten Versuch.
Ergebnis: Farbton und Tontiefe gut.

Einstellung der Druckmaschine.

Die Einstellung der Pression und die Rakelnummern sind bei jedem Muster verschieden. Bei dem vorliegenden Muster erfordert die große Partie weniger starke Pression, während bei der kleinen Partie mit erheblich größerer Pression gearbeitet werden muß. Als Rakelnummern dürften 3 und 4 anwendbar sein.

Bemerkung: Bei ungleichmäßiger Pressionseinstellung können leicht einseitige Drucke entstehen. Es ist deshalb vorteilhaft, vor allen Dingen bei größeren Aufträgen, vorher einen Probedruck über die ganze Warenbreite zu machen.

Zusammenfassende Bemerkung über Wolle-Direkt-Druck.

Beim Direkt-Druck von Wolle mit Säurefarbstoffen und ganz besonders mit Palatinechtfarbstoffen, ist für einen einwandfreien Ausfall der Drucke hauptsächlich die Dampffeuchtigkeit ausschlaggebend. Die meisten Schwierigkeiten entstehen durch eine ungleichmäßige Dampffixation bei Drucken in dunkelbraun und marine. Eine Behebung dieser Mängel ist durch ein Feuchten der getrockneten Drucke vor dem Dämpfen möglich.

Ätz-Druck auf Wolle.

Die Vorbereitung der Ware wird wie für den Direkt-Druck vorgenommen.

Die Dampffixierung erfolgt im Mather-Platt, und zwar durch ein- bis zweimaligen Durchgang.

Farbstellung: orange-weiß auf schwarzem Grund.

Die Ausfärbung des schwarzen Grundes wurde mit sauren, chromierbaren Farbstoffen vorgenommen.

Färbevorschrift:

2,2 % Chromoxanreinblau B,
1,65% Chromechtgelb 2 R extra,
1,2 % Säureechtchromrot B,
5 % Metachrombeize,
10 % Glaubersalz.

Färbevorgang:

Der gelöste Farbstoff, die Beize und das Glaubersalz werden auf einmal zum Färbebad gegeben. Angefärbt wird bei 40° C und nun innerhalb einer Stunde zum Kochen getrieben.

Gefärbt wird auf der Haspelkufe. Dann wird gründlich · auf der gleichen Maschine gespült. Hierauf wird zentrifugiert, auf dem Spannrahmen gespannt und getrocknet.

Rezeptierung für Orange-Ätze.

Zur Ermittlung des nötigen Rongalitzusatzes wurden drei Parallelversuche wie folgt ausgeführt:

```
2,5 g—2,5 g—2,5 g  Phloxin G,
2,5 g—2,5 g—2,5 g  Chinolingelb,
  5 g—  5 g—  5 g  Glyezin A,
 20 g— 20 g— 20 g  Wasser,
 55 g— 52 g— 50 g  Stärke-Tragant-Verdickung (Standard IV),
 15 g— 18 g— 20 g  Rongalit C.
 ─────────────────
        je 100 g.
```

Fertigstellung: wie angegeben, drucken, trocknen, dämpfen, spülen, trocknen, evtl. kalandern.

Ergebnis: Der Farbton muß gelber werden.

Ätzeffekt: Der Zusatz von 150 g/kg Druckfarbe Rongalit C zeigte einen genügenden Ätzeffekt. Ein weiteres Herabsetzen der Rongalitmenge führte zu Drucken, bei welchen der Grund nicht vollständig weggeätzt war.

1. Verbesserung.

```
 3 g  Chinolingelb,
 2 g  Phloxin G,
 5 g  Glyezin A,
20 g  Wasser,
55 g  Stärke-Tragant-Verdickung (Standard IV),
15 g  Rongalit C.
─────────
100 g.
```

Fertigstellung: wie bei vorhergehendem Muster.

Ergebnis: Farbe bezüglich Ton gut, jedoch nicht plastisch und leuchtend genug.

2. Verbesserung.

```
 3 g  Chinolingelb,
 2 g  Phloxin G,
 5 g  Glyezin A,
20 g  Wasser,
51 g  Stärke-Tragant-Verdickung (Standard IV),
 3 g  Zinkoxyd,
 1 g  Blutalbumin 1:1,
15 g  Rongalit C.
─────────
100 g.
```

Fertigstellung: wie üblich.

Ergebnis: Farbton gut.

Das Albumin soll nach der Koagulation im Dampf das Zinkoxyd fixieren.

Rezeptierung für Weiß-Ätze.

20 g Rongalit C,
20 g Wasser,
20 g Zinkoxyd,
30 g Britisch-Gummi 1:1,
 4 g Gummi arabicum 1:1,
 6 g Blutalbumin 1:1.
____
100 g.

Fertigstellung: wie für Ätz-Druck üblich.

Ergebnis: Der Ätzeffekt war genügend, doch war das Zinkoxyd nur zum geringen Teil auf der Ware gebunden. Die Albumin-Menge mußte also erhöht werden.

1. Verbesserung.

20 g Rongalit C,
20 g Wasser,
20 g Zinkoxyd,
26 g Britisch-Gummi 1:1,
 4 g Gummi arabicum 1:1,
10 g Blutalbumin 1:1.
____
100 g.

Fertigstellung: wie üblich.

Ergebnis: Wohl war das Zinkoxyd nun besser auf der Ware gebunden und damit auch der Weißeffekt ein besserer, jedoch noch nicht vollkommen genug. Es ist dies zweifellos auf die dunkle Eigenfarbe des Blutalbumins zurückzuführen.

Anschließend wurden Versuche gemacht unter Verwendung verschiedener Pigmente. Zur Bindung derselben auf der Ware wurde Eialbumin zugesetzt, was schließlich zu folgendem Verfahren führte:

Endgültige Verbesserung.

20 g Rongalit C,
20 g Wasser,
10 g Zinkoxyd,
10 g Titandioxyd „Kronos",
29,8 g Britisch-Gummi 1:1,
 4 g Gummi arabicum 1:1,
 6 g Eialbumin 1:1,
 0,2 g Ultramarinblau.
____
100 g.

Fertigstellung: wie üblich.

Ergebnis: Der Weißeffekt ist gegenüber den übrigen Versuchen gut.

21*

Farbstellung: schwarz-weiß auf grauem Grund.
Die Ausfärbung des grauen Grundes erfolgte mit Palatinechtfarbstoffen.

Färbevorschrift:

0,5 % Palatinechtblau RRN,
0,17% Palatinechtrot BRE,
0,2 % Palatinechtgelb 6 GN,
5   % Schwefelsäure,
3   % Palatinechtsalz O.

Rezeptierung für Direkt-Druckschwarz.

5 g Palatinechtschwarz WAN extra,
5 g Glyezin A,
19 g Wasser,
50 g Britisch-Gummi 1:1,
20 g oxalsaures Ammonium,
1 g Natriumchlorat,
——————
100 g.

Fertigstellung: Dampffixierung durch viermaligen Lauf durch den
Mather-Platt.

Rezeptierung für Weiß-Ätze.

Unter Berücksichtigung der bei der Weißätze auf schwarzem Grund
gemachten Erfahrungen wurde eine solche wie folgt angewandt:

15 g Rongalit C,
15 g Wasser,
10 g Zinkoxyd,
10 g Titandioxyd „Kronos“,
39,8 g Britisch-Gummi 1:1,
4 g Gummi arabicum 1:1,
6 g Eialbumin 1:1,
0,2 g Ultramarinblau.
——————
100 g.

Fertigstellung: Zwangsläufig, da ja in Kombination mit Schwarz
gedruckt wird.

Zusammenfassende Bemerkung über Ätzdruck auf Wolle.

Färbung:
Nur rein weiß ätzbare Farbstoffe (die I. G. Farbenindustrie liefert
solche unter Bezeichnung „Typ 8002“) können Anwendung finden.

Nach dem Färben muß gründlich gespült werden, ganz besonders wenn mit Chromsalzen nachbehandelt bzw. ausgefärbt wurde. Eine schlechte Spülung kann die Ätzbarkeit der Färbung in Frage stellen.

Buntätzen:

Wie die Parallelversuche zeigen, wird die Orangeätze bei gleichem Farbstoffzusatz mit steigender Rongalitmenge im Farbton immer gelber. Durch Zusatz von Zinkoxyd wird die Lebhaftigkeit des Farbtons günstig beeinflußt.

Ausführung der Versuche:

Sämtliche Rezeptierungen werden zunächst auf einer kleinen Musterdruckmaschine eingestellt. Sobald der gewünschte Effekt erreicht ist, werden die Verfahren durch Druck auf der großen Rouleauxdruckmaschine kontrolliert.

IX. Die Appretur von Geweben aus pflanzlichen Faserstoffen.

Allgemeines über die Appretur und die Einteilung der Appreturverfahren.

Die fertig (mercerisierten) gebleichten, gefärbten oder bedruckten Textilien werden durch die Appretur in einen Zustand gebracht, der Aussehen, Griff, Glanz, Porenschluß, Oberflächencharakter, Wärmehaltigkeit usw. verbessert oder verändert. Die Ware kommt also durch die Appretur in den endgültigen verkaufsfertigen Zustand. Die Appreturverfahren lassen sich einteilen in

Maßnahmen mit vorwiegend chemischem Charakter und

Maßnahmen mit vorwiegend mechanischem Charakter.
Außerdem gibt es noch Verfahren, bei welchen die chemische und die mechanische Einwirkung für die Charaktergebung wichtig sind.

Neben diesen allgemeinen Appreturverfahren stehen die speziellen. Sie haben die Aufgabe, einem Gewebe Eigenschaften zu verleihen, die seinen Charakter grundlegend verändern. Solche spezielle Appreturverfahren liegen in der wasserabstoßenden Imprägnierung, in der Gummierung (einschließlich der Kaschierung), in der Mattierung und in der Trupenisierung vor.

Schließlich kennen wir die „Hochveredlung", welche die Gebiete der Permanent- und Transparentausrüstung, der Hydrophobierung, der knitterfreien Ausrüstung, der Erschwerung und der krumpffreien Ausrüstung umfaßt.

A. Die wasserabstoßende Imprägnierung.

Unter „wasserabstoßender Imprägnierung" versteht man Maßnahmen zur Auf- und Einlagerung wasserunlöslicher Fette, Fettsäuren oder fettähnlicher Körper (z. B. Paraffin), welche die Aufgabe besitzen, das auf die imprägnierten Textilien gelangende Regen-, Bade-, Spritz- oder Schneewasser abperlen zu lassen. Die Textilien bleiben dabei zunächst trocken und werden bei langer Einwirkung der Nässe (hauptsächlich auch bei gleichzeitiger Reibung) viel langsamer naß als nicht imprägnierte. Die Trocknung der schließlich naß gewordenen Stücke geht außerdem bei den imprägnierten schneller vor sich als bei den nicht imprägnierten. Weiterhin stellen die aufgelagerten Fette oder Paraffine einen ausgezeichneten Schutz gegenüber allen Faktoren des Verschleißes dar.

Man teilt die Verfahren in Zweibad- und Einbadverfahren ein. Das ältere Zweibadverfahren beruht darauf, daß man die Ware zunächst mit essigsaurer (oder schwefelsaurer) Tonerde tränkt und nun in einem zweiten Bade mit Seifenlösung zusammenbringt. Es entsteht die unlösliche und wasserabstoßende Tonerdeseife. Das Verfahren läßt sich nach verschiedener Richtung variieren. So kann man z. B. zuerst das Seifenbad und dann das Tonerdebad geben, oder man setzt dem Seifenbade eine Paraffinemulsion zu usw.

Die neueren Einbadimprägnierungsverfahren beruhen auf der Tatsache, daß Emulsionen stabile Gemische darstellen, bei denen man durch Aufladen der dispersen Phase gegenüber dem Dispersionsmedium eine Beständigkeit des Verteilungszustandes erzielt. Die in der Schwebe gehaltenen aufgeladenen Teilchen widerstreben so sowohl der Schwerkraft als auch der Fliehkraft.

Nach DRP. 702628 (Chem. Fabr. Pfersee G.m.b.H.) bedient man sich zur Herstellung eines Einbadimprägnierungsmittels beispielsweise folgender Emulsion:

300 Teile Paraffin werden durch maschinelle Homogenisierung mit einer Lösung von 100 Teilen Leim und 50 Teilen eines Emulgators in 500 Teilen Wasser vermischt. Statt des Leimes kann auch ein anderes Schutzkolloid verwendet werden.

Nach Beispiel 1 der Patentschrift werden 100 Teile dieser Emulsion auf etwa 40—50° C erwärmt, worauf 15 Teile pulverisierte, feste essigsaure Tonerde langsam eingerührt werden. Das erhaltene Produkt stellt nach dem Erkalten eine plastische, absolut beständige Masse dar, die von der Hilfsmittelindustrie bezogen werden kann. Zur Durchführung der Imprägnierung werden nun 5 kg dieses Produktes in der 3 bis 4fachen Menge warmen Wassers gelöst und dem Behandlungsbad zugefügt, wobei die Flottenmenge 100 l beträgt. Ein Wollstoff wird mit dieser Flotte entweder geklotzt oder auf der Breitwaschmaschine behandelt oder eingelegt, bis die

Ware gleichmäßig durchgenetzt ist. Nach dem Schleudern bzw. Abquetschen wird, wie üblich, getrocknet.

Durch das Aluminiumsalz wird das in der wässerigen Leimlösung befindliche Paraffin „umgeladen", d. h. die disperse Phase wird positiv elektrisch aufgeladen.

Es besteht nun eine Regel, wonach positiv elektrisch geladene Emulsionen deshalb für Appreturzwecke besonders geeignet sind, weil sie (besonders gegenüber Wolle) Substantivität besitzen.

Bei der Imprägnierung wird die disperse Phase Paraffin durch das Fasergut entladen, die Emulsion wird zerstört. Es tritt auf der Faser Koagulation zwischen dem Schutzkolloid Leim, dem Paraffin und dem Aluminiumsalz ein. Dadurch haften die wasserabstoßenden Körper wasserfest auf der Faser.

Hier berühren sich nun mit textilchemischen wieder einmal hygienische Fragen. Behindert die Imprägnierung den Schweißdurchgang durch die Kleidung? Wo bleiben überhaupt die Ausdünstungen des Körpers vor allem bei dichter Wärmekleidung? Ist eine imprägnierte Kleidung kälter als eine nicht imprägnierte?

Der Transport des Schweißes vom menschlichen Körper durch die Kleidung nach außen stellt auch tatsächlich eine wichtige Aufgabe der Kleidung dar. Es handelt sich um ganz beträchtliche Flüssigkeitsmengen, die der Mensch durch bestimmte Hautdrüsen abgibt. Beim marschierenden oder arbeitenden Menschen hält sich die Wasserabgabe durch die Haut bei 200 g in der Stunde. Der Mensch verliert also in zehnstündiger Arbeit immerhin 2 l Wasser. Selbst im Schlaf ist seine Ausdünstung erheblich. Er gibt in einer Nacht etwa 450 g Wasser ab. Ein Aufstauen dieses Wassers durch die Kleidung führt zu hygienisch nicht wünschenswerten Zuständen, die sich in Unlustgefühlen, Mattigkeit, ja sogar in Entzündungen durch Wundlaufen u. dgl. äußern. Eine Kleidung, welche also den Schweißtransport ganz oder teilweise unterbindet, ist unhygienisch und deshalb verbesserungsbedürftig.

Der Schweißdurchgang durch die Kleidung, insbesondere durch die dichtere kälteschützende, ist durchaus nicht selbstverständlich. Die kapillare Kraft jedes Gewebes saugt die Schweißflüssigkeit an und hält sie hartnäckig fest. Wir können auch tatsächlich Tuche und Bekleidungskombinationen herstellen, die recht unhygienisch sind. Sie reichern sich mit Feuchtigkeit in einem solchen Ausmaße an, daß die beschriebenen Nachteile eintreten. Bei einer hygienisch einwandfreien Bekleidung müssen also Kräfte vorhanden sein, welche die der Kapillaren übertreffen.

Verhalten sich nun in bezug auf den Schweißtransport imprägnierte Gewebe insbesondere imprägnierte Wolltuche günstiger oder ungünstiger als nicht imprägnierte?

Das Imprägnierungsmittel bringt auf der Ware hydrophobe Stoffe, in unserem Falle Paraffine (mit einem hydrophoben Kohlenwasserstoffrest) zur Ablagerung. Während die Spinnstoffe einen mehr oder weniger hydrophilen Charakter besitzen, ist das Paraffin ein hochhydrophobes Produkt, das auf dem Gewebe fein verteilt eine starke Oberflächenspannung äußert. Diese Spannung ist so groß, daß eine Verteilung des Spannungsträgers genügt, die jeweils größere Räume zwischen den Paraffinkörperchen zuläßt. Bei dichtgewebten Tuchen wird die „poröswasserabstoßende“ Imprägnierung also nicht wie ein geschlossener Film um die Fasern liegen, sondern etwa wie ein dichtes Netz von Stützpunkten gegen das Eindringen des Feindes Wasser oder wie die Sterne am Himmel einer klaren Neumondnacht.

Zwischen diesen Paraffinpunkten liegen die Fasern frei und können sich, soweit sie von der Oberflächenspannung des Paraffins nicht beeinflußt werden, in ihrer Eigenart auswirken.

Diese Verhältnisse sind nicht so einfach, wie man sie von den Gegnern der Imprägnierung darzustellen beliebt. „Die porös-wasserabstoßende Imprägnierung läßt keine Flüssigkeit durch. Schweiß ist eine Flüssigkeit, also kann er die imprägnierte Kleidung nicht passieren“. Wenn es auf die imprägnierte Kleidung regnet, so haben wir das System Faser-Paraffin-Wasser, also zwei feste Medien und ein flüssiges. Während das feste Medium faseroberflächen- bzw. -kapillaraktiv ist und damit dem Eindiffundieren der Flüssigkeit keine Widerstände entgegensetzt, leistet das Medium Paraffin eine so starke Arbeit, daß eine ziemlich einheitliche Oberflächenspannung über die gesamte Faser entsteht. Sie überbrückt auch die nicht vom Paraffin bedeckten Zwischenräume der Faser so stark, daß zunächst keine Wasseraufnahme erfolgen kann. Die Zwischenflächenenergie Faser-Wasser wird also durch die höhere Zwischenflächenenergie Paraffin-Wasser ersetzt.

Diese Arbeit gilt jedoch nur für eine relativ große Wassereinheit, z. B. für einen lose auffallenden Regentropfen. Trifft dieser auf imprägnierte Ware, so wird er abperlen. Verteilt man jedoch die große Wassereinheit in viele kleinere, etwa durch Reiben auf der benetzten Fläche, so ändert sich das Bild gründlich. Durch die Reibarbeit wurde die Oberflächenspannung der Imprägnierkörper durchstoßen und das Wasser in feiner Verteilung auf die Stellen der Fasern gedrückt, welche nicht direkt durch das Aufliegen der Körper geschützt sind.

Je größer die Paraffinkörperchen verteilt sind, je größer also die Räume zwischen ihnen sind, um so leichter wird sich das Regenwasser in die Ware einreiben und von den hydrophilen Faseranteilen aufnehmen lassen, um so weniger wasserabweisend ist also die Imprägnierung.

Welche Kräfte treiben nun aber den Schweiß nach außen? Beim schwitzenden Menschen treffen wir das System Faser-Paraffin-Schweißdampf an. Der Dampf wird im Gegensatz zur Flüssigkeit von der Oberflächen-

*spannung wenig beeinflußt. Er kann im günstigsten Falle das Textil-
gut einfach durchblasen. Dies kann z. B. bei Wolle oder bei gut imprägnierter Ware der Fall sein. Die Energie für eine solche Bewegung liefert
einfach der Dampfdruck. Je höher die Außentemperatur ist, um so voll-
kommener wird dieser reine Dampfdurchgang erfolgen, also z. B. in den
Tropen oder bei sommerlichem Wetter.*

*Leider sind diese klaren Verhältnisse aber Ausnahmen, da unsere
Außentemperaturen im allgemeinen stark abkühlend wirken. In den meisten Fällen erleben wir eine Kondensation des Schweißdampfes in der
Kleidung, und nun kommen die Komplikationen, die man für die Schaf-
fung einer zweckmäßigen gesunden Kleidung kennen muß. Das kondensierte Schwitzwasser befindet sich im Gegensatz zum Regen in sehr feiner
Verteilung auf dem Textilgut. Es umschließt nicht nur die Oberfläche
des Spinnstoffs, sondern dringt auch in seine submikroskopischen Räume
ein. Ist der Spinnstoff sehr hydrophil, wie dies z. B. bei der eine besonders große Zahl von Hydroxylgruppen enthaltenden Zelluloseform der
Zellwolle der Fall ist, so quillt die Faser auf, und es bedarf nun einer er-
heblichen Wärmeabgabe durch den menschlichen Körper, um diese Wassermengen zur Verdunstung und dadurch zum endlichen Verlassen der
Kleidung zu bringen. Ist der Spinnstoff jedoch weniger hydrophil, so
wird vorwiegend ein Hindurchwandern des kondensierten Schweißes stattfinden. Jetzt wird die Wärmeabgabe für die Verdunstung und das damit
verbundene Kältegefühl beim Tragen der Kleidung entfallen.*

*Die Kräfte, welche das kondensierte Schwitzwasser nach außen drängen,
können verschieden sein. So spielt ohne Zweifel das Konzentrationsgefälle zwischen der Luftfeuchtigkeit an der Hautoberfläche und derjenigen
der Außenwelt eine Rolle. Es tritt also eine Art Osmose auf. Auch Sog
und Druck, erzeugt durch den Wind beim Anblasen und Umstreichen
des menschlichen Körpers, können hier eine selbständige oder mindestens
eine beschleunigende Wirkung ausüben.*

*Durch die Auflagerung hydrophober Paraffinkörperchen werden eine
ganze Anzahl submikroskopischer Räume der Fasern oder die durch den
Spinn- und Webeprozeß entstandenen Kapillaren so blockiert, daß das
Wasser nicht in sie eindringen und damit eventuell auch die Faser zur
Quellung bringen kann. Die innere Oberfläche des Textilgutes wird also
stark verkleinert, die Grenzfläche Wasser-Faser ist verkleinert worden.
Damit ist auch eine wesentlich kleinere Adsorption des Wassers an der
gesamten Faseroberfläche vorhanden. Es sind somit durch die Imprägnierung wesentliche Kräfte gebunden worden, die sonst der Osmose (dem
„Hindurchkriechen") des Wassers entgegengewirkt hätten. Hier sehen
wir also eine zweite, bisher nicht klar erkannte Wirkung der porös-wasser-
abweisenden Imprägnierung: Beim Transport des Schweißes in Richtung
Körper-Kleidung-Außenwelt wirkt die Imprägnierung fördernd ein.*

*Ist die kondensierte Schweißflüssigkeit an der Außenfläche der Klei-
dung angelangt, so ist es die Aufgabe der Luft, den Verdunstungsvorgang
einzuleiten und durchzuführen. Ein Gleichgewichtszustand und damit*

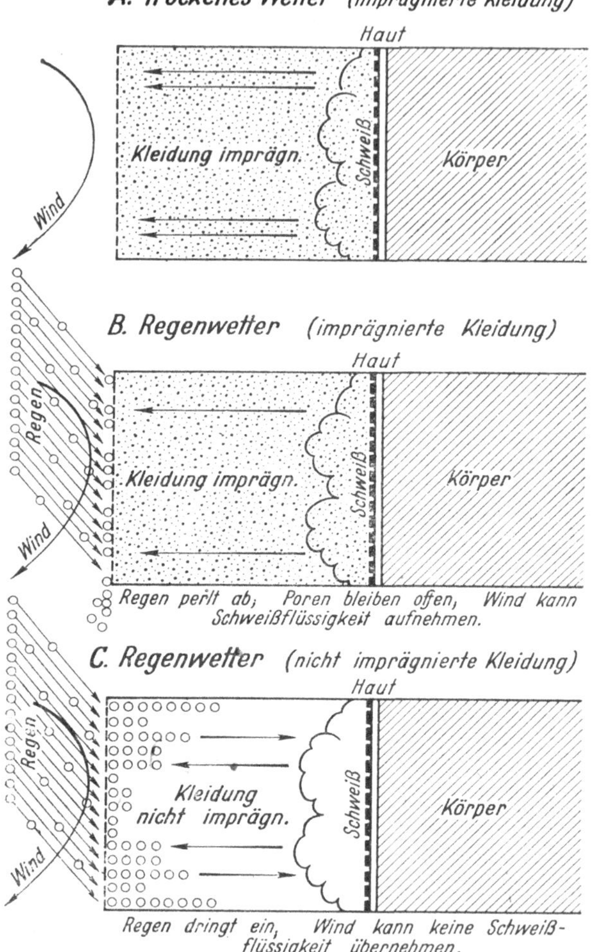

Abb. 107. Elementarschematische Darstellung von Schweißdurchgang und Wasseraufnahme.
Der Gleichgewichtszustand tritt nie so eindeutig ein, da eine Kleidung neben nassen stets
auch trockene Stellen aufweist, an welchen der Schweiß abwandern kann.

*auch ein Aufhören dieser Wanderung des Schweißes wird erst eintreten,
wenn, etwa im Regen, die Feuchtigkeitskonzentrationen an der Hautoberfläche und an der Kleidungsoberfläche gleich sind (Abb. 107).*
    *Sowohl die wasserabstoßenden als auch die den Schweißtransport för-
dernden Kräfte der Imprägnierkörper werden indessen durch die allzu*

lange Einwirkung allmählich lahmgelegt. Der lange, kräftig auffallende Regen, die Reibung im Gewebeinnern bei der Bewegung des Trägers und die bei einem derartigen Hundewetter erfolgte Anreicherung des Wassers in der Kleidung werden schließlich eine so feine Verteilung und einen solchen Druck der Gesamtflüssigkeit in der Kleidung erreichen, daß die wasserabweisende Wirkung der Imprägnierungskörperchen einfach „unterlaufen" wird. Dies wird aber niemals eine so starke Benetzung der Kleidung erreichen, wie bei einem nicht imprägnierten Tuch. Erst wenn die Kleidung nach einer solchen Gewaltbenetzung wieder trocken geworden ist, treten die alten Eigenschaften der Imprägnierung wieder auf.

Die Messungen haben folgende Ergebnisse:

1. *Wasserabstoßend porös imprägnierte Gewebe sind luftdurchlässiger als nicht imprägnierte. Die bessere Luftdurchlässigkeit kann je nach der Art des Gewebes bis zu $10^0/_0$ betragen.*
2. *Imprägnierte Gewebe und Kleider trocknen schneller als nicht imprägnierte, wobei die Luftdurchlässigkeit schon unmittelbar nach Beginn der Trocknung gegenüber einer nicht imprägnierten Vergleichsware deutlich zunimmt.*

Die Imprägnierung verstopft also die Gewebeporen nicht. Trotz der wasserabweisenden Wirkung wird der Schweißdurchgang nicht behindert. Es erfolgt unter Umständen eher eine Verbesserung des Schweißtransports.

Auch die Frage der Wärmehaltigkeit, eine für die Physiologie durchaus wichtige Frage, kann textilchemisch bearbeitet werden.

Hier kann ich von einer in Fachkreisen zu einer gewissen Berühmtheit gelangten Reklamation berichten, welche die Lage klar beleuchtet. Ein Sportverein hatte gestrickte Skianzüge aus imprägnierten Wollgarnen bezogen. Ein Teil der Sportler trug die neue Garnitur, während ein anderer Teil noch ältere Strickanzüge aus nicht imprägnierter Wolle angezogen hatte. Machart, Maschenweite und Garnnummer waren bei allen Anzügen etwa gleich. Schon nach kurzer Sportbetätigung bei heftigem Schneesturm stellte man fest, daß die Leute in den imprägnierten Anzügen froren, während sich die Träger der älteren nicht imprägnierten Kleidung leidlich warm fühlten. „Also? Imprägnierte Kleidung gewährt nicht den guten Kälteschutz wie nicht imprägnierte."

In unserem Beispiel hat man aber nur halb beobachtet, nur halb gedacht und als Ersatz für die zweite Hälfte der Denkarbeit „also" gesagt. Man veranlaßte nämlich damals den Verein, den Versuch doch einmal über mehrere Stunden auszudehnen und nun nochmals zu berichten. Nach achtstündigem Tragen bei Schneefall, Wind und Pulverschnee war das Bild ein ganz anderes: Nun froren die Sportler in den alten nicht imprägnierten Anzügen, während sich die Träger der imprägnierten Strickkleidung wohlig warm fühlten. Was war geschehen?

Sämtliche Sportler wurden vom Schneefall betroffen. Infolge der Körperwärme schmolz der Schnee. An der imprägnierten Kleidung perlte das Wasser ab, in die nicht imprägnierte zog es ein und wurde von dieser wie von einem Schwamm aufgenommen. Maßgebend für die Wärmehaltigkeit einer Kleidung ist die Luftmenge, die von der Kleidung um den Körper herum festgehalten wird. Bei den alten Anzügen, welche das Wasser aufgesaugt hatten, kam die Wolle zur Quellung, die Garne wurden dicker, die Maschen verengten sich, die Luftschicht wurde energischer um den Körper herum festgehalten. Die imprägnierten Anzüge dagegen ließen das Schmelzwasser abperlen. Ihre Garne quollen nicht auf, die Maschen wurden nicht enger. Der Wind konnte hindurchblasen, die isolierende Luftschicht stören, „aufrollen" und Teile davon samt ihrer aufgespeicherten Körperwärme abziehen. Die Träger froren. Nach einigen Stunden jedoch waren die nicht imprägnierten Anzüge naß geworden. Die Körperwärme war nun gezwungen, das Wasser zu verdunsten, die notwendige Verdunstungskälte verbrauchte die schöne Wärme in unverhältnismäßiger Menge, die Träger froren jämmerlich, während die Sportler in den imprägnierten Anzügen trocken blieben und sogar wärmer und wärmer wurden. Durch die Reibung der Kleidung bei der sportlichen Bewegung war doch nicht alles Wasser abgeperlt. Eine ganz kleine Menge durchbrach durch diese mechanische Arbeit die Oberflächenspannung der Imprägnierkörper und brachte die Fasern zur Quellung. Auch hier verengten sich nun die Maschen, aber der Anzug konnte nicht naß werden. Die Sportlergruppe zog ihre Beanstandung zurück und ging ganz zur Verwendung imprägnierter Kleidung über.

Die Aufgabe einer kälteschützenden Kleidung besteht nicht nur darin, eine möglichst große Menge Luft um den menschlichen Körper herumzulegen, sondern sie muß auch in der Lage sein, diese Luftmenge fest und in Ruhe zu halten, wenn der Körper sich bewegt und von einem Luftstrom (Wind) umflossen wird. Nicht die Kleidung wird also die wärmste sein, welche am meisten Luft einschließen kann, sondern diejenige, welche viel Luft in Ruhe halten kann, auch wenn die Stürme brausen.

Ideal wäre also eine absolut winddichte Überkleidung. Hierbei wird aber die sehr wichtige Forderung des möglichst leichten Schweißtransports nicht erfüllt. Die richtige kälteschützende Kleidung muß also ein Kompromiß zwischen Lufthemmung und Schweißdurchlässigkeit sein. Der Nichteingeweihte wird sich über die Mitteilung wundern, daß nur wenige Textilstoffe, Gewebe und Gewebezusammenstellungen diese Forderung erfüllen.

Imprägnierte Bekleidung kann nahezu die gleiche Luftmenge für die Wärmeisolation des menschlichen Körpers festhalten, sie ist praktisch ebenso kälteschützend wie nicht imprägnierte. Bei nasser Witterung ist ihr Kälteschutz auf die Dauer höher als derjenige nicht imprägnierter Bekleidung.

Messungen auf dem Gebiete der Imprägnierung müssen besonders kritisch bewertet werden, weil die Gewebefläche meist ungleichmäßig imprägniert ist. Immer, wenn große Streuungen in den Meßwerten auftreten, müssen viele Meßreihen zur Beurteilung der Wirkung herangezogen werden.

Die Eigenschaften eines Gewebes, niemals mathematisch gleiche Größen über seine ganze Fläche verteilt zu besitzen, die Ungleichmäßigkeit der Emulsion, die Unkonstanz des Trocknungsvorganges, schließlich auch die Meßschwankungen infolge ungleichmäßiger Beregnung oder unregelmäßiger Einspannung des Prüflings können in Einzelfällen zu Ergebnissen führen, die sich deutlich widersprechen.

Daß derartige Streuungen auf eine fast gesetzmäßige Verteilung der einzelnen Fehler hinauslaufen, ist seit langem bekannt. Viele Meßfehler auf physikalischen und ähnlichen Gebieten haben häufig die Form der „Gaußschen Glocke". In diese Verteilungskurve passen

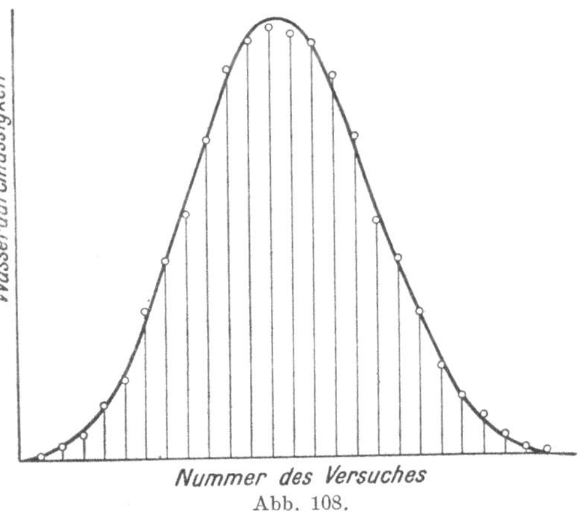

Abb. 108.

z. B. auch 24 Messungen der Wasserdurchlässigkeit, die an ein und demselben Baumwoll-Köper auf dem gleichen Prüfapparat nacheinander durchgeführt wurden (Abb. 108).

Man sieht aus dem Ergebnis deutlich den Wert von Serienversuchen, die nur als Ganzes genommen für eine richtige Auswertung taugen.

(269) Verfahren: Die wasserabstoßende Imprägnierung im Zweibadverfahren.

    1. Bad: Essigsaure (oder ameisensaure) Tonerde 5° Bé, 30 min, 40° C. Abquetschen, nicht zu heiß trocknen.

    2. Bad: 4—8 g/l Marseiller Seife, 40° C, 30 min, abquetschen, trocknen.

Man kann die Reihenfolge der Bäder auch vertauschen oder das Seifenbad zwischen zwei Tonerdebäder schalten (Versuche in bezug auf die Wirkung für eine bestimmte Warenart anstellen). Dem Seifenbade kann auch eine Paraffinemulsion zugefügt werden.

(270) Verfahren: Die wasserabstoßende Imprägnierung im Einbadverfahren. Man setzt eine Flotte aus Imprägnol M oder Ramasit K für pflanzliche Textilien mit 20 g/l, für tierische mit 30 g/l an und imprägniert nun bei 40° C während 20 min. Nach dem Abquetschen wird möglichst heiß getrocknet.

(271) Untersuchung: Die Messung der Imprägnierwirkung. *Die Messung des Imprägniergrades wird mit den verschiedensten Apparaturen durchgeführt. Von der Muldenprobe bis zur Messung der elektrischen Leitfähigkeit imprägnierter, mit Wasser benetzter Textilien hat sich eine ganze Reihe von Meßmethoden entwickelt.*

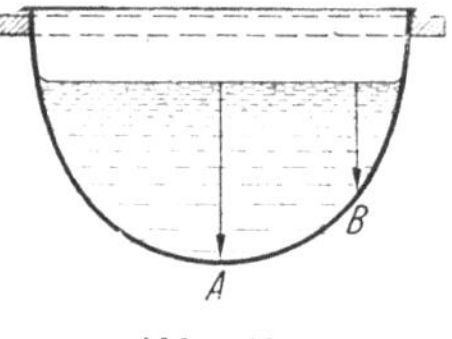

Abb. 109.

Die älteste Methode ist die Muldenprobe. Danach wird mit · dem imprägnierten Gewebe ein Sack (eine Mulde) gebildet, indem man es in einem runden oder viereckigen Rahmen befestigt (Abb. 109). In diese Mulde wird Wasser bis zu einer bestimmten Höhe eingefüllt. Man beobachtet nun, wann das Wasser beginnt, durch das Gewebe hindurchzudringen oder wie viel Wasser in einer Zeiteinheit hindurchgedrungen ist. Diese Probe ist jedoch in verschiedener Hinsicht ungenau. So ist der Wasserdruck z. B. bei A größer als bei B. Das Gewebe wird also gar nicht gleichmäßig dem Wasserdruck ausgesetzt.

Das Meßverfahren nach MECHEELS gründet sich auf die Beanspruchung imprägnierter Gewebe im Gebrauch. So wird z. B. ein imprägniertes, dem Regen ausgesetztes Kleidungsstück dort seine wasserabstoßende Wirkung am schnellsten verlieren, wo beim Tragen eine Reibung, eine Quetschung oder eine Erschütterung stattfindet. Geht man unter einem Regenschirm spazieren, so wird die wasserabstoßende Wirkung der Bespannung häufig schon dadurch aufgehoben, daß man mit dem Handrücken leicht an der Innenseite des Schirmbezugs hin und her reibt. An der Reibfläche dringt das Wasser während des Reibens durch die Bespannung hindurch.

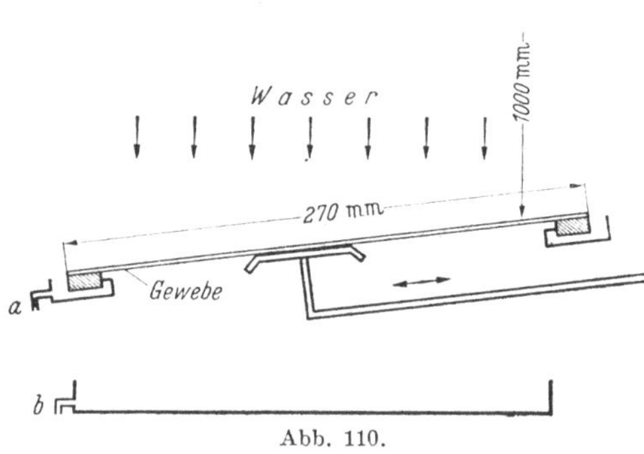

Abb. 110.

Auf solchen Beobachtungen beruht die ganz einfache Meßvorrichtung (Abb. 110). Ein Stück des imprägnierten Gewebes wird in einem Ring eingespannt, der im Beregnungsapparat schwach geneigt gelagert ist. Aus einer Höhe von 1 m fällt aus einem mit Düsen versehenen Gefäß Wasser, das in Menge und Durchschlagskraft etwa einem zünftigen Platzregen nahekommt. An der unteren Seite des Gewebes reibt eine schwach angerauhte

Metallplatte mit leichtem (einstellbarem) Druck etwa zwanzigmal in der Minute hin und her. Das vom Gewebe ablaufende Wasser wird bei a abgeführt, das hindurchfließende im Gefäß b aufgefangen. Es ist (besonders bei Wolltuchen) interessant, zu sehen, wie häufig überhaupt nur auf der Bahn der Reibfläche eine Benetzung der Unterseite des Tuches eintritt. Gemessen wird nun die Zeit, in welcher der erste Tropfen von der Unterseite des Gewebes abfällt, und die Durchflußmenge an Wasser, welche in einer bestimmten Zeiteinheit bei b festgestellt wird. Je länger es also dauert, bis der erste Tropfen abfällt, und je weniger Wasser in einer bestimmten Zeit durch das Gewebe geflossen ist, um so brauchbarer ist die Imprägnierung.

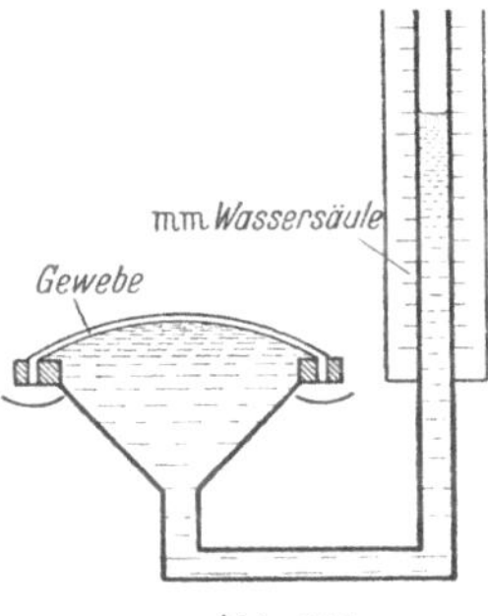

Abb. 111.

Nach BUNDESMANN wird ebenfalls die Wassermenge gemessen, welche in einer Zeiteinheit durch das imprägnierte Gewebe hindurchfließt. Außerdem wird das Gewebe jedoch auch gewogen und dadurch seine Wasseraufnahmefähigkeit bestimmt.

Mit dieser Untersuchung kann man sich jedoch nicht immer zufrieden geben. Es ist oft nötig, zu wissen, ob die Paraffinteilchen des Imprägniermittels an der Oberfläche des Gewebes sitzen oder tiefer in dasselbe eingedrungen sind. Zu diesem Behufe zieht man in Kombination mit dem soeben beschriebenen Meßverfahren die Wasserdruckprobe mit dem Schopperschen Prüfapparat heran (Abb. 111).

Ist z. B. für zwei Imprägnierungen mit verschiedenen Produkten der Wasserdruck im SCHOPPERschen Apparat nahezu gleich hoch, um eben je

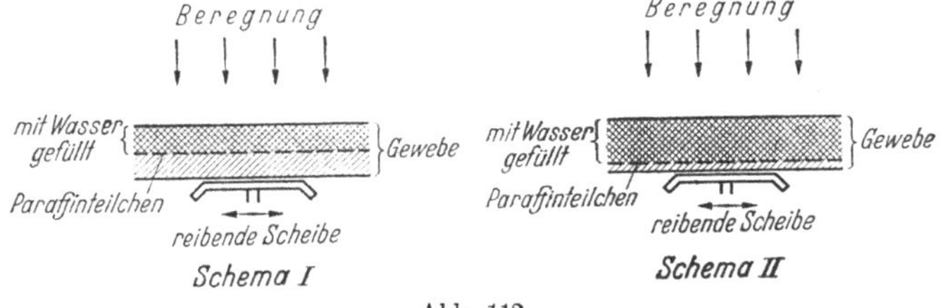

Abb. 112.

zwei Wasserperlen durch das Gewebe zu treiben, so wird diejenige Imprägnierung die gebrauchstüchtigere sein, welche bei der Probe mit der friktionierenden Scheibe die kleinsten Werte ergibt. In diesem Fall sitzen nämlich die Paraffinteilchen tiefer im Gewebeinnern, die reibende Scheibe wird mit der Wasserschicht des benetzten Gewebes viel weniger Kapillare bilden können, als dies bei einer Imprägnierung, welche mehr auf der Gewebeoberfläche haftet, der Fall ist.

Vorstehende schematische Abbildungen (112) sollen diese Ansicht verdeutlichen:

In Schema I ist der Abstand der friktionierenden Scheibe von dem mit Wasser gefüllten Teil des Gewebes größer als in Schema II. Es werden in letzterem Falle durch die kapillaren Kräfte und durch die Überwindung der Oberflächenspannung des Wassers größere Wassermengen durch das Gewebe fließen als in ersterem. (Der elementaren Klarheit halber wurde in Schema II nur die eine Seite des Gewebes als mit Paraffinteilchen belegt angenommen.)

Man spannt zur Messung das imprägnierte Gewebe in den Halter des Apparates (Abb. 110), legt es in den Beregnungsapparat und läßt nun den Regen auftreffen, indem man gleichzeitig die Reibvorrichtung einschaltet. Nach genau 5 oder 10 min stellt man Regen und Reibung ab und mißt nun die hindurchgeflossene Wassermenge. Außerdem hat man beobachtet, wann der erste Tropfen an der Reibstelle durch das Gewebe trat.

(272) Versuch: Die Ermittlung des besten Einbadimprägnierverfahrens. Die Imprägnierungen werden mit zwei bekannten Einbadimprägniermitteln ausgeführt.

I. Messungen der Durchlässigkeit von Wasser unter Druck.

Im schoperschen Apparat (Abb. 111) wird der Wasserdruck langsam und gleichmäßig gesteigert. Gemessen wird die Höhe der Wassersäule in mm, bei welcher der zweite Tropfen durch das Gewebe perlt.

Sämtliche Daten sind Durchschnitte von vier Messungen.

1. Imprägnierung auf Baumwollköper. Änderung der Temperaturen von Imprägnierflotte und Trocknung.

a) Flottenkonzentration 25 g/l, Behandlungsdauer 10 min.

Klotztemperatur	30°C			50° C			70° C		
Trocken-temperatur	65° C	75° C	85° C	65° C	75° C	85° C	65° C	75° C	85° C
Produkt A	135 mm	230 mm	220 mm	238 mm	271 mm	245 mm	210 mm	287 mm	274 mm
Produkt B	140 mm	230 mm	225 mm	230 mm	270 mm	240 mm	203 mm	295 mm	280 mm

b) Flottenkonzentration 30 g/l, Behandlungsdauer 10 min.

Klotztemperatur	30° C			50° C			70° C		
Trocken-temperatur	65° C	75° C	85° C	65° C	75° C	85° C	65° C	75° C	85° C
Produkt A	260 mm	283 mm	276 mm	258 mm	278 mm	282 mm	274 mm	278 mm	275 mm
Produkt B	261 mm	278 mm	268 mm	245 mm	260 mm	277 mm	280 mm	268 mm	270 mm

Aus den Werten geht vor allem die **Bedeutung erhöhter Trocknungstemperaturen** klar hervor. Das Schwanken mancher Werte ist durch die unregelmäßige Struktur der Gewebe bedingt. Trockentemperaturen zwischen 75 und 85° C müssen als günstig angesprochen werden, also Temperaturen, die für moderne Trockenapparate normal sind.

Die Flottentemperatur darf dagegen nicht gesteigert werden, was, schon rein kolloidchemisch betrachtet, einleuchtet. Temperaturen von 30—40° C genügen für eine gleichmäßige und wertvolle Imprägnierung vollkommen.

Eine Behandlungsdauer über die Zeit von 10 min hinaus hat keine höhere wasserabstoßende Wirkung zur Folge, vorausgesetzt, daß die Ware in der Flotte gut durchgearbeitet wird.

Die Werte für Produkt A und Produkt B halten sich auf gleicher Höhe.

2. **Imprägnierung auf Wolltuch (Damenkleiderstoff).** Imprägnierungsverfahren: 20 g/l Imprägniermittel, 35° C, 15 min Trocknung bei 85° C. Wasserdurchlässigkeit gemessen in mm Wassersäule.

	Produkt A	Produkt B	Zweibad-imprägnierung
Quetschverfahren	189 mm	183 mm	193 mm
Vakuumverfahren	186 mm	188 mm	190 mm

Unter „Quetschverfahren" versteht man eine normale Behandlung der Ware auf der Kufe mit nachfolgendem Abquetschen zwischen Gummiwalzen. Beim „Vakuumverfahren" wird die Ware in einen verschließbaren Behälter gebracht, in demselben evakuiert, wonach erst auf diese luftfrei gesaugte Ware die Imprägnierflotte gegeben wird.

Die Zahlen zeigen, daß das Vakuumverfahren, von dem eine Zeitlang die Rede war, keine Vorteile (wenigstens für Wolle) bringt. Produkt A ist auf Wolle dem Produkt B deutlich überlegen. Die Zahlen sind außerdem ein typisches Beispiel dafür, daß das Zweibadverfahren für Wolle stets gute Imprägnierungen liefert. Die Werte überragen jedoch die im Einbadverfahren erzielten nicht so hoch, daß Kosten und Zeitverlust ausgeglichen wären.

II. Messung der wasserabstoßenden Wirkung nach dem Beregnungs- und Friktionsverfahren.

Die im Apparat (Abb. 110) befindliche reibende Scheibe wird so eingestellt, daß nur ein ganz geringer Druck auf das eingespannte Gewebe erfolgt.

1. Imprägnierung auf Baumwollköper. Imprägnierverfahren: 30 g/l Imprägniermittel, 30° C, 10 min.

Die Zeitablesung auf der Stoppuhr erfolgt beim Herabfallen des ersten Tropfens. Nach 10 bzw. 30 min wird außerdem die durchgeflossene Wassermenge gemessen. Die Zahlen stellen Durchschnittswerte aus vier Messungen dar.

Trockentemperatur	85° C (Trockendauer 45 min.)		100° C (Trockendauer 30 min)	
	1. Tropfen nach Sekunden	in 10 min durchgeflossene Wassermenge in ccm	1. Tropfen nach Sekunden	in 10 min durchgeflossene Wassermenge in ccm
Produkt A	29	530	31	430
Produkt B	78	325	50	320
Zweibadverfahren .	15	1300	15	950

Aus diesen Ergebnissen ist die interessante Tatsache ersichtlich, daß sich die beiden Einbadverfahren bei der hohen Trockentemperatur von 100° C in ihrer Wasserdurchlässigkeit nicht verschlechtern. Durch das Schmelzen der Paraffinkörper tritt lediglich ein Zusammenrücken der vorher fein und gleichmäßig verteilt gewesenen Paraffinteilchen zu größeren Komplexen mit größerem Abstand untereinander ein. Dies ist bei Produkt B in höherem Maße der Fall als bei Produkt A. Bei letzterem kam nämlich der erste Tropfen kaum später durch das Gewebe hindurch als bei der Trocknung mit 85° C. Produkt A scheint also hitzebeständiger zu sein als Produkt B. Das Zweibadverfahren zeigt schon durch sein unregelmäßiges Verhalten, daß es den beiden Spitzenprodukten nicht gewachsen ist.

Vergleicht man die Werte der Tabelle aus dem Beregnungsapparat mit denen der Tabellen Ia und Ib aus dem Schopper-Apparat, und zwar die Zahlen bei einer Klotztemperatur von 30° C und einer Trocknung von 85° C, so findet man zunächst, daß in den dortigen Tabellen die Zahlen für den Wasserdruck in bezug auf Produkt A und Produkt B nahezu gleich sind (220 und 225 mm bzw. 276 und 268 mm), während die entsprechenden Werte auf dem Beregnungsapparat 29 sec und 530 ccm bzw. 78 sec und 325 ccm betragen. Daraus kann man schließen, daß zwar die Menge der wasserabstoßenden Partikelchen auf dem Gewebe in beiden Fällen die gleiche ist, daß aber bei Produkt B eine gleichmäßigere Verteilung oder ein besseres Eindringen in das Fadeninnere erfolgte.

2. Imprägnierung auf Herrenanzugstoff (Kammgarn). Imprägnierverfahren wie unter 1.

Trockentemperatur	85° C (Trockendauer 1 Std.)		100° C (Trockendauer 50 min)	
	1. Tropfen nach Sekunden	in 30 min durchgeflossene Wassermenge in ccm	1. Tropfen nach Sekunden	in 30 min durchgeflossene Wassermenge in ccm
Produkt A	120	180	135	180
Produkt B	320	56	286	120
Zweibadverfahren .	115	76	130	350

Die Überlegenheit des Produktes B ist auch hier zu sehen. Sie ist jedoch nur scheinbar. Zunächst geht aus der Tabelle die bemerkenswerte Hitzeempfindlichkeit des Produktes hervor. Außerdem sind die imprägnierten Tuche viel zu hart und im Aussehen zu stumpf. Dies geht auch aus den weiter unten beschriebenen Weichheits- und Glanzmessungen hervor.

3. Imprägnierungen auf stark eingewalktem Manteltuch. Imprägnierverfahren wie oben. Trocknung bei 85 ° C.

	1. Tropfen nach Sekunden	In 30 min durchgeflossene Wassermenge in ccm
Produkt A	118	99
Produkt B	90	155
nicht imprägniert . . .	10	3000

Bei derart dichten Tuchen ist die Überlegenheit des Produktes A offensichtlich. Auch Griff und Weichheit der Tuche sind besser als bei der Behandlung mit Produkt B. Man sieht daraus, wie falsch es ist, einfach im Bausch und Bogen ein Produkt allgemein für überlegen zu erklären. Es kommt immer auf das Substrat an. Jede Warensorte braucht das ihr am besten entsprechende Imprägniermittel.

(273) Untersuchung: Die Messung der Luftdurchlässigkeit porös-wasserdicht imprägnierter Gewebe. Die Luftdurchlässigkeit mißt man im Schopperschen Apparat, indem man das Gewebe auf eine Öffnung spannt und nun Luft hindurchsaugt. Die Menge der hindurchgesaugten Luft wird gemessen. Eine weitere Methode, die den Verhältnissen beim Tragen eines Kleidungsstückes näher kommt, besteht darin, den „Differenzdruck" (MECHEELS) zu messen, der z. B. beim Gehen gegen den Wind an der Außen- und an der Innenfläche des Kleidungsstückes herrscht. Je geringer die Druckunterschiede sind, d. h. je geringer der

Druckabfall beim Hindurchströmen der Luft durch das Kleidungsstück ist, desto luftdurchlässiger ist das Gewebe.

Zur Messung dieses Druckabfalles oder „Differenzdruckes" bedient man sich eines einfachen Windkanals. In der Abb. 113 ist die Apparatur vorgestellt. Im Windkanal AB strömt die durch den Ventilator in Bewegung gesetzte Luft in Richtung AB. Bei C ist das Gewebe lose eingespannt. Der Luftdruck im Raume AC ist nun größer als derjenige im Raume CB, da jedes Gewebe dem Luftstrom einen Widerstand entgegensetzt. Am Ausgang des Windkanals (bei B) ist außerdem eine

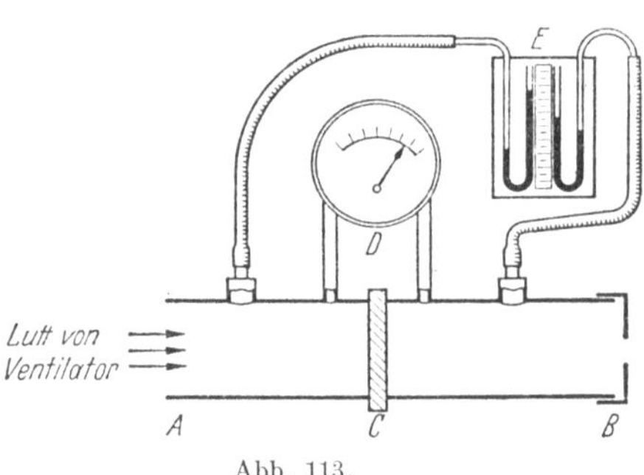

Abb. 113.

Kappe aufgesetzt, welche verstellbare Öffnungen zur Drosselung der Luftströmung besitzt. Der Differenzdruckmesser D ist mit beiden Räumen des Windkanals verbunden. Er dient nur zur Roheinstellung der Drosselkappe bei B auf die Dichte des eingespannten Tuches. Die Messung erfolgt mit Hilfe der beiden mit Farbstofflösung gefüllten U-Röhren E, wobei die Differenz des Druckes an dem hinter den Röhren liegenden Millimeterpapier direkt abgelesen werden kann.

(274) Versuch: Die Luftdurchlässigkeit imprägnierter Gewebe. Die Messung im Windkanal kann z. B. folgende Ergebnisse zeitigen:

1. Streichgarntuche verschieden stark eingewalkt.

Walke auf Breite	Differenzdruck	
cm	nicht imprägniert	Einbadimprägnierung
180	17	17
175	20	18
170	25	22
160	26	23
155	27	25
150	28	26

Die Luftdurchlässigkeit wächst mit sinkendem Zahlenwert, weil die Zahlen die Druckdifferenz angeben. Mit höherer Einwalkung steigt natürlich der Widerstand des Tuches gegen den Luftdurchtritt. Durchweg sind aber die im Einbadverfahren imprägnierten Stücke luftdurchlässiger als die nicht imprägnierten.

2. **Luftdurchlässigkeit verschiedener Tuche.** Tuch I: Loses, meltoniertes Halbwollgewebe.

Tuch II: Halbwollgewebe mit stark eingewalkter Streichgarnkette.

Tuch III: Hartes, kahlgeschorenes Kammgarngewebe mit Effektfäden aus Azetatkunstseide.

	Winddruck		Abzugsdruck		Differenzdruck	
	nicht imprägn.	imprägniert	nicht imprägn.	imprägniert	nicht imprägn.	imprägniert
Tuch I	13,2	12,9	9,3	9,3	3,9	3,6
Tuch II . . .	12,7	12,9	8,7	9,4	4	3,5
Tuch III . . .	13.4	13	3,6	3,6	9,8	9,4

(Je geringer die Werte für den Differenzdruck, um so größer die Luftdurchlässigkeit.) Die Zahlen zeigen deutlich, daß die Art der Imprägnierung die Luftdurchlässigkeit viel weniger beeinflußt als die Bindung und die Ausrüstung.

3. **Einwirkung von Nässe auf die Luftdurchlässigkeit imprägnierter Tuche und sonstiger Textilien.** Statt der bei solchen Reihenmessungen umfangreich anfallenden Tabellen sei die Abb. 114 gezeigt.

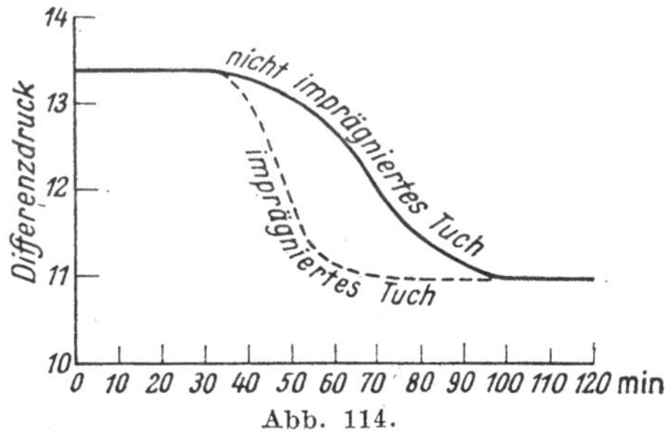

Abb. 114.

Zentrifugenfeuchte Gewebe mit gleichviel Wassergehalt, imprägniert und nicht imprägniert, werden bei C in den Apparat (Abb. 113) eingespannt. Nun läßt man die Luft hindurchströmen, bis der Prüfling trocken ist. Da die Luft mit etwa 18° C hindurchströmt und die Geschwindigkeit dieser Strömung ziemlich gedrosselt ist, ergeben sich lange Trockenzeiten. Das imprägnierte Tuch trocknet jedoch schneller als das nicht imprägnierte. Die Luftdurchlässigkeit wächst entsprechend an. Die Abb. 114 zeigt also deutlich folgendes: Bei starker Benetzung sind die Poren des Gewebes durch Wasser geschlossen. Es besteht kein Unterschied zwischen einer imprägnierten und einer gewöhnlichen Ware. Sobald diese überschüssige Wassermenge jedoch entfernt ist, setzt die Trocknung beim imprägnierten Stück schneller ein. Halbtrockene imprägnierte Stücke ermöglichen bereits eine bessere Durchlüftung. Diese Tatsache erklärt sich daraus, daß die imprägnierten Fäden des Gewebes bei der Benetzung weniger Wasser aufnehmen, also weniger quellen, als die nicht imprägnierten.

Zusammenfassend ist aus den Versuchen zu ersehen:

1. Wasserabstoßend porös imprägnierte Gewebe sind luftdurchlässiger als nicht imprägnierte. Die bessere Luftdurchlässigkeit kann je nach Art des Gewebes bis zu 10% betragen.

2. Imprägnierte Gewebe trocknen schneller als nicht imprägnierte, wobei die Luftdurchlässigkeit schon unmittelbar nach Beginn der Trocknung gegenüber einer nicht imprägnierten Vergleichsware deutlich zunimmt.

(275) Versuch: Die Feststellung der Substantivität von Einbadimprägnierungsmitteln. Man setzt mit einem der handelsüblichen Einbadimprägnierungsmittel eine Flotte von 10 g/l an und behandelt nun bei einem Flottenverhältnis von 1 : 25 darin gut vorgewaschenes Wollgarn. Nach etwa zehn Minuten sieht man deutlich, daß die zuerst dick milchweiß gewesene Emulsion wesentlich klarer geworden ist.

B. Die Gummierung von Geweben (nach M. KEHREN).

Allgemeines über die Gummierung. Durch den Vorgang des „Imprägnierens" wird dem Gewebe die Möglichkeit genommen, Wasser aufzunehmen. Dieses Wasserabstoßendmachen hat den Vorteil, daß die Poren für Wasser zwar weitgehend geschlossen, für Luft dagegen immer noch durchlässig sind. Will man dagegen unter Wahrung der Elastizität eines Gewebes eine absolute Wasserundurchlässigkeit erreichen, so muß auf den hygienischen Vorteil einer Luftdurchlässigkeit verzichtet werden.

Zur völligen Schließung der Poren überzieht man das Gewebe mit einer elastischen, kalt oder besser heiß vulkanisierten Kautschukschicht, die ein Durchdringen von Luft und Wasser verhindert.

Eine Gewebegummierung kann einseitig vorgenommen werden, wie sie in den einfachen Regenmantelstoffen vorliegt, sie kann aber auch wie z. B. bei den bekannten Kleppermantel- und Ballonstoffen doppelseitig erfolgen. Als Spezialfall wäre zuletzt die „Doublierung" zu erwähnen, d. h. ein Aufeinanderpressen zweier einseitig gummigestrichener Stoffbahnen auf dem Doublierkalander.

(276) Verfahren: Die Gummierungstechnik. Die Gummierung von Geweben wird in der Weise durchgeführt, daß der Kautschuk mit geeigneten Zusatzstoffen (wie Faktis, Kreide, Zinkweiß, Magnesia, Mineralfarben oder organischen Farbstoffen) auf einem Mischwalzwerk durchgeknetet und dann als homogene Masse in einem Lösungsmittel zu einem streichfähigen Teig verarbeitet wird. Das Aufbringen der Streichmasse erfolgt auf der Streichmaschine, die so viele dünne Schichten auflegt, bis das vorgeschriebene Gummierungsgewicht erreicht ist. Ein nachfolgendes Einstauben mit Stärkemehl oder mit Talkum verringert die Klebrigkeit und ruft den samtartigen Griff hervor. Um der Gummischicht die erforderliche Beständigkeit gegenüber Licht, Luft, Wärme usw. zu verleihen, muß sie „vulkanisiert" werden. Der Kautschuk besitzt bekanntlich die Fähigkeit, seine physikalischen und chemischen Eigenschaften unter der Einwirkung von Schwefel in der Heißvulkanisation oder bei Chlorschwefel bei der Kaltvulkanisation im günstigen Sinne zu verändern. Für die einfachen einseitig gummierten Regenmantelstoffe ist die Kaltvulkanisation üblich, während Klepper- und Ballonstoffe höheren Ansprüchen genügen und deshalb heiß vulkanisiert werden müssen.

(277) Untersuchung: Die Eignungsprüfung von Geweben, welche gummiert werden sollen. *Trotz der Vulkanisation und der Zugabe von Alterungsschutzmitteln zur Streichmasse ist die Haltbarkeit der Kautschukschicht begrenzt; um ein Maximum an Tragfähigkeit gummierter Kleidungsstücke zu erreichen, müssen sowohl vom textilen Erzeuger der Gewebe wie auch vom Gummierungstechniker bestimmte Bedingungen eingehalten werden. Die Haltbarkeit einer Stoffgummierung wird beeinträchtigt:*

1. durch eine fehlerhafte Beschaffenheit des Gewebes, und

2. durch eine fehlerhafte Durchführung des Gummierungsprozesses.
Außerhalb der technischen Fabrikation liegt dann noch 3. eine unsachgemäße Behandlung eines gummierten Kleidungsstückes während der Lagerung oder seiner späteren Verwendung.

Die Forderung der Gummierungsindustrie, daß Gummierungsgewebe weitgehend frei von den zersetzend wirkenden Kautschukgiften Fett, Kupfer und Mangan sein müssen, macht sehr häufig eine exakte chemische Untersuchung der Gewebe erforderlich.

1. **Fettgehalt.** Der Gesamtfettgehalt wird in der bekannten Weise als Äther-Petrolätherextrakt in einem Extraktionsapparat bestimmt und der erhaltene Rückstand auf das Gewicht der entfetteten Ware in 65% rel. Luftfeuchtigkeit berechnet. Je nach der Schwere des Gewebes sind Fettrückstände von 1—2% nicht zu beanstanden, da sie sich nicht schädigend auswirken.

2. **Kupfer und Mangan.** Der Gesamtgehalt an Kupfer und Mangan soll 0,005% nicht übersteigen.

Qualitative Prüfung auf Kupfer und Mangan. Größere Mengen von Kupfer, wie sie z. B. beim Nachkupfern von substantiven und Schwefelfärbungen auf der Faser fixiert werden, können qualitativ nach MECHEELS-RATH (S. 89) nachgewiesen werden.

Minimale, unter 0,01% liegende Kupferspuren, wie sie im Verlauf der Ausrüstung z. B. beim Färben in kupfernen Apparaten oder beim Trocknen über Kupferwalzen auf ein Gewebe gelangen, werden durch die obige

Wasserstoffsuperoxyd-Reaktion nicht mehr erfaßt; zu ihrem qualitativen Nachweis dient folgende Arbeitsweise, die allerdings je nach der Höhe des Kupfergehaltes 10—20 g Fasermaterial erfordert.

Nach völligem Veraschen des Fasermaterials in einer Porzellanschale versetzt man den Aschenrückstand mit etwas Kaliumchlorat und mit 10—15 ccm konz. Salzsäure; nach gutem Durchrühren mit einem Glasstab verdampft man den Schaleninhalt auf einem Wasserbad zur Trockene und nimmt den Rückstand mit verdünnter Salzsäure auf. Auf Zusatz von Ammoniak bis zur stark alkalischen Reaktion fallen Aluminium und Eisen als Hydroxyde aus, während Kupfer in ein dunkelblaues Komplexsalz übergeführt wird, welches das Filtrat mehr oder weniger stark anfärbt. Da die Reaktion mit Ammoniak nicht besonders empfindlich ist, empfiehlt sich bei negativem oder schwach positivem Ausfall nach dem Filtrieren ein Ansäuern mit Essigsäure und ein Versetzten mit einer frischen Ferrozyankaliumlösung; Spuren von Kupfer geben sich noch als eine deutlich sichtbare Braunfärbung zu erkennen.

Außer Kupfer kann auch Mangan im Aschenrückstand nachgewiesen werden, das in nennenswerten Mengen nur bei Verwendung eines manganhaltigen Betriebswassers auf der Faser fixiert wird.

Zum qualitativen Mangannachweis kocht man einen Teil des erhaltenen Aschenrückstandes im Reagenzglas mit konz. Salpetersäure auf, verdünnt etwas mit dest. Wasser und kocht nach Zugabe einer Messerspitze Bleisuperoxyd (manganfrei z. A.) erneut einige Minuten. Nach Zusatz von wenigen Tropfen Phosphorsäure z. A. läßt man absitzen; je nach der vorhandenen Manganmenge ist die Lösung mehr oder weniger stark violett gefärbt (Bildung von Permanganat).

In vielen Fällen genügt der einfache qualitative Kupfer- und Mangannachweis weder zu einer Kontrolle der Fabrikation noch zu einer Beurteilung der Gummierungsfähigkeit einer Ware; außerdem versagen die beschriebenen Reaktionen leicht, wenn z. B. bei Reklamationen zu wenig Fasermaterial für die Untersuchung zur Verfügung steht. Aus diesen Gründen ist sehr häufig eine exakte quantitative Bestimmung des Kupfer- und Mangangehaltes von Geweben erforderlich, die nach den folgenden Methoden vorzunehmen ist.

Quantitative Bestimmung des Kupfers in Textilien. Will man auch die geringsten Kupferspuren noch erfassen, so schließt man die Textilien mit Schwefelsäure-Salpetersäure in folgender Weise auf:

5—10 g des Gewebes werden in einem einfachen Kjeldahl-Kolben (500 ccm) mit 20 ccm konzentrierter Schwefelsäure und 10 ccm Salpetersäure 1,4 übergossen; man erwärmt zunächst schwach und steigert die Temperatur erst, wenn die zunächst heftig einsetzende Reaktion nachgelassen hat; der Kolbeninhalt ist anfänglich dunkelbraun gefärbt, nach etwa halbstündigem Sieden läßt man abkühlen und gibt vorsichtig nochmals 10 ccm Schwefelsäure-Salpetersäure hinzu, worauf man wieder langsam mit dem Erhitzen beginnt. Je weiter der Aufschluß voranschreitet, um so heller färbt sich die Flüssigkeit; unter Umständen gibt man noch ein drittes Mal Salpetersäure hinzu. Ist keine organische Substanz mehr sichtbar, d. h. ist der Kolbeninhalt hellgelb, so dampft man bis fast zur Trockene ein und löst den Rückstand in heißem, destilliertem Wasser. Das Verdampfen des schwer flüchtigen Säuregemisches kann durch Einblasen von Luft wesentlich beschleunigt werden.

Vergleichende Untersuchungen haben ergeben, daß selbst die geringfügigsten Kupferspuren, die durch Ammoniak oder Ferrozyankalium nicht mehr erfaßt werden können, mit einer wässerigen Lösung von Natriumdiäthyldithiokarbaminat[1] quantitativ bestimmbar sind. Vorbedingung dieser Reaktion ist ein niedriger Kupfergehalt der zu prüfenden Lösung; bleibt der Kupfergehalt unter 0,1 mg in 100 ccm, so tritt eine Braunfärbung ein; bei größeren Mengen ist die Färbung wolkig und kolorimetrisch nicht mehr vergleichbar. Die Empfindlichkeit der Reaktion ist so groß, daß 0,01 mg Kupfer in 100 ccm noch eine deutliche Braunfärbung erzeugen.

Da größere Mengen von Eisen ebenfalls eine Farbenreaktion ergeben, muß dieses in geeigneter Weise unschädlich gemacht werden; man arbeite deshalb unter Zusatz von Zitronensäure, welche dreiwertiges Eisen als Komplex bindet und so seine störende Wirkung ausschaltet.

a) Kolorimetrische Methode. Der nach dem Aufschluß von 5—10 g Gewebe mit Schwefelsäure-Salpetersäure im Kolben befindliche Rückstand wird mit heißem Wasser versetzt und nach kurzem Stehen in der Wärme filtriert; sind keine großen Kupfermengen zu erwarten, bemißt man die Gesamtflüssigkeitsmenge auf etwa 50 ccm, im anderen Falle füllt man nach dem Filtrieren auf 100 oder 200 ccm auf und behandelt nur einen Teil weiter. Die etwa 50 ccm betragende Reaktionslösung wird am einfachsten direkt im Kolorimeterzylinder mit 2 g Zitronensäure (oder mit 20 ccm einer 10proz. Lösung von Zitronensäure) versetzt und deutlich ammoniakalisch gemacht; kurz vor dem Kolorimetrieren gibt man 10 ccm einer 0,1proz. wässerigen Lösung von Natriumdiäthyldithiokarbaminat hinzu. In vielen Fällen ist die in Gegenwart von Kupfer auftretende bräunliche Färbung kolorimetrisch direkt mit einer Lösung von bekanntem Kupfergehalt vergleichbar. Durch Auflösen von 2,6824 g $CuCl_2 \cdot 2H_2O$ (Cuprum chloratum z. A. von MERCK) in 1 l dest. mit Salzsäure schwach angesäuertem Wasser erhält man eine Lösung, die pro ccm 1 mg Cu enthält.

---

[1] Das Reagenz ist leicht in Wasser löslich und hält sich in 0,1proz. Lösung in einer braunen Flasche mehrere Wochen unverändert.

Hat jedoch die Reaktionslösung eine störende Eigenfärbung oder bilden sich infolge Vorhandenseins anderer Metalle Trübungen, die einen direkten Vergleich unmöglich machen, so schüttelt man die gebildete Kupferverbindung in einem geeigneten Schütteltrichter mit doppelter Bohrung so lange mit je 2 ccm Tetrachlorkohlenstoff aus, als dieser noch gelbgefärbt wird; darauf kolorimetriert man gegen eine Standardlösung, die in gleicher Weise durch Ausschütteln einer Lösung von bekanntem Kupfergehalt hergestellt worden ist. Zu beachten ist, daß die einen Tag lang unverändert haltbare Vergleichslösung ungefähr die gleiche Konzentration aufweisen sollte, da die Intensität der Färbung und die Konzentrationen bei großer Differenz nicht mehr vollständig proportional gehen.

Quantitative Bestimmung von Mangan in Textilien. Im Gegensatz zum Kupfernachweis in Textilien können Spuren von Mangan im „Aschenrückstand" des Fasermaterials bestimmt werden. 10—25 g des zu untersuchenden Fasermaterials werden in einer geräumigen Porzellanschale verascht; nach völliger Veraschung schließt man die kohlefreie Flugasche nach dem Erkalten mit 10 ccm konzentrierter Salpetersäure (reinst. spez. Gewicht 1,4) auf, verdampft diese auf dem Wasserbad oder Sandbad zur Trockene und nimmt den Rückstand mit 20—30 ccm destilliertem Wasser auf. Die schwach sauer reagierende Lösung wird in der Siedehitze mit einigen Tropfen Silbernitratlösung versetzt und der entstandene Niederschlag nach kurzem Aufkochen abfiltriert; nach Zusatz von wenigen Tropfen Phosphorsäure (chemisch rein, spez. Gewicht 1,15) und 1 g Ammoniumpersulfat z. A. (MERCK) erhitzt man das Filtrat auf dem Drahtnetz und beobachtet, ob eine Violettfärbung eintritt. Das gesamte in der Asche befindliche Mangan wird in der Siedehitze innerhalb von 1—2 min zu Permanganat oxydiert; die Färbung ist haltbar und läßt in ihrer Intensität auch nach längerem Stehen nicht nach; eine nochmalige Filtration ist im allgemeinen nicht erforderlich, so daß die Reaktionslösung sofort in den Kolorimeterzylinder gebracht werden kann; bei sehr intensiver Violettfärbung füllt man sie in einen 100-ccm-Meßkolben und kolorimetriert einen aliquoten Teil. Man vergleicht mit einer möglichst frischen $^1/_{100}$-n-Kaliumpermanganatlösung und benutzt zweckentsprechend eine in $^1/_{20}$ ccm geteilte Bürette. 1 ccm $^1/_{100}$ n $KMnO_4$ entspricht 0,11 mg Mn.

Diese einfache Arbeitsweise bietet nur dann Schwierigkeiten, wenn die Faser größere Mengen Eisen und vor allen Dingen Chrom enthält; besonders im letzten Fall tritt bei der Oxydation mit Ammoniumpersulfat keine reine Violettfärbung, sondern infolge der Chromatbildung eine Mischfarbe ein, die sich nicht mehr kolorimetrisch mit einer Permanganatlösung vergleichen läßt. Deshalb müssen die störenden Einflüsse von Eisen und Chrom ausgeschaltet werden.

Eisen wird durch Zusatz von einigen Tropfen Phosphorsäure unwirksam gemacht; sie begünstigt die Bildung von Permanganat, da ·sich Braunstein in Phosphorsäure unter Bildung von violett gefärbtem Mangan-(3)-Salz löst.

In Gegenwart von Chrom wird der mit Salpetersäure abgerauchte und mit Wasser aufgenommene Aschenrückstand oder das Filtrat des Salpeter-Schwefelsäure-Aufschlusses in einer Porzellanschale stark ammoniakalkalisch gemacht und je nach dem Chromgehalt mit 3—5 ccm Perhydrol versetzt; nach halbstündigem Erwärmen· auf dem Wasserbad werden Eisen und Mangan als $Fe(OH)_3$ und $MnO(OH)_2$ unlöslich ausgeschieden, während das gesamte Chrom als Chromat in Lösung geht. Ist sehr wenig Mangan vorhanden und enthält die Lösung zudem nur wenig Eisen, so können Manganspuren leicht in Lösung bleiben; in diesem Falle empfiehlt sich ein geringer Eisenzusatz zur Reaktionslösung (am einfachsten in Form einiger Ferrosulfat-Kriställchen), wobei das ausfallende Ferrihydroxyd das gesamte Mangan mitreißt. Der Niederschlag wird nach dem Absetzen abfiltriert, mit warmem Wasser chlorfrei gewaschen, im Anschluß hieran auf dem Filter mit heißer Salpetersäure gelöst und so quantitativ in eine Porzellanschale gespült. Nach gründlichem Nachwaschen des Filters versetzt man das Filtrat in bekannter Weise mit Phosphorsäure, Silbernitrat und Ammoniumpersulfat und vergleicht die nach dem Aufkochen eintretende Violettfärbung mit einer Permanganatlösung von bekanntem Gehalt.

(278) Untersuchung: Die Prüfung der Gummierung. Soweit die gummierten Gewebe als Regenmantelstoffe zur Herstellung wasserdichter Kleidungsstücke Verwendung finden, darf bei der Untersuchung und Beurteilung ihrer Brauchbarkeit eine den praktischen Bedürfnissen entsprechende „Bewetterungsprobe" nicht fehlen:

Das gummierte Gewebe wird in einen großen Holzrahmen eingespannt, der an einem geeigneten Platz im Freien senkrecht zur Südrichtung mit 45° Neigung aufgestellt wird. Ein einfaches Annageln des Gewebes genügt nicht, da ein starker Wind größere Flächen gerne einreißt; es empfiehlt sich deshalb, das Gewebe in der Kettrichtung in zwei Spindelbänder einzunähen und dann erst aufzunageln. Wenn auch im allgemeinen Regenmantelstoffe bei ihrer praktischen Verwendung keiner starken Zugbeanspruchung unterliegen, so kann trotzdem als Verschärfung der Bewetterungsprobe eine Bewetterung unter „Spannung" vorgenommen werden. Macht man die untere Leiste des Rahmens verschiebbar, so läßt sich ohne besondere Schwierigkeit durch Anhängen von Gewichten jede gewünschte Belastung der Schußfäden erreichen. In regelmäßigen Zeitabständen sollte entlastet werden, damit auch das Moment der „Erholung" seine Berücksichtigung findet. Die zu bewetternden

Gewebeabschnitte müssen so groß gewählt werden, daß sie die Entnahme von Proben zur Durchführung von vergleichenden Prüfungen nach einer Bewetterung von zwei, drei, vier, fünf und sechs Wochen gestatten. Die Feststellung von Reißfestigkeit und Wasserdurchlässigkeit innerhalb dieser Zeiträume ergibt sichere Anhaltspunkte über die praktische Gebrauchstüchtigkeit der Regenmantelstoffe.

Neben dieser längere Zeit beanspruchenden „Allwetterprüfung" kann man gummierte Gewebe auch einer künstlichen Alterung unterwerfen. Es empfiehlt sich auch hier, einen Vergleichsversuch durchzuführen, und die Prüfabschnitte gleichzeitig mit solchen von bekannt einwandfreier Qualität zu untersuchen.

Die Alterungsprüfung von Gummierungen wird bei 60° C in der Sauerstoffbombe nach BIERER und DAVIS vorgenommen, die mit Sauerstoff unter Druck (21 atü) gefüllt und in einen Heräusheizschrank gestellt wird.

Man kann mit Bestimmtheit sagen, daß ein Vulkanisat, welches diese Beanspruchung sechs Tage ohne nennenswerte Veränderungen ausgehalten hat, den üblichen Anforderungen des Gebrauches und der Lagerbeständigkeit entspricht. Für die Kaltvulkanisate mit ihrer geringeren Beständigkeit genügt schon eine Prüfdauer von 3—4 Tagen.

C. Die schwer entflammbare Ausrüstung.

Allgemeines über die Ausrüstung.

Es ist wichtig, Gewebe wie Dekorationsstoffe, Vorhänge, Teppiche, Matten, Möbelstoffe, Kleider, Arbeitsanzüge, Feuerwehranzüge, Säcke, Plüsche, Schleierstoffe, Tüll, Balletkleider, Gaze, Fahnen usw. feuersicher auszurüsten, da diese durch ihre leichte Entzündlichkeit häufige Ursache von Bränden gewesen sind.

Bei der Wahl des richtigen Imprägniermittels wird von dem Gedanken ausgegangen, daß in der Praxis nicht nur eine direkte, sondern auch eine indirekte Erhitzung (z. B. bei Kurzschluß) zu Bränden führen kann. Es wird daher die in Abb. 115 angedeutete Versuchsanordnung gewählt, die gleichzeitig ein genaueres Beobachten des Brennvorganges ermöglicht.

Die einzelnen Imprägnierungsmittel unterscheiden sich in ihrer Eignung z. T. recht beträchtlich voneinander. Es werden deshalb nicht nur Gewebe geprüft, die zuvor imprägniert und bei gewöhnlicher Temperatur getrocknet wurden, sondern es wird auch beobachtet, ob bestimmte äußere Einflüsse, wie feuchte Atmosphäre und Einwirkung von Wärme irgendeinen Einfluß auf den Imprägniereffekt bzw. auf die Lagerechtheit ausüben. Auch hierbei werden merkliche Unterschiede gefunden, so z. B. daß einzelne Imprägniermittel nach dem Verbleiben in feuchter Dampfatmosphäre in ihrer schwer-

entflammbaren Eigenschaft nachlassen, daß es andererseits wieder Mittel gibt, auf die eine feuchte Atmosphäre günstig einwirkt. Z. T. werden Imprägniermittel gewählt, wie sie von der Industrie in den Handel gebracht werden. Z. T. werden auch Kombinationen vorwiegend anorganischer Präparate für die Versuche angewandt.

Von der Unmasse der als Flammenschutzmittel für Gewebe bekannten Substanzen seien folgende angeführt:

Schwefelsaures Ammonium (Gay-Lussac),
Wolframsaures Natron,
Borax (Graham),
Ammoniumphosphat (Graham),
Alaun (Andés),
Wasserglas (Andés),
Salmiak,
Natriumphosphat,
Natriumammoniumphosphat,
Ammoniumkarbonat,
Borsäure,
Ammoniumchlorid,
Akaustan (I. G. Farben),

außerdem als Mischungen folgende:

Borax + Bittersalz (Patera),
Alaun + Borax + Natriumwolframat (Nicoll),
Natriumwolframat und Natriumphosphat,
Alaun + Ammoniumphosphat (Siebdraht),
Ammoniumsulfat + Ammoniumkarbonat + Borsäure + Borax
  (Martin),
Borsäure + Salmiak + Wasserglas (Martin und Tessier).

(279) Verfahren: Die Imprägnierung für eine flammsichere Ausrüstung. Jedes Gewebestück wird 20 min lang bei 40° C imprägniert, nachdem es zuvor zur Erhöhung der Aufnahmefähigkeit 5 min lang in 70° C heißes Wasser gelegt wurde. Es hat sich nämlich gezeigt, daß dadurch mehr Flammenschutz erreicht wird, weil das Imprägniermittel in das vorgenetzte Gewebe besser eindringen kann (Quellung). Dann wird der Gewebestreifen zwischen den Gummiwalzen auf einer Handabwringmaschine abgequetscht. Abquetscheffekt 1 : 1. Die Abquetschung soll möglichst gering sein, damit genügende Mengen des Imprägniermittels auf der Faser bleiben. Hierauf wird der imprägnierte Gewebestreifen 24 Stunden an der Luft getrocknet.

Die Versuche werden z. B. mit einem Dekorationsstoff (Mischgewebe aus Baumwolle und Viskosekunstseide, indanthren gefärbt) ausgeführt. Flottenverhältnis beim Imprägnieren: 1 : 25.

(280) Untersuchung: Die Bestimmung des Grades der Brennbarkeit.
1. Verhalten gegen eine direkte Flamme. Ein Gewebestreifen,
1 cm breit, 4 cm lang, wird genau 5 sec lang in die immer gleichhohe
(1,5 cm) Stichflamme eines Bunsenbrenners gehalten, und mit der
Stoppuhr die Zeit bestimmt, bis das Gewebestreifchen erlischt, bzw. bis
das Nachglühen desselben beendet ist. (Mindestens 10 Kontrollver-
suche.) Es muß dabei darauf geachtet werden, daß die Versuche an
einer luftzugfreien Stelle ausgeführt werden, und daß das zu untersuchende Gewebestück immer möglichst in gleicher Lage (kurze Achse
senkrecht) in die Flamme ge-
halten wird.

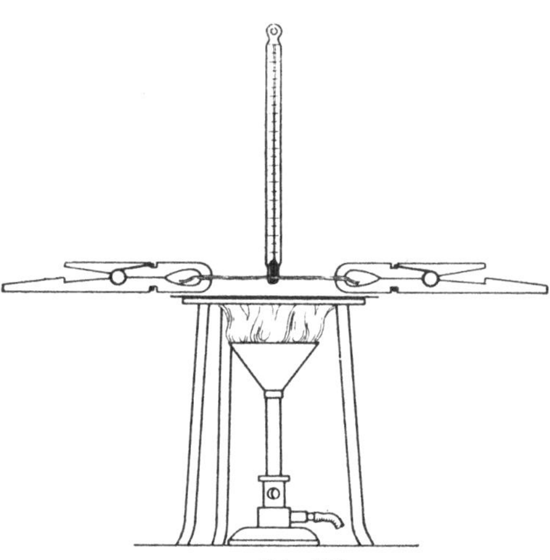

Abb. 115.

2. Verhalten gegen eine
indirekte Flamme. Ein
Gewebestreifen, 12×2 cm,
wird wie Abb. 115 zeigt, mittels
zwei Reagenzglashaltern parallel über ein feines Eisen-
drahtgewebe (17 Drähte pro
Zentimeter) gehalten. Zweck
des Drahtgewebes ist es, die
Flamme nicht direkt mit dem
Gewebe und dem in gleicher
Höhe befindlichen Thermo-
meter in Berührung kommen
zu lassen. (Prinzip der Davy-
schen Grubenlampe.) Unter
dem Drahtnetz, das über einen Dreifuß gespannt ist, befindet sich
die möglichst immer gleich große Flamme eines Bunsenbrenners.
Der Brenner ist für alle Versuche durch Feststellen der Gegenschraube
am Öffnungshahnen auf bestimmte Flammenhöhe (4 cm) eingestellt.
Damit die Flamme der Form des Gewebestreifens entspricht, wird
dem Brenner ein Schnittbrenneraufsatz aufgesteckt. An der Stelle des
Gewebestreifens, an dem sich das Thermometer befindet, wird ein
kleines Loch ausgeschnitten, damit das Thermometer genau in gleiche
Höhe wie der Gewebestreifen gebracht werden kann. Es werden
nun die Temperaturen abgelesen, bei denen sich das Gewebe verändert. (Glühen, Asche, Struktur derselben.) (Die Temperatur kann
allerdings nur relativ bestimmt werden.) Der ganze Apparat befindet
sich in einer Umhüllung von Pappe, damit die Versuche nicht durch
Luftzug gestört werden können.

**(281) Untersuchung: Die Bestimmung der Lagerbeständigkeit flam-
mensicher imprägnierter Gewebe.** 1. Durch Einbringen der imprägnierten,

auf Brennbarkeit geprüften Gewebestreifen in einen Trockenschrank, der auf eine Temperatur von 60° C eingestellt ist.

Eine schlecht lagerechte Imprägnierung wird sich in dieser Wärme verändern, was durch Wiederholung der Brennbarkeitsprüfung gemessen werden kann. Um eine merkliche Abnahme der Brennbarkeit zu erhalten, ist es nötig, jedes Gewebestück 100 Stunden im Trockenschrank liegen zu lassen.

Um die Lagerbeständigkeit ganz der Wirklichkeit entsprechend zu untersuchen, müßten die imprägnierten Gewebestücke monatelang lagern. Die Zeit, die bei der Lagerbeständigkeitsprüfung neben Feuchtigkeit von Wichtigkeit ist, wird absichtlich in etwas extremer Weise durch Erhöhung der Temperatur im Trockenschrank ersetzt, um die Untersuchung durchführen zu können.

2. Durch Einbringen der Gewebestücke in eine feuchte Dampfatmosphäre. Die Gewebestreifen werden so in ein großes Becherglas gehängt, daß sie sich weder gegenseitig noch die Wandungen des Gefäßes berühren können. Mittels eines Dampfkessels wird nun durch einen Gummischlauch mit enger Glasrohrspitze 6 Stunden lang vorsichtig Dampf eingeblasen. Die Läppchen hängen so hoch, daß sie mit dem sich bildenden Kondenswasser nicht in Berührung kommen können.

Auch nach dieser Behandlung wird die Brennbarkeitsprüfung wiederholt.

Die Meßergebnisse werden nun wie folgt ausgewertet:

Zur Bewertung erhalten die einzelnen Mittel Bewertungszahlen:

Nachbrennen:	Nachglühen:
Brennt gar nicht nach = 0	Glüht gar nicht nach = 0
Brennt nur 1 Sek. nach = 1	Glüht nur $^1/_2$ Sek. nach = 1
Brennt 1—2 Sek. nach = 2	Glüht 5— 10 Sek. nach = 2
Brennt 2—3 Sek. nach = 3	Glüht 10— 20 Sek. nach = 3
Brennt 3—4 Sek. nach = 4	Glüht 20— 30 Sek. nach = 4
Brennt 5—6 Sek. nach = 6	Glüht 30— 50 Sek. nach = 5
Brennt 6—7 Sek. nach = 7	Glüht 50—100 Sek. nach = 6
Brennt 7—8 Sek. nach = 8	Glüht 100—200 Sek. nach = 7
	Glüht über 200 Sek. nach = 8

Die Bewertungszahlen werden addiert. Je kleiner die Summe bei einem Mittel ist, desto besser ist es.

(282) Versuch: Die Auffindung des bestgeeigneten Imprägnierungsmittels für eine flammensichere Ausrüstung. Die nach Verfahren imprägnierte und nach Untersuchung 281 bewertete Ware hatte folgende Meßergebnisse:

I: nicht nachbehandelte Ware; II: feucht nachbehandelte Ware; III: im Trockenschrank nachbehandelte Ware

Imprägniermittel	Nachbrennen			Nachglühen			Aschengerüst			Summe der Bewertungszahlen (je kleiner, desto besser)
	I	II	III	I	II	III	I	II	III	
Akaustan 50 g/l	1	3	5	0	0	0	gut	gut	gut	9
Akaustan 75 g/l	1	2	3	0	0	0	„	„	„	6
Akaustan 100 g/l	0	2	2	0	0	0	„	„	„	4
Ammoniumsulfat 50 g/l	2	4	4	1	1	1	gut	gut	gut	13
Ammoniumsulfat 75 g/l	1	3	4	1	1	1	„	„	„	11
Ammoniumsulfat 100 g/l	0	2	3	1	0	1	„	„	„	7
Ammoniumsulfat 50 g/l+1% Stärke	1	8	4	2	0	1	„	„	„	16
Ammoniumsulfat 40 g/l+1% Stärke	1	8	7	8	0	1	„	„	„	25
Ammoniumphosphat 50 g/l	5	8	7	8	6	0	gut	gut	gut	34
Ammoniumphosphat 75 g/l	2	4	3	0	entflammt	0	dünn	„	„	9
Ammoniumphosphat 100 g/l	1	3	2	0	entflammt	0	gut	dünn	„	6
Wasserglas 50 g/l	8	4	3	8	8	6	dünn	dünn	dünn	37
Wasserglas 75 g/l	8	8	7	6	0	0	„	gut	gut	29
Wasserglas 100 g/l	7	8	7	4	1	6	„	dünn	dünn	33
Wasserglas 100 g/l + 1% Stärke	5	8	8	5	8	4	„	„	„	38
Borax 50 g/l	4	8	5	8	4	4	dünn	dünn	dünn	33
Borax 75 g/l	4	8	5	8	4	5	„	„	„	34
Borax 100 g/l	2	3	4	5	1	5	„	„	„	20
Borax + Borsäure 70 : 30 : 50 g/l	3	3	4	5	5	4	gut	dünn	dünn	24
Borax + Borsäure 70 : 30 : 75 g/l	2	2	2	5	3	3	„	„	„	17
Borax + Borsäure 70 : 30 :100 g/l	1	8	2	3	0	0	„	„	„	14
Borax + Borsäure 75 g/l+1% Stärke	3	8	1	4	4	2	gut	dünn	dünn	22
Natriumammoniumphosphat 50 g/l	8	8	8	1	8	8	dünn	dünn	gut	41
Natriumammoniumphosphat 75 g/l	8	8	8	8	8	8	„	„	„	48
Natriumammoniumphosphat 100 g/l	7	8	8	8	1	0	„	„	„	32
Natriumammoniumphosphat 50 g/l + 1% Stärke	8	8	8	1	1	8	„	„	dünn	34
Alaun 100 g/l	8	8	8	5	8	0	dünn	dünn	dünn	37
Alaun 100 g/l + 1% Stärke	8	0	6	5	0	4	„	„	„	23
Ammonchlorid 50 g/l	4	0	6	5	0	4	dünn	dünn	dünn	19
Ammonchlorid 75 g/l	2	2	8	4	4	1	„	„	gut	21
Ammonchlorid 100 g/l	1	8	7	3	0	0	„	gut	dünn	19
Natriumphosphat 50 g/l	8	8	8	8	5	4	dünn	dünn	dünn	41
Natriumphosphat 75 g/l	8	8	8	8	5	0	„	„	gut	37
Natriumphosphat 100 g/l	5	8	8	4	4	4	„	„	dünn	33
Natriumphosphat 75 g/l+1% Stärke	8	6	8	5	5	0	„	„	„	32

I: nicht nachbehandelte Ware; II: feucht nachbehandelte Ware; III: im Trocken-schrank nachbehandelte Ware

Imprägniermittel	Nachbrennen			Nachglühen			Aschengerüst			Summe der Bewertungszahlen (je kleiner, desto besser)
	I	II	III	I	II	III	I	II	III	
Borsäure 50 g/l	8	8	8	8	1	0	gut	gut	gut	33
Borsäure 75 g/l	8	8	6	1	0	4	,,	,,	,,	27
Borsäure 100 g/l	8	8	8	0	0	0	,,	,,	,,	24
Borsäure 100 g/l + 1% Stärke	8	8	8	0	1	1	,,	,,	,,	26
Ammoniumkarbonat 50 g/l	8	8	8	8	0	0	gut	gut	gut	32
Ammoniumkarbonat 75 g/l	8	8	8	8	0	0	dünn	dünn	dünn	32
Ammoniumkarbonat 100 g/l	8	8	8	0	0	0	,,	gut	,,	24
Natriumwolframat 50 g/l	4	7	6	0	0	0	gut	gut	gut	17
Natriumwolframat 75 g/l	1	8	2	0	0	0	,,	,,	,,	11
Natriumwolframat 100 g/l	1	8	2	1	1	5	,,	dünn	dünn	18
Natriumwolframat 100 g/l + 3% Natriumphosphat	1	8	2	0	8	5	dünn	,,	,,	24
Borax + Bittersalz (3:2,25) 30:20 g/l	5	8	3	6	6	4	dünn	dünn	dünn	32
Ammoniumsulfat + Gips 50:10 g/l	1	1	2	2	1	1	gut	gut	gut	8
Ammoniumsulfat + Gips 75:10 g/l	1	5	4	0	0	3	,,	,,	dünn	13
Borax + Bittersalz 35:15 g/l	6	4	6	5	5	5	gut	dünn	dünn	31
Akaustan + Borax 40:10 g/l	2	3	8	1	1	0	gut	gut	gut	15
Akaustan + Borax 50:10 g/l	1	8	8	0	0	1	,,	,,	,,	18
Akaustan + Borax 75:10 g/l	0	1	8	0	0	0	,,	,,	,,	9
Alaun + Ammonphosphat 25:25 g/l	1	4	8	0	0	0	gut	dünn	gut	13
Alaun + Ammonphosphat 30:30 g/l	1	2	8	0	0	0	,,	gut	,,	11
Borsäure + Salmiak + Wasserglas + Leim + Stärke (5:1,5:5:1,5) 50 g/l	1	2	4	4	3	3	gut	gut	dünn	17
Borsäure + Salmiak + Wasserglas 50 g/l	1	7	5	3	3	3	gut	gut	gut	22
Ammonsulfat + Ammonkarbonat + Borsäure (8:2,5:3) 50 g/l	4	8	6	0	0	0	gut	gut	gut	18
Ammonsulfat + Ammonkarbonat + Borsäure (8:2,5:3) 50 g/l + 1% Stärke	5	8	2	0	0	0	gut	gut	gut	15
Alaun + Borax + Natriumwolframat 30:10:5 g/l	2	8	8	0	4	5	dünn	gut	dünn	27
Alaun + Borax + Natriumwolframat 50:20:10 g/l	0	8	8	0	4	0	,,	dünn	gut	20
Alaun + Borax + Natriumwolframat 50:20:10 g/l + 1% Stärke	0	8	8	0	0	4	gut	gut	,,	20

I: nicht nachbehandelte Ware; II: feucht nachbehandelte Ware: III: im Trockenschrank nachbehandelte Ware

Imprägniermittel	Nach-brennen			Nach-glühen			Aschengerüst			Summe der Bewertungszahlen (je kleiner, desto besser)
	I	II	III	I	II	III	I	II	III	
Ammonsulfat + Ammonkarbonat + Borsäure + Borax (8:1,5:3:2) 50 g/l	8	8	6	3	3	0	gut	dünn	gut	28
Ammonsulfat + Ammonkarbonat + Borsäure + Borax (8:1,5:3:2) 50 g/l + 1% Stärke	8	8	7	2	3	2	„	gut	„	30

Nach diesen Versuchen sind als Flammenschutzmittel am besten
geeignet:

> Akaustan (75—100 g/l),
> Ammoniumsulfat (100 g/l),
> Ammoniumphosphat (100 g/l),
> Natriumwolframat (75 g/l),
> Alaun + Ammonphosphat (30 : 30 g/l),
> Borax + Borsäure (70 : 30 g/l),
> Ammonsulfat + Ammonkarbonat + Borsäure (8:2,5:3) (50 g/l),
> Akaustan + Borax (40 : 10 g/l).

Bei der Prüfung auf Lagerechtheit ergaben sich als beste Mittel:
> Akaustan,
> Ammonsulfat,
> Ammonphosphat,
> Borax + Borsäure,
> Natriumwolframat.

Außerdem wird hier auch die Abspaltung faserschädigender Körper
berücksichtigt.

Diese Ergebnisse bestätigen die Theorie von GAY-LUSSAC, nach welchen diejenigen Substanzen sich am besten als Flammenschutzmittel
bewähren, welche einen niedrigen Schmelzpunkt haben (Ammoniumsulfat, Natriumwolframat, Ammoniumphosphat, Borax), oder bei hoher
Temperatur Gase entbinden, die flammenerstickend wirken (Ammoniumphosphat, Ammoniumsulfat). Beide Eigenschaften gemeinsam
zeigen Akaustan, Ammoniumsulfat und Ammoniumphosphat. Diese
drei Imprägniermittel gewähren deshalb auch den besten Flammenschutz.

D. Die Appretur der weißen und bunten Gewebe.

Die Aufgabe der Steif- und Füllappreturen. Die Appreturmittel.

Die Appretur besitzt die Aufgabe, den Geweben Fülle, Griff, Porenschluß, kurz ein gefälliges wertvolles Aussehen zu verleihen. Man unterscheidet die

*gewöhnliche Appretur und die
Permanent-Appretur.*

Während die gewöhnliche Appretur nur „für den Ladentisch" ist, also keinerlei Wasch- und Gebrauchsbeständigkeit aufweist, verleiht die Permanent-Appretur der Ware einen dauernden höheren Wert. Die Permanentappretur gehört in das Gebiet der Hochveredlung.

Die gewöhnliche Appretur beruht fast ohne Ausnahme auf Stärkebasis. Der Appret haftet lediglich mechanisch auf und in dem Gewebe. Er muß deshalb besonders fest gebunden sein, damit die appretierten Gewebe nicht „stauben" oder „schreiben".

Man hat folgende Appreturmittel:

Basis und Appreturträger: Kartoffelstärke, Weizenstärke, Maisstärke, Dextrin, Leim.

Aufschlußmittel: Enzyme und Aktivin.
Weichmacher: Kokosfett, Seife (Kokosseife), Türkischrotöl, Talg, Glyzerin.

Füllmittel: China clay, Talkum, Schwerspat, Kreide.

Bindemittel: Pflanzenschleime (Karragheenmoos), Diagum u. dgl., Tylose.

Glanz- und Glättemittel: Wachse, Stearin, Paraffin, Zeresin.

Die Stärke wird für Appreturzwecke mehr oder weniger aufgeschlossen (abgebaut). Der Abbau geht über verschiedene Stufen:

Stärke — lösliche Stärke — Dextrin — Zucker.

Je weiter der Abbau vorgetrieben wird, um so mehr verliert die Stärke an Klebe- und Bindekraft. Für viele Appreturen muß aber ein Abbau stattfinden, weil die unabgebaute Stärke einen trüben Appreturfilm liefert. So müssen z. B. alle dunkelbödigen Waren mit löslicher Stärke oder gar mit Dextrin appretiert werden. Weißwaren, die ihren Glanz erst durch das Kalandern und dazu noch Füllmittel in größerer Menge erhalten sollen, kann man mit unaufgeschlossener Stärke appretieren. Besitzt die Weißware jedoch schon von vornherein Glanz (z. B. mercerisierte Damaste, Streifen-

satins u. dgl.), so ist auch hier ein Arbeiten mit einer klaren, also abgebauten Stärkemasse nötig, um den Glanz nicht zu verdecken.

Kunstseidengewebe werden zweckmäßig mit Dextrinappreturen versehen.

Im folgenden seien die Veredlungsgänge einiger häufiger durch die Appretur in ihrem Charakter grundlegend beeinflußter Gewebe angedeutet:

Wäschestoff (Renforcé, Crétonne):

Sengen
|
Entschlichten
|
Bleichen
|
Vollappretur
|
Vortrocknen
|
Rahmen (Fertigtrocknen)
|
Einsprengen
|
Kalandern (Chasingkalander)
|
Doublieren und legen.

Füll- oder Linonappretur für Wäschestoffe:

Sengen
|
Entschlichten
|
Bleichen
|
Rakelappretur (links)
|
Vortrocknen
|
Fertigtrocknen (Rahmen)
|
Einsprengen
|
Brechen
|
Kalandern (Rollkalander)
|
Doublieren und legen.

Mercerisierte Gewebe (Damast, Satin):

Sengen
|
Entschlichten
|
Mercerisieren
|
Bleichen
|
Vollappretur
|
Vortrocknen
|
Rahmen
|
Kalandern (Rollkalander)
|
Doublieren und legen.

Inlett für Betten:

Sengen
|
Entschlichten
|
Beuchen
|
Mercerisieren
|
Vollappretur
|
Trocknen
|
Einsprengen
|
Kalandern (Riffelkalander)
|
Legen.

Ein einwandfreies Sengen ist für alle diese Appreturen Vorbedingung.

(283) Verfahren: Die Appretur eines Wäschestoffes (Renforcé, Crétonne). Die gebleichte Ware wird mit einer Vollappretur versehen, welche folgenden Ansatz hat (RÜF):

> 70 g Mais- oder Weizenstärke,
> 20 g Kartoffelstärke,
> 30 g China clay,
> 5 g Talg,
> 0,25 g Ultramarin. Das Ganze wird auf
> ________________________
> 1 l aufgefüllt.

Die Stärke wird zunächst in einem mit Rührwerk versehenen Doppelwandkessel mit Wasser angerührt, so daß eine Aufschlämmung von dünner Konsistenz entsteht. Nach einigen Stunden ist die Masse gequollen. Man fügt nun wieder Wasser hinzu und verrührt die Masse zu einem dünnen Brei. Jetzt wird unter Rühren langsam erhitzt, bis die Verkleisterung (zwischen 50 und 60° C) eingetreten ist. Man gleicht nun wieder mit Wasser bis zu einer gut rührbaren Konsistenz aus und treibt zum Kochen.

Inzwischen hat man in einem zweiten Doppelwandkessel den China clay (Porzellanerde) mit Wasser angeteigt, etwas mit Wasser bis zur gut rührbaren Konsistenz verdünnt und kräftig gerührt. Man erhitzt nun die Masse langsam unter starkem Rühren zum Kochen und setzt den Talg hinzu.

Die heiße Masse des China clay, der grundsätzlich getrennt von der Stärke mit den Fettkörpern verrührt wird, gibt man nun zu der heißen Stärke und kocht unter Rühren nochmals auf. Schließlich setzt

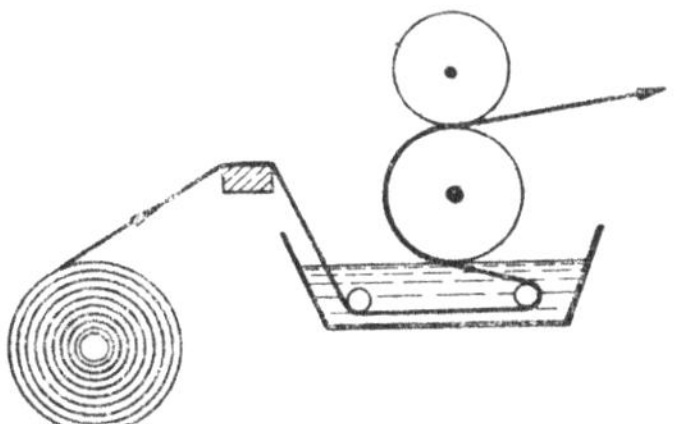

Abb. 116. Paddingmaschine.

man das angeteigte Ultramarin durch ein Sieb der ganzen Appreturmasse zu. Die Appretur wird ohne Dampf weiter verrührt, bis sie etwas abgekühlt ist, und nun in den Appretierfoulard eingefüllt. Das trockene oder besser das zentrifugenfeuchte oder abgesaugte Gewebe wird nun auf der Maschine (Abb. 116) durch den Appret gezogen und zwischen Walzen abgepreßt. Von hier aus gelangt es sofort zur Trocknung. Im Laboratorium taucht man den Gewebeabschnitt in den Appret ein und quetscht ihn zwischen Gummiwalzen ab. Nach der Trocknung wird das Gewebe eingesprengt und nun mit dem Chasingkalander behandelt. Beim „Chasen" werden mehrere Gewebelagen (7—12) durch die Chasingvorrichtung faltenlos aufeinander gelegt und nun gemeinsam über die Walzen eines Kalanders geführt. Durch diese dicke Gewebelage wird das Plattdrücken der Gewebefäden verhindert. Es ergibt sich ein gut geschlossenes Gewebe mit einer Art Mangeleffekt.

(284) Verfahren: Die Füll- oder Linonappretur für Wäschestoffe.

      100 g Kartoffelstärke,
        5 ccm Türkischrotöl,
        4 g Talg,
        4 g Marseillerseife,
       60 g China clay,
       10 g Talkum,
        5 g Diagum. Auffüllen auf
      ____
        1 l.

Die Ware wird linksseitig auf der Rakelappretiermaschine (Abb. 117) appretiert. Der Appret muß deshalb eine ziemlich dicke Konsistenz besitzen. Die schwere Holzwalze der Maschine ist umwickelt. Man benützt

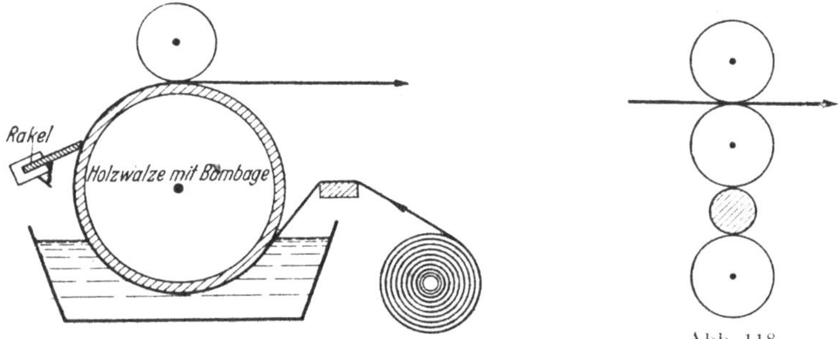

Abb. 117. Rakelappretiermaschine.

Abb. 118.

dazu entweder Gewebe oder besser eine Schwammgummilage, die man mit Guttapercha überzieht. Die Ware legt sich nun auf ihrer rechten Seite gleich hinter dem Breithalter auf den Walzenbelag und wird so durch die Appreturmasse geführt. Eine Rakel streift die Masse nun so weit ab, daß nur noch eine dünne Schicht aufliegt. Auf diese Weise bleibt die rechte Warenseite ohne Appret, so daß das Gewebebild erhalten bleibt. Es wird sofort getrocknet, nach dem Auskühlen eingesprengt, auf der Appretbrechmaschine gebrochen und nun auf dem Rollkalander zwischen den angewärmten Papierwalzen geglättet (Abb. 118).

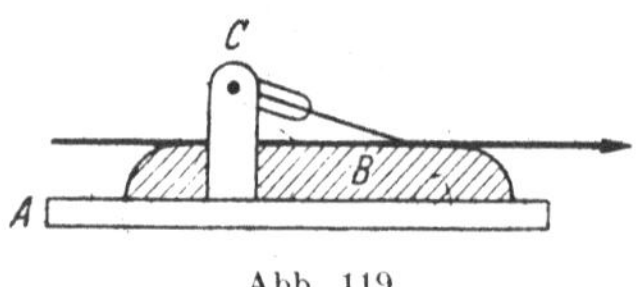

Abb. 119.

Im Laboratorium bedient man sich zur Erzeugung einer Rakelappretur der in Abb. 119 gezeigten einfachen Vorrichtung. Auf einem Holzbrett A ist ein dickes mit Wachstuch bezogenes Polster B aufgenagelt. Der Rakelhalter C trägt eine im Halter drehbare Rakel, deren Schneide gegen das Polster gedrückt und mit einer Halteschraube festgestellt werden kann. Man zieht nun die Ware im Sinne des Pfeils zwischen Polster und Rakelschneide durch und legt unter die Rakel einen „Fladen" der ziemlich konsistenten Appreturmasse auf. Nun zieht man die Ware in der Richtung des Pfeils weiter, wodurch die Rakel in der Lage ist, den Appret gleichmäßig auf die linke Seite des Gewebes zu verteilen.

Die Appretbrechmaschine, welche aus vielen dünnen spiralförmigen, sich drehenden eng nebeneinanderliegenden Walzen besteht, kann im Laboratorium durch ein einfaches mit eng nebeneinander liegenden Glasstäben versehenes Gatter ersetzt werden (Abb. 120). Die Ware wird im Sinne des Pfeiles durch das Gatter gezogen. Die Stäbe werden in den Seitenlatten fest, also nicht drehbar, angebracht.

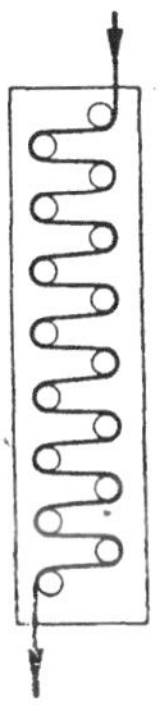

Abb. 120.

(285) Verfahren: Die Appretur von mercerisierten Geweben. Um den Glanz der Ware voll zur Geltung kommen zu lassen, wird die Stärke aufgeschlossen. Dies geschieht einfach durch langsames Aufkochen unter Zusatz von Aktivin (HALLER). Man nimmt $1-1^1/_2\%$ vom Gewicht der Stärke und kocht so lange, bis die Masse klar und dünnflüssig geworden ist.

Das Aktivin wird als p-Toluolsulfochloramidnatrium angegeben

$$CH_3 \cdot C_6H_4 \cdot SO_2 \cdot N {\Large\langle} {}^{Cl}_{Na}$$

Es ist ein Oxydationsmittel und erleidet in wässeriger Lösung (in der Wärme) folgende Hydrolyse

$$CH_3 \cdot C_6H_4 \cdot SO_2 \cdot N {\Large\langle} {}^{Cl}_{Na} + H_2O \rightarrow CH_3 \cdot C_6H_4 \cdot SO_2 \cdot NH_2 + NaCl + O$$

Man kann auch mit Enzymen (Entschlichtungsmitteln) aufschließen. In diesem Falle gibt man das Enzym zur Stärkeaufschlämmung, treibt bis zur Verkleisterungstemperatur, jedoch nicht über die Temperatur hinaus, welche als Wirkungsgrenze für das angewandte Enzym angegeben ist. Man rührt die Masse bei dieser Temperatur so lange, bis sie glasig, klar und dünnflüssig geworden ist. Nun kocht man die Masse auf, um die Enzyme zu zerstören. Dieses Aufkochen ist unerläßlich, weil sonst der Abbau der Stärke bis zum Zucker weitergetrieben würde.

Die folgende Tabelle gibt die Menge der Zusätze, die zulässigen Höchsttemperaturen und den günstigsten p_H-Bereich für den Aufschluß an:

Art des Enzyms	Zusatz g/l	Tempe- ratur °C	günstigster pH
Malzdiastase (z. B. Diastafor)	20	55—65	4,5—6,2
Pankreasdiastase (z. B. Degomma, Viberal)	3	50—55	6,5—7,2
Bakteriendiastase (z. B. Biolase)	1—2	60—90	6,0—8,5

Die Bakteriendiastase erlaubt also den Aufschluß bei Temperaturen, die wesentlich über der Verkleisterungstemperatur liegen.

Die mercerisierte Ware wird nun mit folgender Klotzappretur versehen:

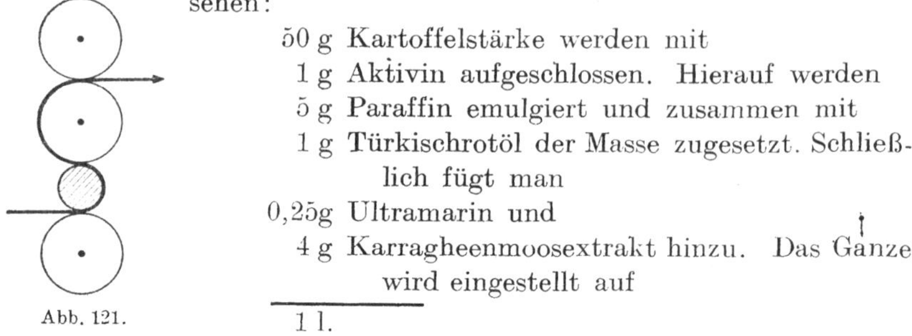

Abb. 121.

50 g Kartoffelstärke werden mit
1 g Aktivin aufgeschlossen. Hierauf werden
5 g Paraffin emulgiert und zusammen mit
1 g Türkischrotöl der Masse zugesetzt. Schließlich fügt man
0,25g Ultramarin und
4 g Karragheenmoosextrakt hinzu. Das Ganze wird eingestellt auf
1 l.

Nach dem Trocknen wird die Ware eingesprengt und auf dem Rollkalander mit einem Einzug nach Abb. 121 behandelt. Die rechte Warenseite kommt auf die Stahlwalze zu liegen, um einen möglichst hohen Glanz zu erzielen.

Im Laboratorium bügelt man die Ware mit dem blanken Bügeleisen, also ohne eine Zwischenlage.

(286) Verfahren: Die Appretur von Inlett. Man kann eine Voll- oder eine Rakelappretur wählen. In folgendem sei der Ansatz einer Vollappretur gegeben:

100 g Kartoffelstärke,
2 g Aktivin,
5 g Paraffin,
1 ccm Türkischrotöl,
1 g Diagum. Einstellen auf
1 l.

Die Ware wird getrocknet, eingesprengt und nun auf dem Riffelkalander heiß mit hohem Druck behandelt. Es muß ein guter Porenschluß (Federdichtheit) erreicht werden.

Statt des Paraffins nimmt man oftmals die schon fertige Emulsion Ramasit I.

(287) Untersuchung: Die Feststellung der Appreturmengen auf einem Gewebe. Das Gewebe wird im Wägeglas zunächst während 6 Stunden bei 105° C getrocknet und nun im verschlossenen Wägeglas gewogen. Nun wird es in einer Sodalösung (2 g/l Soda kalz.) $\frac{1}{2}$ Stunde gekocht, hierauf gründlich gespült und nun nach Verfahren 1—3 entschlichtet. Hierauf wird wieder mit Wasser gekocht und gut gespült. Wenn die Jodprobe auf Stärke nicht mehr positiv ist und das letzte Abkochwasser klar war, wird die Probe wieder 6 Stunden lang bei 105° C getrocknet und im Wägeglas wieder gewogen. Die Differenz zur ersten Wägung gibt die Menge der Gesamtappretur an. Das Ergebnis soll als Durchschnitt von mindestens 3 Versuchen aufgestellt werden.

(288) Untersuchung: Systematischer Gang der Appreturmittelanalyse (nach HERBIG).
1. Von der Appreturpaste oder von dem Appreturpulver wird durch Zufügung von heißem Wasser die erforderliche wässerige Lösung hergestellt. 2. Etwa 50 g werden mit 3 ccm 10proz. Ammoniumchloridlösung versetzt und unter kräftigem Rühren mit 500 ccm Alkohol gefällt. 3. Schließlich wird das Fällungsgemisch in eine Flasche gefüllt und geschüttelt, dann 24 Stunden verschlossen stehen gelassen. Auf dem Büchner-Trichter wird abgesaugt und der lufttrockene Rückstand (4.) gewogen. Dieser Rückstand wird (5.) mit kaltem Wasser behandelt und wieder abgesaugt. Das Filtrat wird gesondert auf Dextrin und auf anorganische Salze geprüft. 6. Der Rückstand im Erlenmeyer-Kolben wird zweimal mit heißem Wasser behandelt und abgesaugt. 7. Das Filtrat wird in einen Hauptteil I und zwei Nebenteile II, III zerlegt und untersucht. 8. Der Rückstand wird in eine Schale übertragen und auf Eiweiß geprüft. — 9. Filtrat I wird mit Bleiessig gefällt und filtriert; der Rückstand (10.) in einer Schale mit 50proz. Essigsäure übergossen und einige Zeit stehen gelassen (11.), erneut filtriert, Rückstand (12.) in heißem Wasser gelöst und filtriert. Zum Filtrat (13.) setzt man entweder die 6—8fache Menge Alkohol zu· und ·vergleicht die Flockenbildung mit derjenigen bei bekannten Schleimlösungen, oder man gibt zur wässerigen Lösung eine 5proz. Tanninlösung. Entsteht eine Trübung, so liegt Isländisches Moos vor; tritt keine Trübung ein, aber Trübung nach Zusatz von verdünnter Salzsäure, dann Agar-Agar. Entsteht auch dann keine Trübung, so liegt entweder Tragant oder Flohsamen vor. 14. Filtrat von (11.) mit Fehlingscher Lösung und Lauge versetzen, kräftig schütteln und stehen lassen. Liegt Gummi vor, so bilden sich an der Oberfläche weiße, zähe Flocken. 15. Filtrat zu (10.) kann Stärke, Leim, Dextrin enthalten. — Filtrat II von (7.) wird eingedampft, mit Alkohol bis zur Trübung versetzt und stehen gelassen, sodann (16.) filtriert und (17.) das Filtrat auf Dextrin geprüft. — Filtrat III von (7.) wird aufgekocht, mit einem Tropfen Essigsäure versetzt, wieder gekocht und filtriert. 18. Filtrat alkalisch machen, mit drei Tropfen Fehlingscher Lösung versetzen und erwärmen. 19. Liegt Leim oder Gelatine vor, so zeigt sich violette Färbung (Bestätigung durch Tanninlösung).

Filtrat von 3. weiter behandeln: a) Alkohol zum größten Teil abdestillieren, b) den Rückstand in der Platinschale, bis zur Sirupkonsistenz eindicken, trocknen und wiegen (c). Zeigt sich Fettabscheidung, so wird ausgeäthert und nach Ia (Fettanalyse) gearbeitet. Die wässerige

Unterlauge mit Salzsäure ansäuern, kochen und (d) ausäthern (auf Seifenfettsäuren prüfen: IIa). Ein Teil der wässerigen Unterlauge wird auf Schwefelsäure geprüft (Ib; Türkischrotöl); der andere Teil (e) wird neutralisiert, eingedampft (f), mit Ätheralkohol (Mischung 1 : 1) versetzt (g) und 24 Stunden verschlossen stehen gelassen (h). Der Kolbeninhalt wird

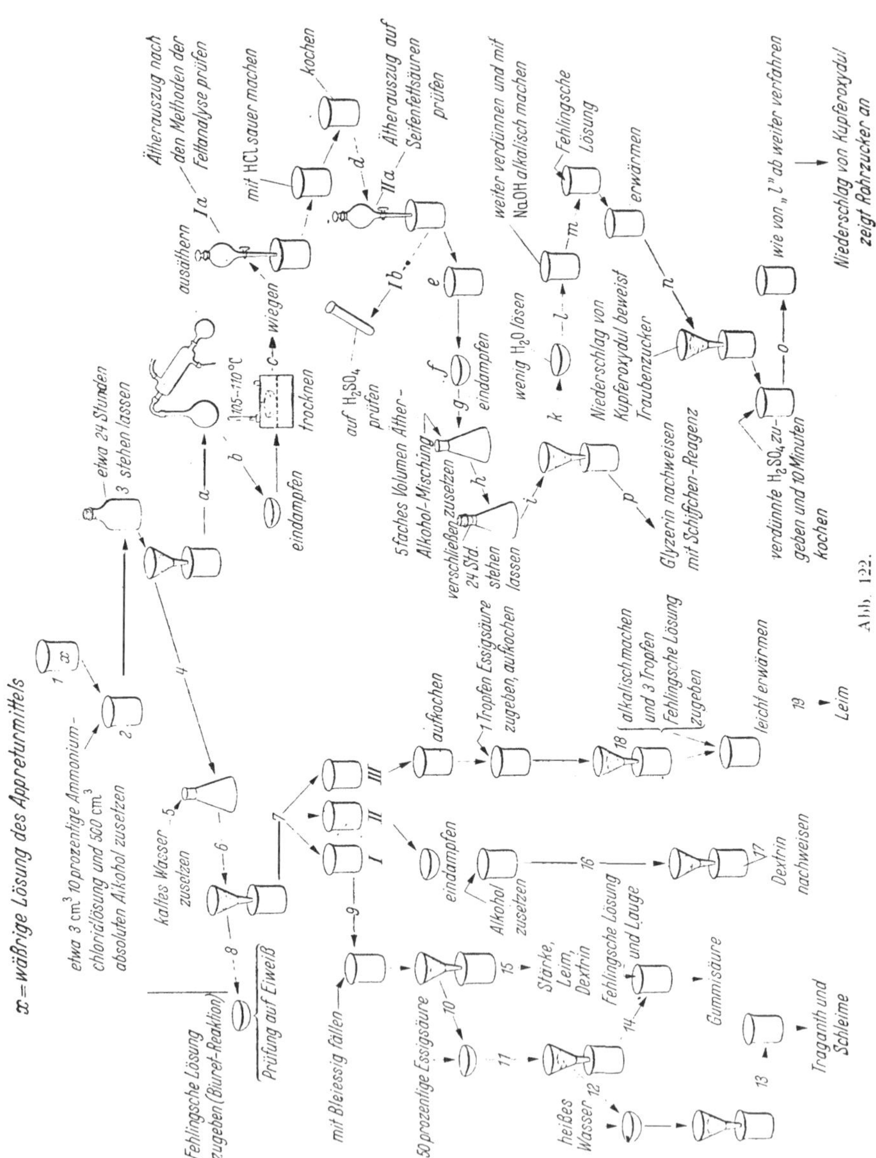

Abb. 122.

filtriert (i), das Filtrat (p) auf Glyzerin geprüft. Der Rückstand (k) wird in einer kleinen Menge Wasser gelöst (l), mit Natronlauge alkalisch gemacht (m) und tropfenweise mit Fehlingscher Lösung versetzt, bis Blaufärbung bestehen bleibt. Hierauf wird erwärmt; bildet sich dabei ein Niederschlag, so wird (n) filtriert. Der Niederschlag zeigt Traubenzucker an. Das Filtrat wird mit verdünnter Schwefelsäure 10 min lang gekocht, neutralisiert (o), mit einigen Tropfen Fehlingscher Lösung versetzt (wie vorher) und wieder gekocht. Niederschlag von Kupferoxydul zeigt sodann die Gegenwart von Rohrzucker an.

Reagentien zur Appreturmittel-Analyse

1. Fehlingsche Lösung zur Zuckerbestimmung: (siehe S. 52).

2. Reagens von Adamkiewicz auf Eiweiß: 1 Vol. konz. H_2SO, + 2 Vol. Eisessig. Eiweiß wird beim Erwärmen rotviolett.

3. Millons Reagens auf Eiweiß: 20 g Hg werden mit 40 g HNO_3 vom spezifischen Gewicht 1,4 g/ccm auf dem Wasserbade erhitzt, bis alles gelöst ist. Lösung 24 Stunden stehen lassen (nicht länger), dann vom Niederschlag abgießen. Eiweiß gibt Gelbfärbung, die beim Erwärmen in Rosa übergeht. Reagens leicht zersetzlich, daher stets frisch zu bereiten.

4. Kupferazetat-Lösung: 10 g Kupferazetat in 150 ccm Wasser. 100 g dieser Lösung versetzt man mit 2 g 50proz. Essigsäure.

5. Basisches Bleiazetat: 3 Teile Bleizucker und 1 Teil Bleiglätte mit $1\frac{1}{2}$ Teil Wasser auf dem Wasserbad verrühren, bis die Masse weiß geworden ist. 10 Teile Wasser hinzurühren und nach dem Absitzen filtrieren.

6. Schiffsches Reagens (fuchsinschweflige Säure zum Glyzerinnachweis): Man löse 1 g Fuchsin in 1000 ccm Wasser. 150 ccm dieser Lösung verdünne man auf 1000 ccm und leite SO_2 ein bis sehr nahe zur Entfärbung (alte Fuchsinlösungen lassen sich nicht entfärben!). Beim Stehen tritt völlige Entfärbung ein. — Eine andere Vorschrift lautet: 50 ccm einer 1proz. Fuchsinlösung mische mit 250 ccm H_2O, 20 ccm $NaHSO_3$-Lösung von 4° Bé und 2 ccm H_2SO_4 (D = 1,84).

7. Tanninlösung: 5 g in 100 ccm Wasser (auf dem Wasserbad) lösen. Leim, Eiweiß, Stärke und Schleime geben Fällungen. (Blutalbumin gibt mit Tanninlösung nur schwache Trübung.) Die Leimfällung löst sich z. T. in verdünnter HCl, die anderen Fällungen sind unlöslich.

8. Ferrozyankaliumlösung: 10 g auf 1000 ccm Wasser.

9. Sodalösung: 100 g auf 1000 ccm Wasser.

10. Natronlauge: 100 g auf 1000 ccm Wasser.

11. Jodlösung: 1 : 1000.

12. Alaunlösung: 10 g in 100 ccm Wasser.

13. Chlorammonlösung: 10 g in 100 ccm Wasser.

(289) Versuch: Die Steifungskraft verschieden abgebauter Stärken.
Man wiegt von Kartoffelstärke fünfmal die gleiche Menge ab und baut
vier von diesen Portionen mit einem Enzym verschieden stark ab, indem man die Einwirkungszeit des Enzyms auf 15, 45, 75 und 105 min
bemißt, ehe man dasselbe durch Aufkochen zerstört. Mit der jeweiligen
unabgebauten und der abgebauten Menge stellt man Appreturmassen
mit 10% Stärke ein und tränkt damit ein gebleichtes Baumwollgewebe.
Nach dem Abquetschen zwischen Gummiwalzen wird die Ware getrocknet. Nach dem (gemeinsamen) Bügeln zwischen feuchten Tüchern

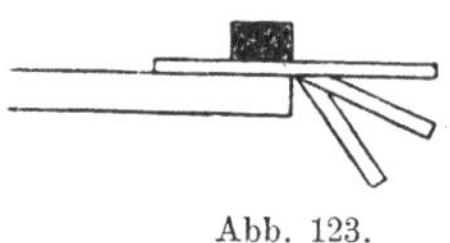
Abb. 123.

schneidet man vorsichtig, ohne die Ware zu
biegen oder gar zu brechen, 5 cm breite Streifen
ab. Diese legt man so über eine Tischkante, daß
sie etwa 10 cm über die Kante hinausragen
(Abb. 123), indem man die Streifen mit einem
Gewicht auf der Tischkante belastet. Man mißt nun den Grad des Ab-
biegens nach einer bestimmten Zeit (etwa nach 30 min). Je geringer die
Steifungskraft, um so größer der Abbiegungswinkel.

(290) Versuch: Die Messung der Klarheit abgebauter Stärken. Mit den
im vorigen Versuch abgebauten Stärken appretiert man dunkelblaue
Indigofärbungen auf einem Baumwollgewebe und mißt nun im Stufenphotometer die Klarheit der Färbung im Vergleich mit der unappretierten Ware. Je klarer die Stärke ist, um so klarer kommt auch der
blaue Boden der Färbung heraus. Die unabgebaute oder wenig abgebaute Stärke bildet einen Schleier über der Färbung. Diejenige Appretur
ist die geeignetste, bei welcher die Vollfarbe am größten und der Weißgehalt am kleinsten ist.

**(291) Versuch: Die Messung der Wirkung von Weichmachungs-
mitteln.** Man appretiert mit 10 g/l Kartoffelstärke und setzt der Masse
je 5 g/l Kokosseife, Marseillerseife, Talg, Türkischrotöl oder sonstige
Weichmacher zu, appretiert und mißt nun die Weichheit. Man erhält,
insbesondere wenn man Weichmacher der Hilfsmittelindustrie mit den
angeführten vergleicht, interessante Einblicke.

E. Ein Beispiel für die Rolle der Wärme und der Feuchtigkeit in der Appretur der Kunstseide.

Die Weichmachung durch Dämpfen.

*Es gibt verschiedene Möglichkeiten, die Weichheit eines textilen Stoffes
zu verbessern. Die Arbeitsmethoden gliedern sich in*

1. Weichmachung mit chemischen Mitteln,

2. Weichmachung mit physikalischen Mitteln.

Dem Veredler stehen in Form der Seifen, Türkischrotöle, Fettalkohol-sulfonate u. ä. Weichmacher zur Verfügung. Die Wirkung dieser Mittel beruht auf folgendem:

Fette und Öle legen sich in ganz feiner Schicht über die Faseroberfläche, vermindern somit die Reibung der Faserstoffteilchen beim Übereinander-gleiten. Ferner kann ein Weichmachungsmittel unter bestimmten Bedingungen in das Faserinnere eindringen und dort die Reibungswiderstände vermindern. Die Weichmachungsmittel mit hygroskopischen Eigenschaften halten schließlich die Faser in einem andauernden Quellungs-zustand.

Die Quellung wird mit Hilfe von Feuchtigkeit hervorgerufen. Als Beispiel diene die Kunstseide. Im einfachsten Falle liegt der Kunstseiden-faden vor. Tritt nun eine Quellung ein, so wird der Faden ein größeres Volumen einnehmen; dies ist beim Zwirn deutlich zu erkennen. Der Faden läßt sich in seine ursprüngliche Dicke zusammenpressen und in diesem Nachgeben kann zusammen mit der Glätte der Oberfläche der Grund für den weichen, geschmeidigeren Griff gesehen werden.

Es ergibt sich daraus ein wichtiger Satz: Für die Erhaltung der natürlichen Feuchtigkeitsmenge des Faserstoffes muß in jeder Veredlungsphase gesorgt werden.

Behandelt man nun eine Ware, z. B. ein Kunstseidengewebe, auf der Dekatiermaschine, so wird der Faser durch das Dämpfen mit Sattdampf Feuchtigkeit zugeführt, die bis zu einem gewissen Grade weichmachend wirkt. Dabei ist aber eine Überfeuchtung zu vermeiden, weil dadurch u. a. der Griff völlig unbrauchbar wird.

(292) Versuch: Die Weichmachung von Kunstseidengarn durch Dämpfen. Die grundlegenden Versuche zur Ermittelung der Weichheitsverhältnisse der Kunstseide beim Dämpfen werden mit Kunstseidenzwirn durchgeführt. Das Material wird — in Strähnen zu 10 g — zunächst folgender Vorbehandlung unterzogen:

1. Behandlung in dest. Wasser,
2. Behandlung in dest. Wasser und 4 g/l Seife,
3. Behandlung in dest. Wasser und 2 g/l Fettalkoholsulfonat,
4. Behandlung in dest. Wasser und 4 g/l Steinsalz

bei 60° C; Dauer der Behandlung: 30 min. Hernach wird 5 min lang geschleudert (800 T/min), bei Zimmertemperatur getrocknet und dann in einem Raum bei 65% rel. Luftfeuchtigkeit verhängt. Nun folgt das

Dämpfen

mit gelinde fließendem Sattdampf während 1, 3, 6 und 12 min.

Zur

Bestimmung der Feuchtigkeit,

welche die Faser beim Dämpfen aufnahm, werden die Strähne vor und nach dem Dämpfen gewogen.

Dämpfdauer	Gewichtszunahme der wie folgt behandelten Kunstseidenproben			
	dest. Wasser %	dest. Wasser und Seife %	dest. Wasser u. Fettalkoholsulf. %	dest. Wasser und Steinsalz %
1 Minute . . .	2,010	2,660	1,760	2,730
3 Minuten . .	2,940	3,180	3,180	3,080
6 Minuten . .	4,950	4,120	4,340	5,450
12 Minuten . .	5,540	6,150	6,130	6,070

Aus dieser Tabelle ergibt sich zunächst, wie zu erwarten ist, die Feststellung, daß die Ware mit zunehmender Dämpfdauer zunehmend Feuchtigkeit aufnimmt.

Weichheitsmessungen an den gedämpften Strängen. Die Messungen zeigen zunächst, daß bei Verwendung von Weichmachern ein zusätzliches Dämpfen nicht nötig ist. Die angestrebte Weichheit kann aber oftmals unter Ausschluß von Weichmachern durch das Dämpfen allein erreicht werden. Dabei ist ein Zusatz von Steinsalz wegen seiner hygroskopischen Eigenschaften an sich günstig. Alle hygroskopischen Zusätze (z. B. auch Glyzerin) sind aber wetterempfindlich. Bei feuchter Witterung kann eine allzu starke Feuchtigkeitsaufnahme stattfinden, welche Griff und Lagerbeständigkeit (Gefahr von Schimmelbildung) beeinträchtigt. Die Weichheitsmessungen werden gleich nach dem Dämpfen, sowie nach weiterem dreitägigen Auslegen an der Luft durchgeführt. Dabei zeigt sich nach dem Auslegen eine gleichmäßigere Verteilung der Feuchtigkeit in der Ware. Aus der Abb. 124 geht hervor, daß eine Dämpfdauer von 6 min die größte Weichheit erbrachte.

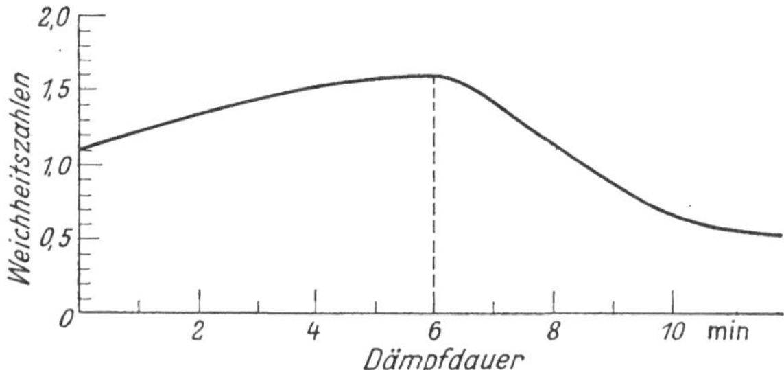

Abb. 124. Kunstseidenzwirn (Viscose) gemessen 3×24 Stunden nach dem Dämpfen.

F. Die Hochveredlung.

Begriff und Wesen. *Unter „Hochverdlung" versteht man die Höherentwicklung auf dem Gebiete der Appretur von Textilien über die etwa um die Jahrhundertwende (1900) regelmäßig angewandten Verfahren hinaus. Die mit „Hochveredlung" gekennzeichneten Verfahren verleihen einer*

Ware besonders edle, gebrauchstüchtige Eigenschaften. Die Hochveredlung hat ihre Bedeutung vorwiegend auf dem Gebiete der pflanzlichen Gewebe erlangt.

Man kennt folgende Hauptgebiete:

a) Pergamentierung und Opalausrüstung,

b) Knitterfrei-Ausrüstung,

c) Permanentappretur,

d) Krumpffreie Ausrüstung.

Das Wesen der hochveredelten Ware besteht in einer besonderen Gebrauchstüchtigkeit, welche das Tragen und die Wäsche überdauert. Eine Ware kann z. B. ihre knitterfreie Ausrüstung bei der ersten Wäsche einbüßen. Hier spricht man nicht von einer Hochveredlung. Ein wasserabstoßend ausgerüstetes Gewebe ist nur dann „hydrophobiert", wenn es seine Eigenschaft weder durch eine Seifenwäsche noch durch eine chemische Reinigung einbüßt.

1. Die Pergamentierung und die Opalausrüstung (HEBERLEIN).

Behandelt man Baumwollgewebe abwechslungsweise mit Laugen und mit starken Säuren, so erhält man eine grundlegende Änderung des Aussehens und aller maßgebender Eigenschaften. Das erste berühmte Produkt war der Glasbattist (DRP. 290444).

(293) Verfahren: Die Herstellung von Glasbattist. Man mercerisiert ein feinfädiges (Mako-) Gewebe in einer Lauge von 30—35° Bé möglichst kalt, quetscht ab und fährt nun mit der Ware in eine Schwefelsäure von über 51° Bé. Die Variationen des Verfahrens liegen in den Spülungen. Man kann z. B. zwischenspülen und außerdem nach der Schwefelsäurebehandlung schnell oder langsam neutralisieren. Der Erfolg des Verfahrens hängt mit dem Spülen zusammen.

(294) Verfahren: Die Opalausrüstung auf einem Baumwollgewebe. Man behandelt die mercerisierte Ware mit einer Schwefelsäure, deren Konzentration wenig unter 51° Bé liegt. In diesem Falle verschwindet der Transparenteffekt. Je nach der Arbeitsweise erhält man eine kreppartige oder wollähnliche oder opalartige (hauptsächlich unter Streckung) Ausrüstung. Der Glanz kann je nach der Einstellung der Warenspannung in weiten Grenzen variiert werden.

(295) Versuch: Arbeiten auf dem Gebiete der Transparent- und der Opalausrüstung. Auf einen Rahmen aus V_4A-Stahl spannt man gut gereinigte feinfädige Baumwollgewebe. Der Rahmen ist verstellbar. Nun variiert man die Arbeitsbedingungen wie folgt:

I. Mercerisieren — Abquetschen — Pergamentieren — kalt und schnell spülen — neutralisieren (mit Essigsäure).

II. Mercerisieren — Spülen — Abquetschen — Pergamentieren — schnell Spülen — Neutralisieren.

III. Pergamentieren — Abquetschen — Mercerisieren — Spülen — Neutralisieren.

IV. Pergamentieren — schnell Spülen — Abquetschen — Mercerisieren — Spülen — Neutralisieren.

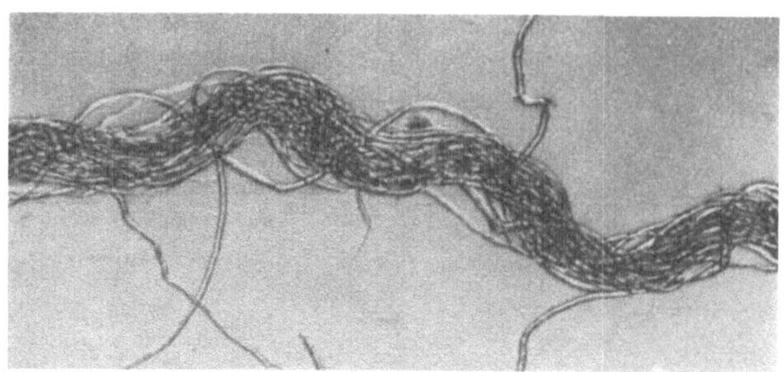

Abb. 125. Baumwollfasern aus einer bedruckten „Organdy-matt"-Stelle
(nach H. REUMUTH).

Die Versuche I bis IV werden je mit einer Schwefelsäure von 52° Bé und einer solchen von 50° Bé durchgeführt. Die Versuche I und II werden außerdem noch dadurch abgeändert, daß man die Ware nach dem Mercerisieren entspannt.

Die Ware wird anschließend gebleicht und gebügelt. Man mißt nun: Zugfestigkeit und Dehnung, Verschleißwiderstand, Glanz, Weichheit und

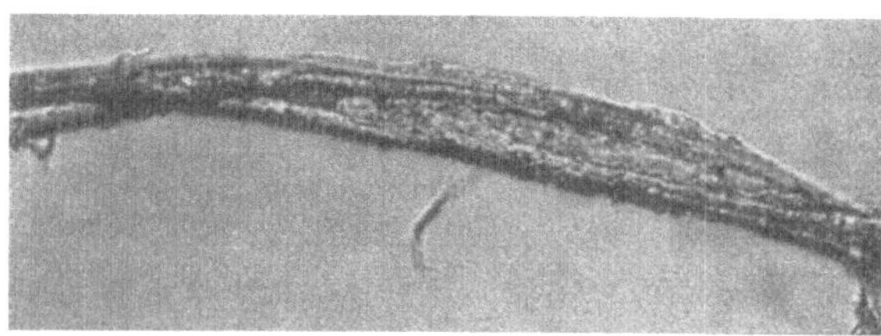

Abb. 126. Baumwollfaser nach einer Pergamentausrüstung (Abart Organdy)
(nach H. REUMUTH).

zwar nach der Ausrüstung und nach 10 Seifenwäschen (4 g/l Seife, $^1/_2$ g/l Soda, 30 min kalt—kochend). Außerdem betrachtet man die Veränderung der Baumwollfaser im Mikroskop (Abb. 125).

In ähnlicher Weise gewinnt man den Artikel „Organdy". Hier wird nach der Lauge- und Säurebehandlung die Ware unter Druck und Hitze kalandert. Es entsteht dann eine gewisse Steifung, die nach jeder Wäsche durch einfaches Bügeln wieder erzeugt werden kann (Abb. 126).

Die Vorgänge bei der Pergamentierung. *Durch die Behandlung mit Natronlauge und anschließend mit Schwefelsäure entsteht Hydratzellulose. Die Vorgänge lassen sich mit folgendem Schema erklären (Zellulose = R (OH)₃):*

Alkalibehandlung;

$$R(OH)_3 + NaOH \longrightarrow R(OH)_2 \cdot ONa + H_2O \quad (oder\ R(OH)_3 \cdot NaOH)$$

Neutralpunkt bzw. Spülung:

$$R(OH)_2 \cdot ONa + H_2O \dashrightarrow R(OH)_3 + NaOH \ (+ Wärme)$$

Säurebehandlung:

$$R(OH)_3 + H_2SO_4 \longrightarrow R(OH)_2O \cdot SO_3H + H_2O$$

Spülung bzw. Neutralisation:

$$R(OH)_2 \cdot O \cdot SO_3H + H_2O \dashrightarrow R(OH)_3 + H_2SO_4 \ (+ Wärme)$$
$$\text{Hydratzellulose}$$

Was spielt sich nun kolloidchemisch ab? Die Zellulose ist nicht wasserlöslich, sie ist nur noch quellbar. Durch die Veresterung mit konz. Schwefelsäure oder durch die Überführung in das Alkoholat mit Natronlauge werden ihre hydrophilen Eigenschaften verbessert, d. h. die Quellung steigt dermaßen an, daß ein Transparenzeffekt eintritt. Daß man diese Veresterung nur mit konzentrierter Schwefelsäure durchführen kann, liegt auf der Hand, da verdünnte Schwefelsäure nicht mehr wasserentziehend wirkt und auch ganz anders dissoziiert ist. Konzentrierte Schwefelsäure zerfällt in SO_3H*- und* OH*-, während verdünnte Schwefelsäure in* $2H^{\cdot}$ *und* SO_4'' *dissoziiert ist. Beim nachfolgenden Auswaschen gelingt es nun nicht mehr, den früheren entquollenen Zustand zu erreichen. Die so regenerierte Zellulose ist daher leichter netzbar, zeigt eine größere Affinität zu den Farbstoffen und färbt sich auch schneller an. Eine Schrumpfung findet bei der Behandlung mit konz. Schwefelsäure in feuchtem Zustande nicht statt (eher eine Dehnung), erst beim nachfolgenden Trocknen zeigt sich ein Schrumpfen der Ware um 1—5%. Durch nachträgliches Spannen auf Pari und anschließendes Trocknen wird jedoch eine solche Schrumpfung vermieden, der Transparenz- oder Opaleffekt dabei vergrößert.*

2. Die Knitterfrei-Ausrüstung.

Aufgabe und Ziel. *Diese Ausrüstung beruht auf einer Einlagerung von Kunstharzen in die Faser. Die Faser wird dadurch querelastischer und verliert ihre Neigung zu knittern und zu knicken (Abb. 127). Die in die Faser und in die Gespinste einzulagernden Kunststoffe müssen also elastisch und duktil sein. Spröde Körper würden die Bedingungen nicht erfüllen. Außerdem müssen die Kunststoffe wasserhell sein. Als erster hat wohl ZÄNKER derartige Aus-*

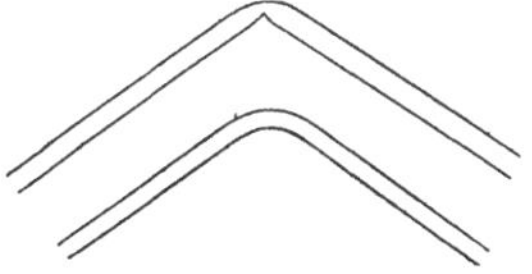

Abb. 127. Oben: Faser ohne, unten: Faser mit Kunstharzeinlagerung nach dem Knicken.

rüstungen mit Harnstoff-Kondensationsprodukten beschrieben. Heute werden die Verfahren vornehmlich von Tootal-Bradhurst und von I. G. Farben verbreitet.

Mit Harnstoff kann die Kondensation zum Kunstharz mit Formaldehyd wie folgt angeschrieben werden (AUERBACH);

$$\underset{\diagdown NH_2}{\overset{\diagup NH_2}{CO}} + \underset{H \cdot CHO}{H \cdot CHO} \xrightarrow{\;|PH\ 9-10\;} \underset{\diagdown N\,H \cdot CH_2 \cdot OH}{\overset{\diagup N\,H \cdot CH_2 \cdot OH}{CO}} \xrightarrow{\;PH\ 4,5=5\;}$$

$$\underset{\diagdown N:CH_2}{\overset{\diagup N:CH_2}{CO}} + 2\,H_2O$$

Man kann entweder vom Harnstoff selbst ausgehen oder das Zwischenprodukt beziehen und nun die Kondensation im sauren Medium beenden. Die Umsetzungen gehen mit Hilfe eines Katalysators (z. B. Borsäure) vor sich.

Alle derartigen Kondensationen gehen bei verhältnismäßig hohen Temperaturen (über 120° C) vor sich. Es treten deshalb leicht Faserschädigungen

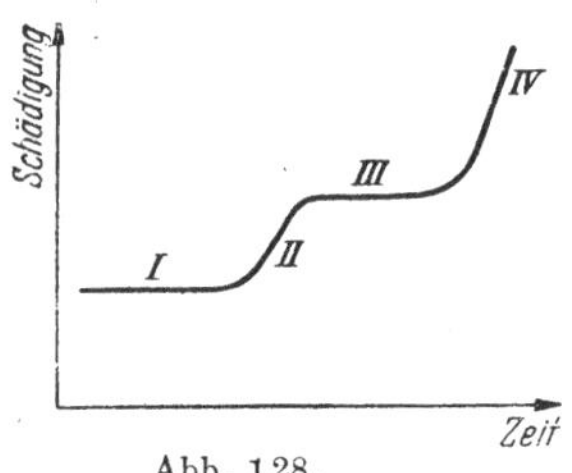

Abb. 128.

auf, die jedoch weitgehend verhindert werden können, wenn man dafür sorgt, daß die Ware dabei nicht übertrocknet wird. Diese Schädigungen können z. B. nach der in Abb. 128 gezeigten Linie verlaufen. Behandelt man eine auf einem Gewebe aufgebrachte Mischung von Harnstoff und Formaldehyd bei der gleichbleibenden Wärme von 135° C, so verläuft die Schädigung nicht gleichmäßig, sondern in Stufen. Zu Beginn der Erwärmung der noch feuchten Ware passiert nichts, da das Wasser verdunstet und noch kein Angriff auf die Faser stattfinden kann (I). Bei II ist die Trocknung beendet, es erfolgt schon eine Übertrocknung, die Schädigung beginnt. Im Sattel III findet nun plötzlich ein Aufhören der Schädigung statt. Dies ist der Augenblick, in welchem bei der Kondensation Wasser abgespalten wird. Ist dieses Wasser ebenfalls verdunstet, so ist die Schädigung nicht mehr aufzuhalten. Man schützt sich in der Praxis vor solchen Schädigungen dadurch, daß man den ganzen Erhitzungsvorgang nur mit Umluft durchführt, die genügend mit Feuchtigkeit gesättigt ist.

Die Schädigung, welche oftmals beobachtet wird, kann aber nicht allein auf einer Übertrocknung beruhen. Man beobachtet ein Absinken der Scheuerfestigkeit überall dort, wo Formaldehyd mit pflanzlichen Fasern bei hohen Temperaturen zusammenkommt. Der bei der Erhitzung entstehende freie Formaldehyd greift bei geeigneten Bedingungen die Zellulose an.

Es werden von einem Molekül Formaldehyd zwei OH-Gruppen der Zellulose blockiert, wodurch Zellulose-Methylenäther entsteht:

$$-\overset{|}{\underset{|}{C}}-O\,H \qquad\qquad\qquad -\overset{|}{\underset{|}{C}}-O_\diagdown$$
$$+\,HCH\cdot O \quad\rightarrow\qquad\qquad CH_2 + H_2O$$
$$-\overset{|}{\underset{|}{C}}-O\,H \qquad\qquad\qquad -\overset{|}{\underset{|}{C}}-O\diagup$$

Dieser Äther besitzt keine Quellfähigkeit mehr. Außerdem sind seine statischen Eigenschaften herabgesetzt (z. B. geringere Scheuerfestigkeit).

Schließlich spielt die Quellbarkeit einer Faser für die Einlagerung des Kunstharzes eine große Rolle. So läßt sich z. B. eine mercerisierte Baumwolle leichter knitterfrei ausrüsten als eine nicht mercerisierte.

(296) Verfahren: Die knitterfreie Ausrüstung eines Kunstseidengewebes ohne Vorkondensation. Das Gewebe wird ohne vorheriges Netzen in folgender Lösung getränkt:

20	Gewichtsteile	Formaldehyd (40%),
10	,,	Harnstoff,
5	,,	Borsäure,
65	,,	Wasser.

Das Gewebe wird nun so abgequetscht, daß seine Gewichtszunahme etwa 100% beträgt. Dann wird es einer Wärmebehandlung von 30 bis 130° C während 30 min unterzogen.

(297) Verfahren: Die knitterfreie Ausrüstung eines Kunstseidengewebes mit Vorkondensation. Für einen einwandfreien Effekt ist es richtig, möglichst viel Kondensat in die Faser oder in das Gespinst hineinzubringen und möglichst wenig davon auf der Außenschicht aufzulagern. Dies erreicht man durch eine Vorkondensation, die ein gut lösliches und hoch disperses Produkt liefert.

50 Gewichtsteile Harnstoff werden mit
100 Gewichtsteilen Formalhdeyd (40 proz.) und
3% (berechnet auf das Gemisch Harnstoff-Formaldehyd) Ammoniak (spez. Gew. 0,88)

am Rückflußkühler 3 min lang gekocht, dann rasch abgekühlt und auf 55% des ursprünglichen Ansatzes mit Wasser verdünnt. Kurz vor der Imprägnierung werden 1,5% (berechnet auf den verdünnten Ansatz) hinzugegeben. Mit dieser Lösung tränkt man das Kunstseidengewebe 5 min lang bei gewöhnlichen Temperaturen, quetscht ab, trocknet bei 80° C und erhitzt dann 2 min lang auf 170° C. Hierauf seift man mit 5 g/l Seife bei 40° C und spült gut.

24*

(298) Untersuchung: Die Bestimmung des Knitterwinkels (K. QUEHL).
Für Gewebe wird aus der zu prüfenden Ware ein schmaler Streifen herausgeschnitten. Dieser wird nun mit seinen Enden aufeinandergelegt. (Abb. 129) und vollkommen unter ein Gewicht geschoben. Nach einer bestimmten Belastungszeit hebt man das Gewicht ab und legt den Streifen auf eine glatte Fläche. Danach schnellt der Streifen je nach seiner Widerstandskraft zu einem gewissen Knitterwinkel auseinander. Dieser sich zeigende Knitterwinkel wird gemessen (Abb. 130). Er wird als Knitterfestigkeitsgrad der Textilien bezeichnet.

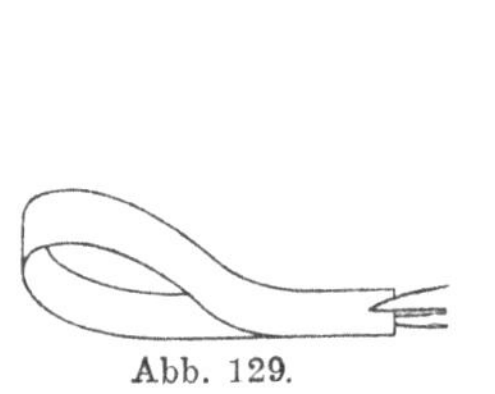

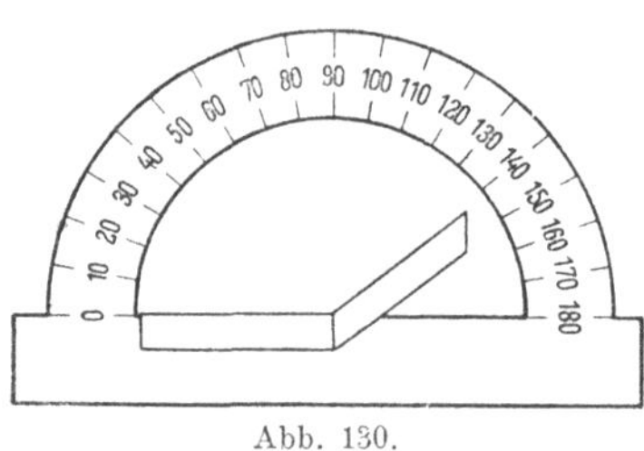

Abb. 129.   Abb. 130.

Man kann die Streifen auch unmittelbar nach der Entlastung auf ein waagerecht gespanntes Garn hängen und den Winkel so messen.

Mit steigender Knitterfestigkeit wird der Winkel größer. Im Idealfalle ist dieser Knitterwinkel bei jeder Beanspruchung 180°; die Widerstandskraft der Faser gegen Knittern hätte also eine vollständige Rückbildung hergestellt; diese Textilware wäre vollständig knitterfrei.

(299) Versuch: Der Einfluß der Kunstharzeinlagerung auf die physikalischen Eigenschaften eines Gewebes. Man bestimmt die Reißfestigkeit und den Verschleißwiderstand (Scheuerprobe). Man findet dabei, daß die Reißfestigkeit fast immer steigt, während die Verschleißfestigkeit oftmals abnimmt (Aufspleißen knitterfreier Krawatten am häufig gebundenen Knoten, beim Scheuern an den Kragenkanten).

Man variiert die Temperatur beim Kondensieren, sowie die Menge des eingebrachten Kunstharzes. Man arbeitet ferner bei verschiedenen pH-Werten und mit verschiedenen Katalysatoren und bestimmt so das für ein bestimmtes Gewebe geeignetste Verfahren. Es müssen dabei mindestens bestimmt werden:

Knitterwinkel,
Zugfestigkeit,
Verschleißwiderstand

im ungewaschenen Zustande und nach 5 Seifenwäschen.

(300) Versuch: Die Abhängigkeit des Knitterfrei-Effektes von der aufgenommenen Kunstharzmenge. Man bestimmt das Gewicht der aufgenommenen Kunstharzmenge (Feuchtigkeitsexsikkator) nach Imprägnierungen mit steigenden Konzentrationen und mißt den Knitterwinkel. Abb. 131 zeigt das Ergebnis. Wie immer wird ein Optimum erreicht, bei weiterer Steigerung der Auflage geht der Effekt wieder zurück.

3. Die Permanentappretur.

Den Bestrebungen, die Appreturmassen wasch- und gebrauchfest auf das Gewebe zu bringen, ist erst in neuester Zeit ein Erfolg beschieden worden. Man kennt Permanentappreturen auf folgenden Grundlagen: Zellulose, Kunststoffe, Eiweiß.

(301) Verfahren: Die Permanentappretur mit dem Zelluloseäther Tylose 4 S. 1 Gewichtsteil Tylose 4 S wird mit der 9fachen Menge kalten Wassers übergossen und quellen gelassen. Nach einer halben Stunde rührt man weitere 10 Gewichtsteile Natronlauge von 17° Bé (= 12%) zu, wodurch nach kurzer Zeit eine 5proz.

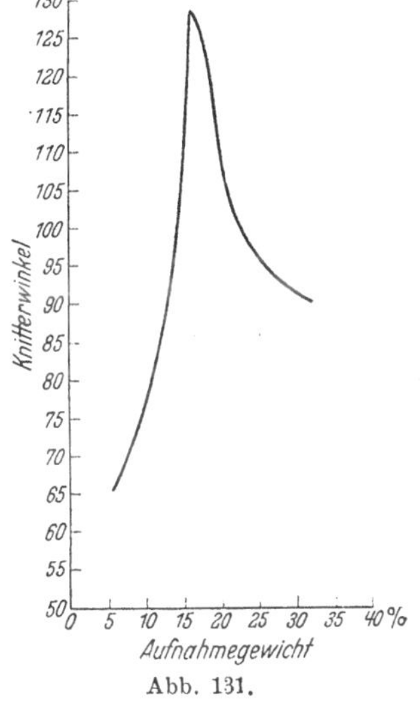

Abb. 131.

Stammlösung erhalten wird. Den Ansatz läßt man kalt über Nacht stehen. Die Einstellung auf die Gebrauchskonzentration erfolgt mit Natronlauge von 4° Bé (= $2^1/_2$%).

Appretur: Man appretiert die Ware auf dem Foulard (im Laboratorium durch Eintauchen in die Lösung) und quetscht nicht zu stark ab. Durchschnittlich nimmt man eine Appretur von 40—50 g/l Tylose 4 S Flocken.

Fällung: Man fällt die Appretur zur Unlöslichmachung in einer Flotte mit 5 ccm/l Schwefelsäure (60° Bé) und 100 g/l Glaubersalz krist. Anschließend wird gründlich gespült.

Nachbehandlung. Durch ein heißes Seifenbad wird die Appretur klarer und vollgriffiger. Außerdem kann man mit einem Weichmacher avivieren.

(302) Verfahren: Die Permanentappretur mit dem Kunstharzprodukt Plextol D. Die Plextole sind Emulsionen, aus welchen sich beim Trocknen das Kunstharz kondensiert. Für Zellwollmusseline wird folgende Appretur vorgeschlagen:

100 g Plextol D 1,
100 g Plextol D 2,
5 g Plextol D 150,
———
1 l.

Plextol D 150 wird in der erforderlichen Menge Wasser gelöst. Dann erst werden die anderen Plextole zugesetzt. Man arbeitet bei gewöhnlicher Temperatur auf dem Foulard und trocknet anschließend nicht unter 90° C, möglichst wesentlich höher.

Die Grundkörper der Plextole sind Polyacrylsäure und Polyacrylsäuremethylester

$$-CH_2-CH-CH_2-CH-CH_2-CH-$$
$$\quad\quad | \quad\quad\quad | \quad\quad\quad |$$
$$\quad\quad COOH \quad COOH \quad COOH$$

Polyacrylsäure

$$-CH_2-CH-CH_2-CH-CH_2-CH-$$
$$\quad\quad | \quad\quad\quad\quad | \quad\quad\quad |$$
$$\quad\quad COOCH_3 \quad COOCH_3 \quad COOCH_3$$

Polyacrylsäuremethylester

(303) Versuch: Die Widerstandsfähigkeit einer Plextol D-Appretur gegen mehrere Seifenwäschen (CHWALA). Man appretiert ein gebleichtes Baumwollgewebe und wäscht es kochend mit 5 g/l Seife und $^1/_2$ g/l Soda (30 min) (Spülen, Trocknen und Bügeln nach jeder Wäsche). Es ergeben sich folgende Gewichtsverluste:

Appretur	Ausgangsgewicht	Gewicht nach dem Waschen					Gewichtsverlust nach der 5. Wäsche
		1 ×	2 ×	3 ×	4 ×	5 ×	
Nicht appretiert	65	64	63	62,7	62,3	61,9	4,1%
Plextol D	75	74	73	72,5	72,2	71,8	4,3%

4. Die krumpffreie Ausrüstung.

Allgemeines über das Krumpfen. *Alle Gewebe werden im Laufe ihrer Herstellung und ihrer Veredlung in Kettrichtung gespannt. Schon auf dem*

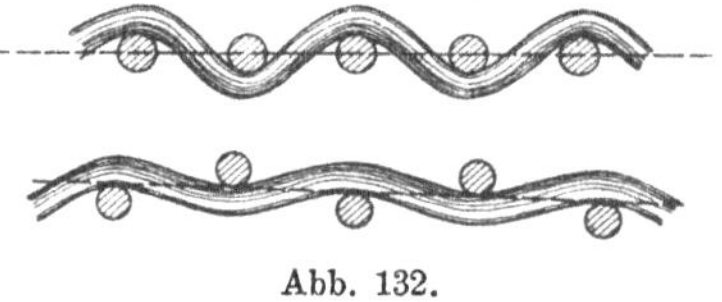
Abb. 132.

Webstuhl wird die Kette gespannt, nachdem sie beim Zetteln und Schlichten ebenfalls einem starken Zug ausgesetzt war. Beim Färben auf dem Jigger, beim Trocknen, beim Kalandern, immer mußte die Ware gespannt werden. Die Kettfäden hatten dabei nicht die Möglichkeit, in ihren ganz entspannten Zustand zurückzukehren, sie enthalten stets eine latente Spannung, die im Gebrauch und beim Waschen aktiv werden kann und ein Einkrumpfen der Ware veranlaßt. Diese Verhältnisse gehen aus Abb. 132 hervor. Befindet sich die Kette unter Spannung, so liegen sämtliche Kettfäden ungebogen in einer Ebene. Die Schußfäden winden sich in Schlangenlinien um dieses starre Gitter herum. Liegt die Ware jedoch gekrumpft vor, sind alle Spannungen ausgelöst.*

Kette und Schuß haben sich in die Stellung begeben, in welcher ein Gleichgewicht zwischen beiden vorliegt. Die Kettfäden bilden keine Ebene mehr, sie biegen sich um die Schußfäden herum, wie diese um die Kettfäden.

Die krumpffreie Ausrüstung hat nun die Aufgabe, diesen Vorgang auszulösen, so daß die Ware schon vor dem Verkauf krumpft und nicht erst beim Verbraucher, nachdem sie vielleicht schon bekleidungstechnisch verarbeitet ist. Es seien folgende Verfahren genannt:

a) Krumpfung durch Kettlockerung,

b) Krumpfung durch Dämpfen,

c) Sanforisierung.

a) Bei der Krumpfung durch Kettlockerung (Patente Krantz-Jahr) wird die Ware unter Voreilung auf die Nadelkluppen eines Spannrahmens geführt. Der Warenzulauf der Ware ist also schneller als die Geschwindigkeit der Kluppenketten. Dadurch entstehen Falten, die Kette ist „locker aufgenadelt" (Abb. 133). Gehen nun die Kluppenketten beim Einlaufen in den Trockenraum auseinander, so spannt sich der

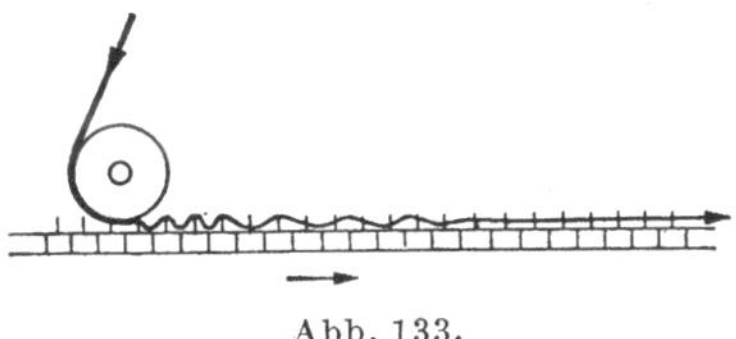

Abb. 133.

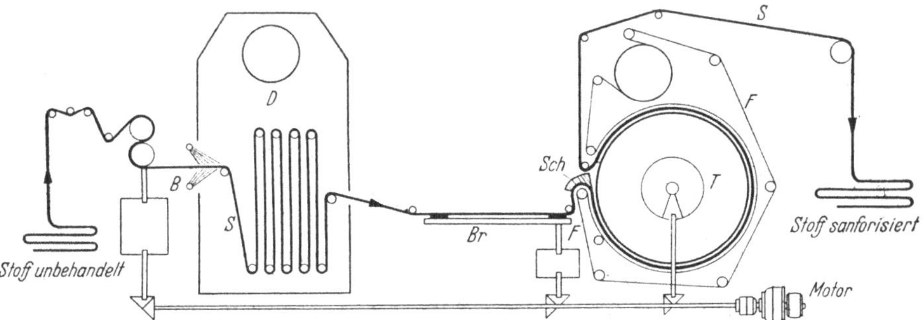

Abb. 134. Schematische Darstellung des Sanforisier-Vorganges.
S   = Stoffbahn,
B   = Befeuchtungsvorrichtung,
D   = Dämpfkammer,
Br = Breitenregler,
Sch = elektrisch geheizter Schuh,
F   = Filz,
T   = geheizter Trockenzylinder.
Diese Zeichnung zeigt, daß die Strecke *b—b* kleiner ist als die Strecke *a—a*, weil der Filz aus der Krümmung wieder in die gerade Laufrichtung übergegangen ist. Der fest auf den Filz gepreßte Stoff muß diese Schrumpfung mitmachen.

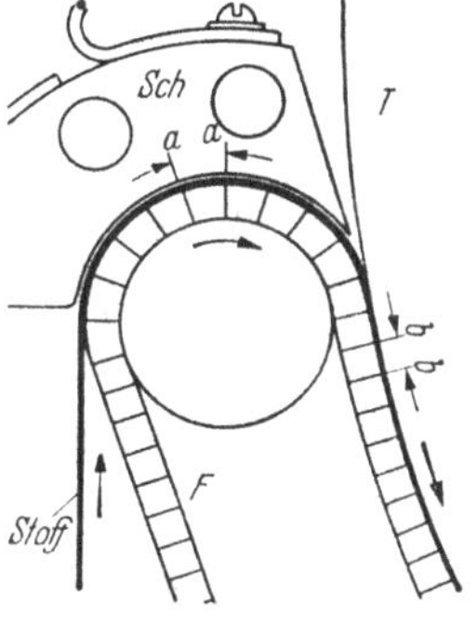

Schuß an, die lockeren Kettfäden beginnen, sich um die Schußfäden zu biegen, die durch die lockere Aufnadelung entstandene Fältelung der Ware verschwindet wieder. Im Trockenraum des

*Spannrahmens laufen nun die Kluppenketten wieder zusammen, um auch
den Schuß zu entspannen.*

*b) Die Krumpfung durch Dämpfen erfolgt zweckmäßig auf einem Filz-
kalander (Patent Montforts). Die Ware wird auf dem Rahmen breit
gespannt und nun locker zwischen Filz und Trockentrommel geführt.
Schließlich verläßt die Ware die Trommel noch dampfend. Sie wird nun
über der heißen Trommel spannungslos auf einem Gatter transportiert und
kann sich so entspannen.*

Die Kombination von a) und b) bringt sehr gute krumpffreie Effekte.

*c) Die Sanforisierung (Patent Cluett-Heberlein) stellt eine abwechselnde
Behandlung mit Befeuchtung und Trocknung dar. Ihr Name stammt von
dem Erfinder Sanford L. Cluett. Das Wesen geht aus der Abb. 134 hervor.*

(304) Untersuchung: Die Prüfung des Einlaufens von Geweben.

Probeentnahme: Von dem zu prüfenden Gewebe ist eine Probe
zu entnehmen, die mindestens 50 cm vom Stückende und etwa 10 cm
von den Webleisten entfernt ist und nicht unter je 55 cm in Länge und
Breite mißt.

Vorbereitung der Probe: Die Probe wird auf einer glatten Unterlage faltenfrei und ohne Streckung aufgelegt. Auf der Probe werden
mit unverwaschbarer Tinte (oder mit Garn) Markierungen mit einem
Abstand von genau 50 cm (auf einen Millimeter genau) angebracht,
und zwar je drei Strecken in der Richtung der Kette und des Schusses.
Die markierten Strecken sollen mindestens 2 cm von den Kanten der
Probe entfernt sein und in Abständen von etwa 25 cm voneinander
liegen.

Behandeln der Probe: Nachdem die Probe gewogen wurde,
wird sie in folgende Behandlungsflotte (Flottenverhältnis 1 : 30) eingelegt: 2 g/l Soda calc., 3 g/l Seife, 40° C, weiches Wasser. Nun wird
das Ganze während 20 min auf Kochtemperatur erhitzt und während
weiterer 10 min auf dieser Temperatur unter Umrühren belassen.
Hierauf läßt man 10 min lang abkühlen und gießt dann die Waschflotte
ab. Jetzt wird die Probe in lauwarmem Wasser (30° C) bei dreimaligem
Wasserwechsel während einer Gesamtdauer von 5 min gespült, mit
der Hand ausgedrückt (nicht wringen) und schließlich zum Trocknen
ausgelegt. Nachdem man die trockene Probe leicht mit Wasser eingesprengt hat, läßt man sie in zusammengewickeltem Zustande 5 min
lang liegen. Hierauf wird sie mit einem mäßig heißen Bügeleisen (100
bis 150° C), das etwa 6-7 kg wiegt, durch Aufsetzen und Abheben (nicht

durch Gleiten) trockengebügelt. Schließlich läßt man die Probe noch mindestens 5 min lang abkühlen.

Auswertung: Die behandelte Probe wird auf einer glatten Unterlage faltenfrei und ohne Streckung aufgelegt. Die drei markierten Strecken in Kette und Schuß werden auf 1 mm genau nachgemessen. Aus den Ergebnissen wird sowohl für die Kette wie für den Schuß das arithmetische Mittel gebildet. Sodann werden die Maßänderungen in Kette und Schuß in Prozentsätzen, bezogen auf den Abstand der Markierungen vor der Behandlung, berechnet, wobei mit einer Genauigkeit von $\pm 1\%$ gerechnet werden kann.

Höchsteinlaufprozentsätze: Wäschestoffe aller Art sollen in der Kette höchstens $6\,^0/_0$, im Schuß höchstens $3\,^0/_0$ einlaufen, ebenso Futterstoffe und Damenkleiderstoffe aus Baumwolle oder Zellwolle. Tuche und Gewebe aus Wolle oder Wollmischgespinsten sollen in der Kette nicht über $8\,^0/_0$, im Schuß nicht über $4\,^0/_0$ krumpfen. Durch eine entsprechende krumpffreie Ausrüstung kann man eine Krumpfung von 1 bis $3\,^0/_0$ (in manchen Fällen sogar von $0\,^0/_0$) für alle Gewebearten erreichen.

X. Die Ausrüstung der Wollengewebe.

Allgemeines. *Auf dem Gebiete der Wollausrüstung wird nur selten von chemischen Hilfsmitteln Gebrauch gemacht. Im allgemeinen handelt es sich um mechanische Maschinenarbeiten. Der Wollausrüster muß ein hervorragendes Gefühl für die Eigenschaften der Wollfaser besitzen. Er muß wissen, wie Wärme, Wasser, Druck, Scheuern, Bürsten, Knicken usw. auf die Faser wirken. Er muß das Verhalten der Wollfaser im trockenen und im gequollenen Zustande kennen. Wegen der besonderen Lebendigkeit der Wollfaser werden die Wollveredlungsverfahren langsamer als diejenigen der Baumwolle und so durchgeführt, daß die Faser Zeit hat, zu „arbeiten". Sie soll auch immer wieder auf ihren natürlichen Feuchtigkeitsgehalt gebracht werden.*

Die Ausrüstungsverfahren sind äußerst vielseitig. Sie richten sich nach dem Wollmaterial, der Gewebebindung und nach dem Verwendungszweck. Auch hier spielt, wie auf dem Gebiete der Färberei, Druckerei und der Appretur der pflanzlichen Faserstoffe die Mode maßgeblich mit.

Im folgenden soll die Wollausrüstung nur so weit beschrieben werden, als dies das Verständnis für die Vorgänge bedingt.

Es sollen vier Verfahren bearbeitet werden:

(30) Verfahren: Wollausrüstung.

I. Ausrüstung eines Herren-anzugstoffes aus Streichgarn.

1. Stopfen.
2. Walken.
3. Waschen.
4. Trocknen.
5. Karbonisieren.
6. Neutralisieren.
7. Trocknen.
8. Scheeren.
9. Noppen und Egalisieren.
10. Pressen.
11. Dekatieren.
12. Shrinken.
13. Legen.

II. Ausrüstung eines Herren-anzugstoffes aus Kammgarn.

1. Stopfen.
2. Kurz walken („anstoßen").
3. Waschen.
4. Kochen.
5. Trocknen.
6. Scheeren.
7. Pressen.
8. Dekatieren und Shrinken.
9. Tafeln.

III. Ausrüstung eines Herren-mantelstoffes aus Streichgarn.

1. Stopfen.
2. Walken.
3. Waschen.
4. Trocknen.
5. Karbonisieren.
6. Neutralisieren.
7. Entwässern.
8. Rauhen.
9. Trocknen.
10. Scheeren.
11. Noppen und Egalisieren.
12, Pressen.
13. Dekatieren.
14. Legen.

IV. Ausrüstung einer Woll-decke mit Streichgarnschuß.

1. Walken.
2. Waschen.
3. Entwässern.
4. Rauhen.
5. Trocknen.

Die Ausrüstungsversuche lassen sich nur im fabrikmäßig arbeiten-den Versuchsbetrieb durchführen.

Das Stopfen und Noppen. *Die Wollgewebe kommen stuhlroh zur Aus-rüstung. Sie weisen oft Löcher oder webtechnische Unregelmäßigkeiten auf. Häufig sind auch ungefärbte oder fehlgefärbte Faserreste vorhanden. Beim Stopfen werden die Löcher in einer der Gewebebindung und der Garn-nummer entsprechenden Weise geschlossen. Das Noppen bedeutet die Ent-fernung aller Unregelmäßigkeiten und die Einfärbung andersfarbiger Stel-len (mit Noppstiften).*

Das Walken. *Die Wollfaser hat als einzige Textilfaser·die Neigung, zu filzen. In der Walke wird diese Eigenschaft ausgenützt. Aus dem Ge-webe entsteht das Tuch, welches geschlossen ist, eine Filzdecke besitzt, eine erhöhte Elastizität und eine größere Verschleißfestigkeit aufweist. Der Ge-*

brauchswert des Tuches ist viel größer als derjenige des Gewebes, aus wel-
chem es entstand. So ist die Walke einer der äußerst seltenen Veredlungs-
vorgänge, welche den Gebrauchswert erhöhen. Mit dem größeren Gebrauchs-
wert wächst auch die Eleganz und die Schönheit des Tuches. Ausbeulungen
z. B. an den Ellbogen und Knien eines Anzuges aus Tuch werden durch
die Elastizität des Tuches ebenso verhindert, wie das vorzeitige Unansehn-
lichwerden.

Warum filzt die Wollfaser? O. N. WITT wies schon den Schuppen
eine Aufgabe beim Filzvorgang zu. Die Schuppen sind jedoch daran nur
in zweiter oder dritter Linie beteiligt.

Die Wollfaser besitzt infolge ihres Wachstums und ihrer Struktur eine
latent vorhandene Spannung, die sich bei der Walke auslöst und die Faser
veranlaßt, sich zu winden, zu ringeln, zu
kräuseln, kurz sich nach den verschie-
densten Arten und zwar andauernd zu
bewegen.

Chloriert man die Faser (ALLWÖR-
DEN), so verliert die Wolle ihre Eigen-
schaft der Filzbildung, nicht wie man
früher annahm, weil die Schuppen ver-
schwunden sind. (Man kann die Wolle

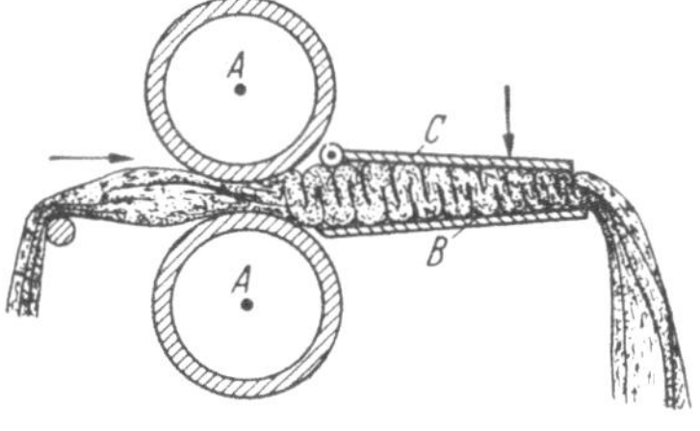

Abb. 135.

so chlorieren, daß so gut wie keine Änderung im Schuppenepithel zu
erkennen ist, und doch filzt sie nicht mehr.) Die Filzfähigkeit ist des-
halb verschwunden, weil die latent vorhandene Spannung durch die hohe
Quellung bei der Chlorierung und vor allem durch die damit verbundene
Auflösung der zwischen Rinde und Mark liegenden Tyrosinschicht
ausgelöst worden ist.

Beim Walken findet jedoch nicht nur ein Verschlingen der Wollfäden
und der Haarenden statt, sondern auch eine Wanderung der Wollhaare. Je
fester die Fasern durch den Spinn- und Webvorgang eingebunden sind, um
so weniger können sie wandern (BRAUKMEYER). An dieser Wanderung,
die in der Walke immer nachweisbar ist und die ebenfalls von der inneren
Spannung angetrieben wird, können die Schuppen sehr wohl beteiligt sein,
indem sie das gegenseitige Verschieben und Verhacken begünstigen.

In der Walke wird nun diese latent in der Wollfaser vorhandene Span-
nung ausgelöst und zwar durch

Nässe,
Wärme,
Druck,
Reibung.

Die Nässe (häufig als verdünntes Alkali oder als Seifenlösung) bewirkt die
Quellung. Die Wärme fördert dieselbe. Der Druck und die Reibung unter-

stützen die Filzbildung und regen sie immer wieder an. Die am häufigsten angewandte Walkmaschine ist die einroulettige Zylinderwalke (Abb. 135). Die Walkroulettes kneten und drücken das mit Seifenlösung befeuchtete zum Strang geraffte Wollgewebe mit großer Wucht und schieben

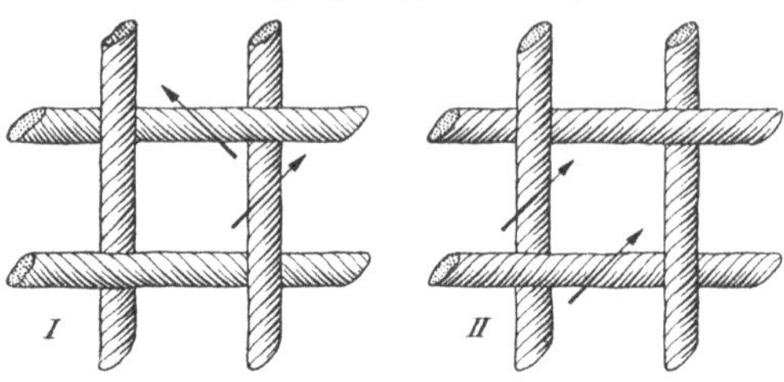

es in den Stauchkanal, wo es in Kettrichtung stark zusammengepreßt wird. Die Roulettes walken hauptsächlich in der Schußrichtung. Das Fett der Seife begünstigt die Wanderung der Fasern durch Verminderung der Reibung. Man walkt die Tuche in Richtung der Kette und in Richtung des Schusses ein (vgl. Abb. 136).

Abb. 136. Der Einfluß der Drahtrichtung von Kette und Schuß bei Wollgeweben in der Walke: In Schema *I* besitzen Kette und Schuß gleiche Drahtrichtung. Es liegt eine gegenseitige Behinderung in der Bewegung vor. In Schema *II* besitzt die Kette Z-Draht, der Schuß S-Draht. Die Bewegungsrichtung der Faser ist gleich. Es tritt eine gute Verdichtung des Gewebes ein (nach P. HOFF).

(306) Verfahren: Die Walke eines Streichgarntuches.

Man walkt „im Schweiß", d. h. ohne Vorwäsche mit einer je nach dem Fettgehalt aus der Schmelze zwischen 5 und 10% gehaltener Seifenlösung, der man 4 g/l Soda kalz. zugesetzt hat. Man schüttet die Ware auf der Walke mit so viel von dieser Seifenlösung an, daß sie „saftig" naß, jedoch nicht tropfnaß ist. Je nach dem angestrebten Effekt schließt man den Stauchkanal mehr oder weniger.

Das Waschen. Auf der Strangwaschmaschine wird nun das Tuch gewaschen. Man läßt zunächst nur wenig Wasser zufließen, damit sich ein dicker Schaum, der „Gerber" bilden kann. Hat man das Stück im Schweiß gewalkt, so enthält der Gerber

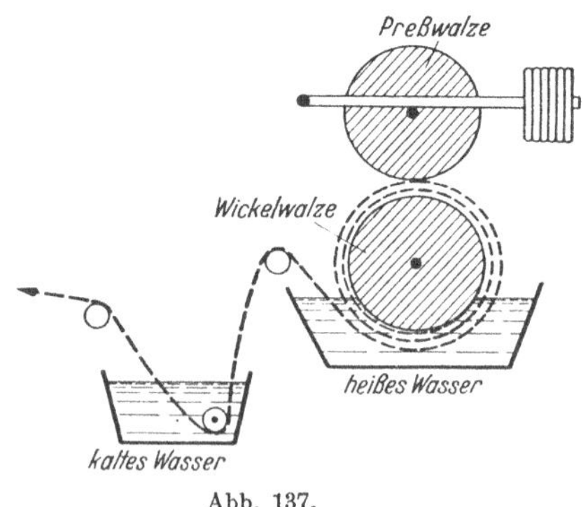

Abb. 137.

Seife,
Soda,
Wollschweiß,
Schmälze (z. B. Olein),
Spinn- und Web-
     verschmutzung,
Fasertrümmer.

Der Gerber soll die Ware weiter auflockern, weich und vollgriffig machen. Nach einiger Zeit wird die Ware fertig gewaschen, der Gerber durch viel Wasser entfernt.

Das Kochen, Glätten und Fixieren. Der Brennbock (die Koch- und Fixiermaschine) (Abb. 137) hat folgende Aufgaben:

1. Die auf eine Walze gewickelte und von der Preßwalze geknetete Ware wird weich. Sämtliche durch Filzung hervorgerufene Spannungen werden gelöst, die Falten werden geglättet.

2. Die gegen mechanische Schädigung noch weiche und lose Filzdecke wird dadurch „fixiert", daß man das Tuch, welches in warmem Wasser rotierte, durch eine Kaltwasserpassage abschreckt.

Auf dem Brennbock kann man die Ware außerdem noch mit Chemikalien (z. B. mit Imprägniermitteln) versehen.

Die Karbonisation. Streichgarntuche werden zur Entfernung pflanzlicher Reste (Kletten, Baumwollfäserchen usw.) karbonisiert (verzuckert).

Das Stück wird in Schwefelsäure von 4—5° Bé getränkt (Haspelkufe mit Bleibottich), hierauf abgequetscht (Quetschwerk mit Gummiwalzen), zentrifugiert, und nun in einer Trockenkammer auf 90—100° C erhitzt. Die verzuckerte Zellulose wird ausgebürstet bzw. ausgeklopft.

Nach dem Karbonisieren wird die Ware durch eine Sodawäsche entsäuert.

Das Rauhen verfolgt den Zweck, die in die Tuchfläche eingewalkten, eingewobenen oder eingesponnenen Haarenden zu lösen, aufzurichten oder in Strichlage zu bringen. Dadurch entsteht eine dichte Rauhdecke.

Gröbere Rauheffekte werden in der Wollausrüstung mit Kratzenrauhmaschinen erzeugt. Diese Maschinen besitzen auf der Rauhtrommel sich schnelldrehende Walzen mit einem aus Metallhäkchen bestehenden Kratzenbeschlag. Diese Walzen können für Strich- und Gegenstrichrauhung eingestellt werden.

Feinere Rauheffekte erhält man mit Kardenrauhmaschinen. Die Tambours dieser Maschinen werden mit den Fruchtköpfen der Kardendistel besteckt. Die Häkchen

Abb. 138.

dieses Naturproduktes sind sehr elastisch und zäh. Sie geben trotzdem einem zu großen Widerstand nach und reißen damit also nicht das auszuziehende Wollhaar ab. Aus Abb. 138 geht der statisch hervorragende Aufbau des Distelhäkchens hervor, das sich am Hals A seitlich, im Knickpunkt B nach oben und im Fuß C nach hinten biegen kann.

Das Scheren. Je nach dem gewünschten Ausfall werden die von der Tuchoberfläche abstehenden Faserenden abgeschoren (Abb. 139). In der Wollausrüstung wiederholt man das Scheeren öfters, damit sich auch diejenigen Haare aufrichten können, die beim vorhergehenden „Anschnitt" noch von den inzwischen abgeschorenen Haaren in die Ebene gedrückt wurden. Ungerauhte Ware wird häufig kahlgeschoren. Die gerauhte Ware erhält durch das Scheeren eine gleichmäßige Haardecke.

Scheerlöcher und Verletzungen des Gewebes selbst sind oft vorkommende Scheerfehler.

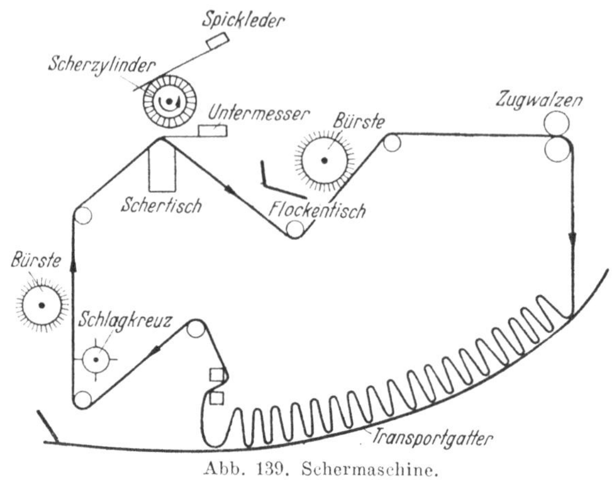

Abb. 139. Schermaschine.

Das Pressen erfolgt auf Spanpressen oder auf Muldenpressen. Die Ware erhält durch das Pressen eine glatte glanzreiche Oberfläche.

Die Spanpresse wird dort angewandt, wo feine Tuche einen vollen Griff und eine elegante Oberfläche erhalten sollen. Man tafelt das Tuch zwischen glatt polierte Pappen („Preßspäne") und preßt sie nun unter gleichzeitiger Erwärmung durch dazwischengelegte elektrische Heizplatten (Abb. 140).

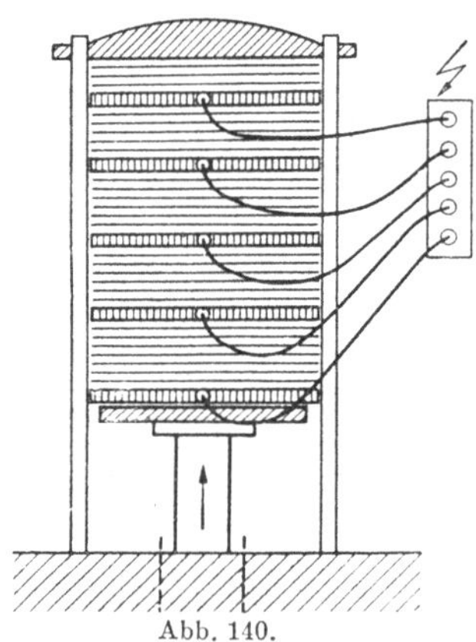

Abb. 140.

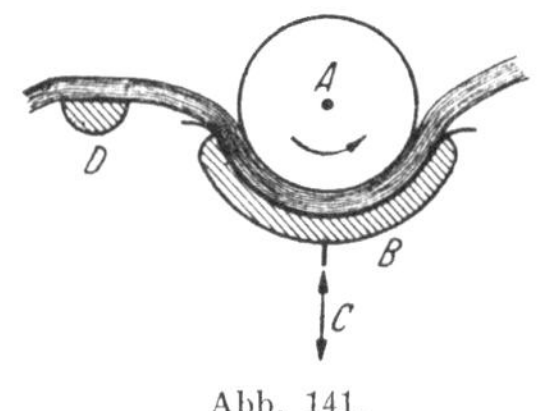

Abb. 141.

Während also die Spanpresse gefüllt und die Ware dabei mehrmals getafelt bzw. umgetafelt werden muß, liegt beim Arbeiten auf der Muldenpresse (Abb. 141) ein kontinuierlicher Arbeitsprozeß vor. Man erhält auf der Muldenpresse, die am häufigsten angewandt wird, einen weniger dauerhaften Glanz und einen trockeneren Griff.

Das Dekatieren. Zweck: Fixierung des Glanzes. Die durch das Pressen in die Tuchebene gezwungenen Haare haben das Bestreben, sich wieder aufzurichten. Durch Aufwickeln auf den Dekatierzylinder ist beim Dämpfen das Aufrichten der Haare unmöglich, sie müssen sich in der Tuchebene ausreckeln und in gequollenem Zustande entspannen, so daß z. B. ein nachfolgendes Beregnen kein Aufrichten und dadurch kein Mattwerden der Tuchoberfläche verursachen kann (Abb. 142).

Das Shrinken. Im allgemeinen ist die auf der Dekatiermaschine erhaltene Krumpfung ungenügend. Sie ist höchstens eine Nebenerscheinung und kann also keineswegs vollkommen durchgeführt werden.

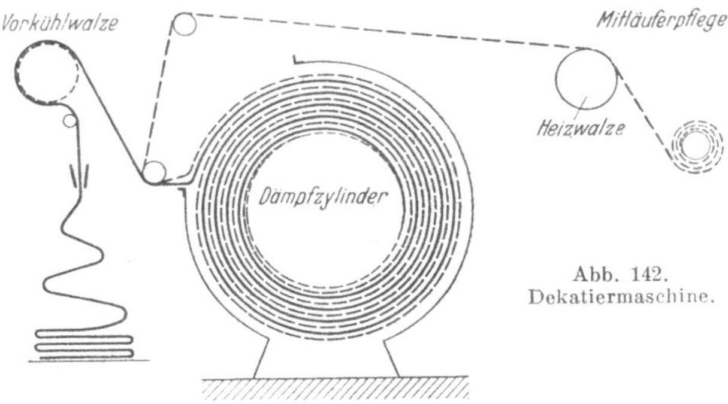

Abb. 142.
Dekatiermaschine.

Führt man dagegen das dekatierte Stück, von neuem angefeuchtet, spannungslos über die schiefe mit Dampf geheizte Ebene einer Krumpfmaschine, so erhält man eine krumpffreie „geshrinkte" Ware. Manche Krumpfmaschinen geben dem Stück nach der Passage über die Heizfläche die verlorene Feuchtigkeit durch Dämpfen oder besser durch Besprühen mit Wassernebel zurück.

(307) Untersuchung: Die Überwachung der Wollausrüstung. Die Ware wird von der Ausrüstung genau in Länge und Breite gemessen.

Die Menge der Walkflüssigkeit im Verhältnis zur Ware und der pH-Wert der Walkflüssigkeit werden festgestellt. Im allgemeinen nimmt man 100% Flüssigkeit (berechnet auf die trockene Ware). Der pH-Wert sowohl der sauren wie auch der alkalischen Walke soll in die Nähe des isoelektrischen Punktes der Wolle pH 4,7—4,9 gedrückt werden. Die alkalische Walke wird im allgemeinen bei pH 8 ausgeführt.

Die Breite der Ware wird während des Walkens öfters gemessen, ebenso die Länge. Sobald der angestrebte Effekt erreicht ist, wird die Walke beendigt.

Beim Waschen ist auf die Vermeidung von Kalkseife zu achten.

An der fertigen Ware wird das Metergewicht, die Scheuerfestigkeit, die Zugfestigkeit, die Dehnung, die Luftdurchlässigkeit, die Wärmehaltung und die Feuchtigkeit jeweils im Vergleich zur stuhlrohen Ware gemessen.

Durch eine mikroskopische Prüfung überzeugt man sich von der Unversehrtheit des Wollhaares.

XI. Lagerschäden veredelter Textilien.

Auf die Schädigungen durch die Autoxydation von Schwefelfärbungen wurde bereits auf S. 96 hingewiesen. Ebenso wurde auf den Seiten 156 ff. über die Zerstörungen von Wolle durch die Mottenraupe und den Anthrenus-Käfer berichtet. Hier sei ein Beispiel für die Schädigung durch Schimmelpilze angeführt.

Die Schädigungen von Textilien durch Schimmelpilze (M. NOPITSCH). *Stockflecken sind auf Baumwoll- wie auf Wollwaren mit Recht sehr gefürchtet, machen sie doch nicht nur die Ware durch die Fleckenbildung unansehnlich, sondern führen unter Umständen auch zu ganz erheblicher Schädigung der befallenen Ware, welche sie fast wertlos machen kann. Unter Stockflecken (Sporflecken) versteht man jene oft ungemein zahlreich auftretenden, punktförmigen Flecken von schwarzer, grünlicher, gelber, rotbrauner oder orangeroter Farbe, wobei die befallene Ware häufig den bekannten muffigen Geruch aussendet, welchen wir als für verschimmelte Ware charakteristisch kennen. Die Verursacher der Stockflecken sind unter den niederen Pilzen zu suchen, und zwar gehören die Hauptschädlinge zu den Klassen der Fadenpilze (Eumyzeten) und der Bakterien (Schyzomyzeten). Hier interessieren uns jedoch nur die ersteren, weil sich in der Klasse der Fadenpilze diejenigen Pilze befinden, welche zu den deutlich sichtbaren Flecken und dem unangenehmen Geruch führen und im allgemeinen als Schimmelpilze bezeichnet werden. Die Flecken sind hauptsächlich auf die Gegenwart von geschlechtlichen oder ungeschlechtlichen Fortpflanzungsorganen der Schimmelpilze zurückzuführen; nur selten ist das vegetative Myzel gefärbt. Da nun Fruchtkörper und Sporen nicht in allen Entwicklungsstadien der Schimmelpilze vorhanden sind, kann es vorkommen, daß eine Ware bereits stark von Schimmelpilzen befallen ist, ohne daß man ihr äußerlich Wesentliches anmerkt. Der charakteristische Geruch, der bei der Identifizierung durch den Augenschein ohne Anwendung des Mikroskops als wichtiges Merkmal zu Hilfe genommen wird, verfliegt bekanntlich sehr rasch, wenn man das zu prüfende Objekt einige Zeit der freien Luft ausgesetzt hat. Als sicheres Identifizierungsmittel bleibt in diesen Fällen dann nur die mikroskopische Untersuchung.*

Aber auch diese kann beim Mangel charakteristischer Fortpflanzungsorgane wesentliche Schwierigkeiten bereiten, auch sind dieselben bei ihrem Vorhandensein meist nur wenig oder gar nicht gefärbt und durchscheinend (hyalin), so daß sie im Mikroskop leicht übersehen werden können. Aus diesem Grunde ist es wertvoll, daß durch eine besondere Färbetechnik die Sichtbarkeit sowohl dieser mikroskopisch schwer erkennbaren Fruchtträger und Sporen, wie auch der Hyphen, d. h. des Myzelgeflechts wesentlich verstärkt werden kann.

So finden wir bei ELLIS eine zur Erkennung schimmelbefallener Stellen in Baumwollwaren geeignete Lösung angegeben, welche aus einer Mischung von 50 ccm Lactophenollösung und 10 ccm gesättigter Baumwollblaulösung besteht. Die Lactophenollösung wird ihrerseits hergestellt, indem man 20 ccm Milchsäure, 20 g Phenol, 40 ccm Glyzerin und 20 ccm Wasser zusammenmischt. Die verwendete Baumwollblaumarke (Cotton-Blue) ist nicht näher gekennzeichnet.

(308) Untersuchung: Der Nachweis von Schimmel auf Textilien. Die verdächtige Stelle im Garn oder Gewebe wird sorgfältig herausgeschnitten, auf einen Objektträger gebracht, vorsichtig zerfasert, mit der oben erwähnten Baumwollblau-Lactophenol-Lösung getränkt und im Mikroskop durchgemustert. Man arbeitet mit einer 2 proz. Baumwollblaulösung. Als zweckmäßig beim Durchmustern der Präparate im Mikroskop erscheint eine etwa 150 fache Vergrößerung. In dieser Vergrößerung sind auch die im folgenden beschriebenen Mikrophotographien aufgenommen.

Nach kurzer Einwirkungsdauer des Reagenzes kann man an die Durchprüfung des Präparates gehen. Man wird hierbei im allgemeinen ein unterschiedliches Verhalten der Hyphen und der Sporenträger (Konidien, Sporangien, Perithecien mit Ascussporen) beobachten können, je nach der Art des Schimmelpilzes, mit dem die Baumwolle befallen war. Das Myzelgeflecht färbt sich im allgemeinen blau an. Man hat aber auch Hyphen festgestellt, welche nicht angefärbt worden sind; dieselben waren viel gröber als diejenigen Hyphen, welche sich kräftig blau anfärbten, und auch sonst als solche deutlich erkennbar. Die Sporenträger und Sporen sind zum Teil deutlich blau angefärbt, z. T. gelb bis dunkelbraun, je nach der natürlichen Färbung derselben; d. h. Sporenträger, welche eine dunkle Eigenfarbe zeigen, nehmen das Blau nicht weiter mehr an. Die Baumwollfasern färben sich im allgemeinen nicht an, soweit sie nicht von Myzelfäden bedeckt sind oder solche in das Lumen der Faser eingedrungen sind.

Bevor zu den Abbildungen die nötigen Erklärungen gegeben werden, dürfte sich eine kurze Erläuterung der in der Botanik der Schimmelpilze gebräuchlichen Fachausdrücke, welche die verschiedenen Teile der Schimmelpilze bezeichnen, empfehlen. Man versteht demnach unter Thallus den ganzen Pilzkörper, der aus Hyphen = Zellfäden gebildet wird. Den vegetativen Hyphenanteil bezeichnet man im allgemeinen als Myzel, den fruk-

titativen Teil als Fruchtkörper. Die Fruktifikation kann nun bei den Schimmelpilzen auf verschiedene Art und Weise stattfinden, die meisten Schimmelpilze besitzen mindestens zwei verschiedene Arten von Fruchtkörpern. Man spricht von Hauptfruchtformen; hierzu gehören die geschlechtlichen Fruchtformen, die Bildung der Schläuche (Asci), welche die Ascosporen enthalten und welche je nach Anordnung der Asci in Perithecien und Apothecien unterschieden werden; Perithecien, wenn die Fruchtkörper geschlossen bzw. krugförmig gestaltet sind, Apothecien, wenn dieselben offen sind. Außerdem gehören hierzu die Basidien, die Hauptfruchtkörper der Klasse der Basidiomyceten, welche hier nicht weiter interessieren. Zu den Nebenfruchtformen gehört die Bildung der Konidien

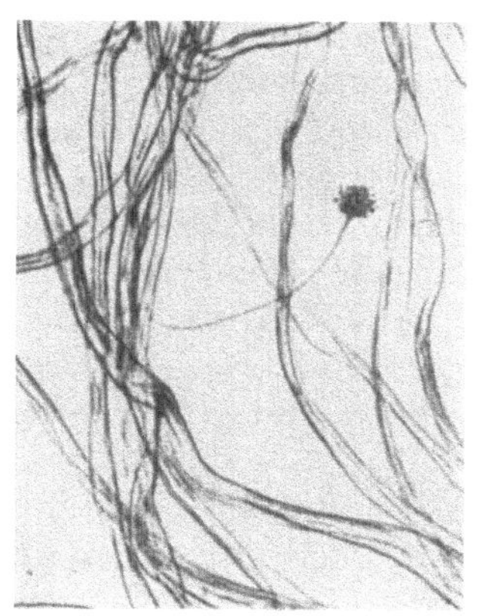

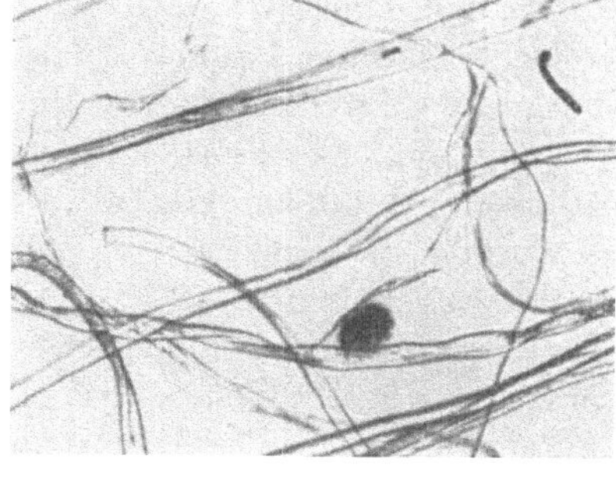

Abb. 143.
Abb. 144.

und der Sporangien, Fruchtformen, welche für die Erkennung der Schimmelpilze von ganz besonderer Bedeutung sind. Unter Konidien versteht man nach SCHENK behäutete Sporen, welche durch Zellsprossung an den Enden einfacher oder verzweigter Hyphenäste, der Konidienträger, entstehen, und sich abgliedern; diese Fruchtform ist für die in der Stockfleckenvegetation sehr häufig vorkommenden und sehr wichtigen Schimmelpilzarten Penicillium und Aspergillus kennzeichnend. In den Sporangien entstehen die Sporen durch Zellteilung im Innern der Zellen, letztere Fruchtform ist z. B. für die weitverbreiteten Schimmelpilzgattungen Mucor und Rhizopus charakteristisch.

In Abb. 143 sieht man eine Konidie von Aspergillus glaucus Var. repens. Diese Konidie sowohl wie die auf dem Bild sichtbaren Hyphen sind lebhaft blau angefärbt, während die Baumwollfasern ungefärbt bleiben. Vergr. 150fach.

In Abb. 144, einem Präparat, welches von demselben Garnkörper wie das erste stammt, erkennt man ein Perithecium von Aspergillus glaucus, welches auf dem Garn gelbe Flecken erzeugte; das Perithecium ist ebenfalls wie die sichtbaren Hyphen; Bruchstücke blau angefärbt. Vergr. 150fach.

In Abb. 145 sieht man die Konidien von Aspergillus niger (rund) und Aspergillus terreus (länglich); diese Konidien sind leider von Myzel getrennt worden, was beim Präparieren nur allzuleicht geschieht; diesmal sind die Köpfchen trotz der Anfärbung mit der Baumwollblau-Lactophenol-Lösung braun gefärbt, da die Eigenfarbe der Konidien wohl zu stark ist. Die Schimmelpilze erzeugten auf dem Garn tiefbraune bis schwarze Flecken. Vergr. 150fach.

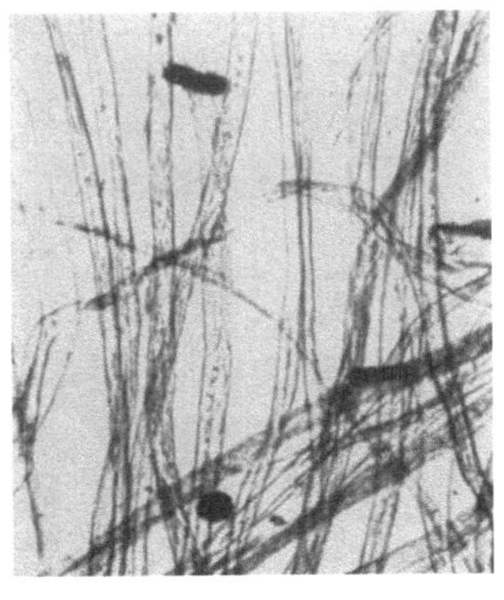

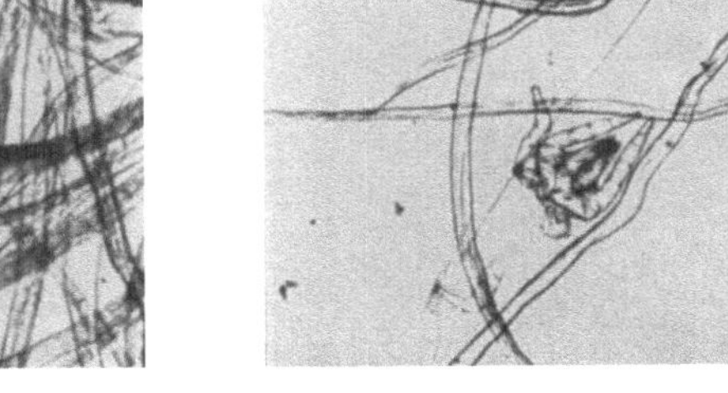

Abb. 145.   Abb. 146.

In Abb. 146 wird ein eigentümliches Gebilde festgehalten, welches sich ebenfalls mit der Baumwollblau-Lactophenol-Lösung blau angefärbt hat. Hier handelt es sich um den Kopfteil einer mikroskopisch kleinen *Baumwollmilbe*, außerdem sind auf der Mikrophotographie noch die Sporen von Schimmelpilzen zu erkennen. Dieselben sind braun gefärbt, auch nach Anfärbung des Präparates mit Baumwollblau-Lactophenol-Lösung. Vergr. 150fach.

Nicht unerwähnt sei die Vorschrift gelassen, welche Galloway vom Gebrauch der Baumwollblau-Lactophenol-Lösung gibt:

„Erwärme die Probe in Lactophenol auf einem Objektträger während einer Minute. Übertrage in Cotton blue (1 proz. wässerige Lösung) und erwärme einige Minuten. Wasche in Wasser. Dann erwärme in Lactophenol, bis die Farbe soviel als möglich entfernt ist, dann bette in Lactophenol ein.‟

Wie man sieht, eine ziemlich komplizierte Vorschrift, deren Anwendung aber vielleicht in manchen Fällen vorzuziehen ist.

Die angegebene Baumwoll-Lactophenol-Lösung ist aber auch in der Form, in welcher sie hier für den Nachweis der Schimmelpilze angewendet wird, vorzüglich zum Nachweis von Faserbeschädigungen der Wolle geeignet, indem durch die genannte Lösung nur die geschädigte Wolle angefärbt wird, nicht aber die ungeschädigten Haare. Sowohl die Faserschädigungen, welche durch Schimmelpilz und Bakterientätigkeit (Stock) als auch die, welche durch Einwirkung von Alkali und Mineralsäure erzeugt werden, lassen sich hiermit nachweisen. Es scheint, daß das Baumwollblau nur auf die isolierten Spindelzellen der Rindenschicht anspricht, während die Schuppenschicht nicht durch den Farbstoff angefärbt wird. Deshalb findet auch an mechanisch verletzten Stellen eine Anfärbung statt, sobald die Spindelzellen durch die Verletzung betroffen sind (siehe z. B. Schnittenden).

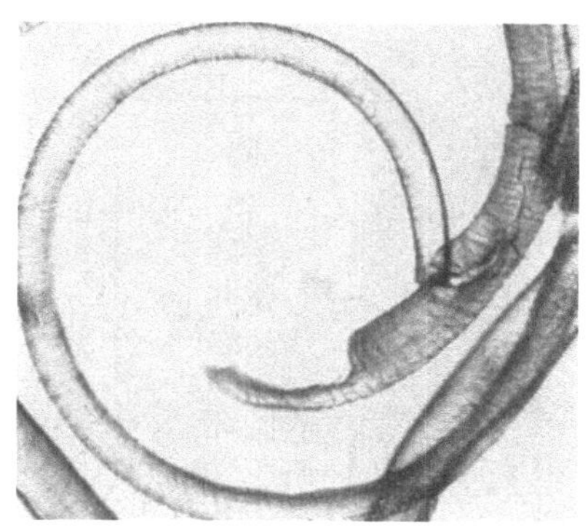

Abb. 147.   Abb. 148.

Abb. 147 zeigt eine durch Stock (in der Hauptsache durch Bakterientätigkeit) sehr stark geschädigte Wolle; die Spindelzellen sind z. T. schon völlig isoliert, Schuppen kaum mehr feststellbar; die stark beschädigten Stellen sind durch die Baumwollblau-Lactophenol-Lösung tiefblau angefärbt. Vergr. 150fach.

Abb. 148 läßt eine stark alkaligeschädigte Faser erkennen. Ein Haar zeigt die für Alkalischädigung typische Bischofsstabbildung. Die Schuppen stehen infolge der durch das Alkali bedingten Quellung weit ab. Auch hier ist die Blaufärbung um so tiefer, je weiter die Alkalischädigung schon vorgeschritten ist. Vergr. 150fach.

Abb. 149 zeigt die Haare, wie sie bei einer weit vorgeschrittenen Säureschädigung der Wolle erhalten werden. Auch hier ist die Isolierung der Spindelzellen schon sehr deutlich feststellbar und die Anfärbung mit Baumwollblau sehr tief. Vergr. 150fach.

Was die Säureschädigung der Wolle betrifft, so wird bei dem Studium derselben mit der angegebenen Lösung eine Feststellung gemacht, welche für die Identifizierung der Säureschädigung sehr wertvoll zu sein scheint. Bekanntlich findet sich auch im Anfangsstadium der Säureschädigung jenes spiralförmige Einschnurren der Wollhaare, welches auch für das Anfangsstadium der Alkalischädigung charakteristisch ist. Im allgemeinen ist zwar das alkaligeschädigte Haar stärker gequollen als das säurgeschädigte Haar; bei gewissen Anfangsstadien sind die Unterschiede aber wirklich nicht leicht zu erkennen. In solchen Fällen tut die Behandlung mit Lactophenol (ohne Mitverwendung der Baumwollblau-Lösung) gute Dienste. Hierbei ergibt sich nämlich ein ganz wesentlicher Unterschied: Während sich das alkaligeschwächte Haar unter dem

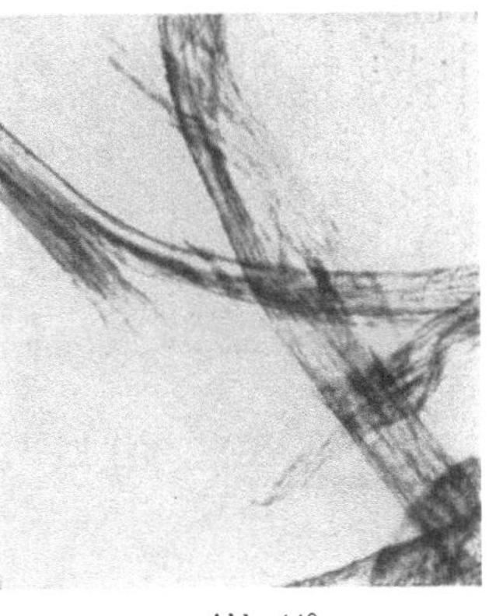

Abb. 149.

Einfluß des Lactophenol nicht stark verändert, findet beim säuregeschädigten Haar nach kurzer Behandlungsdauer ein immer stärker werdender Zerfall in die Spindelzellen statt, wovon die beiden folgenden Mikrophotographien Zeugnis ablegen sollen.

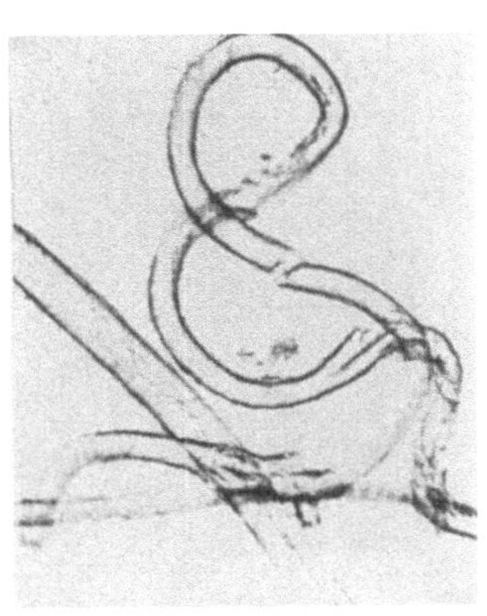

Abb. 150.

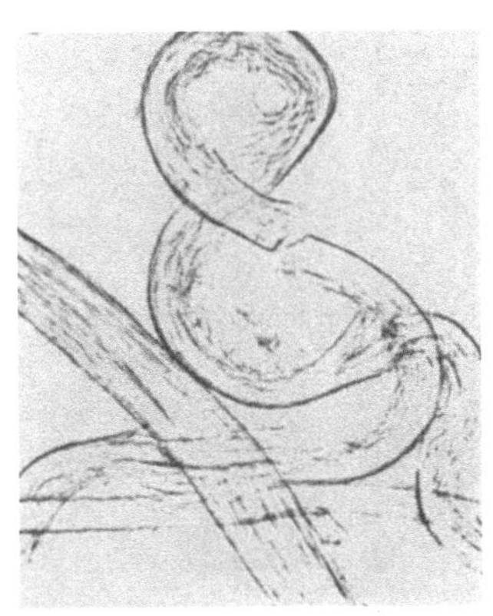

Abb. 151.

Abb. 150 zeigt das frisch in Lactophenol eingebettete Präparat.

Abb. 151 dagegen das Aussehen derselben Stelle im Präparat nach 24stündiger Einwirkung der Lactophenol-Lösung auf das im Objekttisch des mikrophotographischen Apparates eingespannte Präparat. Vergr. in beiden Fällen 150fach

Quellen-Nachweis.

In diesem Buche wurden vorwiegend Arbeiten aus den vom Verfasser geleiteten Laboratorien und Versuchsbetrieben ausgewertet.

Außerdem wurden folgende grundlegende Buchwerke zu Rate gezogen:

P. HEERMANN: Färberei- und textilchemische Untersuchungen,

W. KIND: Das Bleichen der Pflanzenfasern,

E. VALKÓ: Kolloidchemische Grundlagen der Textilveredlung,

A. CHWALA: Textilhilfsmittel, ihre Chemie, Kolloidchemie und Anwendung,

MERCK: Chemisch-technische Untersuchungsmethoden für die Textilindustrie,

Die Ratgeber der Farbenfabriken.